BIBLIOTHÈQUE

# SCIENTIFIQUE INTERNATIONALE

PUBLIÉE SOUS LA DIRECTION

DE M. ÉM. ALGLAVE

XLIII

# BIBLIOTHÈQUE
# SCIENTIFIQUE INTERNATIONALE

PUBLIÉE SOUS LA DIRECTION

## DE M. ÉM. ALGLAVE

Volumes in-8°, reliés en toile anglaise. — Prix : 6 fr.

Avec reliure d'amateur, tranche sup. dorée, dos et coins en veau. 10 fr.

---

La *Bibliothèque scientifique internationale* n'est pas une entreprise de librairie ordinaire. C'est une œuvre dirigée par les auteurs mêmes, en vue des intérêts de la science, pour la populariser sous toutes ses formes, et faire connaître immédiatement dans le monde entier les idées originales, les directions nouvelles, les découvertes importantes qui se font chaque jour dans tous les pays. Chaque savant expose les idées qu'il a introduites dans la science et condense pour ainsi dire ses doctrines les plus originales. On peut ainsi, sans quitter la France, assister et participer au mouvement des esprits en Angleterre, en Allemagne, en Amérique, en Italie, tout aussi bien que les savants mêmes de chacun de ces pays.

La *Bibliothèque scientifique internationale* ne comprend pas seulement des ouvrages consacrés aux sciences physiques et naturelles, elle aborde aussi les sciences morales, comme la philosophie, l'histoire, la politique et l'économie sociale, la haute législation, etc.; mais les livres traitant des sujets de ce genre se rattacheront encore aux sciences naturelles, en leur empruntant les méthodes d'observation et d'expérience qui les ont rendues si fécondes depuis deux siècles.

---

### VOLUMES PARUS

**J. Tyndall.** LES GLACIERS ET LES TRANSFORMATIONS DE L'EAU, suivis d'une étude de M. *Helmholtz* sur le même sujet, avec 8 planches tirées à part et nombreuses figures dans le texte. 4e édition. . . 6 fr.

**Bagehot.** LOIS SCIENTIFIQUES DU DÉVELOPPEMENT DES NATIONS. 5e édit. 6 fr.

**J. Marey.** LA MACHINE ANIMALE, locomotion terrestre et aérienne, avec 117 figures dans le texte. 4e édition. . . . . . . . . . . . . 6 fr.

**A. Bain.** L'ESPRIT ET LE CORPS considérés au point de vue de leurs relations, avec figures. 4e édition . . . . . . . . . . . . 6 fr.

**Pettigrew.** LA LOCOMOTION CHEZ LES ANIMAUX, avec 130 fig. 2e édit 6 fr.

**Herbert Spencer.** INTRODUCTION A LA SCIENCE SOCIALE. 7e édition. 6 fr.

**O. Schmidt.** DESCENDANCE ET DARWINISME, avec fig. 5e édit. . . 6 fr.

**H. Maudsley.** LE CRIME ET LA FOLIE. 5e édition. . . . . . . . . 6 fr.

**P.-J. Van Beneden.** LES COMMENSAUX ET LES PARASITES dans le règne animal, avec 83 figures dans le texte. 3e édition. . . . . . . . 6 fr.

**Balfour Stewart.** LA CONSERVATION DE L'ÉNERGIE, suivie d'une étude sur LA NATURE DE LA FORCE, par *P. de Saint-Robert*. 4e édition. 6 fr.

**Draper.** LES CONFLITS DE LA SCIENCE ET DE LA RELIGION. 7e édition. 6 fr.

**Léon Dumont.** THÉORIE SCIENTIFIQUE DE LA SENSIBILITÉ. 3e édit. 6 fr.

**Schutzenberger.** LES FERMENTATIONS, avec 28 figures. 4e édition. 6 fr.

**Whitney.** LA VIE DU LANGAGE. 3e édition. . . . . . . . . . . 6 fr.

**Cooke et Berkeley.** LES CHAMPIGNONS, avec 110 figures. 3e édit. 6 fr.

**Bernstein.** LES SENS, avec 91 figures dans le texte. 4e édition. . 6 fr.

**Berthelot.** LA SYNTHÈSE CHIMIQUE. 5e édition . . . . . . . . . 6 fr.

**Vogel.** LA PHOTOGRAPHIE ET LA CHIMIE DE LA LUMIÈRE, avec 95 figures dans le texte et un frontispice tiré en photoglyptie. 4e édition. 6 fr.

**Luys.** LE CERVEAU ET SES FONCTIONS, avec figures. 5e édition. . . 6 fr.

**W. Stanley Jevons.** LA MONNAIE ET LE MÉCANISME DE L'ÉCHANGE. 4e édition. . . . . . . . . . . . . . . . . . . . . . . 6 fr.

**Fuchs.** LES VOLCANS ET LES TREMBLEMENTS DE TERRE, avec 36 figures dans le texte et une carte en couleurs. 4e édition. . . . . . . . . 6 fr.

**Général Brialmont.** LA DÉFENSE DES ÉTATS ET LES CAMPS RETRANCHÉS, avec nombreuses figures et deux planches hors texte. 3e édit. 6 fr.

**A. de Quatrefages.** L'ESPÈCE HUMAINE. 7e édition. . . . . . . 6 fr.

**Blaserna et Helmholtz.** LE SON ET LA MUSIQUE, avec 50 figures dans le texte. 3e édition . . . . . . . . . . . . . . . . . . 6 fr.

**Rosenthal.** LES MUSCLES ET LES NERFS, avec 75 fig. 3e édit. . . . 6 fr.

**Brucke et Helmholtz.** PRINCIPES SCIENTIFIQUES DES BEAUX-ARTS, suivis de L'OPTIQUE ET LA PEINTURE, avec 39 figures. 3e édition. . . . 6 fr.

**Wurtz.** LA THÉORIE ATOMIQUE, avec une planche. 4e édit. . . . 6 fr.

**Secchi.** LES ÉTOILES. 2 vol., avec 60 figures dans le texte et 17 planches en noir et en couleurs, tirées hors texte. 2e édition. . . . . . 12 fr.

**N. Joly.** L'HOMME AVANT LES MÉTAUX. Avec 150 figures. 3e édition. 6 fr.

**A. Bain.** LA SCIENCE DE L'ÉDUCATION. 4e édition. . . . . . . . 6 fr.

**Thurston.** HISTOIRE DE LA MACHINE A VAPEUR, revue, annotée et augmentée d'une Introduction par *J. Hirsch*, avec 140 figures dans le texte, 16 planches tirées à part et nombreux culs-de-lampe. 2 vol. 12 fr.

**R. Hartmann.** LES PEUPLES DE L'AFRIQUE, avec 91 figures et une carte des races africaines. 2e édition . . . . . . . . . . . . . 6 fr.

**Herbert Spencer.** Les bases de la morale évolutionniste. 3e édition . . . . . . . . . . . . . . . . . . . . . . . . . 6 fr.

**Th.-H. Huxley.** L'écrevisse, introduction à l'étude de la zoologie, avec 82 figures. . . . . . . . . . . . . . . . . . . . . 6 fr.

**De Roberty.** La sociologie. 2e édition. . . . . . . . . . . . 6 fr.

**O.-N. Rood.** Théorie scientifique des couleurs et leurs applications à l'art et à l'industrie, avec 130 figures dans le texte et une planche en couleurs . . . . . . . . . . . . . . . . . . . . . . 6 fr.

**G. de Saporta et Marion.** L'évolution du règne végétal. *Les cryptogames*, avec 85 figures dans le texte . . . . . . . . . . . . 6 fr.

**G. de Saporta et Marion.** L'évolution du règne végétal. *Les phanérogames*, avec 136 figures. 2 vol. . . . . . . . . . . . . 12 fr.

**Charlton Bastian.** Le système nerveux et la pensée, avec 184 fig. dans le texte. 2 vol. . . . . . . . . . . . . . . . . . . . 12 fr.

**James Sully.** Les illusions des sens et de l'esprit. . . . . . 6 fr.

**Alph. de Candolle.** L'origine des plantes cultivées. 3e éd. . . 6 fr.

**Young.** Le soleil, avec 86 figures. . . . . . . . . . . . . . 6 fr.

**J. Lubbock.** Les fourmis, les abeilles et les guêpes, avec 65 fig. dans le texte et 13 planches hors texte dont 5 en couleurs. 2 vol. . . . . . . . . . . . . . . . . . . . . . . . . . . 12 fr.

**Ed. Perrier.** La philosophie zoologique avant Darwin. 2e éd. . . 6 fr.

**Stallo.** La matière et la physique moderne. . . . . . . . . . 6 fr.

**Mantegazza.** La physionomie et l'expression des sentiments, avec 8 planches hors texte. . . . . . . . . . . . . . . . . . 6 fr.

**De Meyer.** Les organes de la parole, avec 51 figures. . . . 6 fr.

**De Lanessan.** Introduction a la botanique. Le sapin, avec fig. . . 6 fr.

**E. Trouessart.** Les microbes, les ferments et les moisissures, avec 107 fig. dans le texte. . . . . . . . . . . . . . . . . . 6 fr.

**R. Hartmann.** Les singes anthropoïdes, avec 63 figures dans le texte. . . 6 fr.

---

VOLUMES SUR LE POINT DE PARAITRE

**Berthelot.** La philosophie chimique.

**Binet et Féré.** Le magnétisme animal, avec fig.

**O. Schmidt.** Les mammifères dans les temps primitifs, avec fig.

**Romanes.** L'intelligence des animaux. 2 vol.

**Ed. Perrier.** L'embryogénie générale, avec fig.

**De Mortillet.** L'origine de l'homme, avec fig.

**Beaunis.** Les sensations internes, avec fig.

**Cartailhac.** La France préhistorique, avec fig.

**E. Oustalet.** L'origine des animaux domestiques, avec fig.

**G. Pouchet.** La vie du sang, avec fig.

---

Coulommiers. — Typog. P. BRODARD et GALLOIS.

# ORIGINE

DES

# PLANTES CULTIVÉES

PAR

**Alph. de CANDOLLE**

Associé étranger de l'Académie des sciences de l'Institut de France,
Membre étranger des sociétés royales de Londres, Edimbourg et Dublin,
des Académies de Saint-Pétersbourg, Stockholm, Berlin, Munich,
Bruxelles, Copenhague, Amsterdam, Rome, Turin,
Madrid, Boston, etc.

---

TROISIÈME ÉDITION
revue et augmentée

---

PARIS

ANCIENNE LIBRAIRIE GERMER BAILLIÈRE ET Cie

FÉLIX ALCAN, ÉDITEUR

108, BOULEVARD SAINT-GERMAIN, 108

—

1886

Tous droits réservés

# PRÉFACE

La question de l'origine des plantes cultivées intéresse les agriculteurs, les botanistes et même les historiens ou les philosophes qui s'occupent des commencements de la civilisation.

Je l'ai traitée jadis dans un chapitre de ma *Géographie botanique raisonnée;* mais cet ouvrage est devenu rare, et d'ailleurs des faits importants ont été découverts, depuis 1855, par les voyageurs, les botanistes et les archéologues. Au lieu de faire une seconde édition de mon travail, j'en ai rédigé un autre, complètement nouveau et plus étendu. Il traite de l'origine d'un nombre presque double d'espèces des pays tropicaux ou des régions tempérées. C'est à peu près la totalité des plantes que l'on cultive, soit en grand, pour des emplois économiques, soit fréquemment, dans les jardins fruitiers ou potagers.

Mon but a été surtout de chercher l'état et l'habitation de chaque espèce avant sa mise en culture. Il a fallu pour cela distinguer, parmi les innombrables variétés, celle qu'on peut estimer la plus ancienne, et voir de quelle région du globe elle est sortie. Le problème est plus difficile qu'on ne pourrait le croire. Dans le siècle dernier, et jusqu'au milieu de celui-ci, les auteurs s'en occupaient bien peu, et les plus habiles ont contribué à répandre des idées fausses. Je crois vraiment que les trois quarts des indications de Linné sur la patrie des plantes cultivées sont ou incomplètes ou erronées. On a répété ensuite ces assertions, et, malgré ce que les modernes ont constaté pour plusieurs espèces, on les répète encore dans des journaux et des ouvrages populaires. Il est temps de corriger des erreurs qui remontent quelquefois jusqu'aux Grecs et aux Romains. L'état actuel de la science le permet, à condition de s'appuyer sur des documents variés, dont plusieurs tout à fait récents ou même inédits, et de les discuter, comme cela se pratique dans les recherches historiques. C'est un de ces cas, assez rares, dans lesquels les sciences d'observation doivent se servir de preuves testimoniales. On verra qu'elles conduisent à de bons résultats, puisque j'ai pu déterminer l'origine de presque toutes les espèces, tantôt d'une manière certaine et tantôt avec un degré de probabilité satisfaisant.

Je me suis efforcé en outre de constater depuis combien de siècles ou de milliers d'années chaque espèce a été cultivée et comment la culture s'en est répandue dans différentes directions, à des époques successives.

Pour quelques plantes cultivées depuis plus de deux mille ans, et même pour d'autres, il arrive qu'on ne connaît pas aujourd'hui l'état spontané, c'est-à-dire sauvage, ou bien que cette condition n'est pas assez démontrée. Les questions de ce genre sont délicates. Elles exigent — comme la distinction des espèces — beaucoup de recherches dans les livres et les herbiers. J'ai même été obligé de recourir à l'obligeance de quelques voyageurs ou botanistes dispersés dans toutes les parties du monde, pour obtenir des renseignements nouveaux. Je les donnerai à l'occasion de chaque espèce, avec l'expression de ma sincère reconnaissance.

Malgré ces documents et en dépit de toutes mes recherches, il existe encore plusieurs espèces qu'on ne connaît pas à l'état spontané. Lorsqu'elles sont sorties de régions peu ou point explorées par les botanistes, ou quand elles appartiennent à des catégories de plantes mal étudiées jusqu'à présent, on peut espérer qu'un jour l'état indigène sera découvert et suffisamment constaté. Mais cette espérance n'est pas fondée quand il s'agit d'espèces et de pays bien connus. On est conduit alors à deux hypothèses : ou ces plantes ont changé de forme dans la nature comme dans la culture, depuis l'époque historique, de telle manière qu'on ne les reconnaît plus pour appartenir à la même espèce; — ou ce sont des espèces éteintes. La lentille, le Pois chiche n'existent probablement plus dans la nature, et d'autres espèces, comme le Froment, la Fève, le Carthame, trouvées sauvages très rarement, paraissent en voie d'extinction. Le nombre des plantes cultivées dont je me suis occupé étant de 249, le chiffre de trois, quatre ou cinq espèces éteintes ou près de s'éteindre serait une proportion considérable, répondant à un millier d'espèces pour l'ensemble des végétaux phanérogames. Cette déperdition de formes aurait eu lieu pendant la courte période de quelques centaines de siècles, sur des continents où elles pouvaient cependant se répandre et au milieu de circonstances qu'on a l'habitude de considérer comme stables. On voit ici de quelle manière l'histoire des plantes cultivées se rattache aux questions les plus importantes de l'histoire générale des êtres organisés.

Genève, 1er septembre 1882.

# ORIGINE
# DES PLANTES CULTIVÉES

D'ARMES DE ... DIRECTEUR

## PREMIÈRE PARTIE

### NOTIONS PRÉLIMINAIRES ET MÉTHODES EMPLOYÉES

## CHAPITRE PREMIER

### DE QUELLE MANIÈRE ET A QUELLES ÉPOQUES LA CULTURE A COMMENCÉ DANS DIVERS PAYS

Les traditions des anciens peuples, embellies par les poètes, ont attribué communément les premiers pas dans la voie de l'agriculture et l'introduction de plantes utiles à quelque divinité ou tout au moins à quelque grand empereur ou Inca. On trouve en réfléchissant que ce n'est guère probable, et l'observation des essais d'agriculture chez les sauvages de notre époque montre que les faits se passent tout autrement.

En général, dans les progrès qui amènent la civilisation, les commencements sont faibles, obscurs et limités. Il y a des motifs pour que cela soit ainsi dans les débuts agricoles ou horticoles. Entre l'usage de récolter des fruits, des graines ou des racines dans la campagne et celui de cultiver régulièrement les végétaux qui donnent ces produits, il y a plusieurs degrés. Une famille peut jeter des graines autour de sa demeure et l'année suivante se pourvoir du même produit dans la forêt. Certains arbres fruitiers peuvent exister autour d'une habitation sans que l'on sache s'ils ont été plantés ou si la hutte a été construite à côté d'eux pour en profiter. Les guerres et la chasse interrompent souvent les essais de culture. Les rivalités et les défiances font que d'une tribu à l'autre l'imitation marche lentement. Si quelque grand personnage ordonne de cultiver une plante et institue quelque cérémonie pour en montrer l'utilité, c'est probablement que des hommes obscurs et inconnus en ont parlé précédemment et que des expériences déjà faites ont réussi. Avant de semblables manifestations, propres à frapper un public déjà nombreux, il doit s'être écoulé un temps plus ou moins long de tentatives locales et éphémères. Il a fallu des causes déterminantes pour susciter ces tentatives, les renouveler et les faire réussir. Nous pouvons facilement les comprendre.

La première est d'avoir à sa portée telle ou telle plante offrant certains des avantages que tous les hommes recherchent. Les sauvages les plus arriérés connaissent les plantes de leur pays; mais l'exemple des Australiens et des Patagoniens montre que s'ils ne les jugent pas productives et faciles à élever, ils n'ont pas l'idée de les mettre en culture. D'autres conditions sont assez évidentes : un climat pas trop rigoureux; dans les pays chauds, des sécheresses pas trop prolongées; quelque degré de sécurité et de fixité; enfin une nécessité pressante, résultant du défaut de ressources dans la pêche, la chasse ou le produit de végétaux indigènes à fruits très nourrissants, comme le châtaignier, le dattier, le bananier ou l'arbre à pain. Quand les hommes peuvent vivre sans travailler, c'est ce qu'ils préfèrent. D'ailleurs l'élément aléatoire de la chasse et de la pêche tente les hommes primitifs — et même quelques civilisés — plus que les rudes et réguliers travaux de l'agriculture.

Je reviens aux espèces que les sauvages peuvent être disposés à cultiver. Ils les trouvent quelquefois dans leur pays, mais souvent ils les reçoivent de peuples voisins, plus favorisés qu'eux par les conditions naturelles, ou déjà entrés dans une civilisation quelconque. Lorsqu'un peuple n'est pas cantonné dans une île ou dans quelque localité difficilement accessible, il reçoit vite certaines plantes, découvertes ailleurs, dont l'avantage est évident, et cela le détourne de la culture d'espèces médiocres de son pays. L'histoire nous montre que le blé, le maïs, la batate, plusieurs espèces de genre Panicum, le tabac et autres plantes, — surtout annuelles, — se sont répandus rapidement, avant l'époque historique. Ces bonnes espèces ont combattu et arrêté les essais timides qu'on a pu faire çà et là de plantes moins productives ou moins agréables. De nos jours encore, ne voyons-nous pas, dans divers pays, le froment remplacer le seigle, le maïs être préféré au sarrasin, et beaucoup de millets, de légumes ou de plantes économiques tomber en discrédit parce que d'autres espèces, venues de loin quelquefois, présentent plus d'avantage. La disproportion de valeur est pourtant moins grande entre des plantes déjà cultivées et améliorées qu'elle ne l'était jadis entre des plantes cultivées et d'autres complètement sauvages. La sélection — ce grand facteur que Darwin a eu le mérite d'introduire si heureusement dans la science — joue un rôle important une fois l'agriculture établie; mais à toute époque, et surtout dans les commencements, *le choix des espèces a plus d'importance que la sélection des variétés.*

Les causes variées qui favorisent ou contrarient les débuts de l'agriculture expliquent bien pourquoi certaines régions se trouvent, depuis des milliers d'années, peuplées de cultivateurs, tandis que d'autres sont habitées encore par des tribus errantes. Evidemment, le riz et plusieurs légumineuses dans l'Asie méridionale, l'orge et le blé en Mésopotamie et en Egypte, plusieurs Panicées en Afrique, le maïs, la pomme de terre, la batate et le manioc en Amérique ont été promptement et facilement cultivés, grâce à leurs qualités évidentes et à des circonstances favorables de climat. Il s'est formé ainsi des centres d'où les espèces les plus utiles se sont répandues. Dans le nord de l'Asie, de l'Europe et de l'Amérique, la température est défavorable et les plantes indigènes sont peu productives; mais comme la chasse et la pêche y présentaient des ressources, l'agriculture a dû s'introduire tard, et l'on a pu se passer des bonnes espèces du midi sans souffrir beaucoup. Il en était autrement pour l'Australie, la Patagonie et même l'Afrique australe. Dans ces pays, les plantes des régions tempérées de notre hémisphère ne pouvaient pas arriver à cause de la distance, et celles de la zone intertropicale étaient exclues par la grande sécheresse ou par l'absence de températures élevées. En même temps, les espèces indigènes sont pitoyables. Ce n'est pas seulement le défaut d'intelligence ou de sécurité qui a empêché les habitants de les cultiver. Leur nature y contribue tellement, que les Européens, depuis cent ans qu'ils sont établis dans ces contrées, n'ont mis en culture qu'une seule espèce, le *Tetragonia*, légume vert assez médiocre. Je n'ignore pas que sir Joseph Hooker [1] a énuméré plus de cent espèces d'Australie qui peuvent servir de quelque manière; mais *en fait* on ne les cultivait pas, et, malgré les procédés perfectionnés des colons anglais, personne ne les cultive. C'est bien la démonstration des principes dont je parlais tout à l'heure, que le choix des espèces l'emporte sur la sélection, et qu'il faut des qualités réelles dans une plante spontanée pour qu'on essaye de la cultiver.

Malgré l'obscurité des commencements de la culture dans chaque région, il est certain que la date en est extrêmement différente. Un des plus anciens exemples de plantes cultivées est, en Egypte, un dessin représentant des figues, dans la pyramide de *Gizeh*. L'époque de la construction de ce monument est incertaine. Les auteurs ont varié entre 1500 et 4200 ans avant l'ère chrétienne! Si l'on suppose environ deux mille ans, ce serait une ancienneté actuelle de quatre mille ans. Or, la construction des pyramides n'a pu se faire que par un peuple nombreux, organisé et civilisé jusqu'à un certain point, ayant par conséquent une agriculture établie, qui devait remonter plus haut, de quelques siècles au moins. En Chine, 2700 ans avant

1. Hooker, *Flora Tasmaniæ*, I, p. cx.

Jésus-Christ l'empereur Chen-nung institua la cérémonie dans laquelle chaque année on sème cinq espèces de plantes utiles, le riz, le soja, le blé et deux sortes de millets [1]. Ces plantes devaient être cultivées depuis quelque temps, dans certaines localités, pour avoir attiré à ce point l'attention de l'empereur. L'agriculture paraît donc aussi ancienne en Chine qu'en Egypte. Les rapports continuels de ce dernier pays avec la Mésopotamie font présumer une culture à peu près contemporaine dans les régions de l'Euphrate et du Nil. Pourquoi ne serait-elle pas tout aussi ancienne dans l'Inde et dans l'archipel Indien? L'histoire des peuples dravidiens et malais ne remonte pas haut et présente bien de l'obscurité, mais il n'y a pas de raisons de croire que la culture n'ait pas commencé chez eux il y a fort longtemps, en particulier au bord des fleuves.

Les anciens Egyptiens et les Phéniciens ont propagé beaucoup de plantes dans la région de la Méditerranée, et les peuples Aryens, dont les migrations vers l'Europe ont commencé à peu près 2500 ou au plus tard 2000 ans avant Jésus-Christ ont répandu plusieurs espèces qui étaient déjà cultivées dans l'Asie occidentale. Nous verrons, en étudiant l'histoire de quelques espèces, qu'on cultivait probablement déjà certaines plantes en Europe et dans le nord de l'Afrique. Il y a des noms de langues antérieures aux Aryens, par exemple finnois, basques, berbères et guanches (des îles Canaries), qui l'indiquent. Cependant les restes, appelés *Kjökkenmöddings*, des habitations anciennes du Danemark, n'ont fourni jusqu'à présent aucune preuve de culture et en même temps aucun indice de la possession d'un métal [2]. Les Scandinaves de cette époque vivaient surtout de pêche, de chasse et peut-être accessoirement de plantes indigènes, comme le chou, qui ne sont pas de nature à laisser des traces dans les fumiers et les décombres, et qu'on pouvait d'ailleurs se passer de cultiver. L'absence de métaux ne suppose pas, dans ces pays du nord, une ancienneté plus grande que le siècle de Périclès ou même des beaux temps de la république romaine. Plus tard, quand le bronze a été connu en Suède, région bien éloignée des pays alors civilisés, l'agriculture avait fini par s'introduire. On a trouvé dans les restes de cette époque la sculpture d'une charrue attelée de deux bœufs et conduite par un homme [3].

Les anciens habitants de la Suisse orientale, lorsqu'ils avaient des instruments de pierre polie et pas de métaux, cultivaient plusieurs plantes, dont quelques-unes étaient originaires d'Asie.

1. Bretschneider, *On the study and value of chinese botanical works*, p. 7.

2. De Nadaillac, *Les premiers hommes et les temps préhistoriques*, I, p. 266, 268. L'absence de traces d'agriculture dans ces débris m'est certifiée d'ailleurs par M. Heer et M. Cartailhac, très au courant tous les deux des découvertes en archéologie.

3. M. Montelius, d'après Cartailhac, *Revue*, 1875, p 237.

M. Heer [1] a montré, dans son admirable travail sur les palafittes, qu'ils avaient des communications avec les pays situés au midi des Alpes. Ils pouvaient aussi avoir reçu des plantes cultivées par les Ibères, qui occupaient la Gaule avant les Celtes. A l'époque où les lacustres de Suisse et de Savoie ont possédé le bronze leurs cultures étaient plus variées. Il paraît même que les lacustres d'Italie, lorsqu'ils avaient ce métal, cultivaient moins d'espèces que ceux des lacs de Savoie [2], ce qui peut tenir à une ancienneté plus grande ou à des circonstances locales. Les restes des lacustres de Laybach et du Mondsee, en Autriche, accusent aussi une agriculture tout à fait primitive : point de céréales à Laybach, et un seul grain de blé au Mondsee [3]. L'état si peu avancé de l'agriculture dans cette partie orientale de l'Europe est en opposition avec l'hypothèse, basée sur quelques mots des anciens historiens, que les Aryas auraient séjourné d'abord dans la région du Danube et que la Thrace aurait été civilisée avant la Grèce. Malgré cet exemple l'agriculture paraît, en général, plus ancienne dans la partie tempérée de l'Europe qu'on ne pouvait le croire d'après les Grecs, disposés, comme certains modernes, à faire sortir tout progrès de leur propre nation.

En Amérique, l'agriculture n'est peut-être pas aussi ancienne qu'en Asie et en Egypte, si l'on en juge par les civilisations du Mexique et du Pérou, qui ne remontent pas même aux premiers siècles de l'ère chrétienne. Cependant la dispersion immense de certaines cultures, comme celle du maïs, du tabac et de la batate, fait présumer une agriculture ancienne, par exemple de deux mille ans ou à peu près. L'histoire fait défaut dans ce cas, et l'on ne peut espérer quelque chose que des découvertes en archéologie et géologie.

1. Heer, *Die Pflanzen der Pfahlbauten*, in-4, Zurich, 1865. Voir l'article du lin.

2. Perrin, *Etude préhistorique de la Savoie*, in-4, 1870 ; Castelfranco, *Notizie intorno alla Stazione lacustre di Lagozza*, et Sordelli, *Sulle piante della torbiera della Lagozza*, dans les *Actes de la Soc. ital. des sc. nat.*, 1880.

3. Much, *Mittheil. d. anthropol. Ges. in Wien*, vol. 6 ; Sacken, *Sitzber. Akad. Wien*, vol. 6. Lettre de M. Heer sur ces travaux, et leur analyse dans Nadaillac, I, p. 247.

# CHAPITRE II

## MÉTHODES POUR DÉCOUVRIR OU CONSTATER L'ORIGINE DES ESPÈCES

### § 1. — Réflexions générales.

La plupart des plantes cultivées ayant été mises en culture à une époque ancienne et souvent d'une manière peu connue, il est nécessaire d'user de différents moyens lorsqu'on veut s'assurer de leur origine. C'est, pour chaque espèce, une recherche dans le genre de celles que font les historiens et les archéologues, recherche variée, dans laquelle on se sert tantôt d'un procédé et tantôt d'un autre, pour les combiner ensuite et les apprécier selon leur valeur relative. Le naturaliste n'est plus ici dans son domaine ordinaire d'observations et de descriptions. Il doit s'appuyer sur des preuves testimoniales, dont il n'est jamais question dans les laboratoires, et, quand les faits de botanique sont invoqués, il ne s'agit pas de l'anatomie, dont on s'occupe de préférence aujourd'hui, mais de la distinction des espèces et de leur distribution géographique.

J'aurai donc à me servir de méthodes qui sont étrangères, les unes aux naturalistes, les autres aux personnes versées dans les sciences historiques. Pour comprendre comment il faut les employer et ce qu'elles peuvent valoir, je dirai quelques mots de chacune.

### § 2. — Botanique.

Un des moyens les plus directs pour connaître l'origine géographique d'une espèce cultivée est de chercher dans quel pays elle croît spontanément, c'est-à-dire à l'état sauvage, sans le secours de l'homme.

La question paraît simple au premier coup d'œil. Il semble,

en effet, qu'en consultant les flores, les ouvrages sur l'ensemble des espèces ou les herbiers, on doit pouvoir la résoudre aisément dans chaque cas particulier. Malheureusement, c'est, au contraire, une question qui exige des connaissances spéciales de botanique, surtout de géographie botanique, et une appréciation des botanistes et des collecteurs d'échantillons basée sur une longue expérience. Les savants occupés d'histoire ou d'interprétation d'écrivains de l'antiquité s'exposent à faire de grandes erreurs lorsqu'ils se contentent des premiers témoignages venus dans un livre de botanique. D'un autre côté, les voyageurs qui récoltent des plantes pour les herbiers ne font pas toujours assez d'attention aux localités et aux circonstances dans lesquelles ils trouvent les espèces. Souvent ils négligent de noter ce qu'ils ont remarqué à cet égard. On sait cependant qu'une plante peut venir d'individus cultivés dans le voisinage; que les oiseaux, les vents, etc., peuvent en avoir transporté les graines à de grandes distances, et qu'elles arrivent quelquefois par le lest des vaisseaux ou mêlées avec des marchandises. Ces cas se présentent pour des espèces ordinaires, à plus forte raison pour les plantes cultivées qui sont abondantes autour de l'homme. Il faut, chez un collecteur ou voyageur, de bonnes habitudes d'observation pour estimer jusqu'à quel point un végétal est issu de pieds sauvages, appartenant à la flore du pays, ou d'une autre origine. Quand la plante croît près des habitations, sur des murailles, dans des décombres, au bord des routes, etc., c'est une raison pour se défier.

Il peut aussi arriver qu'une espèce se répande hors des cultures, même loin des localités suspectes, et n'ait cependant qu'une durée éphémère, parce qu'elle ne supporte pas, à la longue, les conditions du climat ou la lutte avec les plantes indigènes. C'est ce qu'on appelle en botanique une espèce *adventive*. Elle paraît et disparaît, preuve qu'elle n'est pas originaire du pays. Les exemples abondent dans chaque flore. Lorsqu'ils deviennent plus nombreux qu'à l'ordinaire, le public en est frappé. Ainsi les troupes amenées brusquement d'Algérie en France, en 1870, avaient répandu, par les fourrages et autrement, une foule d'espèces africaines ou méridionales qui ont excité l'étonnement, mais dont il n'est pas resté de trace après deux ou trois hivers.

Il y a des collecteurs et des auteurs de flores très attentifs à signaler ces faits. Grâce à mes relations personnelles et à l'emploi fréquent des herbiers et des livres de botanique, je me flatte de les connaître. Je citerai donc volontiers leur témoignage dans les cas douteux. Pour quelques pays et quelques espèces, je me suis adressé directement à ces estimables naturalistes. J'ai fait appel à leurs souvenirs, à leurs notes, à leurs herbiers, et, d'après ce qu'ils ont bien voulu me répondre, j'ai pu ajouter des documents inédits à ceux qu'on trouve dans les ouvrages publiés. Je dois de sincères remerciements pour des informations de ce genre que j'ai reçues de M. C. B. Clarke sur les plantes de l'Inde, de M. Boissier sur celles d'Orient, de M. Sagot sur les espèces de la Guyane française, de M. Cosson sur celles d'Algérie, de MM. Decaisne et Bretschneider sur les plantes de Chine, de M. Pancic sur des céréales de Servie, de MM. Bentham et Baker sur des échantillons de l'herbier de Kew, enfin de M. Edouard André sur des plantes d'Amérique. Ce zélé voyageur a bien voulu me prêter des échantillons très intéressants d'espèces cultivées dans l'Amérique méridionale, qu'il a recueillis avec toutes les apparences de végétaux indigènes.

Une question plus difficile, qu'on ne peut pas résoudre sur le terrain, est de savoir si une espèce bien spontanée, ayant toutes les apparences des espèces indigènes, existe dans le pays depuis un temps très reculé ou s'y est introduite à une époque plus ou moins ancienne.

Il y a, en effet, des espèces *naturalisées*, c'est-à-dire qui s'introduisent parmi les anciennes plantes de la flore et s'y maintiennent, quoique d'origine étrangère, au point que la simple observation ne permet plus de les distinguer et qu'il faut pour cela des renseignements historiques ou des considérations de pure botanique ou géographie botanique. Dans un sens très général, en tenant compte des temps prolongés dont la science est obligée de s'occuper, presque toutes les espèces, surtout dans les régions hors des tropiques, ont été naturalisées une fois, c'est-à-dire qu'elles ont passé d'une région à une autre, par l'effet de circonstances géographiques et physiques. Lorsque j'ai émis l'idée, en 1855, que des conditions antérieures à notre époque ont déterminé la plupart des faits de la distribution actuelle des végétaux, — c'était l'expression de plusieurs des articles et la conclusion de mes deux volumes sur la géographie botanique [1], — on a été quelque peu surpris. La paléontologie venait bien de conduire, par des vues générales, un savant allemand, le Dr Unger, à des idées analogues [2], et, avant lui, Edouard Forbes avait émis, pour quelques espèces du midi des îles britanniques, l'hypothèse d'une ancienne contiguïté avec l'Espagne [3]. Mais, la preuve donnée, pour l'ensemble des espèces actuelles, de l'impossibilité d'expliquer leurs habitations au moyen des conditions qui existent depuis quelques milliers d'années, a produit plus d'impression, parce qu'elle était davantage dans le domaine des botanistes et qu'elle ne concernait pas quelques plantes, d'un seul pays. L'hypothèse proposée par Forbes, devenue dès lors

1. Alph. de Candolle, *Géographie botanique raisonnée*, chap. X, p. 1055; chap. XI, XIX, XXVII.
2. Unger, *Versuch einer Geschichte der Pflanzenwelt*, 1852.
3. Forbes. *On the connexion between the distribution of the existing fauna and flora of the british isles with the geological changes which have affected their area*, in-8, dans : *Memoirs of the geological survey*, vol. I, 1846.

un fait général et certain, est à présent un des lieux communs de la science. Tout ce qu'on écrit sur la géographie botanique ou zoologique s'appuie sur cette base, qui n'est plus contestée.

Elle offre, dans les applications à chaque pays ou chaque espèce, de nombreuses difficultés, car, une cause étant une fois reconnue, il n'est pas toujours aisé de savoir comment elle a agi dans chaque cas particulier. Heureusement, en ce qui concerne les plantes cultivées, les questions qui se présentent n'exigent pas de remonter à des temps très anciens, ni surtout à des dates qu'on ne peut préciser en nombre d'années ou de siècles. Sans doute la plupart des formes spécifiques actuelles remontent à un temps plus reculé que la grande extension des glaciers dans l'hémisphère boréal, phénomène qui a duré bien des milliers d'années si l'on en juge par l'énormité des dépôts que les glaces ont enlevés et transportés; mais les cultures ont commencé depuis ces événements et même, dans beaucoup de cas, depuis une époque historique. Nous n'avons guère à nous occuper de ce qui a précédé. Les espèces cultivées peuvent avoir changé de pays avant leur culture, ou, dans un temps plus long, avoir changé de forme, cela rentre dans les questions générales de tous les êtres organisés; notre travail demande seulement que chaque espèce soit examinée depuis qu'on la cultive, ou dans les temps qui ont précédé immédiatement sa culture. C'est une grande simplification.

La question d'ancienneté, ainsi limitée, peut être abordée au moyen des renseignements historiques ou autres, dont je parlerai tout à l'heure, et par les principes de la géographie botanique.

Je rappellerai ceux-ci sommairement, pour montrer de quelle manière ils aident à découvrir l'origine géographique d'une plante.

Chaque espèce présente ordinairement une habitation continue ou à peu près. Cependant quelquefois elle est *disjointe*, c'est-à-dire que les individus qui la composent sont divisés entre des régions éloignées. Ces cas, très intéressants pour l'histoire du règne végétal et des surfaces terrestres du globe, sont loin de former la majorité. Par conséquent, lorsqu'une espèce cultivée se trouve à l'état sauvage, très abondamment en Europe, et moins abondamment aux Etats-Unis, il est probable que, malgré son apparence indigène en Amérique, elle s'y est naturalisée, à la suite de quelque transport accidentel.

Les genres du règne végétal, bien que formés ordinairement de plusieurs espèces, son tsouvent limités à telle ou telle région. Il en résulte que plus un genre compte d'espèces toutes de la même grande division du globe, plus il est probable qu'une des espèces en apparence originaire d'une autre partie du monde y a été transportée et s'y est naturalisée, par exemple, en s'échappant des cultures. Cela est vrai surtout dans les genres qui habitent les pays tropicaux, parce qu'ils sont plus souvent limités à l'ancien ou au nouveau monde.

La géographie botanique apprend quelles flores ont en commun des genres et même des espèces, malgré un certain éloignement, et quelles, au contraire, sont très différentes, malgré des analogies de climat ou une distance assez faible. Elle fait connaître aussi quels sont les espèces, genres et familles ayant des habitations vastes et quels autres ont une extension ou *aire* moyenne restreinte. Ces données aident beaucoup à déterminer l'origine probable d'une espèce. Les plantes qui se naturalisent se répandent rapidement. J'en ai cité jadis [1] des exemples, d'après ce qui s'est passé depuis deux siècles, et des faits semblables ont continué d'être observés d'année en année. On connaît la rapidité de l'invasion récente de l'*Anacharis Alsinastrum* dans les eaux douces d'Europe, et celle de beaucoup de plantes européennes à la Nouvelle-Zélande, en Australie, en Califormie, etc., signalée dans plusieurs flores ou voyages modernes.

L'extrême abondance d'une espèce n'est pas une preuve d'ancienneté. L'*Agave americana*, si commun dans la région méditerranéenne, quoique venu d'Amérique, et notre Cardon, qui couvre maintenant d'immenses étendues des pampas de la Plata, en sont des exemples remarquables. Le plus souvent, l'invasion d'une espèce marche rapidement, et au contraire l'extinction est le résultat d'une lutte de plusieurs siècles contre des circonstances défavorables [2].

La désignation la plus convenable à adopter pour des espèces ou, dans un langage plus scientifique, pour des formes voisines, est un problème qui se présente souvent en histoire naturelle, et dans la catégorie des espèces cultivées plus que dans les autres. Ces plantes changent par la culture. L'homme s'empare des formes nouvelles qui lui conviennent et les propage par des moyens artificiels, tels que les boutures, la greffe, le choix des graines, etc. Evidemment, pour connaître l'origine d'une de ces espèces, il faut éliminer le plus possible les formes qui semblent artificielles et concentrer son attention sur les autres. Une réflexion bien simple doit guider dans ce choix : c'est qu'une espèce cultivée offre des diversités principalement dans les parties pour lesquelles on la cultive. Les autres peuvent rester sans modifications, ou avec des modifications légères, dont le cultivateur ne tient pas compte, parce qu'elles lui sont inutiles. Il faut donc s'attendre à ce qu'un arbre fruitier primitif et sauvage ait de petits fruits, de saveur médiocrement agréable; à ce qu'une céréale ait de petites graines, la pomme de terre sauvage de petits tubercules, le tabac indigène des feuilles étroites, etc., etc., sans aller cependant jusquà s'imaginer qu'une espèce aurait pris

1. A. de Candolle, *Géogr. bot. raisonnée*, chap. VII et X.
2. A. de Candolle, *Géogr. bot. raisonnée*, chap. VIII, p. 804.

tout à coup de grands développements par l'effet de la culture, car l'homme n'aurait pas commencé à la cultiver si elle n'avait offert dès l'origine quelque chose d'utile ou agréable.

Une fois la plante cultivée réduite à ce qui permet de la comparer raisonnablement aux formes analogues spontanées, il faut savoir encore quel groupe de plantes à peu près semblables on juge à propos de désigner comme constituant une espèce. Sur ce point, les botanistes sont seuls compétents, parce qu'ils ont l'habitude d'apprécier les différences et les ressemblances, et qu'ils n'ignorent pas la confusion de certains ouvrages en fait de nomenclature. Ce n'est pas ici le lieu de discuter ce qu'on peut appeler raisonnablement une espèce. On verra dans quelques-uns de mes articles les principes qui me paraissent les meilleurs. Comme leur application exigerait souvent des observations qui n'ont pas été faites, j'ai pris le parti de distinguer quelquefois des formes quasi spécifiques dans un groupe qui me paraît être une espèce, et j'ai cherché l'origine géographique de ces formes comme si elles étaient vraiment spécifiques.

En résumé, la botanique fournit des moyens précieux pour deviner ou constater l'origine des plantes cultivées et pour éviter des erreurs. Il faut se bien persuader cependant que la combinaison d'observations sur le terrain et dans le cabinet est nécessaire. Après le collecteur qui voit les plantes dans une localité ou une région et qui rédige peut-être une flore ou un catalogue d'espèces, il est indispensable d'étudier les distributions géographiques, connues ou probables, d'après les livres et les herbiers, et de penser aux principes de la géographie botanique et aux questions de classification, ce qui ne peut se faire ni en voyageant ni en herborisant. D'autres recherches, dont je vais parler, doivent être combinées avec celles de botanique, si l'on veut arriver à des conclusions satisfaisantes.

## § 3. — **Archéologie et paléontologie.**

La preuve la plus directe qu'on puisse imaginer de l'existence ancienne d'une espèce dans un pays est d'en voir des fragments reconnaissables dans de vieux édifices ou de vieux dépôts, d'une date plus ou moins certaine.

Les fruits, graines et fragments divers de plantes sortis des tombeaux de l'ancienne Egypte et les dessins qui les entourent dans les pyramides, ont donné lieu à des recherches d'une grande importance, dont j'aurai souvent à faire mention. Il y a pourtant ici une chance d'erreur : l'introduction frauduleuse de plantes modernes dans les cercueils de momies. On l'a reconnue facilement, quand il s'est agi, par exemple, de grains de maïs, plante d'origine américaine, glissés par les Arabes; mais on peut avoir ajouté des espèces cultivées en Egypte depuis deux ou trois mille ans, qui semblent alors d'une antiquité trop reculée. Les *tumuli* ou *mounds* de l'Amérique septentrionale et les monuments des anciens Mexicains et Péruviens ont fourni des documents sur les plantes qu'on cultivait dans cette partie du monde. Il s'agit alors de temps moins anciens que celui des pyramides d'Egypte.

Les dépôts des lacustres ou palafittes de Suisse ont donné lieu à des mémoires très importants, parmi lesquels il faut citer en première ligne celui de Heer, mentionné tout à l'heure. Des travaux analogues ont été faits sur les débris végétaux trouvés dans d'autres lacs ou tourbières de Suisse, Savoie, Allemagne et Italie. Je les mentionnerai à l'occasion de plusieurs espèces. M. le Dr Gross a eu l'obligeance de me communiquer des fruits et graines tirés des palafittes du lac de Neuchatel, et mon collègue le professeur Heer m'a favorisé de quelques renseignements recueillis à Zurich depuis sa publication. J'ai dit que les dépôts appelés Kjökkenmöddings dans les pays scandinaves n'ont fourni aucune trace de végétaux cultivés.

Les tufs du midi de la France contiennent des feuilles et autres débris de plantes qui ont été déterminés par MM. Martins, Planchon, de Saporta et autres savants. Leur date n'est peut-être pas toujours plus ancienne que les premiers dépôts des lacustres, et il est possible qu'elle concorde avec celle d'anciens monuments d'Egypte et d'anciens livres des Chinois. Enfin, les couches minérales, dont les géologues s'occupent spécialement, apprennent déjà beaucoup sur la succession des formes végétales dans divers pays; mais il s'agit alors d'époques bien antérieures à l'agriculture, et ce serait un hasard singulier, et assurément précieux, si l'on découvrait à l'époque tertiaire européenne une espèce actuellement cultivée. Cela n'est pas arrivé jusqu'à présent, d'une manière tout à fait certaine, quoique des espèces non cultivées aient été reconnues dans des couches antérieures à notre époque glaciaire de l'hémisphère boréal. Du reste, si l'on ne parvient pas à en trouver, les conséquences ne seront pas claires, attendu qu'on pourra dire : telle plante est arrivée depuis, d'une autre région, ou bien elle avait jadis une forme différente, qui n'a pas permis de la reconnaître dans les fossiles.

## § 4. — **Histoire.**

Les documents historiques sont importants pour la date de certaines cultures dans chaque pays. Ils donnent aussi des indications sur l'origine géographique des plantes quand elles ont été propagées par les migrations d'anciens peuples, les voyages ou des expéditions militaires.

Il ne faut pourtant pas accepter sans examen les assertions des auteurs.

La plupart des anciens historiens ont confondu le fait de la culture d'une espèce dans un pays avec celui de son habitation antérieure, à l'état sauvage. On a dit communément, — même de nos jours — d'une espèce cultivée en Amérique ou en Chine qu'elle habite l'Amérique ou la Chine. Une erreur non moins fréquente a été de croire une espèce originaire d'un pays, parce qu'on l'a reçue de là et non du pays véritablement de son origine. Ainsi les Grecs et les Romains ont appelé pomme de Perse la pêche, qu'ils avaient vue cultivée en Perse, qui n'y était probablement pas sauvage et que j'ai prouvée naguère être originaire de Chine. Ils ont appelé pomme de Carthage (Malum punicum) la grenade, qui s'était répandue progressivement dans les jardins, de Perse en Mauritanie. A plus forte raison, les très anciens auteurs, tels que Bérose et Hérodote, ont pu se tromper, malgré leur désir d'être exacts.

Nous verrons, à l'occasion du maïs, que des pièces historiques entièrement forgées, peuvent tromper sur l'origine d'une espèce. C'est singulier, car pour un fait de culture il semble que personne n'a intérêt à mentir. Heureusement les indices botaniques ou archéologiques aident à faire présumer les erreurs de cette nature.

La principale difficulté — celle qui se présente ordinairement pour les anciens historiens — est de traduire exactement les noms des plantes qui, dans leurs livres, sont toujours des noms vulgaires. Je parlerai bientôt de la valeur de ces noms et des ressources de la linguistique dans les questions qui nous occupent ; mais il faut indiquer auparavant quelles notions historiques sont le plus utiles dans l'étude des plantes cultivées.

L'agriculture est sortie anciennement, du moins en ce qui concerne les principales espèces, de trois grandes régions où croissaient certaines plantes et qui n'avaient aucune communication les unes avec les autres. Ce sont : la Chine, le sud-ouest de l'Asie (lié avec l'Egypte) et l'Amérique intertropicale. Je ne veux pas dire qu'en Europe, en Afrique ou ailleurs des peuples sauvages n'aient cultivé quelques espèces, à une époque reculée, d'une manière locale, comme accessoires de la chasse ou de la pêche ; mais les grandes civilisations, basées sur l'agriculture, ont commencé dans les trois régions que je viens d'indiquer. Chose digne de remarque, dans l'ancien monde, c'est sur le bord des fleuves que les populations agricoles se sont surtout constituées, tandis qu'en Amérique c'est sur les plateaux du Mexique et du Pérou. Il faut peut-être l'attribuer à la situation primitive des plantes bonnes à cultiver, car les rives du Missisipi, de l'Orénoque et de l'Amazone ne sont pas plus malsaines que celles des fleuves de l'ancien monde.

Quelques mots sur chacune des trois régions.

La Chine avait depuis des milliers d'années une agriculture et même une horticulture florissantes lorsqu'elle est entrée, pour la première fois, en communication avec l'Asie occidentale, par la mission de Chang-Kien, sous le règne de l'empereur Wu-ti, dans le IIe siècle avant l'ère chrétienne. Les recueils appelés Pent-sao, écrits à l'époque de notre moyen âge, constatent qu'il rapporta la fève, le concombre, la luzerne, le safran, le sésame, le noyer, le pois, l'épinard, le melon d'eau et d'autres plantes de l'ouest [1], alors inconnues aux Chinois. Chang-Kien, comme on voit, n'a pas été un ambassadeur ordinaire. Il a étendu singulièrement les connaissances géographiques et amélioré les conditions économiques de ses compatriotes. Il est vrai qu'il avait été forcé de demeurer dix ans dans l'ouest et qu'il appartenait à une population déjà civilisée, chez laquelle un empereur, 2700 ans avant Jésus-Christ, avait entouré de cérémonies imposantes la culture de quelques plantes. Les Mongoles étaient trop barbares et venaient d'un pays trop froid pour avoir pu introduire beaucoup d'espèces utiles en Chine; mais, en étudiant l'origine du pêcher et de l'abricotier, nous verrons que ces arbres ont été portés de Chine dans l'Asie occidentale, probablement par des voyageurs isolés, marchands ou autres, qui passaient au nord de l'Himalaya. Quelques espèces ont pu se répandre de la même manière de l'ouest en Chine, avant l'ambassade de Chang-Kien.

Les communications régulières de la Chine avec l'Inde ont commencé seulement à l'époque de ce même personnage, et par la voie détournée de la Bactriane [2], mais il a pu y avoir des transmissions de proche en proche par la presqu'île malaise et la Cochinchine. Les lettrés qui écrivaient dans le nord de la Chine ont pu les ignorer, d'autant plus que les provinces méridionales ont été jointes à l'empire seulement au IIe siècle avant l'ère chrétienne [3].

Les premiers rapports du Japon avec la Chine ont été vers l'an 57 de notre ère, par l'envoi d'un ambassadeur, et les Chinois n'eurent vraiment connaissance de leurs voisins orientaux que dans le IIIe siècle, époque de l'introduction de l'écriture chinoise au Japon [4].

La vaste région qui s'étend du Gange à l'Arménie et au Nil n'a pas été anciennement aussi isolée que la Chine. Ses peuples ont échangé, de place en place, et même transporté à distance des plantes cultivées, avec une grande facilité. Il suffit de rappeler que d'anciennes migrations ou conquêtes ont mêlé sans cesse les populations touraniennes, aryennes et sémites entre la mer Caspienne, la Mésopotamie et le Nil. De grands Etats se sont formés, à peu près dans les mêmes temps, sur les bords de l'Euphrate et en Egypte, mais ils avaient succédé à des tribus

1. Bretschneider, *l. c.*, p. 15.
2. Bretschneider, *l. c.*
3. Bretschneider, *l. c.*, p. 23.
4. *Atsuma-gusa. Recueil pour servir à la connaissance de l'extrême Orient*, publié par Fr. Turretini, vol. 6, p. 200, 293.

qui cultivaient déjà certaines plantes. L'agriculture est plus ancienne dans cette région que Babylone et les premières dynasties égyptiennes, lesquelles datent de plus de quatre mille ans. Les empires assyriens et égyptiens se sont ensuite disputé la suprématie, et dans leurs luttes ils ont transporté des populations, ce qui ne pouvait manquer de répandre les espèces cultivées. D'un autre côté, les peuples aryens, qui habitaient primitivement au nord de la Mésopotamie, dans une contrée moins favorable à l'agriculture, se sont répandus à l'ouest et au midi, refoulant ou subjuguant les nations touraniennes et dravidiennes. Leur langue, et surtout celles qui en sont dérivées en Europe et dans l'Inde, montrent qu'ils ont connu et transporté plusieurs espèces utiles [1]. Après ces anciens événements, dont les dates sont généralement incertaines, les voyages par mer des Phéniciens, les guerres entre les Grecs et les Perses, l'expédition d'Alexandre jusque dans l'Inde, et finalement la domination romaine ont achevé de répandre les cultures dans l'intérieur de l'Asie occidentale et même de les introduire en Europe et dans le nord de l'Afrique, partout où le climat pouvait leur être favorable. Plus tard, à l'époque des croisades, il restait bien peu de plantes utiles à tirer de l'Orient. Il est arrivé alors en Europe quelques variétés d'arbres fruitiers que les Romains ne possédaient pas et des plantes d'ornement.

La découverte de l'Amérique, en 1492, a été le dernier grand événement qui a permis de répandre les plantes cultivées dans tous les pays. Ce sont d'abord les espèces américaines, comme la pomme de terre, le maïs, la figue d'Inde, le tabac, etc., qui ont été apportées en Europe et en Asie. Ensuite une foule d'espèces de l'ancien monde ont été introduites en Amérique. Le voyage de Magellan (1520-21) fut la première communication directe entre l'Amérique méridionale et l'Asie. Dans le même siècle, la traite des nègres vint multiplier les rapports entre l'Afrique et l'Amérique. Enfin la découverte des îles de la mer Pacifique au XVIIIe siècle, et la facilité croissante des moyens de communication, combinée avec un désir général d'améliorer, ont produit la dispersion plus générale des plantes utiles dont nous sommes aujourd'hui les témoins.

## § 5. — Linguistique.

Les noms vulgaires de plantes cultivées sont ordinairement très connus et peuvent donner des indications sur l'histoire

1. Il existe, en langue française, deux excellents résumés des connaissances actuelles sur l'Orient et l'Égypte. Je ne saurais trop les recommander aux naturalistes qui ne se sont pas occupés spécialement de ces questions. L'un de ces ouvrages est le *Manuel de l'histoire ancienne de l'Orient*, par François Lenormand, 3 vol. in-12, Paris, 1869. L'autre est *l'Histoire ancienne des peuples de l'Orient*, par Maspero, un vol. in-8, Paris, 1878.

d'une espèce, mais il n'est pas sans exemple qu'ils soient absurdes, basés sur des erreurs, ou vagues et contestables, ce qui oblige à user d'une certaine prudence dans leur emploi.

Je pourrais citer beaucoup de noms absurdes, pris dans toutes les langues. Il suffit de rappeler :

En français : *blé de Turquie* (maïs), pour une plante qui n'est pas un blé et qui vient d'Amérique.

En anglais : *Jérusalem artichoke*, pour le Topinambour (Helianthus tuberosus), qui ne vient pas de Jérusalem, mais de l'Amérique septentrionale, et n'est pas un artichaut.

En allemand : *Haferwurzel* (*Haber*, bouc, en vieux allemand) racine d'avoine, pour le Salsifis (Tragopogon), plante à racine charnue!

Une quantité de noms donnés par les Européens à des plantes étrangères, lorsqu'ils se sont établis dans les colonies, expriment des analogies fausses ou insignifiantes. Par exemple, le *lin de la Nouvelle-Zélande* ressemble aussi peu que possible au lin; seulement on tire de ses feuilles une matière textile. La *pomme d'acajou*, des Antilles françaises, n'est pas le fruit d'un pommier, ni même d'une pomacée, et n'a rien à voir avec l'acajou.

Quelquefois les noms vulgaires se sont altérés en passant d'une langue à l'autre, de manière à donner un sens faux ou ridicule. Ainsi l'arbre de Judée des Français (Cercis Siliquastrum) est devenu en anglais *Judas tree*, arbre de Judas! Le fruit appelé *Ahuaca* par les Mexicains est devenu l'*Avocat* des colons français.

Assez souvent, des noms de plantes ont été pris par le même peuple, à des époques successives ou dans des provinces différentes, tantôt comme noms de genres et tantôt comme noms d'espèces. Par exemple, *blé* peut signifier ou plusieurs espèces du genre Triticum, et même de plantes nutritives très différentes (maïs et blés), ou telle espèce de blé en particulier.

Plusieurs noms vulgaires ont été transportés d'une plante à l'autre, par suite d'erreurs ou d'ignorance. Ainsi, la confusion faite par d'anciens voyageurs entre la Batate (Convolvolus Batatas) et la Pomme de terre (Solanum tuberosum), a entraîné l'usage d'appeler la Pomme de terre en anglais *Potatoe* et en espagnol *Patatas*.

Si des peuples modernes, civilisés, qui ont de grandes facilités pour comparer les espèces, connaître leur origine et vérifier les noms dans les livres, ont fait de semblables erreurs, il est probable que les anciens en ont fait plus encore et de plus grossières. Les érudits déploient infiniment de science pour expliquer l'origine linguistique d'un nom ou ses modifications dans les langues dérivées, mais ils ne peuvent pas découvrir les fautes ou les absurdités populaires. Ce sont plutôt les botanistes qui les devinent ou les démontrent. Remarquons en passant que les noms doubles ou composés sont les plus suspects. Ils peuvent avoir deux erreurs : l'une dans la racine ou le nom principal, l'autre dans l'addition ou nom accessoire, destiné presque toujours à indiquer une origine géographique, une qualité apparente ou quelque comparaison avec d'autres espèces. Plus un nom est bref, plus il mérite qu'on en tienne compte dans la question d'origine ou d'ancienneté, car c'est à la suite des années, des migrations de peuples et des transports de plantes que s'ajoutent les épithètes souvent erronées. De même, dans les écritures symboliques, comme celles des Chinois et des Egyptiens, les signes uniques et simples font présumer des espèces anciennement connues, ne venant pas de pays étrangers, et les signes compliqués sont suspects ou indiquent une origine étrangère. N'oublions pas cependant que les signes ont été souvent des rébus, basés sur des ressemblances fortuites de mots, ou sur des idées superstitieuses et fantastiques.

L'identité d'un nom vulgaire pour une espèce dans plusieurs langues peut avoir deux significations très différentes. Elle peut venir de ce qu'une plante a été transportée par un peuple qui s'est divisé et dispersé. Elle peut résulter aussi de ce qu'une plante a été transmise d'un peuple à l'autre avec le nom du pays d'origine. Le premier cas est celui du chanvre, dont le nom est semblable, au moins quant à sa racine, dans toutes les langues dérivées des Aryas primitifs. Le second se voit dans le nom américain du tabac et le nom chinois du thé, qui se sont répandus dans une infinité de pays, sans aucune filiation linguistique ou ethnographique. Ce cas s'est présenté plus fréquemment dans les temps modernes que dans les anciens, parce que la rapidité des communications permet aujourd'hui d'introduire à la fois une plante et son nom, même à de grandes distances.

La diversité des noms pour une même espèce peut avoir aussi des causes variées. En général, elle indique une existence ancienne dans divers pays, mais elle peut aussi provenir du mélange des peuples ou de noms de variétés qui usurpent le nom primitif. Ainsi, en Angleterre, on peut trouver, suivant les provinces, un nom celte, saxon, danois ou latin, et nous voyons en Allemagne les noms de *Flachs* et *Lein* pour le lin, qui ont évidemment des origines différentes.

Lorsqu'on veut se servir des noms vulgaires pour en tirer certaines probabilités sur l'origine des espèces, il faut consulter les dictionnaires et les dissertations des philologues, mais on est obligé d'estimer les chances d'erreur de ces érudits, qui, n'étant ni agriculteurs ni botanistes, peuvent s'être trompés dans l'application d'un nom à une espèce.

Le recueil le plus considérable de noms vulgaires est celui de Nemnich [1], publié en 1793. J'en possède un autre, manuscrit, plus étendu encore, rédigé dans notre bibliothèque par mon ancien élève Moritzi, au moyen des flores et de plusieurs livres

1. Nemnich, *Allgemeines polyglotten-Lexicon der Naturgeschichte*, 2 vol in-4.

de voyages écrits par des botanistes. Il y a, en outre, des dictionnaires concernant les noms d'espèces de tel ou tel pays ou d'une langue en particulier. Ces sortes de recueils ne contiennent pas souvent des explications sur les étymologies; mais, quoi qu'en dise M. Hehn [1], un naturaliste, pourvu de l'instruction générale ordinaire, peut reconnaître les connexités ou les diversités fondamentales de certains noms dans des langues différentes et ne pas confondre les langues modernes avec les anciennes. Il n'est pas nécessaire pour cela d'être initié dans les subtilités des suffixes et des affixes, des labiales et des dentales. Sans doute un philologue pénètre mieux et plus loin dans les étymologies, mais il est rare que ce soit nécessaire pour les recherches sur les plantes cultivées. D'autres connaissances sont plus utiles, surtout celles de pure botanique, et elles manquent aux philologues plus que la linguistique aux naturalistes, par la raison fort évidente qu'on donne plus de place dans l'instruction générale aux langues qu'à l'histoire naturelle. Il me paraît aussi que les linguistes, notamment ceux qui traitent du sanscrit, veulent beaucoup trop chercher des étymologies à chaque nom. Ils ne pensent pas assez à la bêtise humaine, qui a fait naître dans tous les temps des mots absurdes, sans base réelle, déduits d'une erreur ou d'une idée superstitieuse.

La filiation des langues modernes européennes est connue de tout le monde. Celle des langues anciennes a été l'objet, depuis un demi-siècle, de travaux importants. Je ne puis en donner ici un aperçu, même abrégé. Il suffit de rappeler que toutes les langues européennes actuelles dérivent de la langue des Aryens occidentaux, venus d'Asie, à l'exception du basque (dérivé de l'ibère), du finnois, du turc et du hongrois, dans lesquels au surplus beaucoup de mots d'origine aryenne se sont introduits. D'un autre côté, plusieurs langues actuelles de l'Inde, Ceylan, dérivent du sanscrit des Aryens orientaux, sortis de l'Asie centrale après les Aryens de l'Occident. On suppose, avec assez de vraisemblance, que les premiers Aryens occidentaux sont arrivés en Europe 2500 ans avant notre ère, et les Aryens orientaux dans l'Inde un millier d'années plus tard.

Le basque (ou ibère), le guanche des îles Canaries, dont on connaît quelques noms de plantes, et le berbère se rattachaient probablement aux anciennes langues du nord de l'Afrique.

Les botanistes sont obligés, dans beaucoup de cas, de douter des noms vulgaires attribués aux plantes par les voyageurs, les historiens et les philologues. C'est une conséquence des doutes qu'ils ont eux-mêmes sur la distinction des espèces et de la difficulté qu'ils savent très bien exister lorsqu'on veut s'assurer du nom vulgaire d'une plante. L'incertitude devient d'autant

1. Hehn, *Kulturpflanzen und Hausthiere in ihren Uebergang aus Asien* in-8, 3e édition, 1877.

plus grande qu'il s'agit d'espèces plus faciles à confondre ou moins connues du public, ou de langues de nations peu civilisées. Il y a des degrés, pour ainsi dire, entre les langues, sous ce point de vue, et les noms doivent être acceptés plus ou moins suivant ces degrés.

En tête, pour la certitude, se placent les langues qui possèdent des ouvrages de botanique. On peut en effet reconnaître une espèce au moyen d'une description grecque de Dioscoride ou de Théophraste, et des textes latins moins développés de Caton, Columelle ou Pline. Les livres chinois donnent aussi des descriptions. Leur étude a fait l'objet d'excellents travaux du docteur Bretschneider, medecin de la légation russe à Peking, que je citerai fréquemment [1].

Le second degré est celui des langues qui ont une littérature composée seulement d'ouvrages de théologie, de poésie, ou de chroniques sur les rois et les batailles. Ces sortes d'ouvrages mentionnent çà et là des plantes, avec des épithètes ou des réflexions sur leur floraison, leur maturité, leur emploi, etc., qui permettent de comprendre un nom et de le rapporter à la nomenclature botanique actuelle. En s'aidant d'ailleurs de notions sur la flore du pays et des noms vulgaires dans les langues dérivées de l'ancienne, on arrive, tant bien que mal, à fixer le sens de quelques mots. C'est ce qui a été fait pour le sanscrit [2], l'hébreu [3] et l'araméen [4].

Enfin, une troisième catégorie dans les langues anciennes ne peut donner aucune certitude, mais seulement des présomptions

1. Bretschneider, *On the study and value of chinese botanical works, with notes on the history of plants and geographical botany from chinese sources*. In-8, 51 pages avec figures, Foochoo, sans date, mais la préface datée de décembre 1870. — *Notes on some botanical questions*. In-8, 14 pages, 1880.

2. Le dictionnaire de Wilson contient des noms de plantes, mais les botanistes se fient davantage aux noms indiqués par Roxburgh dans son *Flora indica* (éd. de 1832, 3 vol. in-8) et au dictionnaire spécial de Piddington, *English index to the plants of India*, Calcutta, 1832. Les érudits prétendent découvrir un plus grand nombre de noms dans les textes, mais ils ne donnent pas assez la preuve du sens de ces noms. Généralement, il manque pour le sanscrit ce que nous avons pour l'hébreu, le grec et le chinois, la citation, traduite en langue moderne, des phrases concernant chaque mot.

3. Le meilleur ouvrage sur les noms des plantes de l'Ancien Testament est celui de Rosenmüller, *Handbuch der biblischen Alterkunde*, in-8, vol. 4, Leipzig, 1830. Un bon ouvrage, abrégé, en français, est *La botanique de la Bible*, par Fred. Hamilton, in-8, Nice, 1871.

4. Reynier, botaniste suisse, qui avait séjourné en Egypte, a donné avec sagacité le sens de beaucoup de noms de plantes dans le Talmud. Voir ses volumes intitulés : *Economie publique et rurale des Arabes et des Juifs*, in-8, 1820, et *Economie publique et rurale des Egyptiens et des Carthaginois*, in-8, Lausanne, 1823. Les ouvrages plus récents de Duschak et de Löw ne reposent pas sur la connaissance des plantes d'Orient et sont illisibles, pour les botanistes, à cause des noms en lettres syriaques, hébraïques, etc.

ou des indications hypothétiques assez rares. C'est celle des langues dont on ne connaît aucun ouvrage, comme le celte, avec tous ses dialectes, le vieux slave, le pélasge, l'ibère, la langue des Aryas primitifs, des Touraniens, etc. On arrive à présumer certains noms, ou leur forme approximative, dans ces anciennes langues, par deux procédés, tous deux sujets à caution.

Le premier, et le meilleur, est de consulter les langues dérivées ou qu'on croit dérivées directement des anciennes, comme le basque pour l'ibère, l'albanais pour le pélasge, le breton, l'irlandais et le gaëlic pour le celte. Le danger est de se tromper sur la filiation des langues, et surtout de croire à l'ancienneté d'un nom de plante qui peut être venu par un autre peuple. Ainsi le basque a beaucoup de noms qui paraissent tirés du latin à la suite de la domination romaine. Le berbère est rempli de noms arabes, et le persan de noms de toutes sortes, qui n'existaient probablement pas dans le zend.

L'autre procédé consiste à reconstruire une langue ancienne sans littérature, au moyen de ses dérivées, par exemple la langue des Aryas occidentaux au moyen des mots communs à plusieurs langues européennes qui en sont issues. Pour les mots des anciennes langues aryennes, le dictionnaire de Fick ne peut guère être employé, car il donne peu de noms de plantes, et sa disposition ne le met pas du tout à la portée des personnes qui ne connaissent pas le sanscrit. Bien plus important pour les naturalistes est l'ouvrage d'Adolphe Pictet, dont il a paru, après la mort de l'auteur, une seconde édition, augmentée et perfectionnée [1]. Les noms de plantes et les termes de l'agriculture y sont exposés et discutés d'une manière d'autant plus satisfaisante qu'elle est combinée avec des notions exactes de botanique. Si l'auteur attribue peut-être plus d'importance qu'il ne faudrait à des étymologies douteuses, il le compense par des notions d'une autre nature et par beaucoup de méthode et de clarté.

Les noms de plantes en langue euskarienne, soit basque, ont été commentés, au point de vue des étymologies probables, par M. le comte de Charencey [2]. J'aurai l'occasion de citer ce travail, où les difficultés étaient bien grandes, à cause de l'absence de toute littérature et de langues dérivées.

## § 6. — Nécessité de combiner les différentes méthodes.

Les divers procédés dont je viens de parler n'ont pas une valeur égale. Evidemment lorsqu'on peut avoir sur une espèce

1. Adolphe Pictet, *Les origines des peuples indo-européens,* 3 vol. in-8. Paris, 1878.
2. Charencey, dans *Actes de la Société philologique*, vol. I, nº 1, 1869.

des documents archéologiques, comme ceux des monuments égyptiens ou des lacustres suisses, ce sont des faits d'une exactitude remarquable. Viennent ensuite les données de botanique, surtout celles sur l'existence spontanée d'une espèce dans tel ou tel pays. Elles peuvent avoir beaucoup d'importance, à condition qu'on les examine soigneusement. Les assertions contenues dans les livres soit d'historiens, soit même de naturalistes d'une époque à laquelle la science ne faisait que commencer, n'ont pas la même valeur. Enfin les noms vulgaires ne sont qu'un moyen accessoire, surtout dans les langues modernes, et un moyen, comme nous avons vu, dont il faut se défier. Voilà ce qu'on peut dire d'une manière générale, mais dans chaque cas particulier telle ou telle méthode prend quelquefois plus d'importance.

Chacune conduit à une simple probabilité, puisqu'il s'agit de faits anciens qui échappent aux observations directes et actuelles. Heureusement, si l'on arrive à la même probabilité par trois ou quatre voies différentes, on approche beaucoup de la certitude. Il en est des recherches sur l'histoire des plantes comme de celles sur l'histoire des peuples. Un bon auteur consulte les historiens qui ont parlé des événements, les archives où se trouvent des documents inédits, les inscriptions de vieux monuments, les journaux, les lettres particulières, enfin les mémoires et même la tradition. Il tire des probabilités de chaque source, et ensuite il compare ces probabilités, les pèse et les discute avant de se décider. C'est un travail de l'esprit, qui exige de la sagacité et du jugement. Ce travail diffère beaucoup de l'observation, usitée en histoire naturelle, et du raisonnement pur, qui est le propre des sciences mathématiques. Néanmoins, je le répète, lorsqu'on arrive par plusieurs méthodes à une même probabilité, celle-ci approche de la certitude. On peut même dire qu'elle donne la certitude à laquelle on peut prétendre dans les sciences historiques.

J'en ai eu la preuve en comparant mon travail actuel avec celui que j'avais fait, d'après les mêmes méthodes, en 1855. Pour les espèces que j'avais étudiées alors, j'ai eu plus de documents et des faits mieux constatés, mais les conclusions sur l'origine de chaque espèce ont été à peine changées. Comme elles reposaient déjà sur une combinaison des méthodes, les choses probables sont devenues ordinairement plus probables ou certaines, et il ne m'est pas arrivé d'être conduit à des résultats absolument contraires aux précédents.

Les données archéologiques, linguistiques et botaniques deviennent de plus en plus nombreuses. C'est par leur moyen que l'histoire des plantes cultivées se perfectionne, tandis que les assertions des anciens auteurs perdent de leur importance au lieu d'en acquérir. Grâce aux découvertes des antiquaires et des philologues, les modernes connaissent mieux que les Grecs la

Chaldée et l'ancienne Egypte. Ils peuvent constater des erreurs dans Hérodote. Les botanistes de leur côté corrigent Théophraste, Dioscoride et Pline d'après la connaissance des flores de Grèce et d'Italie, tandis que la lecture des anciens, faite si souvent par les érudits depuis trois siècles, a donné ce qu'elle pouvait donner. Je ne puis m'empêcher de sourire en voyant aujourd'hui des savants répéter des phrases grecques ou latines bien connues, pour en tirer ce qu'ils appellent des conclusions. C'est vouloir extraire du jus d'un citron pressé déjà mainte et mainte fois. Il faut le dire franchement, les ouvrages qui répètent et commentent les auteurs de l'antiquité grecque ou latine, sans mettre en première ligne les faits botaniques et archéologiques, ne sont plus au niveau de la science. Je pourrais en citer cependant qui ont eu, en Allemagne, les honneurs de trois éditions! Mieux aurait valu réimprimer les publications antérieures de Fraas et de Lenz, de Targioni et de Heldreich, qui ont toujours mis les données actuelles de la botanique au-dessus des descriptions vagues d'anciens écrivains, c'est-à-dire les faits au-dessus des mots et des phrases.

# DEUXIÈME PARTIE

## ÉTUDE DES ESPÈCES AU POINT DE VUE DE LEUR ORIGINE DES PREMIERS TEMPS DE LEUR CULTURE ET DES PRINCIPAUX FAITS DE LEUR DISPERSION [1]

## CHAPITRE PREMIER

### PLANTES CULTIVÉES POUR LEURS PARTIES SOUTERRAINES TELLES QUE RACINES, BULBES OU TUBERCULES [2].

**Radis, Raifort.** — *Raphanus sativus*, Linné.

Le radis est cultivé pour ce qu'on appelle la racine, qui est, à proprement parler, la partie inférieure de la tige avec la racine pivotante [3]. On sait à quel point la grosseur, la forme et la couleur de ces organes, qui deviennent charnus, peuvent varier, suivant le terrain et les races cultivées.

Il n'y a pas de doute que l'espèce est originaire des régions tempérées de l'ancien monde ; mais, comme elle s'est répandue dans les jardins, depuis les temps historiques les plus reculés, de la Chine et du Japon jusqu'en Europe, et qu'elle se sème fréquemment autour des cultures, il est difficile de préciser son point de départ.

Naguère on confondait avec le *Raphanus sativus* des espèces voisines, de la région méditerranéenne, auxquelles on attribuait certains noms grecs; mais le botaniste J. Gay, qui a beaucoup

1. Un certain nombre d'espèces, dont l'origine est bien connue, comme la carotte, l'oseille, etc., sont mentionnées seulement dans le résumé au commencement de la dernière partie, avec une indication des faits principaux qui les concernent.

2. Quelques espèces sont cultivées tantôt pour leurs racines et tantôt pour leurs feuilles ou leurs graines. Dans d'autres chapitres se trouvent des espèces cultivées pour leurs feuilles (fourrages) ou pour leurs graines, etc. J'ai classé en raison de l'usage le plus habituel. Au surplus, l'index alphabétique renvoie à la place adoptée pour chaque espèce.

3. Voir l'état jeune de la plante lorsque la partie de la tige au-dessous des cotylédons n'est pas encore renflée. Turpin en a donné une figure dans les *Annales des sciences naturelles*, série 1, vol. 21, pl. 5.

contribué à éliminer ces formes analogues [1], regardait le *R. sativus* comme originaire d'Orient, peut-être de Chine. Linné supposait aussi une origine chinoise, du moins quant à une variété qu'on cultive en Chine pour extraire l'huile des graines [2]. Plusieurs flores du midi de l'Europe mentionnent l'espèce comme subspontanée ou échappée des cultures, jamais comme spontanée. Ledebour avait vu un échantillon recueilli près du mont Ararat. Il en avait semé les graines et vérifié l'espèce [3]. Cependant M. Boissier [4], en 1867, dans sa flore d'Orient, se borne à dire : « Subspontané dans les cultures de l'Anatolie, près de Mersiwan (d'après Wied), en Palestine (d'après lui-même), en Arménie (d'après Ledebour) et probablement ailleurs », ce qui ressemble aux assertions des flores européennes. M. Buhse [5] cite une localité, les monts Ssahend, au midi du Caucase, qui paraît devoir être assez en dehors des cultures. Les flores récentes de l'Inde anglaise [6] et l'ancienne flore de Cochinchine de Loureiro indiquent l'espèce seulement comme cultivée. M. Maximowicz l'a vue dans un jardin du nord-est de la Chine [7]. Thunberg en parle comme d'une plante généralement cultivée au Japon et croissant aussi le long des chemins [8]; mais ce dernier fait n'est pas répété par les auteurs modernes, probablement mieux informés [9].

Hérodote (*Hist.*, l. 2, c. 125) parle d'un radis, qu'il nomme *Surmaia*, dont une inscription de la pyramide de Chéops mentionnait l'emploi par les ouvriers. Unger [10] a copié dans l'ouvrage de Lepsius deux figures du temple de Karnak, dont la première tout au moins paraît représenter le radis.

D'après cela, en résumé : 1° l'espèce se répand facilement hors des cultures dans la région de l'Asie occidentale et de l'Europe méridionale, ce qui n'est pas mentionné d'une manière certaine dans les flores de l'Asie orientale; 2° les localités au midi du Caucase, sans indication de culture, font présumer que la plante y est spontanée. Par ces deux motifs, elle semble originaire de l'Asie occidentale, entre la Palestine, l'Anatolie et le Caucase, peut-être aussi de la Grèce; la culture l'aurait répandue vers l'ouest et l'est, depuis des temps très anciens.

Les noms vulgaires appuient ces hypothèses. En Europe, ils offrent peu d'intérêt quand ils se rapportent à la qualité de ra-

1. Dans A. de Candolle, *Géogr. bot. raisonnée*, p. 826
2. Linné, *Spec. plant.*, p. 935.
3. Ledebour, *Fl. ross.*, I, p. 225.
4. Boissier, *Fl orient.*, I, p. 400.
5. Buhse, *Aufzählung Transcaucasien*, p. 30.
6. Hooker, *Fl. brit. India*, I, p. 166.
7. Maximowicz, *Primitiæ floræ Amurensis*, p. 47.
8. Thunberg, *Fl. jap.*, p. 263.
9. Franchet et Savatier, *Enum. plant. Jap.* I, p. 39.
10. Unger, *Pflanzen des alten Ægyptens*, p. 51, fig. 24 et 29.

cine (*Radis*) ou à quelque comparaison avec la rave (*Ravanello* en italien, *Rabica* en espagnol, etc.), mais les Grecs anciens avaient créé le nom spécial de *Raphanos* (qui lève facilement). Le mot italien *Ramoraccio* dérive du grec *Armoracia*, qui signifiait le *R. sativus* ou quelque espèce voisine. Les modernes l'ont transporté, par erreur, au *Cochlearia Armoracia* soit *Cran*, dont il est question plus loin. Les Sémites[1] ont des noms tout autres (*Fugla* en hébreu, *Fuil*, *fidgel*, *figl*, etc., en arabe). Dans l'Inde, d'après Roxburgh[2], le nom vulgaire d'une variété à racine énorme, aussi grosse quelquefois que la jambe d'un homme, est *Moola* ou *Moolee* (prononcez *Moula*, *Mouli*), en sanscrit *Mooluka* (prononcez *Moulouka*). Enfin, pour la Cochinchine, la Chine et le Japon, les auteurs citent des noms variés, très différents les uns des autres. D'après cette diversité, la culture serait très ancienne de la Grèce au Japon; mais on ne peut rien en conclure relativement à la patrie originelle comme plante spontanée.

A cet égard, il existe une opinion complètement différente qu'il faut aussi examiner. Plusieurs botanistes [3] soupçonnent que le *Raphanus sativus* est simplement un état particulier, à grosse racine et à fruit non articulé, du *Raphanus Raphanistrum*, plante très commune dans les terrains cultivés de l'Europe et de l'Asie tempérées et qu'on trouve aussi à l'état spontané dans les sables et les terrains légers du bord de la mer, par exemple à Saint-Sébastien, en Dalmatie et à Trébizonde [4]. Les localités ordinaires dans les champs abandonnés, et beaucoup de noms vulgaires qui signifient radis sauvage montrent l'affinité des deux plantes. Je n'insisterais pas si leur identité supposée n'était qu'une présomption, mais elle repose sur des expériences et des observations qu'il est important de connaître.

Dans le *R. Raphanistrum* la silique est articulée, c'est-à-dire étroite de place en place, et les graines sont contenues dans chaque article. Dans le *R. sativus*, la silique est continue et forme une seule cavité intérieure. Quelques botanistes avaient constitué sur cette différence des genres distincts, *Raphanistrum* et *Raphanus*. Mais trois observateurs très exacts, Webb, J. Gay et Spach, ont constaté, parmi des pieds de *Raphanus sativus*, venant des mêmes graines, des siliques tantôt uniloculaires et tantôt articulées, qui sont alors bi ou pluriloculaires [5]. Webb ayant répété plus tard ces expériences est arrivé aux mêmes résultats, avec un détail de plus, assez important : le radis semé de

1. D'après mon Dictionnaire manuscrit des noms vulgaires, tiré des flores qui existaient il y a trente ans.
2. Roxburgh, *Fl., ind.*, III, p. 126.
3. Webb, *Phytogr. Canar.*, p. 83; *Iter hisp.*, p. 71; Bentham, *Fl. Hongkong*, p. 17; Hooker, *Fl. brit. Ind.*, I, p. 166.
4. Willkomm et Lange, *Prodr. fl. hisp.*, III, p. 748; Viviani *Fl. dalmat.*, III, p. 104; Boissier, *Fl. orient.*, I, p. 401.
5. Webb, *Phytographia canariensis*, I, p. 83.

lui-même au hasard, et non cultivé, donnait des siliques de *Raphanistrum* [1]. Une autre différence entre les deux plantes est celle des racines, charnues dans le *R. sativus*, grêles dans le *R. Raphanistrum*, mais cela change selon les cultures, d'après des expériences de M. Carrière, jardinier en chef des pépinières du Muséum d'histoire naturelle de Paris [2]. Il a eu l'idée de semer dans un terrain fort et dans un terrain léger du *Raphanistrum* à racine grêle, et dès la quatrième génération il a récolté des radis charnus, de forme et de couleur variées, comme ceux des jardins. Il en donne même les figures, qui sont véritablement curieuses et probantes. Le goût piquant du radis ne faisait pas défaut. Pour obtenir ces changements, M. Carrière semait au mois de septembre, de manière à rendre la plante presque bisannuelle, au lieu d'annuelle. On comprend qu'il en résulte l'épaississement de la racine, car beaucoup de plantes bisannuelles ont des racines charnues.

Il resterait à faire l'expérience inverse, de semer des radis cultivés dans un mauvais terrain. Probablement, les racines deviendraient de plus en plus maigres, comme les siliques deviennent, en pareil cas, de plus en plus articulées.

D'après l'ensemble des expériences dont nous venons de parler, le *Raphanus sativus* pourrait bien être une forme du *R. Raphanistrum*, forme peu stable, déterminée par l'existence de quelques générations dans un terrain fertile. On ne peut pas supposer que les anciens peuples non civilisés aient fait des essais comme ceux de M. Carrière, mais ils ont pu remarquer des *Raphanistrum* venus dans des terrains fortement fumés, ayant des racines plus ou moins charnues; sur quoi l'idée de les cultiver a pu leur venir facilement.

Je ferai cependant une objection tirée de la géographie botanique. Le *Raphanus Raphanistrum* est une plante d'Europe, qui n'existe pas en Asie [3]. Ce n'est donc pas de cette espèce que les habitants de l'Inde, du Japon et de la Chine ont pu tirer les radis qu'ils cultivent depuis des siècles. D'un autre côté, comment le *R. Raphanistrum*, qu'on suppose transformé en Europe, aurait-il été transmis dans ces temps anciens au travers de toute l'Asie? Les transports de plantes cultivées ont marché communément d'Asie en Europe. Chang-kien avait bien apporté des légumes de Bactriane en Chine dans le IIe siècle avant Jésus-Christ, mais on ne cite pas le radis comme étant du nombre.

**Cran, Cranson, Raifort sauvage.** — *Cochlearia Armoracia*, Linné.

1. Webb, *Iter hispaniense*, 1838, p. 72.
2. Carrière, *Origine des plantes domestiques démontrée par la culture du Radis sauvage.* In-8, 24 pages. 1869.
3. Ledebour, *Fl. ross.*; Boissier, *Fl. orient.*; les ouvrages sur la flore de la région du fleuve Amur.

Cette Crucifère, dont la racine d'une consistance assez dure a le goût de moutarde, était appelée quelquefois *Cran* ou *Cranson de Bretagne*. C'était une erreur, causée par un ancien nom botanique, *Armoracia*, qu'on prenait pour *Armorica* (de Bretagne). *Armoracia* est déjà dans Pline et s'appliquait à une Crucifère de la province du Pont qui était peut-être le *Raphanus sativus*. Après avoir signalé jadis [1] cette confusion, je m'exprimais de la manière suivante sur l'origine méconnue de l'espèce :

« Le *Cochlearia Armoracia* n'est pas sauvage en Bretagne. C'est constaté par les botanistes zélés qui explorent aujourd'hui la France occidentale. M. l'abbé Delalande en parle dans son opuscule intitulé *Hædic et Houat* [2], où il rend compte d'une manière si intéressante des usages et des productions de ces deux petites îles de la Bretagne. Il cite l'opinion de M. Le Gall, qui, dans une Flore (non publiée) du Morbihan, déclare la plante étrangère à la Bretagne. Cette preuve, du reste, est moins forte que les autres, parce que le côté septentrional de la péninsule bretonne n'est pas encore assez connu des botanistes, et que l'ancienne Armorique s'étendait sur une portion de la Normandie où maintenant on trouve quelquefois le Cochlearia sauvage [3]. Ceci me conduit à parler de la patrie primitive de l'espèce.

Les botanistes anglais l'indiquent comme spontanée dans la Grande-Bretagne, mais ils doutent de son origine. M. H.-C. Watson [4] la regarde comme introduite. La difficulté, dit-il, de l'extirper des endroits où on la cultive est bien connue des jardiniers. Il n'est donc pas étonnant que cette plante s'empare des terrains abandonnés et y persiste, au point de paraître aborigène. M. Babington [5] ne mentionne qu'une seule localité où l'espèce ait véritablement l'apparence d'être sauvage, savoir Swansea, dans le pays de Galles. Tâchons de résoudre le problème par d'autres arguments.

Le Cochlearia Armoracia est une plante de l'Europe tempérée, *orientale* principalement. Elle est répandue de la Finlande à Astrakhan et au désert de Cuman [6]. Grisebach l'indique aussi dans plusieurs localités de la Turquie d'Europe, par exemple près d'Enos, où elle est abondante au bord de la mer [7].

Plus on avance vers l'ouest de l'Europe, moins les auteurs de Flores paraissent certains de la qualité indigène, plus les localités sont éparses et suspectes. L'espèce est plus rare en Norwège

1. A. de Candolle, *Géographie botanique raisonnée*, p. 654.
2. Delalande, *Hædic et Houat*, brochure in-8, Nantes, 1850, p. 109.
3. Hardouin, Renou et Leclerc, *Catal. du Calvados*, p. 85; de Brebisson, *Fl. de Normandie*, p. 25.
4. Watson, *Cybele*, I, p. 159.
5. Babington, *Manual of Brit. bot.*, 2e éd., p. 28.
6. Ledebour, *Fl. ross.*, I, p. 159.
7. Grisebach, *Spicilegium Fl. rumel.*, I, p. 265.

qu'en Suède [1], et dans les îles britanniques plus qu'en Hollande, où l'on ne soupçonne pas une origine étrangère [2].

Les noms de l'espèce confirment une habitation primitive à l'est plutôt qu'à l'ouest de l'Europe; ainsi le nom *Chren*, en russe [3], se retrouve dans toutes les langues slaves : *Krenai* en lithuanien, *Chren* en illyrien [4], etc. Il s'est introduit dans quelques dialectes allemands, par exemple autour de Vienne [5], ou bien il a persisté dans ce pays, malgré la superposition de la langue allemande. Nous lui devons aussi le mot français *Cran* ou *Cranson*. Le mot usité en Allemagne, *Meerretig*, et en Hollande, *Meer-radys*, d'où notre dialecte de la Suisse romande a tiré le mot *Méridi* ou *Mérédi*, signifie radis de mer et n'a pas quelque chose de primitif comme le mot *Chren*. Il résulte probablement de ce que l'espèce réussit près de la mer, circonstance commune avec beaucoup de Crucifères et qui doit se présenter pour celle-ci, car elle est spontané dans la Russie orientale, où il y a beaucoup de terrains salés. Le nom suédois *Peppar-rot* [6] peut faire penser que l'espèce est plus récente en Suède que l'introduction du poivre dans le commerce du nord de l'Europe. Toutefois ce nom pourrait avoir succédé à un autre plus ancien demeuré inconnu. Le nom anglais *Horse radish* (radis de cheval) n'est pas d'une nature originale, qui puisse faire croire à l'existence de l'espèce dans le pays avant la domination anglo-saxonne. Il veut dire radis très fort. Le nom gallois *Rhuddygl maurth* [7] n'est que la traduction du mot anglais, d'où l'on peut inférer que les Celtes de la Grande-Bretagne n'avaient pas un nom spécial et ne connaissaient pas l'espèce. Dans la France occidentale, le nom de *Raifort*, qui est le plus usité, signifie simplement racine forte. On disait autrefois en France *Moutarde des Allemands*, *Moutarde des capucins*, ce qui montre une origine étrangère et peu ancienne. Au contraire, le mot *Chren* de toutes les langues slaves, mot qui a pénétré dans quelques dialectes allemands et français sous la forme de *Kreen* et *Cran* ou *Cranson*, est bien d'une nature primitive, montrant l'antiquité de l'espèce dans l'Europe orientale tempérée. Il est donc infiniment probable que la culture a propagé et naturalisé la plante de l'est à l'ouest, depuis environ un millier d'années. »

**Raves et Navets à racines charnues.** — *Brassicæ species et varietates radice incrassata.*

1. Fries, *Summa*, p. 30.
2. Miquel, *Disquisitio pl. regn. Bat.*
3. Moritzi, *Dict. inéd. des noms vulgaires.*
4. Moritzi, *ibid.*; Visiani, *Fl. dalm.*, III, p. 322.
5. Neilreich, *Fl. Wien*, p. 502.
6. Linné, *Fl. suecica*, nº 540.
7. H. Davies, *Welsh Botanology*, p. 63.

Les innombrables variétés connues sous les noms de *Raves*, *Navets*, *Choux-raves*, *Rutabagas*, *Turneps*, avec leurs sous-variétes, se rapportent à quatre espèces de Linné : *Brassica Napus*, *Br. oleracea*, *Br. Rapa* et *Br. campestris*, ces deux dernières devant être plutôt réunies en une, d'après les auteurs modernes. D'autres variétés des mêmes espèces sont cultivées pour les feuilles (choux), les inflorescences (choux-fleurs), ou encore pour l'huile qu'on extrait des graines (colza, navette, etc.). Quand la racine ou le bas de la tige [1] sont charnus, les graines n'abondent pas, et il ne vaut pas la peine d'en tirer de l'huile; quand ces organes sont minces, c'est au contraire la production de graines qui l'emporte et qui décide de l'emploi économique. En d'autres termes, les réserves de matières nutritives se déposent tantôt dans la partie inférieure et tantôt dans la partie supérieure de la plante, quoique l'organisation de la fleur et du fruit reste semblable ou à peu près.

Nous n'avons pas à nous occuper pour la question d'origine des limites botaniques des espèces et de la classification des races, variétés et sous-variétés [2], attendu que tous les *Brassica* sont originaires d'Europe et de Sibérie et s'y voient encore, sous quelque forme, à l'état spontané ou presque spontané.

Des plantes aussi communes dans les cultures et dont la germination est si facile se répandent fréquemment autour des terrains cultivés. De là quelque incertitude sur la spontanéité des pieds que l'on rencontre en rase campagne. Cependant Linné indique le *Brassica Napus* dans les sables du bord de la mer, en Suède (Gotland), en Hollande et en Angleterre, ce qui est confirmé pour la Suède méridionale par Fries [3], lequel, toujours attentif aux questions de cette nature, mentionne le *Brassica campestris* L. (type du *Rapa*, avec racines grêles) comme vraiment spontané dans toute la péninsule scandinave, la Finlande et le Danemark. Ledebour [4] l'indique dans toute la Russie, la Sibérie et sur les rives de la mer Caspienne.

Les flores de l'Asie tempérée et méridionale mentionnent les raves et navets comme cultivés, jamais comme se répandant hors des cultures [5]. C'est déjà un indice d'origine étrangère. Les documents linguistiques ne sont pas moins significatifs.

1. Dans les raves et navets, la partie renflée est, comme dans le radis, le bas de la tige (au-dessous des cotylédons) avec une portion plus ou moins persistante de la racine (Voir Turpin, *Ann. sc. nat.*, sér. 1, vol. 21); dans le choux-rave (*Brassica oleracea caulo-Rapa*), c'est la tige.

2. Cette classification a été le sujet d'un mémoire d'Augustin Pyramus de Candolle, couronné par la Société d'horticulture de Londres, qui se trouve dans les *Transactions* de cette Société, vol. V, dans les *Annales de l'agric. franç.*, vol. 19 et, en abrégé, dans le *Systema regni veget.*, vol. 2, p. 582.

3. Fries, *Summa veget. Scand.*, I, p. 29.

4. Ledebour, *Fl. ross.*, I, p. 216.

5. Boissier, *Flora orientalis;* Sir J. Hooker, *Flora of british India;* Thun-

Il n'existe aucun nom sanscrit pour ces plantes, mais seulement des noms modernes indous et bengalis, et encore pour les seuls *Brassica Rapa* et *oleracea* [1]. Kæmpfer [2] cite pour la rave des noms japonais, *Busei* ou plus communément *Aona*, mais rien ne prouve que ces noms soient anciens. Le docteur Bretschneider, qui a étudié attentivement les auteurs chinois, ne mentionne aucun *Brassica*. Apparemment il n'en est pas question dans les anciens ouvrages de botanique et d'agriculture, quoique maintenant en Chine on en cultive plusieurs variétés.

Transportons-nous en Europe. C'est tout l'opposé. Les langues anciennes ont une foule de noms qui paraissent originaux. Le *Brassica Rapa* se nomme dans le celtique du pays de Galles *Meipen* ou *Erfinen* [3]; dans plusieurs langues slaves [4], *Repa*, *Rippa*, ce qui répond au *Rapa* des Latins et n'est pas éloigné du *Neipa* des Anglo-Saxons. Le *Brassica Napus* est en celtique gallois *Bresych yr yd;* dans le dialecte irlandais, *Braisseagh buigh*, d'après Threlkeld [5], qui voit dans *Braisseagh* l'origine du *Brassica* des Latins. On cite un nom polonais *Karpiele*, un nom lithuanien *Jellazoji* [6], sans parler d'une foule d'autres noms, parfois transposés dans le langage populaire d'une espèce à une autre. Je parlerai plus loin des noms du *Brassica oleracea* à l'occasion des légumes.

Les Hébreux n'avaient point de noms pour les choux, raves ou navets [7], mais il existe des noms arabes : *Selgam* pour le *Br. Napus*, et *Subjum* ou *Subjumi* pour le *Br. Rapa*, noms qui se retrouvent en persan et même en bengali, transposés peut-être d'une espèce à l'autre. La culture de ces plantes dans le sud-ouest de l'Asie s'est donc répandue depuis l'antiquité hébraïque.

En définitive, on parvient par toutes les voies, botanique, historique et linguistique, aux conclusions suivantes :

1° Les *Brassica* à racines charnues sont originaires de l'Europe tempérée.

2° Leur culture s'est répandue en Europe avant et dans l'Inde après l'invasion des Aryas.

3° La forme primitive, à racine grêle, du *Brassica Napus*, appelée *Br. campestris*, avait probablement une habitation primitive plus étendue, de la péninsule scandinave vers la Sibérie et le Caucase. Sa culture s'est propagée peut-être en Chine et au Japon par la Sibérie, à une époque qui ne paraît pas beaucoup plus reculée que la civilisation gréco-romaine.

berg, *Flora japonica*; Franchet et Savatier, *Enumeratio plant. japonicarum*.

1. Piddington, *Index*.
2. Kæmpfer, *Amœn.*, p. 822.
3. Davies, *Welsh botanology*, p. 65.
4. Moritzi, *Dict. ms.* tiré des flores publiées.
5. Threlkeld, *Synopsis stirpium hibernicarum*, 1 vol. in-8, 1727.
6. Moritzi, *Dict. ms.*
7. Rosenmüller, *Biblische Naturgeschichte*, vol. I, n'en indique aucun.

4° La culture des diverses formes ou espèces de *Brassica* s'est propagée dans le sud-ouest de l'Asie depuis les anciens Hébreux.

**Chervis.** — *Sium Sisarum*, Linné.

Cette Ombellifère vivace, pourvue de plusieurs racines divergentes en forme de carotte, est considérée comme venant de l'Asie orientale. Linné indiquait avec doute la Chine, et Loureiro [1] la Chine et la Cochinchine, où, disait-il, on la cultive. D'autres ont mentionné le Japon et la Corée, mais il y a dans ces pays des espèces qu'il est aisé de confondre avec celle-ci, en particulier le *Sium Ninsi* et le *Panax Ginseng*. M. Maximowicz [2], qui a vu ces plantes au Japon et en Chine, et pour lequel les herbiers de Saint-Pétersbourg ont été très instructifs, ne reconnaît comme patrie du *Sium Sisarum* spontané que la Sibérie altaïque et la Perse septentrionale. Je doute beaucoup qu'on la découvre en Chine ou dans l'Himalaya, attendu que les ouvrages modernes sur la région du fleuve Amour et sur l'Inde anglaise ne la mentionnent pas.

Il est douteux que les anciens Grecs et Romains aient connu cette plante. On lui attribue le nom *Sisaron* de Dioscoride, *Siser* de Columelle et de Pline [3]. Certainement le nom italien actuel *Sisaro*, *Sisero* est à l'appui de cette idée; mais comment les auteurs n'auraient-ils pas noté que plusieurs racines descendent du bas de la tige, tandis que dans toutes les autres Ombellifères cultivées en Europe il n'y a qu'une racine pivotante? A la rigueur, le *Siser* de Columelle, plante cultivée, était peut-être le Chervis; mais ce que dit Pline du *Siser* [4] ne lui convient pas. Selon lui, « c'était une plante officinale » (inter medica dicendum). Il raconte que Tibère en faisait venir d'Allemagne, chaque année, une grande quantité, ce qui prouve, ajoute-t-il, qu'elle aime les pays froids.

Si les Grecs avaient reçu la plante directement de la Perse, il est probable que Théophraste l'aurait connue. Elle est peut-être venue de Sibérie en Russie et de là en Allemagne. Dans ce cas, l'anecdote sur Tibère s'appliquerait bien au Chervis. Je ne vois pas, il est vrai, de nom russe; mais les Allemands ont des noms originaux *Krizel*, ou *Grizel*, *Görlein* ou *Gierlein* qui indiquent une ancienne culture, plus que le nom ordinaire *Zuckerwurzel*, qui signifie racine sucrée [5]. Le nom danois a le même sens : *Sokerot*, d'où les Anglais ont fait *Skirret*. Le nom *Sisaron* n'est pas connu dans la Grèce moderne; il ne l'était même pas au

1. Linné, *Species*, p. 361 ; Loureiro, *Fl. cochinch.*, p. 225.
2. Maximowicz, *Diagnoses plantarum Japoniæ et Mandshuriæ*, dans *Mélanges biologiques du Bulletin* de l'*Acad. St-Pétersbourg*, décad. 13, p. 18.
3. Dioscorides, *Mat. med.*, l. 2, c. 139 ; Columella, l. 11, c. 3, 18, 35 ; Lenz, *Bot. der Alten*, p. 560.
4. Pline, *Hist. plant.*, l. 19, c. 5.
5. Nemnich, *Polygl. Lexicon*, II, p. 1313.

moyen âge, et la plante n'est pas cultivée actuellement dans ce pays [1]. Ce sont des motifs pour douter du vrai sens des mots *Sisaron* et *Siser*. Quelques botanistes du XVIe siècle ont pensé que *Sisaron* était peut-être le Panais, et Sprengel [2] appuie cette idée.

Les noms français *Chervis* et *Girole* [3] apprendraient peut-être quelque chose si l'on en connaissait l'origine. Littré fait dériver *Chervis* de l'espagnol *Chirivia*, mais il est plus probable que celui-ci dérive du français. Jean Bauhin [4] indique, dans la basse latinité, *Servillum*, *Chervillum* ou *Servillam*, mots qui ne sont pas dans le Dictionnaire de Ducange. Ce serait bien l'origine de *Chervis*, mais d'où venait *Servillum* soit *Chervillum?*

**Arracacha** ou **Arracacia**. — *Arracacha esculenta*, de Candolle.

Ombellifère généralement cultivée dans le Vénézuela, la Nouvelle-Grenade et l'Equateur comme plante nutritive. Dans les régions tempérées de ces pays, elle soutient la comparaison avec la pomme de terre et donne même, assure-t-on, une fécule plus légère et plus agréable. La partie inférieure de la tige est renflée en une bulbe sur laquelle se forment, quand la plante végète bien et pendant plusieurs mois, des tubercules ou caïeux latéraux plus estimés que la bulbe centrale et qui servent aux plantations ultérieures [5].

L'espèce est probablement indigène dans la région où on la cultive, mais je ne vois pas chez les auteurs des assertions positives à cet égard. Les descriptions qui existent ont été faites sur des pieds cultivés. Grisebach dit bien qu'il a vu (je présume dans l'herbier de Kew) des échantillons recueillis à la Nouvelle-Grenade, au Pérou et à la Trinité [6]; mais il ne s'explique pas sur la spontanéité. Les autres espèces du genre, au nombre d'une douzaine, croissent dans les mêmes parties de l'Amérique, ce qui rend l'origine indiquée plus vraisemblable.

L'introduction de l'Arracacha en Europe a été tentée plusieurs fois, sans avoir jamais réussi. Le climat humide de l'Angleterre devait faire échouer les essais de sir W. Hooker; mais les nôtres, faits à deux reprises, dans des conditions très différentes, n'ont pas eu plus de succès. Les caïeux latéraux ne se sont pas formés, et la bulbe centrale a péri dans la serre où nous l'avions dépo

1. Lenz, *l. c.* Heldreich, *Nutzpflanzen Griechenlands;* Langkavel, *Botanik der späteren Griechen.*
2. Sprengel, *Dioscoridis*, etc., II, p. 462.
3. Olivier de Serres, *Théâtre de l'agriculture*, p. 471.
4. Bauhin. *Hist. plant.*, III, p. 154.
5. Les meilleures informations sur la culture ont été données par Bancroft à sir William Hooker et se trouvent dans le *Botanical Magazine*, pl. 3092. A.-P. de Candolle a publié, dans la 5e Notice sur les plantes rares du Jardin bot. de Genève, une figure qui montre la bulbe principale.
6. Grisebach, *Flora of british W. India islands.*

sée pendant l'hiver. Les bulbes que nous avions communiquées à divers jardins botaniques, en Italie, en France et ailleurs, ont eu le même sort. Evidemment, si la plante, en Amérique, vaut réellement la pomme de terre comme produit et comme goût, ce ne sera jamais le cas en Europe. Sa culture ne s'est pas répandue au loin en Amérique, jusqu'au Chili et au Mexique, comme celle de la pomme de terre ou de la Batate, ce qui confirme les difficultés de propagation observées ailleurs.

**Garance.** — *Rubia tinctorum*, Linné.

La garance est certainement spontanée en Italie, en Grèce, en Crimée, dans l'Asie Mineure, en Syrie, en Perse, en Arménie et près de Lenkoran [1]. En avançant de l'est à l'ouest dans le midi de l'Europe, la qualité de plante spontanée, originaire, est de plus en plus douteuse. Déjà en France on hésite. Dans le nord et l'est, la plante paraît « naturalisée dans les haies, sur les murailles [2], » ou « subspontanée » à la suite d'anciennes cultures [3]. En Provence, en Languedoc, elle est plus spontanée ou, comme on dit « sauvage », mais il se peut bien qu'elle se soit répandue à la suite des cultures, faites assez en grand. Dans la péninsule espagnole, elle est indiquée comme « subspontanée [4] ». De même dans l'Afrique septentrionale [5]. Evidemment l'habitation naturelle, ancienne et incontestable est l'Asie tempérée occidentale et le sud-est de l'Europe. Il ne paraît pas qu'on ait trouvé la plante au delà de la mer Caspienne, dans le pays occupé jadis par les Indo-Européens, mais cette région est encore peu connue. L'espèce n'existe dans l'Inde qu'à l'état de plante cultivée, sans aucun nom sanscrit [6].

On ne connaît pas davantage un nom hébreu, tandis que les Grecs, les Romains, les Slaves, les Germains, les Celtes avaient des noms variés qu'un érudit ramènerait peut-être à une ou deux racines, mais qui indiquent cependant par leurs flexions multiples une date ancienne. Probablement on a recueilli les racines sauvages, dans la campagne, avant d'avoir l'idée de cultiver l'espèce. Pline dit bien qu'on la cultivait en Italie de son temps [7], et il est possible qu'en Grèce et dans l'Asie Mineure cet usage fût plus ancien.

La culture de la garance est souvent mentionnée dans les actes français du moyen âge [8]. Ensuite on l'avait négligée ou

1. Bertoloni, *Flora italica*, II, p. 146; Decaisne, *Recherches sur la Garance*, p. 58; Boissier, *Flora orientalis*, III, p. 17; Ledebour, *Flora rossica*, II, p. 405.
2. Cosson et Germain, *Flore des environs de Paris*, II, p. 365.
3. Kirschleger, *Flore d'Alsace*, I, p. 359.
4. Willkomm et Lange, *Prodromus floræ hispanicæ*, II, p. 307.
5. Ball, *Spicilegium Floræ maroccanæ*, p. 483; Munby, *Catal. plant. Alger.*, ed. 2, p. 17.
6. Piddington, *Index*.
7. Plinius, lib. 19, cap. 3.
8. De Gasparin, *Traité d'agriculture*, IV, p. 253.

abandonnée, jusqu'à l'époque où Althen l'introduisit de nouveau dans le comté d'Avignon, au milieu du XVIIIe siècle. Elle était jadis florissante en Alsace, en Allemagne, en Hollande et surtout dans la Grèce, l'Asie Mineure et la Syrie, d'où l'exportation était considérable, mais la découverte de matières tinctoriales tirées de substances inorganiques a supprimé cette culture, au détriment des provinces qui en obtenaient de grands bénéfices.

**Topinambour.** — *Helianthus tuberosus*, Linné.

C'est dans l'année 1616 que les botanistes européens ont parlé pour la première fois de cette Composée à grosse racine, meilleure pour la nourriture des animaux que pour celle de l'homme. Columna [1] l'avait vue dans le jardin du cardinal Farnèse et l'avait nommée *Aster peruanus tuberosus*. D'autres auteurs du même siècle ont donné des épithètes qui montrent qu'on la croyait ou du Brésil, ou du Canada, ou de l'Inde, ce qui voulait dire l'Amérique. Linné [2] avait adopté, d'après l'opinion de Parkinson, l'origine canadienne, dont il n'avait cependant aucune preuve. J'ai fait remarquer autrefois [3] qu'il n'y a pas d'espèces du genre Helianthus au Brésil, et qu'elles sont au contraire nombreuses dans l'Amérique du Nord.

Schlechtendal [4], après avoir constaté que le Topinambour supporte des hivers rigoureux dans le centre de l'Europe, fait observer que c'est favorable à l'idée d'une origine canadienne et contraire à celle d'une provenance de quelque région méridionale. Decaisne [5] a pu élaguer dans la synonymie de l'*H. tuberosus* plusieurs citations qui avaient fait croire à une origine de l'Amérique méridionale ou du Mexique. Comme les botanistes américains, il rappelle ce que d'anciens voyageurs avaient dit sur certaines coutumes des indigènes du nord des Etats-Unis et du Canada. Ainsi Champlain, en 1603, avait vu « entre leurs mains des racines qu'ils cultivent, lesquelles ont le goût d'artichaut. » Lescarbot [6] parle de ces racines, ayant goût de cardon, qui multiplient beaucoup, et qu'il avait rapportées en France, où l'on commençait à les vendre sous le nom de *Topinambaux*. Les sauvages, dit-il, les appellent *Chiquebi*. Decaisne cite encore deux horticulteurs français du XVIIe siècle, Colin et Sagard, qui parlent évidemment du Topinambour et disent qu'il venait du Canada. Notons qu'à cette époque le nom de Canada avait un sens vague et comprenait quelques parties des Etats-Unis actuels.

1. Columna, *Ecphrasis*, II, p. 11.
2. Linné, *Hortus cliffortianus*, p. 420.
3. A. de Candolle, *Géogr. bot. raisonnée*, p. 824.
4. Schlechtendal, *Bot. Zeit.*, 1858, p. 113.
5. Decaisne, *Recherches sur l'origine de quelques-unes de nos plantes alimentaires*, dans la *Flore des serres et jardins*, vol. 23, 1881.
6. Lescarbot, *Histoire de la Nouvelle-France*, éd. 3, 1618, t. VI, p. 931.

Gookin, auteur américain sur les coutumes des indigènes, dit que ceux-ci mettaient des morceaux de Topinambour (Jerusalem artichoke) dans leurs potages [1].

Les analogies botaniques et les témoignages de contemporains s'accordent, comme on voit, dans le sens de l'origine du nord-est de l'Amérique. Le Dr Asa Gray, voyant qu'on ne trouvait pas la plante sauvage, l'avait supposée une forme de l'*H. doronicoides* de Lamarck, mais on dit maintenant qu'elle est spontanée dans l'état d'Indiana [2].

Le nom *Topinambour* paraît venir de quelque nom réel ou supposé des langues américaines. Celui des Anglais, *Jerusalem artichoke*, est une corruption de l'italien *Girasole* (Tournesol), combinée avec une allusion au goût d'artichaut de la racine.

**Salsifis.** — *Tragopogon porrifolium*, Linné.

Le *salsifis* ou, comme on écrivait jadis, *Sercifi* [3], était plus cultivé il y a un siècle ou deux qu'à présent. C'est une Composée bisannuelle, qu'on trouve à l'état sauvage en Grèce, en Dalmatie, en Italie et même en Algérie [4]. Elle s'échappe assez souvent des jardins dans l'ouest de l'Europe et se naturalise à moitié [5].

Les commentateurs [6] attribuent le nom *Tragopogon* (barbe de bouc) de Théophraste tantôt à l'espèce actuelle et tantôt au *Tragopogon crocifolium*, qui croît également en Grèce. Il est difficile de savoir si les anciens cultivaient le Salsifis ou le recueillaient dans la campagne. Dans le XVIe siècle, Olivier de Serres dit que c'était une culture nouvelle pour son pays, le midi de la France. Notre mot *Salsifis* vient de l'italien *Sassefrica*, qui frotte les pierres, sens qui n'a rien de raisonnable.

**Scorsonère d'Espagne.** — *Scorzonera hispanica*, Linné.

On donne quelquefois à cette plante le nom de *Salsifis* ou *Salsifis d'Espagne*, parce qu'elle ressemble au salsifis (*Tragopogon porrifolium*) ; mais sa racine est brune extérieurement : d'où viennent le nom botanique et celui d'*écorce noire*, usité dans quelques provinces.

Elle est spontanée en Europe, depuis l'Espagne, où elle est commune, le midi de la France et l'Allemagne, jusqu'à la région du Caucase et peut-être jusqu'en Sibérie, mais elle manque

1. Pickering, *Chronol. arrang.*, p. 749, 972.
2. *Catalogue of Indiana plants*, 1881, p. 15.
3. Olivier de Serres, *Théâtre de l'agriculture*, p. 470.
4. Boissier, *Flora orient.*, III, p. 745 ; Visiani, *Fl. dalmat.*, II, p. 108 ; Bertoloni, *Fl. ital.*, VIII, p. 348 ; Gussone, *Synopsis fl. siculæ*, II, p. 384 ; Munby, *Catal. Alger.*, ed. 2, p. 22.
5. A. de Candolle, *Géogr. bot. raisonnée*, p. 671.
6. Fraas, *Synopsis fl. class.*, p. 196 ; Lenz, *Botanik der Alten*, p. 485.

à la Sicile et la Grèce [1]. Dans plusieurs localités d'Allemagne, l'espèce est probablement naturalisée à la suite des cultures.

Il ne paraît pas qu'on cultive cette plante depuis plus de cent ou cent cinquante ans. Les botanistes du XVIe siècle n'en parlent que comme d'une espèce sauvage, introduite quelquefois dans les jardins botaniques. Olivier de Serres ne la mentionne pas.

On avait prétendu jadis que c'était un antidote contre la morsure des vipères, et on appelait quelquefois la plante vipérine. Quant à l'étymologie du nom Scorzonère, elle est si évidente qu'on ne comprend pas pourquoi d'anciens auteurs, même Tournefort [2], ont avancé que l'origine est *escorso*, vipère, en espagnol ou en catalan. Vipère se dit plutôt, en espagnol, *vibora*.

Il existe en Sicile un *Scorzonera deliciosa*, *Gussone*, dont la racine extrêmement sucrée sert à confectionner des bonbons et des sorbets à Palerme [3]. Comment n'a-t-on pas essayé de la cultiver? Je conviens qu'on m'a servi, à Naples, des glaces à la *Scorzonera*, que j'ai trouvées détestables, mais elles étaient faites peut-être avec l'espèce ordinaire (Scorzonera hispanica).

**Pomme de terre.** — *Solanum tuberosum*, Linné.

J'ai exposé, en 1855, et discuté ce qu'on savait alors sur l'origine de la Pomme de terre et sur son introduction en Europe [4]. J'ajouterai maintenant ce qu'on a découvert depuis un quart de siècle. On verra que les données acquises autrefois sont devenues plus certaines et que plusieurs questions accessoires un peu douteuses sont restées telles, avec des probabilités cependant plus fortes en faveur de ce qui me paraissait jadis vraisemblable.

Il est bien prouvé qu'à l'époque de la découverte de l'Amérique la culture de la Pomme de terre était pratiquée, avec toutes les apparences d'un ancien usage, dans les régions tempérées qui s'étendent du Chili à la Nouvelle-Grenade, à des hauteurs différentes selon les degrés de latitude. Cela résulte du témoignage de tous les premiers voyageurs, parmi lesquels je rappellerai Acosta [5] pour le Pérou, et Pierre Cieca, cité par de L'Ecluse [6], pour Quito.

Dans les parties tempérées orientales de l'Amérique méridionale, par exemple sur les hauteurs de la Guyane et du Brésil, la Pomme de terre n'était pas connue des indigènes, ou, s'ils

1. Willkomm et Lange, *Prodromus floræ hispanicæ*, II, p. 223 ; de Candolle, *Flore française*, IV, p. 59 ; Koch, *Synopsis fl. germ.*, ed. 2 p , 488 ; Ledebour, *Flora rossica*, II, p. 794; Boissier, *Fl. orient.*, III, p. 767; Bertoloni, *Flora italica*, VIII, p. 365.

2. Tournefort, *Eléments de botanique*, p. 379.

3. Gussone, *Synopsis floræ siculæ*.

4. A. de Candolle, *Géogr. bot. raisonnée*, p. 810 à 816.

5. Acosta, p. 163, verso.

6. De L'Ecluse (soit Clusius), *Rariarum plantarum historia*, 1601, pars 2, p. 79, avec figure.

connaissaient une plante analogue, c'était le *Solanum Commersonii*, qui a aussi des tubercules et se trouve sauvage à Montevideo et dans le Brésil méridional. La vraie Pomme de terre est bien cultivée aujourd'hui dans ce dernier pays, mais elle y est si peu ancienne qu'on lui a donné le nom de Batate des Anglais [1]. D'après de Humboldt, elle était inconnue au Mexique [2], circonstance confirmée par le silence des auteurs subséquents, mais contredite, jusqu'à un certain point, par une autre donnée historique.

On dit, en effet, que Walter Raleigh, ou plutôt son compagnon dans plusieurs voyages, Thomas Herriott, avait rapporté, en 1585 ou 1586, des tubercules de Pomme de terre de la Virginie [3] en Irlande. Le nom du pays était *Openawk* (prononcez *Openauk*). D'après la description de la plante par Herriott, citée par sir Joseph Banks [4], il n'y a pas de doute que c'était la pomme de terre et non la Batate, qu'on confondait quelquefois avec elle à cette époque. D'ailleurs Gerard [5] nous dit avoir reçu de Virginie la Pomme de terre, qu'il cultivait dans son jardin en 1597 et dont il donne une figure parfaitement conforme au *Solanum tuberosum*. Il en était si fier que son portrait, à la tête de l'ouvrage, le représente ayant en main un rameau fleuri de cette plante.

Comment l'espèce était-elle en Virginie ou dans la Caroline au temps de Raleigh, en 1585, tandis que les anciens Mexicains ne la possédaient pas et que la culture ne s'en était point répandue chez les indigènes au nord du Mexique? Le Dr Roulin, qui a beaucoup étudié les ouvrages concernant l'Amérique septentrionale, m'affirmait jadis qu'il n'avait trouvé aucune indication de la Pomme de terre aux Etats-Unis avant l'arrivée des Européens. Le Dr Asa Gray me le disait aussi, en ajoutant que M. Harris, un des hommes les plus versés dans la connaissance de la langue et des usages des tribus du nord de l'Amérique, avait la même opinion. Je n'ai rien lu de contraire dans les publications récentes, et il ne faut pas oublier qu'une plante aussi facile à cultiver se serait répandue, même chez des peuples nomades, s'ils l'avaient possédée. La probabilité me paraît être que des habitants de la Virginie — peut-être des colons anglais — auraient reçu des tubercules par les voyageurs espagnols ou autres, qui trafiquaient ou cherchaient des aventures pendant les quatre-vingt-dix ans écoulés depuis la découverte de l'Amérique. Evidemment, à dater de la conquête du Pérou et du Chili, en 1535, jusqu'en 1585, beaucoup de vaisseaux ont pu emporter

1. De Martius, *Flora brasil.*, vol. 10, p. 12.
2. De Humboldt, *Nouvelle-Espagne*, éd. 2, vol. 2, p. 451; *Essai sur la géographie des plantes*, p. 29.
3. A cette époque, on ne distinguait pas la Virginie de la Caroline.
4. Banks, *Transactions of the horticult. Society*, 1805, vol. 1, p. 8.
5. Gérard, *Herbal*, 1597, p. 781, avec figure.

des tubercules de Pommes de terre comme provision, et W. Raleigh, faisant une guerre de flibustier aux Espagnols, lui ou un autre peut avoir pillé quelque vaisseau qui en contenait. Ceci est d'autant moins invraisemblable que les Espagnols avaient introduit la plante en Europe avant 1585.

Sir Joseph Banks [1] et Dunal [2] ont eu raison d'insister sur ce fait de l'introduction première par les Espagnols, attendu que pendant longtemps on a parlé surtout de Walter Raleigh, qui a été le second introducteur, et même d'autres Anglais, qui avaient apporté, non la Pomme de terre, mais la Batate, plus ou moins confondue avec elle [3]. Un botaniste célèbre, de L'Ecluse [4], avait pourtant précisé les faits d'une manière remarquable. C'est lui qui a publié la première bonne description et bonne figure de la Pomme de terre, sous le nom significatif de *Papas Peruanorum*. D'après ce qu'il dit, l'espèce a bien peu changé par l'effet d'une culture de près de trois siècles, car elle donnait à l'origine jusqu'à 50 tubercules de grosseur inégale, ayant de un à deux pouces de longueur, irrégulièrement ovoïdes, rougeâtres, qui mûrissaient en novembre (à Vienne). La fleur était plus ou moins rose à l'extérieur et rosée à l'intérieur, avec cinq raies longitudinales de couleur verte, ce qu'on voit souvent aujourd'hui. On a obtenu sans doute de nombreuses variétés, mais l'état ancien n'est pas perdu. De L'Ecluse compare le parfum des fleurs à celui du tilleul, seule différence d'avec nos plantes actuelles. Il sema des graines qui donnèrent une variété à fleurs blanches, comme nous en voyons quelquefois.

Les plantes décrites par de L'Ecluse lui avaient été envoyées en 1588 par Philippe de Sivry, seigneur de Waldheim, gouverneur de Mons, qui les tenait de quelqu'un de la suite du légat du pape en Belgique. De L'Ecluse ajoute que l'espèce avait été reçue en Italie d'Espagne ou d'Amérique (certum est vel ex Hispaniis, vel ex America habuisse), et il s'étonne qu'étant devenue commune en Italie, au point qu'on la mangeait comme des raves et qu'on en donnait aux porcs, les savants de l'école de Padoue en avaient eu connaissance par les tubercules qu'il leur envoya d'Allemagne. Targioni [5] n'a pas pu constater que la Pomme de terre eût été cultivée aussi fréquemment en Italie à la fin du XVIe siècle que le dit de L'Ecluse, mais il cite le Père Magazzini, de Valombrosa, dont l'ouvrage posthume, publié

1. Banks, *l. c.*
2. Dunal, *Histoire naturelle des Solanum*, in-4.
3. La plante apportée par sir Francis Drake et sir John Hawkins était clairement la Batate, dit sir J. Banks ; d'où il résulte que les questions discutées par de Humboldt sur les localités visitées par ces voyageurs ne s'appliquent pas à la Pomme de terre.
4. De L'Ecluse, *l. c.*
5. Targioni-Tozzetti, *Lezzioni*, II, p. 10 ; *Cenni storici sulla introduzione di varie piante nell' agricoltura di Toscana*, 1 vol. in-8, Florence, 1853, p. 37.

en 1623, mentionne l'espèce comme apportée précédemment, sans indication de date, d'Espagne ou de Portugal, par des carmes déchaussés. Ce serait donc vers la fin du XVIe siècle ou au commencement du XVIIe que la culture se serait répandue en Toscane. Indépendamment de ce que disent de L'Ecluse et l'agronome de Valombrosa sur l'introduction par la péninsule espagnole, il n'est nullement probable que les Italiens aient eu des rapports avec les compagnons de Raleigh.

Personne ne peut douter que la Pomme de terre ne soit originaire d'Amérique; mais, pour connaître de quelle partie précisément de ce vaste continent, il est nécessaire de savoir si la plante s'y trouve à l'état spontané et dans quelles localités.

Pour répondre nettement à cette question, il faut d'abord écarter deux causes d'erreurs : l'une qu'on a confondue avec la Pomme de terre des espèces voisines du genre Solanum; l'autre que les voyageurs ont pu se tromper sur la qualité de plante spontanée.

Les espèces voisines sont le *Solanum Commersonii* de Dunal, dont j'ai déjà parlé; le *S. Maglia* de Molina, espèce du Chili; le *S. immite* de Dunal, qui est du Pérou; et le *S. verrucosum* de Schlechtendal, qui croît au Mexique. Ces trois sortes de Solanum ont des tubercules plus petits que le *S. tuberosum* et diffèrent aussi par d'autres caractères indiqués dans les ouvrages spéciaux de botanique. Théoriquement, on peut croire que toutes ces formes et d'autres encore croissant en Amérique, dérivent d'un seul état antérieur; mais, à notre époque géologique, elles se présentent avec des diversités qui me paraissent justifier des distinctions spécifiques, et il n'a pas été fait d'expériences pour prouver qu'en fécondant l'une par l'autre on obtiendrait des produits dont les graines (et non les tubercules) continueraient la race [1]. Laissons de côté ces questions plus ou moins douteuses sur les espèces. Cherchons si la forme ordinaire du *Solanum tuberosum* a été trouvée sauvage, et notons seulement que l'abondance des Solanum à tubercules croissant en Amérique dans les régions tempérées, du Chili ou de Buenos-Ayres jusqu'au Mexique, confirme le fait de l'origine américaine. On ne saurait rien de plus que ce serait une forte présomption sur la patrie primitive.

La seconde cause d'erreur est expliquée très nettement par le botaniste Weddell [2], qui a parcouru avec tant de zèle la Bolivie et les contrées voisines. « Quand on réfléchit, dit-il, que dans l'aride cordillière les Indiens établissent souvent leurs petites

1. Le *Solanum verrucosum*, dont j'ai raconté, en 1855, l'introduction dans le pays de Gex, près de Genève, a été abandonné, parce que ses tubercules sont trop petits et qu'il ne résistait pas à l'oïdium, comme on s'en était flatté.

2. *Chloris Andina*, in-4, p. 103.

cultures sur des points qui paraîtraient presque inaccessibles à la grande majorité de nos fermiers d'Europe, on comprend qu'un voyageur visitant par hasard une de ces cultures depuis longtemps abandonnées, et y rencontrant un pied de *Solanum tuberosum* qui y a accidentellement persisté, le recueille, dans la persuasion qu'il y est réellement spontané; mais où en est la preuve? »

Voyons maintenant les faits. Ils sont nombreux pour ce qui concerne la spontanéité au Chili.

En 1822, Alexandre Caldcleugh [1], consul anglais, remet à la Société d'horticulture de Londres des tubercules de Pommes de terre qu'il avait recueillis « dans des ravins autour de Valparaiso ». Il dit que ces tubercules sont petits, tantôt rouges et tantôt jaunâtres, d'un goût un peu amer [2]. « Je crois, ajoute-t-il, que cette plante existe sur une grande étendue du littoral, car elle se trouve dans le Chili méridional, où les indigènes l'apellent *Maglia.* » Il y a probablement ici une confusion avec le *S. Maglia* des botanistes; mais les tubercules de Valparaiso, plantés à Londres, ont donné la vraie Pomme de terre, ce qui saute aux yeux en voyant la planche coloriée de Sabine dans les *Transactions* de la Société d'horticulture. On continua quelque temps à cultiver cette plante, et Lindley certifia de nouveau, en 1847, son identité avec la Pomme de terre commune [3]. Voici ce qu'un voyageur expliquait à sir William Hooker [4] sur la plante de Valparaiso : « J'ai noté la Pomme de terre sur le littoral jusqu'à 15 lieues au nord de cette ville, et au midi, mais sans savoir jusqu'à quelle distance. Elle habite sur les falaises et les collines près de la mer, et je n'ai pas souvenir de l'avoir vue à plus de deux ou trois lieues de la côte. Bien qu'on la trouve dans les endroits montueux, loin des cultures, elle n'existe pas dans le voisinage immédiat des champs et des jardins où on la plante, excepté lorsqu'un ruisseau traverse ces terrains et porte des tubercules dans les endroits non cultivés. » Les Pommes de terre décrites par ces deux voyageurs avaient des fleurs blanches, comme cela se voit dans quelques variétés cultivées en Europe, et comme la plante semée jadis par de L'Ecluse. On peut présumer que c'est la couleur primitive pour l'espèce ou, au moins, une des plus fréquentes à l'état spontané.

Darwin, dans son voyage à bord du *Beagle*, trouva la Pomme de terre sauvage dans l'archipel Chonos, du Chili méridional, sur les sables du bord de la mer, en grande abondance,

1. Sabine, *Transactions of the horticultural Society*, vol. 5, p. 249.
2. Il ne faut pas attacher de l'importance à cette saveur, ni à la qualité aqueuse de certains tubercules, attendu que dans les pays chauds, même dans le midi de l'Europe, la Pomme de terre est souvent médiocre. Une exposition à la lumière verdit les tubercules, qui sont des rameaux souterrains de la tige, et les rend amers.
3. *Journal of the hortic. Society*, vol. 3, p. 66.
4. Hooker, *Botanical miscell.*, 1831, vol. 2, p. 203.

et végétant avec une vigueur singulière, qu'on peut attribuer à l'humidité du climat. Les plus grands individus avaient quatre pieds de hauteur. Les tubercules étaient petits, quoique l'un d'eux eût deux pouces de diamètre. Ils étaient aqueux, insipides, mais sans mauvais goût après la cuisson. « La plante est indubitablement spontanée », dit l'auteur [1], et l'identité spécifique a été confirmée par Henslow d'abord et ensuite par sir Joseph Hooker, dans son *Flora antarctica* [2].

Un échantillon de notre herbier recueilli par Claude Gay, attribué au *Solanum tuberosum* par Dunal, porte sur l'étiquette : « Au centre des cordillières de Talcagoué et de Cauquenès, dans les endroits que visitent *seulement les botanistes et les géologues.* » Le même auteur, Cl. Gay, dans son *Flora chilena* [3], insiste sur la fréquence de la Pomme de terre sauvage au Chili, jusque chez les Araucaniens, dans les montagnes de Malvarco, où, dit-il, les soldats de Pincheira allaient les chercher pour se nourrir. Ces témoignages constatent assez l'indigénat au Chili pour que j'en omette d'autres moins probants, par exemple ceux de Molina et de Meyen, dont les échantillons du Chili n'ont pas été examinés.

Le climat des côtes du Chili se prolonge sur les hauteurs en suivant la chaîne des Andes, et la culture de la Pomme de terre est ancienne dans les régions tempérées du Pérou, mais la qualité spontanée de l'espèce y est beaucoup moins démontrée qu'au Chili. Pavon [4] prétendait l'avoir trouvée sur la côte, à Chancay et près de Lima. Ces localités paraissent bien chaudes pour une espèce qui demande un climat tempéré ou même un peu froid. D'ailleurs l'échantillon de l'herbier de M. Boissier recueilli par Pavon, appartient, d'après Dunal, à une autre espèce qu'il a nommée [5] *Solanum immite*. J'ai vu l'échantillon authentique et n'ai aucun doute que ce ne soit une espèce distincte du *S. tuberosum*. Sir W. Hooker [6] cite un échantillon, de Mac Lean, des collines autour de Lima, sans aucune information sur la spontanéité. Les échantillons (plus ou moins sauvages ?) que Matthews a envoyés du Pérou à sir W. Hooker appartiennent, d'après sir Joseph [7], à des variétés un peu différentes de la vraie Pomme de terre. M. Hemsley [8], qui les a vus récemment dans l'herbier de Kew, les juge « des formes distinctes, pas plus cependant que certaines variétés de l'espèce. »

Weddell, dont nous connaissons la prudence dans cette question, s'exprime ainsi [9] : « Je n'ai jamais rencontré au Pérou le

1. *Journal of the voyage*, etc., éd. 1852, p. 285.
2. Vol. 1, part. 2, p. 329.
3. Vol. 5, p. 74.
4. Ruiz et Pavon, *Flora peruviana*, II, p. 38.
5. Dunal, *Prodromus*, 13, sect. 1, p. 32.
6. Hooker, *Bot. miscell.*, II,
7. Hooker, *Flora antarctica*, l. c.
8. *Journal of the royal hortic. Society*, new series, vol. 5.
9. Weddell, *Chloris Andina*, l. c.

*Solanum tuberosum* dans des circonstances telles qu'il ne me restât aucun doute qu'il fût indigène ; je déclare même que je ne crois pas davantage à la spontanéité d'autres individus rencontrés de loin en loin sur les Andes extra-chiliennes et regardés jusqu'ici comme en étant indigènes. »

D'un autre côté, M. Ed. André [1] a recueilli, avec beaucoup de soin, dans deux localités élevées et sauvages de la Colombie et dans une autre près de Lima, sur la montagne des Amancaes, des échantillons qu'il pensait pouvoir attribuer au *S. tuberosum*. M. André a eu l'obligeance de me les prêter. Je les ai comparés attentivement avec les types des espèces de Dunal dans mon herbier et dans celui de M. Boissier. Aucun de ces Solanum, à mon avis, n'appartient au *S. tuberosum*, quoique celui de La Union, près du fleuve Cauca, s'en rapproche plus que les autres. Aucun, et ceci est encore plus certain, ne répond au *S. immite*, de Dunal. Ils sont plus près du *S. Colombianum*, du même auteur, que du *tuberosum* ou de l'*immite*. L'échantillon du mont Quindio présente un caractère bien singulier. Il a des baies ovoïdes et pointues [2].

Au Mexique, les Solanum tubéreux attribués au *S. tuberosum*, ou, selon M. Hemsley [3], à des formes voisines, ne paraissent pas pouvoir être considérés comme identiques avec la plante cultivée. Ils se rapportent au *S. Fendleri*, que M. Asa Gray a considéré d'abord comme espèce propre et ensuite [4] comme une forme du *S. tuberosum* ou du *S. verrucosum*.

Nous pouvons conclure de la manière suivante :

1° La pomme de terre est spontanée au Chili, sous une forme qui se voit encore dans nos plantes cultivées.

2° Il est très douteux que l'habitation naturelle s'étende jusqu'au Pérou et à la Nouvelle-Grenade.

3° La culture était répandue, avant la découverte de l'Amérique, du Chili à Nouvelle-Grenade.

4° Elle s'était introduite, probablement dans la seconde moitié du XVI^e siècle, dans la partie des Etats-Unis appelée aujourd'hui Virginie et Caroline du Nord.

5° Elle a été importée en Europe, de 1580 à 1585, d'abord par les Espagnols, et ensuite par les Anglais, lors des voyages de Raleigh en Virginie [5].

**Batate** ou **Patate, Sweet Potatoe** (en anglais) — *Convolvolus Batatas*, Linné. *Batatas edulis,* Choisy.

1. André, dans *Illustration horticole*, 1877, p. 114.
2. La forme des baies n'est pas encore connue dans les *S. Colombianum* et *immite*.
3. Hemsley, l. c.
4. Asa Gray, *Synoptical flora of N. Am.*, II, p. 227.
5. Sur l'introduction successive dans différentes parties de l'Europe, voir : Clos, *Quelques documents sur l'histoire de la pomme de terre*, in-8, 1874, dans *Journal d'agric. pratiq. du midi de la France.*

Les racines de cette plante, renflées en tubercules, ressemblent aux Pommes de terre, d'où il est résulté que les navigateurs du xvie siècle ont appliqué le même nom à ces deux espèces très différentes. La Batate est de la famille des Convolvulacées, la Pomme de terre de celle de Solanées; les parties charnues de la première sont des racines, celles de la seconde des rameaux souterrains [1].

La Batate est sucrée, en même temps que farineuse. On la cultive dans tous les pays intertropicaux ou voisins des tropiques, plus peut-être dans le nouveau monde que dans l'ancien [2].

Son origine est douteuse d'après un grand nombre d'auteurs. De Humboldt [3], Meyen [4], Boissier [5], indiquent une origine américaine; Bojer [6], Choisy [7], etc., une origine asiatique. La même diversité se remarque dans les ouvrages antérieurs. La question est d'autant plus difficile que les Convolvulacées sont au nombre des plantes les plus répandues dans le monde, soit depuis des époques très anciennes, soit par l'effet de transports modernes.

En faveur de l'origine américaine, il y a des motifs puissants. Les 15 espèces connues du genre Batatas se trouvent toutes en Amérique, savoir 11 dans ce continent seul et 4 à la fois en Amérique et dans l'ancien monde, avec possibilité ou probabilité de transports. La culture de la Batate commune est très répandue en Amérique. Elle remonte à une époque reculée. Marcgraff [8] la cite pour le Brésil, sous le nom de *Jetica*. Humboldt dit que le nom *Camote* vient d'un mot mexicain. Le mot de *Batatas* (d'où par transposition erronée on a fait *Potatoe*, pomme de terre) est donné pour américain. Sloane et Hughes [9] parlent de la Batate comme d'une plante très cultivée, ayant plusieurs variétés aux Antilles. Ils ne paraissent pas soupçonner une origine étrangère. Clusius, qui l'un des premiers a parlé de la Batate, dit en avoir mangé dans le midi de l'Espagne, où l'on prétendait l'avoir reçue du nouveau monde [10]. Il indique les noms de *Batatas*, *Camotes*, *Amotes*, *Ajes* [11], qui étaient étrangers aux langues de

1. Turpin a publié de bonnes figures qui montrent clairement ces faits Voy. *Mémoires du Muséum*, in-4, vol. 19, pl. 1, 2 et 3.
2. Le Dr Sagot a donné des détails intéressants sur le mode de culture, le produit, etc., dans le *Journal de la Société d'hortic. de France*, vol. 5, 2e série, p. 450-458.
3. Humboldt, *Nouv.-Espagne*, éd. 2, vol. 2, p. 470.
4. Meyen, *Grundrisse Pflanz. geogr*, p. 373.
5. Boissier, *Voyage botanique en Espagne.*
6. Bojer, *Hort. maurit.*, p. 225.
7. Choisy, dans *Prodromus*, 9, p. 338.
8. Marcgraff, *Bres.*, p. 16, avec fig.
9. Sloane, *Hist. Jam.*, I, p. 150; Hughes, *Barb.* p. 228.
10. Clusius, *Hist.*, II, p. 77.
11. *Ajes* était un nom de l'igname (Humb., *Nouv-Esp.*, 2e édit., vol. 2, p. 467, 468).

l'ancien monde. Son livre date de 1601. Humboldt [1] dit que, d'après Gomara, Christophe Colomb, lorsqu'il parut pour la première fois devant la reine Isabelle, lui offrit divers produits du nouveau monde, entre autres des Batates. Aussi, ajoute-t-il, la culture de cette plante était-elle déjà commune en Espagne dès le milieu du XVI^e siècle. Oviedo [2], qui écrivait en 1526, avait vu la Batate très cultivée par les indigènes de Saint-Domingue, et l'avait introduite lui-même à Avila, en Espagne. Rumphius [3] dit positivement que, selon l'opinion commune, les *Batatas* ont été apportées par les Espagnols d'Amérique à Manille et aux Moluques, d'où les Portugais les ont répandues dans l'archipel indien. Il cite des noms vulgaires, qui ne sont pas malais et qui indiquent une introduction par les Castillans. Enfin, il est certain que la Batate était inconnue aux Grecs, aux Romains et aux Arabes; qu'elle n'était pas cultivée en Egypte, et cela même il y a quatre-vingts ans [4], ce qui ne s'expliquerait guère si l'on suppose une origine de l'ancien monde.

D'un autre côté, il y a des arguments pour une origine asiatique. L'Encyclopédie chinoise d'agriculture parle de la Batate et mentionne diverses variétés [5]; mais le D^r Bretschneider [6] a constaté que l'espèce est décrite pour la première fois dans un livre du II^e ou III^e siècle de notre ère. D'après Thunberg [7], la Batate a été apportée au Japon par les Portugais. Enfin la plante cultivée à Taïti, dans les îles voisines et à la Nouvelle-Zélande, sous les noms *Umara*, *Gumarra* et *Gumalla*, décrite par Forster [8] sous le nom de *Convolvolus chrysorhizus*, est la Batate, d'après sir Joseph Hooker [9]. Seemann [10] fait observer que ces noms ressemblent au nom quichuen de la Batate, en Amérique, qui est, dit-il, *Cumar*. La culture de la Batate était répandue dans l'Inde au XVIII^e siècle [11]. On lui attribue plusieurs noms vulgaires, et même, selon Piddington [12], un nom sanscrit, *Ruktaloo* (prononcez *Roktalou*), qui n'a d'analogie avec aucun nom à moi connu et n'est pas dans le dictionnaire sanscrit de Wilson. D'après une note que m'avait donnée Adolphe Pictet, *Ruktaloo* semble un nom bengali composé du sanscrit *Alu* (*Rutka*, plus *âlu*, nom de l'Arum campanulatum). Ce nom, dans les dialectes modernes, désigne l'Igname et la Pomme de terre. Cependant Wallich [13] in-

1. Humboldt, *Nouv.-Esp.*, l. c.
2. Oviedo, trad. de Ramusio, vol. III, part. III.
3. Rumphius, *Amboin.*, V, p. 368.
4. Forskal, p. 54; Delile, Ill.
5. D'Hervey Saint-Denys, *Rech. sur l'agric. des Chin.*, 1850, p. 109.
6. *Study and value of chinese bot. works*, p. 13.
7. Thunberg, *Flora japon.*, p. 84.
8. Forster, *Plantæ escul.*, p. 56.
9. Hooker, *Handb. New Zealand. flora*, p. 194.
10. Seemann, *Journal of bot.*, 1866, p. 328.
11. Roxburgh, édit. Wall., II, p. 69.
12. Piddington, *Index*.
13. Wallich, *Flora Ind.*, l. c.

dique plusieurs autres noms que Piddington omet. Roxburgh [1] ne cite aucun nom sanscrit. Rheede [2] dit que la plante était cultivée au Malabar. Il cite des noms vulgaires indiens.

Les motifs sont beaucoup plus forts, ce me semble, en faveur de l'origine américaine. Si la Batate avait été connue dans l'Inde à l'époque de la langue sanscrite, elle se serait répandue dans l'ancien monde, car sa propagation est aisée et son utilité évidente. Il paraît, au contraire, que les îles de la Sonde, l'Egypte, etc., sont restées étrangères pendant longtemps à cette culture.

Peut-être un examen attentif ramènera-t-il à l'opinion de G. F. W. Meyer, qui distinguait [3] la plante asiatique des espèces américaines. Cependant on n'a pas suivi généralement cet auteur, et je soupçonne que, s'il y a une espèce asiatique différente, ce n'est pas, comme le croyait Meyer, la Batate décrite par Rumphius, que celui-ci dit apportée d'Amérique, mais la plante indienne de Roxburgh.

On cultive des Batates en Afrique; mais, ou leur culture est rare, ou les espèces sont différentes. Robert Brown [4] dit que le voyageur Lockhardt n'avait pas vu la Batate, dont les missionnaires portugais mentionnaient la culture. Thonning [5] ne l'indique pas. Vogel a rapporté une espèce cultivée sur la côte occidentale, qui est certainement, d'après les auteurs du *Flora Nigritiana*, le *Batatas paniculata* Choisy. Ce serait donc une plante cultivée pour ornement ou comme espèce officinale, car la racine en est purgative [6]. On pourrait croire que, dans certains pays de l'ancien ou du nouveau monde, l'*Ipomœa tuberosa* L. aurait été confondu avec la Batate; mais Sloane [7] nous avertit que ses énormes racines ne sont pas bonnes à manger [8].

Une Convolvulacée à racine comestible qui peut bien être confondue avec la Batate, mais dont les caractères botaniques sont pourtant distincts, est l'*Ipomœa mammosa*, Choisy (*Convolvulus mammosus*, Loureiro *Batata mammosa*, Rumphius, *Amb.*, l. 9, tab. 131). Cette espèce croît spontanément près d'Amboine (Rumphius), où elle est aussi cultivée. Elle est estimée en Cochinchine.

Quant à la Batate (*Batatas edulis*), aucun botaniste, à ma con-

1. Roxburgh, éd. 1832, vol. 1, p. 483.
2. Rheede, *Mal.*, 7, p. 95.
3. Meyer, *Primitiæ Fl. Esseq.*, p. 103.
4. R. Brown, *Bot. Congo*, p. 55.
5. Thonning, *Pl. Guin.*
6. Wallich, dans Roxburgh, *Fl. Ind.*, II, p. 63.
7. Sloane, *Jam.*, I, p. 152,
8. Plusieurs Convolvulacées ont des racines (plus exactement des souches) volumineuses, mais alors c'est la base de la tige avec une partie de la racine qui est épaissie, et cette souche radicale est toujours purgative (Jalaps, Turbith, etc.), tandis que dans la Batate ce sont les racines latérales, organe différent, qui s'épaississent.

naissance, ne dit l'avoir trouvée lui-même sauvage, ni dans l'Inde, ni en Amérique [1]. Clusius [2] affirme, sur ouï-dire, qu'elle croît spontanée dans le nouveau monde et dans les îles voisines.

Malgré la probabilité d'une origine américaine, il reste, comme nous venons de le voir, bien des choses inconnues ou incertaines sur la patrie primitive et le transport de cette espèce, qui joue un rôle considérable dans les pays chauds. Quelle que fût son origine, du nouveau ou de l'ancien monde, comment expliquer qu'elle eût été transportée d'Amérique en Chine au commencement de notre ère et dans les îles de l'océan Pacifique à une époque ancienne, ou d'Asie et d'Australie en Amérique dans un temps assez reculé pour que la culture s'en soit répandue jadis des Etats-Unis méridionaux jusqu'au Brésil et au Chili? Il faut supposer des communications préhistoriques entre l'Asie et l'Amérique, ou se livrer à un autre genre d'hypothèses, qui, dans le cas actuel, n'est pas inappliquable. Les Convolvulacées sont une des rares familles de Dicotylédones dans lesquelles certaines espèces ont une aire, ou extension géographique, très étendue et même divisée entre des continents éloignés [3]. Une espèce qui supporte actuellement le climat de la Virginie et du Japon peut avoir existé plus au nord avant l'époque de la grande extension des glaciers dans notre hémisphère, et les hommes préhistoriques l'auraient transportée vers le midi quand les conditions de climat ont changé. Dans ces hypothèses, la culture seule aurait conservé l'espèce, à moins qu'on ne finisse par la découvrir sauvage en quelque point de son ancienne habitation, peut-être, par exemple, au Mexique ou en Colombie.

**Betterave, Bette, Poirée.** — *Beta vulgaris* et *B. maritima*, Linné. — *Beta vulgaris*, Moquin

Elle est cultivée tantôt pour ses racines charnues (Betterave) et tantôt pour ses feuilles, employées comme légume (Bette, Poirée), mais les botanistes s'accordent généralement à ne pas distinguer deux espèces. On sait, par d'autres exemples, que des plantes à racines minces dans la nature prennent facilement des racines charnues par un effet du sol ou de la culture.

La forme appelée *Bette*, à racines maigres, est sauvage dans les terrains sablonneux, surtout du bord de la mer, aux îles Canaries, et dans toute la région de la mer Méditerranée, jusqu'à la mer Caspienne, la Perse et Babylone [4], peut-être même dans

1. Le n° 701 de Schomburgk, coll. 1, est spontané dans la Guyane. Selon M. Choisy, c'est une variété du *Batatas edulis;* selon M. Bentham (Hook, *Journ. bot.*, V, p. 352), c'est le *Batatas paniculata*. Mon échantillon, assez imparfait, me semble différer des deux.

2. Clusius, *Hist.*, 2, p. 77.

3. A. de Candolle, *Géog. bot. raisonnée*, p. 1041-1043 et p. 516, 518.

4. Moquin-Tandon, dans *Prodromus*, vol. 13, part. 2, p. 55; Boissier, *Flora orientalis*, 4, p. 898; Ledebour, *Fl. rossica*, 3, p. 692.

l'Inde occidentale, d'après un échantillon rapporté par Jaquemont, sans que la qualité spontanée en soit certifiée. La flore de l'Inde de Roxburgh, et celle, plus récente, du Punjab et du Sindh, par Aitchison, ne mentionnent la plante que comme cultivée.

Elle n'a pas de nom sanscrit [1], d'où l'on peut inférer que les Aryens ne l'avaient pas apportée de l'Asie tempérée occidentale, où elle existe. Les peuples de leur race émigrés en Europe antérieurement ne la cultivaient probablement pas non plus, car je ne vois pas de nom commun aux langues indo-européennes. Les anciens Grecs, qui faisaient usage des feuilles et des racines, appelaient l'espèce *Teutlion* [2], les Romains *Beta*. M. de Heldreich [3] donne aussi comme nom ancien grec *Sevkle* ou *Sfekelie*, qui ressemble au nom arabe *Selg*, chez les Nabathéens *Silq* [4]. Le nom arabe a passé en portugais, *Selga*. On ne connaît point de nom hébreu. Tout indique une culture ne datant pas de plus de quatre à six siècles avant l'ère chrétienne.

Les anciens connaissaient déjà les racines rouges et blanches, mais le nombre des variétés a beaucoup augmenté dans les temps modernes, surtout depuis qu'on a cultivé la Betterave en grand, pour la nourriture des bestiaux et la production du sucre. C'est une des plantes les plus faciles à améliorer par sélection, comme les expériences de Vilmorin l'ont prouvé [5].

**Manioc.** — *Manihot utilissima*, Pohl. — *Jatropha Manihot*, Linné.

Le Manioc est un arbuste ou arbrisseau de la famille des Euphorbiacées, dont plusieurs racines se renflent dès la première année, prennent une forme ellipsoïde irrégulière et renferment de la fécule (Tapioca), avec un suc plus ou moins vénéneux.

La culture en est commune dans les régions équatoriales ou tropicales, surtout en Amérique, du Brésil aux Antilles. En Afrique, elle est moins générale et paraît moins ancienne. Dans certaines colonies asiatiques, elle est décidément d'introduction moderne. On la pratique au moyen de boutures des tiges.

Les botanistes se sont divisés sur la convenance de regarder les innombrables formes de Maniocs comme appartenant à une, à deux ou même plusieurs espèces différentes. Pohl [6] en admettait plusieurs à côté de son *Manihot utilissima*, et le Dr J. Müller [7],

1. Roxburgh, *Flora indica*, 2, p. 59; Piddington, *Index*.
2. Théophraste et Dioscoride cités par Lenz, *Botanik der Griechen und Römer*, p. 446; Fraas, *Synopsis fl. class.*, p. 233.
3. Heldreich, *Die Nutzpflanzen Griechenlands*, p. 22.
4. Alawwâm, *Agriculture nabathéenne* (premiers siècles de l'ère chrét. ?), d'après E. Meyer, *Geschichte der Botanik*, 3, p. 75.
5. *Notices sur l'amélioration des plantes par le semis*, p. 15.
6. Pohl, *Plantarum Brasiliæ icones et descriptiones*, in-folio, vol. 1.
7. J. Müller, dans *Prodromus*, XV, sect. 2, p. 1062, 1064.

dans sa monographie des Euphorbiacées, rapporte à une espèce voisine (*M. palmata*) la forme *Aipi*, qui est cultivée au Brésil avec les autres et dont la racine n'est pas vénéneuse. Ce dernier caractère n'est pas aussi tranché qu'on le croirait d'après certains ouvrages et même d'après les indigènes. Le Dr Sagot [1], qui a comparé une douzaine de variétés de Manioc cultivées à Cayenne, dit expressément : « Il y a des Maniocs plus vénéneux les uns que les autres; mais je doute qu'aucun soit absolument exempt de principes nuisibles. »

On peut se rendre compte de ces singulières différences de propriétés entre des plantes fort semblables par l'exemple de la Pomme de terre. Le Manihot et le Solanum tuberosum appartiennent tous deux à des familles suspectes (Euphorbiacées et Solanacées). Plusieurs de leurs espèces sont vénéneuses dans certains de leurs organes; mais la fécule, où qu'elle se trouve, ne peut pas être nuisible, et il en est de même du tissu cellulaire lavé de tout dépôt, c'est-à-dire réduit à la cellulose. Or dans la préparation de la *Cassave* (farine de Manioc), on a grand soin de racler l'écorce extérieure de la racine, ensuite de piler ou écraser la partie charnue, de manière à en expulser le suc plus ou moins vénéneux, et finalement on soumet la pâte à une cuisson qui chasse des parties volatiles [2]. Le tapioca est de la fécule pure, sans mélange des tissus qui existent encore dans la cassave. Dans la pomme de terre, la pellicule extérieure prend des qualités nuisibles quand on la laisse verdir en l'exposant à la lumière, et il est bien connu que des tubercules mal mûrs ou viciés, contenant une trop faible proportion de fécule avec beaucoup de sucs, sont mauvais à manger et feraient positivement du mal aux personnes qui en consommeraient une certaine quantité. Toutes les Pommes de terre, comme probablement tous les Maniocs, renferment quelque chose de nuisible, dont on s'aperçoit jusque dans les produits de la distillation, et qui varie par plusieurs causes; mais il ne faut se défier que des matières autres que la fécule.

Les doutes sur le nombre des espèces à admettre dans les Manihots cultivés ne nous embarrassent nullement pour la question de l'origine géographique. Au contraire, nous allons voir que c'est un moyen important de constater l'origine américaine.

L'abbé Raynal avait répandu jadis l'opinion erronée que le Manioc aurait été apporté d'Afrique en Amérique. Robert Brown le niait en 1818 [3], sans donner des motifs à l'appui, et de Hum-

1. Sagot, dans *Bull. de la Société botanique de France* du 8 décembre 1871.
2. J'indique la préparation dans ce qu'elle a d'essentiel. Les détails diffèrent suivant les pays. Voir à cet égard : Aublet, *Guyane*, 2, p. 67; Descourtilz, *Flore des Antilles*, 3, p. 113; Sagot, *l. c.*, etc.
3. R. Brown, *Botany of Congo*, p. 50.

boldt [1], Moreau de Jonnès [2], Auguste de Saint-Hilaire [3] ont insisté sur l'origine américaine. On ne peut guère en douter, d'après les raisons suivantes :

1° Les Manihots étaient cultivés par les indigènes du Brésil, de la Guyane et des parties chaudes du Mexique avant l'arrivée des Européens, comme le témoignent tous les anciens voyageurs. Aux Antilles, cette culture était assez commune dans le XVI<sup>e</sup> siècle, d'après Acosta [4], pour qu'on puisse la croire également d'une certaine ancienneté.

2° Elle est moins répandue en Afrique, surtout dans les régions éloignées de la côte occidentale. On sait que le Manioc a été introduit dans l'île de Bourbon par le gouverneur de Labourdonnais [5]. Dans les contrées asiatiques, où probablement une culture aussi facile se serait propagée si elle avait été ancienne sur le continent africain, on la mentionne çà et là, comme un objet de curiosité d'origine étrangère [6].

3° Les indigènes d'Amérique avaient plusieurs noms anciens pour les variétés de Maniocs, surtout au Brésil [7], ce qui ne paraît pas avoir existé en Afrique, même sur la côte de Guinée [8].

4° Les variétés cultivées au Brésil, à la Guyane et aux Antilles sont très nombreuses, par où l'on peut présumer une culture très ancienne. Il n'en est pas de même en Afrique.

5° Les 42 espèces connues du genre Manihot, en dehors de M. utilissima, sont toutes spontanées en Amérique; la plupart au Brésil, quelques-unes à la Guyanne, au Pérou et au Mexique; pas une dans l'ancien monde [9]. Il est très invraisemblable qu'une seule espèce, et encore celle qu'on cultive, fut originaire à la fois de l'ancien et du nouveau monde, d'autant plus que dans la famille des Euphorbiacées les habitations des espèces ligneuses sont généralement restreintes et qu'une communauté entre l'Afrique et l'Amérique est toujours rare dans les plantes Phanérogames.

L'origine américaine du Manihot étant ainsi démontrée, on peut se demander comment l'espèce a été introduite en Guinée et au Congo. Probablement c'est un résultat des communications fréquentes, au XVI<sup>e</sup> siècle, des trafiquants portugais et des négriers.

1. De Humboldt, *Nouvelle-Espagne*, éd. 2, vol. 2, p. 398.
2. *Histoire de l'Acad. des sciences*, 1824.
3. Guillemin, *Archives de botanique*, 1, p. 239.
4. Acosta, *Hist. nat. des Indes*, trad. franç. 1598, p. 163.
5. Thomas, *Statistique de Bourbon*, 2, p. 18.
6. Le catalogue du jardin botanique de Buitenzorg, 1866, p. 222, dit expressément que le Manihot utilissima vient de Bourbon et d'Amérique.
7. Aypi, Mandioca, Manihot, Manioch, Yuca, etc., dans Pohl, *Icones et descr.*, 1, p. 30, 33. Martius, *Beiträge z. Ethnographie, etc., Brasilien's*, 2, p. 122, indique une quantité de noms.
8. Thonning (dans Schumacher, *Plant. guin.*), qui cite volontiers les noms vulgaires, n'en donne aucun pour le Manihot.
9. J. Müller, dans *Prodromus*, 15, sect. 1, p. 1057.

Le *Manihot utilissima*, et l'espèce voisine ou variété appelée *Aïpi*, que l'on cultive également, n'ont pas été trouvés à l'état sauvage d'une manière certaine. Humboldt et Bonpland ont bien recueilli sur les bords de la Magdalena, un pied de *Manihot utilissima* qu'ils ont dit *presque* spontané [1], mais le Dr Sagot me certifie qu'on ne l'a point découvert à la Guyane, et les botanistes qui ont exploré la région chaude du Brésil n'ont pas été plus heureux. Cela ressort des expressions de Pohl, qui a beaucoup étudié ces plantes, qui connaissait les récoltes de Martius et ne doutait pas de l'origine américaine. S'il avait remarqué une forme spontanée identique avec celles qu'on cultive, il n'aurait pas émis l'hypothèse que le Manioc provient de son *Manihot pusilla* [2] de la province de Goyaz, dont la stature est minime et qu'on regarde comme une véritable espèce ou comme une variété du *Manihot palmata* [3]. De Martius déclarait en 1867, c'est-à-dire après avoir reçu de nombreuses informations postérieures à son voyage, qu'on ne connaissait pas la plante à l'état sauvage [4]. Un ancien voyageur, ordinairement exact, Piso [5], parle d'un Mandihoca sauvage dont les Tapuyeris, indigènes de la côte au nord de Rio-de-Janeiro, mangeaient les racines. Il est, dit-il, « très semblable à la plante cultivée » ; mais la figure qu'il en donne a paru bien mauvaise aux auteurs qui ont étudié les Manihots. Pohl la rapporte à son *M. Aïpi*, et le Dr Müller la passe sous silence. Quant à moi, je suis disposé à croire ce que dit Piso, et sa planche ne me paraît pas absolument mauvaise. Elle vaut mieux que celle de Vellozo d'un Manihot sauvage qu'on rapporte avec doute au *M. Aïpi* [6]. Si l'on ne veut pas accepter cette origine du Brésil oriental intertropical, il faut recourir à deux hypothèses : ou les Manihots cultivés proviennent de l'une des espèces sauvages modifiée par la culture ; ou ce sont des formes qui subsistent seulement par l'action de l'homme, après la disparition de leurs semblables de la végétation spontanée actuelle.

**Ail.** — *Allium sativum*, Linné.

Linné, dans son *Species*, indique la Sicile comme la patrie de l'ail commun ; mais dans l'*Hortus cliffortianus*, où il est ordinairement plus exact, il ne donne pas d'origine. Le fait est que d'après les flores les plus récentes et les plus complètes de Sicile, de toute l'Italie, de la Grèce, de France, d'Espagne, et d'Algérie, l'ail n'est pas considéré comme indi-

1. Kunth, dans Humb. et B., *Nova Genera*, 2, p. 108.
2. Pohl, *Icones et descript.*, 1, p. 36, pl. 26.
3. Müller, dans le *Prodromus*.
4. De Martius, *Beiträge zur Ethnographie, etc.*, 1, p. 19, 136.
5. Piso, *Historia naturalis Brasiliæ*, in-folio, 1658, p. 55, *cum icone*.
6. *Jatropia sylvestris Vell. Fl. flum.*, 16, t. 83. Voir Müller, dans *Prodromus*, 15 p. 1063.

gène, quoique çà et là on en ait recueilli des échantillons qui avaient plus ou moins l'apparence de l'être. Une plante aussi habituellement cultivée et qui se propage si aisément peut se répandre hors des jardins et durer quelque temps, sans être d'origine spontanée. Je ne sais sur quelle autorité Kunth cite l'espèce en Egypte [1]. D'après des auteurs plus exacts sur les plantes de ce pays [2], elle y est seulement cultivée. M. Boissier, dont l'herbier est si riche en plantes d'Orient, n'en possède aucun échantillon spontané. Le seul pays où l'ail ait été trouvé à l'état sauvage, d'une manière bien certaine, est le désert des Kirghis de Soongarie, d'après des bulbes rapportées de là et cultivées à Dorpat [3] et des échantillons vus ensuite par Regel [4]. Ce dernier auteur dit aussi avoir vu un échantillon que Wallich avait recueilli comme spontané dans l'Inde anglaise ; mais M. Baker [5], qui avait sous les yeux les riches herbiers de Kew, n'en parle pas dans sa revue des Allium des Indes, de Chine et du Japon.

Voyons si les documents historiques et linguistiques confirment une origine uniquement du sud-ouest de la Sibérie.

L'Ail est cultivé depuis longtemps en Chine sous le nom de *Suan*. On l'écrit en chinois par un signe unique, ce qui est ordinairement l'indice d'une espèce très anciennement connue et même spontanée [6]. Les flores du Japon [7] n'en parlent pas, d'où je présume que l'espèce n'était pas sauvage dans la Sibérie orientale et la Daourie, mais que les Mongols l'auraient apportée en Chine.

D'après Hérodote (Hist., l. 2, c. 125), les anciens Egyptiens en faisaient grand usage. Les archéologues n'en ont pas trouvé la preuve dans les monuments, mais cela tient peut-être à ce que la plante était réputée impure par les prêtres [8].

Il existe un nom sanscrit, *Mahoushouda* [9], devenu *Loshoun* en bengali, et dont le nom hébreu *Schoum*, *Schumin* [10], qui a produit le *Thoum* ou *Toum* des Arabes, ne paraît pas éloigné. Le nom basque, *Baratchouria*, a été rapproché des noms aryens par M. de Charencey [11]. A l'appui de son hypothèse, je dirai que le nom berbère, *Tiskert*, est tout différent, et que par conséquent les Ibères paraissent avoir reçu la plante et son nom des Aryens plutôt que de leurs ancêtres probables du nord de l'Afrique. Les Lettons disent *Kiplohks*, les Esthoniens *Krunslauk*, d'ou probablement le *Knoblauch* des Allemands. L'ancien nom

1. Kunth, *Enum.*, 4, p. 381.
2. Schweinfurth et Ascherson, *Aufzählung*, p. 294.
3. Ledebour, *Flora altaica*, 2, p. 4; *Flora rossica*, 4, p. 162.
4. Regel, *Allior. monogr.*, p. 44.
5. Baker, dans *Journ. of. bot.*, 1874, p. 295.
6. Bretschneider, *Study and value*, etc., p. 15, 47 et 7.
7. Thunberg, *Fl. jap.*; Franchet et Savatier, *Enumeratio*, 1876, vol. 2.
8. Unger, *Pflanzen des Alten Ægypten's*, p. 42.
9. Piddington, *Index*, sous l'orthographe anglaise Mahooshouda.
10. Hiller, *Hierophyton;* Rosenmüller, *Bibl. Alterthum*, vol. 4.
11. De Charencey, *Actes de la Société philologique*, 1er mars 1869.

grec paraît avoir été *Scorodon*, en grec moderne *Scordon*. Les noms chez les Slaves d'Illyrie sont *Bili*, *Cesan*. Les Bretons disent *Quinen* [1]. Les Gallois *Craf*, *Cenhinen* ou *Garlleg*, d'où le *Garlic* des Anglais. L'*Allium* des Latins a passé dans les langues d'origine latine [2]. Cette grande diversité de noms fait présumer une ancienne connaissance de la plante et même une ancienne culture dans l'Asie occidentale et en Europe. D'un autre côté, si l'espèce n'avait existé que dans le pays des Kirghis, où on la trouve maintenant, les Aryas auraient pu la cultiver et l'avoir transportée dans l'Inde et en Europe; mais alors pourquoi tant de noms celtiques, slaves, grecs, latins, différents du sanscrit? Pour expliquer cette diversité, il faudrait supposer une extension de la patrie primitive vers l'ouest de l'habitation connue aujourd'hui, extension qui aurait été antérieure aux migrations des Aryas.

Si le genre Allium était une fois, dans sa totalité, l'objet d'un travail aussi sérieux que celui de J. Gay sur quelques-unes de ses espèces [3], on trouverait peut-être que certaines formes spontanées en Europe, comprises par les auteurs dans les *A. arenarium* L., ou *A. arenarium* Sm., ou *A. Scorodoprasum* L., ne sont que des variétés de l'*A. sativum*. Alors tout concorderait : les peuples les plus anciens d'Europe et de l'Asie occidentale auraient cultivé l'espèce telle qu'ils la trouvaient depuis la Tartarie jusqu'en Espagne, en lui donnant des noms plus ou moins différents.

**Oignon.** — *Allium Cepa*, Linné.

Je dirai d'abord ce qu'on savait en 1855 [4]. J'ajouterai ensuite des observations botaniques récentes qui confirment ce qu'on pouvait présumer d'après les données linguistiques.

L'Oignon est une des espèces le plus anciennement cultivées. Son habitation primitive est inconnue, d'après Kunth [5]. Voyons s'il est possible de la découvrir. Les Grecs modernes appellent *Krommudi* l'Allium Cepa, qu'ils cultivent beaucoup [6]. C'est une bonne raison pour croire que le *Krommuon* de Théophraste [7] est la même espèce, comme les auteurs du XVIe siècle le pensaient

1. Davies, *Welsh botanology*.
2. Tous ces noms vulgaires se trouvent dans mon dictionnaire compilé par Moritzi, d'après les flores. J'aurais pu en citer un plus grand nombre et mentionner des étymologies probables d'après les philologues, par exemple d'après l'ouvrage de Hehn, *Kulturpflanzen aus Asien*, p. 171 et suivantes; mais ce n'est pas nécessaire pour indiquer le fait d'origines géographiques multiples et de la culture ancienne en divers pays.
3. *Annales des sc. nat.*, 3e série, vol. 8.
4. A. de Candolle, *Géogr. bot. raisonnée*, 2, p. 828.
5. Kunth, *Enum.*, 4, p. 394.
6. Faas, *Syn. fl. class.*, p. 291.
7. Theophrastes, *Hist.*, l. 7, c. 4.

déjà [1]. Pline [2] traduisait ce mot par *Cæpa*. Les anciens en connaissaient plusieurs variétés, qu'ils distinguaient par des noms de pays : Cyprium, Cretense, Samothraciæ, etc. On en cultivait une en Egypte [3], si excellente qu'elle recevait des hommages, comme une divinité, au grand amusement des Romains [4]. Les Egyptiens modernes désignent l'A. Cepa sous le nom de *Basal* [5] ou *Bussul* [6], d'où il est probable que le *Betsalim* ou *Bezalim* des Hébreux est bien la même espèce, comme le disent les commentateurs [7]. Il y a des noms sanscrits tout à fait différents : *Palandu*, *Latarka*, *Sukandaka* [8], et une foule de noms indiens modernes. L'espèce est généralement cultivée dans l'Inde, en Cochinchine, en Chine [9], et même au Japon [10]. Les anciens Egyptiens en faisaient une grande consommation. Les dessins de leurs monuments montrent souvent cette espèce [11]. Ainsi la culture remonte dans l'Asie méridionale et dans la région orientale de la mer Méditerranée à une époque partout très reculée. En outre, les noms chinois, sanscrits, hébreux, grecs et latins n'ont pas de connexité apparente. De ce dernier fait, on peut déduire l'hypothèse que la culture aurait été imaginée après la séparation des peuples indo-européens, l'espèce se trouvant à portée dans divers pays à la fois. Ce n'est pourtant pas l'état actuel des choses, car on trouve à peine des indices vagues de la qualité spontanée de l'*A. Cepa*. Je n'en ait point découvert dans les flores européennes ou du Caucase; mais Hasselquist [12] a dit : « Il croît dans les plaines près de la mer, aux environs de Jéricho. » Le docteur Wallich a mentionné dans sa *Liste* de plantes indiennes, nº 5072, des échantillons qu'il a vus dans des localités du Bengale, sans dire qu'ils fussent cultivés. Cette indication, quoique peu suffisante, l'ancienneté des noms sanscrits et hébreux et les communications qu'on sait avoir existé entre les peuples de l'Inde et les Egyptiens me font présumer que l'habitation était vaste dans l'Asie occidentale, s'étendant peut-être de la Palestine à l'Inde. Des espèces voisines, prises quelquefois pour le Cepa, existent en Sibérie [13].

On connaît mieux maintenant les échantillons recueillis par les botanistes anglo-indiens dont Wallich avait donné une pre-

1. J. Bauhin, *Hist.*, 2, p. 548.
2. Pline, *Hist.*, l. 19, c. 6.
3. Pline, l. c.
4. Juvenalis, *Sat.*, 15.
5. Forskal, p. 65.
6. Ainslies, *Mat. med. Ind.*, 1, p. 269.
7. Hiller, *Hieroph.*, 2, p. 36; Rosenmüller, *Handb. bibl. Alterk.*, 4, p. 96.
8. Piddington, *Index*; Ainslies, *l. c.*
9. Roxburgh, *Fl. ind.*, 2; Loureiro, *Fl. cochinch.*, p. 249.
10. Thunberg, *Fl. jap.*, p. 132.
11. Unger, *Pflanzen d. Alt. Ægypt.*, p. 42, fig. 22, 23, 24.
12. Hasselquist, *Voy. and trav.*, p. 279.
13. Ledebour, *Fl. ross.*, 4, p. 169.

mière notion. Stokes a découvert l'*Allium Cepa* indigène dans le Belouchistan. Il dit : « Sauvage sur le Chehil Tun. » Griffith l'a rapporté de l'Afghanistan et Thomson de Lahore, sans parler d'autres collecteurs qui ne se sont pas expliqués sur la nature spontanée ou cultivée [1]. M. Boissier possède un échantillon spontané recueilli dans les régions montueuses du Khorassan. Les ombelles sont plus petites que dans la plante cultivée, mais d'ailleurs il n'y a pas de différence. Le Dr Regel fils l'a trouvé au sud de Kuldscha, Turkestan occidental [2]. Ainsi mes conjectures d'autrefois sont tout à fait justifiées; et il n'est pas improbable que l'habitation s'étende jusqu'en Palestine, comme le disait Hasselquist.

L'Oignon est désigné en Chine par un caractère unique (orthographié *Tsung*), ce qui peut faire présumer une ancienne existence à titre de plante indigène [3]. Je doute cependant beaucoup que l'habitation s'étende aussi loin vers l'est.

Humboldt [4] dit que les Américains connaissaient de tout temps les oignons, en mexicain *Xonacatl*. « Cortès, dit-il en parlant des comestibles qui se vendaient sur le marché de l'ancien Tenochtitlan, cite des oignons, des poireaux et de l'ail. » Je ne puis croire cependant que ces divers noms s'appliquent à nos espèces cultivées en Europe. Sloane, dans le XVIIe siècle, n'avait vu qu'un seul Allium cultivé à la Jamaïque (A. Cepa), et c'était dans un jardin, avec d'autres légumes d'Europe [5]. Le mot *Xonacatl* n'est pas dans Hernandez, et J. Acosta [6] dit expressément que les Oignons et les Aulx du Pérou sont originaires d'Europe. Les espèces du genre Allium sont rares en Amérique.

**Ciboule commune.** — *Allium fistulosum*, Linné.

Pendant longtemps, cette espèce a été mentionnée dans les flores et les ouvrages d'horticulture comme étant d'une origine inconnue ; mais les botanistes russes l'ont trouvée sauvage en Sibérie, vers les monts Altaï, du pays des Kirghis au lac Baïcal [7].

Les anciens ne la connaissaient pas [8]. Elle doit être arrivée en Europe par la Russie, dans le moyen âge ou peu après. Un auteur du XVIe siècle, Dodoens [9], en a donné une figure, peu reconnaissable, sous le nom de *Cepa oblonga*.

1. Aitchison, *A catalogue of the plants of Punjab and Sindh*, in-8, 1869, p. 19 ; Baker, dans *Journal of bot.*, 1874, p. 295.
2. *Ill. hortic.*, 1877, p. 167.
3. Bretschneider, *Study and value, etc.*, p. 47 et 7.
4. De Humboldt, *Nouv.-Esp.*, 2e édit., 2, p. 476.
5. Sloane, *Jam.*, 1, p. 75.
6. Acosta, *Hist. nat. des Indes*, trad. franç., p. 165.
7. Ledebour, *Flora rossica*, 4, p. 169.
8. Lenz, *Botanik der alt Griechen und Rœmer*, p. 295.
9. Dodoens, *Pemptades*, p. 687.

**Echalote.** — *Allium Ascalonicum*, Linné.

On croyait, sur le dire de Pline [1], que le nom était tiré de la ville d'Ascalon, en Judée ; mais M. le Dr E. Fournier [2] pense que l'auteur latin s'est trompé sur le sens du mot *Askalônion* de Théophraste. Quoi qu'il en soit, ce nom s'est conservé dans nos langues modernes sous la forme d'*Echalote* en français, *Chalote* en espagnol, *Scalogno* en italien, *Aschaluch* ou *Eschlauch* en allemand, etc.

En 1855, j'avais parlé de cette espèce de la manière suivante [3] :

« D'après Roxburgh [4], on cultive beaucoup l'*Allium Ascalonicum* dans l'Inde. On lui attribue le nom sanscrit de *Pulandoo* (prononcez *Poulandou*), mot presque identique avec *Palandu*, attribué à l'*Allium Cepa* [5]. Evidemment la distinction entre ces deux espèces n'est pas claire dans les ouvrages indiens ou anglo-indiens.

« Loureiro dit avoir vu l'*Allium Ascalonicum* cultivé en Cochinchine [6], mais il ne cite pas la Chine, et Thunberg n'indique pas cette espèce au Japon. Ainsi, vers la région orientale de l'Asie, la culture n'est pas générale. Ce fait et le doute sur le nom sanscrit me font croire qu'elle n'est pas ancienne dans l'Asie méridionale. Malgré le nom de l'espèce, je ne suis pas persuadé qu'elle existât non plus dans l'Asie occidentale. Rauwolf, Forskal et Delile ne l'indiquent pas en Sibérie, en Arabie et en Egypte. Linné [7] cite Hasselquist comme ayant trouvé l'espèce en Palestine. Malheureusement il ne donne pas de détails sur la localité ni sur la condition de spontanéité. Dans les *Voyages* de Hasselquist [8], je vois un *Cepa montana* croissant au mont Thabor et sur une montagne voisine ; mais rien ne prouve que ce soit l'espèce. Dans son article sur les Oignons et Aulx des Hébreux (p. 290), il ne mentionne que l'*Allium Cepa*, puis les *Porrum* et *sativum*. Sibthorp ne l'a pas trouvé en Grèce [9], et Fraas ne l'indique pas comme cultivé actuellement dans ce pays [10]. D'après Koch [11], il s'est naturalisé dans les vignes près de Fiume. Toutefois M. de Visiani [12] n'en parle que comme cultivé en Dalmatie.

« D'après l'ensemble des faits, je suis amené à l'idée que l'*Al-*

1. Pline, *Hist.*, l. 19, c. 6.
2. Il doit en parler dans une publication intitulée *Cibaria*, qui va paraître.
3. *Géographie bot. raisonnée*, p. 829.
4. Roxburgh, *Fl. ind.*, éd. 1832, vol. 2, p. 142.
5. Piddington, *Index*.
6. Loureiro, *Fl. cochinch.*, p. 251.
7. Linné, *Species*, p. 429.
8. Hasselquist, *Voy. and trav.*, 1766, p. 281, 282.
9. Sibthorp, *Prodr.*
10. Fraas, *Syn. fl. class.*, p. 291.
11. Koch, *Synops. fl. Germ.*, 2e éd., p. 833.
12. Visiani, *Flora dalmat.*, p. 138.

*lium Ascalonicum* n'est pas une espèce. Il suffit, pour concevoir des doutes sur son existence primitive, de voir que : 1° Théophraste et les anciens, en général, en ont parlé comme d'un état de l'*Allium Cepa*, ayant même importance que les variétés cultivées en Grèce, en Thrace et ailleurs; 2° on ne peut pas prouver qu'il existe à l'état sauvage; 3° on le cultive peu ou point dans les pays où l'on présume qu'il a pris naissance, comme la Syrie, l'Egypte, la Grèce; 4° il est ordinairement sans fleurs, d'où venait le nom de *Cepa sterilis*, donné par C. Bauhin, et la multiplicité des caïeux se lie tout naturellement à ce fait; 5° lorsqu'il fleurit, les organes de la fleur sont semblables à ceux du *Cepa*, ou du moins on n'a pas découvert de différence jusqu'à présent, et, d'après Koch [1], la seule différence est d'avoir la hampe et les feuilles moins renflées, quoique fistuleuses. »

Telle était mon opinion [2]. Les faits publiés depuis 1855 ne détruisent pas mes doutes. Ils les justifient au contraire. M. Regel, en 1875, dans sa monographie des Allium, déclare qu'il a vu l'échalote seulement à l'état cultivé. Aucher Eloy a distribué une plante de l'Asie Mineure sous le nom d'*A. Ascalonicum* (n° 2012), mais d'après mon échantillon ce n'est certainement pas cette espèce. M. Boissier me donne l'information qu'il n'a jamais vu l'*A. Ascalonicum* en Orient et n'en a pas dans son herbier. La plante de Morée portant ce nom dans la flore de Bory et Chaubard est une espèce toute différente, nommée par lui *A. gomphrenoides*. M. Baker [3] dans sa revue des Allium des Indes, de la Chine et du Japon, cite l'*A. Ascalonicum* dans des localités du Bengale et du Punjab, d'après des échantillons de Griffith et d'Aitchison; mais il ajoute : « Probablement ce sont des plantes cultivées. » Il rapporte à l'*Ascalonicum* l'*Allium Sulvia* Ham., du Népaul, plante peu connue et dont la qualité de spontanée est incertaine. L'échalote produit beaucoup de caïeux qui peuvent se propager ou se conserver dans le voisinage des cultures et induire en erreur sur l'origine.

En définitive, malgré le progrès des investigations botaniques en Orient et dans l'Inde, cette forme d'Allium n'a pas été trouvée sauvage d'une manière certaine. Elle me paraît donc plus que jamais une modification du *Cepa*, survenue à peu près au commencement de l'ère chrétienne, modification moins considérable que beaucoup de celles qu'on a constatées pour d'autres plantes cultivées, par exemple dans les choux.

**Rocambole.** — *Allium Scorodoprasum*, Linné.

Si l'on jette les yeux sur les descriptions et la synonymie de l'*A. Scorodoprasum* dans les ouvrages de botanique depuis Linné

1. Koch, *Synops. fl. Germ.*
2. A. de Candolle, *Géogr. bot. raisonnée*, p. 829.
3. Baker, dans *Journ. of bot.*, 1874, p. 295.

jusqu'à nos jours, on verra que le seul point sur lequel s'accordent les auteurs est le nom vulgaire de *Rocambole*. Quant aux caractères distinctifs, tantôt ils rapprochent et tantôt ils éloignent la plante de l'*Allium sativum*. Avec des définitions aussi différentes, il est très difficile de savoir dans quel pays se trouve, à l'état sauvage, la plante bien connue cultivée sous le nom de Rocambole. D'après MM. Cosson et Germain, elle croît aux environs de Paris [1]. D'après Grenier et Godron [2], la même forme croît dans l'est de la France. M. Burnat dit avoir trouvé l'espèce bien spontanée dans les Alpes-Maritimes. Il en a donné des échantillons à M. Boissier. MM. Willkomm et Lange ne la regardent pas comme spontanée en Espagne [3], quoique l'un des noms français de la plante cultivée soit *Ail* ou *Échalote d'Espagne*. Beaucoup d'autres localités européennes me paraissent douteuses, vu l'incertitude sur les caractères spécifiques. Je note cependant que, d'après Ledebour [4], la plante qu'il nomme *A. Scorodoprasum* est très commune en Russie, depuis la Finlande jusqu'en Crimée. M. Boissier en a reçu un échantillon de la Dobrutscha, communiqué par le botaniste Sintenis. L'habitation naturelle de l'espèce viendrait donc toucher à celle de l'*Allium sativum*, ou bien une étude attentive de toutes les formes prouvera qu'une seule espèce, comprenant plusieurs variétés, s'étend sur une grande partie de l'Europe et de ses confins en Asie.

La culture de la Rocambole ne paraît pas très ancienne. Il n'en est pas question dans les ouvrages sur la Grèce et Rome, ni dans l'énumération des plantes recommandées par Charlemagne aux intendants de ses jardins [5]. Olivier de Serres n'en parle pas non plus. On ne peut citer qu'un petit nombre de noms vulgaires, originaux, chez des peuples anciens. Les plus distincts sont dans le nord : *Skovlög* en Danemark, *Keipe* et *Rackenboll* en Suède [6]. *Rockenbolle*, d'où vient le nom français, est allemand. Il n'a pas le sens qui lui est attribué par Littré. Son étymologie est *Bolle*, oignon, croissant parmi les rochers, *Rocken* [7].

**Ciboulette, Civette.** — *Allium Schœnoprasum*, Linné.

L'habitation de cette espèce est très étendue dans l'hémisphère boréal. On l'indique dans toute l'Europe, de la Corse ou la Grèce jusqu'à la Suède méridionale; en Sibérie jusqu'au Kamtschatka, et aussi dans l'Amérique septentrionale, mais seu-

1. Cosson et Germain, *Flore*, 2, p. 553.
2. Grenier et Godron, *Flore de France*, 3, p. 197.
3. Willkomm et Lange, *Prodr. fl. hisp.*, 1, p. 385.
4. Ledebour, *Flora rossica*, 4, p. 163.
5. Le Grand d'Aussy, *Histoire de la vie des Français*, vol. 1, p. 122.
6. Nemnich, *Polyglott. Lexicon*, p. 187.
7. Nemnich, *l. c.*

lement près des lacs Huron, Supérieur et plus au nord [1], circonstance assez singulière, comparée à l'habitation européenne. La forme qui se trouve dans les Alpes est la plus rapprochée de celle qu'on cultive [2].

Les anciens devaient certainement connaître l'espèce, puisqu'elle est sauvage en Italie et en Grèce. Targioni croit que c'est le *Scorodon Schiston* de Théophraste, mais il s'agit de mots sans descriptions, et les auteurs spéciaux dans l'interprétation des textes grecs, comme Fraas et Lenz, ont la prudence de ne rien affirmer. Si les noms anciens sont douteux, le fait de la culture à cette époque l'est encore plus. Il est possible qu'on eût l'habitude de récolter la plante dans la campagne.

**Colocase.** — *Arum esculentum*, Linné. — *Colocasia antiquorum*, Schott [3].

On cultive cette espèce, dans les localités humides de la plupart des pays intertropicaux, à cause du renflement de la partie inférieure de la tige, qui forme un rhizome comestible, analogue à la partie souterraine des Iris. Les pétioles et les jeunes feuilles sont utilisés accessoirement comme légume.

Depuis que les différentes formes de l'espèce ont été bien classées et qu'on possède des documents plus certains sur les flores du midi de l'Asie, on ne peut plus douter que cette plante ne soit spontanée dans l'Inde, comme le disait jadis Roxburgh [4], et plus récemment Wight [5], et autres ; à Ceylan [6], à Sumatra [7] et dans plusieurs îles de l'archipel indien [8].

Les livres chinois n'en font aucune mention avant un ouvrage de l'an 100 de notre ère [9]. Les premiers navigateurs européens l'ont vue cultivée au Japon et jusqu'au nord de la Nouvelle-Zélande [10], par suite probablement d'introductions anciennes sans coexistence certaine avec des pieds sauvages. Lorsqu'on jette des fragments de la tige ou du tubercule ils se naturalisent aisément au bord des cours d'eau. C'est peut-être ce qui est arrivé aux îles Fidji et au Japon, d'après les localités indiquées par les auteurs [11]. On cultive la Colocase çà

1. Asa Gray, *Botany of northern States*, éd. 5, p. 534.
2. De Candolle, *Flore française*, 4, p. 227.
3. *Arum Ægyptium*, Columna, *Ecphrasis* 2, p. 1, tab. 1; Rumphius, *Amboin.*, vol. 5, tab. 109. — *Arum Colocasia* et *A. esculentum*, Linné. — *Colocasia antiquorum*, Schott, *Melet.*, 1, 18; Engler *in D. C. Monogr. Phaner.*, 2, p. 491.
4. Roxburgh, *Fl. ind.*, 3, p. 495.
5. Wight, *Icones*, *t.* 786.
6. Thwaites, *Enum. plant. Zeylan.*, p. 335.
7. Miquel, *Sumatra*, p. 258.
8. Rumphius, *Amboin.*, vol. 5, p. 318.
9. Bretschneider, *On the study and value of chinese botanical works*, p. 12.
10. Forster, *Plantæ escul.*, p. 58.
11. Franchet et Savatier, *Enum.*, p. 8; Seemann, *Flora Vitiensis*, p. 284.

et là aux Antilles et ailleurs dans l'Amérique tropicale, mais beaucoup moins qu'en Asie ou en Afrique, et sans la moindre indication d'une origine américaine.

Dans les pays où l'espèce est spontanée, il y a des noms vulgaires, quelquefois très anciens, qui diffèrent complètement les uns des autres, ce qui confirme une origine locale. Ainsi le nom sanscrit est *Kuchoo* (prononcez *Koutschou*), qui subsiste dans les langues modernes de l'Inde, par exemple dans le bengali [1]. A Ceylan, la plante sauvage se nomme *Gahala*, la plante cultivée *Kandalla* [2]. Les noms malais sont *Kelady* [3], *Tallus*, *Tallas*, *Tales* ou *Taloes* [4], duquel vient peut-être le nom si connu des O-taïtiens et Novo-Zélandais de *Tallo* ou *Tarro* [5], aux îles Fidji *Dalo* [6]. Les Japonais ont un nom tout à fait distinct, *Imo* [7], qui montre une existence très ancienne, soit originelle soit de culture.

Les botanistes européens ont connu la Colocase d'abord par l'Egypte, où elle est cultivée depuis un temps qui n'est peut-être pas très reculé. Les monuments des anciens Egyptiens n'en ont fourni aucun indice, mais Pline [8] en a parlé sous le nom d'*Arum Ægyptium*. Prosper Alpin l'avait vue dans le XVIe siècle et en parle longuement [9]. Il dit que le nom dans le pays est *Culcas*, qu'il faut prononcer *Coulcas*, et que Delile [10] a écrit *Qolkas* et *Koulkas*. On aperçoit dans ce nom arabe des Egyptiens quelque analogie avec le sanscrit *Koutschou*, ce qui appuie l'hypothèse, assez probable, d'une introduction de l'Inde ou de Ceylan. De L'Ecluse [11] avait vu la plante cultivée en Portugal, comme venant d'Afrique, sous le nom *Alcoleaz*, évidemment d'origine arabe. Dans quelques localités du midi de l'Italie où l'espèce a été naturalisée, elle se nomme *Aro di Egitto*, selon Parlatore [12].

Le nom *Colocasia* donné par les Grecs à une plante dont la racine était employée par les Egyptiens peut venir évidemment de *Colcas*, mais par transposition à une autre plante que le vrai Colcas. En effet, Dioscoride l'applique à la Fève d'Egypte ou Nelumbium [13], qui a une grosse racine ou plutôt un rhizome, dans le sens botanique, assez filandreux et mauvais à manger.

1. Roxburgh, *l. c.*
2. Thwaites, *l. c.*
3. Rumphius, *l. c.*
4. Miquel, *Sumatra*, p. 258 ; Hasskarl, *Catal. horti bogor. alter*, p. 55.
5. Forster, *l. c.*
6. Seemann, *l. c.*
7. Franchet et Savatier, *l. c.*
8. Pline, *Hist.*, l. 19, c. 5.
9. Alpinus, *Hist. Ægypt. naturalis*, ed. 2, vol. 1, p. 166 ; 2, p. 1?2.
10. Delile, *Flora Egygt. ill.*, p. 28. *De la Colocase des anciens*, br. in-8, 1846.
11. Clusius, *Historia*, 2, p. 75.
12. Parlatore, *Fl. ital.*, 2, p. 255.
13. Prosper Alpinus, *l. c*; Columna; Delile, *Ann. du Mus.*, 1, p. 375, *De la olocase des anciens*; Reynier, *Economie des Egyptiens*, p. 321.

Les deux plantes sont très différentes, surtout par la fleur. L'une est une Aracée, l'autre une Nymphéacée; l'une est de la classe des Monocotylédones, l'autre des Dicotylédones. Le Nelumbium, originaire de l'Inde, a cessé de vivre en Égypte, tandis que la Colocase des botanistes modernes s'est conservée. S'il y a eu confusion chez les auteurs grecs, comme cela paratt probable, il faut l'expliquer par le fait que le Colcas fleurit rarement, du moins en Egypte. Au point de vue de la nomenclature botanique il importe peu qu'on se soit trompé jadis sur les plantes qui devaient s'appeler Colocase. Heureusement, les noms scientifiques modernes ne s'appuient pas sur les définitions douteuses des anciens, et il suffit de dire aujourd'hui, si l'on tient aux étymologies, que Colocasia vient de Colcas, à la suite d'une erreur.

**Alocase à grande racine.** — *Alocasia macrorrhiza* Schott. — *Arum macrorrhizum*, Linné (*Fl. Zeyl.*, 327).

Cette Aracée, que Schott rapportait tantôt au genre Colocasia et tantôt à l'Alocasia, et dont la synonymie est bien plus compliquée qu'il ne semble d'après les noms indiqués ci-dessus [1], est cultivée moins souvent que la Colocase ordinaire, mais de la même façon et à peu près dans les mêmes pays. Ses rhizomes atteignent la longueur d'un bras. Ils ont une saveur âcre bien prononcée, qu'il est indispensable de faire disparaître au moyen de la cuisson.

Les indigènes d'O-Taïti la nomment *Apé* et ceux des îles des Amis *Kappe* [2]. A Ceylan, le nom vulgaire est *Habara*, d'après Thwaites [3]. Elle a d'autres noms dans l'archipel indien, ce qui fait présumer une existence plus ancienne que les peuples actuels de ces régions.

La plante paraît sauvage surtout dans l'île d'O-Taïti [4]. Elle l'est aussi à Ceylan, d'après M. Thwaites, qui a herborisé longtemps dans cette île. On l'indique encore dans l'Inde [5] et même en Australie [6], mais sans affirmer la qualité de plante sauvage, toujours difficile à établir pour une espèce cultivée au bord des ruisseaux et qui se propage par caïeux. En outre, elle est quelquefois confondue avec le *Colocasia indica* Kunth, qui végète de la même manière, qu'on trouve çà et là dans les cultures, et qui se voit, spontanée ou naturalisée, dans les fossés ou les ruisseaux de l'Asie méridionale, sans que son histoire soit encore bien connue.

1. Voir Engler, dans nos *Monographiæ Phanerogarum*, 2, p. 502.
2. Forster, *De plantis esculentis insularum Oceani australis*, p. 58.
3. Thwaites, *Enum. plant. Zeyl.*, 336.
4. Nadeaud, *Enum. des plantes indigènes*, p. 40.
5. Engler, *l. c.*
6. Bentham, *Flora austral.*, 8, p. 155.

**Konjak.** — *Amorphophallus Konjak*, C. Koch. — *Amorphophallus Rivieri*, du Rieu, *var. Konjak*, Engler [1].

Le Konjak, cultivé en grand par les Japonais, et sur lequel le Dr Vidal a donné des détails agricoles très complets dans le *Bulletin de la Société d'acclimatation* de juillet 1877, est une plante bulbeuse de la famille des Aracées. Elle est considérée par M. Engler comme une variété de l'Amorphophallus Rivieri, de Cochinchine, dont les journaux d'horticulture ont donné plusieurs figures depuis quelques années [2]. On peut la cultiver dans le midi de l'Europe, à la manière des Dahlias, comme une sorte de curiosité; mais, pour apprécier la valeur comestible des bulbes, il faudrait leur faire subir la préparation au lait de chaux, usitée par les Japonais, et s'assurer du produit en fécule pour une surface donnée.

M. Vidal n'a pas de preuve que la plante du Japon soit sauvage dans le pays. Il le suppose d'après le sens du nom vulgaire, qui est, dit-il, *Konniyakou* ou *Yamagonniyakou*, *Yama* signifiant montagne. MM. Franchet et Savatier [3] n'ont vu la plante que dans les jardins. La forme cochinchinoise, qu'on croit de la même espèce, est venue par les jardins, sans qu'on puisse affirmer qu'elle soit sauvage dans le pays.

**Ignames.** — *Dioscorea sativa*, *D. Batatas*, *D. japonica* et *D. alata*.

Les Ignames, plantes monocotylédones, de la famille des Dioscorées, constituent le genre *Dioscorea*, dont les botanistes ont décrit à peu près deux cents espèces, répandues dans tous les pays intertropicaux ou subtropicaux. Elles ont ordinairement des rhizomes, c'est-à-dire des tiges ou ramifications de tiges souterraines, plus ou moins charnues, qui grossissent quand la partie aérienne et annuelle de la plante est près de finir [4]. Plusieurs espèces sont cultivées en divers pays pour ces rhizomes farineux, qu'on mange cuits, comme les pommes de terre.

La distinction botanique des espèces a toujours offert des difficultés, parce que les fleurs mâles et femelles sont sur des individus différents et que les caractères à tirer des rhizomes et du bas des tiges aériennes ne se voient pas dans les herbiers. Le dernier travail d'ensemble est celui de Kunth [5], qui date de 1850. Il devrait être revu, à cause des nombreux échantillons rapportés par les voyageurs depuis quelques années. Heureusement, lors-

1. Engler, dans DC. *Monogr. Phaner.*, vol. 2, p. 313.

2. *Gardener's Chronicle*, 1873, p. 610; *Flore des serres et jardins*, t. 195 1959; Hooker, *Bot. mag.*, t. 6195.

3. Franchet et Savatier, *Enum. plant. Japoniæ*, 2, p. 7.

4. M. Sagot, *Bull. de la Soc. bot. de France*, 1871, p. 306, a très bien décrit la manière de végéter et la culture des ignames, telle qu'il les a observées à Cayenne.

5. Kunth, *Enumeratio*, vol. 5.

qu'il s'agit de l'origine des espèces cultivées, certaines considérations historiques et linguistiques peuvent guider, sans qu'il soit absolument besoin de connaître et d'apprécier les caractères botaniques de chacune.

Roxburgh énumère plusieurs Dioscoreas [1] cultivés dans l'Inde, mais il n'en a trouvé aucun à l'état sauvage, et ni lui ni Piddington [2] ne citent des noms sanscrits. Ce dernier point fait présumer une culture peu ancienne, ou jadis peu répandue dans l'Inde, provenant soit d'espèces indigènes encore mal définies, soit d'espèces étrangères cultivées ailleurs. Le nom générique bengali et hindou est *Aloo* (prononcez *Alou*), précédé d'un nom spécial pour chaque variété ou espèce, par exemple *Kam Aloo*, pour *Dioscorea alata*. L'absence de noms distincts dans chaque province fait encore présumer une culture peu ancienne. A Ceylan M. Thwaites [3] indique six espèces spontanées, et il ajoute que les *Dioscorea sativa* L., *D. alata* L., et *D. purpurea Roxb.* sont cultivés dans les jardins, mais non sauvages.

L'*Igname de Chine*, *Dioscorea Batatas* de Decaisne [4], cultivé en grand par les Chinois, sous le nom de *Sain-In* et introduit par M. de Montigny dans les jardins d'Europe, où il reste comme un légume de luxe, n'a pas été trouvé sauvage en Chine jusqu'à présent. D'autres espèces moins connues sont aussi cultivées par les Chinois, en particulier le *Chou-Yu*, *Tou-Tchou*, *Chan-Yu*, mentionné dans leurs anciens ouvrages d'agriculture et qui a des rhizomes sphériques (au lieu des fuseaux pyriformes du D. Batatas). Les noms signifient, d'après Stanislas Julien, *Arum de montagne*, par où l'on peut inférer une plante véritablement du pays. Le Dr Bretschneider [5] indique trois Dioscoreas comme cultivés en Chine (*Dioscorea Batatas*, *alata*, *sativa*), et il ajoute : « Le Dioscorea est indigène en Chine, car il est mentionné dans le plus ancien ouvrage de matière médicale, celui de l'empereur Schen-nung. »

Le *Dioscorea japonica*, Thunberg, cultivé au Japon, a été récolté aussi dans les taillis de localités diverses, sans qu'on sache positivement, disent MM. Franchet et Savatier [6], jusqu'à quel point il est indigène ou répandu par un effet de la culture. Une autre espèce, plus souvent cultivée au Japon, se propage çà et là dans la campagne, d'après les mêmes auteurs. Ils la rapportent au *Dioscorea sativa* de Linné, mais on sait que l'illustre Suédois avait confondu plusieurs espèces asiatiques et américaines sous ce nom, qu'il faut ou abandonner, ou restreindre à

1. Ce sont les *D. globosa, alata, rubella, purpurea, fasciculata*, dont deux ou trois paraissent de simples variétés.
2. Piddington, *Index*.
3. Thwaites, *Enum. plant. Zeylan*, p. 326.
4. Decaisne, *Histoire et culture de l'Igname de Chine*, dans *Revue horticole*, 1er juillet et déc. 1853; *Flore des serres et jardins* X, pl. 971.
5. Bretschneider, *Study and value of chinese botanical works*, p. 12.
6. Franchet et Savatier, *Enum. plant. Japoniæ*, 2, p. 47.

l'une des espèces de l'Archipel indien. Si l'on adopte ce dernier parti, le vrai *D. sativa* serait la plante cultivée à Ceylan, dont Linné avait eu connaissance, et que Thwaites nomme effectivement *Dioscorea sativa*, Linné. Divers auteurs admettent l'identité de la plante de Ceylan avec d'autres cultivées au Malabar, à Sumatra, à Java, aux Philippines, etc. Blume [1] prétend que le *D. sativa* L., auquel il attribue la planche 51 de Rheede (Malabar, vol. 8), croît dans les lieux humides des montagnes de Java et du Malabar. Il faudrait, pour ajouter foi à ces assertions, que la question de l'espèce eût été étudiée soigneusement, d'après des échantillons authentiques.

L'Igname la plus généralement cultivée dans les îles de la mer Pacifique, sous le nom de *Ubi* (prononcez *Oubi*), est le *Dioscorea alata* de Linné. Les auteurs des XVII^e^ et XVIII^e^ siècles en parlent comme étant très répandue à Taïti, à la Nouvelle-Guinée, aux Moluques, etc. [2]. On en distingue plusieurs variétés, suivant la forme des rhizomes. Personne ne prétend avoir trouvé cette espèce à l'état sauvage, mais la flore des îles d'où elle est probablement originaire, en particulier celle des Célèbes, de la Nouvelle-Guinée, etc., est encore peu connue.

Transportons-nous en Amérique. Là aussi, plusieurs espèces de ce genre croissent spontanément, par exemple au Brésil, dans la Guyane, etc., mais il semble que les formes cultivées ont été plutôt introduites. En effet, les auteurs indiquent peu de variétés ou espèces cultivées (Plumier une, Sloane deux), et peu de noms vulgaires. Le plus répandu est *Yam*, *Igname* ou *Inhame*, qui est d'origine africaine, suivant Hugues, ainsi que la plante cultivée de son temps aux Barbades [3].

Le mot *Yam*, d'après lui, signifie *manger*, dans les idiomes de plusieurs des nègres de la côte de Guinée. Il est vrai que deux voyageurs plus rapprochés de la découverte de l'Amérique, cités par M. de Humboldt [4], auraient entendu prononcer le nom d'*Igname* sur le continent américain : Vespucci, en 1497, sur la côte de Paria; Cabral, en 1500, au Brésil. D'après celui-ci, le nom s'appliquait à une racine dont on faisait du pain, ce qui conviendrait mieux au Manioc et me fait craindre une erreur, d'autant plus qu'un passage de Vespucci, cité ailleurs par M. de Humboldt [5], montre la confusion qu'il faisait entre le Manioc et l'Igname. Le *D. Cliffortiana* Lam. croît sauvage au Pérou [6] et au Brésil [7], mais il ne m'est pas prouvé qu'on le cultive. Presl

1. Blume, *Enum. plant. Javæ*, p. 22.
2. Forster, *Plant. esculent.*, p. 56 ; Rumphius, *Amboin.*, vol. 5, pl. 120, 121, etc.
3. Hughes, *Hist. nat. Barb.*, p. 226 et 1750.
4. De Humboldt, *Nouv. Esp.*, 2^e^ éd., vol. 2, p. 468.
5. De Humboldt, *ibid.*, p. 403.
6. Hænke, dans *Presl, Rel.*, p. 133.
7. Martius, *Flora brasiliensis*, V, p. 43.

dit « verosimiliter colitur », et le *Flora brasiliensis* ne parle pas de culture.

Dans la Guyane française, d'après le Dr Sagot [1], on cultive surtout le *Discorea triloba* Lam, appelé *Igname indien*, qui est répandu aussi au Brésil et aux Antilles. Le nom vulgaire fait présumer une origine du pays, tandis qu'une autre espèce, *D. Cayennensis* Kunth, aussi cultivée à la Guyane, mais sous le nom d'*Igname pays-nègre*, aurait été plutôt apportée d'Afrique, opinion d'autant plus vraisemblable que sir W. Hooker assimile au *D. Cayennensis* l'Igname cultivée en Afrique au bord du Nun et du Quorra [2]. Enfin l'*Igname franche* de la Guyane est, selon M. Sagot, le *D. alata*, introduit de l'archipel malais et de l'Océanie.

En Afrique, il y a moins de Dioscoreas indigènes qu'en Asie ou en Amérique, et la culture des Ignames est moins répandue. Sur la côte occidentale, on ne cultive qu'une ou deux espèces d'après Thonning [3]. Lockhard, au Congo, n'en avait vu qu'une et dans un seul endroit [4]. Pour l'île Maurice, Bojer [5] énumère 4 espèces cultivées, qu'il dit originaires d'Asie, et une, le *D. bulbifera* Lam., qui serait de l'Inde, si le nom est exact. Il prétend qu'elle est venue de Madagascar et s'est répandue dans les forêts, hors des plantations. A Maurice, elle porte le nom de *Cambare-marron*. Or *Cambare* se rapproche assez du nom indien *Kam*, et marron indique une plante échappée des cultures. Les anciens Egyptiens ne cultivaient pas d'Ignames, ce qui fait présumer une culture moins ancienne dans l'Inde que celle de la Colocase. Forskal et Delile ne mentionnent pas d'Iguames cultivées en Egypte à l'époque moderne.

En résumé, plusieurs Dioscoreas sauvages en Asie (surtout dans l'archipel asiatique) et d'autres, moins nombreux, croissant en Amérique et en Afrique, ont été introduits dans les cultures comme plantes alimentaires, à des époques probablement moins reculées que beaucoup d'autres espèces. Cette dernière conjecture repose sur l'absence de nom sanscrit, sur la faible extension géographique des cultures et la date, qui ne paraît pas très ancienne, des habitants des îles de la mer Pacifique.

**Arrow-root.** — *Maranta arundinacea*, **Linné.**

Plante de la famille des Scitaminées, voisine du genre *Canna*, dont les drageons souterrains [6] produisent l'excellente fécule appelée *arrow-root*. On la cultive aux Antilles et dans plusieurs autres pays intertropicaux de l'Amérique continentale. Elle a

1. Sagot, *Bull. Soc. bot. France*, 1871, p. 305.
2. Hooker, *Flora nigrit.*, p. 53.
3. Thonning, *Plantæ guineenses*, p. 447.
4. Brown, *Congo*, p. 49.
5. Bojer, *Hortus mauritianus*.
6. Voir la description de Tussac, *Flore des Antilles*, 1, p. 183.

été introduite aussi dans l'ancien monde, par exemple sur la côte de Guinée [1].

Le *Maranta arundinacea* est certainement américain. D'après les indications de Sloane [2], il avait été apporté de la Dominique aux Barbades et de là à la Jamaïque, ce qui fait présumer qu'il n'est pas originaire des Antilles. Le dernier auteur qui ait étudié le genre Maranta, Körnicke [3], a vu plusieurs échantillons recueillis à la Guadeloupe, à Saint-Thomas, au Mexique, dans l'Amérique centrale, à la Guyane et au Brésil; mais il ne s'est pas occupé de savoir s'ils venaient de plantes spontanées, cultivées ou naturalisées. Les collecteurs ne l'indiquent presque jamais, et l'on manque pour le continent américain, excepté pour les Etats-Unis, de flores locales et surtout de flores faites par des botanistes ayant résidé dans le pays. D'après les ouvrages publiés, je vois l'espèce indiquée comme cultivée [4], ou venant dans les plantations [5], ou sans aucune explication. Une localité du Brésil, dans la province peu habitée de Matto grosso, citée par Körnicke, fait présumer l'absence de culture. Seemann [6] indique l'espèce dans les endroits exposés au soleil près de Panama.

On cultive aussi aux Antilles une espèce, *Maranta indica*, que Tussac dit avoir été apportée de l'Inde orientale. Körnicke lui rapporte le *M. ramosissima* de Wallich, trouvé à Sillet, dans l'Inde, et pense que c'est une variété du *M. arundinacea*. Sur trente-six espèces plus ou moins connues du genre Maranta, une trentaine au moins sont d'Amérique. Il est donc assez improbable que deux ou trois autres soient asiatiques. Jusqu'à ce que la Flore de l'Inde anglaise de sir J. Hooker soit achevée, ces questions sur les espèces de scitaminées et leurs origines seront très obscures.

Les Anglo-Indiens tirent de l'arrow-root d'une autre plante de la même famille qui croît dans les forêts du Deccan et au Malabar, le *Curcuma angustifolia Roxburgh* [7]. Je ne sais si on la cultive.

1. Hooker, *Niger flora*, p. 531.
2. Sloane, *Jamaïca*, 1707, vol. 1, p. 254.
3. Dans *Bull. Soc. des natur. de Moscou*, 1862, vol. 1, p. 34.
4. Aublet, *Guyane*, 1, p. 3.
5. Meyer, *Flora Essequebo.*, p. 11.
6. Seemann, *Botany of Herald*, p. 213.
7. Roxburgh, *Fl. indica*, 1, p. 31; Porter, *The tropical agriculturist*, p. 241; Ainslies, *Materia medica*, 1, p. 19.

# CHAPITRE II

## PLANTES CULTIVÉES POUR LEURS TIGES OU LEURS FEUILLES

### Article 1. — Légumes.

**Chou ordinaire**. — *Brassica oleracea*, Linné.

Le Chou, tel qu'il est figuré dans l'*English botany*, t. 637, le *Flora Danica*, t. 2056, et ailleurs, se trouve sur les rochers du bord de la mer : 1° dans l'île de Laland en Danemark, l'île Heligoland, le midi de l'Angleterre et de l'Irlande, la Normandie, les îles de Jersey et Guernesey et la Charente-Inférieure [1] ; 2° sur la côte septentrionale de la Méditerranée, près de Nice, Gênes et Lucques [2]. Un voyageur du siècle dernier, Sibthorp, disait l'avoir trouvé au mont Athos, mais aucun botaniste moderne ne l'a confirmé, et l'espèce paraît étrangère à la Grèce, aux bords de la mer Caspienne, de même qu'à la Sibérie, où Pallas disait jadis l'avoir vue, et à la Perse [3]. Non seulement les nombreux voyageurs qui ont exploré ces pays ne l'ont pas trouvée, mais les hivers paraissent trop rigoureux pour elle dans l'Europe orientale et la Sibérie. La distribution sur des points assez isolés, et dans deux régions différentes de l'Europe, peut faire soupçonner ou que des pieds en apparence indigènes seraient le résultat, dans plusieurs cas, d'une dissémination provenant des cultures [4], ou que l'espèce aurait été autrefois plus commune et tendrait à disparaître. La

1. Fries, *Summa*, p. 29 ; Nylander, *Conspectus*, p. 46 ; Bentham, *Handb. brit. flora*, ed. 4 p. 40 ; Mackay, *Fl. hibern.*, p. 28 ; Brebisson, *Flore de Normandie*, éd. 2, p. 18 ; Babington, *Primitiæ fl. sarnicæ*, p. 8 ; Clavaud, *Flore de la Gironde*, I, p. 68.

2. Bertoloni, *Fl. ital.*, 7, p. 146 ; Nylander, *l. c.*

3. Ledebour, *Fl. ross.*; Grisebach, *Spicilegium fl. rumel;* Boissier, *Fl. or.*, etc.

4. Watson, si attentif aux questions de ce genre, doute de l'indigénat en Angleterre (*Compendium of the Cybele*, p. 103), mais la plupart des auteurs de flores britanniques l'admettent.

présence dans les îles de l'Europe occidentale est favorable à cette dernière hypothèse, mais l'absence dans celles de la mer Méditerranée lui est contraire [1].

Voyons si les données historiques et linguistiques ajoutent quelque chose aux faits de la géographie botanique.

Et d'abord c'est en Europe que les variétés innombrables de choux se sont formées [2], principalement depuis les anciens Grecs. Théophraste en distinguait trois, Pline un nombre double, Tournefort une vingtaine, de Candolle plus de trente. Ce n'est pas d'Orient que sont venues ces modifications, — nouvel indice d'une ancienne culture en Europe et d'une origine européenne.

Les noms vulgaires sont également nombreux dans les langues européennes et rares ou modernes dans les asiatiques. Sans répéter une foule de noms que j'ai cités autrefois [3], je dirai qu'en Europe ils se rattachent à quatre on cinq racines distinctes et anciennes :

*Kap* ou *Kab*, dans plusieurs noms celtiques et slaves. Notre nom français *Cabus* en dérive. L'origine est évidemment la même que pour *Caput*, à cause de la forme en tête du chou.

*Caul*, *Kohl*, de plusieurs langues latines (*Caulis*, signifiant tige et chou), germaniques (*Chôli* en ancien allemand, *Kohl* en allemand moderne, *Kaal* en danois) et celtiques (*Cal* en irlandais, *Kaol* et *Kol* en breton) [4].

*Bresic* , *Bresych*, *Brassic*, des langues celtiques [5] et latines (*Brassica*), d'où probablement *Berza* et *Verza* des Espagnols et Portugais, *Varza* des Roumains [6].

*Aza*, des Basques (Ibères), que M. de Charencey [7] regarde comme propre à la langue euskarienne, mais qui diffère peu des précédents.

*Krambai*, *Crambe*, des Grecs et des Latins.

La variété des noms dans les langues celtiques concorde avec l'existence de l'espèce sur les côtes occidentales d'Europe. Si les Aryens Celtes avaient apporté la plante d'Asie, ils n'auraient probablement pas inventé des noms tirés de trois sources différentes. Il est aisé d'admettre, au contraire, que les peuples aryens, voyant le Chou indigène et peut-être employé déjà en

1. Les *Brassica balearica* et *Br. cretica* sont vivaces, presque ligneux, non bisannuels. On s'accorde à les séparer du *Br. oleracea*.

2. Aug. Pyr. de Candolle a publié, sur les divisions et subdivisions du *Brassica oleracea*, un mémoire spécial (*Transactions of the hortic. Soc.*, vol. 5, traduit en allemand, et en français dans la *Bibl. univ. agricult.*, vol. 8), qui est souvent cité comme un modèle dans ce genre.

3. Alph. de Candolle, *Géogr. bot. raisonnée*, p. 839.

4. Ad. Pictet, *Les origines indo-européennes*, éd. 2, vol. 1, p. 380.

5. Alph. de Candolle, *l. c.*; Ad. Pictet, *l. c.*

6. Brandza, *Prodr. fl. romane*, p. 122.

7. De Charencey, *Recherches sur les noms basques*, dans *Actes de la Société philologique*, 1er mars 1869.

Europe par les Ibères ou les Ligures, ont créé des noms ou se sont servis de ceux des peuples plus anciens dans le pays.

Les philologues ont rattaché le *Krambai* des Grecs au nom persan *Karamb*, *Karam*, *Kalam*, kourde *Kalam*, arménien *Gaghamb*[1]; d'autres à une racine de la langue mère supposée des Aryens, mais ils ne s'accordent pas sur les détails. Selon Fick[2], *Karambha*, dans la langue primitive indo-germanique, signifie « Gemüsepflanze (légume), Kohl (chou), *Karambha* voulant dire tige, comme caulis. » Il ajoute que *Karambha* en sanscrit est le nom de deux légumes. Les auteurs anglo-indiens ne citent pas ce nom prétendu sanscrit, mais seulement un nom des langues modernes de l'Inde, *Kopee*[3]. Ad. Pictet, de son côté, parle du mot sanscrit *Kalamba*, « tige de légume, appliqué au chou. » J'ai beaucoup de peine, je l'avoue, à admettre ces étymologies orientales du mot gréco-latin *Crambe*. Le sens du mot sanscrit est très douteux (si le mot existe), et, quant au mot persan, il faudrait savoir s'il est ancien. J'en doute, car, si le chou avait existé dans l'ancienne Perse, les Hébreux l'auraient connu[4].

Par tous ces motifs, l'espèce me paraît originaire d'Europe. La date de sa culture est probablement très ancienne, antérieure aux invasions aryennes, mais on a commencé sans doute par récolter la plante sauvage avant de la cultiver.

**Cresson alénois.** — *Lepidium sativum*, Linné.

Cette petite Crucifère, usitée aujourd'hui comme salade, était recherchée dans les temps anciens pour certaines propriétés des graines. Quelques auteurs pensent qu'elle répond un *Cardamon* de Dioscoride; tandis que d'autres appliquent ce nom à l'*Erucaria aleppica*[5]. En l'absence de description suffisante, le nom vulgaire actuel étant *Cardamon*[6], la première des deux suppositions est vraisemblable.

La culture de l'espèce doit remonter à des temps anciens et s'être beaucoup répandue, car il existe des noms très différents: en arabe *Reschad*, en persan *Turehtezuk*[7], en albanais, langue dérivée des Pelasges, *Dieges*[8], sans parler de noms tirés de l'analogie de goût avec le cresson (*Nasturtium officinale*). Il y a des noms très distincts en hindoustani et bengali, mais on n'en connaît pas en sanscrit[9].

Aujourd'hui, la plante est cultivée en Europe, dans l'Afrique

1. Ad. Pictet. *l. c.*
2. Fick, *Vorterb. d. indo-germ. Sprachen*, p. 34.
3. Piddington, *Index*; Ainslies, *Mat. méd. ind.*
4. Rosenmüller, *Bibl. Alterk.*, ne cite aucun nom.
5. Voir Fraas, *Syn. fl. class.*, p. 120, 124; Lenz, *Bot. d. Alten*, p. 617.
6. Sibthorp, *Prodr. fl. graec.*, 2, p. 6; Heldreich, *Nutzpfl. Griechenl.*, p. 47.
7. Ainslies, *Mat. méd. ind.*, 1, p. 95.
8. Heldreich, *l. c.*
9. Piddington, *Index*; Ainslies, *l. c.*

septentrionale, l'Asie occidentale, l'Inde et ailleurs; mais, d'où est-elle originaire? C'est assez obscur.

Je possède plusieurs échantillons recueillis dans l'Inde, où sir J. Hooker[1] ne regarde pas l'espèce comme indigène. Kotschy l'a rapportée de l'île Karek ou Karrak, du golfe Persique. L'étiquette ne dit pas que ce fût une plante cultivée. M. Boissier[2] en parle, sans ajouter aucune réflexion, et il mentionne ensuite des échantillons d'Ispahan et d'Egypte recueillis dans les cultures. Olivier est cité pour avoir vu le Cresson alénois en Perse, mais on ne dit pas si c'était à l'état vraiment spontané[3]. On répète dans les livres que Sibthorp l'a trouvé dans l'île de Chypre, et, quand on remonte à son ouvrage, on voit que c'était dans les champs[4]. Poech ne l'a pas mentionné à Chypre[5]. Unger et et Kotschy[6] ne le disent pas spontané dans cette île. D'après Ledebour[7], Koch l'a trouvé autour du couvent du Mont Ararat, Pallas près de Sarepta, Falk au bord de l'Oka, affluent du Volga; enfin H. Martius l'a cité dans sa flore de Moscou; mais on n'a pas de preuves de la spontanéité dans ces diverses localités. Lindemann[8], en 1860, ne comptait pas l'espèce parmi celles de Russie, et, pour la Crimée, il l'indique seulement comme cultivée[9]. D'après Nyman[10], le botaniste Schur l'aurait trouvée sauvage en Transylvanie, tandis que les flores de l'Autriche-Hongrie ne citent pas l'espèce, ou la disent cultivée ou croissant dans les terrains cultivés.

Je suis porté à croire, d'après l'ensemble de ces données plus ou moins douteuses, que la plante est originaire de Perse, d'où elle a pu se répandre, après l'époque du sanscrit, dans les jardins de l'Inde, de la Syrie, de la Grèce, de l'Egypte et jusqu'en Abyssinie[11].

**Pourpier.** — *Portulaca oleracea*, Linné.

Le pourpier est une des plantes potagères les plus répandues dans l'ancien monde, depuis des temps très reculés. On l'a transportée en Amérique, où elle se naturalise, comme en Europe, dans les jardins, les décombres, au bord des chemins, etc. C'est un légume plus ou moins usité, une plante officinale et en même temps une excellente nourriture pour les porcs.

1. Hooker, *Fl. brit. India*, 1, p. 160.
2. Boissier. *Fl. orient.*, vol. I.
3. De Candolle, *Syst.*, 2. p. 533.
4. Sibthorp et Smith, *Prodr. fl. græcæ*, 2, p. 6.
5. Poech, *Enum. plant. Cypri*, 1842.
6. Unger et Kotschy, *Inseln Cypern*, p. 331.
7. Ledebour, *F. ross.*, 1, p. 203.
8. Lindemann, *Index plant. in Ross.*, *Bull. Soc. nat. Mosc.*, 1860, vol. 33.
9. Lindemann, *Prodr. fl. Cherson.* p. 21.
10. Nyman, *Conspectus fl. europ.*, 1878, p. 65.
11. Schweinfurth, *Beitr. fl. Æth.*, p. 270.

On lui connaît un nom sanscrit, *Lonica* ou *Lounia*, qui se retrouve dans les langues modernes de l'Inde [1]. Les noms grec *Andrachne* et latin *Portulaca* sont tout autres, de même que le groupe des noms *Cholza* en persan, *Khursa* ou *Koursa* en hindoustani, *Kourfa Kara-or* en arabe, en tartare, qui paraissent l'origine de *Kurza-noga* en polonais, *Kurj-noha* en bohême, *Kreusel* en allemand, sans parler du nom *Schrucha* des Russes et de quelques autres de l'Asie orientale [2]. Il n'est pas nécessaire d'être linguiste pour voir certaines dérivations dans ces noms, indiquant que les peuples asiatiques dans leurs migrations diverses ont transporté leurs noms de la plante; mais cela ne prouve pas qu'ils l'aient transportée elle-même. Ils peuvent l'avoir reconnue dans les pays où ils arrivaient. D'un autre côté l'existence de trois ou quatre racines différentes fait présumer que des peuples européens antérieurs aux migrations des Asiatiques avaient déjà des noms pour l'espèce, et que celle-ci, par conséquent, est très ancienne en Europe comme en Asie.

L'état cultivé, naturalisé autour des cultures ou spontané est bien difficile à connaître pour une plante si répandue et qui se propage facilement au moyen de ses petites graines, en nombre immense.

A l'est du continent asiatique, elle ne paraît pas aussi ancienne que dans l'ouest, et jamais les auteurs ne disent que ce soit une plante spontanée [3]. Dans l'Inde, c'est bien différent. Sir J. Hooker dit [4] : Croissant dans l'Inde jusqu'à 5000 p. dans l'Himalaya. Il indique aussi dans le nord-ouest de l'Inde la variété à tige dressée qu'on cultive, avec l'ordinaire, en Europe. Je ne trouve rien de positif sur les localités de Perse, mais on en mentionne de si nombreuses et dans des pays si peu cultivés, sur les bords de la mer Caspienne, autour du Caucase, et même dans la Russie méridionale [5], qu'il est difficile de ne pas admettre l'indigénat dans cette région centrale d'où les peuples asiatiques ont envahi l'Europe. En Grèce, la plante est spontanée aussi bien que cultivée [6]. Plus loin, vers l'ouest, en Italie, etc., on recommence à trouver dans les flores pour toute indication les champs, les jardins, les décombres et autres stations suspectes [7].

Ainsi les documents linguistiques et botaniques concourent à faire regarder l'espèce comme originaire de toute la région qui s'étend de l'Himalaya occidental à la Russie méridionale et la Grèce.

1. Piddington, *Index to indian plants*.
2. Nemnich, *Polygl. Lexicon Naturgesch.*, 2, p. 1047.
3. Loureiro, *Fl. Cochinch.* 1, p. 359 ; Franchet et Savatier, *Enum. plant. Japon.*, 1, p. 53; Bentham, *Fl. Hongkong*, p. 127.
4. Hooker, *Fl. brit. Ind.*, 1, p. 240.
5. Ledebour, *Fl. ross.*, 2, p. 145. Lindemann, *Prodr. fl. Chers.*, p. 74, dit : *In desertis et arenosis inter Cherson et Berislaw, circa Odessam.*
6. Lenz, *Bot. d. Alt.*, p. 632 ; Heldreich, *Fl. attisch. Ebene*, p. 483.
7. Bertol., *Fl. it.*, v. 5 ; Gussone, *Fl. sic.* vol. 1 ; Moris. *Fl. sard.*, v. 2; Willkomm et Lange, *Prodr. fl. hisp.* v. 3.

**Tétragone étalée.** — *Tetragonia expansa*, Murray.

Les Anglais appellent cette plante *Epinard de la Nouvelle-Zélande*, parce qu'elle avait été rapportée de ce pays et cultivée par sir Joseph Banks, lors du célèbre voyage du capitaine Cook. C'est une plante singulière, sous deux points de vue. D'abord elle est la seule espèce cultivée qui provienne de la Nouvelle-Zélande; ensuite elle appartient à une famille de plantes ordinairement charnues, les Ficoïdes, dont aucune autre espèce n'est employée. Les horticulteurs [1] la recommandent, comme un légume annuel, dont le goût est à peu près celui de l'Epinard, mais qui supporte mieux la sécheresse et devient par ce motif une ressource dans la saison où l'Epinard fait défaut.

Depuis le voyage de Cook, on l'a trouvée sauvage, principalement sur les côtes de la mer, non seulement à la Nouvelle-Zélande, mais en Tasmanie, dans le sud et l'ouest de l'Australie, au Japon et dans l'Amérique australe [2]. Reste à savoir si, dans ces dernières localités, elle n'est pas naturalisée, car elle est indiquée près des villes, au Japon et au Chili [3].

**Céleri cultivé.** — *Apium graveolens*, Linné.

Comme beaucoup d'Ombellifères, des lieux humides, le Céleri sauvage a une habitation étendue. Il existe depuis la Suède jusqu'à l'Algérie, l'Egypte, l'Abyssinie, et en Asie depuis le Caucase jusque dans le Belouchistan et les montagnes de l'Inde anglaise [4].

Il en est question déjà dans l'*Odyssée*, sous le nom de *Selinon*, et dans Théophraste; mais plus tard Dioscoride et Pline [5] distinguent le Céleri sauvage et le Céleri cultivé. Dans celui-ci, on fait blanchir les feuilles, ce qui diminue beaucoup l'amertume. L'ancienneté de la culture fait comprendre pourquoi les variétés de jardin sont nombreuses. Une des plus différentes de l'état naturel est le Céleri rave, dont la racine charnue se mange cuite.

**Cerfeuil.** — *Scandix Cerefolium*, Linné. — *Anthriscus Cerefolium*, Hoffmann.

Il n'y a pas longtemps que l'origine de cette petite Ombellifère, si commune dans nos jardins, était inconnue. Comme

1. *Botanical magazine*, t. 2362; *Bon jardinier*, 1880, p. 567.
2. Sir J. Hooker, *Handbook of New Zealand flora*, p. 84; Bentham, *Flora australiensis*, 3, p. 327; Franchet et Savatier, *Enum. plant. Japoniæ*, 1, p. 177.
3. Cl. Gay, *Flora chilena*, 2, p. 468.
4. Fries, *Summa veget. Scandinaviæ*; Munby, *Catal. Alger.*, p. 11; Boissier, *Flora orientalis*, 2, p. 856; Schweinfurth et Ascherson, *Aufzahlung*, p. 272; Hooker, *Flora of brit. India*, 2 p. 679.
5. Dioscoride, *Mat. med.*, l. 3, c. 67, 68; Pline, *Hist.*, l. 19, c. 7, 8; Lenz, *Bot. d. alten Griechen und Rœmer*, p. 557.

beaucoup d'espèces annuelles, on la voyait paraître dans les décombres, les bords de haies, les terrains peu cultivés, et l'on ne savait pas s'il fallait la regarder comme spontanée. Dans l'Europe occidentale et méridionale, elle semble adventive, plus ou moins naturalisée; mais, dans le sud-est de la Russie et dans l'Asie occidentale tempérée, elle paraît spontanée. Steven [1] l'indique dans « les bois de la Crimée, çà et là ». M. Boissier [2] a reçu plusieurs échantillons des provinces au midi du Caucase, de Turcomanie et des montagnes de la Perse septentrionale, localités probablement naturelles de l'espèce. Elle manque aux flores de l'Inde et de l'Asie orientale.

Les auteurs grecs n'en ont pas parlé. La première mention chez les anciens est dans Columelle et Pline [3], c'est-à-dire au commencement de l'ère chrétienne. On la cultivait. Pline l'appelle *Cerefolium*. Probablement l'espèce s'était introduite dans le monde gréco-romain depuis Théophraste, c'est-à-dire dans le laps des trois siècles qui ont précédé l'ère actuelle.

**Persil.** — *Petroselinum sativum*, Moench

Cette Ombellifère bisannuelle est sauvage dans le midi de l'Europe, depuis l'Espagne jusqu'en Macédoine. On l'a trouvée aussi à Tlemcen en Algérie et dans le Liban [4].

Dioscoride et Pline en ont parlé sous le nom de *Petroselinon* et *Petroselinum*, mais comme d'une plante sauvage et officinale [5]. Rien ne prouve qu'elle fût cultivée de leur temps. Dans le moyen âge Charlemagne la comptait parmi les plantes qu'il ordonnait de cultiver dans ses jardins [6]. Olivier de Serres, au XVIe siècle, cultivait le Persil. Les jardiniers anglais l'ont reçu en 1548 [7].

Quoique la culture ne soit pas ancienne et importante, il s'est produit déjà deux races, qu'on appellerait des espèces, si on les voyait à l'état spontané : le Persil à feuilles frisées et celui dont la racine charnue est comestible.

**Ache** ou **Maceron.** — *Smyrnium Olus-atrum*, Linné.

De toutes les Ombellifères servant de légumes, celle-ci a été une des plus communes dans les jardins pendant environ quinze siècles, et maintenant elle est abandonnée. On peut suivre ses commencements et sa fin. Théophraste en parlait comme d'une plante officinale sous le nom de *Ipposelinon*, mais trois cents ans

1. Steven, *Verzeichniss taurischen Halbinseln*, p. 183.
2. Boissier, *Flora orient.*, 2, p. 913.
3. Lenz, *Botanik der alten Griechen und Rœmer*, p. 572.
4. Munby, *Catal. Alger.*, ed. 2, p. 22; Boissier, *Flora orientalis*, 2 p., 857.
5. Dioscorides, *Mat. medica*, l. 3, c. 70 ; Pline, *Hist.*, l. 20, c. 12.
6. La liste de ces plantes est dans Meyer, *Geschichte der Botanik*, 3, p. 401.
7. Phillips, *Companion to kil hen garden*, 2, p. 35.

plus tard Dioscoride [1] dit qu'on en mangeait la racine ou les feuilles, à volonté, ce qui fait supposer une culture. Les Latins l'appelaient *Olus-atrum*, Charlemagne *Olisatum*, et il ordonnait d'en semer dans ses fermes [2]. Les Italiens l'ont beaucoup employée, sous le nom de *Macerone* [3]. A la fin du XVIII^e siècle, la tradition existait en Angleterre que cette plante était jadis cultivée; ensuite les horticulteurs anglais ou français n'en parlent plus [4].

Le *Smyrnium Olus-atrum* est spontané dans toute l'Europe méridionale, en Algérie, en Syrie et dans l'Asie Mineure [5].

**Mache ou Doucette.** — *Valerianella olitoria*, Linné.

Cultivée fréquemment pour salade, cette plante annuelle, de la famille des Valérianées, se trouve à l'état spontané dans toute l'Europe tempérée jusqu'au 60e degré environ, dans l'Europe méridionale, aux îles Canaries, Madère et Açores, dans le nord de l'Afrique, l'Asie Mineure et les environs du Caucase [6]. Elle y est souvent dans les terrains cultivés, aux abords des villages, etc., ce qui rend assez difficile de savoir où elle existait avant d'être cultivée. On la cite cependant, en Sardaigne et en Sicile, dans les prés et pâturages de montagnes [7]. Je soupçonne qu'elle est originaire de ces îles seulement, et que partout ailleurs elle est adventive ou naturalisée. Ce qui me le fait penser, c'est qu'on n'a découvert chez les auteurs grecs ou latins aucun nom qui paraisse pouvoir lui être attribué. On ne peut même citer, d'une manière certaine, aucun botaniste du moyen âge ou du XVI^e siècle qui en ait parlé. Il n'en est pas question non plus parmi les légumes usités en France au XVII^e siècle, d'après le *Jardinier français* de 1651 et l'ouvrage de Laurenberg, *Horticultura* (Francfort, 1632). La culture et même l'emploi de cette salade paraissent donc modernes, ce qui n'avait pas été remarqué.

**Cardon.** — *Cynara Cardunculus*, Linné.

**Artichaut.** — *Cynara Scolymus*, Linné. — *C. Cardunculus*, var. *sativa*, Moris.

Depuis longtemps, quelques botanistes ont émis l'idée que

1. Theophrastes, *Hist.*, l. 1, 9; l. 2, 2; l. 7, 6; Dioscorides, *Mat. med.*, l. 3, c. 71.
2. E. Meyer, *Geschichte der Botanik*, 3, p. 401.
3. Targioni, *Cenni storici*, p. 58.
4. *English botany*, t. 230; Phillips, *Companion to the kitchen garden*; Le bon jardinier.
5. Boissier, *Flora orientalis*, 2, p. 927.
6. Krok, *Monographie des Valerianella*, Stockolm, 1864, p. 88; Boissier, *Flora orient.*, 3, p. 104.
7. Bertoloni, *Flora ital.*, 1, p. 185; Moris, *Flora sardoa*, 2, p. 314; Gussone, *Synopsis fl. Siculæ*, ed. 2, vol. 1, p. 30.

l'artichaut est probablement une forme obtenue, par la culture, du Cardon sauvage [1]. Aujourd'hui, de bonnes observations en ont donné la preuve. Moris [2], par exemple, ayant cultivé, dans le jardin de Turin, la plante spontanée de Sardaigne à côté de l'Artichaut, affirme qu'on ne pouvait plus les distinguer par de véritables caractères. MM. Wilkomm et Lange [3], qui ont bien observé, en Espagne, la plante spontanée et l'Artichaut qu'on y cultive, ont la même opinion. D'ailleurs l'Artichaut n'a pas été trouvé hors des jardins, et comme la région de la Méditerranée, patrie de tous les Cynara, a été explorée à fond, on peut affirmer qu'il n'existe nulle part spontané.

Le Cardon dans lequel il faut comprendre le *C. horrida*, de Sibthorp, est indigène à Madère et aux Camaries, dans les montagnes du Maroc près de Mogador, dans le midi et l'orient de la péninsule ibérique, le midi de la France, de l'Italie, de la Grèce et dans les îles de la mer Méditerranée, jusqu'à celle de Chypre [4]. Munby [5] n'admet pas le *C. Cardunculus* comme spontané en Algérie, mais bien le *Cynara humilis* Linné, qui est considéré par quelques auteurs comme une variété.

Le Cardon cultivé varie beaucoup au point de vue de la division des feuilles, du nombre des épines et de la taille, diversités qui indiquent une ancienne culture. Les Romains mangeaient le réceptacle qui porte les fleurs, et les Italiens le mangent aussi sous le nom de *girello*. Les modernes cultivent le Cardon pour la partie charnue des feuilles, usage qui n'est pas encore introduit en Grèce [6].

L'Artichaut présente moins de variétés, ce qui appuie l'opinion qu'il est une dérivation obtenue du Cardon. Targioni [7], dans un excellent article sur cette plante, raconte que l'Artichaut a été apporté de Naples à Florence en 1466, et il prouve que les anciens, même Athénée, ne connaissaient pas l'Artichaut, mais seulement les Cardons sauvages et cultivés. Il faut citer cependant, comme indice d'ancienneté dans le nord de l'Afrique, la circonstance que les Berbères ont deux noms tout à fait particuliers pour les deux plantes : *Addad* pour le Cardon, *Taga* pour l'artichaut [8].

On croit que les *Kactos*, *Kinara* et *Scolimos* des Grecs et le

1. Dodoens, *Hist. plant.*, p. 724 ; Linné, *Species*, p. 1159 ; de Candolle, *Prodromus*, 6, p. 620.
2. Moris, *Flora sardoa*, 2, p. 61.
3. Willkomm et Lange, *Prodr. fl. hisp.*, 2, p. 180.
4. Webb, *Phyt. Canar.*, 3, sect. 2, p. 384 ; Ball, *Spicilegium fl. marocc*, 2 p. 524 ; Willkomm et Lange, *l. c.* ; Bertoloni, *fl. ital.*, 9 p. 86 ; Boissire, *fl. orient.*, 3, p. 357 ; Unger et Kotschy, *Inseln Cypern*, p. 246.
5. Munby, *Catal.*, ed. 2.
6. Heldreich, *Nutzpflanzen Griechenland's*, p. 27.
7. Targioni, *Cenni storici*, p. 52.
8. *Dictionnaire français-berbère* publié par le gouvernement, 1 vol. in-8.

*Carduus* des horticulteurs romains étaient le *Cynara Cardunculus* [1], quoique la description la plus détaillée, celle des Théophraste, soit assez confuse. « La plante, disait-il, croît en Sicile » ce qui est encore vrai; et il ajoutait : « non en Grèce. » Il est donc possible que les pieds observés de nos jours dans ce pays soient le résultat de naturalisations par le fait des cultures. D'après Athénée [2] le roi d'Egypte Ptolomée Euergètes, du IIe siècle avant Jésus-Christ, avait trouvé en Lybie une grande quantité de *Kinara* sauvages, dont ses soldats avaient profité.

Malgré la proximité de l'habitation naturelle de l'espèce je doute beaucoup que les anciens Egyptiens aient cultivé le Cardon ou l'artichaut. Pickering et Unger [3] ont cru le reconnaître dans quelques dessins des monuments; mais les deux figures que Unger regarde comme le plus admissibles me paraissent extrêmement douteuses. D'ailleurs on ne connaît aucun nom hébreu, et les Juifs auraient probablement parlé de ce légume s'ils l'avaient vu en Egypte. L'extension de l'espèce doit s'être faite en Asie assez tardivement. Il y a un nom arabe, *Hirschuff* ou *Kerschouff* et un nom persan, *Kunghir* [4], mais pas de nom sanscrit, et les Hindous ont pris le nom persan *Kunjir* [5], ce qui montre l'époque tardive de l'introduction. Les auteurs chinois n'ont mentionné aucun Cynara [6]. En Angleterre, la culture de l'Artichaut n'a été introduite qu'en 1548 [7]. L'un des faits les plus curieux dans l'histoire du *Cynara Carduncuius* est sa naturalisation, dans le siècle actuel, sur une vaste étendue des pampas de Buenos-Ayres, au point de gêner les communications [8]. Il devient incommode également au Chili [9]. On ne dit pas que l'Artichaut se naturalise de cette manière nulle part, ce qui est encore l'indice d'une origine artificielle.

**Laitue.** — *Lactuca Scariola*, var. *sativa*.

Les botanistes s'accordent à considérer la laitue cultivée comme une modification de l'espèce sauvage appelée *Lactuca Scariola* [10].

1. Theophrastes, *Hist.*, l. 6, c. 4 ; Pline, *Hist.*, l. 19, c. 8 ; Lenz, *Botanik der alten Griechen und Rœmer*, p. 480.
2. Athénée, *Deipn.*, 2, 84.
3. Pickering, *Chronol. arrangement*, p. 71 ; Unger, *Pflanzen des alten Ægyptens*, p. 46, fig. 27 et 28.
4. Ainslies, *Mat. méd. ind.*, 1, p. 22.
5. Piddington, *Index*.
6. Bretschneider, *Study*, etc., et *Lettres de* 1881.
7. Phillips, *Companion to the kitchengarden*, p. 22.
8. Aug. de Saint-Hilaire, *Plantes remarq. du Brésil*, Introd., p. 38 ; Darwin, *Animals and plants under domestication*, 2, p. 34.
9. Cl. Gay, *Flora chilena*, 4, p. 317.
10. L'auteur qui a examiné cette question avec le plus de soin est Bischoff, dans ses *Beiträge zur flora Deutschlands und der Schweiz*, p. 184. Voir aussi Moris, *Fl. sardoa*, 2, p. 530.

Celle-ci croît dans l'Europe tempérée et méridionale, aux îles Canaries et Madère [1], en Algérie [2], en Abyssinie [3] et dans l'Asie occidentale tempérée. M. Boissier en cite des échantillons de l'Arabie Pétrée jusqu'à la Mésopotamie et le Caucase [4]. Il mentionne une variété à feuilles crispées, par conséquent analogue à certaines laitues de nos jardins, que le voyageur Hausknecht lui a apportée d'une montagne du Kurdistan. J'ai un échantillon de Sibérie, près du fleuve Irtysch, et on sait maintenant d'une manière certaine que l'espèce croît dans l'Inde septentrionale, du Cachemir au Nepaul [5]. Dans tous ces pays, elle est souvent près des cultures ou dans les décombres, mais souvent aussi dans des rocailles, des taillis ou des prés, comme une plante bien spontanée.

La laitue cultivée se sème fréquemment dans la campagne, hors des jardins. Personne, à ma connaissance, ne l'a suivie dans ce cas pendant quelques générations ou n'a essayé de cultiver le *L. Scariola* sauvage, pour voir si le passage d'une forme à l'autre est facile. Ils se pourrait que l'habitation primitive de l'espèce se fût étendue par la diffusion de laitues cultivées faisant retour à la forme sauvage. Ce qui est connu, c'est l'accroissement du nombre des variétés cultivées, depuis environ 2000 ans. Théophraste en indiquait trois [6]; *Le Bon jardinier*, de 1880, une quarantaine, existant en France.

Les anciens Grecs et les Romains cultivaient la laitue, surtout comme salade. En Orient, la culture remonte peut-être à une époque plus ancienne. Cependant, d'après les noms vulgaires originaux, soit en Asie, soit en Europe, il ne semble pas que cette plante ait été généralement et très anciennement cultivée. On ne cite pas de nom sanscrit, ni hébreu, ni de la langue reconstruite des Aryens. Il existe un nom grec, *Tridax;* latin, *Lactuca;* persan et hindoustani, *Kahu*, et l'analogue arabe *Chuss* ou *Chass*. Le nom latin existe aussi, légèrement modifié, dans plusieurs langues slaves et germaniques [7], ce qui peut signifier ou que les Aryens occidentaux l'ont répandu, ou que la culture s'est propagée plus tard, avec le nom, du midi au nord de l'Europe.

Le Dr Bretschneider a confirmé ma supposition [8] que la Laitue n'est pas très ancienne en Chine et qu'elle y a été introduite de l'ouest. Il dit que le premier ouvrage où elle soit mentionnée date de 600 à 900 de notre ère [9].

1. Webb, *Phytogr. canar.*, 3, p. 422 ; Lowe, *Fl. of Madeira*, p. 544.
2. Munby, *Catal.*, ed. 2, p. 22, sous le nom de *L. sylvestris*.
3. Schweinfurth et Ascherson, *Aufzählung*, p. 285.
4. Boissier, *Fl. orient.*, 3, p. 809.
5. Clarke, *Compos. indicæ*, p. 263.
6. Theophrastes, l. 7, cap. 4.
7. Nemnich, *Polygl. Lexicon*.
8. A. de Candolle, *Géogr. bot. rais.*, p. 843.
9. Bretschneider, *Study and value of chinese botanical works*, p. 17.

**Chicorée sauvage.** — *Cichorium Intybus*, Linné.

La Chicorée sauvage, vivace, qu'on cultive comme légume, salade, fourrage, et pour les racines, servant de café, croît dans toute l'Europe, excepté la Laponie, dans le Maroc et l'Algérie [1], de l'Europe orientale à l'Afghanistan et le Bélouchistan [2], dans le Punjab et le Cachemir [3], et de la Russie au lac Baïkal en Sibérie [4]. La plante est certainement spontanée dans la plupart de ces pays; mais, comme elle croît souvent au bord des chemins et des champs, il est probable qu'elle a été transportée par l'homme en dehors de sa patrie primitive. Ce doit bien être le cas dans l'Inde, car on ne cite aucun nom sanscrit.

Les Grecs et les Romains employaient cette espèce, sauvage et cultivée [5], mais ce qu'ils en disent est trop abrégé pour être clair. D'après M. de Heldreich, les Grecs modernes emploient sous le nom général de *Lachana*, comme légume et salade, dix-sept Cichoracées différentes, dont il donne la liste [6]. Selon lui, l'espèce ordinairement cultivée est le *Cichorium divaricatum*, Schousboe (*C. pumilum*, Jacquin), mais il est annuel, et la Chicorée dont parle Théophraste était vivace.

**Chicorée Endive.** — *Cichorium Endivia*, Linné.

Les *Chichorées blanches*, *Endives* ou *Scarole*, des jardins, se distinguent du *Cichorium Intybus* en ce qu'elles sont annuelles et d'une saveur moins amère. En outre, les lanières de leur aigrette au-dessus de la graine sont quatre fois plus longues, et inégales, au lieu d'être égales. Aussi longtemps qu'on comparait cette plante avec le *C. Intybus*, il était difficile de ne pas admettre deux espèces. On ne connaissait pas l'origine du *C. Endivia*. Lorsque nous reçûmes, il y a quarante ans, des échantillons d'un Cichorium de l'Inde appelé par Hamilton *C. Cosmia*, ils nous parurent tellement semblables à l'Endive que nous eûmes l'idée de voir l'origine de celle-ci dans l'Inde, comme on l'avait quelquefois supposé [7]; mais les botanistes anglo-indiens disaient, et ils affirment de plus en plus, que la plante indienne est seulement cultivée [8]. L'incertitude continuait donc sur l'origine géographique. Dès lors, plusieurs botanistes [9] ont eu l'idée de comparer l'Endive avec une espèce annuelle, spontanée dans la

1. Ball, *Spicilegium Fl. marocc.*, p. 534; Munby, *Catal.*, ed. 2, p. 21.
2. Boissier, *fl. orient.*, 3 p. 715.
3. Clarke, *Compos. ind.*, p. 250.
4. Ledebour, *Fl. ross.*, 2, p. 774.
5. Dioscorides, II, cap. 160; Pline, XIX, cap. 8; Palladius, XI, cap. 11. Voir d'autres auteurs cités dans Lenz, *Botanik d. Alten*, p. 483.
6. Heldreich, *Die Nutzpflanzen Griechenland's*, p. 28 et 76.
7. Aug. Pyr. de Candolle, *Prodr.* 7 p. 84; Alph. de Candolle, *Géogr. bot.* p. 845.
8. Clarke, *Compos. ind.*, p. 250.
9. De Visiani. *Flora dalmat.*, II, p. 97; Schultz, dans Webb, *Phyt. canar.*, sect. II, p. 391; Boissier, *Fl. orient.*, III, p. 716.

région méditerranéenne, le *Cichorium pumilum*, Jacquin (*C. divaricatum*, Schousboe), et les différences ont été trouvées si légères que les uns ont soupçonné, les autres ont affirmé l'identité spécifique. Quant à moi, après avoir vu des échantillons sauvages, de Sicile, et comparé les bonnes figures publiées par Reichenbach (*Icones*, vol. 19, pl. 1357 et 1358), je n'ai aucune objection à prendre les Endives cultivées pour des variétés de la même espèce que le *C. pumilum*. Dans ce cas, le nom le plus ancien étant *C. Endivia*, c'est celui qu'on doit conserver, comme l'a fait Schultz. Il rappelle d'ailleurs un nom vulgaire commun à plusieurs langues.

La plante spontanée existe dans toute la région dont la Méditerranée est le centre, depuis Madère [1], le Maroc [2] et l'Algérie [3], jusqu'à la Palestine [4], le Caucase et le Turkestan [5]. Elle est commune surtout dans les îles de la Méditerranée et en Grèce. Du côté ouest, par exemple en Espagne et à Madère, il est probable qu'elle s'est naturalisée par un effet des cultures, d'après les stations qu'elle occupe dans les champs et au bord des routes.

On ne trouve pas, dans les textes anciens, une preuve positive de l'emploi de cette plante chez les Grecs et les Romains [6]; mais il est probable qu'ils s'en servaient comme de plusieurs autres Chicoracées. Les noms vulgaires n'indiquent rien, parce qu'ils ont pu s'appliquer aux deux espèces de *Cichorium*. Ils sont peu variés [7] et font présumer une culture sortie du milieu gréco-romain. On cite un nom hindou, *Kasni*, et tamul, *Koschi* [8], mais aucun nom sanscrit, ce qui indique une extension tardive de la culture dans l'est.

**Epinard.** — *Spinacia oleracea*, Linné.

Ce légume était inconnu aux Grecs et aux Romains [9]. Il était nouveau en Europe au XVIe siècle [10], et l'on a discuté pour savoir s'il devait s'appeler *Spanachia*, comme venant d'Espagne, ou *Spinacia*, à cause des épines du fruit [11]. La suite a montré que le nom vient de l'arabe *Isfânâdsch*, *Esbanach* ou *Sebanach*, suivant les auteurs [12]. Les Persans disent *Ispany* ou *Ispanaj* [13], et

1. Lowe, *Flora of Madeira*, p. 521.
2. Ball, *Spicileg.*, p. 534.
3. Munby, *Cat.*, ed. 2, p. 21.
4. Boissier, *l. c.*
5. Bunge, *Beitr. zur flora Russland's und Central-Asien's*, p. 197.
6. Lenz, *Botanik der Alten*, p. 483, cite les passages des auteurs. Voir aussi Heldreich, *Die Nutzpflanzen Griechenl.*, p. 74.
7. Nemnich, *Polygl. Lexic.*, au mot *Cichorium Endivia*.
8. Royle, *Ill. Himal.*, p. 247; Piddington, *Index*.
9. J. Bauhin, *Hist.*, II, p. 964; Fraas, *Syn. fl. class.*; Lenz, *Bot. d. Alten*.
10. Brassavola, p. 176.
11. Mathioli, ed. Valgr. p. 343.
12. Ebn Baithar, uebertz von Sondtheimer, I, p. 34; Forskal, *Egypt.* p. 77; Delile, *Ill. Ægypt.*, p. 29.
13. Roxburgh, *Fl. ind.*, ed. 1832, v. III, p. 771, appliqué au *Spinacia tetrandra*, qui paraît la même espèce.

les Hindous *Isfany* ou *Palak*, d'après Piddington, ou encore *Pinnis*, d'après le même et Roxburgh. L'absence de nom sanscrit indique une culture peu ancienne dans ces régions. Loureiro a vu l'Epinard cultivé à Canton, et M. Maximowicz en Mandschourie [1]; mais M. Brestschneider nous apprend que le nom chinois signifie *Herbe de Perse*, et que les légumes occidentaux ont été introduits ordinairement en Chine un siècle avant l'ère chrétienne [2]. Il est donc probable que la culture a commencé en Perse depuis la civilisation gréco-romaine, ou qu'elle ne s'est pas répandue promptement à l'est ni à l'ouest de son origine persane. On ne connaît pas de nom hébreu, de sorte que les Arabes doivent avoir reçu des Persans la plante et le nom. Rien ne fait présumer qu'ils aient apporté ce légume en Espagne. Ebn Baithar, qui vivait en 1235, était de Malaga; mais les ouvrages arabes qu'il cite ne disent pas où la plante était cultivée, si ce n'est l'un d'eux qui parle de sa culture commune à Ninive et Babylone. L'ouvrage de Herrera sur l'agriculture espagnole ne mentionne l'espèce que dans un supplément, de date moderne, d'où il est probable que l'édition de 1513 n'en parlait pas. Ainsi la culture en Europe doit être venue d'Orient à peu près dans le xve siècle.

On répète dans quelques livres populaires que l'Epinard est originaire de l'Asie septentrionale, mais rien ne peut le faire présumer. Il vient évidemment de l'ancien empire des Mèdes et des Perses. D'après Bosc [3], le voyageur Olivier en avait rapporté des graines recueillies, en Orient, dans la campagne. Ce serait une preuve positive si le produit de ces graines avait été examiné par un botaniste pour s'assurer de l'espèce et de la variété. Dans l'état actuel des connaissances, il faut convenir qu'on n'a pas encore trouvé l'Epinard à l'état sauvage, à moins qu'il ne soit une modification cultivée du *Spinacia tetrandra* Steven, qui est spontané au midi du Caucase, dans le Turkestan, en Perse et dans l'Afghanistan, et qu'on emploie comme légume sous le nom de *Schamum* [4].

Sans entrer ici dans une discussion purement botanique, je dirai qu'en lisant les descriptions citées par M. Boissier, en regardant la planche de Wight [5] du *Spinacia tetrandra* Roxb., cultivé dans l'Inde, et quelques échantillons d'herbier, je ne vois pas de caractère bien distinctif entre cette plante et l'Epinard cultivé à fruits épineux. Le terme de *tetrandra* exprime l'idée que l'une des plantes aurait cinq et l'autre quatre étamines, mais le nombre varie dans nos Epinards cultivés [6].

1. Maximowicz, *Primitiæ fl. Amur.*, p. 222.
2. Bretschneider, *Study. etc., of chinese bot. works*, p. 17 et 15.
3. *Dict. d'agric.*, V, p. 906.
4. Boissier, *Fl. orient*, VI, p. 234.
5. Wight, *Icones*, t. 818.
6. Nees, *Gen. plant. fl. germ.*, livr. 7, pl. 13.

Si, comme cela paraît probable, les deux plantes sont deux variétés, l'une cultivée, l'autre tantôt sauvage et tantôt cultivée, le nom le plus ancien *S. oleracea* doit subsister, d'autant plus que les deux plantes se voient dans les cultures du pays d'origine.

L'*Epinard de Hollande* ou *gros Epinard,* dont le fruit n'a pas d'épines, est évidemment un produit des jardins. Tragus, soit Bock, en a parlé le premier dans le XVI<sup>e</sup> siècle [1].

**Brède de Malabar.** — *Amarantus gangeticus*, Linné.

Plusieurs Amarantes annuelles sont cultivées, comme légume vert, dans les îles Maurice, Bourbon et Seychelles, sous le nom de *Brède de Malabar* [2]. Celle-ci paraît la principale. On la cultive beaucoup dans l'Inde. Les botanistes anglo-indiens l'ont prise pendant quelque temps pour l'*Amarantus oleraceus* de Linné, et Wight en a donné une figure sous ce nom [3], mais on a reconnu qu'elle en diffère et qu'elle se rapporte à l'*A. gangeticus*. Ses variétés, fort nombreuses, de taille, de couleur, etc., portent dans la langue télinga le nom de *Tota Kura*, avec addition quelquefois d'un adjectif pour chacune. Il y a d'autres noms en bengali et hindoustani. Les jeunes pousses remplacent quelquefois les asperges sur la table des Anglais [4]. L'*A. melancholicus*, souvent cultivé dans les jardins d'Europe pour l'ornement, est regardé comme une des formes de l'espèce.

Le pays d'origine est peut-être l'Inde, mais je ne vois pas qu'on y ait récolté la plante à l'état spontané ; du moins les auteurs ne l'affirment pas. Toutes les espèces du genre Amarante se répandent dans les terrains cultivés, les décombres, les bords de routes, et se naturalisent ainsi à moitié, dans les pays chauds comme en Europe. De là une extrême difficulté pour distinguer les espèces et surtout pour deviner ou constater leur origine. Les espèces les plus voisines du *gangeticus* paraissent asiatiques.

L'*A. gangeticus* est indiqué comme spontané en Egypte et en Abyssinie, par des auteurs très dignes de confiance [5] ; mais ce n'est peut-être que le fait de naturalisations du genre de celles dont je parlais. L'existence de nombreuses variétés et de noms divers dans l'Inde rend l'origine indienne très probable.

Les Japonais cultivent comme légume les *Amarantus caudatus*, *mangostanus* et *melancholicus* (ou *gangeticus*), de Linné [6], mais rien ne prouve qu'aucun d'entre eux soit indigène.

1. Bauhin, *Hist.*, II, p. 965.
2. A. gangeticus, tristis et hybridus, de Linné, d'après Baker, *Flora of Mauritius*, p. 266.
3. Wight, *Icones*, pl. 715.
4. Roxburgh, *Flora indica*, ed. 2, vol. III, p. 606.
5. Boissier, *Flora orientalis*, IV, p. 990 ; Schweinfurth et Ascherson, *Aufzählung, etc.*, p. 289.
6. Franchet et Savatier, *Enum. plant. Japoniæ*, I, p. 390.

A Java, on cultive l'*A. polystachyus*, Blume, très commun dans les décombres, au bord des chemins [1], etc.

Je parlerai plus loin des espèces cultivées pour leurs graines.

**Poireau ou Porreau.** — *Allium Ampeloprasum*, var. *Porrum*.

D'après la monographie très soignée de J. Gay [2], le Porreau, conformément aux soupçons d'anciens auteurs [3], ne serait qu'une variété cultivée de l'*Allium Ampeloprasum* de Linné, si commun en Orient et dans la région de la mer Méditerranée, spécialement en Algérie, lequel, dans l'Europe centrale, se naturalise quelquefois dans les vignes et autour d'anciennes cultures [4]. Gay semble s'être défié beaucoup des indications des flores du midi de l'Europe, car, à l'inverse de ce qu'il fait pour les autres espèces dont il énumère les localités hors de l'Algérie, il ne cite dans le cas actuel que les localités algériennes, admettant néanmoins la synonymie des auteurs pour d'autres pays.

La forme du *Porrum* cultivé n'a pas été trouvée sauvage. On la cite seulement dans des localités suspectes, comme les vignes, les jardins, etc. Ledebour [5] indique, pour l'*A. Ampeloprasum*, les confins de la Crimée et les provinces au midi du Caucase. Wallich en a rapporté un échantillon de Kamaon, dans l'Inde [6], mais on ne peut pas être sûr qu'il fût spontané. Les ouvrages sur la Cochinchine (Loureiro), la Chine (Bretschneider), le Japon (Franchet et Savatier) n'en parlent pas.

## Article 2. — Fourrages.

**Luzerne.** — *Medicago sativa*, Linné.

La Luzerne était connue des Grecs et des Romains. Ils l'appelaient en grec *Medicai*, en latin *Medica* ou *Herba medica*, parce qu'elle avait été apportée de Médie, lors de la guerre contre les Perses, environ 470 ans avant l'ère chrétienne [7]. Les Romains la cultivaient fréquemment, du moins depuis le commencement du Ier ou IIe siècle. Caton n'en parle pas [8], mais bien Varron, Columelle, Virgile, etc. De Gasparin [9] fait remarquer que Crescenz, en 1478, n'en faisait pas mention pour l'Italie, et qu'en

1. Hasskarl, *Plantæ javan. rariores*, p. 431.
2. Gay, *Ann. des sc. nat.*, 3e série, vol. 8.
3. Linné, *Species*; de Candolle, *Fl. franç.*, III, p. 219.
4. Koch, *Synopsis fl. germ.*; Babington, *Manual of brit. fl.*; English botany, etc., etc.
5. Ledebour, *Flora ross.*, IV, p. 163.
6. Baker, *Journal of bot.*, 1874, p. 295.
7. Strabon, 12, p. 560 ; Pline, livre 18, chap. 16
8. Hehn, *Culturpflanzen, etc.*, p. 355.
9. Gasparin, *Cours d'agric.*, IV, p. 424.

1711 Tull ne l'avait pas vue au delà des Alpes. Targioni cependant, qui n'a pas pu se tromper sur ce point, dit que la culture de la Luzerne s'est maintenue en Italie, surtout en Toscane, depuis les anciens[1]. Dans la Grèce moderne, elle est rare[2].

Les cultivateurs français ont souvent appliqué à la Luzerne le nom de *Sainfoin* (jadis *Sain foin*), qui est celui de l'*Onobrychis sativa*, et cette transposition existe encore aux environs de Genève, par exemple. Le nom de *Luzerne* a été supposé venir de la vallée de Luzerne, en Piémont, mais il y a une autre origine plus probable. Les Espagnols avaient un ancien nom, *Eruye*, cité par J. Bauhin[3], et les Catalans disent *Userdas*[4], d'où vient peut-être le nom patois du midi de la France, *Laouzerdo*, très voisin de *Luzerne*. La culture en était si commune en Espagne que les Italiens ont quelquefois appelé la plante *Herba spagna*[5]. Les Espagnols, outre les noms indiqués, disent *Mielga* ou *Melga*, qui paraît venir de *Medica*, mais ils emploient surtout les noms tirés de l'arabe *Alfafa*, *Alfasafat*, *Alfalfa*. Dans le XIIIe siècle, le célèbre médecin Abn Baithar, qui écrivait à Malaga, emploie le mot arabe *Fisfisat*, qu'il rattache au nom persan *Isfist*[6]. On voit que si l'on se fiait aux noms vulgaires l'origine de la plante serait ou l'Espagne, ou le Piémont, ou plutôt la Perse. Heureusement les botanistes peuvent fournir des preuves directes et positives sur la patrie de l'espèce.

Elle a été recueillie spontanée, avec toutes les apparences d'une plante indigène, dans plusieurs provinces de l'Anatolie, au midi du Caucase, dans plusieurs localités de Perse, en Afghanistan, dans le Belouchistan[7] et en Cachemir[8]. D'autres localités dans le midi de la Russie, indiquées par les auteurs, sont peut-être le résultat des cultures, comme cela se voit dans l'Europe méridionale. Les Grecs peuvent donc avoir tiré la plante de l'Asie Mineure aussi bien que de la Médie, qui s'entendait surtout de la Perse septentrionale.

Cette origine, bien constatée, de la Luzerne, me fait apercevoir, comme une chose singulière, qu'on ne lui connaît aucun nom sanscrit[9]. Le Trèfle et le Sainfoin n'en avaient pas non plus, ce qui fait supposer que les Aryens n'avaient pas de prairies artificielles.

1. Targioni, *Cenni storici*, p. 34.
2. Fraas, *Synopsis floræ classicæ*, p. 63; Heldreich, *Die Nutzpflanzen Griechenlands*, p. 70.
3. Bauhin, *Hist. plant.*, II, p. 381.
4. Colmeiro, *Catal.*
5. Tozzetti, *Dizion. bot.*
6. Ebn Baithar, *Heil und Nahrungsmittel*, trad. de l'arabe par Sontheimer, vol. 2, p 257.
7. Boissier, *Fl. orient.*, II, p. 94.
8. Royle, *Ill. Himal.*, p. 197.
9. Piddington, *Index.*

**Sainfoin. Esparcette.** — *Hedysarum Onobrychis*, Linné. — *Onobrychis sativa*, Lamarck.

Cette Légumineuse, dont l'utilité est incontestable dans les terrains secs et calcaires des régions tempérées, n'est pas d'un usage ancien. Les Grecs ne la cultivaient pas, et aujourd'hui encore leurs descendants ne l'ont pas introduite dans leur agriculture [1]. La plante nommée *Onobrychis* dans Dioscoride et Pline est l'*Onobrychis Caput-Galli* des botanistes modernes [2], espèce sauvage en Grèce et ailleurs, qu'on ne cultive pas. L'*Esparcette*, *Lupinella* des Italiens, était fort estimée, comme fourrage, dans le midi de la France, à l'époque d'Olivier de Serres [3], c'est-à-dire au XVI^e^ siècle; mais en Italie c'est surtout dans le XVIII^e^ que la culture s'en est répandue, particulièrement en Toscane [4].

L'Esparcette ou Sainfoin (autrefois Sain foin) est une plante vivace qui croît spontanément dans l'Europe tempérée, au midi du Caucase, autour de la mer Caspienne [5] et même au delà du lac Baïkal [6]. Dans le midi de l'Europe, elle est seulement sur les collines. Gussone ne la compte pas dans les espèces spontanées de Sicile, ni Moris dans celles de Sardaigne, ni Munby dans celles d'Algérie.

On ne connaît pas de nom sanscrit, persan ou arabe. Tout indique pour la culture une origine du midi de la France, peut-être aussi tardive que le XV^e^ siècle.

**Sulla ou Sainfoin d'Espagne.** — *Hedysarum coronarium*, Linné.

La culture de cette Légumineuse, analogue au Sainfoin, dont on peut voir une bonne figure dans la *Flore des serres et des jardins*, vol. 13, pl. 1382, s'est répandue, dans les temps modernes, en Italie, en Sicile, à Malte et dans les îles Baléares [7]. Le marquis Grimaldi, qui l'a signalée le premier aux agriculteurs, en 1766, l'avait vue à Seminara, dans la Calabre ultérieure ; de Gasparin [8] la recommande pour l'Algérie, et il est probable que les agriculteurs de pays analogues en Australie, au Cap et dans l'Amérique méridionale ou le Mexique feraient bien de l'essayer La plante a péri aux environs d'Orange par un froid de — 6° C.

L'*Hedysarum coronarium* croît en Italie, depuis Gênes jusqu'à

1. Heldreich, *Nutzpflanzen Griechenlands*, p. 72.
2. Fraas, *Synopsis fl. class.*, p. 58 ; Lenz, *Bot. alt. Griechen und Rœmer*, p. 731.
3. O. de Serres, *Théâtre de l'agric.*, p. 242.
4. Targioni Tozzetti, *Cenni storici*, p. 34.
5. Ledebour, *Fl. ross.*, I, p. 708; Boissier, *Fl. or.*, p. 532.
6. Turczaninow, *Flora baical. Dahur.*, 1, p. 319.
7. Targioni Tozzetti, *Cenni storici*, p. 35; Marès et Vigineix, *Catal. des Baléares*, p. 100.
8. De Gasparin, *Cours d'agric.*, 4, p. 472.

la Sicile et la Sardaigne [1], dans le midi de l'Espagne [2] et en Algérie, où elle est indiquée comme rare [3]. C'est donc une espèce assez limitée quant à son aire géographique.

**Trèfle.** — *Trifolium pratense*, Linné.

La culture du Trèfle n'existait pas dans l'antiquité, quoique sans doute la plante fût connue de presque tous les peuples d'Europe et de l'Asie tempérée occidentale. L'usage s'en est introduit d'abord dans les Flandres, au XVIe siècle, peut-être même plus tôt, et, d'après Schwerz, les protestants expulsés par les Espagnols la portèrent en Allemagne, où ils s'établirent sous la protection de l'Electeur palatin. C'est aussi de Flandre que les Anglais la reçurent, en 1633, par l'influence de Weston, comte de Portland, lord Chancelier [4].

Le *Trifolium pratense* est indigène dans toutes les parties de l'Europe, en Algérie [5], sur les montagnes de l'Anatolie, en Arménie et dans le Turkestan [6], en Sibérie vers l'Altaï [7], et dans le Cachemir et le Garwall [8].

L'espèce existait donc, en Asie, dans la région des peuples aryens, mais on ne lui connaît pas de nom sanscrit, d'où l'on peut inférer qu'elle n'était pas cultivée.

**Trèfle incarnat ou Farouch** — *Trifolium incarnatum*, Linné.

Fourrage annuel, dont la culture, dit Vilmorin, longtemps limitée à quelques-uns des départements méridionaux, devient tous les jours plus générale en France [9]. De Candolle, au commencement du siècle actuel, ne l'avait vue effectivement que dans l'Ariège [10] Elle existe, depuis à peu près soixante ans, aux environs de Genève. Targioni ne pense pas qu'elle soit ancienne en Italie [11], et le nom très insignifiant de *Trafogliolo* appuie cette opinion.

Les noms catalans *Fé*, *Fench* [12], et des patois du midi de la France [13] *Farradje* (Roussillon), *Farratage* (Languedoc), *Féroutgé* (Gascogne), d'où le nom de *Farouch*, ont au contraire une ori-

1. Bertoloni, *Flora ital.*, 8, p. 6.
2. Willkomm et Lange, *Prodr. fl. hisp.*, 3, p. 262.
3. Munby, *Catal.*, ed 2, p 12.
4. De Gasparin, *Cours d'agriculture*, 4, p. 445, d'après Schwerz et A. Young.
5. Munby, *Catal.*, ed. 2, p. 11.
6. Boissier, *Flora orient.*, 1, p. 115.
7 Ledebour, *Flora ross.*, 1, p 548.
8. Baker, dans Hooker, *Flora of brit. India*, 2, p. 86.
9 *Bon jardinier*, 1880, part 1, p. 618.
10. De Candolle, *Flore franç.* 4, p. 528.
11. Targioni, *Cenni storici*, p 35.
12 Costa. *Introd fl. di Catal.*, p. 60.
13. Moritzi, *Dict. mss.* rédigé d'après les flores publiées avant le milieu du siècle actuel.

ginalité qui dénote une culture ancienne autour des Pyrénées. Le terme, usité quelquefois, de Trèfle du *Roussillon*, le montre également.

La plante spontanée existe en Galice, dans la Biscaie et la Catalogne [1], mais non dans les îles Baléares [2]; elle est en Sardaigne [3] et dans la province d'Alger [4]. On l'indique dans plusieurs localités de France, d'Italie, de Dalmatie, de la région danubienne et de la Macédoine, sans savoir, dans beaucoup de cas, si ce n'est point l'effet des cultures voisines. Une localité singulière, qui paraît naturelle, au dire des auteurs anglais, est la côte de Cornouaille, près de la pointe de Lizard. Il s'agit dans ce cas, dit M. Bentham, de la variété jaune pâle, qui est vraiment sauvage sur le continent, tandis que la variété cultivée à fleurs rouges est seulement naturalisée, en Angleterre, par suite des cultures [5]. Je ne sais jusqu'à quel point cette observation de M. Bentham sur la spontanéité de la seule forme à couleur jaunâtre (var. *Molinerii*, Seringe) sera confirmée dans tous les pays où croît l'espèce. Elle est la seule indiquée en Sardaigne par Moris et en Dalmatie par Visiani [6], dans des localités qui paraissent naturelles (in pascuis collinis, in montanis, in herbidis). Les auteurs du *Bon jardinier* [7] affirment, comme M. Bentham, que le Trèfle *Molinerii* est spontané dans le nord de la France, celui à fleurs rouges étant importé du midi, et, tout en admettant l'absence de bonne distinction spécifique, ils notent que, dans la culture, la forme *Molinerii* est d'une végétation plus lente, souvent bisannuelle, au lieu d'être annuelle.

**Trèfle d'Alexandrie.** — *Trifolium alexandrinum*, Linné.

On cultive beaucoup en Egypte, comme fourrage, cette espèce annuelle de Trèfle, dont le nom arabe est *Bersym* ou *Berzun* [8]. Rien ne prouve que ce soit un usage ancien. Le nom n'est pas dans les livres sur la botanique des Hébreux ou des Araméens.

L'espèce n'est pas sauvage en Egypte, mais elle l'est certainement en Syrie et dans l'Asie Mineure [9].

**Ers.** — *Ervum Ervilia*, Linné. — *Vicia Ervilia*, Willdenow.

Bertoloni [10] ne mentionne pas moins de dix noms vulgaires italiens, *Ervo*, *Lero*, *Zirlo*, etc. C'est un indice de culture générale

1. Willkomm et Lange, *Prodr. fl. hisp.*, 3, p. 366.
2. Marès et Virgineix, *Catal.* 1880.
3. Moris, *Flora sardoa*, 1, p. 467.
4. Munby, *Catal.*, ed. 2.
5. Bentham, *Handbook of bristish flora*, ed. 4, p. 117.
6. Moris, *Flora sardoa*, 1, p. 467; Visiani, *Fl. dalmat.*, 3, p. 290.
7. *Bon jardinier*, 1880, p. 619.
8. Forskal, *Flora ægypt.*, p. 71; Delile, *Plant. cult. en Egypte*, p. 10; Wilkinson, *Manners and customs of ancient Egyptians*, 2, p. 398.
9. Boissier, *Flora orient.*, 2, p. 127.
10. Bertoloni, *Fl. it.*, 7, p. 500.

et ancienne. M. de Heldreich [1] dit que les Grecs modernes cultivent la plante en abondance, pour fourrage. Ils la nomment *Robai*, de l'ancien grec *Orobos*, de même que *Ervos* vient du latin *Ervum*. La culture de l'espèce est indiquée dans les auteurs de l'antiquité grecque et latine [2]. Les anciens Grecs se servaient des graines, car on en a retrouvé dans les fouilles de Troie [3]. On cite beaucoup de noms vulgaires en Espagne, même des noms arabes [4]; mais l'espèce y est moins cultivée depuis quelques siècles [5]. En France, elle l'est si peu que bien des ouvrages modernes d'agriculture n'en parlent pas. Elle est inconnue dans l'Inde anglaise [7].

Les ouvrages généraux indiquent l'*Ervum Ervilia* comme croissant dans l'Europe méridionale; mais, si l'on prend l'une après l'autre les flores plus estimées, on voit qu'il s'agit de localités telles que les champs, les vignes ou les terrains cultivés. De même dans l'Asie occidentale, où M. Boissier [8] parle d'échantillons de Syrie, de Perse et de l'Afghanistan. Quelquefois, dans des catalogues abrégés [9], la station n'est pas indiquée, mais nulle part je ne rencontre l'assertion que la plante ait été vue spontanée dans des endroits éloignés des cultures. Les échantillons de mon herbier ne sont pas plus probants à cet égard.

Selon toute vraisemblance, l'espèce était jadis sauvage en Grèce, en Italie, et peut-être en Espagne et en Algérie, mais la fréquence de sa culture, dans les terrains mêmes où elle existait, empêche de voir maintenant des pieds sauvages.

**Vesce.** — *Vicia sativa*, Linné.

Le *Vicia sativa* est une Légumineuse annuelle, spontanée dans toute l'Europe, à l'exception de la Laponie. Elle est commune également en Algérie [10] et au midi du Caucase, jusqu'à la province de Talysch [11]. Roxburgh la donne pour indigène dans le nord de l'Inde et au Bengale; ce que sir Joseph Hooker admet seulement en ce qui concerne la variété appelée *angustifolia* [12]. On ne lui connaît aucun nom sanscrit, et dans les langues modernes de l'Inde seulement des noms hindous [13]. Targioni croit que c'est le

1. Heldreich, *Nutzpflanzen Griechenlands*, p. 71.
2. Voir Lenz, *Botanik d. Alten*, p. 727; Fraas, *Fl. class.*, p. 54.
3. Wittmack, *Sitzungsber. bot. Vereins Brandenburg*, 19 déc. 1879.
4. Willkomm et Lange, *Prodr. fl. hisp.*, 3, p. 308.
5. Baker, dans Hooker, *Fl. brit. India.*
6. Herrera, *Agricultura*, éd. 1819, 4, p. 72.
7. Baker, dans Hooker, *Fl. brit. India.*
8. Boissier, *Fl. orient.*, 2, p. 595.
9. Par exemple : Munby, *Catal. plant. Algeriæ*, ed. 2, p. 12.
10. Munby, *Catal.*, ed. 2.
11. Ledebour, *Fl. ross.* 1, p. 666; Hohenacker, *Enum. plant. Talych*, p. 113; C.-A. Meyer, *Verzeichniss*, p. 147.
12. Roxburgh, *Fl. ind.*, ed. 1832, v. 3, p. 323; Hooker, *Fl. brit. India*, 2, p. 178.
13. Piddington, *Index*, en indique quatre.

*Ketsach* des Hébreux [1]. J'ai reçu des échantillons du Cap et de Californie. L'espèce n'y est certainement pas indigène, mais naturalisée hors des cultures.

Les Romains semaient cette plante, comme fourrage et pour les graines, déjà du temps de Caton [2]. Je n'ai pas découvert de preuve d'une culture plus ancienne. Le nom *Vik*, d'où *Vicia*, est d'une date très reculée en Europe, car il existe dans l'albanais [3], qu'on regarde comme la langue des Pélasges, et chez les peuples slaves, suédois et germains, avec de légères modifications. Cela ne prouve pas que l'espèce fût cultivée. Elle est assez distincte et assez utile aux herbivores pour avoir reçu de tout temps des noms vulgaires.

**Jarosse, Garousse, Gessette.** — *Lathyrus Cicera*, Linné.

Légumineuse annuelle, estimée comme fourrage, mais dont la graine, prise comme aliment dans une certaine proportion, présente des dangers [4].

On la cultive en Italie sous le nom de *Mochi* [5]. Quelques auteurs soupçonnent que c'est le *Cicera* de Columelle et l'*Ervilia* de Varron, mais le nom vulgaire italien est très différent de ceux-ci. L'espèce n'est pas cultivée en Grèce [7]. Elle l'est, plus ou moins, en France et en Espagne, sans indice que l'usage y remonte à des temps anciens. Cependant M. Wittmack [8] lui attribue, avec doute, certaines graines rapportées par M. Virchow des fouilles de Troie.

D'après les flores, elle est évidemment spontanée dans des endroits secs, hors des cultures, en Espagne et en Italie [9]. Elle l'est aussi dans la basse Egypte, d'après MM. Schweinfurth et Ascherson [10]; mais on n'a aucun indice d'ancienne culture dans ce pays ou par les Hébreux. Vers l'orient, la qualité spontanée devient moins certaine. M. Boissier indique la plante dans « les terrains cultivés depuis la Turquie d'Europe et l'Egypte jusqu'au midi du Caucase et à Babylone [11] ». Elle n'est mentionnée dans l'Inde ni comme spontanée ni comme cultivée [12] et n'a pas le nom sanscrit.

1. Targioni, *Cenni storici*, p. 30.
2. Cato, *De re rustica*, ed. 1535, p. 34; Pline, l. 18, c. 15.
3. Heldreich, *Nutzpflanzen Griechenlands*, p. 71. Dans la langue antérieure aux Indo-Européens *Vik* a un autre sens, celui de hameau (Fick, *Vorterb. indo-germ.*, p. 189).
4. Vilmorin, *Bon jardinier*, 1880, p. 603.
5. Targioni, *Cenni storici*, p. 31; Bertoloni, *F. ital.*, 7, p. 444, 447.
6. Lenz, *Botanik d. Alten*, p. 730.
7. Fraas, *Fl. class.*; Heldreich, *Nutzflanzen Griechenlands*.
8. Wittmack, *Sitz. ber. bot. Vereins Brandenburg*, 19 déc. 1879.
9. Willkomm et Lange, *Prodr. fl. hisp.*, 3, p. 313; Bertoloni, *l. c.*
10. Schweinfurth et Ascherson, *Aufählung, etc.*, p. 257.
11. Boissier, *Fl. orient.*, 2, p. 605.
12. J. Baker, dans Hooker, *Fl. of brit. India*.

Probablement, l'espèce est originaire de la région comprise entre l'Espagne et la Grèce, peut-être aussi d'Algérie [1], et une culture, pas très ancienne, l'a propagée dans l'Asie occidentale.

**Gesse.** — *Lathyrus sativus*, Linné.

Légumineuse annuelle, cultivée dans le midi de l'Europe, depuis un temps fort ancien, comme fourrage et accessoirement pour les graines. Les Grecs la nommaient *Lathyros* [2] et les Latins *Cicercula* [3]. On la cultive aussi dans l'Asie occidentale tempérée et même dans l'Inde septentrionale [4]; mais elle n'a pas de nom hébreu [5] ni sanscrit [6], ce qui fait présumer que la culture n'en est pas très ancienne dans ces régions.

Presque toutes les flores du midi de l'Europe et d'Algérie donnent la plante comme cultivée et presque spontanée, rarement, et pour quelques localités seulement, comme spontanée. On comprend la difficulté de reconnaître la spontanéité quand il s'agit d'une espèce souvent mélangée avec les céréales et qui se maintient aisément ou se répand à la suite des cultures. M. de Heldreich n'admet pas l'indigénat en Grèce [7]. C'est une assez forte présomption que dans le reste de l'Europe et en Algérie la plante est sortie des cultures.

Les probabilités me paraissent en sens contraire pour l'Asie occidentale. Les auteurs mentionnent en effet des localités assez sauvages, dans lesquelles l'agriculture joue un rôle moins considérable qu'en Europe. Ainsi Ledebour [8] a vu des échantillons récoltés dans le désert près de la mer Caspienne et dans la province de Lenkoran. C.-A. Meyer [9] le confirme pour Lenkoran. Baker, dans la flore de l'Inde, après avoir indiqué l'espèce comme répandue çà et là dans les provinces septentrionales, ajoute « souvent cultivée », d'où l'on peut croire qu'il la regarde comme indigène, au moins dans le nord. M. Boissier n'affirme rien à l'égard des localités de Perse qu'il mentionne dans sa flore d'Orient [10].

En somme, je regarde comme probable que l'espèce existait, avant d'être cultivée, du midi du Caucase ou de la mer Caspienne jusqu'au nord de l'Inde, et qu'elle s'est propagée vers l'Europe, à la suite d'anciennes cultures, mélangée peut-être avec les céréales.

1. Munby, *Catal.*
2. Theophrastes, *Hist. plant.*, 8, c. 2, 10.
3. Columella, *De re rustica*, 2, c. 10; Pline, 18, c. 13, 32.
4. Roxburgh, *Fl. ind.*, 3; Hooker, *Fl. brit. India*, 2, p. 178.
5. Rosenmüller, *Handb. bibl. Alterk.* vol., 1.
6. Piddington, *Index*.
7. Heldreich, *Pflanzen d. attisch. Ebene*, p. 476; *Nutzpflanzen Griechenlands*, p. 72.
8. Ledebour, *Flora rossica*, 1, p. 681.
9. C.-A. Meyer, *Verzeichniss*, p. 148.
10. Boissier, *Fl. orient.*, 2, p. 606.

**Gesse Ochrus.** — *Pisum Ochrus*, Linné. — *Lathyrus Ochrus*, de Candolle.

Cultivée comme fourrage annuel en Catalogne, sous le nom de *Tapisots* [1], et en Grèce, particulièrement dans l'île de Crète, sous celui de *Ochros* [2], mentionné dans Théophraste [3], mais sans la moindre description. Les auteurs latins n'en parlent pas, ce qui fait présumer une culture locale et rare dans l'antiquité.

L'espèce est certainement spontanée en Toscane [4]. Elle paraît l'être aussi en Grèce et en Sardaigne, où elle est indiquée dans les haies [5], et en Espagne, où elle croît dans des lieux incultes [6], mais, quant au midi de la France, à l'Algérie et la Sicile, les auteurs ne s'expliquent pas sur la station ou indiquent ordinairement les champs et les terrains cultivés. Vers l'Orient, on ne connaît pas la plante plus loin que la Syrie [7], où probablement elle n'est pas spontanée.

La belle planche publiée par Sibthorp, *Flora græca*, t. 689, fait penser que l'espèce mériterait d'être cultivée plus souvent.

**Fenu grec.** — *Trigonella Fœnum-græcum*, Linné.

La culture de cette Légumineuse annuelle était fréquente chez les anciens, en Grèce et en Italie [8], comme fourrage de printemps ou comme donnant des graines officinales. Abandonnée presque partout en Europe, notamment en Grèce [9], elle continue en Orient et dans l'Inde [10], où probablement elle remonte à une époque très ancienne, et dans toute la région du Nil [11].

L'espèce est spontanée dans le Punjab et le Cachemir [12], dans les déserts de la Mésopotamie et de la Perse [13], et dans l'Asie Mineure [14], où cependant les localités indiquées ne paraissent pas assez distinctes des terrains cultivés. On l'indique aussi [15] dans plusieurs endroits de l'Europe méridionale, comme le mont Hymette et autres localités de Grèce, les collines au-dessus de Bologne et de Gênes, quelques lieux incultes en Espagne; mais

1. Willkomm et Lange, *Prodr. Fl. hisp.*, 3, p. 312.
2. Lenz. *Bot. d. Alterth.*, p. 730; Heldreich, *Nutzpfl. Griechenl.* p. 72.
3. Lenz. l. c.
4. Caruel, *Fl. tosc.*, p. 193; Gussone, *Syn. fl. sic.* ed. 2.
5. Boissier, *fl. orient.* 2, p. 602; Moris, *fl. sardoa*, 1, p. 582.
6. Willkomm et Lange, *l. c.*
7. Boissier, *l. c.*
8. Theophrastes, *Hist plant.*, 8, c. 8; Columella, *De re rust.*, 2, c. 10; Pline, *Hist.*, 18, c. 16.
9. Fraas, *Syn. fl. class.*, p. 63; Lenz, *Bot. d. Alterth.*, p. 719.
10. Baker, dans Hooker, *Fl. brit. Ind.*, II, p. 57.
11. Schweinfurth, *Beitr. z. Fl. Æthiop.* p. 258.
12. Baker, *l. c.*
13. Boissier, *Fl. orient.* II, p. 70.
14. Boissier, *ibid.*
15. Sibthorp, *Fl. græca*, t. 766; Lenz, *l. c*; Bertoloni, *Fl. ital.*, 8, p. 250; Willkomm et Lange, *Prodr. fl. hisp.*, 3, p. 390.

plus on avance vers l'ouest, plus les stations mentionnées sont les champs, les terrains cultivés, etc. ; aussi les auteurs attentifs ont-ils soin de noter que l'espèce est probablement sortie des cultures [1]. Je ne crains pas de dire qu'une plante de cette sorte si elle était originaire de l'Europe méridionale, y serait beaucoup plus commune et ne manquerait pas, par exemple, aux flores insulaires, comme celles de Sicile, d'Ischia et des Baléares [2].

L'ancienneté de l'espèce et de son emploi dans l'Inde est appuyée par l'existence de plusieurs noms différents, selon les peuples, et surtout d'un nom sanscrit et hindou moderne, *Methi* [3]. Il existe un nom persan, *Schemlit*, et un nom arabe, *Helbeh* [4], très connu en Egypte; mais on ne cite aucun nom hébreu [5]. L'un des noms de la plante en grec ancien, *Tailis* (Τῆλις), sera peut-être pour les philologues un dérivé du nom sanscrit [6], ce dont je ne suis pas juge. L'espèce pourrait avoir été introduite par les Aryens et le nom primitif n'avoir laissé aucune trace dans les langues du nord, parce qu'elle ne peut vivre que dans le midi de l'Europe.

**Serradelle.** — *Ornithopus sativus*, — Brotero. — *O. isthmocarpus*, Cosson.

La véritable Serradelle, spontanée et cultivée en Portugal, a été décrite pour la première fois, en 1804, par Brotero [7], et M. Cosson l'a distinguée plus clairement des espèces voisines [8]. Quelques auteurs l'avaient confondue avec l'*Ornithopus roseus* de Dufour, et les agriculteurs lui ont attribué quelquefois le nom d'une espèce bien différente, l'*O. perpusillus*, qui serait par son extrême petitesse impropre à la culture. Il suffit de voir le fruit ou légume de l'*O. sativus* pour être certain de l'espèce, car il est, à maturité, étranglé de place en place et arqué fortement. S'il y a dans les champs des individus de même apparence, mais à légumes droits et non étranglés, ils doivent provenir de quelque mélange de graines avec l'*O. roseus*, et, si le légume est courbé, mais non étranglé, ce serait l'*O. compressus*. D'après l'aspect de ces plantes, elles paraissent pouvoir être cultivées semblablement et auraient, je le suppose, les mêmes avantages.

1. Caruel, *Fl. tosc.*, p. 256; Willkomm et Lange, *l. c.*
2. Les plantes qui se répandent d'un pays à l'autre arrivent plus difficilement dans les îles, selon les observations que j'ai publiées autrefois (*Géogr. bot. raisonnée*, p. 706).
3. Piddington, *Index*.
4. Ainslie, *Mat. med. ind.*, I, p. 130.
5. Rosenmüller, *Bibl. Alterkunde*.
6. Comme d'ordinaire le dictionnaire classique de Fick, des langues indo-européennes, ne mentionne pas le nom de cette plante, que les Anglais disent être sanscrit.
7. Brotero, *Flora lusitanica*, II, p. 160.
8. Cosson, *Notes sur quelques plantes nouvelles ou critiques du midi de l'Espagne*, p. 36.

La Serradelle ne convient que dans les terrains sablonneux et arides. C'est une plante annuelle, qui fournit en Portugal un fourrage très précoce au printemps. Sa culture, introduite dans la Campine, a bien réussi [1].

L'*O. sativus* paraît spontané dans plusieurs localités de Portugal et du midi de l'Espagne. J'en ai un échantillon de Tanger (Salzmann), et M. Cosson l'a récolté en Algérie. Souvent on le trouve dans des champs abandonnés et même ailleurs. Il peut être difficile de savoir si les échantillons ne sont point échappés des cultures, mais on cite des localités où cela n'est pas probable, par exemple un bois de pins, près de Chiclana, dans le midi de l'Espagne (Willkomm).

**Spergule** ou **Spargoule**. — *Spergula arvensis*, Linné.

Cette plante annuelle, sans apparence, de la famille des Caryophyllées (tribu Alsinées), croît dans les champs sablonneux et terrains analogues en Europe, dans l'Afrique septentrionale même en Abyssinie [2] et dans l'Asie occidentale jusque dans l'Inde [3] et même à Java [4]. Il est difficile de savoir dans quelle étendue de l'ancien monde elle était primitivement indigène. Pour beaucoup de localités, on ignore si elle est vraiment spontanée ou si elle provient des cultures. Quelquefois on peut soupçonner une introduction récente. Dans l'Inde, par exemple, on en a recueilli depuis quelques années de nombreux échantillons mais Roxburgh n'a pas mentionné l'espèce, lui qui avait tant herborisé à la fin du siècle dernier et au commencement de celui-ci. On ne lui connaît aucun nom sanscrit ou de l'Inde moderne [5], et on ne l'a pas récoltée dans les pays entre l'Inde et la Turquie.

Les noms vulgaires peuvent indiquer quelque chose sur l'origine de l'espèce et sa culture.

On ne connaît aucun nom grec ni des auteurs latins. Celui de *Spergula*, en italien *Spergola*, a toute l'apparence d'un nom vulgaire ancien en Italie. Un autre nom italien, *Erba renaiola*, indique seulement la croissance dans le sable (*rena*). Les noms français, espagnol (*Esparcillas*), portugais (*Esparguta*), allemand (*Spark*) ont la même racine. Il semble que dans tout le midi de l'Europe l'espèce ait été portée de pays en pays par les Romains, avant la division des langues latines. Dans le nord, c'est toute autre chose. Il y a un nom russe, *Toritsa* [6];

1. *Bon jardinier*, 1880, p. 512.
2. Boissier, *Fl. or.* 1, p. 731.
3. Hooker, *Fl. brit. India*, 1. p. 243, et plusienrs échantillons des Nilghiries et de Ceylan dans mon herbier.
4. Zollinger, nº 2356, dans mon herbier.
5. Piddington. *Index*.
6. Sobolewski, *Flora petrop.*, p. 109.

plusieurs noms danois, *Humb* ou *Hum*, *Girr* ou *Kirr*[1], et suédois, *Knutt*, *Fryle*, *Nägde*, *Skorff*[2]. Cette grande diversité montre que l'attention s'était portée depuis longtemps sur la plante dans cette partie de l'Europe, et fait présumer que la culture y est ancienne. Elle était pratiquée autour de Montbelliard dans le XVIe siècle[3], et l'on ne dit pas qu'elle y fût récente. Probablement elle a pris naissance dans le midi de l'Europe à l'époque de l'empire romain, et dans le nord peut-être plus tôt. En tout cas, la patrie originelle doit avoir été l'Europe.

Les agriculteurs distinguent une forme plus haute de Spergule[4], mais les botanistes s'accordent à ne pas lui trouver des caractères suffisants pour la séparer comme espèce, et plusieurs n'en font pas même une variété.

**Herbe de Guinée.** — *Panicum maximum*, Jacquin[5].

La Graminée vivace, dite *Herbe de Guinée* (*Guinea grass* des Anglais), a une grande réputation dans les pays intertropicaux comme fourrage nutritif, aisé à cultiver. Avec un peu de soin, on peut faire durer un pré jusqu'à vingt ans[6].

La culture paraît avoir commencé dans les Antilles. P. Browne en parle dans son ouvrage sur la Jamaïque au milieu du siècle dernier, et après lui Swartz.

Le premier mentionne le nom *Guinea grass*, sans aucune réflexion sur la provenance de l'espèce. Le second dit : « apporté autrefois des côtes d'Afrique aux Antilles ». Il s'est fié probablement à l'indication donnée par le nom vulgaire, mais nous savons à quel point les origines indiquées de cette manière sont quelquefois fausses, témoin le blé dit de Turquie, qui vient d'Amérique.

Swartz, excellent botaniste, dit que la plante croît « dans les pâturages cultivés secs des Indes occidentales, où elle est aussi cultivée », ce qui peut s'entendre d'une espèce naturalisée dans des terrains qui ont été cultivés. Je ne vois pas qu'aux Antilles on ait constaté un état vraiment spontané. Il en est autrement au Brésil. D'après les documents recueillis par de Martius et étudiés par Nees[7], documents augmentés depuis et encore mieux

1. Rafn, *Danmarks flora*, 2, p. 799.
2. Wahlenberg, cité dans Moritzi, *Dict. ms.*; *Svensk Botanik*, t. 308.
3. Bauhin, *Hist. plant.*, 3, p. 722.
4. *Spergula maxima* Bœhninghausen, figurée sans Reichenbach, *Plantæ crit.*, 6, p. 513.
5. *Panicum maximum* Jacq., Coll. 1, p. 71 (en 1786); *Jacq. icones*, 1, t. 13 ; Swartz, *Fl. Indiæ occ.*, 7, p. 170. P. *polygamum* Swartz, *Prodr.* p. 24 (1788). *P. jumentorum* Persoon Ench., 1, p 83 (1805). *P. altissimum*, de quelques jardins et auteurs modernes. D'après la règle, le nom le plus ancien doit être adopté.
6. A la Dominique, d'après Imray, dans *Kew Report* for 1879, p. 16.
7. Nees, dans Martius, *Fl. brasil.*, in-8°, vol. 2, p. 166.

étudiés par M. Dœll [1], le *Panicum maximum* croît dans les éclaircies des forêts voisines de l'Amazone, près de Santarem, dans les provinces de Bahia, Ceara, Rio-de-Janeiro et Saint-Paul. Quoique la plante soit souvent cultivée dans ces pays, les localités citées, par leur nature et leur multiplicité, font présumer l'indigénat. M. Dœll a vu aussi des échantillons de la Guyane française et de la Nouvelle-Grenade.

Voyons ce qui concerne l'Afrique.

Sir W. Hooker [2] mentionnait des échantillons rapportés de Sierra Leone, d'Aguapim, des bords du Quorra et de l'île de Saint-Thomas, dans l'Afrique occidentale. Nees [3] indique l'espèce dans plusieurs localités de la colonie du Cap, même dans des broussailles et dans des pays montueux, A. Richard [4] mentionne des localités d'Abyssinie, qui paraissent aussi en dehors des cultures, mais il convient n'être pas très sûr de l'espèce. M. Anderson, au contraire, n'hésite pas en indiquant le *P. maximum* comme rapporté des bords du Zambèze et de Mozambique par le voyageur Peters [5].

On sait positivement que l'espèce a été introduite à l'île Maurice par l'ancien gouverneur Labourdonnais [6], et qu'elle s'y est répandue hors des cultures, de même qu'à Rodriguez et aux Seychelles [7]. L'introduction en Asie ne peut pas être ancienne, car Roxburgh (*Fl. ind.*) et Miquel (*Fl. ind.-bat.*) ne mentionnent pas l'espèce. A Ceylan, elle est uniquement cultivée [8].

En définitive, il y a un peu plus de probabilité, ce me semble, en faveur de l'origine africaine, conformément à l'indication du nom vulgaire et à l'opinion générale, mais peu aprofondie, des auteurs. Cependant, puisque la plante se répand si aisément, il est singulier qu'elle ne soit pas arrivée d'Abyssinie ou de Mozambique en Egypte et qu'on l'ait reçue si tard dans les îles de l'Afrique orientale. Si l'existence, antérieurement aux cultures, d'une même espèce phanérogame en Afrique et en Amérique n'était une chose extrêmement rare, on pourrait la supposer; mais c'est peu vraisemblable pour une plante cultivée, dont la diffusion est évidemment très facile.

## Article 3. — Emplois divers des tiges ou des feuilles.

**Thé.** — *Thea sinensis*, Linné.

Au milieu du XVIIIe siècle, lorsqu'on connaissait encore très peu

1. Dœll, dans *Flora brasil.*, in-fol., vol. 2, part. 2.
2. Sir W. Hooker, *Niger flora*, p. 560.
3. Nees, *Floræ Africæ austr. Gramineæ*, p. 36.
4. A. Richard, *Abyssinie*, 2, p. 373.
5. Peters, *Reise, Botanik*, p. 546.
6. Bojer, *Hortus mauritianus*, p. 565.
7. Baker, *Flora of Mauritius and Seychelles*, p. 436.
8. Thwaites, *Enum. plant. Ceylonæ.*

l'arbuste qui produit le thé, Linné le nomma *Thea sinensis*. Bientôt après, dans la seconde édition du *Species plantarum*, il crut mieux faire en distinguant deux espèces, *Thea Bohea* et *Thea viridis*, qu'il croyait répondre à la distinction commerciale des thés noirs et verts. On a prouvé depuis qu'il n'y a qu'une espèce, comprenant plusieurs variétés, et qu'on obtient des thés noirs ou verts au moyen de toutes les variétés, selon les procédés de fabrication. Cette question était réglée lorsqu'il s'en est élevé une autre sur la réalité du genre Thea, en tant que distinct du Camellia. Quelques auteurs font du Thea une section de l'ancien genre Camellia; mais, si l'on réfléchit aux caractères indiqués d'une manière très précise par Seemann [1], il est permis, ce me semble, de conserver le genre Thea, avec la nomenclature ancienne et usitée de l'espèce principale.

On mentionne souvent une légende japonaise racontée par Kæmpfer [2]. Un prêtre venu de l'Inde en Chine, dans l'année 519 de notre ère, ayant succombé au sommeil lorsqu'il voulait veiller et prier, aurait coupé ses deux paupières, dans un mouvement d'indignation, et elles se seraient changées en un arbuste, le Thé, dont les feuilles sont éminemment propres à empêcher de dormir. Malheureusement pour les personnes qui admettent volontiers les légendes en tout ou en partie, les Chinois n'ont jamais entendu parler de celle-ci, quoique l'événement se fût passé chez eux. Le thé leur était connu bien avant l'année 519, et probablement il n'avait pas été apporté de l'Inde. C'est ce que nous apprend le Dr Bretschneider, dans son opuscule, riche de faits botaniques et linguistiques [3]. Le *Pent-sao*, dit-il, mentionne le Thé 2700 ans avant Jésus-Christ, le *Rya* 5 à 600 ans aussi avant Jésus-Christ, et le commentateur de ce dernier ouvrage, au quatrième siècle de notre ère, a donné des détails sur la plante et sur l'emploi de ses feuilles en infusion. L'usage est donc très ancien en Chine. Il l'est peut-être moins au Japon, et s'il existe depuis longtemps en Cochinchine, ce qui est possible, on ne voit aucune preuve qu'il se soit répandu jadis du côté de l'Inde; les auteurs ne mentionnent aucun nom sanscrit, ni même des langues indiennes modernes. Le fait paraîtra singulier quand on verra ce que nous avons à dire sur l'habitation naturelle de l'espèce.

Les graines de Thé se répandent souvent hors des cultures et mettent les botanistes dans le doute sur la qualité spontanée des pieds qu'on a rencontrés çà et là. Thunberg croyait l'espèce sauvage au Japon, mais MM. Franchet et Savatier [4] le nient com-

1. Seemann, dans *Transactions of the linnæan Society*, 22, p. 337, pl. 61.
2. Kæmpfer, *Amæn. Japon.*
3. Bretschneider, *On the study and value of chinese botanical works*, p. 13 et 45.
4. Franchet et Savatier, *Enum. plant. Jap.*, I, p. 61.

plètement. Fortune [1], qui a si bien examiné la culture du Thé en Chine, ne parle pas de la plante spontanée. M. H. Fontanier [2] affirme que le Thé croît généralement à l'état sauvage en Mandschourie. Il est probable qu'il existe dans les districts montueux du sud-ouest de la Chine, où les naturalistes n'ont pas pénétré jusqu'à présent. Loureiro le dit « cultivé et non cultivé » en Cochinchine [3]. Ce qui est plus certain, les voyageurs anglais l'ont recueilli dans l'Assam supérieur [4] et la province de Cachar [5]. Ainsi le Thé doit être indigène dans les pays montueux qui séparent les plaines de l'Inde de celles de la Chine, mais l'emploi des feuilles n'était pas connu jadis dans l'Inde.

La culture du Thé, introduite aujourd'hui dans plusieurs colonies, donne des résultats admirables à Assam. Non seulement le produit y est d'une qualité supérieure à la moyenne des thés de Chine, mais la quantité obtenue augmente rapidement. En 1870, on a récolté dans l'Inde anglaise treize millions de livres de thé, en 1878 trente-sept millions, et l'on espérait pour 1880 une récolte de soixante et dix millions de livres [6] ! Le Thé craint les fortes gelées et souffre par la sécheresse. Comme je l'ai dit une fois [7], les conditions qui le favorisent sont tout à fait l'opposé de celles qui conviennent à la vigne. On m'a objecté que le thé prospère aux îles Açores, où l'on a du bon vin [8]; mais on peut cultiver dans les jardins ou sur une petite échelle bien des plantes qui ne donnent pas, en grand, des produits rémunérateurs. On a de la vigne en Chine, et la vente des vins y joue un très petit rôle. Inversement aucun pays de vignobles n'a donné du thé pour l'exportation. Après la Chine, le Japon et Assam, c'est à Java, à Ceylan et au Brésil qu'on fait le plus de thé, et assurément on n'y cultive pas du tout ou fort peu la vigne, tandis que les vins de régions sèches, comme l'Australie, le Cap, etc., se répandent déjà dans le commerce.

**Lin.** — *Linum usitatissimum*, Linné.

La question de l'origine du Lin, ou plutôt des Lins cultivés, est une de celles qui ont donné lieu aux recherches les plus intéressantes.

Pour comprendre les difficultés qu'elle présente, il faut d'abord se rendre compte des formes, très voisines, que les au-

1. Fortune, *Three years wandering in China*, 1 vol. in-8°.
2. Fontanier, *Bulletin soc. d'acclimatation*, 1870, p. 88.
3. Loureiro, *Fl. cochinch.*, p. 414.
4. Griffith, *Reports;* Wallich, cité par sir J. Hooker, *Flora of brit. India*, I, p. 293.
5. Anderson, cité par sir J. Hooker.
6. *The colonies and India*, d'après le *Gardener's Chronicle*, 1880, I, p. 659.
7. Discours au congrès bot. de Londres, en 1866.
8. *Flora*, 1868, p. 64.

teurs désignent tantôt comme espèces distinctes du genre Linum et tantôt comme variétés d'une seule espèce.

Le premier travail important sur ce point a été fait par M. J.-E. Planchon, en 1848 [1]. Il a montré clairement les différences des *Linum usitatissimum*, *humile*, et *angustifolium*, qu'on connaissait mal. Ensuite M. Oswald Heer [2], à l'occasion de recherches approfondies sur les anciennes cultures, a revu les caractères indiqués, et en ajoutant l'étude de deux formes intermédiaires, ainsi que la comparaison de nombreux échantillons, il est arrivé à l'idée d'admettre une seule espèce composée de plusieurs états légèrement différents. Je transcrirai, en français, son résumé latin des caractères, avec la seule addition de mettre un nom pour chaque forme distincte, suivant l'usage dans les livres de botanique.

*Linum usitatissimum.*

1. *Annuum* (annuel). Racine annuelle; tige unique, droite; capsules de 7 à 8 mill. de longueur; graines de 4 à 6 mill., terminées par un bec. *α. Vulgare* (ordinaire). Capsules de 7 mill. ne s'ouvrant pas à maturité, et offrant des replis intérieurs glabres. — Chez les Allemands : *Schliesslein, Dreschlein*. *β. Humile* (petit). Capsules de 8 mill., s'ouvrant à maturité d'une manière brusque, à replis intérieurs ciliés. — *Linum humile* Miller. *L. crepitans* Bœninghausen. Chez les Allemands : *Klanglein, Springlein*.

2. *Hyemale* (d'hiver). Racine annuelle ou bisannuelle; tiges nombreuses, diffuses à la base, arquées; capsules de 7 mill., terminées par un bec. — *Linum hyemale romanum*. En allemand : *Winterlein*.

3. *Ambiguum* (ambigu). Racine annuelle ou vivace; tiges nombreuses; feuilles acuminées; capsules de 7 mill., à replis peu ciliés; graines de 4 mill., terminées par un court bec. — *Linum ambiguum*, Jordan.

4. *Angustifolium* (à feuilles étroites). Racine annuelle ou vivace: tiges nombreuses, diffuses à la base, arquées; capsules de 6 mill., à replis ciliés; graines de 3 mill., à peine crochues au sommet. — *Linum angustifolium* Hudson.

On voit combien de passages existent entre les formes. La qualité de plante annuelle, bisannuelle ou vivace, dont M. Heer soupçonnait le peu de fixité, est assez vague, en particulier pour l'*angustifolium*, car M. Loret, qui a observé ce Lin aux environs de Montpellier, s'exprime ainsi [3] : « Dans les pays très chauds, il est presque toujours annuel, et c'est ce qui a lieu en Sicile, d'après le témoignage de Gussone; chez nous il est annuel, bisannuel ou même vivace, selon la nature physique du sol où il croît, et l'on peut s'en assurer en l'observant sur le littoral, notamment à Maguelone. On y remarquera que le long des sentiers fréquemment piétinés il a une durée plus longue que dans les

1. Planchon, dans Hooker, *Journal of botany*, vol. 7, p. 165.

2. Heer, *Die Pflanzen der Pfahlbauten*, in-4°, Zürich, 1865, p. 35; *Ueber den Flachs und die Flachskultur*, in-4°, Zürich, 1872.

3. Loret, *Observations critiques sur plusieurs plantes montpelliéraines*, dans la *Revue des sc. nat.*, 1875.

sables, où le soleil dessèche promptement ses racines et où l'aridité du sol ne lui permet de vivre qu'une seule année. »

Lorsque des formes ou des états physiologiques passent de l'un à l'autre et se distinguent par des caractères variables selon les circonstances extérieures, on est conduit à les considérer comme constituant une seule espèce, quoique ces formes ou états aient un certain degré d'hérédité et remontent peut-être à des temps très anciens. Nous sommes cependant obligés, dans des recherches sur les origines, de les considérer séparément. J'indiquerai d'abord dans quels pays on a trouvé chaque forme à l'état spontané ou quasi spontané. Ensuite je parlerai des cultures, et nous verrons jusqu'à quel point les faits géographiques ou historiques confirment l'opinion de l'unité d'espèce.

Le *Lin annuel ordinaire* n'a pas encore été trouvé dans un état spontané parfaitement certain. Je possède plusieurs échantillons de l'Inde, et M. Planchon en avait vu d'autres dans les herbiers de Kew, mais les botanistes anglo-indiens n'admettent pas que la plante soit indigène dans leur région. La flore récente de sir Joseph Hooker en parle comme d'une espèce cultivée, principalement pour l'huile qu'on tire des graines, et M. C.-B. Clarke, ancien directeur du jardin de Calcutta, m'écrit que les échantillons récoltés doivent venir des cultures, très fréquentes en hiver, dans le nord de l'Inde. M. Boissier [1] mentionne un *L. humile* à feuilles étroites, que Kotschy a récolté « près de Schiraz, en Perse, au pied de la montagne Sabst Buchom. » Voilà peut-être une localité bien en dehors des cultures, mais je ne puis donner à cet égard des informations suffisantes. Hohenacker a trouvé le *L. usitatissimum* « subspontané » dans la province de Talysch, au sud du Caucase, vers la mer Caspienne [2]. Steven est plus affirmatif pour la Russie méridionale [3]. Selon lui, le *L. usitatissimum* « se trouve assez souvent sur les collines stériles de la Crimée méridionale, entre Yalta et Nikita, et le professeur Nordmann l'a récolté sur la côte orientale de la mer Noire. » En avançant vers l'ouest dans la Russie méridionale ou la région de la mer Méditerranée, on ne cite plus l'espèce que rarement et comme échappée des cultures ou quasi spontanée. Malgré ces doutes et la rareté des documents, je regarde comme très possible qne le lin annuel, sous l'une ou l'autre de ses deux formes, soit spontané dans la région qui s'étend de la Perse méridionale à la Crimée, au moins dans certaines localités.

Le *Lin d'hiver* est connu seulement comme cultivé, dans quelques provinces d'Italie [4].

1. Boissier, *Flora orient.*, 1, p. 851. C'est le *L. usitatissimum* de Kotschy, n° 164.
2. Boissier, *ibid.*; Hohenh., *Enum. Talysch*, p. 168.
3. Steven, *Verzeichniss der auf der taurischen Halbinseln wildwachsenden Pflanzen*, Moscou, 1857, p. 91.
4. Heer, *Ub. d. Flachs*, p. 17 et 22.

Le *Linum ambiguum* de Jordan croît sur la côte de Provence et du Languedoc, dans les endroits secs [1].

Enfin le *Linum angustifolium*, dont le précédent diffère à peine, présente une habitation bien constatée et assez vaste. Il croît spontanément, surtout sur les collines, dans toute l'étendue de la région dont la mer Méditerranée est le centre, savoir dans les îles Canaries et Madère, au Maroc [2], en Algérie [3] et jusque dans la Cyrénaïque [4], au midi de l'Europe jusqu'en Angleterre [5], jusqu'aux Alpes et aux Balkans, et enfin en Asie, du midi du Caucase [6] au Liban et à la Palestine [7]. Je ne le vois pas mentionné en Crimée, ni au delà de la mer Caspienne.

Voyons ce qui concerne la culture, destinée le plus souvent à fournir une matière textile, souvent aussi à donner de l'huile ou, chez certains peuples, une matière nutritive au moyen des graines. Je me suis occupé de la question d'origine, en 1855 [8]. Elle se présentait alors de la manière suivante :

Il était démontré surabondamment que les anciens Egyptiens et les Hébreux se servaient d'étoffes de lin. Hérodote l'affirmait. On voit d'ailleurs la plante figurée dans les dessins de l'ancienne Egypte, et l'examen au microscope des bandelettes qui entourent les momies ne laisse subsister aucun doute [9]. La culture du Lin était ancienne en Europe, par exemple chez les Celtes, et dans l'Inde, d'après les notions historiques. Enfin des noms vulgaires très différents indiquaient aussi une culture ancienne ou des usages anciens dans divers pays. Le nom celte *Lin* et gréco-latin *Linon* ou *Linum* n'a aucune analogie avec le nom hébreux *Pischta* [10] ni avec les noms sanscrits *Ooma* (prononcez *Ouma*), *Atasi*, *Utasi* [11]. Quelques botanistes citaient le Lin comme « à peu près spontané » dans le sud-est de la Russie, au midi du Caucase et dans la Sibérie occidentale, mais on ne connaissait pas une véritable spontanéité. Je résumais alors les probabilités en disant : « L'étymologie multiple des noms, l'ancienneté de la culture en Egypte, en Europe et dans le nord de l'Inde à la fois,

1. Jordan, cité dans Walpers, *Annal.*, vol. 2, et dans Heer, *l. c.*, p. 22.
2. Ball, *Spicilegium fl. marocc.*, p. 380.
3. Munby, *Catal.*, ed. 2, p. 7.
4. Rohlf, d'après Cosson, *Bull. Soc. bot. de Fr.*, 1875, p. 46.
5. Planchon. *l. c.*; Bentham, *Handbook of brit. fl.* ed. 4, p. 80.
6. Planchon, *l. c.*
7. Boissier, *Fl. or.*, 1, p. 861.
8. A. de Candolle, *Géogr. bot. raisonnée*, p. 833.
9. Thomson, *Annals of philos.* juin 1834; Dutrochet, Larrey et Costaz, *Comptes rendus de l'Acad. des sc.*, Paris, 1837, sem. 1, p. 739; Unger, *Bot. Streifzüge*, 4, p. 62.
10. On a traduit d'autres mots hébreux par lin, mais celui-ci est le plus certain. Voir Hamilton, *La botanique de la Bible*, Nice, 1871, p. 58.
11. Piddington, *Index Ind. plants*; Roxburgh, *Fl. ind*, ed. 1832, 2, p. 110. Le nom *Matusee* (prononcez *Matousi*) indiqué par Piddington, appartient à d'autres plantes, d'après Ad. Pictet, *Origines indo-europ.*, éd. 2, vol. 1, p. 396.

la circonstance que dans ce dernier pays on cultive le Lin seulement pour faire de l'huile, me font croire que deux ou trois espèces d'origine différente, confondues sous le nom de *Linum usitatissimum* par la plupart des auteurs, ont été cultivées jadis dans divers pays, sans imitation ou communication de l'un à l'autre...... Je doute, en particulier, que l'espèce cultivée par les anciens Egyptiens fut l'espèce indigène en Russie et en Sibérie. »

Une découverte très curieuse de M. Oswald Heer, est venue, dix ans après, confirmer mes prévisions. Les habitants des palafittes de la Suisse orientale, à une époque où ils n'avaient que des instruments de pierre et ne connaissaient pas le chanvre, cultivaient déjà et tissaient un lin qui n'est pas notre lin ordinaire annuel, mais le lin vivace appelé *Linum angustifolium* spontané au midi des Alpes. Cela résulte de l'examen des capsules, des graines et surtout de la partie inférieure d'une plante extraite soigneusement du limon de Robenhausen [1]. La figure publiée par M. Heer montre clairement une racine surmontée de deux à quatre tiges, à la manière des plantes vivaces. Les tiges avaient été coupées, tandis qu'on arrache notre Lin ordinaire, ce qui prouve encore la qualité persistante de la plante. Avec les restes du Lin de Robenhausen se trouvaient des graines du *Silene cretica*, espèce également étrangère à la Suisse, qui abonde en Italie dans les champs de Lin [2]. M. Heer en a tiré la conclusion que les lacustres suisses faisaient venir des graines de Lin d'Italie. Il semble en effet que ce devait être nécessaire, à moins de supposer jadis un autre climat en Suisse que celui de notre époque, car le Lin vivace ne supporterait pas habituellement aujourd'hui les hivers de la Suisse orientale [3]. L'opinion de M. Heer est appuyée par le fait, assez inattendu, que le Lin n'a pas été trouvé dans les restes lacustres de Laybach et Mondsee, des Etats autrichiens, qui renferment du bronze [4]. L'époque tardive de l'arrivée du Lin dans cette région empêche de supposer que les habitants de la Suisse l'aient reçu de l'Europe orientale, dont ils étaient séparés d'ailleurs par d'immenses forêts.

Depuis les observations ingénieuses du savant de Zurich, on a découvert un Lin employé par les habitants des tourbières préhistoriques de Lagozza, en Lombardie; et M. Sordelli a constaté, que c'était celui de Robenhausen, le *L. angus-*

1. Heer, *Die Pflanzen der Pfahlbauten*, br. in-4°, Zürich, 1865, p. 35; *Ueber den Flachs und die Flachscultur in Altherthum*, br. in-4°, Zürich, 1872.
2. Bertoloni, *Flora ital.*, 4, p. 612.
3. Nous avons vu qu'il avance vers le nord-ouest de l'Europe, mais il manque au nord des Alpes. Peut-être l'ancien climat de la Suisse était-il plus égal qu'à présent, avec plus de neiges pour abriter les plantes vivaces.
4. *Mittheil. anthropol. Gesellschaft.* Wien. vol. 6, p. 122, 161; *Abhandl. Wien. Akad.*, 84, p. 488.

*tifolium* [1]. Ces anciens habitants ne connaissaient pas le Chanvre ni les métaux, mais possédaient les mêmes céréales que les lacustres de l'âge de pierre en Suisse et mangeaient comme eux les glands de Chêne Rouvre. Il y avait donc une civilisation, déjà un peu développée, en deçà et au delà des Alpes, avant que les métaux, même le bronze, y fussent d'un usage habituel, et que le chanvre et la poule domestique y fussent connus [2]. Ce serait avant l'arrivée des Aryens en Europe, ou un peu après [3].

Les noms vulgaires du Lin dans les anciennes langues d'Europe peuvent jeter quelque jour sur cette question.

Le nom *Lin*, *Llin*, *Linu*, *Linon*, *Linum*, *Lein*, *Lan*, existe dans toutes les langues européennes, d'origine aryenne, du centre et du midi de l'Europe, celtiques, slaves, grecques ou latines. Ce n'est pas un nom commun avec les langues aryennes de l'Inde; par conséquent, dit avec raison Ad. Pictet [4], la culture du Lin doit avoir commencé par les Aryens occidentaux et avant leur arrivée en Europe. J'ai fait cependant une réflexion qui m'a conduit à une nouvelle recherche, mais sans résultat. Puisque le Lin, me suis-je dit, était cultivé par les lacustres de Suisse et d'Italie avant l'arrivée des peuples aryens, il l'était probablement par les Ibères, qui occupaient alors l'Espagne et la Gaule, et il en est resté peut-être quelque nom spécial chez les Basques, qu'on suppose descendre des Ibères. Or, d'après plusieurs dictionnaires de leur langue [5], *Liho*, *Lino* ou *Li*, suivant les dialectes, signifient Lin, ce qui concorde avec le nom répandu dans toute l'Europe méridionale. Les Basques paraissent donc avoir reçu le Lin des peuples d'origine aryenne, ou peut-être ils ont perdu un ancien nom auquel ils auraient substitué celui des Celtes et des Romains. Le nom *Flachs* ou *Flax*, des langues germaniques, vient de l'ancien allemand *Flahs* [6]. Il y a aussi, dans le nord-ouest de l'Europe, des noms particuliers pour le lin: *Pellawa*, *Aiwina* en finlandais [7]; *Hor*, *Hör*, *Härr* en danois [8];

1. Sordelli, *Sulle piante della torbiera e della stazione preistorica della Lagozza*, p. 37 et 51, imprimé à la suite de Castelfranco, *Notizie all. stazione lacustre della Lagozza*, in-8°, *Atti della Soc. ital. sc. nat.*, 1880.

2. La poule a été introduite d'Asie en Grèce dans le VI^e siècle avant J.-C., d'après Heer, *Ueb. d. Flachs*, p. 25.

3. Ces découvertes dans les tourbières de Lagozza et autres lieux, en Italie, montrent à quel point M. V. Hehn (*Kulturpfl.*, ed. 3, 1877, p. 524) s'est trompé en supposant les lacustres suisses des Helvétiens rapprochés du temps de César. Les hommes de la même civilisation qu'eux au midi des Alpes étaient évidemment plus anciens que la république romaine, peut-être plus que les Ligures.

4. Ad. Pictet, *Origines indo-europ.*, éd. 2, vol. 1, p. 396.

5. Van Eys, *Dict. basque français*, 1876; Gèze, *Éléments de grammaire basque suivis d'un vocabulaire*, Bayonne, 1873; Salaberry, *Mots basques navarrais*, Bayonne, 1856; Lécluse, *Vocabul. français basque*, 1826.

6. Ad. Pictet, *l. c.*

7. Nemnich, *Polygl. Lexicon d. Naturgesch.*, 2, p. 420; Rafn, *Danmark flora*, 2, p 390.

8. Nemnich, *ibid.*

*Hör* et *Tone* en vieux goth [1]. *Haar* existe aussi dans l'allemand de Salzburg [2]. Sans doute on peut expliquer ce mot par le sens ordinaire en allemand de fil, cheveu, comme le nom de *Li* peut être rattaché à une même racine que *ligare*, lier, et comme *Hör*, au pluriel *Hörvar*, est rattaché par les érudits [3] à *Harva*, radical allemand pour *Flachs*, mais le fait n'en existe pas moins que dans les pays scandinaves et en Finlande on a employé d'autres expressions que dans tout le midi de l'Europe. Cette diversité indique l'ancienneté de la culture et concorde avec le fait que les lacustres de Suisse et d'Italie cultivaient un Lin avant les premières invasions des Aryens. Il est possible, je dirai même probable, que ceux-ci ont apporté le nom *Li*, plutôt que la plante ou sa culture; mais, comme aucun Lin n'est spontané dans le nord de l'Europe, ce serait un ancien peuple, les Finnois, d'origine touranienne, qui auraient introduit le Lin dans le nord avant les Aryens. Dans cette hypothèse, ils auraient cultivé le Lin *annuel*, car le Lin vivace ne supporterait pas les rigueurs des pays septentrionaux, tandis que nous savons à quel point le climat de Russie est favorable en été à la culture du Lin ordinaire annuel. La première introduction dans la Gaule, en Suisse et en Italie a pu venir du midi, par les Ibères, et en Finlande par les Finnois; après quoi les Aryens auraient répandu les noms les plus habituels chez eux, celui de *Lin* dans le midi et de *flahs* dans le nord. Peut-être eux et les Finnois avaient-ils apporté d'Asie le Lin annuel, qu'on aurait vite substitué au Lin vivace, moins avantageux et moins adapté aux pays froids. On ne sait pas exactement à quelle époque la culture du Lin annuel a remplacé, en Italie, celle du *Linum angustifolium* vivace, mais ce doit être avant l'ère chrétienne, car les auteurs parlent d'une culture bien établie, et Pline dit qu'on semait le Lin au printemps et qu'on l'arrachait en été [4]. On ne manquait pas alors d'instruments de métal, ainsi on aurait coupé le Lin s'il avait été vivace. D'ailleurs celui-ci semé au printemps n'aurait pas été mûr avant l'automne.

Par les mêmes raisons, le Lin cultivé chez les anciens Egyptiens devait être annuel. On n'a pas trouvé jusqu'à présent dans les catacombes des plantes entières ou des capsules nombreuses, de nature à donner des preuves directes et incontestables. Seulement Unger [5] a pu examiner une capsule tirée des briques d'un monument que Lepsius attribue au XIII^e ou XIV^e siècle avant J.-C., et il l'a trouvée plus semblable à celles du *L. usitatissimum* que du

1. Nemnich, *ibid.*
2. Nemnich, *ibid.*
3. Fick, *Vergl. Worterbuch Ind. germ.* 2^e éd., 1, p. 722. Le même fait venir le nom *Lina* du latin *Linum*, mais ce nom remonte plus haut, étant commun à plusieurs langues aryennes européennes.
4. Plinius, l. 19, cap. 1 : *Vere satum æstate vellitur.*
5. Unger, *Botanische Streifzüge*, 1866, n° 7, p. 15.

L. *angustifolium*. Sur trois graines que Braun [1] a vues dans le musée de Berlin, mélangées avec d'autres de plantes diverses cultivées, une lui a paru appartenir au *L. angustifolium* et les deux autres au *L. humile*, mais il faut convenir qu'une seule graine, sans la plante ou la capsule, n'est pas une preuve suffisante. Les peintures de l'ancienne Egypte montrent qu'on ne récoltait pas le Lin comme les céréales avec une faucille. On l'arrachait [2]. En Egypte, le Lin est une culture d'hiver, car la sécheresse de l'été ne permettrait pas plus d'une variété persistante que le froid dans les pays septentrionaux où l'on sème au printemps pour récolter en été. Ajoutons que le Lin annuel, de la forme appelée *humile*, est le seul cultivé de nos jours en Abyssinie, le seul également que les collecteurs modernes aient vu cultivé en Egypte [3].

M. Heer soupçonne que les anciens Egyptiens auraient cultivé le *Linum angustifolium*, de la région méditerranéenne, en le semant comme une plante annuelle [4]. Je croirais plutôt qu'ils ont emporté ou reçu leur Lin d'Asie, et déjà sous la forme de l'*humile*. Les usages et les figures montrent que leur culture du Lin datait d'une antiquité très reculée. Or, on sait maintenant que les Egyptiens des premières dynasties avant Chéops appartenaient à une race proto-sémitique, venue par l'isthme de Suez [5]. Le Lin a été retrouvé dans un tombeau de l'ancienne Chaldée, antérieur à Babylone [6], et son emploi dans cette région se perd dans la nuit des temps. Ainsi les premiers Egyptiens de la race blanche ont pu transporter le Lin cultivé, et, à défaut, leurs successeurs immédiats ont pu le recevoir d'Asie avant l'époque des colonies phéniciennes en Grèce et avant les rapports directs de la Grèce avec l'Egypte sous la XIV^e dynastie [7].

Une introduction très ancienne d'Asie en Egypte n'empêche pas d'admettre des transports successifs de l'est à l'ouest dans des temps moins anciens que les premières dynasties égyptiennes. Ainsi les Aryens occidentaux et les Phéniciens ont pu transporter en Europe le Lin, ou un Lin plus avantageux que le *L. angustifolium*, pendant la période de 2500 à 1200 ans avant notre ère.

L'extension par les Aryens aurait marché plus au nord que celle par les Phéniciens. En Grèce, dans le temps de la guerre de Troie, on tirait encore les belles étoffes de Lin de la Colchide,

1. A. Braun, *Die Pflanzenreste des Egyptischen Museums in Berlin*, in-8°, 1877, p. 4.
2. Rosellini, pl. 35 et 36, cité par Unger, *Bot. Streifzüge*, n° 4, p. 62.
3. W. Schimper, Ascherson, Boissier, Schweinfurth, cités dans Al. Braun, *l. c.*, p. 4.
4. Heer, *Ueb. d. Flachs*, p. 26.
5. Maspero, *Histoire ancienne des peuples de l'Orient*, éd. 3, Paris, 1878, p. 13 et suivantes.
6. *Journal of the royal asiatic soc.*, vol. 15 p. 271, cité dans Heer, *l. c.*, p. 6.
7. Maspero, p. 213 et suivantes.

c'est-à-dire de cette région au pied du Caucase, où l'on a trouvé de nos jours le Lin annuel ordinaire sauvage. Il ne semble pas que les Grecs aient cultivé la plante à cette époque [1]. Les Aryens en avaient peut-être déjà introduit la culture dans la région voisine du Danube. Cependant j'ai noté tout à l'heure que les restes des lacustres de Laybach et Mondsee n'ont indiqué aucun Lin. Dans les derniers siècles avant l'ère chrétienne, les Romains tiraient de très beau Lin d'Espagne; cependant les noms de la plante dans ce pays ne font pas présumer que les Phéniciens en aient été les introducteurs. Il n'existe pas en Europe un nom oriental du Lin, venant ou de l'antiquité ou du moyen âge. Le nom arabe *Kattan*, *Kettane* ou *Kittane*, d'origine persane [2], s'est propagé vers l'ouest seulement jusqu'aux Kabiles d'Algérie [3].

L'ensemble des faits et des probabilités me paraît conduire à quatre propositions, acceptables jusqu'à nouvelles découvertes :

1. Le *Linum angustifolium*, ordinairement vivace, rarement bisannuel ou annuel, spontané depuis les îles Canaries jusqu'à la Palestine et au Caucase, a été cultivé en Suisse et dans le nord de l'Italie par des populations plus anciennes que les conquérants de race aryenne. Sa culture a été remplacée par celle du lin annuel.

2. Le Lin annuel (*L. usitatissimum*), cultivé depuis 4 ou 5000 ans au moins dans la Mésopotamie, l'Assyrie et l'Égypte était spontané et l'est encore dans des localités comprises entre le golfe Persique, la mer Caspienne et la mer Noire.

3. Ce Lin annuel paraît avoir été introduit dans le nord de l'Europe par les Finnois (de race touranienne) ; ensuite dans le reste de l'Europe par les Aryens occidentaux, et peut-être, çà et là, par les Phéniciens; enfin dans la péninsule indienne par les Aryens orientaux, après leur séparation des occidentaux.

4. Ces deux formes principales ou états du Lin existent dans les cultures et sont probablement spontanées dans leurs localités actuelles depuis au moins 5000 ans. Il n'est pas possible de deviner leur état antérieur. Leurs transitions et variations sont si nombreuses qu'on peut les considérer comme une espèce, pourvue de deux ou trois races ou variétés héréditaires, ayant elles-mêmes des sous-variétés.

**Jute.** — *Corchorus capsularis* et *Corchorus olitorius*, Linné.

Les fils de Jute, qu'on importe en grande quantité depuis quelques années, surtout en Angleterre, se tirent de la tige de ces deux Corchorus, plantes annuelles de la famille des Tiliacées. On emploie aussi leurs feuilles comme légume.

1. Les textes grecs sont cités surtout dans Lenz, *Botanik der Alten Griechen und Rœmer*, p. 672; Hehn, *Culturpflanzen und Hausthiere*, ed. 3, p. 144.
2. Ad. Pictet, *l. c.*
3. *Dictionnaire français-berbère*, 1 vol. in-8°, 1844.

Le *C. capsularis* a un fruit presque sphérique, déprimé au sommet et bordé de côtes longitudinales. On peut en voir une bonne figure coloriée dans l'ouvrage de Jacquin fils, *Eclogæ*, pl. 119. Le *C. olitorius*, au contraire, a un fruit allongé, comme une silique de crucifère. Il est figuré dans le *Botanical magazine*, t. 2810, et dans Lamarck, *Illustr.*, t. 478.

Les espèces du genre sont distribuées assez également dans les régions chaudes d'Asie, d'Afrique et d'Amérique ; par conséquent, l'origine de chacune ne peut pas être présumée. Il faut la chercher dans les flores et les herbiers, en s'aidant de données historiques ou autres.

Le *Corchorus capsularis* est cultivé fréquemment dans les îles de la Sonde, à Ceylan, dans la péninsule indienne, au Bengale, dans la Chine méridionale, aux îles Philippines [1] ; en général dans l'Asie méridionale. Forster n'en parle pas dans son volume sur les plantes usitées par les habitants des îles de la mer Pacifique, d'où l'on peut inférer que, lors du voyage de Cook, il y a un siècle, la culture ne s'en était pas répandue dans cette direction. On peut même soupçonner, d'après cela, qu'elle ne date pas d'une époque très reculée dans les îles de l'archipel Indien.

Blume dit que le *Corchorus capsularis* croît dans les terrains marécageux de Java, près de Parang [2], et je possède deux échantillons de Java qui ne sont pas donnés pour cultivés [3]. Thwaites l'indique à Ceylan comme « très commun » [4]. Sur le continent indien, les auteurs en parlent plutôt comme d'une espèce cultivée au Bengale et en Chine. Wight, qui a donné une bonne figure de la plante, n'indique aucun lieu de naissance. Edgeworth [5], qui a vu de près la flore du district de Banda, indique « les champs ». Dans la flore de l'Inde anglaise, M. Masters, qui a rédigé l'article des Tiliacées, d'après les herbiers de Kew, s'exprime ainsi : « Dans les parties les plus chaudes de l'Inde; cultivé dans la plupart des pays tropicaux [6]. » J'ai un échantillon du Bengale qui n'est pas donné pour cultivé. Loureiro dit : « sauvage, et cultivé dans la province de Canton en Chine [7], » ce qui signifie probablement sauvage en Cochinchine et cultivé dans la province de Canton. Au Japon, la plante croît dans les terrains cultivés [8]. En somme, je ne suis pas persuadé que l'espèce existe, à l'état vraiment spontané, au nord de Calcutta. Elle s'y est peut-être semée çà et là par suite des cultures.

1. Rumphius, *Amboin.*, vol. 5, p. 212; Roxburgh, *Fl. indica*, 2, p. 581; Loureiro, *Fl. cochinch.*, 1, p. 408, etc., etc.
2. Blume, *Bijdragen*, 1, p. 110.
3. Zollinger, n$^{os}$ 1698 et 2761.
4. Thwaites, *Enum. Zeylan.*, p. 31.
5. Edgeworth, *Linnæan Soc. journ.*, IX.
6. Masters, dans Hooker, *Fl. ind.*, 1, p. 397.
7. Loureiro, *Fl. cochinch.*, 1, p. 408.
8. Franchet et Savatier, *Enum.*, 1, p. 66.

Le *C. capsularis* a été introduit dans divers pays intertropicaux d'Afrique ou même d'Amérique, mais il n'est cultivé en grand, pour la production des fils de jute, que dans l'Asie méridionale, surtout au Bengale.

Le *Corchorus olitorius* est plus usité comme légume que pour les fibres. Hors d'Asie, il est employé uniquement pour les feuilles. C'est une des plantes potagères les plus communes des Egyptiens et Syriens modernes, qui la nomment en arabe *Melokych*, mais il n'est pas probable que les anciens en aient eu connaissance, car on ne cite aucun nom hébreu [1]. Les habitants actuels de la Crète la cultivent sous le nom de *Mouchlia* [2], évidemment tiré de l'arabe, et les anciens Grecs ne la connaissaient pas.

D'après les auteurs [3], ce Corchorus est spontané dans plusieurs provinces de l'Inde anglaise. Thwaites dit qu'il est commun dans les parties chaudes de Ceylan, mais à Java Blume l'indique seulement dans les décombres (in ruderatis). Je ne le vois pas mentionné en Cochinchine et au Japon. M. Boissier (*Fl. or.*) a vu des échantillons de Mésopotamie, de l'Afghanistan, de Syrie et d'Anatolie, mais il donne pour indication générale : « Culta et in ruderatis subspontanea. » On ne connaît pas de nom sanscrit pour les deux Corchorus cultivés [4].

Quant à l'indigénat en Afrique, M. Masters, dans Oliver, *Flora of tropical Africa* (1, p. 262), s'exprime ainsi : « Sauvage, ou cultivé comme légume dans toute l'Afrique tropicale. » Il rapporte à la même espèce deux plantes de Guinée que G. Don avait décrites comme différentes et sur la spontanéité desquelles il ne savait probablement rien. J'ai un échantillon du Cordofan recueilli par Kotschy, nº 45, « au bord des champs de Sorgho. ». Le seul auteur, à ma connaissance, qui affirme la spontanéité est Peters. Il a trouvé le *C. olitorius* « dans les endroits secs et aussi dans les prés aux environs de Sena et de Tette. » Schweinfurth ne l'indique dans toute la région du Nil que comme cultivé [5]. Il en est de même dans la flore de Sénégambie de Guillemin, Perrotet et Richard.

En résumé, le *C. olitorius* paraît spontané dans les régions d'une chaleur modérée de l'Inde occidentale, du Cordofan et probablement de quelques pays intermédiaires. Il se serait répandu du côté de Timor et jusque dans l'Australie septentrionale (Bentham, *Fl. austr.*), en Afrique et vers l'Anatolie à la suite d'une culture qui ne date peut-être pas de plus loin que l'ère chrétienne, même dans son point d'origine.

Malgré ce qu'on répète dans beaucoup d'ouvrages, la culture de

1. Rosenmüller, *Bibl. Naturgeschichte.*
2. Von Heldreich, *Die Nutzpflanzen Griechenlands*, p. 53.
3. Masters, dans Hooker, *Fl. brit. India*, 1, p. 397; Aitchison, *Catal. Punjab*, p. 23; Roxburgh, *Fl. ind.*, 2, p. 581.
4. Piddington, *Index.*
5. Schweinfurth, *Beiträge z. Fl. Æthiop.*, p. 264.

cette plante est rarement indiquée en Amérique. Je note cependant que, d'après Grisebach [1], elle a amené à la Jamaïque une naturalisation hors des jardins, comme cela se présente souvent pour les plantes annuelles cultivées.

**Sumac.** — *Rhus Coriaria*, Linné.

On cultive cet arbuste en Espagne et en Italie [2], pour faire sécher les jeunes branches, avec les feuilles, et en faire une poudre, qui se vend aux tanneurs. J'en ai vu naguère une plantation en Sicile, dont les produits s'exportaient en Amérique. Comme les écorces de chêne deviennent plus rares et qu'on recherche beaucoup les matières tannantes, il est probable que cette culture s'étendra; d'autant plus qu'elle convient aux localités sèches et stériles. En Algérie, en Australie, au Cap, dans la république Argentine, ce serait peut-être une introduction à essayer [3].

Les anciens se servaient des fruits comme assaisonnement, un peu acide, de leurs mets, et l'usage s'en est conservé çà et là; mais je ne vois pas de preuve qu'ils aient cultivé l'espèce.

Elle croît spontanément aux Canaries et à Madère, dans la région de la mer Méditerranée et de la mer Noire, de préférence sur les rocailles et dans les terrains desséchés. En Asie, son habitation s'étend jusqu'au midi du Caucase, à la mer Caspienne et la Perse [4]. L'espèce est assez commune pour qu'on ait commencé à l'employer avant de la cultiver.

*Sumach* est le nom persan et tartare [5], *Rous*, *Rhus* (prononcez *Rhous*) l'ancien nom chez les Grecs et les Romains [6]. Une preuve de la persistance de certains noms vulgaires est qu'en français on dit le *Roux* ou *Roure* des corroyeurs.

**Cat.** — *Catha edulis*, Forskal. — *Celastrus edulis*, Vahl.

Cet arbuste, de la famille des Célastracées, est cultivé beaucoup en Abyssinie, sous le nom de *Tchut* ou *Tchat*, et dans l'Arabie Heureuse sous celui de *Cat* ou *Gat*. On mâche ses feuilles, à l'état frais, comme celles du Coca en Amérique. Elles ont les mêmes propriétés excitantes et fortifiantes. Celles des pieds non cultivés ont un goût plus fort et peuvent même enivrer. Botta a vu dans le Yemen des cultures de Cat aussi impor-

1. Grisebach, *Flora of british India*, p. 97.
2. Bosc, *Dictionn. d'agric.*, au mot Sumac.
3. Les conditions et procédés de culture du Sumac ont fait l'objet d'un mémoire important de M. Inzenga, traduit dans le *Bulletin de la Société d'acclimatation* de février 1877. Dans les *Transactions of the bot. Soc. of Edinburgh*, 9, p. 341, on peut voir l'extrait d'un premier mémoire de l'auteur sur le même sujet.
4. Ledebour, *Fl. ross.*, 1, p. 509; Boissier, *Fl. orient.*, 2, p. 4.
5. Nemnich, *Polygl. Lexicon*, 2, p. 1156; Ainslie, *Mat. med. ind.*, 1, p. 414.
6. Fraas, *Syn. fl. class.*, p. 85.

tantes que celles du café, et il note qu'un cheikh obligé de recevoir poliment beaucoup de visiteurs achetait pour 100 francs de feuilles par jour [1]. En Abyssinie, on emploie aussi les feuilles en infusion comme une sorte de thé [2]. Malgré la passion avec laquelle on recherche les excitants, cette espèce ne s'est pas répandue dans les pays voisins où elle réussirait, comme le Belouchistan, l'Inde méridionale, etc.

Le Catha est spontané en Abyssinie [3]. On ne l'a pas encore trouvé tel en Arabie. Il est vrai que l'intérieur du pays est à peu près inconnu aux botanistes. Les pieds non cultivés dont parle Botta sont-ils spontanés et aborigènes, ou échappés des cultures et plus ou moins naturalisés? C'est ce qu'on ne peut dire d'après son récit. Peut-être le Catha a-t-il été introduit d'Abyssinie avec le caféier, qu'on n'a pas vu davantage spontané en Arabie.

**Maté.** — *Ilex paraguariensis*, Saint-Hilaire.

Les habitants du Brésil et du Paraguay font usage, depuis un temps immémorial, des feuilles de cet arbuste, comme les Chinois de celles du thé. Ils les récoltent surtout dans les forêts humides de l'intérieur, entre les 20e et 30e degrés de latitude sud, et le commerce les transporte séchées, à de grandes distances, dans la plus grande partie de l'Amérique méridionale. Ces feuilles renferment, avec de l'arome et du tannin, un principe analogue à celui du thé et du café; cependant on ne les aime guère, dans les pays où le thé de Chine est répandu. Les plantations de Maté ne sont pas encore aussi importantes que l'exploitation des arbustes sauvages, mais elles pourront augmenter à mesure que la population augmentera. D'ailleurs la préparation est plus facile que celle du thé, parce qu'on ne roule pas les feuilles.

Des figures et descriptions de l'espèce, avec de nombreux détails sur son emploi et ses propriétés, se trouvent dans les ouvrages de Saint-Hilaire, sir W. J. Hooker et de Martius [4].

**Coca.** — *Erythroxylon Coca*, Lamarck.

Les indigènes du Pérou et des provinces voisines, du moins dans les parties chaudes et humides, cultivent cet arbuste, dont ils mâchent les feuilles, comme on fait dans l'Inde pour le Bétel. L'usage en est très ancien. Il s'était répandu même dans

1. Forskal, *Flora ægypto-arab.*, p. 65; Richard, *Tentamen fl. abyss.*, 1, p. 134, t. 30; Botta, *Archives du Muséum*, 2, p. 73.
2. Hochstetter, dans *Flora*, 1841, p. 663.
3. Schweinfurth et Ascherson, *Aufzählung*, p. 263; Oliver, *Flora of tropical Africa*, 1, p. 364.
4. Aug. de Saint-Hilaire, *Mém. du Muséum*, 9, p. 351, *Ann. sc. nat.*, 3e série, 14, p. 52; Hooker, *London journal of botany*, 1, p. 34; de Martius, *Flora brasiliensis*, vol. II, part. 1, p. 119.

les régions élevées, où l'espèce ne peut pas vivre. Depuis qu'on a su extraire la partie essentielle du Coca et qu'on a reconnu ses avantages comme tonique, propre à faire supporter des fatigues sans avoir les inconvénients des boissons alcooliques, il est probable qu'on essayera d'en répandre la culture, soit en Amérique, soit ailleurs. Ce sera, par exemple, dans la Guyane, l'archipel Indien ou les vallées de Sikkim et Assam, dans l'Inde, car il faut de l'humidité dans l'air et de la chaleur. La gelée surtout est nuisible à l'espèce. Les meilleures localités sont sur les pentes de collines, où l'eau ne séjourne pas. Une tentative faite autour de Lima n'a pas réussi, à cause de la rareté des pluies et peut-être d'une chaleur insuffisante [1].

Je ne répéterai pas ici ce qu'on peut trouver dans plusieurs excellentes publications sur le Coca [2]; je dirai seulement que la patrie primitive de l'espèce, en Amérique, n'est pas encore suffisamment certaine. Le Dr Gosse a constaté que les anciens auteurs, tels que Joseph de Jussieu, de Lamarck et Cavanilles, n'avaient vu que des échantillons cultivés. Mathews en avait récolté au Pérou dans le ravin (quebrada) de Chinchao [3], ce qui paraît devoir être une localité hors des cultures. On cite aussi comme spontanés des échantillons de Cuchero, rapportés par Poeppig [4]; mais le voyageur lui-même n'était pas assuré de la condition spontanée [5]. D'Orbigny pense avoir vu le Coca sauvage sur un coteau de la Bolivie orientale [6]. Enfin M. André a eu l'obligeance de me communiquer les Erythroxylon de son herbier, et j'ai reconnu le Coca dans plusieurs échantillons de la vallée de la rivière Cauca, dans la Nouvelle-Grenade, portant l'indication : *en abondance, spontané ou subspontané*. M. Triana cependant ne reconnaît pas l'espèce comme spontanée dans son pays, la Nouvelle-Grenade [7]. L'extrême importance au Pérou, sous le régime des Incas, comparée à la rareté de l'emploi à la Nouvelle-Grenade, fait penser que les localités de ce dernier pays sont en effet des cultures, et que l'espèce est originaire seulement de la partie orientale du Pérou et de la Bolivie, conformément aux indications de divers voyageurs susnommés.

**Indigotier des teinturiers.** — *Indigofera tinctoria*, Linné.

Il a un nom sanscrit, *Nili* [8]. Le nom latin *Indicum* montre que les Romains connaissaient l'indigo pour une substance

1. Martinet, dans le *Bull. de la Soc. d'acclimatation*, 1874, p. 449.
2. En particulier dans le résumé très bien fait du Dr Gosse, intitulé : *Monographie de l'Erythroxylon Coca*, br. in-8°, 1861 (tirée à part des *Mém. de l'Acad. de Bruxelles*, vol. 12).
3. Hooker, *Companion to the Bot. mag.*, 2, p. 25.
4. Peyritsch, dans *Flora brasil.*, fasc. 81, p. 156.
5. Hooker, *l. c.*
6. Gosse, *Monogr.*, p. 12.
7. Triana et Planchon, dans *Ann. sc. nat.*, sér. 4, vol. 18, p. 338.
8. Roxburgh, *Flora indica*, 3, p. 379.

venant de l'Inde. Quant à la qualité spontanée de la plante, Roxburgh dit : « Lieu natal inconnu, car, quoique commune maintenant à l'état sauvage dans la plupart des provinces de l'Inde, elle n'est pas éloignée ordinairement des endroits où elle est cultivée actuellement ou l'a été. » Wight et Royle, qui ont publié des figures de l'espèce, n'apprennent rien à cet égard, et les flores plus récentes de l'Inde mentionnent la plante comme cultivée [1]. Plusieurs autres Indigofera sont spontanés dans l'Inde.

On a trouvé celui-ci dans les sables du Sénégal [2], mais il n'est pas indiqué dans d'autres localités africaines, et il est souvent cultivé au Sénégal, ce qui me fait présumer une naturalisation. L'existence d'un nom sanscrit rend l'origine asiatique assez probable.

**Indigotier argenté.** — *Indigofera argentea*, Linné.

Celui-ci est décidément spontané en Abyssinie, Nubie, Kordofan et Sennaar [3]. On le cultive en Egypte et en Arabie. D'après cela, on pourrait croire que c'est l'espèce dont les anciens Egyptiens tiraient une couleur bleue [4], mais ils faisaient peut-être venir l'indigo de l'Inde, car la culture en Egypte ne remonte probablement pas au delà du moyen âge [5].

Une forme un peu différente que Roxburgh désignait comme espèce (Indigofera cærulea), et qui paraît plutôt une variété, est sauvage dans les plaines de la péninsule indienne et du Belouchistan.

**Indigotiers d'Amérique.**

Il existe probablement un ou deux Indigofera originaires d'Amérique, mais mal définis, souvent mélangés dans les cultures avec les espèces de l'ancien monde et naturalisés hors des cultures. La synonymie en est trop incertaine pour que j'ose faire quelque recherche sur leur patrie. Quelques auteurs ont pensé que l'*I. Anil* de Linné était une de ces espèces. Linné dit cependant que sa plante était de l'Inde (Mantissa, p. 273). La teinture bleue des anciens Mexicains était tirée d'un végétal bien différent des Indigofera, d'après ce que raconte Hernandez [6].

**Henné.** — *Lawsonia alba*, Lamarck (*Lawsonia inermis* et *L. spinosa* de divers auteurs).

L'usage des femmes de l'Orient de se teindre les ongles en

1. Wight, *Icones*, t. 365; Royle, *Ill. Himal*, t. 195; Baker, dans *Flora of british India*, 2, p. 98; Brandis, *Forest flora*, p. 136.
2. Guillemin, Perrottet et Richard, *Floræ Seneg. tentamen*, p. 178.
3. Richard, *Tentamen fl. abyss.*, 1, 184; Oliver, *Fl. of trop. Africa*, 2, p. 97; Schweinfurth et Ascherson, *Aufzählung*, p. 256.
4. Unger, *Pflanzen d. alten Ægyptens*, p. 66; Pickering, *Chronol. arrang.* p. 443.
5. Reynier, *Economie des Juifs*, p. 439; *des Egyptiens*, p. 354.
6. Hernandez, *Thes.*, p. 108.

rouge avec le suc tiré des feuilles du Henné remonte à une grande antiquité. La preuve en est dans les anciennes peintures et momies égyptiennes.

Il est difficile de savoir quand et dans quel pays on a commencé à cultiver l'espèce pour subvenir aux nécessités de cette mode aussi ridicule que persistante, mais cela peut remonter à une époque très ancienne, puisque les habitants de Babylone, de Ninive et des villes d'Egypte avaient des jardins. Les érudits pourront constater si l'usage de teindre les ongles a commencé en Egypte sous telle ou telle dynastie, avant ou après certaines communications avec les peuples orientaux. Il suffit, pour notre but, de savoir que le *Lawsonia*, arbuste de la famille des Lythracées, est plus ou moins spontané dans les régions chaudes de l'Asie occidentale et de l'Afrique, au nord de l'équateur.

J'en possède des échantillons venant de l'Inde, de Java, de Timor, même de Chine [1] et de Nubie, qu'on ne dit pas recueillis sur des pieds cultivés, et d'autres échantillons de la Guyane et des Antilles, qui proviennent sans doute d'importations de l'espèce. Stoks l'a trouvé indigène dans le Belouchistan [2]. Roxburgh le regardait aussi comme spontané sur la côte de Coromandel [3], et Thwaites [4] l'indique pour Ceylan d'une manière qui fait supposer une espèce spontanée. M. Clarke [5] la dit « très commune et cultivée dans l'Inde, peut-être sauvage dans la partie orientale ». Il est possible qu'elle se soit répandue dans l'Inde, hors de la patrie primitive, comme cela est arrivé au XVIIe siècle à Amboine [6] et plus récemment peut-être aux Antilles [7], à la suite de cultures, car la plante est recherchée pour le parfum de ses fleurs, outre la teinture, et se propage beaucoup par ses graines. Les mêmes doutes s'élèvent sur l'indigénat en Perse, en Arabie, en Egypte (pays essentiellement cultivé), en Nubie et jusqu'en Guinée, où des échantillons ont été recueillis [8]. Il n'est pas fort improbable que l'habitation de cet arbuste s'étendît de l'Inde à la Nubie ; cependant c'est toujours un cas assez rare qu'une telle distribution géographique. Voyons si les noms vulgaires indiquent quelque chose.

On attribue à l'espèce un nom sanscrit, *Sakachera* [9]; mais, comme il n'a laissé aucune trace dans les divers noms des langues modernes de l'Inde, je doute un peu de sa réalité. Le nom persan *Hanna* s'est répandu et conservé plus que les autres (*Hina* des Indous, *Henneh* et *Alhenna* des Arabes, *Kinna* des

1. Fortune, n° 32.
2. Aitchison, *Catal. of Punjab, etc.*, p. 60; Boissier, *Fl. or.*, 2, p. 744.
3. Roxburgh, *Fl. ind.*, 2, p. 258.
4. Thwaites, *Enum. Ceyl.*, p. 122.
5. Clarke, dans Hooker, *Fl. brit. India*, 2, p. 573.
6. Rumphius, *Amb.*, 4, p. 42.
7. Grisebach, *Fl. brit. W. Ind.*, 1, p. 271.
8. Oliver, *Fl. of trop. Africa*, 2, p. 483.
9. Piddington, *Index to plants of India*.

Grecs modernes). Celui de *Cypros*, usité par les Syriens du temps de Dioscoride [1], n'a pas eu la même faveur. Ce détail vient à l'appui de l'opinion que l'espèce était originairement sur les confins de la Perse et de l'Inde, ou en Perse, et que l'usage, ainsi que la culture, ont avancé jadis de l'est à l'ouest, d'Asie en Afrique.

**Tabac.** — *Nicotiana Tabacum*, Linné, et autres *Nicotiana*.

A l'époque de la découverte de l'Amérique, l'usage de fumer, de priser ou chiquer était répandu dans la plus grande partie de ce vaste continent. Les récits des premiers voyageurs, recueillis d'une manière très complète par le célèbre anatomiste Tiedemann [2], montrent que dans l'Amérique méridionale on ne fumait pas, mais on prisait ou chiquait, excepté dans la région de la Plata, de l'Uruguay et du Paraguay, où le Tabac n'était employé d'aucune manière. Dans l'Amérique du Nord, depuis l'isthme de Panama et les Antilles jusqu'au Canada et en Californie, l'usage de fumer était général, avec des circonstances qui indiquent une grande ancienneté. Ainsi on a trouvé des pipes dans les tombeaux des Atztecs au Mexique [3] et dans les tertres (*mounds*) des Etats-Unis. Elles y sont en grand nombre et d'un travail extraordinaire. Quelques-unes représentent des animaux étrangers à l'Amérique du Nord [4].

Comme les Tabacs sont des plantes annuelles, qui donnent une immense quantité de graines, il était aisé de les semer et de les cultiver ou de les naturaliser plus ou moins dans le voisinage des habitations, mais il faut remarquer qu'on employait des espèces différentes du genre Nicotiana, dans diverses régions de l'Amérique, ce qui indique des origines différentes.

Le *Nicotiana Tabacum*, ordinairement cultivé, était l'espèce la plus répandue et quelquefois la seule usitée dans l'Amérique méridionale et aux Antilles. Ce sont les Espanols qui ont introduit l'usage du tabac dans la Plata, l'Uruguay et le Paraguay [5]; par conséquent il faut chercher l'orgine de la plante plus au nord. De Martius ne pensait pas qu'elle fût indigène au Brésil [6], et il ajoute que les anciens Brésiliens fumaient les feuilles d'une espèce de leur pays appelée par les botanistes *Nicotiana Langsdorffii*. Lorsque j'ai examiné la question d'origine en 1855 [7],

1. Dioscorides, 1, cap. 124; Lenz, *Bot. d. Alterk.*, p. 177.
2. Tiedemann, *Geschichte des Tabacks* in-8°, 1854. Pour le Brésil, voir Martius, *Beiträge zur Ethnographie und Sprachkunde Amerikas*, 1, p. 719.
3. Tiedemann, p. 17, pl. 1.
4. Les dessins de ces pipes sont reproduits dans l'ouvrage récent de M. de Nadaillac, *Les premiers hommes et les temps préhistoriques*, vol. 2, p. 45 et 48.
5. Tiedemann, p. 38, 39.
6. Martius, *Syst. mat. med. bras.*, p. 120; *Fl. bras.*, vol. X, p. 191.
7. A. de Candolle, *Géogr. bot. raisonnée*, p. 849.

je n'avais pu connaître d'autres échantillons de *N. Tabacum* paraissant spontanés que ceux envoyés par Blanchet, de la province de Bahia, sous le n° 3223, a. Aucun auteur, avant ou après cette époque, n'a été plus heureux, et je vois que MM. Flückiger et Hanbury, dans leur excellent ouvrage sur les drogues d'origine végétale [1], disent positivement : « Le tabac commun est originaire du nouveau monde, et cependant on ne l'y trouve pas aujourd'hui à l'état sauvage. » J'oserai contredire cette assertion, quoique la qualité de plante spontanée soit toujours contestable quand il s'agit d'une espèce aussi facile à répandre hors des plantations.

Je dirai d'abord qu'on rencontre dans les herbiers beaucoup d'échantillons récoltés au Pérou, sans indication qu'ils fussent cultivés ou voisins des cultures. L'herbier de M. Boissier en contient deux, de Pavon, venant de localités différentes [2]. Pavon dit dans sa flore (vol. 2, p. 16) que l'espèce croît dans les forêts humides et chaudes des Andes péruviennes, et qu'on la cultive. Mais, ce qui est plus significatif, M. Edouard André a recueilli dans la république de l'Équateur, à Saint-Nicolas, sur la pente occidentale du volcan Corazon, dans une forêt vierge, loin de toute habitation, des échantillons, qu'il a bien voulu me communiquer et qui sont évidemment le *N. Tabacum* à taille élevée (2 à 3 mètres) et à feuilles supérieures étroites, longuement acuminées, comme on les voit dans les planches de Hayne et de Miller [3]. Les feuilles inférieures manquent. La fleur, qui donne les vrais caractères de l'espèce, est certainement du *N. Tabacum*, et il est bien connu que cette plante varie dans les cultures sous le rapport de la taille et de la largeur des feuilles [4].

La patrie primitive s'étendait-elle au nord jusqu'au Mexique, au midi vers la Bolivie, à l'est dans le Venezuela? C'est très possible.

Le *Nicotiania rustica*, Linné, espèce à fleurs jaunâtres, très différente du Tabacum [5], et qui donne un tabac grossier, était plus souvent cultivé chez les anciens Mexicains et les indigènes au nord du Mexique. Je possède un échantillon rapporté de Californie par Douglas, en 1839, époque à laquelle les colons étaient encore rares, mais les auteurs américains n'admettent

1. Flückiger et Hanbury, *Histoire des drogues d'origine végétale*, traduction en français, 1878, vol. 2, p. 150.

2. L'un d'eux est classé sous le nom de *Nicot. fruticosa*, qui, selon moi, est la même espèce, à taille élevée, mais non ligneuse, comme le nom le ferait croire. Le *N. auriculata* Bertero est aussi le *Tabacum*, d'après mes échantillons authentiques.

3. Hayne, *Arzneikunde Gewachse*, vol. 12, t. 41; Miller, *Gardener's dict.*, figures, t. 186, f. 1.

4. La capsule est tantôt plus courte que le calice et tantôt plus longue, sur le *même individu*, dans les échantillons de M. André.

5. Voir les figures de *N. rustica* dans Plée, *Types de familles naturelles de France*, *Solanées;* Bulliard, *Herbier de France*, t. 289.

pas la plante comme spontanée, et le Dr Asa Gray dit qu'elle se sème dans les terrains vagues [1]. C'est peut-être ce qui était arrivé pour des échantillons de l'herbier Boissier, que Pavon a récoltés au Pérou et dont il ne parle pas dans la flore péruvienne. L'espèce croît abondamment autour de Cordova, dans la république Argentine [2], mais on ignore depuis quelle époque. D'après l'emploi ancien de la plante et la patrie des espèces les plus analogues, les probabilités sont en faveur d'une origine du Mexique, du Texas ou de Californie.

Plusieurs botanistes, même des Américains, ont cru l'espèce de l'ancien monde. C'est bien certainement une erreur, quoique la plante se répande çà et là, même dans nos forêts et quelquefois en abondance [3], à la suite des cultures. Les auteurs du XVIe siècle en ont parlé comme d'une plante étrangère, introduite dans les jardins et qui en sortait quelquefois [4]. On la trouve dans quelques herbiers sous les noms de *N. tatarica*, *turcica* ou *sibirica*, mais il s'agit d'échantillons cultivés dans les jardins, et aucun botaniste n'a rencontré l'espèce en Asie ou sur les confins de l'Asie, avec l'apparence qu'elle fût spontanée.

Ceci me conduit à réfuter une erreur plus générale et plus tenace, malgré ce que j'ai démontré en 1855, celle de considérer quelques espèces mal décrites d'après des échantillons cultivés, comme originaires de l'ancien monde, en particulier d'Asie. Les preuves de l'origine américaine sont devenues si nombreuses et si bien concordantes que, sans entrer dans beaucoup de détails, je puis les résumer de la manière suivante :

A. Sur une cinquantaine d'espèces du genre Nicotiana trouvées à l'état sauvage, deux seulement sont étrangères à l'Amérique, savoir : 1° le *N. suaveolens*, de la Nouvelle-Hollande, auquel on réunit maintenant le *N. rotundifolia* du même pays, et celui que Ventenat avait appelé par erreur *N. undulata;* 2° le *N. fragrans* Hooker (*Bot. mag.*, t. 4865), de l'île des Pins, près de la Nouvelle-Calédonie, qui diffère bien peu du précédent.

B. Quoique les peuples asiatiques soient très amateurs de tabac et que dès une époque reculée ils aient recherché la fumée de certaines plantes narcotiques, aucun d'eux n'a employé le Tabac antérieurement à la découverte de l'Amérique. Tiedemann l'a très bien démontré par des recherches approfondies dans les écrits des voyageurs du moyen âge [5]. Il cite même pour une époque moins ancienne et qui a suivi de près la découverte de l'Amérique, celle de 1540 à 1603, plusieurs voyageurs dont quelques-

1. Asa Gray, *Synoptical flora of N. A.* (1878), p. 241.
2. Martin de Moussy, *Descript. de la rép. Argentine*, 1, p. 196.
3. Bulliard, *l. c.*
4. Cæsalpinus, lib. VIII, cap. 44; Bauhin, *Hist.*, 3, p. 630.
5. Tiedemann, *Geschichte des Tabaks* (1854), p. 208. Deux ans auparavant, Volz, *Beiträge zur Culturgeschichte*, avait réuni déjà un très grand nombre de faits sur l'introduction du Tabac dans divers pays.

uns étaient des botanistes, tels que Belon et Rauwolf, qui ont parcouru l'empire turc et la Perse, observant les coutumes avec beaucoup d'attention, et qui n'ont pas mentionné une seule fois le Tabac. Evidemment il s'est introduit en Turquie au commencement du XVIIe siècle, et les Persans l'ont reçu très vite par les Turcs. Le premier Européen qui ait dit avoir vu fumer en Perse est Thomas Herbert, en 1626. Aucun des voyageurs suivants n'a oublié de mentionner l'usage du *narguilé* comme bien établi. Olearius décrit cet appareil, qu'il avait vu en 1633. La première mention du Tabac dans l'Inde est de 1605 [1], et il est probable que l'introduction en est venue par les Européens. Elle commençait à Arracan et au Pégu en 1619, d'après le voyageur Methold [2]. Il s'est élevé quelques doutes à l'égard de Java, parce que Rumphius, observateur très exact, qui écrivait dans la seconde moitié du XVIIe siècle, a dit [3] que, selon la tradition de quelques vieillards, le tabac était employé comme médicament avant l'arrivée des Portugais en 1511, et que l'usage de fumer avait seul été communiqué par les Européens. Rumphius ajoute, il est vrai, que le nom *Tabaco* ou *Tambuco*, répandu dans toutes les localités, est d'origine étrangère. Sir Stamford Raffles [4], à la suite de nombreuses recherches historiques sur Java, donne au contraire l'année 1601 pour la date de l'introduction du tabac à Java. Les Portugais avaient bien découvert les côtes du Brésil de 1500 à 1504; mais Vasco de Gama et ses successeurs allaient en Asie par le Cap ou la mer Rouge, de sorte qu'ils ne devaient guère établir des communications fréquentes ou directes entre l'Amérique et Java. Nicot avait vu la plante en Portugal en 1560; ainsi les Portugais l'ont portée en Asie probablement dans la seconde moitié du XVIe siècle. Thunberg affirme [5] que l'usage du Tabac a été introduit au Japon par les Portugais, et, d'après d'anciens voyageurs que cite Tiedemann, c'était au commencement du XVIIe siècle. Enfin les Chinois n'ont aucun signe original et ancien pour indiquer le Tabac; leurs dessins sur porcelaines, dans la collection de Dresde, montrent fréquemment depuis l'année 1700 et jamais auparavant des détails relatifs au Tabac [6]; enfin les sinologues s'accordent à dire que les ouvrages chinois ne mentionnent pas cette plante avant la fin du XVIe siècle [7]. Si l'on fait attention à la rapidité avec laquelle l'usage du tabac s'est répandu partout où il a été introduit, ces renseignements sur l'Asie ont une force incontestable.

1. D'après un auteur anonyme indien, cité par Tiedemann, p. 229.
2. Tiedemann, p. 234.
3. Rumphius, *Herb. Amboin.*, 5, p. 225.
4. Raffles, *Description of Java*, p. 85.
5. Thunberg, *Flora japonica*, p. 91.
6. Klemm, cité dans Tiedemann, p. 236.
7. Stanislas Julien, dans de Candolle, *Géographie bot. rais.*, p. 851; Bretschneider, *Study and value of chinese botanical works*, p. 17.

C. Les noms vulgaires du Tabac confirment une origine américaine. S'il y avait eu des espèces indigènes dans l'ancien monde, il existerait une infinité de noms différents; mais au contraire les noms chinois, japonais, javanais, indiens, persans, etc., dérivent des noms américains *Petum*, ou *Tabak*, *Tabok*, *Tamboc*, légèrement modifiés. Piddington, il est vrai, cite des noms sanscrits, *Dhumrapatra* et *Tamrakouta* [1]; mais je tiens d'Adolphe Pictet que le premier de ces noms, qui n'est pas dans le dictionnaire de Wilson, signifie feuille à fumer et paraît d'une composition moderne, tandis que le second n'est probablement pas plus ancien et semble quelque modification moderne des noms américains. Le mot arabe *Docchan* veut dire simplement fumée [2].

Enfin nous devons chercher ce que signifient deux *Nicotiana* qu'on prétend asiatiques. L'une, appelée par Lehmann *Nicotiana chinensis*, venait du botaniste russe Fischer, qui la disait de Chine. Lehmann l'avait vue dans un jardin; or on sait à quel point les origines des plantes cultivées par les horticulteurs sont fréquemment erronées, et d'ailleurs, d'après la description, il semble que c'était simplement le *N. Tabacum*, dont on avait reçu des graines, peut-être de Chine [3]. La seconde espèce est le *N. persica*, de Lindley, figurée sans le *Botanical register* (pl. 1592), dont les graines avaient été envoyées d'Ispahan à la Société d'horticulture de Londres comme celles du meilleur Tabac cultivé en Perse, celui de Schiraz. Lindley ne s'est pas aperçu que c'était exactement le *N. alata*, figuré trois ans auparavant par Link et Otto [4] d'après une plante du jardin de Berlin. Celle-ci venait de graines du Brésil méridional, envoyées par Sello. C'est une espèce certainement brésilienne, à corolle blanche, fort allongée, voisine du *N. suaveolens* de la Nouvelle-Hollande. Ainsi le Tabac cultivé quelquefois en Perse, concurremment avec l'ordinaire et qu'on a dit supérieur pour le parfum, est d'origine américaine, comme je l'avais prévu dans ma *Géographie botanique* en 1855. Je ne m'explique pas comment cette espèce a été introduite en Perse. Ce doit être par des graines tirées d'un jardin ou venues, par hasard, d'Amérique, et il n'est pas probable que la culture en soit habituelle en Perse, car Olivier et Bruguière, ainsi que d'autres naturalistes qui ont vu les cultures de Tabac dans ce pays, n'en font aucune mention.

Par tous ces motifs, il n'existe point d'espèce de Tabac

1. Piddington, *Index*.
2. Forskal, p. 63.
3. Lehmann, *Historia Nicotinarum*, p. 18. L'expression de *suffruticosa* est une exagération appliquée aux Tabacs, qui sont toujours annuels. J'ai déjà dit que le *N. suffruticosa* des auteurs est le *N. Tabacum*.
4. Link et Otto, *Icones plant. rar. horti ber.*, in-4, p. 63, t. 32. Sendtner, dans *Flora brasil.*, vol. 10, p. 167, décrit la même plante de Sello, à ce qu'il semble, d'après des échantillons envoyés par ce voyageur, et Grisebach, *Symbolæ fl. argent.*, p. 243, mentionne le *N. alata* dans la province d'Entrerios de la république Argentine.

originaire d'Asie. Elles sont toutes d'Amérique, excepté les *N. suaveolens*, de la Nouvelle Hollande, et *N. fragrans*, de l'île des Pins, au sud de la Nouvelle-Calédonie.

Plusieurs *Nicotiana*, autres que les *Tabacum* et *rustica*, ont été cultivés çà et là par des sauvages ou, comme curiosité, par des Européens. Il est singulier qu'on s'occupe si rarement de ces essais, au moyen desquels on obtiendrait peut-être des tabacs très particuliers. Les espèces à fleurs blanches donneraient probablement des tabacs légers et parfumés, et comme certains fumeurs recherchent les tabacs les plus forts, les plus désagréables possible aux personnes qui ne fument pas, je leur recommanderai le *Nicotiana angustifolia*, du Chili, que les indigènes appellent *Tabaco del Diablo* [1].

**Cannelier.** — *Cinnamomum zeylanicum*, Breyn.

Le petit arbre, de la famille des Lauracées, dont l'écorce des jeunes rameaux est la cannelle du commerce, existe en grande quantité dans les forêts de Ceylan. Certaines formes qui se trouvent sauvages dans l'Inde continentale étaient regardées autrefois comme autant d'espèces distinctes, mais les botanistes anglo-indiens s'accordent à les réunir avec celle de Ceylan [2].

Les écorces du Cannelier et d'autres Cinnomomum non cultivés, qui produisent le *cassia* ou *cassia de Chine*, ont été l'objet d'un commerce important dès les temps les plus reculés, MM. Flückiger et Hanbury [3] ont traité ce point historique avec une érudition si complète que nous devons simplement renvoyer à leur ouvrage. Ce qui nous importe, à notre point de vue, c'est de constater combien la culture du cannelier est moderne relativement à l'exploitation de l'espèce. C'est seulement de 1765 à 1770 qu'un colon de Ceylan, appelé de Koke, soutenu par le gouverneur de l'île, Falck, fit des plantations qui réussirent à merveille. Elles ont diminué depuis quelques années à Ceylan; mais on en a fait ailleurs, dans les pays tropicaux de l'ancien et du nouveau monde. L'espèce se naturalise facilement hors des cultures [4], parce que les oiseaux en recherchent les fruits avec avidité et sèment les graines dans les forêts.

**Ramié.** — *China grass*, des Anglais, — *Boehmeria nivea*, Hooker et Arnott.

La culture de cette précieuse Urticacée a été introduite dans le midi des Etats-Unis et de la France, depuis une trentaine d'années; mais le commerce avait fait connaître auparavant la

1. Bertero, dans *Prodr.*, XII, sect. 1, p. 568.
2. Thwaites, *Enum. Zeylaniæ*, p. 252; Brandis, *Forest flora of India*, p. 375.
3. Flückiger et Hanbury, *Histoire des drogues d'origine végétale*, trad. franç., 2, p. 224; Porter, *The tropical agriculturist*, p. 268.
4. Brandis, *l. c.* Grisebach, *Fl. of brit. W. India islands*, p. 179.

valeur extraordinaire de ses fibres, plus tenaces que le chanvre et, dans certains cas, flexibles comme la soie. On peut lire dans plusieurs ouvrages des détails intéressants sur la manière de cultiver la plante et d'en extraire les fils [1]. Je me bornerai à préciser ici, le mieux que je pourrai, l'origine géographique.

Dans ce but, il ne faut pas se fier aux phrases assez vagues de la plupart des auteurs, ni aux étiquettes des échantillons dans les herbiers, car il est arrivé souvent qu'on n'a pas distingué les pieds cultivés, échappés des cultures ou véritablement sauvages, et qu'on a oublié aussi la diversité des deux formes *Boehmeria nivea* (*Urtica nivea*, Linné, et *Boehmeria tenacissima*, Gaudichaud, ou *B. candicans*, Hasskarl), qui paraissent deux variétés d'une même espèce, à cause des transitions notées par quelques botanistes. Il y a même une sous-variété, à feuilles vertes des deux côtés, cultivée par les Américains et par M. de Malartic dans le midi de la France.

La forme anciennement connue (*Urtica nivea* L.), à feuilles très blanches en dessous, est indiquée comme croissant en Chine et dans quelques pays voisins. Linné dit qu'elle se trouve *sur les murs* en Chine, ce qui s'appliquerait à une plante des décombres, originaire des cultures; mais Loureiro [2] dit : *Habitat, et abundanter colitur in Cochinchina et China*, et, selon M. Bentham [3], le collecteur Champion l'a trouvée, en abondance, dans les ravins de l'île de Hong-Kong. D'après MM. Franchet et Savatier [4], elle existe au Japon, *dans les taillis et les haies* (*in fruticetis umbrosis et sepibus*). Blanco [5] la dit commune aux îles Philippines. Je ne trouve aucune preuve qu'elle soit spontanée à Java, Sumatra et autres îles de l'archipel Indien. Rumphius [6] ne la connaissait que comme plante cultivée. Roxburgh [7] la croyait native de Sumatra, ce que Miquel [8] ne confirme pas.

Les autres formes n'ont été trouvées nulle part sauvages, ce qui appuie l'idée que ce sont des variétés survenues dans les cultures.

**Chanvre.** — *Cannabis sativa*, Linné.

Le chanvre est mentionné, avec ses deux états, mâle et femelle, dans les plus anciens ouvrages chinois, en particulier dans le *Shu-King*, écrit 500 ans avant Jésus-Christ [9]. Il a des

1. Comte de Malartic, *Journal d'agric. pratique*, 7 déc. 1871, 1872, v. 2, n° 31; de La Roque, *ibid.*, n. 29, *Bull. Soc. d'acclimat.*, juillet 1872, p. 462. Vilmorin, *Bon jardinier*, 1880, part. 1, p. 700; Vetillart, *Études sur les fibres végét. textiles*, p. 99, pl. 2.
2. Loureiro, *Flora cochinch.*, 2, p. 683.
3. Bentham, *Flora Hongkong*, p. 331.
4. Franchet et Savatier, *Enum. plant. Jap.*, 1, p. 439.
5. Blanco, *Flora de Filip.*, ed. 2, p. 484.
6. Rumphius, *Amboin.*, 5, p. 214.
7. Roxburgh, *Fl. ind.*, 3, p. 590.
8. Miquel, *Sumatra*, éd. allem., p. 170.
9. Bretschneider, *Value of chinese botanical works*, p. 5, 10, 48.

noms sanscrits, *Banga* et *Gangika* [1] orthographiés *Bhanga* et *Gunjika* par Piddington [2]. La racine de ces noms *ang* ou *an* se retrouve dans toutes les langues indo-européennes et sémitiques modernes : *Bang* en hindou et persan, *Ganga* en bengali [3], *Hanf* en allemand, *Hemp* en anglais, *Kanas* en celtique et bas-breton moderne [4], *Cannabis* en grec et en latin, *Cannab* en arabe [5].

D'après Hérodote (né en 484 avant Jésus-Christ), les Scythes employaient le Chanvre, mais de son temps les Grecs le connaissaient à peine [6]. Hiéron II, roi de Syracuse, achetait le chanvre de ses cordages pour vaisseaux dans la Gaule, et Lucilius est le premier écrivain romain qui ait parlé de la plante (100 ans avant Jésus-Christ). Les livres hébreux ne mentionnent pas le Chanvre [7]. Il n'entrait pas dans la composition des enveloppes de momies chez les anciens Egyptiens. Même à la fin du XVIIIe siècle, on ne cultivait le Chanvre, en Egypte, que pour le *hachich*, matière enivrante [8]. Le recueil des lois judaïques appelé *Mischna*, fait sous la domination romaine, parle de ses propriétés textiles comme d'une chose peu connue [9]. Il est assez probable que les Scythes avaient transporté cette plante de l'Asie centrale et de la Russie à l'ouest, dans leurs migrations, qui ont eu lieu vers l'an 1500 avant Jésus-Christ, un peu avant la guerre de Troie. Elle aurait pu s'introduire aussi par les invasions antérieures des Aryens en Thrace et dans l'Europe occidentale; mais alors l'Italie en aurait eu connaissance plus tôt. On n'a pas trouvé le Chanvre dans les palafittes des lacs de Suisse [10] et du nord de l'Italie [11].

Ce qu'on a constaté sur l'habitation du *Cannabis sativa* concorde bien avec les données historiques et linguistiques. J'ai eu l'occasion de m'en occuper spécialement dans une des monographies du *Prodromus*, en 1869 [12].

L'espèce a été trouvée sauvage, d'une manière certaine, au midi de la mer Caspienne [13], en Sibérie, près de l'Irtysch, dans le désert des Kirghiz, au delà du lac Baical, en Daourie (gouvernement d'Irkutsk). Les auteurs l'indiquent dans toute la Russie méridionale et moyenne, et au midi du Caucase [14], mais la qualité

1. Roxburgh, *Flora indica*, ed. 2, vol. 3, p. 772.
2. Piddington, *Index*.
3. Roxburgh, *ibid*.
4. Reynier, *Economie des Celtes*, p. 448; Legonidec, *Dictionn. bas-breton*.
5. J. Humbert, autrefois professeur d'arabe à Genève, m'a indiqué *Kannab*, *Kon-nab*, *Hon-nab*, *Hen-nab*, *Kanedir*, selon les localités.
6. Athénée, cité par Hehn, *Culturpflanzen*, p. 168.
7. Rosenmüller, *Handb. bibl. Alterk*.
8. Forskal, *Flora*; Delile, *Flore d'Egypte*.
9. Reynier, *Economie des Arabes*, p. 434.
10. Heer, *Ueber d. Flachs*, p. 25.
11. Sordelli, *Notizie sull. staz. di Lagozza*, 1880.
12. Vol. XVI, sectio 1, p. 30.
13. De Bunge, *Bull. Soc. bot. de Fr.*, 1860, p. 30.
14. Ledebour, *Flora rossica*, 3, p. 634.

spontanée y est moins sûre, attendu que ces pays sont peuplés et que les graines de Chanvre peuvent se répandre aisément hors jardins. L'ancienneté de la culture en Chine me fait croire que l'habitation s'étend assez loin vers l'est, quoique les botanistes ne l'aient pas encore constaté [1]. M. Boissier indique l'espèce en Perse comme « presque spontanée ». Je doute qu'elle y soit indigène, parce que les Grecs et les Hébreux l'auraient connue plus tôt si elle l'était.

**Mûrier blanc.** — *Morus alba*, Linné.

Le Mûrier dont on sert le plus communément en Europe pour l'éducation des vers à soie est le *Morus alba*. Ses variétés, très nombreuses, ont été décrites avec soin par Seringe [2] et plus récemment par M. Bureau [3]. La plus cultivée dans l'Inde, le *Morus indica*, Linné (*Morus alba*, var. *indica*, Bureau), est sauvage dans le Punjab et à Sikim, d'après Brandis, inspecteur général des forêts de l'Inde anglaise [4]. Deux autres variétés, *serrata* et *cuspidata*, sont aussi indiquées comme sauvages dans diverses provinces de l'Inde septentrionale [5]. L'abbé David a trouvé en Mongolie une variété parfaitement spontanée, décrite sous le nom de *Mongolica* par M. Bureau, et le Dr Bretschneider [6] cite un nom *Yen*, d'anciens auteurs chinois, pour le Mûrier sauvage. Il ne dit pas, il est vrai, si ce nom s'applique au Mûrier blanc : *Pe* (blanc)-*Sang* (Mûrier), des cultures chinoises [7]. L'ancienneté de la culture en Chine [8] et au Japon, ainsi que la quantité de formes différentes qu'on y a obtenues, font croire que la patrie primitive s'étendait à l'est jusqu'au Japon, mais on connaît peu la flore indigène de la Chine méridionale, et les auteurs les plus dignes de confiance pour les plantes japonaises n'affirment pas la qualité spontanée. MM. Franchet et Savatier [9] disent : « cultivé depuis un temps immémorial et devenu sauvage çà et là. » Notons aussi que le Mûrier blanc paraît s'accommoder surtout des pays montueux et tempérés, par où l'on peut croire qu'il aurait été jadis introduit du nord de la Chine dans les plaines du midi. On sait que les oiseaux recherchent ses fruits et en portent les graines à de grandes distances dans des localités incultes, ce qui empêche de constater les habitations vraiment anciennes.

1. M. de Bunge a trouvé le Chanvre dans le nord de la Chine, mais dans des décombres (*Enum.*, n° 338).
2. Seringe, *Description et culture des Mûriers*.
3. Bureau, dans de Candolle, *Prodromus*, 17, p. 238.
4. Brandis, *The forest flora of north-west and central India*, 1874, p. 403. Cette variété a le fruit noir, comme le *Morus nigra*.
5. Bureau, *l. c.*, d'après des échantillons de divers voyageurs.
6. Bretschneider, *Study and value of chinese bot. works*, p. 12.
7. Ce nom est dans le *Pent-sao*, d'après Ritter, *Erdkunde*, 17, p. 489.
8. D'après Platt, *Zeitschrift d. Gesellsch. Erdkunde*, 1871, p. 162, la culture remonte à 4000 ans avant J.-C.
9. Franchet et Savatier, *Enumeratio plantarum Japoniæ*, 1, p. 423.

Cette facilité de naturalisation explique sans doute la présence, à des époques successives, du Mûrier blanc dans l'Asie occidentale et le midi de l'Europe. Elle a dû agir surtout depuis que des moines eurent apporté le ver à soie à Constantinople, sous Justinien, dans le VIe siècle, et que graduellement la sériculture s'est propagée vers l'ouest. Cependant Targioni a constaté que le mûrier noir, *M. nigra*, était seul connu en Sicile et en Italie, lorsque l'industrie de la soie s'est introduite en 1148 en Sicile et deux siècles plus tard en Toscane [1]. D'après le même auteur, l'introduction du Mûrier blanc en Toscane date, au plus tôt, de l'année 1340. De la même manière, l'industrie de la soie peut avoir commencé en Chine, parce que le ver à soie s'y trouvait naturellement; mais il est très probable que l'arbre existait aussi dans l'Inde septentrionale, où tant de voyageurs l'ont trouvé à l'état sauvage. En Perse, en Arménie et dans l'Asie Mineure, je le crois plutôt naturalisé depuis une époque ancienne, contrairement à l'opinion de Grisebach, qui le regarde comme originaire de la région de la mer Caspienne (*Végét. du globe*, trad. française, I, p. 424). M. Boissier ne le cite pas comme spontané dans ces pays [2]. M. Buhse [3] l'a trouvé en Perse, près d'Erivan et de Baschnaruschin, et il ajoute : « naturalisé en abondance dans le Ghilan et le Masenderan. » La flore de Russie par Ledebour [4] indique de nombreuses localités autour du Caucase, sans parler de spontanéité, ce qui peut signifier une espèce naturalisée. En Crimée, en Grèce et en Italie, il est seulement à l'état de culture [5]. Une variété *tatarica*, souvent cultivée dans le midi de la Russie, s'est naturalisée près du Volga [6].

Si le Mûrier blanc n'existait pas primitivement en Perse et vers la mer Caspienne, il doit y avoir pénétré depuis longtemps. Je citerai pour preuve le nom de *Tut*, *Tuth*, *Tuta*, qui est persan, arabe, turc et tartare. Il y a un nom sanscrit, *Tula* [7], qui doit se rattacher à la même racine que le nom persan; mais on ne connaît pas de nom hébreu, ce qui vient à l'appui de l'idée d'une extension successive vers l'Asie occidentale.

Ceux de mes lecteurs qui désirent des renseignements plus détaillés sur l'introduction des Mûriers et des vers à soie les trouveront surtout dans les savants ouvrages de Targioni et de Ritter que j'ai cités. Les découvertes faites récemment par divers botanistes m'ont permis d'ajouter des données plus

1. Ant. Targioni, *Cenni storici sulla introd. di varie piante nell' agricolt. toscana*, p. 188.
2. Boissier, *Flora orient.*, 4, p. 1153.
3. Buhse, *Aufzählung der Transcaucasien und Persien Pflanzen*, p. 203.
4. Ledebour, *Fl. ross.*, 3, p. 643.
5. Steven, *Verzeichniss d. taurisch. Halbins*, p. 313; Heldreich, *Pflanzen des attischen Ebene*, p. 508; Bertoloni, *Fl. ital.*, 10, p. 177; Caruel, *Fl. Toscana*, p. 171.
6. Bureau, *l. c.*
7. Roxburgh, *Fl. ind.*; Piddington, *Index*.

précises que celles de Ritter sur l'origine, et, s'il y a quelques contradictions apparentes entre nos opinions sur d'autres points, cela vient surtout de ce que l'illustre géographe a considéré une foule de variétés comme des espèces, tandis que les botanistes les ont réunies après un examen attentif.

**Mûrier noir.** — *Morus nigra*, Linné.

Il est plus recherché pour ses fruits que pour ses feuilles, et, d'après cela, je devrais l'énumérer dans la catégorie des arbres fruitiers. Cependant on ne peut guère séparer son histoire de celle du Mûrier blanc. D'ailleurs on emploie sa feuille dans beaucoup de pays pour l'élève des vers à soie, sans se laisser arrêter par la qualité inférieure du produit.

Le Mûrier noir se distingue du blanc par plusieurs caractères, indépendamment de la couleur noire du fruit, qui se trouve également chez certaines variétés du *M. alba* [1]. Il n'a pas une infinité de formes comme celui-ci, ce qui peut faire présumer une culture moins ancienne, moins active, et une patrie primitive moins étendue.

Les auteurs grecs et latins, même les poètes, ont souvent mentionné le *Morus nigra*, qu'ils comparaient au *Ficus Sycomorus*, et qu'ils confondaient même dans l'origine avec cet arbre égyptien. Les commentateurs répètent depuis deux siècles une foule de passages qui ne laissent aucun doute à cet égard, mais ne présentent guère d'intérêt en eux-mêmes [2]. Ils ne fournissent aucune preuve sur l'origine de l'espèce, qu'on présume de Perse, à moins de prendre au sérieux la fable de Pyrame et Thisbé, dont la scène était en Babylonie, d'après Ovide.

Les botanistes n'ont pas constaté d'une manière bien certaine l'indigénat en Perse. M. Boissier, qui possède plus de matériaux que personne sur l'Orient, se contente de citer Hohenacker comme ayant trouvé le *M. nigra* dans les forêts de Lenkoran, sur la côte méridionale de la mer Caspienne, et il ajoute : « probablement spontané dans la Perse septentrionale vers la mer Caspienne [3] ». Avant lui, Ledebour, dans sa flore de Russie, indiquait, d'après divers voyageurs, la Crimée et les provinces au midi du Caucase [4]; mais Steven nie que l'espèce existe en Crimée autrement qu'à l'état de culture [5]. M. de Tchihatcheff et C. Koch [6] ont trouvé des pieds de Mûrier noir dans des localités

1. Reichenbach a publié de bonnes figures des deux espèces dans ses *Icones floræ germ.*, t. 657 et 658.
2. Fraas, *Synopsis fl. class.*, p 236; Lenz, *Botanik d. alten Griechen und Rœmer*, p. 419; Ritter, *Erdkunde*, 17, p. 482; Hehn, *Culturpflanzen*, ed. 3, p. 336, sans parler d'auteurs plus anciens.
3. Boissier, *Flora orient.*, 4, p. 1153 (publiée en 1879).
4. Ledebour, *Fl. ross.*, 3, p. 641.
5. Steven, *Verzeichniss d. taurischen Halbins. Pflanzen*, p. 313.
6. Tchihatcheff, traduction de Grisebach, *Végétation du globe*, 1, p. 424.

élevées et sauvages d'Arménie. Il est bien probable que, dans la région au midi du Caucase et de la mer Caspienne, le *Morus nigra* est spontané, originaire, plutôt que naturalisé. Ce qui me le fait croire, c'est : 1° qu'il n'est pas connu, même à l'état cultivé, dans l'Inde, en Chine ou au Japon; 2° qu'il n'a aucun nom sanscrit; 3° qu'il s'est répandu de bonne heure en Grèce, pays dont les communications avec l'Arménie ont été anciennes.

Le *Morus nigra* s'était si peu propagé au midi de la Perse qu'on ne lui connaît pas, d'une manière certaine, un nom hébreu ni même un nom persan distinct de celui du *Morus alba*. On le cultivait beaucoup en Italie, jusqu'à ce qu'on eût reconnu la supériorité du Mûrier blanc pour la nourriture des vers à soie. En Grèce, le Mûrier noir est encore le plus cultivé [1]. Il s'est naturalisé çà et là dans ces pays et en Espagne [2].

**Maguey.** — *Agave americana*, Linné.

Cette plante ligneuse, de la famille des Amaryllidées, est cultivée, depuis un temps immémorial, au Mexique, sous les noms de *Maguey* ou *Metl*, pour en extraire, au moment où se développe la tige florale, le vin dit *pulque*. Humboldt a décrit clairement cette culture [3], et il nous dit ailleurs [4] que l'espèce croît dans toute l'Amérique méridionale, jusqu'à 1600 toises d'élévation. On la cite [5] dans la Jamaïque, à Antigua, à la Dominique, à Cuba ;mais il faut remarquer qu'elle se multiplie facilement de drageons et qu'on la plante volontiers loin des habitations, pour en former des haies ou en tirer le fil appelé *pite*, ce qui empêche de savoir dans quel pays elle existait primitivement. Transportée depuis longtemps dans la région de la mer Méditerranée, on la rencontre avec toutes les apparences d'une espèce indigène, quoique son origine ne soit pas douteuse [6]. Probablement, d'après les emplois variés qu'on en faisait au Mexique avant l'arrivée des Européens, c'est de là qu'elle est sortie.

**Canne à sucre.** — *Saccharum officinarum*, Linné.

Les origines de la Canne à sucre, de sa culture et de la fabrication du sucre ont été l'objet d'un travail très remarquable du géopraphe Karl Ritter [7]. Je n'ai pas à le suivre dans les détails

1. Heldreich, *Nutzpflanzen Griechenlands*, p. 19.
2. Bertoloni, *Flora ital.*, 10, p. 179; Visiani, *Fl. dalmat.*, 1, p. 220; Willkomm et Lange, *Prodr. fl. hisp.*, 1, p. 250.
3. De Humboldt, *Nouvelle-Espagne*, éd. 2, p. 487.
4. De Humboldt, dans Kunth, *Nova Genera*, 1, p. 297.
5. Grisebach, *Flora of brit. W. India*, p. 582.
6. Alph. de Candolle, *Géogr. bot. raisonnée*, p. 739; H. Hoffmann, dans Regel, *Gartenflora*, 1875, p. 70.
7. K. Ritter, *Ueber die geographische Verbreitung des Zuckerrohrs*, 1840, in-4, 108 pag. (d'après Pritzel, *Thes. lit. bot.*); *Die cultur des Zuckerrohrs, Saccharum, in Asien, Geogr. Verbreitung*, etc., etc., in-8°, 64 pages. sans date. C'est une monographie pleine d'érudition et de jugement, digne de

uniquement agricoles et économiques; mais pour l'habitation primitive de l'espèce, qui nous intéresse particulièrement, c'est le meilleur guide, et les faits observés depuis quarante ans appuient, en général, ou confirment ses opinions.

La Canne à sucre est cultivée aujourd'hui dans toutes les régions chaudes du globe, mais il est démontré par une foule de témoignages historiques qu'elle a été employée d'abord dans l'Asie méridionale, d'où elle s'est répandue en Afrique et plus tard en en Amérique. La question est donc de savoir dans quelles parties du continent, ou des îles du midi de l'Asie, la plante existe ou existait quand on a commencé à s'en servir.

Ritter a procédé selon les bonnes méthodes pour arriver à une solution.

Il note d'abord que toutes les espèces connues à l'état sauvage et rapportées, avec sûreté, au genre Saccharum, croissent dans l'Inde, excepté une qui est en Égypte [1]. On a décrit depuis cinq espèces des îles de Java, la Nouvelle-Guinée, Timor ou les Philippines [2]. La probabilité est toute en faveur de l'origine en Asie si l'on part des données de la géographie botanique.

Malheureusement aucun botaniste n'avait trouvé à l'époque de Ritter et n'a encore trouvé le *Saccharum officinarum* sauvage dans l'Inde, dans les pays adjacents ou dans l'Archipel au midi de l'Asie. Tous les auteurs anglo-indiens, Roxburgh, Wallich, Royle, etc., et plus récemment Aitchison [3] ne mentionnent la plante que comme cultivée. Roxburgh, qui a herborisé si longtemps dans l'Inde, dit expressément : « Where wild I do not know. » La famille des Graminées n'a pas encore paru dans la flore de sir J. Hooker. Pour l'île de Ceylan, Thwaites a si peu trouvé l'espèce spontanée qu'il ne l'énumère pas même comme plante cultivée [4]. Rumphius, qui a décrit soigneusement la culture dans les possessions hollandaises, ne dit rien sur la patrie de l'espèce. Miquel, Hasskarl, Blanco (*Fl. Filip.*) ne parlent d'aucun échantillon sauvage dans les îles de Sumatra, Java ou les Philippines. Crawfurd aurait voulu en découvrir et n'y est pas parvenu [5]. Lors du voyage de Cook, Forster ne trouva la Canne à sucre qu'à l'état de plante cultivée dans les petites îles de la mer Pacifique [6]. Les indigènes de la Nouvelle Calédonie cultivent une quantité de variétés de la Canne et en font un usage con-

la belle époque de la science allemande, lorsque les ouvrages anglais ou français étaient cités par tous les auteurs, avec le même soin que les allemands.

1. Kunth, *Enumeratio plantarum* (1838), vol. 1, p. 474. Il n'existe pas de travail descriptif moins ancien pour la famille des Graminées, ni pour le genre Saccharum.
2. Miquel, *Flora Indiæ batavæ* (1855) vol., 3, p. 511.
3. Aitchison, *Catalogue of Punjab and Sindh plants*, 1869, p. 173.
4. Thwaites, *Enum. Ceyloniæ*.
5. Crawfurd, *Indian archip.*, 1, p. 475.
6. Forster, *Plantæ esculentæ*.

tinuel en suçant la matière sucrée; mais Vieillard [1] a eu soin de dire : « De ce qu'on rencontre fréquemment au milieu des broussailles et même sur les montagnes des pieds isolés de *Saccharum officinarum*, on aurait tort d'en conclure que cette plante est indigène, car ses pieds, faibles et rachitiques, accusent simplement d'anciennes plantations, ou proviennent de fragments de Cannes oubliés par les naturels, qui voyagent rarement sans avoir un morceau de canne à sucre à la main. » En 1861, M. Bentham, qui avait à sa disposition les riches herbiers de Kew, s'exprimait ainsi dans la flore de l'île de Hongkong : « Nous n'avons aucune preuve authentique et certaine d'une localité où la Canne à sucre ordinaire soit spontanée. »

Je ne sais cependant pourquoi Ritter et tout le monde a négligé une assertion de Loureiro dans la flore de Cochinchine [2] : « Habitat, et colitur abundantissime in omnibus provinciis regni cochinchinensis : simul in aliquibus imperii sinensis, sed minori copia. » Le mot *habitat*, séparé du reste par une virgule, est bien affirmatif. Loureiro n'a pas pu se tromper sur le *Saccharum officinarum*, qu'il voyait cultivé autour de lui et dont il énumère les principales variétés. Il doit avoir vu des pieds spontanés, au moins en apparence. Peut-être venaient-ils de quelque culture du voisinage, mais je ne connais rien qui rende invraisemblable la spontanéité dans cette partie chaude et humide du continent asiatique.

Forskal [3] a cité l'espèce comme spontanée dans les montagnes de l'Arabie Heureuse, sous un nom qu'il croit indien. Si elle était d'Arabie, elle se serait répandue depuis longtemps en Egypte, et les Hébreux l'auraient connue.

Roxburgh avait reçu au jardin botanique de Calculta, en 1796, et avait introduit dans les cultures du Bengale, un Saccharum qu'il a nommé *S. sinense* et dont il a publié une figure dans son grand ouvrage des *Plantæ Coromandelianæ* (vol. 3, pl. 232). Ce n'est peut-être qu'une forme du *S. officinarum*, et d'ailleurs, comme elle n'est connue qu'à l'état cultivé, elle n'apprend rien sur la patrie soit de cette forme, soit des autres.

Quelques botanistes ont prétendu que la canne à sucre fleurit plus souvent en Asie qu'en Amérique ou en Afrique, et même que sur les bords du Gange elle donne des graines [4], ce qui serait, d'après eux, une preuve d'indigénat. Macfadyen le dit sans fournir aucune preuve. C'est une assertion qu'il a reçue, à la Jamaïque, de quelque voyageur; mais sir W. Hooker a soin d'ajouter en note : « Le Dr Roxburgh, malgré sa longue résidence au bord du Gange, n'a jamais vu de graines de la canne à

1. Vieillard, *Ann. des sc. nat.*, série 4, vol. 16, p. 32.
2. Loureiro, *Fl. Cochinch.*, ed. 2, vol. 1, p. 66.
3. Forskal, *Fl. Ægypto-arabica*, p. 103.
4. Macfadyen, *On the botanical characters of the sugar cane*, dans Hooker, *Bot. miscell.* 1, p. 101; Maycock, *Fl. Barbad.*, p. 50.

sucre. » Elle fleurit et surtout fructifie rarement, comme en général les plantes qu'on multiplie par boutures ou drageons, et, si quelque variété de la canne était disposée à donner des graines, elle serait probablement moins productive de sucre, et bien vite on l'abondonnerait. Rumphius, meilleur observateur que beaucoup de botanistes modernes et qui a si bien décrit la canne cultivée dans les îles hollandaises, fait une remarque intéressante [1]. « Elle ne produit jamais de fleurs ou de graines, à moins qu'elle ne soit restée pendant quelques années dans un endroit pierreux. » Ni lui, ni personne, à ma connaissance, n'a décrit ou figuré la graine. Au contraire, les fleurs ont été souvent figurées, et j'en ai un bel échantillon de la Martinique [2]. Schacht est le seul qui ait donné une bonne analyse de la fleur, y compris le pistil; il n'a pas vu la graine mûre [3]. De Tussac [4], qui a donné une analyse fort médiocre, parle de la graine, mais il ne l'a vue que jeune, à l'état d'ovaire.

A défaut de renseignements précis sur l'indigénat, les moyens accessoires, historiques et linguistiques, de prouver l'origine asiatique, ont de l'intérêt. Ritter les donne avec soin. Je me contenterai de les résumer.

Le nom de la canne à sucre en sanscrit était *Ikshu*, *Ikshura* ou *Ikshava;* mais le sucre se nommait *Sarkara* ou *Sakkara*, et tous les noms de cette substance dans nos langues européennes d'origine aryenne, à partir des anciennes comme le grec, en sont clairement dérivés. C'est un indice de l'origine asiatique et de l'ancienneté du produit de la canne dans les régions méridionales de l'Asie avec lesquelles le pleuple parlant le vieux sanscrit pouvait avoir eu des rapports commerciaux. Les deux mots sanscrits sont restés en bengali sous la forme de *Ik* et *Akh* [5]. Mais dans les autres langues, au delà de l'Indus, on trouve une variété singulière de noms, du moins quand elles ne descendent pas de celle des Aryens, par exemple : *Panchadara* en telinga, *Kyam* chez les Birmans, *Mia* en Cochinchinois, *Kan* et *Tche* ou *Tsche* en chinois, et plus au midi, chez les peuples malais, *Tubu* ou *Tabu*, pour la plante, et *Gula*, pour le produit. Cette diversité montre une ancienneté très grande de la culture dans les régions asiatiques, où déjà les indications botaniques font présumer l'origine de l'espèce.

L'époque d'introduction de la culture en divers pays concorde avec l'idée d'une origine de l'Inde, de la Cochinchine ou de l'archipel Indien.

En effet, les Chinois ne connaissent pas la canne à sucre depuis un temps très reculé, et ils l'ont reçue de l'ouest. Ritter contredit

1. Rumphius, *Amboin*, vol. 5, p. 186.
2. Hahn, n° 480.
3. Schacht, *Madeira und Teneriffe*, t. 1.
4. Tussac (de), *Flore des Antilles*, 1, p. 153, pl. 23.
5. Piddington, *Index*.

les auteurs qui avaient admis une culture très ancienne, et j'en vois la confirmation la plus positive dans l'opuscule du Dr Bretschneider, rédigé à Péking avec les ressources les plus complètes sur la littérature chinoise [1]. « Je n'ai pu découvrir, dit-il, aucune allusion à la canne à sucre dans les plus anciens livres chinois (les cinq classiques). » Elle paraît avoir été mentionnée pour la première fois par les auteurs du IIe siècle avant J.-C. La première description se trouve dans le Nan-fang-tsao-mu-chuang, au IVe siècle : « Le *Chê-chê*, *Kan-chê* (*Kan*, doux ; *chê*, Bambou) croît, dit-il, en Cochinchine (*Kiaochi*). Il a plusieurs pouces de circonférence et ressemble au Bambou. La tige, rompue par fragments, est mangeable et très douce. Le jus qu'on en tire est séché au soleil. Après quelques jours, il devient du sucre (ici un caractère chinois composé), qui se fond dans la bouche.... Dans l'année 286 (de l'ère chrétienne), le royaume de Funan (dans l'Inde, au delà du Gange) envoyait du sucre en tribut. » Selon le Pent-sao, un empereur qui a régné dans les années 627 à 650 de notre ère avait envoyé un homme dans la province indienne de Bahar, pour apprendre la manière de fabriquer le sucre.

Il n'est pas question dans ces ouvrages de spontanéité en Chine, et au contraire l'origine cochinchinoise, indiquée par Loureiro, se trouve appuyée d'une manière inattendue. L'habitation primitive la plus probable me paraît avoir été de la Cochinchine au Bengale. Peut-être s'étendait-elle dans les îles de la Sonde et les Moluques, dont le climat est très semblable ; mais il y a tout autant de raisons de croire à une introduction ancienne venant de Cochinchine ou de la péninsule malaise.

La propagation de la canne à sucre à l'occident de l'Inde est bien connue. Le monde gréco-romain avait une notion approximative du roseau (calamus), que les Indiens se plaisaient à sucer et duquel ils obtenaient le sucre [2]. D'un autre côté, les livres hébreux ne parlent pas du sucre [3], d'où l'on peut inférer que la culture de la canne n'existait pas encore à l'ouest de l'Indus à l'époque de la captivité des Juifs à Babylone. Ce sont les Arabes, dans le moyen âge, qui ont introduit cette culture en Egypte, en Sicile et dans le midi de l'Espagne [4], où elle a été florissante, jusqu'à ce que l'abondance du sucre des colonies ait obligé d'y renoncer. Don Henrique transporta la canne à sucre de Sicile à Madère, d'où elle fut portée aux îles Canaries en 1503 [5]. De ce

1. Bretschneider, *On the study and value of chinese botan. works, etc.*, p. 45-47.

2. Voir les citations de Strabon, Dioscoride, Pline, etc., dans Lenz, *Botanik der Griechen und Römer*, 1859, p. 267 ; Fingerhut, dans *Flora*, 1839, vol. 2, p. 529 ; et beaucoup d'autres auteurs.

3. Rosenmüller, *Handbuch bibl. Alterk.*

4. *Calendrier rural de Harib*, écrit dans le xe siècle pour l'Espagne, traduit par Dureau de La Malle, dans sa *Climatologie de l'Italie et de l'Andalousie*, p. 71.

5. Von Buch, *Canar. Inseln.*

point, elle fut introduite au Brésil dans le commencement du XVIe siècle [1]. Elle a été portée à Saint-Domingue vers l'an 1520 et peu après au Mexique [2]; à la Guadeloupe en 1644, à la Martinique vers 1650, à Bourbon dès l'origine de la colonie [3]. La variété dite d'*O-taïti* — qui n'est point spontanée dans cette île — et qu'on appelle aussi *de Bourbon*, a été introduite dans les colonies françaises et anglaises à la fin du siècle dernier et au commencement du siècle actuel [4].

Les procédés de culture et de préparation du sucre sont décrits dans un très grand nombre d'ouvrages, parmi lesquels on peut recommander les suivants : en français : de Tussac, *Flore des Antilles*, 3 vol. in-folio, Paris, 1808, vol. 1, p. 151-182; en anglais : Macfadyen, dans Hooker, *Botanical miscellanies*, in-8°, 1830, vol. 1, p. 103-116.

1. Piso, *Brésil*, p. 49.
2. Humboldt, *Nouv.-Espagne*, éd. 2, vol. 3, p. 34.
3. *Notices statistiq. sur les colonies françaises*, 1, p. 207, 29, 83.
4. Macfadyen, dans Hooker, *Miscell.*, 1, p. 101; Maycock, *Fl. Barbad.*, p. 50.

# CHAPITRE III

## PLANTES CULTIVÉES POUR LES FLEURS OU LES ORGANES QUI LES ENVELOPPENT

**Giroflier.** — *Caryophyllus aromaticus*, Linné.

La partie de cette Myrtacée qu'on emploie dans l'économie domestique sous le nom de *clou de girofle* est le calice, surmonté du bouton de la fleur.

Quoique la plante ait été souvent décrite et très bien figurée, d'après des échantillons cultivés, il y a du doute sur sa nature à l'état sauvage. J'en ai parlé dans ma *Géographie botanique raisonnée* en 1855, mais il ne paraît pas que la question ait fait le moindre progrès depuis cette époque, ce qui m'engage à reproduire simplement ce que j'avais dit.

« Le Giroflier doit être originaire des Moluques, ainsi que le dit Rumphius [1], car la culture en était limitée il y a deux siècles à quelques petites îles de cet archipel. Je ne vois cependant aucune preuve qu'on ait trouvé le véritable Giroflier, à pédoncules et boutons aromatiques, dans un état spontané. Rumphius regarde comme la même espèce une plante qu'il décrit et figure [2] sous le nom de *Caryophyllum sylvestre* et qui se trouve spontanée dans toutes les Moluques. Un indigène lui avait dit que les Girofliers cultivés dégénèrent en cette forme, et Rumphius lui-même avait trouvé un de ces Girofliers *sylvestres* dans une ancienne plantation de Girofliers cultivés. Cependant sa planche 3 diffère de la planche 1 du Giroflier cultivé, par la forme des feuilles et des dents du calice. Je ne parle pas de la planche 2, qui paraît une monstruosité du Giroflier cultivé. Rumphius dit que le Giroflier sylvestre n'a *aucune* qualité aromatique (p. 13); or, en général, les pieds sauvages d'une espèce ont les propriétés aromatiques plus développées que celles des pieds cultivés. Sonnerat [3] publie aussi des figures du vrai Giroflier et d'un faux

1. II, p. 3.
2. II, tab. 3.
3. Sonnerat, *Voy. Nouv.-Guinée*, tab. 19 et 20.

Giroflier, d'une petite île voisine de la terre des Papous. Il est aisé de voir que son faux Giroflier diffère complètement par les feuilles obtuses du vrai Giroflier et aussi des deux Girofliers de Rumphius. Je ne puis me décider à réunir ces diverses plantes, sauvages et cultivées, comme le font tous les auteurs [1]. Il est surtout nécessaire d'exclure la planche 120 de Sonnerat, qui est admise dans le *Botanical Magazine.* On trouve dans cet ouvrage, dans le *Dictionnaire d'agriculture* et dans les dictionnaires d'histoire naturelle l'exposé historique de la culture du Giroflier et de son transport en divers pays.

S'il est vrai, comme le dit Roxburgh [2], que la langue sanscrite avait un nom, *Luvunga*, pour le clou de girofle, le commerce de cette épice daterait d'une époque bien ancienne, même en supposant que le nom fût plus moderne que le vrai sanscrit. Je doute de sa réalité, car les Romains auraient eu connaissance d'un objet aussi facile à transporter, et il ne paraît pas qu'on en ait reçu en Europe avant l'époque de la découverte des Moluques par les Portugais.

**Houblon.** — *Humulus Lupulus*, Linné.

Le Houblon est spontané en Europe depuis l'Angleterre et la Suède jusque sur les montagnes de la région de la mer Méditerranée, et en Asie jusqu'à Damas, jusqu'au midi de la mer Caspienne et de la Sibérie orientale [3]; mais on ne l'a pas trouvé dans l'Inde, le nord de la Chine et la région du fleuve Amour.

Malgré l'apparence tout à fait sauvage du Houblon en Europe, dans des localités éloignées des cultures, on s'est demandé quelquefois s'il n'est pas originaire d'Asie [4]. Je ne pense pas qu'on puisse le prouver, ni même que cela soit probable. La circonstance que les Grecs et les Latins n'ont pas parlé de l'emploi du Houblon pour la bière s'explique aisément par le fait qu'ils connaissaient bien peu cette boisson. Si les Grecs n'ont pas mentionné la plante, c'est simplement peut-être parce qu'elle est rare dans leur pays. D'après le nom italien, *Lupulo*, on soupçonne que Pline en a parlé, à la suite d'autres légumes, sous le nom de *Lupus salictarius* [5]. Que l'usage de brasser avec le Houblon se soit répandu seulement dans le moyen âge, cela ne prouve rien, si ce n'est que l'on employait jadis d'autres plantes, comme on le fait encore dans certaines localités. Les Celtes, les Germains, d'autres peuples

1. Thunberg, *Diss.*, II, p. 326 ; de Candolle, *Prodr.*, III, p. 262 ; Hooker, *Bot. mag.*, tab. 2749 ; Hasskarl, *Cat. h. Bogor. alt.*, p. 261.

2. Roxburgh, *Flora indica*, ed. 1832, vol. 2, p. 494.

3. Alph. de Candolle, dans *Prodromus*, vol. 16, sect. 1, p. 29; Boissier. *Fl. orient.*, 4, p. 1152 ; Hohenacker, *Enum. plant. Talysch*, p. 30 ; Buhse, *Aufzählung Transcaucasien*, p. 202.

4. Hehn, *Nutzpflanzen und Hausthiere in ihren übergang aus Asien*, ed. 3, p. 415.

5. Pline, *Hist.* l. 21, c. 15. Il mentionne à cet endroit l'Asperge, et l'on sait que les jeunes pousses de Houblon se mangent de la même manière.

du Nord et même des peuples du Midi qui avaient la vigne faisaient de la bière [1] soit d'orge, soit d'autres grains fermentés, avec addition, dans certains cas, de matières végétales diverses, par exemple d'écorce de chêne, de *Tamarix*, ou de fruits du *Myrica Gale* [2]. Il est très possible qu'ils n'aient pas remarqué de bonne heure les avantages du Houblon et qu'après en avoir eu connaissance ils aient employé le Houblon sauvage avant de le cultiver. La première mention d'une houblonnière est dans l'acte d'une donation faite par Pépin, père de Charlemagne, en 768 [3]. Au XIVe siècle, c'était une culture importante en Allemagne, mais en Angleterre elle a commencé seulement sous Henri VIII [4].

Les noms vulgaires du Houblon ne fournissent que des indications en quelque sorte négatives sur l'origine. Il n'y a pas de nom sanscrit [5], ce qui concorde avec l'absence de l'espèce dans la région de l'Himalaya et fait présumer que les peuples aryens ne l'avaient pas remarquée et utilisée. J'ai cité jadis [6] quelques-uns des noms européens, en montrant leur diversité, quoique certains d'entre eux puissent dériver d'une souche commune. M. Hehn a traité de leur étymologie en philologue et a montré combien elle est obscure; mais il n'a pas mentionné des noms tout à fait éloignés de *Humle*, *Hopf* ou *Hop* et *Chmeli*, des langues scandinaves, gothiques et slaves, par exemple *Apini* en lette, *Apwynis* en lithuanien, *Tap* en esthonien, *Blust* en illyrien [7], qui ont évidemment d'autres racines. Cette diversité vient à l'appui de l'idée d'une existence de l'espèce en Europe antérieurement à l'arrivée des peuples aryens. Plusieurs populations différentes auraient distingué, nommé et utilisé successivement la plante, ce qui confirme l'extension en Europe et en Asie avant l'usage économique.

**Carthame.** — *Carthamus tinctorius*, Linné.

La Composée annuelle appelée Carthame est une des plus anciennes espèces cultivées. On se sert de ses fleurs pour colorer en jaune ou en rouge, et les graines donnent de l'huile.

Les bandes qui entourent les momies des anciens Egyptiens sont teintes de Carthame [8], et tout récemment on a trouvé des fragments de la plante dans les tombeaux découverts à Deir el Bahari [9]. La culture doit aussi être ancienne dans l'Inde, puis-

1. Tacite, *Germania*, cap. 25 ; Pline, l. 18, c. 7 ; Hehn, *Kulturpflanzen, etc.*, éd. 3, p. 125-137.
2. Volz, *Beiträge zur Culturgeschichte*, p. 149.
3. Volz, *ibid.*
4. Beckmann, *Erfindungen*, cité par Volz.
5. Piddington, *Index;* Fick, *Wörterb. Indo-Germ. Sprachen*, 1, Ursprache.
6. A. de Candolle, *Géogr. bot. rais.*, p. 857.
7. *Dictionnaire manuscrit compilé d'après les flores*, par Moritzi.
8. Unger, *Die Pflanzen des alten Ægyptens*, p. 47.
9. Schweinfurth, lettre adressée à M. Boissier, en 1882.

qu'on indique deux noms sanscrits, *Cusumbha* et *Kamalottara*, dont le premier a laissé plusieurs descendants dans les langues actuelles de la péninsule [1]. Les Chinois ont reçu le Carthame seulement au IIe siècle avant Jesus-Christ. C'est Chang-kien qui le leur a apporté de la Bactriane [2]. Les Grecs et les Latins ne l'ont probablement pas connu, car il est très douteux que ce soit la plante dont ils ont parlé sous le nom de *Cnikos* ou *Cnicus* [3]. Plus tard, les Arabes ont beaucoup contribué à répandre la culture du Carthame, qu'ils appellent *Qorton*, *Kurtum*, d'où *Carthame*, ou *Usfur*, ou *Ihridh*, ou *Morabu* [4], diversité qui indique une existence ancienne dans plusieurs contrées de l'Asie occidentale ou de l'Afrique. Les progrès de la chimie menacent cette culture, comme beaucoup d'autres; mais elle subsiste encore dans le midi de l'Europe, en Orient, dans l'Inde et dans toute la région du Nil [5].

Aucun botaniste n'a trouvé le Carthame dans un état vraiment spontané. Les auteurs l'indiquent avec doute comme originaire ou de l'Inde ou d'Afrique, en particulier d'Abyssinie; mais ils ne l'ont vu absolument qu'à l'état cultivé ou avec l'apparence d'être échappé des cultures [6]. M. Clarke [7], ancien directeur du jardin de Calcutta, qui a revu depuis peu les Composées de l'Inde, admet l'espèce à titre de cultivée seulement. Le résumé des connaissances actuelles sur les plantes de la région du Nil, en y comprenant l'Abyssinie, par MM. Schweinfurth et Ascherson [8], indique également l'espèce comme cultivée, et les listes de plantes du voyage récent de Rohlfs n'indiquent pas non plus le Carthame spontané [9].

L'espèce n'ayant été trouvée sauvage ni dans l'Inde ni en Afrique et sa culture ayant existé cependant depuis des milliers d'années dans ces deux pays, j'ai eu l'idée de chercher l'origine dans la région intermédiaire. Ce procédé m'a réussi dans d'autres cas.

Malheureusement, l'intérieur de l'Arabie est presque inconnu, et Forskal, qui a visité les côtes du Yemen, n'apprend rien sur le Carthame. Il en est de même des opuscules publiés sur les plantes de Botta et de Bové. Mais un Arabe, Abu Anifa, cité par Ebn Baithar, auteur du XIIIe siècle, s'est exprimé comme suit [10]:

1. Piddington, *Index*.
2. Bretschneider, *Study and value, etc.*, p. 15.
3. Voir Targioni, *Cenni storici*, p. 108.
4. Forskal, *Flora ægypt.*, p. 73; Ebn Baithar, trad. allemande, 2, p. 196, 293; 1, p. 18.
5. Voir Gasparin, *Cours d'agriculture*, 4, p. 217.
6. Boissier, *Fl. orient.*, 3, p. 710; Oliver, *Flora of tropical Africa*, 3, p. 439.
7. Clarke, *Compositæ indicæ*, 1876, p. 244.
8. Schweinfurth et Ascherson, *Aufzählung*, p. 283.
9. Rohlfs, *Kufra*, in-8, 1881.
10. Ebn Baithar, 2, p. 196.

« *Usfur*. Cette plante fournit des matériaux pour la teinture. Il y en a de deux sortes, une cultivée et une sauvage, qui *croissent toutes les deux en Arabie* et dont on appelle les graines *Elkurthum*. » Abu Anifa peut bien avoir eu raison.

**Safran**. — *Crocus sativus*, Linné.

La culture du Safran est très ancienne dans l'Asie occidentale. Les Romains vantaient le Safran de Cilicie; ils le préféraient à celui cultivé en Italie [1]. L'Asie Mineure, la Perse et le Cachemir sont depuis longtemps les pays qui en exportent le plus. L'Inde le reçoit aujourd'hui du Cachemir [2]. Roxburgh et Wallich ne l'indiquent pas dans leurs ouvrages. Les deux noms sanscrits mentionnés par Piddington [3] s'appliquaient probablement à la substance du Safran importé de l'ouest, car le nom *Kasmirajamma* semble indiquer le pays d'origine, Cachemir. L'autre nom est *Kunkuma*. On traduit ordinairement le mot hébreu *Karkom* par Safran, mais il doit s'appliquer plutôt au Carthame, d'après le nom actuel de cette dernière plante en arabe. D'ailleurs, on ne cultive pas le Safran en Egypte ou en Arabie [4]. Le nom grec est [5] *Krokos*. *Safran*, qui se retrouve dans toutes nos langues modernes d'Europe, vient de l'arabe *Sahafaran* [6], *Zafran* [7]. Les Espagnols, plus près des Arabes, disent *Azafran*. Le nom arabe lui-même vient de *Assfar*, jaune.

De bons auteurs ont indiqué le *C. sativus* comme spontané en Grèce [8], et en Italie, dans les Abruzzes [9]. M. Maw, qui prépare une monographie du genre Crocus, basée sur de longues observations dans les jardins et les herbiers, rapporte au *C. sativus* six formes spontanées dans les montagnes, d'Italie au Kurdistan. Aucune, selon lui [10], n'est identique avec la plante cultivée; mais certaines formes, décrites sous d'autres noms (*C. Orsinii*, *C. Cartwrightianus*, *C. Thomasii*) en diffèrent à peine. Elles sont d'Italie et de Grèce.

La culture du Safran, dont les conditions sont exposées dans le *Cours d'agriculture* de Gasparin et dans le *Bulletin de la Société d'acclimatation de* 1870, devient de plus en plus rare en Europe et en Asie [11]. Elle a eu quelquefois pour effet de naturaliser, au moins pendant quelques années, l'espèce dans des localités où elle semble sauvage.

1. Pline, l. 21, c. 6.
2. Royle, *Ill. Him.*, p. 372.
3. *Index*, p. 25.
4. D'après Forskal, Delile, Reynier, Schweinfurth et Ascherson (*Aufzählung*).
5. Théophraste, *Hist.*, l. 6, c. 6.
6. J. Bauhin, *Hist.*, II, p. 637.
7. Royle, *l. c.*
8. Sibthorp, *Prodr.*; Fraas, *Syn. fl. class.*, p. 292.
9. J. Gay, cité par Babington, *Man. Brit. fl.*
10. Maw, dans *Gardeners' chronicle*, 1881, vol. 16.
11. Jacquemont, *Voy.*, III, p. 238.

# CHAPITRE IV

## PLANTES CULTIVÉES POUR LEURS FRUITS [1]

**Pomme Canelle.** — *Anona squamosa*, Linné. — En anglais *Sweet sop, Sugar apple* [2].

La patrie de cette espèce et d'autres *Anona* cultivés a suscité des doutes qui en font un problème intéressant. Je me suis efforcé de les résoudre en 1855. L'opinion à laquelle je m'étais arrêté alors se trouve confirmée par les observations des voyageurs faites depuis, et, comme il est utile de montrer à quel point des probabilités basées sur de bonnes méthodes conduisent à des assertions vraies, je transcrirai ce que j'ai dit [3]; après quoi je mentionnerai ce qu'on a trouvé plus récemment.

« Robert Brown établissait en 1818 le fait que toutes les espèces du genre Anona, excepté l'*Anona senegalensis*, sont d'Amérique et aucune d'Asie. Aug. de Saint-Hilaire [4] dit que, d'après Vellozo, l'*A. squamosa* a été introduit au Brésil, qu'il y est connu sous le nom de *Pinha*, venant de la ressemblance avec les cônes de pins, et d'*Ata*, évidemment emprunté aux noms *Attoa* et *Atis*, qui sont ceux de la même plante en Asie et qui appartiennent aux langues orientales. Donc, ajoute de Saint-Hilaire, les Portugais ont transporté l'*A. squamosa* de leurs possessions de l'Inde dans celles d'Amérique, etc. » Ayant fait en 1832 une revue de la famille des Anonacées [5], je fis remarquer combien l'argument botanique de M. Brown devenait

1. Le mot fruit est employé ici dans le sens vulgaire, pour toute partie charnue qui grossit après la floraison. Dans le sens strictement botanique, les Anones, Fraises, Pommes d'Acajou, Ananas et le fruit de l'Arbre à pain ne sont pas des fruits.

2. Dans l'Inde anglaise *Custard apple*; mais c'est le nom de l'*Anona muricata* en Amérique. L'*A squamosa* est figuré dans Descourtilz, *Flore des Antilles*, 2, pl. 83 ; Hooker, *Botanical magazine*, t. 3095, et Tussac, *Flore des Antilles*, 3, pl. 4.

3. A. de Candolle, *Géographie botanique raisonnée*, p. 859.

4. Aug. de Saint-Hilaire, *Plantes usuelles des Brésiliens*, 6e livr., p. 5.

5. Alph. de Candolle, dans *Mém. Soc. phys. et d'hist. nat. de Genève*.

de plus en plus fort, car, malgré l'augmentation considérable des Anonacées décrites, on ne pouvait citer aucun Anona et même aucune Anonacée à ovaires soudés qui fût originaire d'Asie. J'admettais [1] la probabilité que l'espèce venait des Antilles ou de la partie voisine du continent américain; mais par inattention j'attribuai cette opinion à M. Brown, qui s'était borné à revendiquer une origine américaine en général [2].

« Depuis, des faits de diverse nature ont confirmé cette manière de voir.

« L'*Anona squamosa* a été trouvé sauvage en Asie, avec l'apparence plutôt d'une plante naturalisée; en Afrique, et surtout en Amérique, avec les conditions d'une plante aborigène. En effet, d'après le Dr Royle [3], cette espèce a été naturalisée dans plusieurs localités de l'Inde; mais il ne l'a vue, avec l'apparence d'une plante sauvage, que sur les flancs de la montagne où est le fort de Adjeegurh, dans le Bundlecund, parmi des pieds de Teck. Lorsqu'un arbre aussi remarquable, dans un pays aussi exploré par les botanistes, n'a été signalé que dans une seule localité hors des cultures, il est bien probable qu'il n'est pas originaire du pays. Sir Joseph Hooker l'a trouvé dans l'île de Santiago, du Cap-Vert, formant des bois sur le sommet des collines de la vallée de Saint-Dominique [4]. Comme l'*A. squamosa* n'est qu'à l'état de culture sur le continent voisin [5]; que même il n'est pas indiqué en Guinée par Thonning [6], ni au Congo [7], ni dans la Sénégambie [8], ni en Abyssinie ou en Egypte, ce qui montre une introduction récente en Afrique; enfin, comme les îles du Cap-Vert ont perdu une grande partie de leurs forêts primitives, je crois dans ce cas à une naturalisation par des graines échappées de jardins. Les auteurs s'accordent à dire l'espèce sauvage à la Jamaïque. On a pu autrefois négliger l'assertion de Sloane [9] et de P. Brown [10], mais elle est confirmée par Mac-Fadyen [11]. De Martius a trouvé l'espèce dans les forêts de Para [12], localité assurément d'une nature primitive. Il dit même : « Sylvescentem in nemoribus paraënsibus inveni, » d'où l'on peut croire que les arbres formaient à eux seuls une forêt. Splitgerber [13] l'avait trouvée dans les forêts de Surinam, mais il

1. *Mém. Soc. phy. et d'hist. nat. de Genève*, p. 19 du mém. tiré à part.
2. Voyez *Botany of Congo* et la traduction allemande des œuvres de Brown, qui a des tables alphabétiques.
3. Royle, *Ill. Himal.*, p. 60.
4. Webb, dans *Fl. Nigr.*, p. 97.
5. *Ibid.*, p. 204.
6. Thonning, *Pl. Guin.*
7. Brown, *Congo*, p. 6.
8. Guillemin, Perrottet et Richard, *Tentamen fl. Seneg.*
9. Sloane, *Jam.*, II, p. 168.
10. P. Brown, *Jam.*, p. 257.
11. Mac-Fadyen, *Fl. Jam.*, p. 9.
12. De Martius, *Fl. Bras.*, fasc. 2, p. 15.
13. Splitgerber, *Nederl. Kruidk. Arch.*, 1, p. 230.

dit *an spontanea?* Le nombre des localités dans cette partie de l'Amérique est assez significatif. Je n'ai pas besoin de rappeler qu'aucun arbre, pour ainsi dire, vivant ailleurs que sur les côtes, n'a été trouvé véritablement aborigène à la fois dans l'Asie, l'Afrique et l'Amérique intertropicales [1]. L'ensemble de mes recherches rend un fait pareil infiniment peu probable, et, si un arbre était assez robuste pour offrir une telle extension, il serait excessivement commun dans tous les pays intertropicaux.

« D'ailleurs les arguments historiques et linguistiques se sont aussi renforcés dans le sens de l'origine américaine. Les détails donnés par Rumphius [2] montrent que l'*Anona squamosa* était une plante nouvellement cultivée dans la plupart de îles de l'archipel Indien. Forster n'indique aucune Anonacée comme cultivée dans les petites îles de la mer Pacifique [3]. Rheede [4] dit l'*A. squamosa* étranger au Malabar, mais transporté dans l'Inde, d'abord par les Chinois et les Arabes, ensuite par les Portugais. Il est certain qu'il est cultivé en Chine et en Cochinchine [5], ainsi qu'aux Philippines [6]; mais depuis quelle époque? C'est ce que nous ignorons. Il est douteux que les Arabes le cultivent [7]. Dans l'Inde on le cultivait du temps de Roxburgh [8], qui n'avait pas vu l'espèce spontanée, et qui ne mentionne qu'un seul nom vulgaire de langue moderne (bengali), le nom *Ata*, qui est déjà dans Rheede. Plus tard, on a cru reconnaître le nom *Gunda-Gatra* comme sanscrit [9]; mais le Dr Royle [10] ayant consulté le célèbre Wilson, auteur du dictionnaire sanscrit, sur l'ancienneté de ce nom, il répondit qu'il avait été tiré du *Sabda chanrika*, compilation moderne comparativement. Les noms de *Ata*, *Ati* se trouvent dans Rheede et Rumphius [11]. Voilà sans doute ce qui a servi de base à l'argumenta-

1. A. de Candolle, *Géogr. bot. raisonnée*, chap. X.
2. Rumphius, 1, p. 139.
3. Forster, *Plantæ esculentæ*.
4. Rheede, *Malab.*, III, p. 22.
5. Loureiro, *Fl. coch.*, p. 427.
6. Blanco, *Fl. Filip.*
7. Cela dépend de l'opinion qu'on se formera sur l'*A. glabra*, Forsk. (*A. asiatica* B. Dun., *Anon.*, p. 71; *A. Forskalii*, D C., *Syst*,. 1, p. 472), qui était cultivé quelquefois dans les jardins de l'Egypte, lorsque Forskal visita ce pays, sous le nom de *Keschta*, c'est-à-dire lait coagule. La rareté de sa culture et le silence des anciens auteurs montrent que c'était une introduction moderne en Egypte. Ebn Baithar (trad. allem. de Sontheimer, 2 vol., 1840) médecin arabe du XIIIe siècle, ne parle d'aucune Anonacée et ne mentionne pas de nom de *Keschta*. Je ne vois pas comment la description et la figure de Forskal (*Descr.*, p. 102, ic. tab. 15) diffèrent de l'*A. squamosa*. L'échantillon de Coquebert, cité dans le *Systema*, concorde assez avec la planche de Forskal; mais, comme il est en fleur et que la planche donne le fruit, l'identité ne peut être bien prouvée.
8. Roxburgh, *Fl. Ind.*, ed. 1832, v. 2. p. 657
9. Piddington *Index*, 6 p.
10. Royle, *Ill. Him.*, p. 60.
11. Rheede et Rumphius, 1, p.l 39.

tion de Saint-Hilaire; mais un nom bien voisin est donné au Mexique à l'*Anona squamosa*. Ce nom est *Ate*, *Ahate de Panucho*, qui se trouve dans Hernandez [1] avec deux figures assez semblables et assez médiocres, qu'on peut rapporter ou à l'*A. squamosa*, avec Dunal [2], ou à l'*A. Cherimolia*, avec de Martius [3]. Oviedo emploie le nom de *Anon* [4]. Il est très possible que le nom de *Ata* soit venu au Brésil du Mexique et des pays voisins. Il se peut aussi, je le reconnais, qu'il vienne des colonies portugaises des Indes orientales. De Martius dit cependant l'espèce importée des Antilles [5]. Je ne sais s'il en a eu la preuve ou si elle résulte de l'ouvrage d'Oviedo, qu'il cite et que je ne puis consulter. L'article d'Oviedo, transcrit dans Marcgraf [6], décrit l'*A. squamosa* sans parler de son origine.

« L'ensemble des faits est de plus en plus favorable à l'origine américaine. La localité où l'espèce s'est montrée le plus spontanée est celle des forêts de Para. La culture en est ancienne en Amérique, puisque Oviedo est un des premiers auteurs (1535) qui aient écrit sur ce pays. Sans doute la culture est aussi d'une date assez ancienne en Asie, et voilà ce qui rend le problème curieux. Il ne m'est pas prouvé cependant qu'elle soit antérieure à la découverte de l'Amérique, et il me semble qu'un arbre fruitier aussi agréable se serait répandu davantage dans l'ancien monde, s'il y avait existé de tout temps. On serait d'ailleurs fort embarrassé d'expliquer sa culture en Amérique au commencement du XVIe siècle en supposant une origine de l'ancien monde.

Depuis que je m'exprimais ainsi, je remarque les faits suivants publiés par divers auteurs.

1° L'argument tiré de ce qu'aucune espèce du genre Anona n'est asiatique est plus fort que jamais. L'*A. asiatica*, Linné, reposait sur des erreurs (voir ma note, dans *Géogr. bot.*, p. 862). L'*A. obtusifolia*, Tussac, *Fl. des Antilles*, I. p. 191, pl. 28, cultivé jadis à Saint-Domingue, comme d'origine asiatique, est peut-être fondé sur une erreur. Je soupçonne qu'on a dessiné la fleur d'une espèce (*A. muricata*) et le fruit d'une autre (*A. squamosa*). On n'a point découvert d'Anona en Asie, mais on en connaît aujourd'hui quatre ou cinq en Afrique, au lieu d'une ou deux [7], et un nombre plus considérable qu'autrefois en Amérique.

1. Hernandez, p. 348 et 454.
2. Dunal, *Mém. Anon.*, p. 70.
3. De Martius, *Fl. bras.*, fasc. 2, p. 15.
4. De là vient le nom de genre *Anona*, que Linné a changé en *Annona*, (provision), parce qu'il ne voulait aucun nom des langues barbares et qu'il ne craignait pas les jeux de mots.
5. De Martius, *l. c.*
6. Marcgraf, *Brasil*, p. 94.
7. Voir Baker, *Flora of Mauritius*, p. 3. L'identité admise par M. Oliver, *Flora of trop. Africa*, 1, p. 16, de l'*A. palustris* d'Amérique avec celui de

2° Les auteurs de flores récentes d'Asie n'hésitent pas à considérer les Anona, en particulier l'*A. squamosa*, qu'on rencontre çà et là avec l'apparence spontanée, comme naturalisés autour des cultures et des établissements européens [1].

3° Dans les nouvelles flores africaines déjà citées, l'*A. squamosa* et les autres, dont je parlerai tout à l'heure, sont indiqués toujours comme des espèces cultivées.

4° L'horticulteur Mac Nab a trouvé l'*A. squamosa* dans les plaines sèches de la Jamaïque [2], ce qui confirme les anciens auteurs. Eggers [3] dit cette espèce commune dans les taillis (thickets) des îles Saint-Croix et Vierges. Je ne vois pas qu'on l'ait trouvée sauvage à Cuba.

5° Sur le continent américain, on la donne pour cultivée [4]. Cependant M. André m'a communiqué un échantillon, d'une localité pierreuse de la vallée de la Magdelena, qui paraît appartenir à cette espèce et être spontané. Le fruit manque, ce qui rend la détermination douteuse. D'après la note sur l'étiquette, c'est un fruit délicieux, analogue à celui de l'*A. squamosa*. M. Warming [5] cite l'espèce comme cultivée à Lagoa-Santa, du Brésil. Elle paraît donc plutôt cultivée ou naturalisée à Para, à la Guyane et dans la Nouvelle-Grenade, par un effet des cultures.

En définitive, on ne peut guère douter, ce me semble, qu'elle ne soit d'Amérique et même spécialement des Antilles.

**Corossol.** — *Anona muricata*, Linné. — En Anglais *Sour sop*.

Cet arbre fruitier [6], introduit dans toutes les colonies des pays tropicaux, est spontané aux Antilles; du moins, on a constaté son existence dans les îles de Cuba, Saint-Domingue, la Jamaïque et dans plusieurs des petites îles [7]. Il se naturalise quelquefois sur le continent de l'Amérique méridionale, près des habitations [8]. M. E. André en a rapporté des échantillons

Sénégambie, me paraît très extraordinaire, quoiqu'il s'agisse d'une espèce croissant dans des marais, c'est-à-dire offrant peut-être une habitation vaste.

1. Hooker, *Flora of brit. India*, 1, p. 78; Miquel, *Flora indo-batava*, 1, part. 2, p. 33; Kurz, *forest flora of brit. Burma*, 1, p. 46; Stewart et Brandis, *Forest of India*, p. 6.
2. Grisebach, *Flora of brit. W. India*, p. 5.
3. Eggers, *Flora of St-Croix and Virgin islands*, p. 23.
4. Triana et Planchon, *Prodr. fl. novo-granatensis*, p. 29; Sagot, *Journ. soc. d'hortic.*, 1872.
5. Warming, *Symbolæ ad fl. bras.*. 16, p. 434.
6. Figuré dans Descourtilz, *Fl. méd. des Antilles*, 2, pl. 87, et dans Tussac, *Fl. des Antilles*, 2, pl. 24.
7. Richard, *Plantes vasculaires de Cuba*, p. 29; Swartz, *Obs.*, p, 221; P. Brown, *Jamaïque*, p. 255; Mac-Fadyen, *Fl. Jamaïq.*, p. 7; Eggers, *Fl. of Sainte-Croix*, p. 23; Grisebach *Fl. brit. W. India*, p. 4.
8. Martius, *Fl. brasil.*, fasc. 2, p. 4; Splitgerber, *Plant. de Surinam*, dans *Nederl. Kruidk. Arch.*, 1, p. 226.

de la région de la Cauca, dans la Nouvelle-Grenade, mais il n'affirme pas qu'ils soient spontanés, et je vois que M. Triana (Prodr. fl. granat.) le mentionne comme cultivé seulement.

**Cœur de bœuf.** — *Anona reticulata*, Linné. — En anglais *Custard apple* (dans les Antilles), *Bullocks' heart* (dans l'Inde).

Cet *Anona*, figuré dans Descourtilz, *Flore médicale des Antilles*, 2, pl. 82 et dans le *Botanical magazine*, pl. 2912, est spontané aux Antilles, par exemple dans les îles de Cuba, la Jamaïque, Saint-Vincent, la Guadeloupe, Saint-Croix, les Barbades [1] et encore dans l'île de Taboga, de la baie de Panama [2] et dans la province d'Antioquia, de la Nouvelle-Grenade [3]. Si dans ces dernières localités il est aussi sauvage que dans les Antilles, son habitation s'étend probablement dans plusieurs des Etats de l'Amérique centrale et de la Nouvelle-Grenade.

Quoique le fruit du Cœur de bœuf soit peu estimé, on a introduit l'espèce dans la plupart des colonies des régions tropicales. Rheede et Rumphius l'avaient vu déjà dans les plantations de l'Asie méridionale. D'après Welwitsch, il se naturalise, hors des jardins, dans le pays d'Angola, de l'Afrique occidentale [4], ce qui est arrivé aussi dans l'Inde anglaise [5].

**Cherimolia.** — *Anona Cherimolia*, Lamarck.

Le *Cherimolia*, ou *Chirimoya*, n'est pas cultivé dans les colonies aussi généralement que les espèces précédentes, malgré l'excellence de son fruit. C'est probablement ce qui fait qu'on n'a pas encore publié du fruit même une figure moins mauvaise que celle de Feuillée (*Obs.* 3, pl. 17), tandis que la fleur est bien représentée dans la planche 2011 du *Botanical magazine*, sous le nom d'*A. tripetala*.

Voici comment je m'exprimais en 1855 sur l'origine de l'espèce [6] :

« Le Cherimolia est indiqué, par de Lamarck et Dunal, comme croissant au Pérou ; mais Feuillée, qui en a parlé le premier [7], le mentionne comme cultivé. Mac-Fadyen [8] le dit abondant sur les montagnes de Port-Royal, de la Jamaïque ; mais il ajoute qu'il est originaire du Pérou et doit avoir été introduit depuis longtemps, d'où il semble que l'espèce est cultivée dans les plantations des parties élevées plutôt que spontanée. Sloane n'en

1. Richard, *l. c.*; Mac-Fadyen, *l. c*; Grisebach, *l. c.*; Eggers, *l. c.*; Swartz, *Obs.*, p. 222; Maycock, *Fl. Barbad.*, p. 233.
2. Seeman, *Botany of Herald*, p. 75.
3. Triana et Planchon, *Prodr. Fl. Novo-granatensis*, p. 29.
4. Oliver, *Flora of tropical Africa*, 1, p. 15.
5. Sir J. Hooker, *Flora brit. India*, 1, p. 78.
6. De Candolle, *Géogr. bot. rais.*, p. 863.
7. Feuillée, *Obs.*, III, p. 23, t. 17.
8. Mac-Fadyen, *Fl. Jam.*, p. 10.

parle pas. MM. de Humboldt et Bonpland l'ont vu cultivé dans le Venezuela et la Nouvelle-Grenade ; de Martius au Brésil [1], où les graines en avaient été obtenues du Pérou. L'espèce est cultivée aux îles du Cap-Vert et sur la côte de Guinée [2] ; mais il ne paraît pas qu'on l'ait répandue en Asie. Son origine américaine est évidente. Je n'oserais pourtant pas aller plus loin et affirmer qu'elle est du Pérou, plutôt que de la Nouvelle-Grenade ou même du Mexique. On la trouvera probablement sauvage dans une de ces régions. Meyen ne l'a pas rapportée du Pérou [3]. »

Mes doutes sont diminués aujourd'hui, grâce à une communication obligeante de M. Ed. André. Je dirai d'abord que j'ai vu des échantillons du Mexique, recueillis par Botteri et par Bourgeau, et que les auteurs indiquent souvent l'espèce dans cette région, aux Antilles, dans l'Amérique centrale et la Nouvelle-Grenade. Ils ne disent pas, il est vrai, qu'elle y soit sauvage. Au contraire, ils notent qu'elle est cultivée, ou qu'elle s'échappe des jardins et se naturalise [4]. Grisebach affirme qu'elle est spontanée du Pérou au Mexique, sans en donner la preuve. M. André a récolté, dans une vallée du sud-ouest de l'Equateur, des échantillons qui se rapportent bien à l'espèce, autant qu'on peut l'affirmer sans voir les fruits. Il ne dit rien de la qualité spontanée, mais le soin avec lequel il indique dans d'autres cas les plantes cultivées ou venant peut-être des cultures me fait croire qu'il a regardé ses échantillons comme spontanés. Claude Gay dit que l'espèce est cultivée au Chili depuis un temps immémorial [5]. Cependant Molina, qui mentionne plusieurs arbres fruitiers des anciennes cultures du pays, n'en parle pas [6].

En résumé je regarde comme très probable que l'espèce est indigène dans l'Equateur et peut-être, dans le voisinage, au Pérou.

**Orangers et citronniers.** — *Citrus*, Linné.

Les différentes formes de citrons, limons, oranges, pamplemousses, etc., cultivés dans les jardins ont été l'objet de travaux remarquables de quelques horticulteurs, parmi lesquels il faut citer en première ligne Gallesio et Risso [7]. Les difficultés étaient très grandes pour observer et classer tant de formes. On avait obtenu d'assez bons résultats, mais il faut convenir que la méthode péchait par la base, puisque les végétaux observés étaient

1. De Martius, *Fl. brasil.*, fasc. 3, p. 15.
2. Hooker, *Fl. Nigr.*, p. 205.
3. *Nov. act. nat. cur.*, XIX, suppl. 1.
4. Richard, *Plant. vasc. de Cuba*; Grisebach, *Fl. brit. W. Ind. islands*; Hemsley, *Biologia centrali-amer.*, p. 118; Kunth, in Humb. et Bonpland, *Nova Gen.*, 5, p. 57; Triana et Planchon., *Prodr. fl. Novo-Granat.*, p. 28.
5. Gay, *Flora chil.*, 1, p. 66.
6. Molina, traduction française.
7. Gallesio, *Traité du Citrus*, in-8, Paris, 1811; Risso et Poiteau, *Histoire naturelle des Orangers*, 1818, in-folio, 109 planches.

uniquement cultivés, c'est-à-dire plus ou moins factices et peut-être, dans certains cas, hybrides. Les botanistes sont plus heureux maintenant. Grâce aux découvertes des voyageurs dans l'Inde anglaise, ils peuvent distinguer des espèces spontanées, par conséquent réelles et naturelles. D'après sir Joseph Hooker [1], qui a lui-même herborisé dans l'Inde, c'est à Brandis [2] qu'on doit le meilleur travail sur les Citrus de cette région. Il le suit dans sa flore. Je ferai de même, à défaut d'une monographie du genre, et en remarquant aussi qu'il reste à rapporter le mieux possible aux espèces spontanées la multitude des formes qui ont été décrites dans les jardins et figurées depuis deux siècles [3].

Les mêmes espèces, et d'autres peut-être, existent probablement à l'état sauvage en Cochinchine et en Chine; mais on ne l'a pas encore constaté sur place ni au moyen d'échantillons examinés par des botanistes. Peut-être les ouvrages importants de M. Pierre, qui commencent à paraître, nous feront-ils savoir ce qu'il en est pour la Cochinchine. Quant à la Chine, je citerai le passage suivant du Dr Bretschneider [4], qui a de l'intérêt, vu les connaissances spéciales de l'auteur : « Les oranges, dont il y a une grande variété en Chine, sont comptées par les Chinois dans le nombre des fruits sauvages. On ne peut pas douter que la plupart ne soient indigènes et cultivées depuis des temps anciens. La preuve en est que chaque espèce ou variété porte un nom distinct, est en outre représentée le plus souvent par un caractère particulier, et se trouve mentionnée dans les Shu-king, Rh-ya et autres anciens ouvrages. »

Les hommes et les oiseaux dispersent les graines d'Aurantiacées, d'où résultent des extensions d'habitation et des naturalisations dans les régions chaudes des deux mondes. On a pu le remarquer en Amérique dès le premier siècle après la conquête [5], et maintenant il s'est formé des bois d'orangers même dans le midi des Etats-Unis.

**Pompelmouse.** — *Citrus decumana*, Willdenow. — *Skaddock*, des Anglais.

Je parlerai d'abord de cette espèce, parce qu'elle a un caractère botanique plus distinct que les autres. Elle devient un

1. Hooker, *Flora of british India*, 1, p. 515.
2. Stewart et Brandis, *The forest of north-west and central India*, 1 vol. in-8, p. 50.
3. Pour arriver à un travail de ce genre, le premier pas serait de publier de bonnes figures des espèces spontanées, montrant en particulier leurs fruits, qu'on ne voit pas dans les herbiers. On pourrait alors dire quelles sont, dans les planches de Risso, de Duhamel et autres, celles qui s'approchent le plus des types sauvages.
4. Bretschneider, *On the study and value of chinese botanical works*, p. 55.
5. Acosta, *Hist. nat. des Indes*, traduction française, 1598, p. 187.

plus grand arbre, et elle est seule à avoir les jeunes pousses et le dessous des feuilles pubescents. Le fruit est sphérique ou à peu près, plus gros qu'une orange, quelquefois même aussi gros qu'une tête d'homme. Le jus est d'une acidité modérée, la peau remarquablement épaisse. On peut voir de bonnes figures du fruit dans le nouveau Duhamel, 7, pl. 42, et dans Tussac, *Flore des Antilles*, 3, pl. 17, 18.

Le nombre des variétés dans l'archipel du midi de l'Asie indique une ancienne culture. On ne connaît pas encore d'une manière bien précise le pays d'origine, parce que des pieds qui paraissent indigènes peuvent venir de naturalisations, suites d'une culture fréquente. Roxburgh dit qu'à Calcutta on avait reçu l'espèce de Java [1], et Rumphius [2] la croyait originaire du midi de la Chine. Ni lui ni les botanistes modernes ne l'ont vue à l'état sauvage dans l'archipel Indien [3]. En Chine, l'espèce a un nom simple, *Yu ;* mais le signe caractéristique [4] paraît trop compliqué pour une plante véritablement indigène. Selon Loureiro, cet arbre est commun en Chine et en Cochinchine, ce qui ne veut pas dire qu'il y soit spontané [5]. C'est dans les îles à l'est de l'archipel Indien qu'on trouve le plus d'indices d'une existence sauvage. Forster [6] disait déjà autrefois de cette espèce : « très commune dans les îles des Amis. » Seemann [7] est plus affirmatif pour les îles Fidji : « Extrêmement commune, dit-il, et couvrant le bord des rivières. »

Il serait singulier qu'un arbre aussi cultivé dans toute l'Asie méridionale se fût naturalisé à ce point dans certaines îles de la mer Pacifique, tandis que cela n'a guère été vu ailleurs. Il en est probablement originaire, ce qui n'empêche pas qu'on le trouvera peut-être sauvage dans d'autres îles plus rapprochées de Java.

Le nom de *Pompelmouse* est hollandais (*Pompelmoes*). Celui de *Shaddock* vient de ce qu'un capitaine de ce nom avait apporté le premier l'espèce aux Antilles [8].

**Cédratier, Citronnier, Limonier.** — *Citrus medica*, Linné.

Cet arbre, de même que l'Oranger ordinaire, est glabre dans toutes ses parties. Son fruit, plus long que large, est surmonté, dans la plupart des variétés, par une sorte de mamelon. Le suc est plus ou moins acide. Les jeunes pousses et les pétales sont

1. Roxburgh, *Flora indica*, ed. 1832, 3, p. 393.
2. Rumphius, *Hortus amboinensis*, 2, p. 98.
3. Miquel, *Flora indo-batava*, 1, part. 2, p. 526.
4. Bretschneider, *l. c.*
5. Loureiro, *Fl. Cochinch.*, 2, p. 572. Pour une autre espèce du genre il sait bien dire qu'elle est cultivée et non cultivée, p. 569.
6. Forster, *De plantis esculentis oceani australis*, p. 35.
7. Seemann, *Flora Vitiensis*, p. 33.
8. Plukenet, *Almagestes*, p. 239 ; Sloane, *Jamaique*, 1, p. 41.

fréquemment teintés de rouge. La peau du fruit est souvent bosselée, très épaisse dans certaines sous-variétés [1].

Brandis et sir Joseph Hooker distinguent quatre variétés cultivées :

1° *Citrus medica proprement dit* (Cédratier des Français ; Citron des Anglais; Cedro des Italiens); à gros fruit non sphérique, dont la peau, très aromatique, est couverte de bosselures, et dont le suc, peu abondant, n'est pas très acide. D'après Brandis, il se nommait *Vijapûra* en sanscrit.

2° *Citrus medica Limonum* (Citronnier des Français ; Lemon des Anglais); à fruit moyen, non sphérique, et suc abondant, acide.

3° *C. medica acida* (*C. acida* Roxburgh) ; à petites fleurs, fruit ordinairement petit, de forme variable, et suc très acide. D'après Brandis, il se nommait *Jambira* en sanscrit.

4° *Citrus medica Limetta* (*C. Limetta* et *C. Lumia* de Risso); à fleurs semblables à celles de la variété précédente, mais à fruit sphérique et suc doux, pas aromatique. Dans l'Inde, on le nomme *Sweet Lime*, c'est-à-dire Limon doux.

Le botaniste Wight affirme que cette dernière variété est sauvage dans les monts Nilghiris, de la péninsule indienne. D'autres formes, qui se rapportent plus ou moins exactement aux trois autres variétés, ont été trouvées par plusieurs botanistes anglo-indiens [2], à l'état sauvage, dans les régions chaudes au pied de l'Himalaya, du Garwal au Sikkim, dans le sud-est à Chittagong et Burma, enfin au sud-ouest dans les Ghats occidentaux et les monts Satpura. Il n'est pas douteux, d'après cela, que l'espèce ne soit originaire de l'Inde, et même sous différentes formes, dont l'ancienneté se perd dans la nuit des temps préhistoriques.

Je doute que sa patrie s'étende vers la Chine ou les îles de l'archipel asiatique. Loureiro mentionne le *Citrus medica*, en Cochinchine, seulement comme cultivé, et Bretschneider nous apprend que le *Lemon* a des noms chinois qui n'existent pas dans les anciens ouvrages et qui ont des signes compliqués dans l'écriture, ce qui indique une espèce plutôt étrangère. Il peut, dit-il, avoir été introduit. Au Japon, l'espèce est seulement cultivée [3]. Enfin plusieurs des figures de Rumphius montrent des variétés cultivées dans les îles de la Sonde, mais dont aucune n'est considérée par l'auteur comme vraiment sauvage et originaire du pays. Pour indiquer la localité, il se sert quelquefois de l'expression *in hortis sylvestribus*, qu'on peut traduire par « les bosquets ». En parlant de son *Lemon Sussu* (vol. 2, pl. 25), qui est un *Citrus medica* à fruit ellipsoïde acide, il dit qu'on l'a introduit à Amboine, mais qu'il est plus commun à Java : « le

1. Cédrat à gros fruit du nouveau Duhamel, 7, p. 68, pl. 22.

2. Royle, *Ill. Himalaya*, p. 129 ; Brandis, *Forest flora*, p. 52 ; Hooker, *Flora of brit. India*, 1, p. 514.

3. Franchet et Savatier, *Enum. plant. Japoniæ*, p. 129.

plus souvent dans les forêts. » Ce peut être l'effet d'une naturalisation accidentelle, par suite des cultures. Miquel, dans sa flore moderne des Indes hollandaises [1], n'hésite pas à dire que les *C. medica* et *Limonum* sont seulement cultivés dans l'Archipel.

La culture des variétés plus ou moins acides s'est répandue de bonne heure dans l'Asie occidentale, du moins dans la Mésopotamie et la Médie. On ne peut guère en douter, puisque deux formes avaient des noms sanscrits, et que d'ailleurs les Grecs ont eu connaissance du fruit par les Mèdes, d'où est venu le nom de *Citrus medica*. Théophraste [2] en a parlé le premier, sous le nom de Pomme de *Médie* et de *Perse*, dans une phrase souvent répétée et commentée depuis deux siècles [3]. Elle s'applique évidemment au *Citrus medica;* mais, tout en expliquant de quelle manière on sème la graine dans des vases, pour les transplanter ensuite, l'auteur ne dit pas si cela se pratiquait en Grèce ou s'il décrivait un usage des Mèdes. Probablement, les Grecs ne cultivaient pas encore le Cédratier, car les Romains ne l'avaient pas dans leurs jardins au commencement de l'ère chrétienne. Dioscoride, né en Cilicie et qui écrivait dans le Ier siècle, en parle [4] à peu près dans les mêmes termes que Théophraste. On estime que l'espèce a été cultivée en Italie dans le IIIe ou le IVe siècle, après des tentatives multipliées [5]. Palladius, dans le Ve siècle, en parle comme d'une culture bien établie.

L'ignorance des Romains de l'époque classique au sujet des plantes étrangères à leur pays les a fait confondre, sous le nom de *lignum citreum*, le bois du *Citrus*, avec celui du *Cedrus*, dont on faisait de fort belles tables, et qui était un Cèdre ou un Thuya, de la famille toute différente des Conifères.

Les Hébreux ont dû avoir connaissance du Cédratier avant les Romains, à cause de leurs rapports fréquents avec la Perse, la Médie et les contrées voisines. L'usage des Juifs modernes de se présenter à la synagogue, le jour des Tabernacles, un cédrat à la main, avait fait croire que le mot *Hadar* du Lévitique signifiait citron ou cédrat; mais Risso a montré, par la comparaison des anciens textes, que ce mot signifie un beau fruit ou le fruit d'un bel arbre. Il croit même que les Hébreux ne connaissaient pas le Citronnier ou Cédratier au commencement de notre ère, parce que la version de Septante traduit *Hadar* par fruit d'un très bel arbre. Toutefois les Grecs ayant vu le Cédratier en Médie et en Perse du temps de Théophraste, trois siècles avant Jésus-Christ, il serait singulier que les Hébreux n'en aient pas eu

1. Miquel, *Flora indo-bat.*, 1, part. 2, p. 528.
2. Theophrastes, l 4, c. 4.
3. Bodæus dans Theophrastes, ed. 1644, p. 322, 343; Risso, *Traité du Citrus*, p. 198; Targioni, *Cenni storici*, p. 196.
4. Dioscorides, 1, p. 166.
5. Targioni, *l. c.*

connaissance lors de leur captivité à Babylone. D'ailleurs l'historien Josèphe dit que, de son temps, les Juifs portaient à leur fête des pommes de Perse, *malum persicum*, et c'est un des noms du cédrat chez les Grecs.

Les variétés à fruit très acide, comme le *Limonum* et l'*acida*, n'ont peut-être pas attiré l'attention aussi promptement que le Cédratier, cependant l'odeur aromatique intense, dont parlent Théophraste et Dioscoride, paraît les indiquer. Ce sont les Arabes qui ont étendu beaucoup la culture du Limonier (Citronnier des Français) en Afrique et en Europe. D'après Gallesio, ils l'ont portée, dans le xe siècle de notre ère, des jardins de l'Oman en Palestine et en Egypte. Jacques de Vitry, dans le XIIIe siècle, décrit très bien le limon, qu'il avait vu en Palestine. Un auteur, appelé Falcando, mentionne, en 1260, des « Lumias » très acides, qu'on cultivait autour de Palerme, et la Toscane les avait aussi à la même époque [1].

**Oranger.** — *Citrus Aurantium*, Linné (excl. var. γ). *Citrus Aurantium* Risso.

Les Orangers se distinguent des Pompelmouses (*C. decumana*) par l'absence complète de poils sur les jeunes pousses et sur les feuilles, par un fruit moins gros, toujours de forme sphérique, par la peau de ce fruit moins épaisse ; et des Cédratiers (*C. medica*) par les fleurs entièrement blanches, le fruit jamais allongé, sans mamelon au sommet, à peau peu ou point bosselée, médiocrement adhérente avec la partie juteuse.

Ni Risso dans son excellent traité du Citrus, ni les auteurs modernes, comme Brandis et sir Joseph Hooker, n'ont pu indiquer un autre caractère que la saveur pour distinguer l'Oranger à fruits plus ou moins amers, soit *Bigaradier*, de l'*Oranger proprement dit*, à fruit doux. Cette différence me paraissait si peu de chose, au point de vue botanique, lorsque j'ai étudié la question d'origine en 1855, que j'inclinais à considérer, avec Risso, les deux sortes d'Orangers comme de simples variétés. Les auteurs actuels anglo-indiens font de même. Ils ajoutent une troisième variété, qu'ils nomment *Bergamia*, pour la *Bergamote*, dont la fleur est plus petite et le fruit sphérique ou pyriforme, plus petit que l'orange commune, aromatique et légèrement acide.

Cette dernière forme n'a pas été trouvée sauvage et me paraît plutôt un produit de la culture.

On demande souvent si les oranges douces donnent quand on les sème des oranges douces, et les bigarades des oranges amères. C'est assez indifférent au point de vue de la distinction en espèces ou variétés, car nous savons que, dans les deux règnes, tous les caractères sont plus ou moins héréditaires, que certaines

1. Targioni, *l. c.*, p. 217.

variétés le sont si habituellement qu'il faut les nommer des races et que la distinction en espèces doit, par conséquent, se baser sur d'autres considérations, comme l'absence de formes intermédiaires ou le défaut de fécondation croisée donnant des produits eux-mêmes féconds. La question ne manque cependant pas d'intérêt dans le cas actuel, et je répondrai que les expériences ont donné des résultats parfois contradictoires.

Gallesio, excellent observateur, s'exprime de la manière suivante : « J'ai semé pendant une longue suite d'années des pépins d'orange douce, tantôt pris sur des arbres francs, tantôt sur des orangers greffés sur bigaradier ou sur limonier. J'ai toujours eu des arbres à fruits doux. Ce résultat est constaté depuis plus de soixante ans par tous les jardiniers du Finalais. Il n'y a pas un exemple d'un bigaradier sorti de semis d'orange douce, ni d'un oranger à fruits doux sorti de la semence de bigaradier...... En 1709, la gelée ayant fait périr les orangers de Finale, on avait pris l'habitude d'élever des orangers à fruits doux de semences; il n'y eut pas une seule de ces plantes qui ne portât des fruits à jus doux [1]. »

Mac-Fadyen dit, au contraire, dans sa flore de la Jamaïque : « C'est un fait établi, familier à tous ceux qui ont vécu quelque temps dans cette île, que la graine des oranges douces donne très souvent des arbres à fruits amers (bitter), ce dont des exemples bien prouvés sont arrivés à ma connaissance personnelle. Je n'ai pas ouï dire cependant que des graines d'orange amère aient jamais donné des fruits doux. ..... Ainsi, continue judicieusement l'auteur, l'oranger amer était le type primitif [2]. » Il prétend que dans les sols calcaires l'oranger doux se conserve de graines, tandis que dans les autres sols, à la Jamaïque, il donne des fruits plus ou moins acides (sour) ou amers (bitter). Duchassaing dit qu'à la Guadeloupe les graines d'oranges douces donnent souvent des fruits amers [3], tandis que, d'après le Dr Ernst, à Caracas, elles donnent quelquefois des fruits acides, mais non amers [4]. Brandis raconte qu'à Khasia, dans l'Inde, autant qu'il a pu le vérifier, les vergers très étendus d'orangers doux viennent de graines. Ces diversités montrent le degré variable de l'hérédité et confirment l'opinion qu'il faut voir dans les deux sortes d'orangers deux variétés, non deux espèces.

Je suis obligé cependant de les énumérer l'une après l'autre, pour expliquer leur origine et l'extension de leur culture à diverses époques.

1° *Bigaradier*, *Arancio forte* des Italiens, *Pomeranze* des Allemands. — *Citrus vulgaris*, Risso — *C. Aurantium* var. *Bigaradia*, Brandis et Hooker.

1. Gallesio, *Traité du Citrus*, p. 32, 67, 355, 357.
2. Mac-Fadyen, *Flora of Jamaica*, p. 129 et 130.
3. Cité dans Grisebach, *Veget. Karaiben*, p. 34.
4. Ernst, dans Seeman, *Journ. of bot.*, 1867, p. 272.

Il était inconnu aux Grecs et aux Romains, de même que l'oranger doux. Comme ils avaient eu des relations avec l'Inde et Ceylan, Gallesio présume que ces arbres n'étaient pas cultivés de leur temps dans la partie occidentale de l'Inde. Il a étudié, sous ce point de vue, les anciens voyageurs et géographes, tels que Diodore de Sicile, Néarque, Arianus, et n'a trouvé chez eux aucune mention des orangers. Cependant le sanscrit avait un nom pour l'orange, *Nagarunga*, *Nagrunga* [1]. C'est même de là qu'est venu le mot Orange, car les Hindous en ont fait *Narungee* (prononcez *Naroudji*) d'après Royle, *Nerunga* d'après Piddington, les *Arabes* Narunj, d'après Gallesio, les Italiens *Naranzi*, *Arangi*, et dans le moyen âge on a dit en latin *Arancium*, *Arangium*, puis *Aurantium* [2]. Mais le nom sanscrit s'appliquait-il à l'orange amère ou à l'orange douce? Le philologue Adolphe Pictet m'a donné jadis un renseignement curieux sur ce point. Il avait cherché dans les ouvrages sanscrits les noms significatifs donnés à l'orange ou à l'oranger et en avait trouvé 17, qui tous font allusion à la couleur, l'odeur, la qualité acide (danta catha, nuisible aux dents), le lieu de croissance, etc., jamais à une saveur douce ou agréable. Cette multitude de noms analogues à des épithètes montre un fruit anciennement connu, mais d'une saveur bien différente de l'orange douce. D'ailleurs les Arabes, qui ont transporté les orangers vers l'Occident, ont connu d'abord l'orange amère, lui ont appliqué le nom *Narunj* [3], et leurs médecins, dès le xe siècle, ont prescrit le suc amer du Bigaradier [4]. Les recherches approfondies de Gallesio montrent que l'espèce s'était répandue depuis les Romains du côté du golfe Persique, et à la fin du IXe siècle en Arabie, par l'Oman, Bassora, Irak et la Syrie, selon le témoignage de l'auteur arabe Massoudi. Les croisés virent le Bigaradier en Palestine. On le cultivait en Sicile dès l'année 1002, probablement à la suite des incursions des Arabes. Ce sont eux qui l'ont introduit en Espagne, et vraisemblablement aussi dans l'Afrique orientale. Les Portugais le trouvèrent établi sur cette côte lorsqu'ils doublèrent le Cap, en 1498 [5].

Rien ne peut faire présumer que l'orange amère ou douce existât en Afrique avant le moyen âge, car la fable du jardin des Hespérides peut concerner une Aurantiacée quelconque, et chacun peut la placer où il veut, l'imagination des anciens étant d'une fertilité singulière.

1. Roxburgh, *Fl. ind.*, ed. 1832, v. 2, p. 392 ; Piddington, *Index*.
2. Gallesio, p. 122.
3. Dans les langues modernes de l'Inde, le nom sanscrit a été appliqué à l'orange douce, selon le témoignage de Brandis, par une de ces transpositions qui sont fréquentes dans le langage populaire.
4. Gallesio, p. 122, 247, 248.
5. Gallesio, p. 240. M. Goeze, *Beitrag zur Kenntniss der Orangengewachse*, 80, 1874, p. 13, cite d'anciens voyageurs portugais pour le même fait.

Les premiers botanistes anglo-indiens tels que Roxburgh, Royle, Griffith, Wight, n'avaient pas rencontré le Bigaradier sauvage ; mais toutes les probabilités indiquaient la région orientale de l'Inde comme sa patrie primitive. Le Dr Wallich a mentionné la localité de Sillet [1], sans affirmer la spontanéité. Après lui, sir Joseph Hooker [2] a vu l'oranger amer bien certainement spontané dans plusieurs districts au midi de l'Himalaya, de Garwal et Sikkim à Khasia. Son fruit était sphérique ou un peu déprimé, de deux pouces de diamètre, très coloré, non mangeable, d'une saveur (si je me souviens bien, dit l'auteur) dégoûtante (mawkish) et amère. Le *Citrus fusca*, de Loureiro [3], semblable, d'après lui, à la planche 23 de Rumphius, et spontané en Cochinchine et en Chine, pourrait bien être le Bigaradier, dont l'habitation s'étendrait vers l'est.

2° *Oranger à fruit doux. Arancio dolce* des Italiens, *Apfelsine* des Allemands — *Citrus Aurantium sinense, Gallesio.*

Selon Royle [4], il existe des oranges douces, sauvages, à Sillet et dans les Nilghiries, mais l'assertion n'est pas accompagnée de détails qui permettent de lui donner de l'importance. D'après le même auteur, l'expédition de Turner avait cueilli des oranges sauvages « délicieuses » à Buxedwar, localité au nord-est de Rungpoor, dans le Bengale. D'un autre côté, les botanistes Brandis et sir Joseph Hooker ne mentionnent pas l'oranger doux comme spontané dans l'Inde anglaise. Ils le disent seulement cultivé. Kurz n'en parle pas du tout dans sa flore forestière du pays Burman anglais. Plus à l'est, en Cochinchine, Loureiro [5] a décrit un *C. Aurantium* à pulpe moitié acide moitié douce (acido-dulcis), qui paraît être l'oranger à fruits doux et qui « habite à l'état cultivé et non cultivé en Cochinchine et en Chine ». Je rappelle que les auteurs chinois considèrent les orangers, en général, comme des arbres de leur pays ; mais on manque d'informations précises sur chaque espèce ou variété, au point de vue de l'indigénat.

D'après l'ensemble de ces documents, l'oranger à fruit doux paraît originaire de la Chine méridionale et de la Cochinchine, avec une extension douteuse et accidentelle, par un effet des semis, dans la région de l'Inde.

Cherchons dans quels pays sa culture a commencé et comment elle s'est propagée. Il en résultera peut-être plus de lumière sur l'origine et sur la distinction des Orangers proprement dits d'avec les Bigaradiers.

Un fruit aussi gros et aussi agréable au goût que l'orange

1. Wallich, *List*, n° 6384.
2. Hooker, *Fl. of brit. India*, 1, p. 515.
3. Loureiro, *Fl. cochinch.*, p. 571.
4. Royle, *Illustr. of Himalaya*, p. 160. Il cite Turner, *Voyage au Thibet*, p. 20 et 387.
5. Loureiro, *Fl. cochinch.* p. 569.

douce n a guère pu exister dans une région sans que l'homme ait essayé de le cultiver. Les semis en sont faciles et donnent presque toujours la même qualité recherchée. Les anciens voyageurs ou historiens ne peuvent pas non plus avoir négligé l'importation d'un arbre fruitier aussi remarquable. Sur ce point historique, les études faites par Gallesio, dans les anciens ouvrages, ont donné des résultats extrêmement intéressants.

Il prouve d'abord que les orangers apportés de l'Inde, par les Arabes, en Palestine, en Egypte, dans le midi de l'Europe et sur la côte orientale de l'Afrique, n'étaient pas l'oranger à fruit doux. Jusqu'au xv^e siècle, les ouvrages arabes et les chroniques ne parlent que d'oranges amères ou aigres. Cependant, lorsque les Portugais arrivèrent dans les îles de l'Asie meridionale, ils trouvèrent des orangers à fruits doux, et ce ne fut pas pour eux, à ce qu'il semble, une nouveauté. Le Florentin qui accompagnait Vasco de Gama et qui a publié la relation du voyage dit : « *Sonvi melarâncie assai, ma tutte dolci* » (Il y a beaucoup d'oranges, mais toutes douces). Ni ce voyageur ni ceux qui suivirent ne témoignèrent de la surprise en goûtant un fruit aussi agréable. Gallesio en infère que les Portugais n'ont pas été les premiers à rapporter les oranges douces de l'Inde, où ils arrivèrent en 1498, ni de Chine, où ils parvinrent en 1518. D'ailleurs une foule d'écrivains du commencement du xvi^e siècle parlent de l'orange douce comme d'un fruit déjà cultivé en Italie et en Espagne. Il y a plusieurs témoignages pour les années 1523 et 1525. Gallesio s'arrête à l'idée que l'orange douce a été introduite en Europe vers le commencement du xv^e siècle [1]; mais Targioni cite, d'après Valeriani, un statut de Fermo, du xiv^e siècle, dans lequel il est question de cédrats, *oranges douces*, etc. [2], et les renseignements recueillis récemment sur l'introduction en Espagne et dans le Portugal par M. Goeze [3], d'après d'anciens auteurs, concordent avec cette même date. Il me paraît donc probable que les oranges reçues plus tard, de Chine, par les Portugais, étaient seulement meilleures que celles connues auparavant en Europe, et que les noms vulgaires d'oranges de Portugal et de Lisbonne sont dus à cette circonstance.

Si l'orange douce avait été cultivée très anciennement dans l'Inde, elle aurait eu un nom spécial en sanscrit, les Grecs en auraient eu connaissance dès l'expédition d'Alexandre, et les Hébreux l'auraient reçue de bonne heure par la Mésopotamie. On aurait certainement recherché, cultivé et propagé ce fruit dans l'empire romain, de préférence au Limonier, au Cédratier et au

1. Gallesio, p. 321.

2. La date de ce *Statuto* est donnée par Targioni à la page 205 des *Cenni storici* comme étant l'année 1379, et à la page 213 comme 1309. L'errata ne dit rien sur cette différence.

3. Goeze, *Ein Beitrag zur Kenntniss der Orangengewächse*, Hambourg, 1874, p. 26.

Bigaradier. Son existence dans l'Inde doit donc être moins ancienne.

Dans l'archipel Indien, l'oranger doux était considéré comme venant de Chine [1]. Il se trouvait peu répandu dans les îles de la mer Pacifique à l'époque du voyage de Cook [2].

Nous revenons ainsi, par toutes les voies, à l'idée que la variété douce de l'oranger est sortie de Chine et de Cochinchine, et qu'elle s'est répandue dans l'Inde peut-être vers le commencement de l'ère chrétienne. A la suite des cultures, elle a pu se naturaliser dans beaucoup de localités de l'Inde et dans tous les pays tropicaux, mais nous avons vu que les semis ne donnent pas toujours l'oranger à fruit doux. Ce défaut d'hérédité, dans certains cas, est à l'appui d'une dérivation du Bigaradier en Oranger doux, qui serait survenue, à une époque lointaine, en Chine ou en Cochinchine , et aurait été propagée soigneusement à cause de sa valeur horticole.

**Mandarines.** — *Citrus nobilis*, Loureiro.

Cette espèce, caractérisée par son fruit plus petit que l'orange ordinaire, bosselé à la surface, sphérique, mais déprimé en dessus, et d'une saveur particulière, est maintenant recherchée en Europe, comme elle l'a été dès les temps les plus anciens en Chine et en Cochinchine. Les Chinois la nomment *Kan* [3]. Rumphius l'avait vue cultivée dans toutes les îles de la Sonde [4] et dit qu'elle venait de Chine, mais elle ne s'était pas répandue dans l'Inde. Roxburgh et sir Joseph Hooker ne la mentionnent pas, mais M. Clarke m'apprend que sa culture a pris une grande extension dans le district de Khasia. Elle était nouvelle dans les jardins d'Europe, au commencement du XIXe siècle, lorsque Andrews en publia une bonne figure dans le *Botanist repository* (pl. 608).

D'après Loureiro [5], cet arbre, d'une taille moyenne, habite en Cochinchine, et aussi, ajoute-t-il, en Chine, bien qu'il ne l'ait pas vu à Canton. Ce n'est pas une information précise sous le rapport de la qualité spontanée, mais on ne peut pas supposer une autre origine. Selon Kurz [6], l'espèce est seulement cultivée dans la Birmanie anglaise. Si cela se confirme, la patrie serait bornée à la Cochinchine et à quelques provinces de la Chine.

**Mangostan.** — *Garcinia Mangostana*, Linné.

Le *Botanical magazine* a publié une bonne figure (pl. 4847)

1. Rumphius, *Amboin.*, 2, c. 42.
2. Forster, *Plantæ esculentæ*, p. 35.
3. Bretschneider, *On the value of chinese bot. works*, p. 11.
4. Rumphius, *Amboin.*, 2, pl. 34, 35, où cependant la forme du fruit n'est pas celle de notre Mandarine.
5. Loureiro, *Fl. cochinch.*, p. 570.
6. Kurz, *Forest flora of british Burma.*

de cet arbre, de la famille des Guttifères, dont le fruit est considéré comme un des meilleurs qui existent. Il exige un climat très chaud, car Roxburgh n'a pas pu l'obtenir au delà du 23e 1/2 degré de latitude dans l'Inde [1], et transporté à la Jamaïque, il n'a donné que des fruits médiocres [2]. On le cultive dans les îles de la Sonde, la péninsule malaise et à Ceylan.

L'espèce est certainement spontanée dans les forêts des îles de la Sonde [3] et de la péninsule malaise [4]. Parmi les plantes cultivées, c'est une des plus locales, soit pour l'habitation originelle, soit dans la culture. Il est vrai qu'elle appartient à l'une de ces familles où l'aire moyenne des espèces est le plus restreinte.

**Abricotier d'Amérique.** — *Mammea americana,* Jacquin.

De la famille des Guttifères, comme le Mangostan, cet arbre exige aussi beaucoup de chaleur. Les Anglais l'appellent *Mamey* ou *Mammee.* Quoique fort cultivé dans les Antilles et dans les parties les plus chaudes du Venezuela [5], on ne l'a guère transporté ou il n'a pas réussi en Asie et en Afrique, si l'on en juge par le silence de la plupart des auteurs.

Il est certainement indigène dans les forêts de la plupart des Antilles [6]. Jacquin l'indique aussi sur le continent voisin, mais je n'en vois pas de confirmation chez les auteurs modernes.

La meilleure figure publiée est celle de la *Flore des Antilles* de Tussac, 3, pl. 7, à l'occasion de laquelle l'auteur donne beaucoup de détails sur l'emploi du fruit.

**Gombo.** — *Hibiscus esculentus*, Linné.

Les fruits, encore jeunes, de cette Malvacée annuelle sont un des légumes les plus délicats des pays tropicaux. La *Flore des Antilles* de Tussac contient une belle planche de l'espèce et donne tous les détails qu'un gourmet peut désirer sur la manière de préparer le *caloulou*, si cher aux créoles des îles françaises.

Lorsque j'ai essayé autrefois [7] de comprendre d'où vient cette plante, cultivée dans l'ancien et le nouveau monde, l'absence de tout nom sanscrit et le fait que les premiers auteurs sur la flore indienne ne l'avaient pas vue spontanée m'avaient fait écarter l'hypothèse d'une origine asiatique. Cependant la flore moderne

1. Royle, *Ill. Himalaya*, p. 133, et Roxburgh, *Flora indica*, 2, p. 618.
2. Mac-Fadyen, *Flora of Jamaïca*, p. 134.
3. Rumphius, *Amboin.*, 1, p. 133 ; Miquel, *Plantæ Junghun.*, 1, p. 290 ; *Flora indo-batava*, 1, part. 2, p. 506.
4. Hooker, *Fl. of british India*, 1 p. 260.
5. Ernst, dans Seemann, *Journal of botany*, 1867, p. 273 ; Triana et Planchon, *Prodr. fl. Novo-Granat.*, p. 285.
6. Sloane, *Jamaica*, 1. p. 123 ; Jacquin, *Amer.*, p. 268 ; Grisebach, *Fl. of brit. W. India*, p. 118.
7. A. de Candolle, *Géogr. bot. raisonnée*, p. 768.

de l'Inde anglaise [1] l'ayant indiquée comme « probablement native d'origine », j'ai dû faire de nouvelles recherches.

Quoique l'Asie méridionale ait été bien explorée depuis trente ans, on ne cite aucune localité dans laquelle le Gombo serait spontané ou quasi spontané. Il n'y a même pas d'indice d'une culture ancienne en Asie. C'est donc entre l'Afrique et l'Amérique qu'il faut hésiter.

La plante a été vue spontanée aux Antilles par un bon observateur [2], mais je ne découvre aucune assertion semblable venant d'un autre botaniste, soit pour les îles, soit pour le continent américain. Le plus ancien auteur sur la Jamaïque, Sloane [3], n'avait vu l'espèce qu'à l'état de culture. Marcgraf [4] l'avait observée dans les plantations du Brésil, et comme il mentionne un nom du Congo et d'Angola, *Quillobo*, dont les Portugais avaient fait *Quingombo*, l'origine africaine se trouve par cela même indiquée.

MM. Schweinfurth et Ascherson [5] ont vu la plante spontanée dans la région du Nil, en Nubie, Kordofan, Sennaar, Abyssinie et dans le Bahr-el-Abiad, où on la cultive, il est vrai. D'autres voyageurs sont mentionnés pour des échantillons recueillis en Afrique [6], mais on ne dit pas si les plantes étaient cultivées ou spontanées et loin des habitations. Nous serions toujours dans le doute si MM. Flückiger et Hanbury [7] n'avaient fait une découverte bibliographique qui tranche la question. Les Arabes appellent le Gombo *Bamyah* ou *Bâmiat*, et Abul-Abbas-Elnabati, qui avait visité l'Egypte bien avant la découverte de l'Amérique, en 1216, a décrit très clairement le Gombo, cultivé alors par les Egyptiens.

Malgré l'origine, certainement africaine, il ne semble pas que l'espèce ait été cultivée dans la basse Egypte avant l'époque de a domination arabe. On n'en a pas trouvé de preuve dans les monuments anciens, quoique Rosellini ait cru reconnaître la plante dans une figure, qui en est bien différente, selon Unger [8]. L'existence d'un seul nom dans les langues modernes de l'Inde, d'après Piddington, appuie l'idée d'une propagation vers l'Orient depuis l'ère chrétienne.

**Vigne.** — *Vitis vinifera*, Linné.

La vigne croît spontanément dans l'Asie occidentale tempérée,

1. *Flora of british India*, 1, p. 343.
2. Jacquin, *Observationes*, 3, p. 11.
3. Sloane, *Jamaica*, 1, p. 223.
4. Marcgraf, *Hist. plant.*, p. 32, avec figures.
5. Schweinfurth et Ascherson, *Aufzählung*, p. 265, sous le nom d'Abelmoschus.
6. Oliver, *Flora of tropical Africa*, 1, p. 207.
7. Flückiger et Hanbury, *Drogues*, trad. franç., 1, p. 182. La description est dans *Ebn Baithar*, trad. de Sondtheimer, 1, p. 118.
8. Unger, *Die Pflanzen des alten Ægyptens*, p. 50.

l'Europe méridionale, l'Algérie et le Maroc [1]. C'est surtout dans le Pont, en Arménie, au midi du Caucase et de la mer Caspienne, qu'elle présente l'aspect d'une liane sauvage, qui s'élève sur de grands arbres et donne beaucoup de fruits, sans taille ni culture. On mentionne sa végétation vigoureuse dans l'ancienne Bactriane, le Caboul, le Cachemir et même dans le Badakchan, situé au nord de l'Indou-Kousch [2]. Naturellement, on se demande là, comme ailleurs, si les pieds que l'on rencontre ne viennent pas de graines transportées des plantations par les oiseaux. Je remarque cependant que les botanistes les plus dignes de confiance, ceux qui ont le plus parcouru les provinces transcaucasiennes de la Russie, n'hésitent pas sur la spontanéité et l'indigénat de l'espèce dans cette région. C'est en s'éloignant vers l'Inde et l'Arabie, l'Europe et l'Afrique septentrionale qu'on trouve le plus souvent dans les flores l'expression que la vigne est « subspontanée », peut-être sauvage, ou devenue sauvage (verwildert, selon le terme expressif des Allemands).

La dissémination par les oiseaux a dû commencer de très bonne heure, dès que les baies de l'espèce ont existé, avant la culture, avant la migration des plus anciens peuples asiatiques, peut-être avant qu'il existât des hommes en Europe et même en Asie. Toutefois la fréquence des cultures et la multitude des formes de raisins cultivés ont pu étendre les naturalisations et introduire dans les vignes sauvages des diversités tirant leur origine de la culture. A vrai dire, les agents naturels, comme les oiseaux, le vent, les courants, ont toujours agrandi les habitations des espèces, indépendamment de l'homme, jusqu'aux limites qui résultent, dans chaque siècle, des conditions géographiques et physiques et de l'action nuisible d'autres végétaux et d'animaux. Une habitation absolument primitive est plus ou moins un mythe ; mais des habitations successivement étendues ou restreintes sont dans la force des choses. Elles constituent des patries plus ou moins anciennes et réelles, à condition que l'espèce s'y soit maintenue sauvage, sans l'apport incessant de nouvelles graines.

Pour ce qui concerne la vigne, nous avons des preuves d'une ancienneté très grande en Europe, comme en Asie.

Des graines de vigne ont été trouvées sous les habitations lacustres de Castione, près de Parme, qui datent de l'âge du bronze [3], dans une station préhistorique du lac de Varèse [4], et

1. Grisebach, *La végétation du globe*, traduct. française par de Tchihatcheft, 1, p. 162, 163, 442 ; Munby, *Catal. Alger.* ; Ball, *Fl. maroccanæ spicilegium*, p. 392.

2. Adolphe Pictet, *Les origines indo-européennes*, éd. 2, vol. 1, p. 295, cite plusieurs voyageurs pour ces régions, entre autres Wood, *Journey to the sources of the Oxus*.

3. Elles sont figurées dans Heer, *Die Pflanzen der Pfahlbauten*, p. 24, f. 11.

4. Ragazzoni, dans *Rivista arch. della prov. di Como*, 1880, fasc. 17, p. 30 et suivantes.

dans la station lacustre de Wangen, en Suisse, mais dans ce dernier cas à une profondeur incertaine [1]. Bien plus! Des feuilles de vigne ont été trouvées dans les tufs des environs de Montpellier, où elles se sont déposées probablement avant l'époque historique [2], et dans ceux de Meyrargue, en Provence, certainement préhistoriques, quoique postérieurs à l'époque tertiaire des géologues [3].

Dans le pays qu'on peut appeler le centre et qui est peut-être le plus ancien séjour de l'espèce, le midi du Caucace, un botaniste russe, Kolenati [4], a fait des observations très intéressantes sur les différentes formes de vignes, soit spontanées, soit cultivées. Je regarde son travail comme d'autant plus significatif que l'auteur s'est attaché à classer les variétés suivant les caractères de la pubescence et de la nervation des feuilles, choses absolument indifférentes aux cultivateurs et qui doivent représenter, par conséquent, beaucoup mieux les états naturels de l'espèce. D'après lui, les vignes sauvages, dont il a vu une immense quantité entre la mer Noire et la mer Caspienne, se groupent en deux sous-espèces, qu'il décrit, qu'il assure pouvoir reconnaître à distance, et qui seraient le point de départ des vignes cultivées, au moins en Arménie et dans les environs. Il les a reconnues autour du mont Ararat, dans une zone où l'on ne cultive pas la vigne, où même on ne pourrait pas la cultiver. D'autres caractères, par exemple la forme et la couleur des raisins, varient dans chacune des deux sous-espèces. Nous ne pouvons entrer ici dans les détails purement botaniques du mémoire de Kolenati, non plus que dans ceux du travail plus récent de Regel sur le genre *Vitis* [5] ; mais il est bon de constater qu'une espèce cultivée depuis un temps très reculé et qui a maintenant peut-être 2000 formes décrites dans les ouvrages offre, quand elle est spontanée dans la région où elle est très ancienne, et a probablement offert avant toute culture, au moins deux formes principales, avec d'autres d'une importance moindre. Si l'on étudiait avec le même soin les vignes spontanées de la Perse et du Cachemir, du Liban et de Grèce, on trouverait peut-être d'autres sous-espèces d'une ancienneté probablement préhistorique.

1. Heer, *l. c.*
2. Planchon, *Etude sur les tufs de Montpellier*, 1864, p. 63.
3. De Saporta, *La flore des tufs quaternaires de Provence*, 1867, p. 15 et 27.
4. Kolenati, dans *Bulletin de la Société impériale des naturalistes de Moscou*, 1846, p. 279.
5. Regel, dans *Acta horti imp. petrop.*, 1873. Dans cette revue abrégée du genre, M. Regel énonce l'opinion que les *Vitis vinifera* sont le produit hybride et altéré par la culture de deux espèces sauvages, *V. vulpina* et *V. Labrusca;* mais il n'en donne pas de preuves, et ses caractères pour les deux espèces sauvages sont bien peu satisfaisants. Il est fort à désirer que les vignes d'Asie et d'Europe, spontanées ou cultivées, soient comparées dans leurs graines, qui fournissent d'excellentes distinctions, d'après les travaux d'Engelmann sur les Vignes d'Amérique.

L'idée de recueillir le jus des raisins et de profiter de sa fermentation a pu naître chez différents peuples, principalement dans l'Asie occidentale, où la Vigne abondait et prospérait. Adolphe Pictet [1], qui a discuté, après de nombreux auteurs, mais d'une manière plus scientifique, les questions d'histoire, de linguistique et même de mythologie concernant la Vigne chez les peuples de l'antiquité, admet que les Sémites et les Aryas ont également connu l'usage du vin, de sorte qu'ils ont pu l'introduire dans tous les pays où ils ont émigré, jusqu'en Egypte, dans l'Inde et en Europe. Ils ont pu le faire d'autant mieux qu'ils trouvaient la plante sauvage dans plusieurs de ces contrées.

Pour l'Egypte, les documents sur la culture de la Vigne et la vinification remontent à 5 ou 6000 ans [2]. Dans l'ouest, la propagation de la culture par les Phéniciens, les Grecs et les Romains est assez connue ; mais, du côté oriental de l'Asie, elle s'est faite tardivement. Les Chinois, qui cultivent à présent la Vigne dans leurs provinces septentrionales, ne la possédaient pas antérieurement à l'année 122 avant notre ère [3]. On sait qu'il existe plusieurs Vignes spontanées dans le nord de la Chine, mais je ne puis admettre avec M. Regel que la plus analogue à notre Vigne, le *Vitis Amurensis*, de Ruprecht, appartienne à notre espèce. Les graines dessinées dans le *Gartenflora*, 1861, pl. 33, en sont trop différentes. Si le fruit de ces vignes de l'Asie orientale avait quelque valeur, les Chinois auraient bien eu l'idée d'en tirer parti.

**Jujubier commun.** — *Zizyphus vulgaris*, Lamarck.

D'après Pline [4], le Jujubier aurait été apporté de Syrie à Rome, par le consul Sextus Papinius, vers la fin du règne d'Auguste. Les botanistes remarquent cependant que l'espèce est commune dans les endroits rocailleux d'Italie [5] et que d'ailleurs — chose singulière — on l'a pas encore trouvée sauvage en Syrie, bien qu'elle y soit cultivée, de même que dans toute la région qui s'étend de la mer Méditerranée à la Chine et au Japon [6].

La recherche de l'origine du Jujubier, comme arbre spontané, vient à l'appui du dire de Pline, malgré les objections que je viens de mentionner. D'après les collecteurs de plantes et les

1. Ad. Pictet, *Les origines indo-européennes*, édition 2, vol. 1, p. 298 à 321.
2. M. Delchevalerie, dans l'*Illustration horticole*, 1881, p. 28. Il mentionne surtout le tombeau de Phtah-Hotep, qui vivait à Memphis, quatre mille ans avant Jésus-Christ.
3. Bretschneider, *On the value and study of chinese botanical works*, p. 16.
4. Pline, *Hist.*, l. 15, c. 14.
5. Bertoloni, *Fl. ital.*, 2, p. 665 ; Gussone, *Synopsis Fl. siculæ*, 2 p. 276.
6. Willkomm et Lange, *Prodr. Fl. hispanicæ*, 3 p. 480 ; Desfontaines, *Fl. Atlant.*, 1, p. 200 ; Boissier, *Fl. orient.*, 2, p. 12 ; J. Hooker, *Fl. of brit. India*, 1, p. 633 ; Bunge, *Enum. plant. chin.*, p. 14 ; Franchet et Savatier, *Enum. plant. Japon.*, 1, p. 81.

auteurs de flores l'espèce paraît plus spontanée et anciennement cultivée à l'est qu'à l'ouest de sa grande habitation actuelle. Ainsi, pour le nord de la Chine, M. de Bunge dit qu'elle est « très commune et très incommode (à cause de ses épines) dans les endroits montueux. » Il a vu la variété sans épines dans les jardins. Le Dr Bretschneider[1] mentionne les jujubes comme un des fruits les plus recherchés par les Chinois, qui appellent l'espèce du nom simple de *Tsao*. Il indique aussi les deux formes, épineuse et non épineuse; la première sauvage[2]. L'espèce manque au midi de la Chine et dans l'Inde proprement dite, à cause de la chaleur et de l'humidité du climat. On la retrouve sauvage dans le Punjab au nord-ouest de l'Inde anglaise, puis en Perse et en Arménie.

Brandis[3] énumère sept noms différents du Jujubier commun (ou de ses variétés?) dans les langues modernes de l'Inde, mais on ne connaît aucun nom sanscrit. D'après cela, l'espèce a peut-être été introduite de Chine dans l'Inde, à une époque pas très éloignée, et des cultures elle serait devenue sauvage dans les provinces très sèches de l'ouest. Le nom persan est *Anob*, chez les Arabes *Unab*. On ne connaît pas de nom hébreu, nouvel indice que l'espèce n'est pas très ancienne dans l'Asie occidentale.

Les anciens Grecs n'ont pas parlé du Jujubier commun, mais seulement d'une autre espèce, *Zizyphus Lotus*. C'est du moins l'opinion du commentateur et botaniste moderne Lenz[4]. Il faut convenir que le nom grec moderne, *Pritzuphuia*, n'a aucun rapport avec les noms attribués jadis dans Théophraste ou Dioscoride à quelque Zizyphus, mais approche du nom latin *Zizyphus* (le fruit *Zizyphum*) de Pline, qui n'est pas dans les auteurs plus anciens et semble d'une nature orientale plus que latine. M. de Heldreich[5] n'admet pas que le Jujubier soit spontané en Grèce, et d'autres le disent « naturalisé, subspontané, » ce qui confirme l'hypothèse d'une existence peu ancienne. Les mêmes motifs s'appliquent à l'Italie. L'espèce peut donc s'y être naturalisée depuis l'introduction dans les jardins dont Pline a parlé.

En Algérie, le Jujubier est seulement cultivé ou « subspontané[6] ». De même en Espagne. Il n'est pas mentionné dans le Maroc, ni aux îles Canaries, ce qui fait supposer une existence peu ancienne dans la région de la mer Méditerranée.

Il me paraît donc probable que l'espèce est originaire du nord de la Chine; qu'elle a été introduite et s'est naturalisée dans l'Asie occidentale après l'époque de la langue sanscrite, il y a peut-être 2500 ou 3000 ans; que les Grecs et les Romains

1. Bretschneider, *On the study, etc.*, p. 11.
2. Le *Zizyphus chinensis* de plusieurs auteurs est la même espèce.
3. Brandis, *Forest flora of brit. India*, p. 84.
4. Lenz, *Botanik der Alten*, p. 651.
5. Heldreich, *Nutzpflanzen Griechenlands*, p. 57.
6. Munby, *Catal.*, ed. 2, p. 9.

l'ont reçue au commencement de notre ère, et que ces derniers l'ont portée en Barbarie et en Espagne, où elle s'est naturalisée partiellement, d'une manière souvent douteuse, à la suite des cultures.

**Jujubier Lotus.** — *Zizyphus Lotus*, Desfontaines.

Le fruit de ce Jujubier ne mérite pas d'attirer l'attention, si ce n'est au point de vue historique. C'était, dit-on, la nourriture des Lotophages, peuple de la côte de Lybie, dont Homère et Hérodote [1] ont parlé avec plus ou moins d'exactitude. Il fallait qu'on fût bien pauvre ou bien sobre dans cette contrée, car une baie de la grosseur d'une petite cerise, fade ou médiocrement sucrée, ne contenterait pas des hommes ordinaires.

Rien ne prouve que les Lotophages eussent l'habitude de cultiver ce petit arbre ou arbuste. Ils en recueillaient sans doute les fruits dans la campagne, car l'espèce est assez commune dans l'Afrique septentrionale. Une édition de Théophraste porte cependant qu'il y avait des Lotos sans noyaux, ce qui suppose une culture [2]. On les plantait dans les jardins, comme cela se fait encore de nos jours en Egypte [3]; mais il ne semble pas que l'usage en ait été fréquent, même chez les anciens.

Du reste, il a été émis des opinions très différentes sur le Lotos des Lotophages [4], et il ne faut pas insister sur un point aussi obscur, où l'imagination d'un poète et l'ignorance populaire ont pu jouer un grand rôle.

Le Jujubier Lotus est sauvage maintenant, dans les localités arides, depuis l'Egypte jusqu'au Maroc, dans le midi de l'Espagne, à Terracine et autour de Palerme [5]. Dans ces localilés italiennes isolées, c'est le résultat probablement de cultures.

**Jujubier de l'Inde** [6]. — *Zizyphus Jujuba*, Lamarck. — *Ber*, des Hindous et Anglo-Indiens. — *Masson*, à l'île Maurice.

Ce Jujubier est cultivé plus au midi que le commun, mais dans une étendue de pays non moins grande. Le fruit ressemble tantôt à une cerise avant maturité. tantôt à une olive, comme on peut le voir dans la planche publiée par Bouton dans Hooker, *Journal of botany*, 1, pl. 140. Le nombre des variétés

1. *Odyssée*, l. 1, v. 84 ; Hérodote, l. 4, p. 177 ; traduits dans Lenz, *Botanik der Alten*, p. 653.
2. Théophraste, *Hist.*, l. 4, c. 4, éd. de 1644. L'édition de 1613 ne contient pas les mots relatifs à ce détail.
3. Schweinfurth et Ascherson, *Beitr., zur Flora Æthiopiens*, p. 263.
4. Voir l'article sur le Caroubier.
5. Desfontaines, *Fl. atlant.*, 1, p. 200; Munby, *Catal. Alger.*, ed. 2, p. 9; Ball, *Spicil. Fl. Maroc.*, p. 301 ; Willkomm et Lange, *Prodr. fl. hisp.*, 3, p. 481 ; Bertoloni, *Fl. ital.*, 2, p. 664.
6. Ce nom, peu usité, est déjà dans Bauhin, sous la forme de *Jujuba indica*.

connues indique une très ancienne culture. Celle-ci s'étend aujourd'hui de la Chine méridionale, de l'archipel indien et de Queensland en Australie, par l'Arabie et l'Egypte, jusqu'au Maroc et même au Sénégal, en Guinée et dans l'Angola [1]. Elle se voit également à l'île Maurice, mais il ne paraît pas qu'on l'ait introduite jusqu'à présent en Amérique, si ce n'est au Brésil, d'après un échantillon de mon herbier [2]. Le fruit est préférable à la jujube ordinaire, d'après ce que disent les auteurs.

Quelle était l'habitation de l'espèce avant toute culture? Ce n'est pas aisé à savoir, parce que les noyaux se sèment facilement et naturalisent la plante hors des jardins [3].

Si nous nous laissons guider par la fréquence à l'état sauvage, il semble que le pays des Burmans et l'Inde anglaise seraient la patrie ancienne. Je possède dans mon herbier plusieurs échantillons recueillis par Wallich dans le royaume burman, et Kurz l'a vue fréquemment dans les forêts sèches de ce pays, autour d'Ava et de Prome [4]. Beddone admet l'espèce comme spontanée dans les forêts de l'Inde anglaise, mais Brandis l'a trouvée seulement dans des localités de ce genre où il y avait eu des établissements d'indigènes [5]. Avant ces auteurs, dans le XVIIe siècle, Rheede [6] décrivait cet arbre comme spontané au Malabar, et les botanistes du XVIe siècle l'avaient reçu du Bengale.

A l'appui de cette origine indienne, il faut mentionner l'existance de trois noms sanscrits et de onze autres noms dans les langues indiennes modernes [7].

L'introduction à Amboine, dans la partie orientale de l'Archipel, était récente lorsque Rumphius y séjournait [8], et il dit lui-même que l'espèce est indienne. Peut-être était-elle anciennement à Sumatra et dans d'autres îles rapprochées de la péninsule malaise. Les anciens auteurs chinois n'én ont pas parlé ; du moins Bretschneider ne l'a pas connu. L'extension et les naturalisations au midi et à l'est du continent indien paraissent donc peu anciennes.

En Arabie et en Egypte, l'introduction doit être encore plus récente. Non seulement on ne connaît aucun nom ancien, mais Forskal, il y a cent ans, et Delile, au commencement du siècle actuel, n'ont pas vu l'espèce, dont Schweinfurth a parlé récemment comme cultivée. Elle doit s'être répandue d'Asie à Zan-

1. Sir J. Hooker, *Flora of brit. India*, 1, p. 632 ; Brandis, *Forest flora of India*, 1, p. 87; Bentham, *Fl. austral.*, 1, p. 412 ; Boissier, *Fl. orient.*, 2, p. 13; Oliver, *Fl. of tropical Africa*, 1, p. 379.
2. Venant de Martius, n° 1070, du *Cabo frio*.
3. Bouton, *l. c.* ; Baker, *Fl. of Mauritius*, p. 61 ; Brandis, *l. c.*
4. Kurz, *Forest flora of Burma*, 1, p. 266.
5. Beddone, *Forest flora of India*, 1, pl. 149 (représentant le fruit sauvage, plus petit que le cultivé) ; Brandis, *l. c.*
6. Rheede, 4, pl. 141.
7. Piddington, *Index*.
8. Rumphius, *Amb.*, 2, pl. 36.

guebar, et de proche en proche au travers de l'Afrique ou par la navigation des Européens jusqu'à la côte occidentale. Ce serait même assez récent, puisque Robert Brown (*Bot. of Congo*) et Thonning n'ont pas eu connaissance de l'espèce en Guinée [1].

**Pommier d'Acajou.** — *Anacardium occidentale*, Linné. — *Cashew*, des Anglais.

Les assertions les plus fausses ont été émises autrefois sur l'origine de cet arbre [2], et, malgré ce que j'en ai dit en 1855 [3], je les vois reproduites çà et là.

Le nom français de Pommier d'Acajou est aussi ridicule que possible. Il s'agit d'un arbre de la famille des Térébintacées (soit Anacardiacées), très différente des Rosacées et des Méliacées auxquelles appartiennent les Pommiers et l'Acajou. La partie que l'on mange ressemble plus à une poire qu'à une pomme, et, botaniquement parlant, ce n'est pas un fruit, mais le pédoncule ou support du fruit, lequel ressemble à une grosse fève. Les deux noms, français et anglais, dérivent d'un nom des indigènes du Brésil, *Acaju*, *Acajaiba*, cité par d'anciens voyageurs [4].

L'espèce est certainement spontanée dans les forêts de l'Amérique intertropicale et même dans une grande étendue de cette région, par exemple au Brésil, à la Guyane, dans l'isthme de Panama et aux Antilles [5]. Le Dr Ernst [6] la croit originaire seulement de la contrée voisine du fleuve des Amazones, bien qu'il la connaisse aussi de Cuba, Panama, l'Équateur et la Nouvelle-Grenade. Il se fonde sur ce que les auteurs espagnols du temps de la conquête n'en ont pas parlé, preuve négative, qu'il faut prendre pour une simple probabilité.

Rheede et Rumphius avaient aussi indiqué cet arbre dans l'Asie méridionale. Le premier le dit commun au Malabar [7]. L'existence d'une même espèce tropicale arborescente en Asie et en Amérique était si peu probable qu'on a soupçonné d'abord quelque différence spécifique ou au moins de variété, qui ne s'est pas confirmée. Divers arguments, historiques et linguistiques, m'avaient démontré une origine étrangère à l'Asie. D'ailleurs Rumphius, toujours exact, parlait d'une introduction

1. Le *Zizyphus abyssinicus*, Hochst., paraît une espèce différente.
2. Tussac, *Flore des Antilles*, 3, p. 55 (où se trouve une excellente figure, pl. 13), dit que c'est une espèce des Indes orientales, aggravant ainsi l'erreur de Linné, qui l'avait crue d'Amérique et d'Asie.
3. *Géographie botanique raisonnée*, p. 873.
4. Piso et Marcgraf, *Historia rerum naturalium Brasiliæ*, 1648, p. 57.
5. Voir Piso et Marcgraf, *l. c.*; Aublet, *Guyane*, p. 392; Seeman, *Botany of the Herald*, p. 106; Jacquin, *Amériq.*, p. 124; Mac Fadyen, *Pl. Jamaïc.*, p. 119; Grisebach, *Fl. of brit. W. India*, p. 176.
6. Ernst, dans Seemann, *Journal of bot.*, 1867, p. 273.
7. Rheede, *Malabar*, 3, pl. 54.

ancienne, par les Portugais, d'Amérique dans l'archipel asiatique [1]. Le nom malais qu'il cite, *Cadju*, est américain ; celui usité à Amboine signifiait fruit de Portugal ; celui de Macassar était tiré d'une ressemblance avec le fruit du Jambosa. L'espèce, dit Rumphius, n'était pas très répandue dans les îles ; Garcia ab Orto ne l'avait pas trouvée à Goa en 1550, mais Acosta l'avait vue ensuite à Couchin, et les Portugais l'avaient multipliée dans l'Inde et l'Archipel indien. D'après Blume et Miquel, l'espèce est seulement cultivée à Java. Rheede dit, il est vrai, qu'elle abonde au Malabar (provenit ubique), mais il cite un seul nom qui paraisse indien, *Kapa-mava,* et les autres dérivent du nom américain. Piddington n'indique aucun nom sanscrit. Enfin les botanistes anglo-indiens, après avoir hésité sur l'origine, admettent aujourd'hui l'importation d'Amérique à une époque déjà ancienne. Ils ajoutent que l'espèce s'est naturalisée dans les forêts de l'Inde anglaise [2].

L'indigénat en Afrique est encore plus contestable, et il est aisé d'en montrer la fausseté. Loureiro [3] avait vu l'espèce sur la côte orientale de ce continent, mais il la supposait d'origine américaine. Thonning ne l'a pas vue en Guinée, et Brown ne l'indiquait pas au Congo [4]. Il est vrai que l'herbier de Kew a reçu des échantillons de ce dernier pays et des îles du golfe de Guinée, mais M. Oliver parle de l'espèce comme cultivée [5]. Un arbre dont l'habitation est vaste en Amérique, et qui s'est naturalisé dans plusieurs régions de l'Inde depuis deux siècles, existerait dans une grande étendue de l'Afrique intertropicale s'il était indigène dans cette partie du monde.

**Manguier.** — *Mangifera indica*, Linné.

De la même famille que le Pommier d'Acajou, cet arbre donne cependant un véritable fruit, de la forme et de la couleur à peu près de l'abricot [6].

On ne peut douter qu'il ne soit originaire de l'Asie méridionale ou de l'archipel indien quand on voit la multitude des variétés cultivées dans ces pays, la quantité des noms vulgaires anciens, en particulier un nom sanscrit [7], et l'abondance dans les jardins du Bengale, de la péninsule indienne et de Ceylan, même à l'époque de Rheede. Du côté de la Chine la culture en était moins répandue, car Loureiro la mentionne seulement en Cochinchine. D'après Rumphius [8], elle avait été introduite, de

1. Rumphius, *Herb. Amboin.*, 1, p. 177, 178.
2. Beddone, *Flora sylvatica*, t. 163 ; Hooker, *Flora of brit. India*, 2, p. 20.
3. Loureiro, *Fl. cochinch.*, p. 304.
4. Brown, *Congo*, p. 12 et 49.
5. Oliver, *Flora of tropical Africa*, 1, p. 443.
6. Voir la planche 4510 du *Botanical magazine*.
7. Roxburgh, *Flora indica*, ed. 2, vol. 2, p. 435 ; Piddington, *Index*.
8. Rumphius, *Herb. Amboin.*, 1, p. 95.

mémoire d'homme, dans certaines îles de l'archipel asiatique. Forster ne la mentionne pas dans son opuscule sur les fruits des îles de la mer Pacifique, lors de l'expédition de Cook. Le nom vulgaire aux Philippines, *Manga* [1], montre une origine étrangère, car c'est le nom malais et espagnol. Le nom vulgaire à Ceylan est *Ambe*, analogue au sanscrit *Amra* et d'où viennent les noms persan et arabe *Amb* [2], les noms modernes indiens, et peut-être les noms malais *Mangka*, *Manga*, *Manpelaan*, indiqués par Rumphius. Il y a cependant d'autres noms usités dans les îles de la Sonde, des Moluques et en Cochinchine. La variété de ces noms fait présumer une introduction ancienne dans l'archipel Indien, contrairement à l'opinion de Rumphius.

Les Mangifera que cet auteur avait vus sauvages dans l'île de Java et le *Mangifera sylvatica* que Roxburgh avait découvert à Sillet sont d'autres espèces; mais le véritable Manguier est indiqué par les auteurs modernes comme spontané dans les forêts de Ceylan, les districts au pied de l'Himalaya, surtout vers l'est, dans l'Arracan, le Pégu et les îles Andaman [3]. Miquel ne l'indique comme sauvage dans aucune des îles de l'archipel malais. Malgré l'habitation à Ceylan et les indications moins affirmatives, il est vrai, de sir J. Hooker, dans la Flore de l'Inde anglaise, l'espèce est probablement rare ou seulement naturalisée dans la péninsule indienne. La grosseur des graines est telle que les oiseaux ne peuvent pas les transporter, mais la fréquence de la culture amène une dispersion par l'homme. Si le Manguier est seulement naturalisé dans l'ouest de l'Inde anglaise, ce doit être depuis longtemps, vu l'existence d'un nom sanscrit. D'un autre côté les peuples de l'Asie occidentale doivent l'avoir connu assez tard, puisqu'ils n'ont pas transporté l'espèce en Egypte ou ailleurs vers l'ouest.

Aujourd'hui, on la cultive dans l'Afrique intertropicale et même aux îles Maurice et Seychelles, où elle s'est un peu naturalisée dans les forêts [4].

L'introduction en Amérique a eu lieu d'abord au Brésil, car c'est de là qu'on fit venir des graines à la Barbade dans le milieu du siècle dernier [5]. Un vaisseau français transportait des pieds de cet arbre de Bourbon à Saint-Domingue, en 1782, lorsqu'il fut pris par les Anglais, qui les portèrent à la Jamaïque, où il réussit à merveille. Quand les plantations de café furent abandonnées, lors de l'émancipation des esclaves, le Manguier, dont

1. Blanco, *Fl. filip.*, p. 181.
2. Rumphius, *l. c.*; Forskal, p. CVII.
3. Thwaites, *Enum. plant. Ceyl.*, p. 75 ; Stuart et Brandis, *Forest flora*, p. 126 ; Hooker, *Flora of brit. India*, 2 p. 13 ; Kurz, *Forest flora of brit. Burma*, 1, p. 304.
4. Oliver, *Flora of tropical Africa*, 1, p. 442 ; Baker, *Flora of Mauritius and Seychelles*, p. 63.
5. Hughes, *Barbadoes*, p. 177.

les nègres jetaient partout des noyaux, forma dans cette île des forêts, qui sont devenues une richesse à cause de leur ombrage et comme moyen de nourriture [1]. Il n'était pas encore cultivé à Cayenne dans le temps d'Aublet, à la fin du XVIII<sup>e</sup> siècle, mais actuellement il y a des mangues de première qualité dans cette colonie. Elle sont greffées et l'on observe que leurs semis donnent des fruits meilleurs que ceux tirés des pieds francs [2].

**Evi.** — *Spondias dulcis*, Forster.

Arbre de la famille des Anacardiacées, indigène dans les îles de la Société, des Amis et Fidji [3]. Les naturels faisaient une grande consommation de ses fruits à l'époque de l'expédition du capitaine Cook. Ils ressemblent à un gros pruneau, couleur de pomme, et contiennent un noyau hérissé de longues pointes crochues [4]. Le goût en est excellent, disent les voyageurs. Ce n'est pas un des arbres fruitiers le plus répandus dans les colonies tropicales. On le cultive pourtant aux îles Maurice et Bourbon, sous le nom primitif polynésien *Evi* ou *Hévi* [5], et aux Antilles. Il a été introduit à la Jamaïque, en 1782, et de là à Saint-Domingue. L'absence dans beaucoup de contrées chaudes d'Asie et Afrique tient probablement à ce que l'espèce a été découverte seulement il y a un siècle, dans de petites îles sans communications avec l'étranger.

**Fraisier.** — *Fragaria vesca*, Linné.

Notre Fraisier commun est une des plantes les plus répandues dans le monde, en partie, il est vrai, grâce à la petitesse de ses graines que les oiseaux, attirés par le corps charnu sur lequel elles se trouvent, transportent à de grandes distances.

Il est spontané en Europe, depuis les îles Shetland et la Laponie [6] jusque dans les parties montueuses du midi : à Madère, en Espagne, en Sicile et en Grèce [7]. On le trouve aussi en Asie, depuis la Syrie septentrionale et l'Arménie [8], jusqu'en Daourie. Les fraisiers de l'Himalaya et du Japon [9], que divers auteurs ont rapportés à cette espèce, n'en sont peut-être pas [10], et cela me

1. Mac-Fadyen, *Flora of Jamaïca*, p. 221 ; sir J. Hooker, *Discours à l'Institution royale*, traduit dans *Ann. sc. nat.*, série 6, vol. 6, p. 320.
2. Sagot, *Journal de la Soc. centr. d'agric. de France*, 1872.
3. Forster, *De plantis esculentis insularum oceani australis*, p. 33 ; Seemann, *Flora Vitiensis*, p. 51 ; Nadaud, *Enum. des plantes de Taïti*, p. 75.
4. Voir bonne figure coloriée, dans Tussac, *Flore des Antilles*, 3, pl. 28.
5. Bojer, *Hortus mauritianus*, p. 81.
6. H.-C. Watson, *Compendium Cybele brit.*, 1 p. 160 ; Fries, *Summa veg. Scand.*, p. 44.
7. Lowe, *Manual fl. of Madeira*, p. 246 ; Willkomm et Lange, *Prodr. fl. hisp.* 3, p. 224 ; Moris, *Fl. sardoa*, 2, p. 17.
8. Boissier, *l. c.*
9. Ledebour, *Fl. rossica*, 2, p. 64.
10. Gay, *ibid.* ; Hooker, *Fl. brit. India*, 2, p. 344 ; Franchet et Savatier, *Enum. pl. Japon.*, 1, p. 129.

fait douter de l'habitation en Chine donnée par un missionnaire [1]. Il est spontané en Islande [2], dans le nord-est des États-Unis [3], autour du fort Cumberland et sur la côte nord-ouest [4], peut-être même dans la Sierra Nevada de Californie [5]. L'habitation s'étend donc autour du pôle arctique, à l'exception de la Sibérie orientale et de la région du fleuve Amour, puisque l'espèce n'est pas citée par M. Maximowicz dans ses *Primitiæ floræ amurensis*. En Amérique l'habitation se prolonge sur les hauteurs du Mexique, car le *Fragaria mexicana*, cultivé au Muséum et examiné par J. Gay, est le *F. vesca*. Il existe aussi autour de Quito, d'après le même botaniste, très compétent dans la question [6].

Les Grecs et les Romains n'ont pas cultivé le fraisier. C'est probablement dans le XVe ou le XVIe siècle que la culture s'en est introduite. Champier, au XVIe siècle, en parlait comme d'une nouveauté dans le nord de la France [7], mais elle existait déjà dans le midi et en Angleterre [8].

Transporté dans les jardins des colonies, le fraisier s'est naturalisé dans quelques localités fraîches, loin des habitations. C'est arrivé à la Jamaïque [9], dans l'île Maurice [10], et plus encore dans l'île de Bourbon, où des pieds avaient été mis par Commerson dans la plaine élevée dite des Cafres. Bory Saint-Vincent raconte qu'en 1801 il y avait trouvé des espaces tout rouges de fraises et qu'on ne pouvait les traverser sans se teindre les pieds d'une véritable marmelade, mêlée de fange volcanique [11]. Il est probable qu'en Tasmanie, à la Nouvelle-Zélande et ailleurs on verra des naturalisations semblables.

Le genre Fragaria a été étudié avec plus de soin que beaucoup d'autres par Duchesne fils, le comte de Lambertye, Jacques Gay et surtout Mme Elisa Vilmorin, dont l'esprit d'observation était si digne du nom qu'elle portait. Un résumé de leurs travaux, avec d'excellentes planches coloriées, se trouve dans le *Jardin fruitier du Muséum*, par M. Decaisne. De grandes difficultés ont été surmontées par ces auteurs pour distinguer les variétés et les hybrides qu'on multiplie dans les jardins, des véritables espèces, et pour établir celles-ci sur de bons carac-

1. Perny, *Propag. de la foi*, cité dans Decaisne, *Jardin fruitier du Mus.*, p. 27 ; J. Gay, *ibid.*, p. 27, n'indique pas la Chine.
2. Babington, *Journal of Linn. soc.*, 11, p. 303 ; Gay, *l. c.*
3. A. Gray, *Botany of the northern States*, ed. 1868, p. 156.
4. Sir W. Hooker, *Fl. bor. amer.*, 1, p. 184.
5. A. Gray, *Bot. of California*, 1, p. 176.
6. J. Gay, dans Decaisne, *Jardin fruitier du Muséum*, Fraisier, p. 30.
7. Le Grand d'Aussy, *Histoire de la vie privée des Français*, 1, p. 233 et 3.
8. Olivier de Serres, *Théâtre d'agric.*, p. 511 ; Gerard, d'après Phillips, *Pomarium britannicum*, p. 334.
9. Purdie, dans Hooker, *London journal of botany*, 1844, p. 515.
10. Bojer, *Hortus mauritianus*, p. 127.
11. Bory Saint-Vincent, *Comptes rendus de l'Acad. des sc.* 1836, *sem.* 2, p. 109.

tères. Quelques Fraisiers dont les fruits étaient médiocres ont été abandonnés, et les plus beaux maintenant sont le résultat du croisement des espèces de Virginie et de Chili, dont je vais parler.

**Fraisier de Virginie.** — *Fragaria virginiana*, Ehrahrt. — Fraisier écarlate des jardins français.

Cette espèce, indigène au Canada et dans les États-Unis orientaux, et dont une variété s'étend vers l'ouest jusqu'aux montagnes Rocheuses, peut-être même jusqu'à l'Orégon [1], a été introduite dans les jardins anglais en 1629 [2]. On la cultivait beaucoup en France dans le siècle dernier; mais ses hybrides avec d'autres espèces sont maintenant plus estimés.

**Fraisier du Chili.** — *Fragaria Chiloensis*, Duchesne.

Espèce commune dans le Chili méridional, à Conception, Valdivia et Chiloe [3], et souvent cultivée dans ce pays. Elle a été apportée en France, par Frezier, dans l'année 1715. Cultivée alors au Muséum d'histoire naturelle de Paris, elle s'est répandue bientôt en Angleterre et ailleurs. Grâce à ses fruits énormes, d'une saveur excellente, on a obtenu par divers croisements, surtout avec le *F. virginiana*, les fraises *Ananas, Victoria, Trollope*, *Rubis*, etc., si recherchées à notre époque.

**Cerisier des oiseaux.** — *Prunus avium*, Linné. — *Süsskirschbaum* des Allemands.

J'emploie le mot Cerisier parce qu'il est usuel et sans inconvénient pour les espèces ou variétés cultivées, mais l'étude des espèces voisines non cultivées confirme l'opinion de Linné que les Cerisiers ne peuvent pas être séparés, comme genre, des Pruniers.

Toutes les variétés de Cerisiers cultivés se rapportent à deux espèces, qu'on trouve à l'état sauvage, savoir : 1° *Prunus avium*, Linné, d'une taille élevée, à racines ne poussant pas de rejetons, ayant le dessous des feuilles pubescent, le fruit d'une saveur douce ; 2° *Prunus Cerasus*, Linné, moins élevé, poussant des rejetons sur les racines, à feuilles entièrement glabres et fruit plus ou moins acide ou amer.

La première de ces espèces, de laquelle on pense que les Bigarreautiers et Merisiers sont provenus, se trouve sauvage en Asie : dans les forêts du Ghilan (nord de la Perse), des pro-

1. Asa Gray, *Manual of bot. of the north. States*, ed. 1868, p. 155; *Botany of California*, 1, p. 177.
2. Phillips, *Pomarium brit.*, p. 335.
3. Cl. Gay, *Hist. Chili, Botanica*, 2, p. 305.

vinces russes du midi du Caucase et de l'Arménie [1]; en Europe : dans le midi de la Russie, et généralement depuis la Suède méridionale jusque dans les parties montueuses de la Grèce, de l'Italie et de l'Espagne [2]. Elle existe même en Algérie [3].

A mesure qu'on s'éloigne de la région située au midi de la mer Caspienne et de la mer Noire, l'habitation du Cerisier des oiseaux paraît moins fréquente, moins naturelle et déterminée davantage, peut-être, par les oiseaux qui recherchent avidement ses fruits et les portent de proche en proche [4]. On ne peut pas douter qu'elle s'est naturalisée de cette manière, à la suite des cultures, dans le nord de l'Inde [5], dans beaucoup de plaines du midi de l'Europe, à Madère [6], et çà et là aux États-Unis [7]; mais il est probable que pour la plus grande partie de l'Europe cela est arrivé dans des temps anciens, préhistoriques, attendu que les oiseaux agissaient avant les premières migrations des peuples, avant même qu'il y eût des hommes en Europe. L'habitation se serait étendue dans cette région lorsque les glaciers ont diminué.

Les noms vulgaires dans les anciennes langues ont été l'objet d'un savant article d'Adolphe Pictet [8], mais on ne peut rien en déduire sous le rapport de l'origine, et d'ailleurs les diverses espèces ou variétés ont été souvent confondues dans la nomenclature populaire. Il est bien plus important de savoir si l'archéologie nous apprend quelque chose sur la présence du Cerisier des oiseaux en Europe, dans les temps préhistoriques.

M. Heer a figuré des noyaux du *Prunus avium* dans son mémoire sur les palafittes de la Suisse occidentale [9]. D'après ce qu'il a bien voulu m'écrire, en date du 14 avril 1881, ces noyaux venaient d'une tourbe au-dessus des anciens dépôts de l'âge de pierre. M. de Mortillet [10] a constaté des noyaux semblables dans les habitations palafittes du lac de Bourget d'une époque peu reculée, postérieure à l'âge de pierre. M. le Dr Gross m'en a communiqué de la station, également peu ancienne, de Corcelette, dans le lac de Neuchâtel, et MM. Strobel et Pigorini en ont découvert dans la « terramare » de Parme [11]. Ce sont toujours des stations moins anciennes que l'âge de pierre et

1. Ledebour, *Fl. ross.*, 2, p. 6; Boissier, *Fl. orient.*, 2, p. 649.
2. Ledebour, *l. c.*; Fries, *Summa Scandiv.* p. 46; Nyman, *Conspectus fl. europ.* p. 213; Boissier, *l. c.*; Willkomm et Lange, *Prodr. fl. hisp.*, 3, p. 245.
3. Munby, *Catal. Alg.*, ed. 2, p. 8.
4. Comme les cerises mûrissent après la saison où les oiseaux émigrent, c'est surtout dans le voisinage des plantations qu'ils dispersent les noyaux.
5. Sir J. Hooker, *Fl. of brit. India.*
6. Lowe, *Manual of Madeira*, p. 235.
7. Darlington, *Fl. cestrica*, ed. 3, p. 73.
8. Ad. Pictet, *Origines indo-européennes*, éd. 2, vol. 1, p. 281.
9. Heer, *Pflanzen der Pfahlbauten*, p. 24, fig. 17, 18, et p. 26.
10. Dans Perrin, *Etudes préhistoriques sur la Savoie*, p. 22.
11. *Atti Soc. ital. sc. nat.*, vol. 6.

peut-être d'un temps historique. Si l'on ne découvre pas des noyaux plus anciens de cette espèce en Europe, il deviendra vraisemblable que la naturalisation n'est pas antérieure aux migrations des Âryas.

**Cerisier commun ou Griottier.** — *Prunus Cerasus*, Linné — *Cerasus vulgaris*, Miller. — *Baumweichsel*, *Sauerkirschen*, des Allemands. *Sour cherry*, des Anglais.

Les Cerisiers de Montmorency, les Griottiers et quelques autres catégories des horticultures proviennent de cette espèce [1].

Hohenacker [2] a vu le *Prunus Cerasus* à Lenkoran, près de la mer Caspienne, et C. Koch [3] dans les forêts de l'Asie Mineure, ce qui veut dire, d'après le pays qu'il a parcouru, dans le nord-est de cette contrée. D'anciens auteurs l'ont trouvé à Elisabethpol et Erivan, d'après Ledebour [4]. Grisebach [5] l'indique au mont Olympe de Bithynie et ajoute qu'il est presque spontané dans les plaines de la Macédoine. L'habitation vraie et bien ancienne paraît s'étendre de la mer Caspienne jusqu'aux environs de Constantinople; mais, dans cette contrée même, on rencontre plus souvent le *Prunus avium*. En effet, M. Boissier et M. de Tchihatcheff ne paraissent pas avoir vu le *Prunus Cerasus* même dans le Pont, quoiqu'ils aient reçu ou rapporté plusieurs échantillons du *Pr. avium* [6].

Dans l'Inde septentrionale, le *Pr. Cerasus* est seulement à l'état cultivé [7]. Les Chinois ne paraissent pas avoir eu connaissance de nos deux Cerisiers. On peut croire, d'après cela, que l'introduction dans l'Inde n'est pas fort ancienne, et ce qui le confirme, c'est l'absence de nom sanscrit.

Nous avons vu que le *Pr. Cerasus* est presque spontané en Macédoine, d'après Grisebach. On l'avait dit spontané en Crimée, mais Steven [8] ne l'a vu que cultivé, et Rehmann [9] ne mentionne dans la Russie méridionale comme spontanée que l'espèce voisine appelée *Pr. chamæcerasus*, Jacquin. Je doute beaucoup de la qualité spontanée dans toute localité au nord du Caucase. Même en Grèce, où Fraas disait avoir vu cet arbre sauvage, M. de Heldreich le connaît seulement comme cultivé [10]. En Dalmatie [11],

1. Pour les variétés si nombreuses et qui ont des noms vulgaires si variables selon les provinces, on peut consulter le nouveau Duhamel, vol. 5, où se trouvent de bonnes figures coloriées.
2. Hohenacker, *Plantæ Talysch.*, p. 128.
3. Koch, *Dendrologie*, 1, p. 110.
4. Ledebour, *Fl. ross.*, 2, p. 6.
5. Grisebach, *Spicilegium fl. rumelicæ*, p. 86.
6. Boissier, *Fl. orientalis*, 2, p. 649; Tchihatcheff, *Asie Mineure, Bot.*, p. 198.
7. Sir J. Hooker, *Fl. of brit. India*, 2, p. 313.
8. Steven, *Verzeichniss Halbinselm*, *etc.*, p. 147.
9. Rehmann, *Verhandl. Nat. Ver. Brunn.* X, 1871.
10. Heldreich, *Nutzpflanzen Griechenlands*, p. 69; *Pflanzen d. attisch. Ebene*, p. 477.
11. Visiani, *Fl. Dalmat.*, 3, p. 258.

on trouve, à l'état bien spontané, une variété particulière ou espèce voisine, le *Prumus Marasca*, dont le fruit sert à fabriquer le marasquin. Le *Pr. Cerasus* est sauvage dans les districts montueux de l'Italie [1] et dans le centre de la France [2]; mais plus loin, dans l'ouest, le nord et en Espagne, on ne cite plus l'espèce que comme cultivée, se naturalisant çà et là sous la forme souvent de buisson. Evidemment l'apparence en Europe est — plus que pour le Cerisier des oiseaux — celle d'un arbre d'origine étrangère médiocrement établi.

En lisant les passages de Théophraste, Pline et autres anciens auteurs souvent cités [3], aucun ne paraît s'appliquer au *Prunus Cerasus*. Le plus significatif, celui de Théophraste, convient au *Prunus avium*, à cause de la grandeur de l'arbre, caractère distinctif d'avec le *Prunus Cerasus* [4]. *Kerasos* étant le nom du Cerisier des oiseaux dans Théophraste, comme aujourd'hui *Kerasaia* chez les Grecs modernes, je remarque un signe linguistique d'ancienneté du *Prunus Cerasus* : les Albanais, descendants des Pélasges, désignent celui-ci sous le nom de *Vyssine*, ancien nom qui se retrouve dans l'allemand *Wechsel* et l'italien *Visciolo* [5]. Comme les Albanais ont aussi le nom *Kerasie*, pour le *Pr. avium*, on peut croire que leurs ancêtres ont distingué et nommé les deux espèces depuis longtemps, peut-être avant l'arrivée des Hellènes en Grèce.

Autre signe d'ancienneté : Virgile dit en parlant d'un arbre :

> Pullulat ab radice aliis densissima sylva
> Ut cerasis ulmisque. (*Georg.*, II, 17.)

Ce qui s'applique au *Pr. Cerasus*, non au *Pr. avium*.

On a trouvé à Pompeia deux peintures de Cerisier, mais il ne paraît pas qu'on puisse savoir exactement si elles s'appliquent à l'une ou à l'autre des deux espèces [6]. M. Comes les indique sous le titre du *Prunus Cerasus*.

Quelque découverte archéologique serait plus probante. Les noyaux des deux espèces présentent une différence dans le sillon qui n'a pas échappé à la sagacité de MM. Heer et Sordelli. Malheureusement, on n'a trouvé dans les stations préhistoriques d'Italie et de Suisse qu'un seul noyau, attribuable au *Prunus*

1. Bertoloni, *Fl. it.*, 5, p. 131.
2. Lecoq et Lamotte, *Catal. du plateau central de la France*, p. 148.
3. Theophrastes, *Hist. plant.*, l. 3, c. 13 ; Pline, l. 15, c. 25, et autres cités dans Lenz, *Botanik der Alten*, p. 710.
4. Une partie des expressions qui suivent dans Théophraste résulte d'une confusion avec d'autres arbres. Il dit en particulier que le noyau est mol.
5. Ad. Pictet, *l. c.*, cite des formes du même nom en persan, turc, russe, et fait dériver de là notre nom français de *Guigne*, transporté à des variétés.
6. Schouw, *Die Erde*, p. 44 ; Comes, *Ill. delle piante, etc*, in-4, p. 56.

*Cerasus*, et encore la couche de laquelle on l'a sorti n'a pas été suffisamment constatée. Il paraît que c'était une couche non archéologique [1].

D'après l'ensemble de ces données, un peu contradictoires et assez vagues, je suis disposé à admettre que le *Prunus Cerasus* était connu et se naturalisait déjà au commencement de la civilisation grecque, et un peu plus tard en Italie, avant l'époque à laquelle Lucullus apporta un Cerisier de l'Asie Mineure.

On pourrait écrire des pages en citant les auteurs, même modernes, qui attribuent, à la suite de Pline, l'introduction du Cerisier en Italie à ce riche Romain, l'an 64 avant l'ère chrétienne. Puisque l'erreur se perpétue, grâce à sa répétition incessante dans les collèges classiques, il faut dire encore une fois qu'il y avait des Cerisiers — au moins celui des oiseaux — en Italie avant Lucullus, et que l'illustre gourmet n'a pas dû rechercher l'espèce à fruits acides ou amers. Je ne doute pas qu'il n'ait gratifié les Romains d'une bonne variété cultivée dans le Pont et que les cultivateurs ne se soient empressés de la propager par la greffe, mais c'est à cela que s'est borné le rôle de Lucullus.

D'après ce qu'on connaît maintenant de Cérasonte et des anciens noms des Cerisiers, j'oserai soutenir, contrairement à l'opinion commune, qu'il s'agissait d'une variété du Cerisier des oiseaux, comme, par exemple, le Bigarreautier ou le Merisier, dont le fruit charnu est de saveur douce. Je m'appuie sur ce que *Kerasos*, dans Théophraste, est le nom du *Prunus avium*, lequel est de beaucoup le plus commun des deux dans l'Asie Mineure. La ville de Cerasonte en avait tiré son nom, et il est probable que l'abondance du *Prunus avium* dans les forêts voisines avait engagé les habitants à chercher les arbres qui donnaient les meilleurs fruits, pour les planter dans leurs jardins. Assurément, si Lucullus a apporté de beaux bigarreaux, ses compatriotes, qui connaissaient à peine de petites cerises sauvages, ont pu s'exclamer et dire : « C'est un fruit que nous n'avions pas. » Pline n'a rien affirmé de plus.

Je ne terminerai pas sans énoncer une hypothèse sur les deux Cerisiers. Ils diffèrent peu de caractères, et, *chose bien rare*, les deux patries anciennes le mieux constatées sont semblables (de la mer Caspienne à l'Anatolie occidentale). Les deux espèces se sont répandues vers l'ouest, mais inégalement. Celle qui est la plus commune dans le pays d'origine et la plus robuste (*Pr. avium*) a été plus loin, à une époque plus ancienne, et s'est mieux naturalisée. Le *Prunus Cerasus* est donc peut-être une dérivation de l'autre, survenue dans un temps préhistorique. J'arrive ainsi, par une voie différente, à une idée émise par M. Caruel [2] ; seu-

1. Sordelli, *Piante della torbiera di Lagozza*, p. 40.
2. Caruel, *Flora toscana*, p. 48.

lement, au lieu de dire qu'on ferait peut-être bien de réunir les deux espèces, je les vois actuellement distinctes et me contente de présumer une descendance, que du reste on ne pourra pas facilement démontrer.

**Pruniers cultivés.**

Pline parle de l'immense quantité de prunes qu'on connaissait à son époque. « Ingens turba prunorum [1]. » Aujourd'hui, les horticulteurs en comptent plus de trois cents. Quelques botanistes ont essayé de les rapporter à des espèces sauvages distinctes, mais ils ne sont pas toujours d'accord, et surtout, d'après les noms spécifiqnes, ils semblent avoir des idées très différentes. La diversité roule sur deux points : tantôt sur la descendance probable de telle ou telle forme cultivée, et tantôt sur la distinction des formes spontanées en espèces ou variétés.

Je n'ai pas la prétention de classer les innombrables formes cultivées, et je crois ce travail assez inutile au point de vue des questions d'origine géographique, car les différences existent surtout dans la forme, la grosseur, la couleur et le goût du fruit, c'est-à-dire dans des caractères que les horticulteurs ont eu intérêt à propager quand ils se sont présentés et même à créer autant qu'ils ont pu le faire. Mieux vaut s'attacher aux distinctions des formes observées dans l'état spontané, surtout à celles dont les hommes ne tirent aucun avantage et qui sont restées probablement ce qu'elles étaient avant qu'il y eût des jardins.

C'est depuis une trentaine d'années seulement que les botanistes ont donné des caractères vraiment comparatifs pour les trois espèces ou races qui existent dans la nature [2]. On peut les résumer de la manière suivante :

*Prunus domestica*, Linné ; arbre ou arbuste élevé, non épineux ; jeunes rameaux glabres ; fleurs naissant en même temps que les feuilles, à pédicelles ordinairement pubescents ; fruit penché, oblong, d'une saveur douce.

*Prunus insititia*, Linné ; arbre ou arbuste élevé, non épineux ; jeunes rameaux pubescents veloutés ; fleurs naissant en même temps que les feuilles, à pédicelles finement pubescents ou glabres ; fruit penché, globuleux ou légèrement ellipsoïde, d'une saveur douce.

*Prunus spinosa*, Linné ; arbuste très épineux, à rameaux étalés à angle droit ; jeunes rameaux pubescents ; fleurs épanouies avant la naissance des feuilles ; pédicelles glabres ; fruit dressé, globuleux, de saveur acerbe.

Evidemment, cette troisième forme, si commune dans nos haies, s'éloigne des deux autres. Aussi, à moins de vouloir interpréter, par hypothèse, ce qui a pu arriver avant toute ob-

1. Pline, *Hist.*, l. 15, c. 13.
2. Koch, *Synopsis fl. germ.*, ed. 2, p. 228 ; Cosson et Germain, *Flore des environs de Paris*, 1, p. 165.

servation, il me paraît impossible de considérer les trois formes comme constituant une seule espèce, à moins qu'on ne montre des transitions de l'une à l'autre dans les organes que la culture n'a pas altérés, ce qu'on n'a pas fait jusqu'à présent. Tout au plus peut-on admettre la fusion des deux premières catégories. Les deux formes à fruit naturellement doux se présentaient dans quelques pays. Elles ont dû tenter les cultivateurs, plus que le *Prunus spinosa*, dont le fruit est acerbe. C'est donc à elles qu'il faut s'efforcer de rapporter les Pruniers cultivés.

Je vais en parler, pour plus de clarté, comme de deux espèces [1].

**Prunier domestique.** — *Prunus domestica*, Linné. — *Zwetchen* des Allemands.

Plusieurs botanistes [2] l'ont trouvé, à l'état sauvage, dans toute l'Anatolie, la région au midi du Caucase et la Perse septentrionale, par exemple autour du mont Elbrouz.

Je ne connais pas de preuve pour les localités du Cachemir, du pays des Kirghis et de Chine, dont il est question dans quelques flores. L'espèce en est souvent douteuse, et il s'agit plutôt du *Prunus insititia;* dans d'autres cas, c'est la qualité de plante spontanée, ancienne, qui est incertaine, car évidemment des noyaux ont été dispersés à la suite des cultures. La patrie ne paraît pas s'étendre jusqu'au Liban, quoique les prunes cultivées à Damas aient une réputation qui remonte au temps de Pline. On croit que Dioscoride [3] a désigné cette espèce sous le nom de *Coccumelea de Syrie*, croissant à Damas. Karl Koch raconte que des marchands des confins de la Chine lui ont affirmé la fréquence de l'espèce dans les forêts de la partie occidentale de l'empire. Les Chinois cultivent, il est vrai, divers Pruniers depuis un temps immémorial, mais on ne les connaît pas assez pour en juger, et l'on ignore s'ils sont vraiment indigènes. Aucun de nos Pruniers n'ayant été trouvé sauvage au Japon ou dans la région du fleuve Amur, il est assez probable que les espèces vues en Chine sont différentes des nôtres. Cela paraît aussi résulter de ce que dit Bretschneider [4].

L'indigénat du *Pr. domestica* est très douteux pour l'Europe. Dans les pays du Midi, où il est mentionné, on le voit surtout dans les haies, près des habitations, avec les apparences d'un arbre à peine naturalisé, maintenu çà et là par un apport incessant de noyaux hors des plantations. Les auteurs qui ont vu l'espèce en Orient n'hésitent pas à dire qu'elle est subspontanée.

1. Hudson, *Flora anglica* (1778), p. 212, les réunit sous le nom de *Prunus communis*.
2. Ledebour, *Fl. ross.*, 2, p. 5; Boissier, *Fl. orient.*, 2, p. 652; K. Koch. *Dendrologie*, 1, p. 94; Boissier et Buhse, *Aufzæhl Transcaucas.*, p. 80.
3. Dioscorides, *l. c.*, 174; Fraas, *Fl. class.*, p. 69.
4. Bretschneider, *On the study, etc.*, p. 10.

Fraas [1] affirme qu'elle n'est pas sauvage en Grèce, ce qui est confirmé par M. de Heldreich [2] pour l'Attique; Steven l'affirme également pour la Crimée [3]. S'il en est ainsi près de l'Asie Mineure, à plus forte raison faut-il l'admettre pour le reste de l'Europe.

Malgré l'abondance des Pruniers cultivés jadis par les Romains, les peintures de Pompeia n'en indiquent aucune sorte [4].

Le *Prunus domestica* n'a pas été trouvé non plus dans les restes des palafittes d'Italie, de Suisse et de Savoie, où l'on a rencontré cependant des noyaux des *Prunus insititia* et *spinosa*.

De ces faits et du petit nombre de mots attribuables à l'espèce dans les auteurs grecs, on peut inférer que sa demi-naturalisation ou quasi-spontanéité en Europe a commencé tout au plus depuis 2000 ans.

On rattache au Prunier domestique les pruneaux, prunes Damas et formes analogues.

**Prunier proprement dit.** — *Prunus insititia*, Linné [5]. — *Pflauenbaum* et *Haferschlehen* des Allemands.

Il existe, à l'état sauvage, dans le midi de l'Europe [6]. On l'a trouvé également en Cilicie, en Arménie, au midi du Caucase et dans la province de Talysch, vers la mer Caspienne [7]. C'est surtout dans la Turquie d'Europe et au midi du Caucase qu'il paraît bien spontané. En Italie et en Espagne il l'est peut-être moins, quoique de bons auteurs, qui ont vu la plante sur place, n'en doutent pas. Quant aux parties de l'Europe situées au nord des Alpes, jusqu'en Danemark, les localités indiquées sont probablement le résultat de naturalisations à la suite des cultures. L'espèce s'y trouve ordinairement dans les haies, non loin des habitations, avec une apparence peu spontanée.

Tout cela s'accorde assez bien avec les données historiques et archéologiques.

Les anciens Grecs distinguaient les *Coccumelea* de leur pays d'avec ceux de Syrie [8], d'où l'on a inféré que les premiers étaient les *Prunus insititia*. C'est d'autant plus vraisemblable que les Grecs modernes l'appellent *Coromeleia* [9]. Les Albanais disent

1. Fraas, *Syn. fl. class.*, p. 69.
2. Heldreich, *Pflanzen attischen Ebene.*
3. Steven, *Verzeichniss Halbinseln*, 1, p. 472.
4. Comes, *Ill. piante pompeiane.*
5. *Insititia* veut dire étranger. C'est un nom bizarre, puisque toute plante est étrangère ailleurs que dans son pays.
6. Willkomm et Lange, *Prodr. fl. hisp.*, 3, p. 244; Bertoloni, *Fl. ital.* 5, p. 135; Grisebach, *Spicilegium fl. Rumel.*, p. 85; Heldreich, *Nutzpfl. Griechenlands*, p. 68.
7. Boissier, *Fl. orient.*, 2, p. 651; Ledebour, *Fl. ross.*, 2, p. 5; Hohenacker, *Plantæ Talysch*, p. 128
8. Dioscorides, *l.*, *c.*, 173; Fraas, *l. c.*
9. De Heldreich, *Nutzpflanzen Griechenl.*, p. 68.

*Corombilé*[1], ce qui fait supposer une ancienne origine venant des Pélasges. Du reste, il ne faut pas insister sur les noms vulgaires des Pruniers que chaque peuple a pu donner à l'une ou à l'autre des espèces, peut-être aussi à telle ou telle variété cultivée, sans aucune règle. En général, les noms sur lesquels on a beaucoup écrit dans les ouvrages d'érudition me paraissent s'appliquer à la qualification de prune ou prunier, sans avoir un sens bien précis.

On n'a pas encore trouvé des noyaux de *Prunus insititia* dans les « terramare » d'Italie, mais M. Heer en a décrit et figuré qui proviennent des palafittes de Robenhausen[2]. Aujourd'hui, dans cette partie de la Suisse, l'espèce ne semble pas indigène, mais nous ne devons pas oublier que, d'après l'histoire du lin, les lacustres du canton de Zurich à l'époque de la pierre entretenaient des communications avec l'Italie. Ces anciens Suisses n'étaient pas difficiles sur le choix de leur nourriture, car ils récoltaient aussi les baies du Prunellier (*Prunus spinosa*), qui nous paraissent immangeables. Probablement ils les faisaient cuire, en marmelade.

**Abricotier.** — *Prunus Armeniaca*, Linné. — *Armeniaca vulgaris*, Lamarck.

Les Grecs et les Romains ont reçu l'Abricotier au commencement de l'ère chrétienne. Inconnu du temps de Théophraste, Dioscoride[3] le mentionne sous le nom de *Mailon armeniacon*. Il dit que les latins l'appelaient *Praikokion*. C'est effectivement un des fruits mentionnés brièvement par Pline[4] sous le nom de *Præcocium*, motivé par la précocité de l'espèce[5]. L'origine arménienne était indiquée par le nom grec, mais ce nom pouvait signifier seulement que l'espèce était cultivée en Arménie. Les botanistes modernes ont eu, pendant longtemps, de bonnes raisons pour la croire spontanée dans ce pays. Pallas, Güldenstædt et Hohenacker disaient l'avoir trouvée autour du Caucase, soit au nord, sur les rives du Terek, soit au midi, entre la mer Caspienne et la mer Noire[6]. M. Boissier[7] admet ces localités, sans s'expliquer sur la spontanéité. Il a vu un échantillon recueilli par Hokenacker près d'Elisabethpol. D'un

1. De Heldreich, *l. c.*
2. Heer, *Pflanzen der Pfahlbauten*, p. 27, fig. 16, *c.*
3. Dioscorides, l. 1, c. 165.
4. Pline, l. 2, c. 12.
5. Le nom latin a passé dans le grec moderne (*Prikokkia*). Les noms espagnol (*Albaricoque*), français (*Abricot*), etc., paraissent venir d'*arbor præcox* ou *Præcocium*, tandis que les mots vieux français, *Armègne*, italien *Armenilli*, etc., viennent de *Mailon armeniacon*. Voir d'autres détails sur les noms de l'espèce dans ma *Géographie bot. raisonnée*, p. 880.
6. Ledebour, *Fl ross.*, 2, p. 3.
7. Boissier, *Fl. orient.*, 2, p. 652.

autre côté, M. de Tchihatcheff[1], qui a traversé l'Anatolie et l'Arménie à plusieurs reprises, ne paraît pas avoir vu l'Abricotier sauvage, et ce qui est plus significatif encore, Karl Koch, qui a parcouru la région au midi du Caucase avec l'intention d'observer ce genre de faits, s'exprime de la manière suivante[2] : « Patrie inconnue. Du moins, pendant mon séjour prolongé en Arménie, je n'ai trouvé nulle part l'Abricotier sauvage, et même je ne l'ai vu cultivé que rarement. »

Un voyageur, W.-J. Hamilton[3], disait bien l'avoir trouvé spontané près d'Orgou et d'Outch Hisar, en Anatolie; mais cette assertion n'a pas été vérifiée par un botaniste.

Le prétendu Abricotier sauvage des ruines de Balbeck, décrit par Eusèbe de Salle[4], est absolument différent de l'Abricotier ordinaire d'après ce qu'il dit de la feuille et du fruit. M. Boissier et les divers collecteurs qui lui ont envoyé des plantes de Syrie et du Liban ne paraissent pas avoir vu l'espèce. Spach[5] prétend qu'elle est indigène en Perse, mais sans en donner aucune preuve. MM. Boissier et Buhse[6] n'en parlent pas dans leur énumération des plantes de la Transcaucasie et de Perse.

Il est inutile de chercher l'origine en Afrique. Les Abricotiers que Reynier[7] dit avoir vus « presque sauvages » dans la Haute Egypte devaient venir de noyaux jetés hors des cultures, comme cela se voit en Algérie[8]. MM. Schweinfurth et Ascherson[9], dans leur catalogue des plantes d'Egypte et Abyssinie, ne mentionnent l'espèce que comme cultivée. D'ailleurs, si elle avait existé jadis dans le nord de l'Afrique, les Hébreux et les Romains en auraient eu connaissance de bonne heure. Or il n'y a pas de nom hébreu, et Pline dit que l'introduction à Rome datait de trente années lorsqu'il écrivait son livre.

Poursuivons notre recherche du côté de l'Orient.

Les botanistes anglo-indiens[10] s'accordent à dire que l'Abricotier, généralement cultivé dans le nord de l'Inde et au Thibet, n'y est pas spontané; mais ils ajoutent qu'il tend à se naturaliser ou qu'on le trouve sur l'emplacement de villages abandonnés. MM. Schlagintweit ont rapporté plusieurs échantillons du nord-ouest de l'Inde et du Thibet, que M. A. Wesmael[11] a vérifiés;

1. Tchihatcheff, *Asie Mineure, Botanique*, vol. 1.
2. K. Koch, *Dendrologie*, 1, p. 87.
3. *Nouv. ann. des voyages*, févr. 1839, p. 176.
4. E. de Salle, *Voyage*, 1, p. 140.
5. Spach, *Hist. des vég. phanérog.*, 1, p. 389.
6. Boissier et Buhse, *Aufzählung der auf eine Reise, etc*, in-4, 1860.
7. Reynier, *Economie des Egyptiens*, p. 371.
8. Munby, *Catal., Fl. d'Algérie*, p. 49 ; ed. 2.
9. Schweinfurth et Acherson, *Beitræge zur flora Æthiopiens*, in-4, 1867, p. 259.
10. Royle, *Ill. of Himalaya*, p. 205 ; Aitchison, *Catal. of Punjab and Sindh*, p. 56 ; sir J. Hooker, *Fl. of brit. India*, 2, p. 313 ; Brandis, *Forest flora of N. W. and central India*, 191.
11. Wesmael, dans *Bull. Soc. bot. Belgiq.*, 8, p 219.

mais, d'après ce qu'il a bien voulu m'écrire, il ne peut pas affirmer la qualité spontanée, l'étiquette des collecteurs ne donnant aucune information à cet égard.

Roxburgh [1], qui ne négligeait pas les questions d'origine, dit en parlant de l'Abricotier : « natif de Chine aussi bien que de l'ouest de l'Asie. » Or je lis dans le curieux opuscule du Dr Bretschneider [2], rédigé à Pekin, le passage suivant, qui me paraît trancher la question en faveur de l'origine chinoise : *Sing*, comme on le sait bien, est l'abricot (*Prunus Armeniaca*). Le caractère (un signe chinois imprimé p. 10) n'existe, comme indiquant un fruit, ni dans le Shu-King ou les Shi-King, Cihouli, etc. ; mais le Shan-hai King dit que plusieurs *Sing* croissent sur les collines (ici un caractère chinois). En outre, le nom de l'abricot est représenté par un caractère particulier, ce qui peut démontrer qu'il est indigène en Chine. » Le Shan-hai-King est attribué à l'empereur Yü, qui vivait en 2205-2198 avant Jésus-Christ. Decaisne [3], qui a soupçonné le premier l'origine chinoise de l'abricot, avait reçu récemment du Dr Bretschneider des échantillons accompagnés de la note suivante : « N° 24, Abricotier sauvage des montagnes de Peking, où il croît en abondance. Le fruit est petit (2 cent. 1/2 de diamètre). Sa peau est jaune et rouge ; sa chair est jaune rougeâtre, d'une saveur acide, mais mangeable. — N° 25, noyaux de l'Abricotier cultivé aux environs de Peking. Le fruit est deux fois plus gros que le sauvage [4]. » Decaisne ajoutait dans la lettre qu'il avait bien voulu m'écrire : « La forme et la surface des noyaux sont absolument semblables à celles de nos petits abricots ; ils sont lisses et non rugueux. » Les feuilles qu'il m'a envoyées sont bien de l'Abricotier.

On ne cite pas l'abricotier dans la région du fleuve Amur, ni au japon [5]. Peut-être le froid de l'hiver y est-il trop rigoureux. Si l'on réfléchit au défaut de communications, dans les temps anciens, entre la Chine et l'Inde, et aux assertions de l'indigénat de l'espèce dans ces deux pays, on est tenté de croire au premier aperçu que la patrie ancienne s'étendait du nord-ouest de l'Inde à la Chine. Cependant, si l'on veut adopter cette hypothèse, il faut admettre aussi que la culture de l'Abricotier se serait répandue bien tard du côté de l'ouest. On ne lui connaît en effet aucun nom sancrit ni hébreu, mais seulement un nom hindou, *Zard-alu*, et un nom persan, *Mischmisch*, qui a passé dans

1. Roxburgh, *Fl. ind.*, ed. 2, v. 2, p. 501.
2. Bretschneider, *On the study and value of chinese works of botany*, p. 10 et 49.
3. Decaisne, *Jardin fruitier du Muséum*, vol. 8, article Abricotier.
4. Le Dr Bretschneider confirme ceci dans son opuscule récent : *Notes on botanical questions*, p. 3.
5. Le *Prunus Armeniaca* de Thunberg est le *Pr. Mume* de Siebold et Zuccarini. L'Abricotier n'est pas mentionné dans l'*Enumeratio*, etc, de Franchet et Savatier.

l'arabe [1]. Comment supposer qu'un fruit aussi excellent et qui s'obtient en abondance dans l'Asie occidentale se serait répandu si lentement du nord-ouest de l'Inde vers le monde gréco-romain? Les Chinois le connaissaient deux ou trois mille ans avant l'ère chrétienne. Chang-Kien était allé jusqu'en Bactriane, un siècle avant cette ère, et il est le premier qui ait fait connaître l'Occident à ses compatriotes [2]. C'est peut-être alors que l'Abricotier a été connu dans l'Asie occidentale et qu'on a pu le cultiver et le voir se naturaliser, çà et là, dans le nord-ouest de l'Inde et au pied du Caucase, par l'effet de noyaux jetés hors des plantations.

**Amandier.** — *Amygdalus communis*, Linné. — *Pruni species*, Baillon. — *Prunus Amygdalus*, Hooker fils.

L'Amandier se présente, avec l'apparence tout à fait spontanée ou quasi spontanée, dans les parties chaudes et sèches de la région méditerranéenne et de l'Asie occidentale tempérée. Comme les noyaux sortis des cultures naturalisent facilement l'espèce, il faut recourir à des indications variées pour deviner la patrie ancienne.

Ecartons d'abord l'idée d'une origine de l'Asie orientale. Les flores japonaises ne parlent pas de l'amandier. Celui que M. de Bunge a vu cultivé dans le nord de la Chine, était le *Persica Davidiana* [3]. Le Dr Bretschneider [4], dans son opuscule classique, nous apprend qu'il n'a jamais vu l'Amandier cultivé en Chine, et que la compilation publiée sous le nom de Pent-sao, dans le xe ou xie siècle de notre ère, le décrit comme un arbre du pays des Mahométans, ce qui signifie le nord-ouest de l'Inde ou la Perse.

Les botanistes anglo-indiens [5] disent que l'Amandier est cultivé dans les régions fraîches de l'Inde, mais quelques-uns ajoutent qu'il n'y prospère pas et qu'on fait venir beaucoup d'amandes de Perse [6]. On ne connaît aucun nom sanscrit, ni même des langues dérivées du sanscrit. Evidemment, le nord-ouest de l'Inde est hors de la patrie originelle de l'espèce.

Au contraire, de la Mésopotamie et du Turkestan jusqu'en Algérie, il ne manque pas de localités dans lesquelles d'excellents botanistes ont trouvé l'Amandier tout à fait sauvage. M. Boissier [7] a vu des échantillons recueillis dans les rocailles en

1. Piddington, *Index;* Roxburgh, *Fl. ind.*, l. c.; Forskal, *Fl. Egypt.*; Delile, *Ill. Egypt.*
2. Bretschneider, *On the study and value of chinese botanical works.*
3. Bretschneider, *Early european researches*, p. 149.
4. Bretschneider, *Study and value, etc.*, p. 10, et *Early researches*, p. 149.
5. Brandis, *Forest flora;* sir J. Hooker, *Fl. of brit. India*, 3, p. 313.
6. Roxburgh, *Fl. ind.*, ed. 2, vol. 2, p. 500; Royle, *Ill. Himal.*, p. 204.
7. Boissier, *Fl. or.*, 3, p. 641.

Mésopotamie, dans l'Aderbijan; le Turkestan, le Kurdistan et dans les forêts de l'Antiliban. Karl Koch [1] ne l'a pas rencontré à l'état sauvage au midi du Caucase, ni M. de Tchihatcheff en Asie Mineure. M. Cosson [2] a trouvé des bois naturels d'Amandiers près de Saïda, en Algérie. On le regarde aussi comme sauvage sur les côtes de Sicile et de Grèce [3]; mais là, et plus encore dans les localités où il se montre en Italie, en France ou en Espagne, il est probable ou presque certain que c'est le résultat de noyaux dispersés par hasard à la suite des cultures.

L'ancienneté d'existence dans l'Asie occidentale est prouvée par le fait de noms hébreux, *Schaked*, *Luz* ou *Lus* (qui est encore le nom arabe *Louz*), et de *Schekedim*, pour l'amande [4]. Les Persans ont un autre nom, *Badam*, dont j'ignore le degré d'ancienneté. Théophraste et Dioscoride [5] mentionnent l'Amandier sous un nom tout différent, *Amugdalai*, traduit par les latins en *Amygdalus*. On peut en inférer que les Grecs n'avaient pas reçu l'espèce de l'intérieur de l'Asie, mais l'avaient trouvée chez eux ou au moins dans l'Asie Mineure. L'Amandier est figuré plusieurs fois dans les peintures découvertes à Pompeia [6]. Pline [7] doute que l'espèce fût connue en Italie du temps de Caton, parce qu'elle était désignée sous le nom de noix grecque. Il est bien possible que l'Amandier eut été introduit des îles de la Grèce à Rome. On n'a pas trouvé d'amandes dans les « Terramare » du Parmesan, même dans les couches supérieures.

J'avoue que le peu d'ancienneté de l'espèce chez les Romains et l'absence de naturalisation hors des cultures en Sardaigne et en Espagne [8] me font douter de l'indigénat sur la côte septentrionale d'Afrique et en Sicile. Ce sont plutôt, à ce qu'il semble, des naturalisations remontant à quelques siècles. A l'appui de cette hypothèse, je remarque le nom berbère de l'amande *Talouzet* [9], qui se rattache évidemment à l'arabe *Louz*, c'est-à-dire à la langue des conquérants venus après les Romains. Au contraire, dans l'Asie occidentale et même dans certains points de la Grèce, on peut regarder l'indigénat comme préhistorique,

1. K. Koch, *Dendrologie*, 1, p. 80; Tchihatcheff, *Asie Mineure, Botanique*, 1, p. 108.
2. *Ann. des sc. nat.*, série 3, vol. 19, p. 108.
3. Gussone, *Synopsis fl. siculæ*, 1, p. 552; de Heldreich, *Nutzpflanzen Griechenland's*, p. 67.
4. Hiller, *Hierophyton*, 1, p. 215; Rosenmüller, *Handb. bibl. Alterk.*, 4, p. 263.
5. Théophrastes, *Hist.*, l. 1, c. 11, 18, etc.; Dioscorides, l. 1, c. 176.
6. Schouw, *Die Erde, etc.*; Comes, *Ill. piante nei dipinti pompeiani*, p. 13.
7. Pline, *Hist.*, l. 16, c. 22.
8. Moris, *Flora Sardoa*, 2, p. 5; Willkomm et Lange, *Prodr. Fl. hisp.*, 3, p. 243.
9. *Dictionnaire français-berbère*, 1844.

je ne dis pas primitif, car tout a été précédé de quelque chose.

Notons, en terminant, que la différence des amandes douces et amères était déjà connue des Grecs et même des Hébreux.

**Pêcher.** — *Amygdalus Persica,* Linné. — *Persica vulgaris,* Miller. — *Prunus Persica*, Bentham et Hooker.

Je citerai l'article [1] dans lequel j'avais naguère indiqué la pêche comme originaire de Chine, contrairement à l'opinion qui régnait alors et que des personnes, peu au courant de la science, continuent à reproduire. Je donnerai ensuite les faits découverts depuis 1855.

« Les Grecs et les Romains ont reçu le Pêcher à peu près au commencement de l'ère chrétienne. » Les noms de *Persica, Malum persicum* indiquaient d'où ils l'avaient tiré. Je ne reviens pas sur ces faits bien connus [2].

On cultive aujourd'hui divers Pêchers dans le nord de l'Inde [3]; mais, chose remarquable, on ne leur connaît aucun nom sanscrit [4] : d'où l'on peut inférer une existence et une culture peu anciennes dans ces régions. Roxburgh, ordinairement si explicite pour les noms indiens modernes, ne mentionne que des noms arabes et chinois. Piddington n'indique aucun nom indien, et Royle donne seulement des noms persans.

Le Pêcher ne réussit pas ou exige de très grands soins pour réussir dans le nord-est de l'Inde [5]. En Chine, au contraire, sa culture remonte à la plus haute antiquité. Il existe dans ce pays une foule d'idées superstitieuses et de légendes sur les propriétés de diverses variétés de pêches [6]; le nombre de ces variétés est très considérable [7]; en particulier, on y trouve la

1. Alph. de Candolle, *Géogr. bot. rais.*, p. 881.
2. Theophrastes, *Hist.*, IV, c. IV; Dioscorides, l. 1, c. CLXIV; Pline, édit. de Genève, l. XV, c. XIII.
3. Royle, *Ill. Him.*, p. 204.
4. Roxburgh, *Fl. Ind.*, 2e édit., II, p. 500; Piddington, *Index;* Royle, *l. c.*
5. Sir Jos. Hooker, *Journ. of bot.*, 1850, p. 54.
6. Rose, chef du commerce français à Canton, les avait recueillies d'après des manuscrits chinois, et Noisette (*Jard. fruit.*, 1, p. 76) a transcrit textuellement une partie de son mémoire. Ce sont des faits dans le genre de ceux-ci : Les Chinois considèrent les pêches allongées en pointe et bien rouges d'un côté comme le symbole d'une longe vie. En conséquence de cette antique persuasion, ces pêches entrent dans tous les ornements, en peinture et en sculpture, et surtout dans les présents de congratulations, etc. Selon le livre de Chin-noug-king, la pêche Yu prévient la mort ; si l'on n'a pas pu la manger à temps, elle préserve au moins le corps de la corruption jusqu'à la fin du monde. On cite toujours la pêche dans les fruits d'immortalité dont on a bercé les espérances de Tsinchi-Hoang, de Vouty, des Han et autres empereurs qui prétendaient à l'immortalité, etc.
7. Lindley, *Trans. hort. soc.*, V, p. 121.

forme singulière de la pêche déprimée [1], qui paraît s'éloigner plus qu'aucune autre de l'état naturel de l'espèce; enfin, un nom simple, celui de *To*, est donné à la pêche ordinaire [2].

« D'après cet ensemble de faits, je suis porté à croire que le Pêcher est originaire de Chine plutôt que de l'Asie occidentale. S'il avait existé de tout temps en Perse ou en Arménie, la connaissance et la culture d'un arbre aussi agréable se seraient répandues plus tôt dans l'Asie Mineure et la Grèce. L'expédition d'Alexandre est probablement ce qui l'avait fait connaître à Théophraste (322 avant J.-C.), lequel en parle comme d'un fruit de Perse. Peut-être cette notion vague des Grecs remonte-t-elle à la retraite des Dix mille (401 avant J.-C.); mais Xénophon ne mentionne pas le Pêcher. Les livres hébreux n'en font aussi aucune mention. Le Pêcher n'a pas de nom en sanscrit, et cependant le peuple parlant cette langue était venu dans l'Inde du nord-ouest, c'est-à-dire de la patrie ordinairement présumée pour l'espèce. En admettant cette patrie, comment expliquer que ni les Grecs des premiers temps de la Grèce, ni les Hébreux, ni le peuple parlant sanscrit, qui ont tous rayonné de la région supérieure de l'Euphrate ou communiqué avec elle, n'auraient pas cultivé le Pêcher ? Au contraire, il est très possible que des noyaux d'un arbre fruitier cultivé de toute ancienneté en Chine aient été portés, au travers des montagnes, du centre de l'Asie en Cachemir, dans la Bouckarie et la Perse. Les Chinois avaient découvert cette route depuis un temps très reculé. L'importation aurait été faite entre l'époque de l'émigration sanscrite et les relations des Perses avec les Grecs. La culture du Pêcher, une fois établie dans ce point, aurait marché facilement, d'un côté vers l'occident, de l'autre, par le Caboul, vers le nord de l'Inde, où elle n'est pas très ancienne.

« A l'appui de l'hypothèse d'une origine chinoise, on peut ajouter que le Pêcher a été introduit de Chine en Cochinchine [3], et que les Japonais donnent à la pêche le nom chinois de *Tao* [4]. M. Stanislas Julien a eu l'obligeance de me lire en français quelques passages de l'*Encyclopédie japonaise* (liv. LXXXVI, p. 7), où le Pêcher *Tao* est dit un arbre des contrées occidentales, chose qui doit s'entendre des parties intérieures de la Chine, relativement à la côte orientale, puisque le fragment est tiré d'un auteur chinois. Le *Tao* est déjà dans les livres de Confucius, au v^e^ siècle avant l'ère chrétienne, et même dans le *Rituel*, du x^e^ siècle avant Jésus-Christ. La qualité de plante spontanée

1. *Trans. hort. soc. Lond.*, IV, p. 512, tab. 19.
2. Roxburgh, *l. c.*
3. Loureiro, *Fl. coch.*, p. 386.
4. Kæmpfer, *Amoen.*, p. 798; Thunberg, *Fl. Jap.*, p. 199.

Kæmpfer et Thunberg indiquent aussi le nom de *Momu*, mais M. de Siebold (*Fl. Jap.*, 1, p. 29) attribue un nom assez semblable, *Mume*, à un Prunier, *Prunus Mume*, Sieb. et Z.

n'est pas spécifiée dans l'*Encyclopédie* dont je viens de parler; mais, à cet égard, les auteurs chinois sont peu attentifs.

Après quelques détails sur les noms vulgaires de la pêche dans diverses langues, je disais : « L'absence de noms sanscrits et hébreux reste le fait le plus important, duquel on peut inférer une introduction dans l'Asie occidentale venant de plus loin, c'est-à-dire de Chine. »

« Le Pêcher a été trouvé spontané dans plusieurs points de l'Asie; mais on peut toujours se demander s'il y était d'origine primitive, ou par le fait de la dispersion des noyaux provenant de pieds cultivés. La question est d'autant plus nécessaire que ces noyaux germent facilement et que plusieurs des modifications du Pêcher sont héréditaires [1]. Des pieds en apparence spontanés ont été trouvés fréquemment autour du Caucase. Pallas [2] en a vu sur les bords du Terek, où les habitants lui donnent un nom qu'il dit persan, *Scheptala* [3]. Les fruits en sont velus, âpres (austeri), peu charnus, à peine plus gros que ceux du Noyer; la plante petite. Pallas soupçonne que cet arbuste provient de Pêchers cultivés. Il ajoute qu'on le trouve en Crimée, au midi du Caucase et en Perse; mais Marshall Bieberstein, C.-A. Meyer et Hohenacker n'indiquent pas de Pêcher sauvage autour du Caucase. D'anciens voyageurs, Gmelin, Güldenstædt et Georgi, cités par Ledebour, en ont parlé. C. Koch [4] est le seul botaniste moderne qui dise avoir trouvé le Pêcher en abondance dans les provinces caucasiennes. Ledebour ajoute cependant avec prudence : Est-il spontané? Les noyaux que Bruguière et Olivier avaient apportés d'Ispahan, qui ont été semés à Paris et ont donné une bonne pêche velue, ne venaient pas, comme le disait Bosc [5], d'un Pêcher sauvage en Perse, mais d'un arbre des jardins d'Ispahan [6]. Je ne connais pas de preuves d'un Pêcher trouvé sauvage en Perse, et, si des voyageurs en indiquent, on peut toujours craindre qu'il ne s'agisse d'arbres semés. Le docteur Royle [7] dit que le Pêcher croît sauvage dans plusieurs endroits du midi de l'Himalaya, notamment près de Mussouri; mais nous avons vu que dans ces régions la culture n'en est pas ancienne, et ni Roxburgh ni le *Flora nepalensis* de Don n'indiquent de Pêcher sauvage. M. Bunge [8] n'a trouvé dans le nord de la Chine que des pieds cultivés. Ce pays n'a guère été exploré, et les légendes chinoises semblent indiquer quelquefois des Pê-

1. Noisette, *Jard. fr.*, p. 77; *Trans. Soc. hort. Lond.*, IV, p. 513.
2. Pallas, *Fl. ross.*, p. 13.
3. *Shuft-aloo* (prononcez *Schouft-alou*), est le mot persan de la pêche lisse, d'après Royle (*Ill. Him.*, p. 204).
4. Ledebour, *Fl. ross.* 1, p. 3. Voir, p. 181, l'opinion subséquente de Koch.
5. Bosc, *Dict. d'agr.*, IX, p. 481.
6. Thouin, *Ann. Mus.*, VIII, p. 433.
7. Royle, *Ill. Him*, p. 204.
8. Bunge, *Enum. plant. chin.*, p. 23.

chers spontanés. Ainsi, le *Chou-y-ki*, d'après l'auteur cité précédemment, porte : « Quiconque mange des pêches de la montagne de Kouoliou obtient une vie éternelle. » Pour le Japon, Thunberg [1] dit : « Crescit ubique vulgaris, præcipue juxta Nagasaki. In omni horto colitur ob elegantiam florum. » Il semble, d'après ce passage, que l'espèce croît hors des jardins et dans les jardins: mais peut-être il s'agit seulement, dans le premier cas, de Pêchers cultivés en plein vent.

« Je n'ai rien dit encore de la distinction à établir entre les différentes variétés ou espèces de Pêchers. C'est que la plupart sont cultivées dans tous les pays, du moins les catégories bien tranchées que l'on pourrait considérer comme des espèces botaniques. Ainsi la grande distinction des pêches velues et des pêches lisses, sur laquelle on a proposé deux espèces (*Persica vulgaris*, Mill, et *P. lævis*, D C.) se trouve au Japon [2] et en Europe, ainsi que dans la plupart des pays intermédiaires [3]. On accorde moins d'importance aux distinctions fondées sur l'adhérence ou non-adhérence de la peau superficielle, sur la couleur blanche, jaune ou rouge de la chair, et sur la forme générale du fruit. Les deux grandes catégories de pêches, velues et lisses, offrent la plupart de ces modifications, et cela en Europe, dans l'Asie occidentale et probablement en Chine. Il est certain que dans ce dernier pays la forme varie plus qu'ailleurs, car on y voit, comme en Europe, des pêches allongées, et de plus des pêches dont je parlais tout à l'heure, qui sont entièrement déprimées, où le sommet du noyau n'est pas même recouvert de chair [4]. La couleur y varie aussi beaucoup [5]. En Europe, les variétés les plus distinctes, en particulier les pêches lisses et velues, à noyau adhérent ou non adhérent, existaient déjà il y a trois siècles, car J. Bauhin les énumère avec beaucoup de clarté [6], et avant lui Dalechamp, en 1587, indiquait aussi les principales [7]. A cette époque, les pêches lisses étaient appelées *Nucipersica*, à cause de leur ressemblance de forme, de grosseur et de couleur avec le fruit du Noyer. C'est dans le même sens que les Italiens les appellent encore *Pescanoce*.

« J'ai cherché inutilement la preuve que cette pêche lisse existât chez les anciens Romains. Pline [8], qui mélange dans sa compilation des Pêchers, des Pruniers, le Laurus Persea et d'autres arbres peut-être, ne dit rien qui puisse s'entendre d'un

1. Thunberg, *Fl. Jap.*, p. 199.
2. Thunberg, *Fl. Jap.*, p. 199.
3. Les relations sur la Chine, que j'ai consultées, ne parlent pas de la pêche lisse ; mais, comme elle existe au Japon, il est infiniment probable qu'elle est aussi en Chine.
4. Noisette, *l. c.; Trans. Soc. hort.*, IV, p. 512, tab. 19.
5. Lindley, *Trans. hort. Soc.*, V, p. 122.
6. J. Bauhin, *Hist.*, 1, p. 162 et 163.
7. Dalechamp, *Hist.*, 1, p. 295.
8. Pline, l. XV, ch. 12 et 13.

fruit pareil. On a cru quelquefois le reconnaître dans les *Tuberes* dont il parle[1]. C'était un arbre apporté de Syrie du temps d'Auguste. Il y avait des *Tuberes* blanches et des rouges. D'autres (Tuberes? ou Mala?) des environs de Vérone étaient velues. Le reste du chapitre paraît concerner les *Mala* seulement. Des vers élégants de Pétrone, cités par Dalechamp[2], prouvent clairement que les *Tuberes* des Romains du temps de Néron étaient un fruit glabre; mais ce pouvait être le Jujubier (Zizyphus), le Diospyros, ou quelque Cratægus, aussi bien que le Pêcher à fruit lisse. Chaque auteur, à l'époque de la Renaissance, a eu son opinion à cet égard ou s'est mis à critiquer l'assertion des autres[3]. Peut-être y avait-il des *Tuberes* de deux ou trois espèces, comme le dit Pline, et l'une d'elles, qui se greffait sur les Pruniers[4], était-elle la pêche lisse? Je doute qu'on puisse jamais éclaircir cette question[5].

« En admettant même que le *Nucipersica* eût été introduit en Europe seulement au moyen âge, on ne peut se refuser à constater le mélange dans les cultures européennes depuis plusieurs siècles, et au Japon depuis un temps inconnu, de toutes les qualités principales de pêches. Il semble que ces qualités diverses se soient produites partout au moyen d'une espèce primitive, qui aurait été la pêche velue. S'il y avait eu d'origine deux espèces, ou elles auraient été dans des pays différents, et leur culture se serait établie séparément, ou elles auraient été dans le même pays, et dans ce cas il est probable que les anciens transports auraient introduit ici une des espèces, ailleurs l'autre. »

J'insistais, en 1855, sur d'autres considérations pour appuyer l'idée que la pêche lisse ou *Brugnon* (*Nectarine* des Anglais) est issue du Pêcher ordinaire; mais Darwin a cité un si grand nombre de cas dans lesquels une branche de *Nectarine* est sortie tout à coup d'un Pêcher à fruit velu, qu'il est inutile d'en parler davantage. J'ajouterai seulement que le Brugnon a toutes les apparences d'un arbre factice. Non seulement on ne l'a pas trouvé sauvage, mais il ne se naturalise pas hors des jardins, et chaque pied dure moins que les Pêchers ordinaires. C'est une forme affaiblie.

« La facilité, disais-je, avec laquelle nos Pêchers se sont multipliés de semis en Amérique et ont donné, sans le secours de la greffe, des fruits charnus, quelquefois très beaux, me fait croire que l'espèce est dans un état naturel, peu altéré par une

1. Pline, *De div. gen. malorum*, l. 2, c. 14.
2. Dalechamp, *Hist.*, 1, p. 358.
3. Dalechamp, *l. c.*; Matthioli, p. 122; Cæsalpinus, p. 107; J. Bauhin, p. 163, etc.
4. Pline, l. 17, c. 10.
5. Je n'ai pas pu découvrir un nom italien de fruit glabre ou autre qui dérive de *tuber* ou *tuberes*. C'est une chose singulière, car, en général, les anciens noms de fruits se sont conservés sous quelque forme.

longue culture ou par des fécondations hybrides. En Virginie et dans les Etats voisins, on a des pêches provenant d'arbres semés, non greffés, et leur abondance est si grande qu'on est obligé d'en faire de l'eau-de-vie [1]. Sur quelques pieds, les fruits sont magnifiques [2]. A Juan-Fernandez, dit Bertero [3], le Pêcher est si abondant, qu'on ne peut se faire une idée de la quantité de fruits qu'on en récolte; ils sont en général très bons, malgré l'état sauvage dans lequel ils sont retombés. D'après ces exemples, il ne serait pas surprenant que les Pêchers sauvages, à fruits médiocres, trouvés dans l'Asie occidentale, fussent tout simplement des pieds naturalisés sous un climat peu favorable, et que l'espèce fût originaire de Chine, où la culture paraît la plus ancienne. »

Le Dr Bretschneider [4], entouré à Peking de toutes les ressources de la littérature chinoise, après avoir lu ce qui précède, s'est contenté de dire : « *Tao* est le Pêcher. De Candolle pense que la Chine est le pays natal de la Pêche. Il peut avoir raison (He may be right). »

L'ancienneté d'existence et la spontaneité de l'espèce dans l'Asie occidentale sont devenues plus douteuses qu'en 1855. Les botanistes anglo-indiens parlent du Pêcher comme d'un arbre uniquement cultivé [5], ou cultivé et se naturalisant dans le nord-ouest de l'Inde, avec une apparence spontanée [6]. M. Boissier [7] cite des échantillons recueillis dans le Ghilan et au midi du Caucase, mais il n'affirme rien quant à la qualité spontanée, et Karl Koch [8], après avoir parcouru cette région, dit en parlant du Pêcher : « Patrie inconnue, peut-être la Perse. » M. Boissier a vu des pieds qui se sont établis dans les gorges du mont Hymette, près d'Athènes.

Le Pêcher se répand avec facilité dans les pays où on le cultive, de sorte qu'on a de la peine à savoir si tel individu est d'origine naturelle, antérieure à la culture, ou s'il est naturalisé; mais c'est en Chine qu'on a certainement commencé à le planter; c'est là qu'on en a parlé deux mille ans avant l'introduction dans le monde gréco-romain, un millier d'années peut-être avant l'introduction dans les pays de langue sanscrite.

Le groupe des Pêchers (genre ou sous-genre) se compose maintenant de cinq formes, que Decaisne [9] considérait comme des espèces, mais que d'autres botanistes appelleront volontiers

1. Braddick, *Trans. hort. Soc. Lond.*, 2, p. 205.
2. *Ibid.*, pl. 13.
3. Bertero, dans *Ann. sc. nat.*, XXI, p. 350.
4. Bretschneider, *On the study and value of chinese botanical work.*, p. 10.
5. Sir J. Hooker, *Fl. of brit. India*, 2, p. 313.
6. Brandis, *Forest flora, etc.*, p. 191.
7. Boissier, *Flora orientalis*, 2, p. 640.
8. K. Koch, *Dendrologie*, 1, p. 83.
9. Decaisne, *Jardin fruitier du Muséum*, Pêchers, p. 42.

des variétés. L'une est le Pêcher ordinaire, la seconde est le Pêcher à fruit lisse, que nous savons être issu du premier; la troisième est le Pêcher à fruit déprimé (*P. platycarpa*, Decaisne), cultivé en Chine, et les deux dernières sont indigènes en Chine (*P. Simonii*, Decaisne, et *P. Davidii*, Carrière); c'est donc un groupe essentiellement de Chine.

Il est difficile, d'après cet ensemble de faits, de ne pas admettre pour le Pêcher ordinaire l'origine chinoise que j'avais supposée jadis d'après des documents moins nombreux. L'arrivée en Italie au commencement de l'ère chrétienne est confirmée aujourd'hui par l'absence de noyaux de pêches dans les terramare, ou habitations lacustres de Parme et de Lombardie, et par la présence du Pêcher dans les peintures des maisons riches de Pompeia [1].

Il me reste à parler d'une opinion émise autrefois par A. Knight et soutenue par plusieurs horticulteurs, que le Pêcher serait une modification de l'Amandier. Darwin [2] a réuni les documents à l'appui de cette idée, sans oublier d'en citer un qui lui a paru contraire. Cela se résume en : 1° une fécondation croisée, qui a donné à Knight des résultats assez douteux; 2° des formes intermédiaires, quant à l'abondance de la chair et au noyau, obtenues de semis de pêches ou, par hasard, dans les cultures, formes dont la pêche-amande est un exemple connu depuis longtemps. Decaisne [3] signalait des différences entre l'Amandier et le Pêcher dans la taille et dans la longueur des feuilles, indépendamment des noyaux. Il traite l'idée de Knight de « singulière hypothèse ».

La géographie botanique est contre cette hypothèse, car l'Amandier est un arbre originaire de l'Asie occidentale, qui n'existait pas autrefois dans le centre du continent asiatique et dont l'introduction en Chine, comme arbre cultivé, ne remonte pas au delà de l'ère chrétienne. Les Chinois, de leur côté, possédaient, depuis des milliers d'années, différentes formes du Pêcher ordinaire et en outre les deux formes spontanées dont j'ai parlé. L'Amandier et le Pêcher étant partis de deux régions très éloignées l'une de l'autre, on ne peut guère les considérer comme une même espèce. L'un était cantonné en Chine, l'autre en Syrie et Anatolie. Le Pêcher, après avoir été transporté de Chine dans l'Asie centrale et, un peu avant l'ère chrétienne, dans l'Asie occidentale, ne peut pas avoir produit alors l'Amandier, puisque ce dernier arbre existait déjà dans le pays des Hébreux. Et, si l'Amandier de l'Asie occidentale avait produit le pêcher, comment celui-ci se serait-il trouvé en Chine à une époque très reculée, tandis qu'il manquait au monde gréco-romain?

1. Comes, *Illustr. piante nei dipinti Pompeiani*, p. 14.
2. Darwin, *On variations, etc.*, 1, p. 338.
3. Decaisne, *l. c.*, p. 2.

**Poirier commun.** — *Pyrus communis* Linné.

Le Poirier se montre à l'état sauvage dans toute l'Europe tempérée et dans l'Asie occidentale, en particulier en Anatolie, au midi du Caucase et dans la Perse septentrionale [1], peut-être même dans le Cachemir, mais ceci est très douteux [2]. Quelques auteurs admettent que l'habitation s'étend jusqu'en Chine. Cela tient à ce qu'ils considèrent le *Pyrus sinensis*, Lindley, comme appartenant à la même espèce. Or l'inspection seule des feuilles, où les dentelures sont terminées par une soie fine, m'a convaincu de la diversité spécifique des deux arbres [3].

Notre Poirier sauvage ne diffère pas beaucoup de certaines variétés cultivées. Il a un fruit acerbe, tacheté, de forme amincie dans le bas ou presque sphérique, sur le même pied [4]. Pour beaucoup d'autres espèces cultivées, on a de la peine à distinguer les individus venant d'une origine sauvage de ceux que le hasard des transports de graines a fait naître loin des habitations. Dans le cas actuel, ce n'est pas aussi difficile. Les Poiriers se trouvent souvent dans les forêts, et ils atteignent une taille élevée, avec toutes les conditions de fertilité d'une plante indigène [5]. Voyons cependant si, dans la vaste étendue qu'ils occupent, on peut soupçonner une existence moins ancienne ou moins bien établie dans certaines contrées que dans d'autres.

On ne connaît aucun nom sanscrit pour la poire, d'où il est permis d'affirmer que la culture dans le nord-ouest de l'Inde date d'une époque peu ancienne, et que l'indication, d'ailleurs trop vague, de pieds spontanés dans le Cachemir, n'a pas d'importance. Il n'y a pas non plus de noms hébreux ou araméens [6], mais cela s'explique par le fait que le Poirier ne s'accommode pas des pays chauds dans lesquels ces langues étaient parlées.

Homère, Théophraste et Discoride mentionnent le Poirier sous les noms d'*Ochnai*, *Apios* ou *Achras*. Les Latins l'appelaient *Pirus* ou *Pyrus* [7], et ils en cultivaient un grand nombre de

1. Ledebour, *Fl. ross.*, 2, p. 94; et surtout Boissier, *Fl. orient.*, 2, p. 653, qui a vérifié plusieurs échantillons.

2. Sir J. Hooker, *Fl. brit. India*, 2, p. 374.

3. Le *P. sinensis* décrit par Lindley est mal figuré quant aux dentelures des feuilles dans la planche du *Botanical register*, et au contraire parfaitement bien dans celle du *Jardin fruitier du Muséum*, de Decaisne. C'est la même espèce que le *P. ussuriensis*, Maximowicz, de l'Asie orientale.

4. Il est figuré très bien dans le nouveau Duhamel, 6, pl. 59, et dans Decaisne, *Jardin fruitier du Muséum*, pl. 1, fig. B et C. Le P. *Balansæ*, pl. 6, du même ouvrage, paraît semblable, selon l'observation de M. Boissier.

5. C'est le cas, par exemple, dans les forêts de la Lorraine, d'après les observations de Godron, *De l'origine probable des Poiriers cultivés*, br. in-8°, 1873, p. 6.

6. Rosenmüller, *Bibl. Altertk.*; Löw, *Aramaeische Pflanzennamen*, 1881.

7. L'orthographe *Pyrus*, adoptée par Linné, se trouve dans Pline, *Historia*, ed. 1631, p. 301. Quelques botanistes ont voulu raffiner en écrivant *Pirus*, et il en résulte que, pour une recherche dans un livre moderne, il faut consulter l'index dans deux endroits, ou risquer de croire que les

variétés, du moins à l'époque de Pline. Les peintures murales de Pompeia montrent souvent cet arbre avec son fruit [1].

Les lacustres de Suisse et d'Italie récoltaient les pommes sauvages en grande quantité, et dans ces provisions il s'est trouvé quelquefois, mais rarement, des poires. M. Heer en a figuré une des stations de Wangen et Robenhausen, sur laquelle on ne peut se méprendre. C'est un fruit aminci dans le bas, ayant 28 millimètres de long et 19 de large, coupé longitudinalement de manière à montrer une chair fort peu épaisse autour de la partie cartilagineuse centrale [2]. On n'en a pas trouvé dans les stations du lac du Bourget, en Savoie. Dans celles de Lombardie, le professeur Ragazzoni [3] a trouvé une poire, coupée en long, ayant 25 millimètres sur 16. Elle était à Bardello, dans le lac de Varèse. Les poires sauvages figurées dans le Nouveau Duhamel ont 30-33 millimètres, sur 30-32, et celles du Laristan, figurées dans le *Jardin fruitier du Muséum* sous le nom de *P. Balansæ*, qui me paraissent de la même espèce et d'origine bien spontanée, ont 26-27 millimètres sur 24-25. Dans ces poires sauvages actuelles la chair est un peu plus épaisse, mais les anciens lacustres avaient fait sécher leurs fruits après les avoir coupés en long, ce qui doit en avoir diminué l'épaisseur. Les stations indiquées n'accusent la connaissance ni des métaux ni du chanvre; mais, vu leur éloignement de localités plus civilisées des temps anciens, surtout lorsqu'il s'agit de la Suisse, il est possible que les restes découverts ne soient pas antérieurs à la guerre de Troie ou à la fondation de Rome.

J'ai cité trois noms de l'ancienne Grèce et un nom latin, mais il y en a beaucoup d'autres : par exemple, en arménien et géorgien, *Pauta;* en hongrois, *Vatzkor;* dans les langues slaves, *Gruscha* (russe), *Hrusska* (bohême), *Kruska* (illyrien). Des noms analogues au *Pyrus* des Latins se trouvent dans les langues celtiques : *Peir* (irlandais), *Per* (cymrique et armoricain) [4]. Je laisse les linguistes faire des conjectures sur l'origine plus ou moins aryenne de plusieurs de ces noms et du *Birn* des Allemands, mais je note leur diversité et multiplicité comme un indice d'existence fort ancienne de l'espèce depuis la mer Caspienne jusqu'à l'Atlantique. Les Aryas n'ont sûrement pas emporté dans leurs migrations vers l'ouest des poires ou des pépins de poires; mais, s'ils ont retrouvé en Europe un fruit qu'ils connaissaient, ils lui auront donné le nom ou les noms usités chez eux, tandis que d'autres noms an-

Poiriers ne sont pas dans l'ouvrage. En tout cas le nom des anciens est un nom vulgaire, mais le nom vraiment botanique est celui de Linné, fondateur de la nomenclature adoptée, et Linné a écrit Pyrus.

1. Comès, *Ill. piante dipinti Pompeiani*, p. 59.
2. Heer, *Pfahlbauten*, p. 24, 26, fig. 7.
3. Sordelli, *Notizie staz. lacustre di Lagozza*, p. 37.
4. Nemnich, *Polyglott. Lexicon Naturgesch*; Ad. Pictet, *Origines indo-européennes*, 1, p. 277; et mon *Dictionnaire manuscrit de noms vulgaires*.

térieurs ont pu continuer dans quelques pays. Comme exemple de ce dernier cas, je citerai deux noms basques du Poirier, *Udarea* et *Madaria* [1], qui n'ont aucune analogie avec les noms asiatiques ou européens déjà connus. Les Basques étant probablement des Ibères subjugués et refoulés vers les Pyrénées par les Celtes, l'ancienneté de leur langue est très grande, et, pour l'espèce en question, il est clair qu'ils n'ont pas reçu les noms des Celtes ou des Romains.

En définitive, on peut regarder l'habitation actuelle du Poirier de la Perse septentrionale à la côte occidentale de l'Europe tempérée, principalement dans les régions montueuses, comme préhistorique et même antérieure à toute culture. Il faut ajouter néanmoins que dans le nord de l'Europe et dans les îles britanniques la fréquence des cultures a dû étendre et multiplier des naturalisations d'une époque relativement moderne, qu'on ne peut guère distinguer maintenant.

Je ne saurais me ranger à l'hypothèse de Godron, que les nombreuses variétés cultivées proviennent d'une espèce asiatique inconnue [2]. Il semble qu'elles peuvent se rattacher, comme le dit Decaisne, au *P. communis* ou au *P. nivalis*, dont je vais parler, en admettant les effets de croisements accidentels, de la culture et d'une longue sélection. D'ailleurs on a exploré l'Asie occidentale assez complètement pour croire qu'elle ne renferme pas d'autres espèces que celles déjà décrites.

**Poirier Sauger.** — *Pyrus nivalis*, Jacquin.

On cultive en Autriche, dans le nord de l'Italie et dans plusieurs départements de l'est et du centre de la France, un Poirier qui a été nommé par Jacquin *Pyrus nivalis* [3], à cause du nom allemand *Schneebirn*, motivé par l'usage des paysans autrichiens d'en consommer les fruits quand la neige couvre les montagnes. On le nomme en France *Poirier Sauger*, parce que les feuilles ont en dessous un duvet blanc qui les fait ressembler à la Sauge. Decaisne [4] regardait toutes les variétés de Saugers comme dérivant du *Pyrus Kotschyana*, Boissier [5], qui croît spontanément dans l'Asie Mineure. Celui-ci prendrait alors le nom de *nivalis*, qui est le plus ancien.

Les Saugers cultivés en France pour faire du poiré sont devenus sauvages, çà et là, dans les forêts [6]. Ils constituent la

1. D'après une liste de noms de plantes communiquée par M. d'Abadie à M. le professeur Clos, de Toulouse.
2. Godron, *l. c.*, p. 28.
3. Jacquin, *Flora austriaca*, 2, p. 4, pl. 107.
4. Decaisne, *Jardin fruitier du Muséum*, Poiriers, pl. 21.
5. Decaisne, *ibid.*, pl. 18, et introduction, p. 30. Plusieurs variétés de Saugers, dont quelques-unes ont de gros fruits, sont figurées dans le même ouvrage.
6. Boreau, *Flore du centre de la France*, éd. 3, v. 2, p. 236.

masse des Poiriers dits *à cidre*, qui se distinguent par la saveur acerbe du fruit, indépendamment des caractères de la feuille.

Les descriptions des Grecs et des Romains sont trop imparfaites pour qu'on puisse constater s'ils possédaient cette espèce. On peut le présumer cependant, puisqu'ils faisaient du cidre [1].

**Poirier de Chine.** — *Pyrus sinensis* Lindley [2].

J'ai déjà mentionné cette espèce, voisine du Poirier commun, qui est sauvage en Mongolie et Manchourie [3] et qu'on cultive soit en Chine soit en Japon.

Son fruit, plus beau que bon, est employé pour compotes. Il est trop nouveau dans les jardins européens pour qu'on ait cherché à le croiser avec nos espèces, ce qui arrivera peut-être sans qu'on le veuille.

**Pommier.** — *Pyrus Malus*, Linné.

Le Pommier se présente à l'état sauvage dans toute l'Europe (à l'exception de l'extrême nord), dans l'Anatolie, le midi du Caucase et la province persane de Ghilan [4]. Près de Trébizonde, le botaniste Bourgeau en a vu toute une petite forêt [5]. Dans les montagnes du nord-ouest de l'Inde, il paraît sauvage (apparently wild), selon l'expression de sir J. Hooker, dans sa flore de l'Inde anglaise. Aucun auteur ne le mentionne en Sibérie, en Mongolie ou au Japon [6].

En Allemagne, on trouve deux formes spontanées, l'une à feuilles et ovaires glabres, l'autre à feuilles laineuses en dessous, et Koch ajoute que cette pubescence varie beaucoup [7]. En France, des auteurs très exacts signalent aussi deux variétés spontanées, mais avec des caractères qui ne concordent pas complètement avec ceux de la flore d'Allemagne [8]. Cette diversité s'expliquerait si les arbres spontanés dans certaines provinces proviennent de variétés cultivées, dont les pépins auraient été dispersés. La question qui se présente est donc de savoir jusqu'à quel degré

1. Palladius, *De re rustica*, l. 3, c. 25. On employait pour cela « *Pira sylvestria. vel asperi generis.* »
2. Le Coignassier de Chine avait été appelé par Thouin *Pyrus sinensis*. Malheureusement Lindley a donné le même nom à un véritable Pyrus.
3. Decaisne (*Jardin fruitier du Museum*, Poiriers, pl. 5) a vu des échantillons de ces deux pays. MM. Franchet et Savatier l'indiquent, au Japon, seulement comme cultivé.
4. Nyman, *Conspectus floræ europeæ*, p. 240; Ledebour, *Flora rossica*, 2, p. 96; Boissier, *Flora orient.*, 2, p. 656; Decaisne, *Nouvelles Arch. Mus.* 10, p, 153.
5. Boissier, *l. c.*
6. Maximowicz, *Primitiæ ussur.*; Regel, *Opit flori, etc.*, sur les plantes de l'Ussuri, de Maak; Schmidt, *Reisen Amur;* Franchet et Savatier, *Enum. Jap.*, n'en parlent pas. Bretschneider cite un nom chinois qu'il dit s'appliquer à d'autres espèces.
7. Koch, *Synopsis fl. germ.*, 1, p. 261.
8. Boreau, *Flore du centre de la France*, éd. 3, vol. 2, p. 236.

l'espèce est probablement ancienne et originelle en divers pays, et s'il n'y a pas une patrie plus ancienne que les autres, étendue graduellement par des semis accidentels de formes altérées par des croisements et par la culture.

Si l'on demande dans quel pays on a trouvé le Pommier avec l'apparence la plus indigène, c'est la région de Trébizonde au Ghilan qu'il faut citer. La forme qu'on y rencontre sauvage est à feuilles laineuses en dessous, à pédoncule court et fruit doux [1], qui répond au *Malus communis* de France, décrit par Boreau. Voilà un indice que la patrie préhistorique s'étendait de la mer Caspienne jusque près de l'Europe.

Piddington citait, dans son *Index*, un nom sanscrit pour le Pommier, mais Adolphe Pictet [2] nous apprend que ce nom, *Seba*, est industani et provient du persan *Sêb*, *Sêf*. L'absence de nom plus ancien dans l'Inde fait présumer que la culture, actuellement fréquente, dans le Cachemir et le Thibet, et surtout celle dans les provinces du nord-ouest ou du centre de l'Inde sont plus anciennes. Le Pommier n'était probablement connu que des Aryas occidentaux.

Ceux-ci ont eu, selon toute probabilité, un nom basé sur *Ab*, *Af*, *Av*, *Ob*, car on remarque ce radical dans plusieurs langues européennes d'origine aryenne. Ad. Pictet cite : en irlandais *Aball*, *Ubhal;* en cymrique, *Afal;* en armoricain, *Aval;* en ancien allemand, *Aphal;* en anglo-saxon, *Appel;* en scandinave, *Apli;* en lithuanien, *Obolys;* en ancien slave, *Iabluko;* en russe, *Iabloko*. Il semble, d'après cela, que les Aryas occidentaux, ayant trouvé le Pommier sauvage ou déjà naturalisé dans le nord de l'Europe, auraient conservé le nom sous lequel ils le connaissaient. Les Grecs ont dit *Mailea* ou *Maila*, les Latins *Malus*, *Malum*, mots d'une origine fort incertaine, dit Ad. Pictet. Les Albanais, qui remontent aux Pélasges, disent *Molé* [3]. Théophraste [4] mentionne des *Maila* sauvages et cultivés. Je citerai enfin un nom tout particulier des Basques (anciens Ibères?), *Sagara*, qui fait supposer une existence en Europe antérieure aux invasions aryennes.

Les habitants des « terramare » de Parme et des palafittes des lacs de Lombardie, de Savoie et de Suisse faisaient grand usage des pommes. Ils les coupaient toujours en long et les conservaient desséchées, comme provisions pour l'hiver. Les échantillons sont souvent carbonisés, à la suite d'incendies, mais on reconnaît d'autant mieux alors la structure interne du fruit. M. Heer [5], qui a montré une grande sagacité dans l'observation de ces détails, distingue dans les pommes des lacustres suisses, d'une époque où ils n'avaient pas de métaux, deux variétés

1. Boissier, *l. c.*
2. Ad. Pictet, *Origines indo-européennes*, 1, p. 276.
3. De Heldreich, *Nutzpflanzen Griechenlands*, p. 64
4. Th[illegible]raste, *De causis*, l. 6, cap. 24.
5. Heer, *Pfahlbauten*, p. 24, f. 1-7.

quant à la grosseur. Les plus petites ont un diamètre longitudinal de 15 à 24 millimètres et environ 3 millimètres de plus en travers (à l'état séché et carbonisé) ; les plus grosses, 29 à 32 millimètres sur 36 de large (à l'état séché, non carbonisé). Ces dernières répondent à une pomme des vergers de la Suisse allemande appelée aujourd'hui *Campaner*. Les pommes sauvages en Angleterre, figurées dans l'*English botany*, pl. 179, ont 17 millimètres de hauteur sur 22 millimètres de largeur. Il est possible que les petites pommes des lacustres fussent sauvages ; cependant leur abondance dans les provisions peut en faire douter. M. le Dr Gross m'a communiqué deux pommes des palafittes moins anciens du lac de Neuchâtel, qui ont (à l'état carbonisé) l'une 17, l'autre 22 millimètres de diamètre longitudinal. A Lagozza, en Lombardie, M. Sordelli [1] indique pour une pomme 17 millimètres de long sur 19 de large, et pour une autre 19 sur 27. Dans un dépôt préhistorique du lac de Varèse, à Bardello, M. Ragazzoni a trouvé une pomme un peu plus grosse que les autres parmi celles d'une provision.

D'après l'ensemble de ces faits, je regarde l'existence du Pommier en Europe, à l'état sauvage et à l'état cultivé, comme préhistorique. Le défaut de communications avec l'Asie avant les invasions aryennes fait supposer que l'arbre était aussi indigène en Europe que dans l'Anatolie, le midi du Caucase et la Perse septentrionale, et que la culture a commencé partout anciennement.

**Cognassier.** — *Cydonia vulgaris*, Persoon.

Il est spontané, dans les bois, au nord de la Perse, près de la mer Caspienne, dans la région au midi du Caucase et en Anatolie [2]. Quelques botanistes l'ont recueilli aussi en Crimée et dans le nord de la Grèce, avec des apparences de spontanéité [3], mais on peut déjà soupçonner d'anciennes naturalisations dans ces parties orientales de l'Europe, et plus on avance vers l'Italie, surtout vers le sud-ouest de l'Europe et l'Algérie, plus il est probable que l'espèce y est naturalisée, d'ancienne date, autour des villages, dans les haies, etc.

On ne connaît pas de nom sanscrit pour le Cognassier, d'où l'on peut inférer que l'habitation ne s'étendait pas vers le centre de l'Asie. Il n'y a pas non plus de nom hébreu, quoique l'espèce soit sauvage sur le mont Taurus [4]. Le nom persan est *Haivah* [5], mais je ne sais s'il remonte au zend. Le même nom existe en russe, *Aiva*, pour le Cognassier cultivé, tandis que le nom de la

1. Sordelli, *Sulle piante della stazione della Lagozza*, p. 35.
2. Boissier, *Fl. orient.*, 2, p. 656 ; Ledebour, *Fl. ross.*, 2, p. 55.
3. Steven, *Verzeichniss Taurien*, p. 150 ; Sibthorp, *Prodr. fl. græcæ*, 1, p. 344.
4. Boissier, *l. c.*
5. Nemnich *Polygl. Lexicon*.

plante sauvage est *Armud*, qui vient de l'arménien *Armuda* [1]. Les Grecs avaient greffé sur une variété commune, *Strution*, une qualité supérieure venant de Cydon, dans l'île de Crète, d'où est venu le nom de κυδώνιον (*kudônion*), traduit par *Malum cotoneum* des Latins, par *Cydonia* et tous les noms européens tels que *Codogno* en italien, *Coudougner* et plus tard *Coing* en français, *Quitte* en allemand, etc. Il y a des noms polonais, *Pigwa*, slave, *Tunja* [2], et albanais (pélasge?) *Ftua* [3], qui diffèrent totalement des autres. Cette variété de noms fait présumer une connaissance ancienne de l'espèce à l'ouest de sa patrie originelle, et le nom albanais peut même indiquer une existence antérieure aux Hellènes.

Pour la Grèce, l'ancienneté résulte aussi des superstitions, mentionnées par Pline et Plutarque, que le fruit du Cognassier éloignait les mauvaises influences, et de ce qu'il entrait dans les rites du mariage prescrits par Solon. Quelques auteurs ont été jusqu'à soutenir que la pomme disputée par Junon, Vénus et Minerve était un coing. Les personnes que ces questions peuvent intéresser trouveront des indications détaillées dans le mémoire de M. Comès sur les végétaux figurés dans les peintures de Pompeia [4]. Le Cognassier y est représenté deux fois. Ce n'est pas surprenant puisque cet arbre était déjà connu du temps de Caton [5].

La probabilité me paraît être une naturalisation dans l'Europe orientale avant l'époque de la guerre de Troie.

Le coing est un fruit que la culture a peu modifié. Il est aussi acerbe et acide à l'état frais que du temps des anciens Grecs.

**Grenadier.** — *Punica Granatum*, Linné.

Le Grenadier est sauvage dans les endroits rocailleux de la Perse, du Kurdistan, de l'Afghanistan et du Béloutchistan [6]. Burnes en a vu des bois entiers dans le Mazanderan, au midi de la mer Caspienne [7]. Il paraît également spontané au midi du Caucase [8]. Vers l'ouest, c'est-à-dire dans l'Asie Mineure, la Grèce, en général dans la région de la mer Méditerranée, dans l'Afrique septentrionale et à Madère, l'apparence est plutôt que l'espèce se serait naturalisée à la suite des cultures et de la dispersion des pépins par les oiseaux. Beaucoup de flores du midi de l'Europe en parlent comme d'une espèce « subspontanée »

1. Nemnich, *Polygl. Lexicon*.
2. Nemnich, *l. c.*
3. De Heldreich, *Nutzpflanzen Griechenlands*, p. 64.
4. In-4°, Napoli, 1879.
5. Cato, *De re rustica*, 7, c. 2.
6. Boissier, *Fl. orient.*, 2, p. 737; sir Joseph Hooker, *Fl. of british India*, 2, p. 581.
7. Cité d'après Royle, *Ill. Himal.*, p. 208.
8. Ledebour, *Fl. rossica*, 2, p. 104.

ou « naturalisée ». Desfontaines, dans sa Flore atlantique, l'indiquait comme spontanée en Algérie, mais les auteurs subséquents la disent plutôt naturalisée [1]. Je doute de la qualité spontanée dans le Béloutchistan, où le voyageur Stocks l'a récoltée [2], car les botanistes anglo-indiens n'admettent pas comme certain l'indigénat à l'est de l'Indus, et je remarque l'absence de l'espèce dans les collections du Liban et de la Syrie que M. Boissier cite toujours avec soin.

En Chine, le Grenadier n'est qu'à l'état cultivé. Il y a été introduit, de Samarkande, par Chang-Kien, un siècle et demi avant l'ère chrétienne [3].

La naturalisation dans la région de la mer Méditerranée est si commune qu'on peut l'appeler une extension de l'ancienne habitation. Probablement elle date d'un terme reculé, car la culture de l'espèce remonte à une époque très ancienne dans l'Asie occidentale.

Voyons si les documents historiques et linguistiques peuvent apprendre quelque chose à cet égard.

Je note d'abord l'existence d'un nom sanscrit, *Darimba*, d'où viennent plusieurs noms de l'Inde moderne [4]. On peut en conclure que l'espèce était connue depuis longtemps dans les pays qui ont été traversés par les Aryas, lors de leur marche vers l'Inde.

Le Grenadier est mentionné plusieurs fois dans l'Ancien Testament sous le nom de *Rimmon* [5], qui est l'origine du nom arabe *Rummân* ou *Rumân*. C'était un des arbres fruitiers de la Terre promise, et les Hébreux l'avaient apprécié dans les jardins d'Egypte. Beaucoup de localités de la Palestine avaient reçu leur nom de cet arbuste, mais les textes n'en parlent que comme d'une espèce cultivée. Les Phéniciens faisaient figurer la fleur et le fruit du Grenadier dans leurs cérémonies religieuses, et la déesse Aphrodite l'avait planté elle-même dans l'île de Chypre [6], ce qui fait supposer qu'il ne s'y trouvait pas alors. Les Grecs avaient connaissance de l'espèce déjà à l'époque d'Homère. Il en est question deux fois dans l'*Odyssée*, comme d'un arbre des jardins des rois de Phæacie et Phrygie. Ils l'appelaient *Roia* ou *Roa*, que les érudits disent venir du nom syriaque et hébreu [7], et aussi *Sidai* [8], qui paraît venir des Pelasges, car le nom albanais actuel est *Sège* [9]. Rien ne peut faire supposer que l'espèce fut

1. Munby, *Fl. d'Alger*, p. 49; Ball, *Spicilegium floræ maroccanæ*, p. 458.
2. Boissier, *l. c.*
3. Bretschneider, *On study, etc.*, p. 16.
4. Piddington, *Index.*
5. Rosenmüller, *Biblische Naturgeschichte*, 1, p. 273; Hamilton, *La botanique de la Bible*, Nice, 1871, p. 48.
6. Hehn, *Cultur und Hausthiere aus Asien*, éd. 3, p. 106.
7. Hehn, *ibid.*
8. Lenz, *Botanik d. alten Griechen und Rœmer*, p. 681.
9. De Heldreich, *Die Nutzpflanzen Griechenlands*, p. 64.

spontanée en Grèce, où maintenant Fraas et Heldreich affirment qu'elle est uniquement naturalisée [1].

Le Grenadier entrait aussi dans les légendes et les cérémonies du culte des plus anciens Romains [2]. Caton parle de ses propriétés vermifuges. Selon Pline [3], les meilleures grenades étaient de Carthage. Le nom de *Malum punicum* en avait été tiré ; mais on n'aurait pas dû croire, comme cela est arrivé, que l'espèce fût originaire de l'Afrique septentrionale. Très probablement les Phéniciens l'avaient introduite à Carthage, longtemps avant les rapports des Romains avec cette ville, et sans doute elle y était cultivée, comme en Egypte.

Si le Grenadier avait été jadis spontané dans l'Afrique septentrionale et le midi de l'Europe il aurait eu chez les Latins des noms plus originaux que *Granatum* (venant de *granum?*) et *Malum punicum*. On aurait peut-être à citer quelques noms locaux, dérivés d'anciennes langues occidentales, tandis que le nom sémite *Rimmon* a prévalu soit en grec, soit en arabe, et se trouve même, par l'influence arabe, chez les Berbères [4]. Il faut admettre que l'origine africaine est une des erreurs causées par les mauvaises désignations populaires des Romains.

On a trouvé dans le terrain pliocène des environs de Meximieux des feuilles et fleurs d'un Grenadier que M. de Saporta [5] décrit comme une variété du *Punica Granatum* actuel. Sous cette forme, l'espèce a donc existé, antérieurement à notre époque, avec plusieurs espèces les unes éteintes, les autres existant encore aujourd'hui dans le midi de l'Europe et d'autres enfin restées aux îles Canaries, mais la continuité d'existence jusqu'à nos jours n'en est pas pour cela démontrée.

En résumé, les arguments botaniques, historiques et linguistiques s'accordent à faire considérer l'espèce actuelle comme originaire de la Perse et de quelques pays adjacents. La culture en a commencé dans un temps préhistorique, et son extension dans l'antiquité, vers l'occident d'abord et ensuite en Chine, a causé des naturalisations qui peuvent tromper sur la véritable origine, car elles sont fréquentes, anciennes et durables.

J'étais arrivé à ces conclusions en 1855 [6], ce qui n'a pas empêché de reproduire dans quelques ouvrages l'erreur de l'origine africaine.

**Pomme rose.** — *Eugenia Jambos*, Linné. — *Jambosa vulgaris*, de Candolle

Petit arbre, de la famille des Myrtacées. Il est cultivé au-

1. Fraas, *Fl. class.*, p. 79; Heldreich, *l. c.*
2. Hehn, *l. c.*
3. Pline, l. 13, c. 19.
4. *Dictionnaire français-berbère*, publié par le gouvernement français.
5. De Saporta, *Bull. soc. géol. de France* du 5 avril 1869, p. 767, 769.
6. *Géogr. bot. raisonnée*, p. 891.

jourd'hui dans les régions tropicales de l'ancien et du nouveau monde pour l'élégance de son feuillage, autant peut-être que pour son fruit, dont la chair, qui sent la rose, est par trop mince. On peut en voir une figure excellente et une bonne description dans le *Botanical magazine*, pl. 3356. La graine renferme une matière vénéneuse [1].

Comme la culture de cette espèce était ancienne en Asie, on ne pouvait pas douter qu'elle ne fût asiatique, mais on ne savait pas bien où elle existe à l'état sauvage. L'assertion de Loureiro, qui la disait habiter en Cochinchine et dans plusieurs localités de l'Inde, méritait confirmation. Quelques documents modernes viennent à l'appui [2]. Le *Jambos* est spontané à Sumatra et ailleurs dans les îles hollandaises de l'archipel Indien. Kurz ne l'a pas rencontré dans les forêts de la Birmanie anglaise, mais lorsque Rheede vit cet arbre dans les jardins du Malabar il remarqua qu'on l'appelait *Malacca-Schambu*, ce qui montre bien une origine de la péninsule malaise. Enfin Brandis le dit spontané dans le Sikkim, au nord du Bengale. L'habitation naturelle s'étend probablement des îles de l'archipel Indien à la Cochinchine, et même au nord-est de l'Inde, où cependant il s'est peut-être naturalisé à la suite des cultures et par l'action des oiseaux. La naturalisation s'est en effet opérée ailleurs, par exemple à Hong-Kong, dans les îles Seychelles, Maurice et Rodriguez, ainsi que dans plusieurs des îles Antilles [3].

**Jamalac ou Jambosier de Malacca.** *Eugenia malaccensis*, Linné. — *Jambosa malaccensis*, de Candolle.

Espèce voisine de l'*Eugenia Jambos*, mais différente par la disposition de ses fleurs et par son fruit obovoïde, au lieu d'être ovoïde, c'est-à-dire ayant la partie la plus étroite près de son point d'attache, comme serait un œuf sur son petit bout. Le fruit est plus charnu et sent aussi la rose, mais on l'estime beaucoup [4], ou assez peu [5], suivant les pays et les variétés. Celles-ci sont nombreuses. Elles diffèrent par la couleur rosée ou rouge des fleurs et la grosseur, la forme et la couleur des fruits.

Cette multiplicité de variétés montre une ancienne culture dans l'archipel Indien, d'où l'espèce est originaire. Comme confirmation, il faut noter que Forster la trouva établie dans les îles de la mer Pacifique, de Taïti aux Sandwich, lors du voyage de Cook [6].

1. Descourtilz, *Flore médicale des Antilles*, 3, pl. 315.
2. Miquel, *Sumatra*, p. 118; *Flora Indiæ batavæ*, 1, p. 425; Blume, *Museum Lugd.-Bat.*, 1, p. 93.
3. Hooker, *Flora of brit. India*, 2, p. 474; Baker, *Flora of Mauritius*, etc., p. 115; Grisebach, *Fl. of brit. W. Indian islands*, p. 235.
4. Rumphius, *Amboin.*, 1, p. 121, t. 37.
5. Tussac, *Flore des Antilles*, 3, p. 89, pl. 25.
6. Forster, *Plantæ esculentæ*, p. 36.

Le Jambosier de Malacca est spontané dans les forêts de l'archipel asiatique et de la presqu'île de Malacca [1].

D'après Tussac, il a été apporté de Taïti à la Jamaïque en 1793. Maintenant il s'est répandu et naturalisé dans plusieurs des îles Antilles, de même qu'aux îles Maurice et Seychelles [2].

**Goyavier.** — *Psidium Guayava*, Raddi.

Les anciens auteurs, Linné et après lui quelques botanistes ont admis deux espèces dans cet arbre fruitier de la famille des Myrtacées, l'une ayant les fruits ellipsoïdes ou sphériques à chair rouge, *Psidium pomiferum;* l'autre à fruit pyriforme et chair blanche ou rosée, plus agréable au goût. De semblables diversités sont analogues à ce que nous voyons dans les poires, les pommes et les pêches; aussi a-t-on soupçonné de bonne heure qu'il valait mieux considérer tous ces Psidium comme une seule espèce. Raddi a pour ainsi dire constaté l'unité lorsqu'il a vu, au Brésil, des fruits pyriformes et d'autres presque ronds sur le même arbre [3]. Aujourd'hui, la majorité des botanistes, surtout de ceux qui ont observé les Goyaviers dans les colonies, suit l'opinion de Raddi [4], vers laquelle j'inclinais déjà, en 1855, par des raisons tirées de la distribution géographique [5].

Low [6], qui a conservé dubitativement, dans sa flore de Madère, la distinction en deux espèces, assure que chacune se conserve par les graines. Ce sont, par conséquent, des races, comme dans nos animaux domestiques et dans beaucoup de plantes cultivées. Chacune de ces races comprend des variétés [7].

Les Goyaviers, lorsqu'on veut étudier leur origine, présentent au plus haut degré une difficulté qui existe dans beaucoup d'arbres fruitiers de cette nature : leurs fruits charnus, plus ou moins aromatiques, attirent les animaux omnivores, qui rejettent leurs graines dans les endroits les plus sauvages. Celles des Goyaviers germent rapidement et fructifient dès la troisième ou quatrième année. La patrie s'est donc étendue et s'étend encore par des naturalisations, principalement dans les contrées tropicales qui ne sont pas très chaudes et humides.

1. Blume, *Museum Lugd.-Bat.*, 1, p. 91; Miquel, *Fl. Indiæ batavæ*, 1, p. 411; Hooker, *Fl. brit. India*, 2, p. 472.
2. Grisebach, *Fl. of brit. W. India*, p. 235; Baker, *Fl. of Mauritius*, p. 115.
3. Raddi, *Di alcune specie di Pero indiano*, in-4, Bologna, 1821, p. 1.
4. Martius, *Syst. mat. medicæ bras.*, p. 32; Blume, *Museum Lugd.-Bat.*, 1, p. 71; Hasskarl, dans *Flora*, 1844, p. 589; sir J. Hooker, *Flora of brit. India*, 2, p. 468.
5. *Géogr. bot. raisonnée*, p. 893.
6. Low, *A manual flora of Madeira*, p. 266.
7. Voir Blume, *l. c.;* Descourtilz, *Flore médicale des Antilles*, 2, p. 20, où se trouve une figure du Goyavier pyriforme; Tussac, *Flore des Antilles*, 2, p. 92, qui contient une bonne planche de la forme arrondie. Ces deux derniers ouvrages renferment des détails intéressants sur la manière d'employer les goyaves, sur la végétation de l'espèce, etc.

Pour simplifier la recherche des origines, j'éliminerai d'abord l'ancien monde, car il est assez évident que les Goyaviers sont venus d'Amérique. Sur une soixantaine d'espèces du genre Psidium, toutes celles qu'on peut regarder comme suffisamment étudiées sont américaines. Les botanistes, depuis le XVIe siècle, ont trouvé, il est vrai, des *Psidium Guayava* (variétés *pomiferum* et *pyriferum*), plus ou moins spontanés dans les îles de l'Archipel Indien et l'Asie méridionale [1], mais tout fait présumer que c'était le résultat de naturalisations peu anciennes. On admettait pour chaque localité une origine étrangère; seulement on hésitait sur la provenance asiatique ou américaine. D'autres considérations justifient cette idée. Les noms vulgaires en malais sont dérivés du mot américain *Guiava*. Les anciens auteurs chinois ne parlent pas des Goyaviers, bien que Loureiro les ait dits sauvages en Cochinchine il y a un siècle et demi. Forster ne les mentionne pas comme cultivés dans les îles de la mer Pacifique lors du voyage de Cook, ce qui est assez significatif quand on pense à la facilité de cultiver ces arbres et à leur dispersion inévitable. Aux îles Maurice et Seychelles, personne ne doute de leur introduction et naturalisation récentes [2].

Nous aurons plus de peine à découvrir de quelles parties de l'Amérique les Goyaviers sont sortis.

Dans le siècle actuel, ils sont certainement spontanés, hors des cultures, aux Antilles, au Mexique, dans l'Amérique centrale, le Venezuela, le Pérou, la Guyane et le Brésil [3], mais depuis quelle époque? Est-ce depuis que les Européens en ont répandu la culture? Est-ce antérieurement, à la suite des transports par les indigènes et surtout par les oiseaux? Ces questions ne paraissent avoir fait aucun progrès depuis que j'en ai parlé en 1855 [4]. Cependant, aujourd'hui, avec un peu plus d'expérience dans ces sortes de problèmes, et l'unité spécifique des deux Goyaviers étant reconnue, j'essayerai d'indiquer ce qui me paraît le plus vraisemblable.

J. Acosta [5], un des premiers auteurs sur l'histoire naturelle du nouveau monde, s'exprime sur le Goyavier pomiforme de la manière suivante : « Il y a en Saint-Domingue et ès autres îles, des montagnes toutes pleines de Goyavos, et disent, qu'il n'y avait point de telle sorte d'arbres avant que les Espagnols y arrivassent, mais qu'on les y a apportés de je ne sais où. » Ce serait donc plutôt du continent que l'espèce serait originaire. Acosta dit bien qu'elle croît en terre ferme, et il ajoute que les goyaves du Pérou ont une chair blanche bien préférable à

1. Rumphius, *Amboin.*, 1, p. 141, 142; Rheede, *Hort. malab.*, 3, t. 34.
2. Bojer, *Hortus mauritianus*; Baker, *Flora of Mauritius*, p. 112.
3. Toutes les flores, et Berg, dans *Flora brasiliensis*, vol. 14, p. 196.
4. *Géogr. bot. raisonnée*, p. 894 et 895.
5. Acosta, *Hist. nat. et morale des Indes orient. et occid.*, traduction française, 1598, p. 175, au verso.

celle des fruits rouges. Ceci fait présumer une culture ancienne sur le continent. Hernandez [1] avait vu les deux formes spontanées au Mexique, dans les endroits chauds des plaines et des montagnes, près de Quauhnaci. Il donne une description et une figure très reconnaissable du *Ps. pomiferum*. Pison et Marcgraf [2] avaient aussi trouvé les deux Goyaviers sauvages au Brésil dans les plaines; mais ils notent qu'ils se répandent facilement. Marcgraf dit qu'on les croyait originaires du Pérou, ou de l'Amérique septentrionale, ce qui peut s'entendre des Antilles ou du Mexique. Evidemment l'espèce était spontanée dans une grande partie du continent lors la découverte de l'Amérique. Si l'habitation a été une fois plus restreinte, il faut croire que c'était à une époque bien plus ancienne.

Les noms vulgaires différaient chez les peuples indigènes. Au Mexique, on disait *Xalxocotl;* au Brésil, l'arbre s'appelait *Araca-Iba* et le fruit *Araca-Guacu;* enfin le nom *Guajavos* ou *Guajava* est cité par Acosta et Hernandez à l'occasion des Goyaviers du Pérou et de Saint-Domingue, sans que l'origine en soit indiquée exactement. Cette diversité de noms confirme l'hypothèse d'une très ancienne et vaste habitation.

D'après ce que disent les premiers voyageurs d'une origine étrangère à Saint-Domingue et au Brésil, — assertion dont il est permis cependant de douter, — je soupçonne que l'habitation la plus ancienne était du Mexique à la Colombie et au Pérou, et qu'elle s'est peut-être agrandie du côté du Brésil avant la découverte de l'Amérique, et dans les îles Antilles après cette époque. L'état de l'espèce le plus ancien, qui se montre le plus à l'état sauvage, serait la forme à fruit sphérique, âpre et fortement coloré. L'autre forme est peut-être un produit de la culture.

**Gourde [3], Cougourde, Calebasse.** — *Lagenaria vulgaris*, Seringe. — *Cucurbita lagenaria*, Linné.

Le fruit de cette Cucurbitacée a pris différentes formes dans les cultures; mais, d'après l'ensemble des autres parties de la plante, les botanistes n'admettent qu'une espèce, divisée en plusieurs variétés [4]. Les plus remarquables sont la *Gourde des pèlerins*, en forme de bouteille; la *Cougourde*, dont le goulot est allongé; la *Gourde massue* ou *trompette*, et la *Calebasse*, ordinairement grande et peu étranglée. D'autres variétés moins répandues ont le fruit turbiné ou déprimé et fort petit, comme

1. Hernandez, *Novæ Hispaniæ Thesaurus*, p. 85.
2. Pison, *Hist. brasil.*, p. 74; Marcgraf, *ibid.*, p. 105.
3. En anglais, le mot *Gourd* s'applique au Potiron (Cucurbita maxima). C'est un des exemples de la confusion des noms vulgaires, et de la précision supérieure des noms scientifiques.
4. Naudin, *Annales des sc. nat.*, série 4, vol. 12, p. 91; Cogniaux, dans nos *Mon. Phan.*, 3, p. 417.

la *Gourde tabatière*. On reconnaît toujours l'espèce à sa fleur blanche, et à la dureté de la partie extérieure du fruit, qui permet de l'employer comme vase pour les liquides ou réservoir d'air, propre à soutenir les nageurs novices. La chair intérieure est tantôt douce et mangeable, tantôt amère et même purgative.

Linné [1] disait l'espèce américaine. De Candolle [2] l'a considérée comme probablement d'origine indienne, et la suite a confirmé cette opinion.

On a trouvé, en effet, le *Lagenaria vulgaris* sauvage au Malabar et dans les forêts humides de Deyra Doon [3]. Roxburgh [4] le considérait bien comme spontané dans l'Inde, quoique les flores subséquentes l'aient dit seulement cultivé. Enfin Rumphius [5] indique des pieds sauvages, sur le bord de la mer, dans une localité des îles Moluques. Les auteurs mentionnent ordinairement la pulpe comme amère dans ces individus sauvages, mais elle l'est quelquefois aussi dans les formes cultivées. La langue sanscrite distinguait déjà la Gourde ordinaire, *Ulavou*, et une autre, amère, *Kutou-Toumbi*, à laquelle A. Pictet attribue aussi le nom *Tiktaka* ou *Titkikâ* [6]. Seemam [7] a vu l'espèce « cultivée et naturalisée » aux îles Fidji. Thozet l'a recueillie sur la côte de Queensland, en Australie [8], mais c'était peut-être le résultat de cultures dans le voisinage. Les localités de l'Inde continentale paraissent plus sûres et plus nombreuses que celles des îles du midi de l'Asie.

L'espèce a été trouvée, également sauvage, en Abyssinie, dans la vallée de Hieha, par Dillon, et parmi des buissons et des rocailles d'une autre localité, par Schimper [9].

De ces deux régions de l'ancien monde, elle s'est répandue dans les jardins de tous les pays tropicaux et des pays tempérés ayant une chaleur estivale suffisante. Parfois elle s'est naturalisée hors des cultures, comme on l'a observé en Amérique [10].

Le plus ancien ouvrage chinois mentionnant la Gourde est celui de Tchong-tchi-chou, du Ier siècle avant Jésus-Christ, cité dans un ouvrage du ve ou vie siècle, selon le Dr Bretschneider [11].

1. Linné, *Species plantarum*, p. 1434, sous Cucurbita.
2. A. P. de Candolle, *Flore française* (1805), vol. 3, p. 692.
3. Rheede, *Malabar*, 8, pl. 1, 5; Royle, *Ill. Himal.*, p. 218.
4. Roxburgh, *Flora indica*, éd. 1832, v. 3, p. 719.
5. Rumphius, *Amboin.*, vol. 5, p. 397, t. 144.
6. Piddington, *Index*, au mot CUCURBITA LAGENARIA (en changeant la cacographie anglaise); Ad. Pictet, *Origines indo-europ.*, éd. 3, vol. 1, p. 386.
7. Seemann, *Flora Vitiensis*, p. 106.
8. Bentham, *Flora australiensis*, 3, p. 316.
9. Décrite d'abord sous le nom de *Lagenaria idolatrica*. A. Richard, *Tentamen fl. abyss.*, 1, p. 293, et ensuite Naudin et Cogniaux ont reconnu l'identité avec le *L. vulgaris*.
10. Torrey et Gray, *Flora of North America*, 1, p. 543; Grisebach, *Flora of british W. India islands*, p. 288.
11. Bretschneider, lettre du 23 août 1881.

Il s'agit dans ce cas de plantes cultivées. Les formes actuelles des jardins de Peking sont la Gourde massue, qui est mangeable, et la Gourde bouteille.

Les auteurs grecs n'ont pas mentionné cette plante, mais les Romains en ont parlé depuis le commencement de l'empire. Elle est assez clairement désignée par des vers souvent cités [1] du livre X de Columelle. Après avoir décrit les différentes formes du fruit :

> ..................... dabit illa capacem,
> Naricicæ picis, aut Actæi mellis Hymetti,
> Aut habilem lymphis hamulam, Bacchove lagenam,
> Tum pueros eadem fluviis innare docebit.

Pline [2] parle d'une Cucurbitacée dont on faisait des vases et des barriques pour le vin, ce qui ne peut s'appliquer qu'à celle-ci.

Il ne paraît pas que les Arabes en aient eu connaissance de bonne heure, car Ibn Alawâm et Ibn Baithar n'en ont rien dit [3]. Les commentateurs des livres hébreux n'ont pu attribuer aucun nom d'une manière positive à cette espèce, et cependant le climat de la Palestine était bien de nature à populariser l'usage des Gourdes, si on les avait connues. Il me paraît assez douteux, d'après cela, que les anciens Egyptiens aient possédé cette plante, malgré une figure unique de feuilles, vue dans une tombe, qui lui a été attribuée quelquefois [4]. Alexandre Braun, Ascherson et Magnus, dans leur savant mémoire sur les restes de plantes égyptiennes du musée de Berlin [5], indiquent plusieurs Cucurbitacées sans mentionner celle-ci. Les premiers voyageurs modernes, comme Rauwolf [6], en 1574, l'ont vue dans les jardins de Syrie, et la Gourde dite *des pèlerins*, figurée, en 1539, par Brunfels, était probablement connue dès le moyen âge en Terre sainte.

Tous les botanistes du XVIe siècle ont donné des figures de cette espèce, plus souvent cultivée alors, en Europe, qu'elle ne l'est aujourd'hui. Le nom ordinaire dans ces vieux ouvrages était *Cameraria*, et l'on distinguait trois formes de fruits. A la couleur blanche de la fleur, toujours mentionnée, on ne peut douter de l'espèce. Je remarque aussi une figure, très mauvaise, il est vrai, où la fleur manque, mais où le fruit est exactement

1. Tragus, *Stirp.*, p. 285 ; Ruellius, *De natura stirpium*, p. 498 ; Naudin, *l. c.*
2. Pline, *Hist. plant.*, l. 19, c. 5.
3. *Ibn Alawâm*, d'après E. Meyer, *Geschichte der Botanik*, 3, p. 60 ; *Ibn Baithâr*, trad. de Sondtheimer.
4. Unger, *Pflanzen des alten Ægyptens*, p. 59 ; Pickering, *Chronol. arrangement*, p. 137.
5. In-8, 1877, p. 17.
6. Rauwolf, *Flora orient.*, p. 125.

la gourde des pèlerins, qui présente ce grand intérêt d'avoir paru avant la découverte de l'Amérique. C'est la planche 46 de l'*Herbarius Pataviæ impressus*, in-4°, 1485, ouvrage rare.

Malgré certains synonymes des auteurs, je ne crois pas que la Gourde ait existé en Amérique avant l'arrivée des Européens. Le *Taquera* de Piso [1] et le *Cucurbita lagenæforma* de Marcgraf [2] sont peut-être bien le *Lagenaria vulgaris*, comme le disent les monographes [3], et les échantillons du Brésil cités par eux doivent être certains, mais cela ne prouve pas que l'espèce fût dans le pays avant le voyage d'Americ Vespuce, en 1504. Depuis lors jusqu'aux voyages de ces deux botanistes, en 1637 et 1638, il s'est écoulé un temps bien plus long qu'il ne faut le supposer pour l'introduction et la diffusion d'une espèce annuelle, curieuse de forme, facile à cultiver et dont les graines conservent longtemps la faculté de germer. Elle peut même s'être naturalisée à la suite des cultures, comme cela s'est vu ailleurs. A plus forte raison le *Cucurbita Siceratia Molina*, attribué tantôt à l'espèce actuelle et tantôt au *Cucurbita maxima* [4], peut-il avoir été introduit au Chili, entre 1538, époque de la découverte de ce pays, et 1787, date de l'édition en italien de Molina. Acosta [5] parle aussi de *Calebasses* dont les Péruviens se servaient comme de coupe ou de vase, mais l'édition espagnole de son livre est de 1591, plus de cent ans après la conquête. Parmi les naturalistes ayant indiqué l'espèce le plus rapprochée de la découverte de l'Amérique (1492) est Oviedo [6], qui avait visité la terre ferme et, après un séjour à Vera-Paz, était revenu en Europe en 1515, mais était retourné à Nicaragua en 1539 [7]. D'après la compilation de Ramusio [8], il a parlé de *zucche*, cultivées en quantité aux Antilles et à Nicaragua à l'époque de la découverte de l'Amérique et dont on faisait usage comme de bouteilles. Les auteurs de flores de la Jamaïque, au XVII$^e$ siècle, ont dit l'espèce cultivée dans cette île. P. Browne [9] cependant indique une grande Gourde cultivée et une petite, sauvage, ayant une pulpe amère et purgative.

Enfin, pour les Etats-Unis méridionaux, Elliott [10] s'exprimait ainsi en 1824 : « Le *L. vulgaris* se trouve rarement dans les bois et n'est certainement pas indigène. Il paraît avoir été apporté par les anciens habitants de notre pays d'une contrée plus

1. Piso, *Indiæ utriusque, etc.*, éd. 1658, p. 264.
2. Marcgraf, *Hist. nat. Brasiliæ*, 1648, p. 44.
3. Naudin, *l. c.*; Cogniaux, dans *Flora brasil.*, fasc., 78, p. 7, et dans de Candolle, *Monogr. Phaner.*, 3, p. 418.
4. Cl. Gay, *Flora Chilena*, 2, p. 403.
5. *Ios. Acosta*, trad. française, p. 167.
6. Pickering, *Chronol. arrang.*, p. 861.
7. Pickering, *l. c.*
8. Ramusio, vol. 3, p. 112.
9. P. Brown, *Jamaica*, ed. 2, p. 354.
10. Elliott, *Sketch of the botany of S. Carolina and Georgia*, 2, p. 663.

chaude. Maintenant, l'espèce est devenue spontanée autour des habitations, particulièrement dans les îles de la mer. » L'expression : habitants de notre pays, a l'air de signifier les colons plutôt que les indigènes. Entre la découverte de la Virginie, par Cabot en 1497, ou les voyages de W. Raleigh en 1584, et les flores des botanistes modernes, il s'est écoulé plus de deux siècles, et les indigènes auraient eu le temps de répandre la culture de l'espèce, s'ils l'avaient reçue des Européens. Mais le fait même de la culture par les Indiens à l'époque des premières relations sur leur compte est douteux. Torrey et Gray [1] l'avaient mentionné comme certain dans leur flore, publiée en 1830-40, et plus tard le second de ces habiles botanistes [2], dans un article sur les Cucurbitacées connues des indigènes, ne cite pas le Calabash ou Lagenaria. Je remarque la même omission dans un autre article spécial, sur le même sujet, publié plus récemment [3].

**Potiron. — *Cucurbita maxima*,** Duchesne.

En commençant l'énumération des espèces du genre *Cucurbita*, je dois expliquer que la distinction, autrefois très difficile, des espèces, a été fondée par M. Naudin [4] d'une manière scientifique, au moyen d'une culture assidue des variétés et d'expériences sur leur fécondation croisée. Il nomme espèces les groupes de formes qui ne peuvent pas se féconder mutuellement ou dont les produits n'ont pas été féconds et stables, et races ou variétés les formes qui se croisent entre elles et donnent des produits féconds et variés. La suite des expériences [5] l'a averti que l'établissement des espèces sur cette base n'est pas sans exceptions, mais dans le genre *Cucurbita* les faits physiologiques concordent avec les différences extérieures. M. Naudin a établi les véritables caractères distinctifs des *Cucurbita maxima* et *C. Pepo*. La première a les lobes de la feuille arrondis, les pédoncules à surface unie et les lobes de la corolle recourbés à l'extérieur ; la seconde a les lobes de la feuille aigus, les pédoncules marqués de côtes et sillons, la corolle rétrécie à la base, avec les lobes presque toujours dressés.

Les principales formes du *Cucurbita maxima* sont le *Potiron jaune*, qui atteint quelquefois un poids énorme [6], le *Potiron turban* ou *Giraumon*, le *Courgeron*, etc.

Les noms vulgaires et des anciens auteurs ne cadrant pas avec les définitions botaniques, il faut se défier des assertions

1. Torrey et Gray, *Flora oj N. America*, 1, p. 544.
2. A. Gray, dans *American journal of science*, 1857, vol. 24, p. 442.
3. Trumbull, dans *Bulletin of the Torrey club of botany*, vol. 6, ann. 1876, p. 69.
4. Naudin, dans *Annales des sc. nat.*, série 4, vol. 6, p. 5 ; vol. 12, p. 84.
5. *Ann. sc. nat.*, série 4, vol. 18, p. 160, vol. 19, p. 180.
6. Jusqu'à 100 kilogr., d'après *Le bon jardinier*, 1880, p. 180.

répandues autrefois sur les origines et sur l'introduction de la culture de telle ou telle courge à certaine époque ou dans certaines contrées. C'est une des raisons pour lesquelles, quand je me suis occupé du sujet, en 1855, la patrie de ces plantes était restée pour moi inconnue ou très douteuse. Aujourd'hui, on peut scruter mieux la question.

D'après sir Joseph Hooker [1], le *Cucurbita maxima* a été trouvé par Barter sur les bords du Niger, en Guinée, « avec l'apparence indigène » (apparently indigenous), et par Welwitsch dans l'Angola, sans affirmation de la qualité spontanée. Je ne vois aucune indication de spontanéité dans les ouvrages sur l'Abyssinie, l'Egypte ou autres pays africains dans lesquels on cultive communément l'espèce. Les Abyssins se servent du mot *Dubba*, qui s'applique, en arabe, aux Courges, dans un sens très général.

Longtemps on a soupçonné une origine indienne, en s'appuyant sur des noms tels que *Courge d'Inde*, donnés par des botanistes du XVIe siècle, et, en particulier, sur le *Pepo maximus indicus*, figuré par Lobel [2], qui rentre bien dans l'espèce actuelle; mais c'est un genre de preuve bien faible, car les indications vulgaires d'origine sont souvent fausses. Le fait est que si les Potirons sont cultivés dans l'Asie méridionale, comme ailleurs entre les tropiques, on n'a pas rencontré la plante à l'état sauvage [3]. Aucune espèce semblable ou analogue n'est indiquée dans les anciens ouvrages chinois, et les noms modernes des Courges et Potirons cultivés actuellement en Chine montrent une origine étrangère méridionale [4]. Il est impossible de savoir à quelle espèce s'appliquait le nom sanscrit *Kurkarou*, attribué par Roxburgh au *Cucurbita Pepo*, et l'incertitude n'est pas moins grande au sujet des Courges, Potirons et Melons cultivés par les Grecs et les Romains. On n'a pas constaté la présence d'un Potiron dans l'ancienne Egypte. Peut-être en cultivait-on dans ce pays et dans le monde gréco-latin? Les *Pepones* dont Charlemagne ordonnait la culture dans ses fermes [5] étaient ou l'espèce actuelle ou le Cucurbita Pepo ; mais aucune figure ou description reconnaissable de ces plantes n'a été donnée avant le XVIe siècle.

Ceci pourrait faire présumer une origine américaine. L'existence, à l'état spontané, en Afrique, est bien une objection, car les espèces de la famille des Cucurbitacées sont très locales ; mais il y a des arguments en faveur de l'Amérique, et je dois les

1. Hooker, *Flora of tropical Africa*, 2, p. 555.
2. Lobel, *Icones*, t. 641. La figure est reproduite dans Dalechamp, *Hist.*, 1, p. 626.
3. Clarke, dans Hooker, *Flora of british India*, 2, p. 622.
4. Bretschneider, lettre du 23 août 1881
5. La liste est dans E. Meyer, *Geschichte der Botanik*, 3, p. 401. Les *Cucurbita* dont il parle également devaient être la Gourde, *Lagenaria*.

examiner avec d'autant plus de soin qu'on m'a reproché aux Etats-Unis de n'en avoir pas tenu suffisamment compte.

D'abord, sur dix espèces connues du genre Cucurbita, six sont certainement spontanées en Amérique (au Mexique ou en Californie), mais ce sont des espèces vivaces, tandis que les Courges cultivées sont annuelles.

La plante nommée *Jurumu* par les Brésiliens, figurée par Pison et Marcgraf [1], est rapportée par les modernes au *Cucurbita maxima*. La planche et les courtes explications des deux auteurs conviennent assez, mais il paraît que c'était une plante cultivée. Elle peut avoir été apportée d'Afrique ou d'Europe par les Européens, entre la découverte du Brésil, en 1504, et les voyages des auteurs sus-mentionnés, qui ont eu lieu en 1637 et 1638. Personne n'a trouvé l'espèce sauvage dans l'Amérique méridionale ou septentrionale. Je ne rencontre dans les ouvrages sur le Brésil, la Guyane, les Antilles aucun indice de culture ancienne ou d'existence spontanée, soit d'après les noms, soit d'après des traditions ou opinions plus ou moins précises. Aux Etats-Unis, les savants qui connaissent le mieux les langues et les usages des indigènes, par exemple le Dr Harris autrefois, et M. Trumbull plus récemment [2], ont soutenu que les Cucurbitacées appelées *Squash* par les Anglo-Américains et *Macock* ou *Cashaw*, *Cushaw* par d'anciens voyageurs en Virginie, répondent à des Courges. M. Trumbull dit que *Squash* est un mot indien. Je n'en doute pas, d'après son assertion, mais ni les plus habiles linguistes ni les voyageurs du XVIIe siècle [3] qui ont vu les indigènes pourvus de fruits appelés dans leurs livres *Citrouilles*, *Courges*, *Pompions*, *Gourdes*, n'ont pu donner la preuve que ce fût telle ou telle des espèces reconnues distinctes aujourd'hui par les botanistes. Cela nous apprend seulement que les indigènes, un siècle après la découverte de la Virginie, vingt à quarante ans après la colonisation par W. Raleigh, faisaient usage de certains fruits de Cucurbitacées. Les noms vulgaires sont encore si confus aux Etats-Unis que le Dr Asa Gray, en 1868, indique *Pumpkin* et *Squash* comme répondant à des espèces de *Cucurbita* [4], tandis que Darlington [5] attribue le nom de *Pumpkin* à la Courge ordinaire (*Cucurbita Pepo*), et celui de *Squash* aux variétés de celle-ci qui rentrent dans les formes *Melopepo* des anciens botanistes. Ils n'attribuent pas un nom vulgaire, particulier et certain, au Potiron (*Cucurbita maxima*).

En définitive, sans ajouter une foi implicite à l'indigénat sur les

1. Piso, *Brasil.*, éd. 1658, p. 264; Marcgraf, éd. 1648, p. 44.
2. Harris, *American journal*, 1857, vol. 24, p. 441; Trumbull, *Bull. of Torrey's Club*, 1876, vol. 6, p. 69.
3. Champlain, en 1604; Strachey, en 1610; etc.
4. Asa Gray, *Botany of the northern states*, éd. 1868, p. 186.
5. Darlington, *Flora cestrica*, 1853, p. 94.

bords du Niger, fondé sur le dire d'un seul voyageur, je persiste à croire l'espèce originaire de l'ancien monde et introduite en Amérique par les Européens.

**Courge Pépon.** — *Citrouille.* — *Cucurbita Pepo* et *C. Melopepo*, Linné.

Les auteurs modernes comprennent dans le *Cucurbita Pepo* la plupart des formes désignées sous ce nom par Linné et en outre celles qu'il nommait *C. Melopepo*. Ces formes sont excessivement variées quant aux fruits, ce qui montre une très ancienne culture. On remarque dans leur nombre : la *Courge* ou *Citrouille des Patagons*, à fruits cylindriques énormes ; la *Courge sucrière*, dite *du Brésil* ; la *Courge à la moelle* ou *Vegetable marrow* des Anglais, à petits fruits allongés ; les *Barbérines*, à fruits bosselés ; le *Patisson* ou *Bonnet d'électeur*, à fruit conique, surbaissé et lobé d'une manière bizarre, etc. Il ne faut attacher aucune valeur aux noms de pays dans ces désignations de variétés, car nous avons vu souvent qu'ils expriment autant d'erreurs que de vérités. Les noms botaniques rapportés à l'espèce par M. Naudin et M. Cogniaux sont nombreux, par suite de la mauvaise habitude qui existait il n'y a pas longtemps de décrire comme espèces des formes uniquement de jardins, sans tenir compte des effets prodigieux de la culture et de la sélection sur l'organe pour lequel on cultive une plante.

La plupart des variétés existent dans les jardins des régions chaudes ou tempérées de l'ancien et du nouveau monde. L'origine de l'espèce est regardée comme douteuse. J'hésitais, en 1855 [1], entre l'Asie méridionale et la région de la mer Méditerranée. MM. Naudin et Cogniaux [2] admettent comme probable l'Asie méridionale, et les botanistes des Etats-Unis, de leur côté, ont donné des motifs pour croire à une origine américaine. La question mérite d'être examinée d'une manière précise.

Je chercherai d'abord quelles formes, rapportées aujourd'hui à l'espèce, ont été indiquées comme croissant quelque part à l'état spontané.

La variété *ovée*, *Cucurbita ovifera*, Linné, avait été recueillie jadis par Lerche, près d'Astrakhan ; mais aucun botaniste du siècle actuel n'a confirmé ce fait, et il est probable qu'il s'agissait d'une plante cultivée. D'ailleurs Linné n'affirme pas la qualité spontanée. J'ai consulté toutes les flores asiatiques et africaines sans trouver la moindre indication d'une variété qui fût sauvage. De l'Arabie, ou même de la côte de Guinée au Japon, l'espèce ou les formes qu'on lui rapporte sont toujours dites cultivées. Pour l'Inde, Roxburgh l'avait remarqué jadis, et ce n'est

1. *Géogr. bot. raisonnée*, p. 902.
2. Naudin, *Ann. sc. nat.*, série 5, vol. 6, p. 9; Cogniaux, dans de Candolle, *Monogr. Phaner.*, 3, p. 546.

sûrement pas sans de bons motifs que M. Clarke, dans la flore récente de l'Inde anglaise, n'indique aucune localité hors des cultures.

Les faits sont tout autres en Amérique.

Une variété *texana*, *Cucurbita texana*, Asa Gray [1], très voisine de l'*ovata*, d'après cet auteur, et qu'on rapporte sans hésitation aujourd'hui au *C. Pepo*, a été trouvée par Lindheimer « au bord des fourrés et dans les bois humides, sur les rives du Guadalupe supérieur, avec les apparences de plante indigène. » Le Dr Asa Gray ajoute que c'est peut-être un effet de naturalisation. Cependant, comme il existe plusieurs espèces du genre *Cucurbita* sauvages au Mexique et dans le sud-ouest des Etats-Unis, on est amené naturellement à tenir l'assertion du collecteur pour bonne. Il ne paraît pas que d'autres botanistes aient trouvé cette plante au Mexique ou aux Etats-Unis. Elle n'est mentionnée ni dans la *Biologia centrali-americana* de Hemsley, ni dans la flore récente de la Californie du Dr Asa Gray.

Quelques synonymes ou échantillons de l'Amérique méridionale, attribués au *C. Pepo*, me paraissent bien douteux. Il est impossible de savoir ce que Molina [2] a entendu sous les noms de *C. Siceratia* et *C. mammeata*, qui paraissent d'ailleurs avoir été des plantes cultivées. Deux espèces décrites brièvement dans le voyage de Spix et Martius (2, p. 536) et rapportées aussi au *C. Pepo* [3], sont indiquées, à l'occasion de plantes cultivées, sur les bords du Rio Francisco. Enfin l'échantillon de Spruce, 2716, du Rio Uaupès, affluent du Rio Negro, que M. Cogniaux [4] ne dit pas avoir vu et qu'il a rapporté d'abord au *C. Pepo*, ensuite au *C. moschata*, était peut-être cultivé ou naturalisé à la suite de quelque transport ou culture, malgré la rareté des habitants de cette contrée.

Les indications botaniques sont donc en faveur d'une origine mexicaine ou du Texas. Voyons si les documents historiques sont conformes ou contraires à cette idée.

Il est impossible de savoir si tel nom sanscrit, grec ou latin de Courge, s'applique à l'une des espèces plutôt qu'à une autre. La forme du fruit est souvent la même, et les caractères distinctifs ne sont jamais mentionnés par les anciens.

Aucune Courge n'est figurée dans l'*Herbarius Patavix impressus*, de 1485, antérieur à la découverte de l'Amérique; mais les auteurs du XVIe siècle ont publié des planches qui s'y rapportent. Je citerai les trois formes de *Pepones* figurées à la page 406 de Dodoens, édition de 1557. Une quatrième, *Pepo rotundus major*, ajoutée dans l'édition de 1616, me paraît rentrer dans le *C. maxima*. Dans la figure du *Pepo oblongus* de

1. A. Gray, *Plantæ Lindheimerianæ*, part. 2, p. 193.
2. Molina, *Hist. nat. du Chili*, p. 377.
3. Cogniaux, *l. c.*, et *Flora brasil.*, fasc. 78, p. 21.
4. Cogniaux, *Fl. bras.* et *Monogr. Phan.*, 3, p. 547.

Lobel, *Icones*, 641, le caractère du pédoncule est nettement accusé. Les noms donnés à ces plantes expriment une origine étrangère ; mais les auteurs ne pouvaient rien affirmer à cet égard, d'autant plus que le nom Inde signifiait ou l'Asie méridionale ou l'Amérique.

Ainsi les données historiques ne contredisent pas l'opinion d'une origine américaine, sans l'appuyer cependant.

Si l'habitation spontanée se confirme en Amérique, on pourra dire désormais que les Courges cultivées par les Romains et dans le moyen âge étaient le *Cucurbita maxima* et celles des indigènes de l'Amérique du Nord, dans le XVIIe siècle, vues par divers voyageurs, le *Cucurbita Pepo*.

**Courge musquée, ou melonnée.** — *Cucurbita moschata*, Duchesne.

Le *Bon jardinier* cite comme principales formes de cette espèce les Courges *muscade de Provence*, *pleine de Naples* et *de Barbarie*. Il va sans dire que ces noms ne signifient rien pour l'origine. L'espèce est facile à reconnaître par sa pubescence légère et douce, le pédoncule du fruit pentagone, épaté au sommet, le fruit plus ou moins couvert d'une efflorescence glauque, à chair copieuse, plus ou moins musquée. Les lobes du calice sont souvent terminés par un limbe foliacé [1]. Cultivée dans tous les pays tropicaux, elle s'avance moins que les autres Courges dans les pays tempérés.

M. Cogniaux [2] soupçonne qu'elle est du midi de l'Asie, sans en donner la preuve. J'ai parcouru les flores de l'ancien et du nouveau monde et n'ai pu découvrir nulle part la mention d'un état vraiment spontané. Les indications qui en approchent le plus sont : 1° en Asie, dans l'île de Bangka, un échantillon vérifié par M. Cogniaux et que Miquel [3] ne dit pas cultivé ; 2° en Afrique, dans l'Angola, des échantillons que Welwitsch dit tout à fait spontanés, mais « à la suite probablement d'une introduction [4] » ; 3° en Amérique, cinq échantillons du Brésil, de la Guyane ou de Nicaragua, mentionnés par M. Cogniaux, sans qu'on sache s'ils étaient cultivés, naturalisés ou spontanés. Ce sont des indices tout à fait légers, et l'opinion des auteurs le confirme. Ainsi, pour l'Asie, Rumphius, Blume, Clarke (dans *Flora of brit. India*), et, pour l'Afrique, Schweinfurth (dans Baker, *Tropical flora*), n'ont vu la plante absolument que cultivée. En Chine, la culture n'est pas ancienne [5]. En Amérique, les flores mentionnent très rarement l'espèce.

1. Voir l'excellente planche de Wight, *Icones*, t. 507, sous le nom faux de *Cucurbita maxima*.
2. Cogniaux, dans *Monogr. Phaner.*, 3, p. 547.
3. Miquel, *Sumatra*, sous le nom de *Gymnopetalum*, p. 332.
4. Cogniaux, *Ibid.*
5. Bretschneider, lettre du 23 août 1881.

On ne connaît aucun nom sanscrit, et les noms indiens, malais et chinois ne sont ni très nombreux ni bien originaux, quoique la culture paraisse plus répandue dans l'Asie méridionale que dans les autres régions entre les tropiques. Elle l'était déjà au XVIIe siècle, d'après l'*Hortus Malabaricus*, où l'on voit une bonne planche (vol. 8, pl. 2).

Il ne paraît pas que les botanistes du XVIe siècle aient connu cette espèce, car la figure de Dalechamp (*Hist.*, 1, p. 616), que Seringé lui a attribuée, n'en a pas les caractères, et je ne puis découvrir aucune autre figure qui lui ressemble.

**Courge à feuilles de figuier.** — *Cucurbita ficifolia*, Bouché. — *Cucurbita melanosperma*, Braun.

Il s'est introduit, depuis une trentaine d'années, dans les jardins, une Courge à graines noires ou quelquefois brunes, qui diffère des autres espèces cultivées en ce qu'elle est vivace. On l'appelle quelquefois *Melon de Siam*. Le *Bon jardinier* dit qu'elle vient de Chine. Le Dr Bretschneider ne m'en a pas parlé dans la lettre de 1881, où il énumère les Courges cultivées par les Chinois.

Jusqu'à présent, aucun botaniste ne l'a trouvée à l'état spontané. Je doute beaucoup qu'elle soit originaire d'Asie, car toutes les espèces connues de Cucurbita vivaces sont du Mexique ou de Californie.

**Melon.** — *Cucumis Melo*, Linné.

La question de l'origine du Melon a changé complètement depuis les travaux de M. Naudin. Le mémoire qu'il a publié, en 1859, dans les *Annales des sciences naturelles*, série 4, volume 11, sur le genre *Cucumis*, est aussi remarquable que celui sur le genre *Cucurbita*. Il rend compte d'observations et d'expériences, suivies pendant plusieurs années, sur la variabilité des formes et la fécondation croisée d'une multitude d'espèces, races ou variétés venant de toutes les parties du monde. J'ai parlé ci-dessus (p. 199) du principe physiologique sur lequel il croit pouvoir distinguer des groupes de formes qu'il nomme des espèces, quoique certaines exceptions se soient manifestées et rendent le critère de la fécondation moins absolu. Malgré ces cas exceptionnels, il est évident que si des formes voisines se croisent facilement et donnent des produits féconds, comme cela se voit, par exemple, dans l'espèce humaine, on est obligé de les regarder comme constituant une seule espèce.

Dans ce sens, le *Cucumis Melo*, d'après les expériences et observations faites par M. Naudin sur environ deux mille individus vivants, constitue bien une espèce, laquelle comprend un nombre extraordinaire de variétés et même de races, c'est-à-dire de formes qui se conservent par hérédité. Ces variétés ou races peuvent se féconder entre elles et donnent des produits variés et variables. Elles sont classées par l'auteur dans dix groupes, qu'il appelle *Cantaloups*, *Melons brodés*, *Sucrins*, *Melons d'hiver*, *serpents*, *forme de concombre*, *Chito*, *Dudaïm*, *rouges de Perse* et *sauvages*, chacun contenant des variétés ou races voisines les unes des autres. Celles-ci ont été nommées de 25 à 30 manières différentes par des botanistes qui, sans s'inquiéter des transitions de forme, de la faculté de croisement ou du peu de fixité dans la culture, ont désigné comme espèces tout ce qui diffère plus ou moins dans un temps et un lieu donnés.

Il résulte de là que plusieurs formes qu'on avait trouvées à l'état sauvage et qu'on décrivait comme espèces doivent être les types ou souches des formes cultivées, et M. Naudin fait la réflexion très juste que ces formes sauvages plus ou moins différentes l'une de l'autre ont pu donner des produits cultivés différents. C'est d'autant plus probable qu'elles habitent quelquefois des pays assez éloignés, comme l'Asie méridionale et l'Afrique tropicale, de sorte que les diversités de climat, combinées avec l'isolement, ont pu créer et consolider les différences.

Voici les formes que M. Naudin énumère comme sauvages :

1° Celles de l'Inde, qui ont été nommées par Willdenow *Cucumis pubescens*, et par Roxburgh *C. turbinatus* ou *C. Maderaspatanus*. Leur habitation naturelle est l'Inde anglaise dans toute son étendue et le Belouchistan. La qualité spontanée est évidente, même pour des voyageurs non botanistes [1]. Les fruits varient de la grosseur d'une prune à celle d'un citron. Ils sont unis, rayés ou bariolés à l'extérieur, parfumés ou sans odeur. La chair en est sucrée, fade ou aigrelette, différences qui rappellent beaucoup celles des Cantaloups cultivés. D'après Roxburgh, les Indiens récoltent les fruits du *turbinatus* et du *Maderaspatanus*, qu'ils ne cultivent pas, mais dont ils aiment la saveur.

Si l'on consulte la flore la plus récente de l'Inde anglaise, où M. Clarke a décrit les Cucurbitacées (2, p. 619), il semble que cet auteur ne s'accorde pas avec M. Naudin sur les formes indiennes spontanées, quoique tous deux aient examiné les nombreux échantillons de l'herbier de Kew. La différence d'opinion, plus apparente que réelle, tient à ce que l'auteur anglais rapporte à une espèce voisine, *Cucumis trigonus*, Roxburgh, certainement sauvage, les formes que M. Naudin classe dans le *Cucumis Melo*. M. Cogniaux [2], qui a vu depuis les mêmes échantillons, attribue seulement le *C. turbinatus* au *trigonus*. La distinction spécifique des *C. Melo* et *C. trigonus* est malheureusement obscure, d'après les caractères donnés par les trois auteurs. La principale différence est que le *Melo* est annuel, l'autre vivace, mais cette durée ne paraît pas bien constante.

1. *Gardener's chronicle*, articles signés : J. H. H., 1857, p. 153 ; 1858, p. 130.
2. Cogniaux, dans *Monogr. Phaner.*, 3, p. 485.

M. Clarke lui-même dit que le *C. Melo* est peut-être dérivé par la culture du *C. trigonus*, c'est-à-dire, selon lui, des formes attribuées par Naudin au *C. Melo*.

Les expériences faites pendant trois années consécutives par M. Naudin [1] sur des produits du *Cucumis trigonus* fécondé par le *Melo* paraissent appuyer l'opinion d'une diversité spécifique admissible, car, si la fécondation a eu lieu, les produits ont été divers de formes et sont revenus souvent à l'un des ancêtres primitifs.

2° Les formes africaines. M. Naudin n'a pas eu des échantillons en assez bon état et assez certains sous le rapport de la spontanéité, pour affirmer d'une manière positive l'habitation en Afrique. Il l'admet avec hésitation. Il attribue à l'espèce des formes cultivées ou d'autres spontanées, dont il n'a pas vu les fruits. Après lui, sir Joseph Hooker [2] a eu des échantillons plus probants. Je ne parle pas de ceux de la région du Nil, qui sont probablement cultivés [3], mais de plantes recueillies par Barter, en Guinée, dans les sables au bord du Niger. Thonning [4] avait déjà trouvé dans les sables, en Guinée, un *Cucumis*, qu'il avait nommé *arenarius*, et M. Cogniaux [5], après avoir vu un échantillon rapporté par ce voyageur, l'a classé dans le *C. Melo*, comme le pensait sir Joseph Hooker. Les nègres mangent le fruit de la plante recueillie par Barter. L'odeur est celle d'un melon vert frais. Dans la plante de Thonning, le fruit est ovoïde, de la grosseur d'une prune. Ainsi, en Afrique, comme dans l'Inde, l'espèce a des petits fruits à l'état spontané, ce qui n'est pas extraordinaire. Le *Dudaïm* s'en rapproche, parmi les variétés cultivées.

La majorité des espèces du genre *Cucumis* est en Afrique ; une faible minorité se trouve en Asie ou en Amérique. D'autres espèces de Cucurbitacées sont disjointes entre l'Asie et l'Afrique, quoique les habitations soient ordinairement dans cette famille continues et restreintes. Le *Cucumis Melo* a peut-être été une fois spontané de la côte occidentale d'Afrique jusque dans l'Inde, sans intervalle, comme la *Coloquinte* (*Citrullus Colocynthis*), de la même famille.

J'ai parlé jadis de la spontanéité douteuse du Melon au midi du Caucase, d'après d'anciens auteurs. Les botanistes subséquents ne l'ont pas confirmée. Hohenacker, qui avait trouvé, disait-on, l'espèce autour d'Elisabethpol, n'en fait aucune mention dans son opuscule sur les plantes de la province de Talysch. M. Boissier n'admet pas le *Cucumis Melo* dans sa flore orientale. Il dit seulement qu'il se naturalise avec facilité dans

1. Naudin, *Ann. sc. nat.*, série 4, vol. 18, p. 171.
2. Hooker, dans *Flora of tropical Africa*, 2, p. 546.
3. Schweinfurth et Ascherson, *Aufzæhlung*, p. 267.
4. Schumacher et Thonning, *Guineiske planten*, p. 426.
5. Cogniaux, *l. c.*, p. 483.

les décombres et les terrains abandonnés. La même chose a été observée ailleurs, par exemple dans les sables de l'Ussuri, dans l'Asie orientale. Ce serait une raison pour se défier de la localité des sables du Niger, si la petitesse des fruits dans cet endroit ne rappelait les formes spontanées de l'Inde.

La culture du Melon, ou de diverses variétés du Melon, a pu commencer séparément dans l'Inde et en Afrique.

Son introduction en Chine paraît dater seulement du VIIIe siècle de notre ère, d'après l'époque du premier ouvrage qui en ait parlé [1]. Comme les relations des Chinois avec la Bactriane et le nord-ouest de l'Inde, par l'ambassade de Chang-Kien, remontent au IIe siècle avant Jésus-Christ, il est possible que la culture de l'espèce ne fût pas alors très répandue en Asie. La petitesse du fruit spontané n'encourageait pas. On ne connaît aucun nom sanscrit, mais un nom tamoul, probablement moins ancien, *Molam* [2], qui ressemble au nom latin *Melo*.

Il n'est pas prouvé que les anciens Egyptiens aient cultivé le Melon. Le fruit figuré par Lepsius [3] n'est pas reconnaissable. Si la culture avait été usuelle et ancienne dans ce pays, les Grecs et les Romains en auraient eu connaissance de bonne heure. Or il est douteux que le *Sikua* d'Hippocrate et de Théophraste, ou le *Pepôn* de Dioscoride, ou le *Melopepo* de Pline fussent le Melon. Les textes sont brefs et insignifiants; Galien [4] est moins obscur, lorsqu'il dit qu'on mange l'intérieur des *Melopepones*, mais non des *Pepones*. On a beaucoup disserté sur ces noms [5], mais il faudrait des faits plutôt que des mots. La meilleure preuve que j'aie pu découvrir de l'existence du Melon chez les Romains est un fruit figuré très exactement dans la belle mosaïque des fruits au musée du Vatican. Le Dr Comes certifie, en outre, que la moitié d'un Melon est représentée dans un dessin d'Herculanum [6]. L'espèce s'est introduite dans le monde gréco-romain probablement à l'époque de l'empire, au commencement de l'ère chrétienne. La qualité en était, je suppose, médiocre, vu le silence ou les éloges modérés des auteurs, dans un pays où les gourmets ne manquaient pas. Depuis la Renaissance, une culture plus perfectionnée et des rapports avec l'Orient et l'Egypte ont amené de meilleures variétés dans les jardins. Nous savons cependant qu'elles dégénèrent assez souvent, soit par des intempéries ou de mauvaises conditions du sol, soit par un croisement avec des variétés inférieures de l'espèce.

1. Bretschneider, lettre du 26 août 1881.
2. Piddington, *Index*.
3. Voir la copie dans Unger, *Pflanzen des alten Ægyptens*, fig. 25.
4. Galien, *De alimentis*, l. 2, c. 5.
5. Voir toutes les *Flores de Virgile*, et Naudin, *Ann. sc. nat.*, série 4, vol. 12, p. 111.
6. Comes, *Ill. piante nei dipinti pompeiani*, in-4, p. 20, d'après *Museo nazion.*, vol. 3, pl. 4.

**Pastèque.** — *Citrullus vulgaris*, Schrader — *Cucurbita Citrullus*, Linné.

L'origine de la *Pastèque*, appelée aussi *Melon d'eau*, a été longtemps méconnue ou inconnue. D'après Linné, c'était une plante du midi de l'Italie [1]. L'assertion était tirée de Matthiole, sans faire attention que cet auteur disait l'espèce cultivée. Seringe [2], en 1828, la supposait d'Afrique et de l'Inde, mais il n'en donnait aucune preuve. Je l'ai crue de l'Asie méridionale, à cause de sa culture très commune dans cette région. On ne la connaissait pas à l'état spontané. Enfin on l'a trouvée indigène dans l'Afrique intertropicale, en deçà et au delà de l'équateur [3], ce qui tranche la question. Livingstone [4] a vu des terrains qui en étaient littéralement couverts. L'homme et plusieurs espèces d'animaux recherchaient ces fruits sauvages avec avidité. Ils sont ou ne sont pas amers, sans que rien le montre à l'extérieur. Les nègres frappent le fruit avec une hache et goûtent le suc pour savoir s'il est bon ou mauvais. Cette diversité dans des plantes sauvages, végétant sous le même climat et dans le même sol, est propre à faire réfléchir sur le peu de valeur du caractère dans les Cucurbitacées cultivées. Du reste, l'amertume fréquente de la Pastèque n'a rien d'extraordinaire, puisque l'espèce la plus voisine est la Coloquinte (*Citrullus Colocynthis*). M. Naudin a obtenu des métis féconds d'un croisement entre une Pastèque amère, spontanée au Cap, et une Pastèque cultivée, ce qui confirme l'unité spécifique accusée par les formes extérieures.

On n'a pas trouvé l'espèce sauvage en Asie.

Les anciens Egyptiens cultivaient la Pastèque. Elle est figurée dans leurs dessins [5]. C'est déjà un motif pour croire que les Israélites connaissaient l'espèce et l'appelaient *Abbatitchim*, comme on le dit; mais en outre le mot arabe *Battich*, *Batteca*, qui dérive évidemment du nom hébreu, est le nom actuel de la Pastèque. Le nom français vient de l'hébreu, par l'arabe. Une preuve de l'ancienneté de la plante dans la culture du nord de l'Afrique est le nom berbère, *Tadellaât* [6], trop différent du nom arabe pour n'être pas antérieur à la conquête. Les noms espagnols *Zandria*, *Cindria* et de l'île de Sardaigne *Sindria* [7], que je ne puis rapprocher d'aucun autre, font présumer aussi une ancienne culture dans la région méditerranéenne occidentale. En Asie, la culture s'est répandue de bonne heure, car on connaît un

1. Habitat in Apulia, Calabria, Sicilia. (Linné, *Species*, ed. 1763, p. 1435.)
2. Seringe, dans *Prodromus*, 3, p. 301.
3. Naudin, *Ann. sc. nat.*, série 4, vol. 12, p. 101; sir J. Hooker, dans Oliver, *Flora of tropical Africa*, 2, p. 549.
4. Traduction française, p. 56.
5. Unger a copié les figures de l'ouvrage de Lepsius, dans son mémoire *Die Pflanzen des alten Ægyptens*, fig. 30, 31, 32.
6. *Dictionnaire français-berbère*, au mot PASTÈQUE.
7. Moris, *Flora sardoa*.

nom sanscrit, *Chaya-pula* [1], mais les Chinois n'ont reçu la plante qu'au xe siècle de l'ère chrétienne. Ils la nomment *Si kua*, qui veut dire melon de l'ouest [2].

La Pastèque étant annuelle mûrit, au delà des tropiques, dans les pays où l'été est suffisamment chaud. Les Grecs modernes la cultivent beaucoup et la nomment *Carpousea* ou *Carpousia* [3], mais on ne trouve pas ce mot dans les auteurs de l'antiquité, ni même dans le grec de la décadence et du moyen âge [4]. C'est un mot commun avec le *Karpus* des Turcs de Constantinople [5], qui se trouve aussi en russe sous la forme de *Arbus* [6] et en bengali et hindoustani sous celle de *Tarbuj*, *Turbouz* [7]. Un autre nom de Constantinople, cité par Forskal, *Chimonico*, se trouve en albanais, *Chimico* [8]. L'absence d'un ancien nom grec qu'on puisse attribuer avec sûreté à l'espèce fait présumer qu'elle s'est introduite dans le monde gréco-romain à peu près au commencement de l'ère chrétienne. Le poème *Copa*, attribué à Virgile et Pline, en a peut-être parlé (livre 19, cap. 5), comme le présume Naudin, mais c'est douteux.

Les Européens ont transporté le Melon d'eau en Amérique, où maintenant on le cultive du Chili jusqu'aux Etats-Unis. Le Jacé des Brésiliens, figuré dans Pison et Marcgraf, est évidemment introduit, car le premier de ces auteurs dit la plante cultivée et quasi naturalisée [9].

**Concombre.** — *Cucumis sativus*, Linné.

Malgré la différence bien visible du Melon et du Concombre, ou *Cornichon*, qui appartiennent tous deux au genre *Cucumis*, les cultivateurs supposent que des croisements de ces espèces peuvent avoir lieu et nuisent quelquefois aux qualités du Melon. M. Naudin [10] s'est assuré par expérience que cette fécondation n'est pas possible, et il a montré ainsi que la distinction des deux espèces est bien fondée.

Le pays d'origine du *Cucumis sativus* était réputé inconnu par Linné et de Lamarck. En 1805, Willdenow [11] a prétendu que c'était la Tartarie et l'Inde, sans en fournir aucune preuve. Les botanistes subséquents n'ont pas confirmé cette indication.

1. Piddington, *Index*.
2. Bretschneider, *Study and value, etc.*, p. 17.
3. Heldreich, *Pflanzen d. attischen Ebene*, p. 591; *Nutzpflanzen Griechenland's*, p. 50.
4. Langkavel, *Botanik der späteren Griechen*.
5. Forskal, *Flora ægypto-arabica*, part. 1, p. 34.
6. Nemnich, *Polygl. Lexicon*, 1, p. 1309.
7. Piddington, *Index*; Pickering, *Chronological arrangement*, p. 72.
8. Heldreich, *Nutzpflanzen*, p. 50.
9. « *Sativa planta et tractu temporis quasi nativa facta.* » (Piso, éd. 1658, p. 233.)
10. Naudin, dans *Ann. sc. nat.*, série 4, vol. 11, p. 31.
11. Willdenow, *Species*, 4, p. 615.

Lorsque j'ai examiné la question, en 1855, on n'avait trouvé l'espèce sauvage nulle part. D'après divers motifs, tirés de son ancienne culture en Asie et en Europe, et surtout de l'existence d'un nom sanscrit, *Soukasa* [1], je disais : « La patrie est probablement le nord-ouest de l'Inde, par exemple le Caboul ou quelque pays adjacent. Tout fait présumer qu'on la découvrira un jour dans ces régions encore mal connues. »

C'est bien ce qui s'est réalisé, si l'on admet, avec les auteurs actuels les mieux informés, que le *Cucumis Hardwickii*, Royle rentre dans les formes du *Cucumis sativus*. On peut voir dans l'ouvrage intitulé *Illustrations of Himalayan plants* de Royle, p. 220, pl. 47, une figure coloriée de ce Concombre récolté au pied des monts Himalaya. Les tiges, feuilles et fleurs sont tout à fait celles du *C. sativus*. Le fruit, ellipsoïde et lisse, a une saveur amère; mais dans le Concombre cultivé il y a des formes analogues, et l'on sait que dans d'autres espèces de la famille, par exemple dans la Pastèque, la pulpe est douce ou amère. Sir Joseph Hooker, après avoir décrit la variété remarquable de Concombre dite de Sikkim [2], ajoute que la forme *Hardwickii*, spontanée de Kumaon à Sikkim, et dont il a recueilli des échantillons, ne diffère pas plus des plantes cultivées que certaines variétés de celles-ci ne diffèrent les unes des autres, et M. Cogniaux, après avoir vu les plantes de l'herbier de Kew, adopte cette opinion [3].

Le Concombre, cultivé depuis au moins trois mille ans dans l'Inde, a été introduit en Chine seulement au deuxième siècle avant Jésus-Christ, lors du retour de Chang-Kien, envoyé en Bactriane [4]. Du côté occidental, la propagation de l'espèce a marché plus vite. Les anciens Grecs cultivaient le Concombre sous le nom de *Sikuos* [5], qui est resté dans la langue moderne, sous la forme de *Sikua*. Les Grecs actuels disent aussi *Aggouria*, d'une ancienne racine des langues aryennes, appliquée quelquefois à la *Pastèque*, et qui se retrouve pour le Concombre dans le bohême *Agurka*, l'allemand *Gurke*, etc. Les Albanais (Pélasges?) ont un tout autre nom, *Kratsavets* [6], qu'on reconnaît dans le slave *Krastavak*. Les Latins appelaient le Concombre *Cucumis*. Ces noms divers montrent l'ancienneté de l'espèce en Europe. Je citerai même un nom esthonien, *Uggurits*, *Ukkurits*, *Urits* [7]. Il ne semble pas finnois, mais plutôt emprunté à la même racine aryenne que *Aggouria*. Si le Concombre était parvenu en Europe

1. Piddington, *Index*.
2. *Botanical magazine*, pl. 6206.
3. Cogniaux, dans de Candolle, *Monogr. Phanér.*, 3, p. 499.
4. Bretschneider, lettres des 23 et 26 août 1881.
5. Theophrastes, *Hist.*, l. 7, c., 4; Lenz, *Botanik der alten Griechen und Roemer*, p. 492.
6. De Heldreich, *Nutzpflanzen Griechenland's*, p. 50.
7. Nemnich, *Polygl. Lexicon*, 1, p. 1306.

avant les Aryens on aurait peut-être quelque nom particulier dans la langue basque, ou l'on aurait trouvé des graines dans les habitations lacustres de Suisse et Savoie, mais cela ne s'est pas présenté. Les peuples voisins du Caucase ont des noms tout différents du grec : en tartare *Kiar*, en Kalmouk *Chaja*, en arménien *Karan* [1]. Le nom *Chiar* existe aussi en arabe pour quelque variété de Concombre [2]. Ce serait donc un nom touranien, antérieur au sanscrit, par où la culture dans l'Asie occidentale aurait plus de 3000 ans.

On dit communément que le Concombre était le *Kischschuim*, un des fruits d'Egypte regrettés par les Israélites dans le désert [3]. Je ne vois cependant aucun nom arabe, parmi les trois cités par Forskal, qui se rattache à celui-ci, et jusqu'à présent on n'a pas trouvé d'indication de la présence du Concombre dans l'ancienne Egypte.

**Concombre Anguria.** — *Cucumis Anguria*, Linné.

Cette petite espèce de Concombre est désignée dans le *Bon jardinier* sous le nom de Concombre *Arada*. Le fruit, de la grosseur d'un œuf, est très épineux. On le mange cuit ou conservé au vinaigre. Comme la plante est productive, sa culture est fréquente dans les colonies américaines. Descourtilz et sir J. Hooker en ont publié de bonnes figures coloriées, et M. Cogniaux une planche contenant des analyses détaillées de la fleur [4].

L'indigénat aux Antilles est affirmé par plusieurs botanistes. P. Browne [5], dans le siècle dernier, appelait la plante *Petit Concombre sauvage* (à la Jamaïque). Descourtilz s'est servi des expressions suivantes : « Le Concombre croît partout naturellement, et principalement dans les savanes sèches et près des rivières dont les rives offrent une riche végétation. » Les habitants l'appellent *Concombre marron*. Grisebach [6] a vu des échantillons de plusieurs autres îles Antilles et paraît admettre leur qualité spontanée. M. E. André a trouvé l'espèce sur le bord de la mer, dans les sables, à Porto-Cabello, et Burchell, dans le même genre de stations, au Brésil, dans une localité non désignée, ainsi que Riedel, près de Rio-de-Janeiro [7]. Pour une infinité d'autres échantillons recueillis dans l'Amérique orientale, du Brésil à la Floride, on ne sait s'ils étaient spontanés ou cultivés.

Une plante spontanée, du Brésil, fort mal dessinée dans Piso [8],

1. Nemnich, *ibid.*
2. Forskal, *Flora ægypt.*, p. 76.
3. Rosenmüller, *Biblische Alterthunskunde*, 1, p. 97; Hamilton, *Botanique de la Bible*, p. 34.
4. Descourtilz, *Flore médicale des Antilles*, 5, pl. 329; Hooker, *Botanical magazine*, t. 5817; Cogniaux, dans *Flora brasiliensis*, fasc. 78, pl. 2.
5. Browne, *Jamaïca*, éd. 2, p. 353.
6. Grisebach, *Flora of british W. India islands*, p. 288.
7. Cogniaux, *l. c.*
8. *Guanerva-oba*, dans Piso, *Brasil.*, éd. 1658, p. 264; Marcgraf, éd.

est citée comme appartenant à l'espèce, mais j'en doute beaucoup.

Les botanistes, depuis Tournefort jusqu'à nos jours, ont considéré l'Anguria comme originaire d'Amérique, en particulier de la Jamaïque. M. Naudin [1], le premier, a fait observer que tous les autres *Cucumis* sont de l'ancien monde, principalement d'Afrique. Il s'est demandé si celui-ci n'aurait point été introduit en Amérique par les nègres, comme beaucoup d'autres plantes qui s'y sont naturalisées. Cependant, n'ayant pu trouver aucune plante africaine qui fût semblable, il s'est rangé à l'opinion des auteurs. Sir Joseph Hooker, au contraire, incline à croire le *C. Anguria* une forme cultivée et modifiée de quelque espèce africaine voisine des *C. prophetarum* et *C. Figarei*, bien que ceux-ci soient vivaces. En faveur de cette hypothèse, j'ajouterai que : 1° le nom de Concombre *marron*, donné dans les Antilles françaises, indique une plante devenue sauvage, car tel est le sens pour les nègres marrons; 2° la grande extension en Amérique, du Brésil aux Antilles, toujours sur la côte où la traite des nègres a été le plus active, paraît un indice d'origine étrangère. Si l'espèce était américaine, antérieure à la découverte, avec une habitation d'une pareille étendue elle se serait trouvée aussi sur la côte occidentale d'Amérique et dans l'intérieur, ce qui n'est pas.

La question ne sera résolue que par une connaissance plus complète des Cucumis d'Afrique, et par des expériences de fécondation, si quelqu'un a la patience et l'habileté nécessaires pour opérer sur le genre Cucumis comme M. Naudin sur les Cucurbita.

En terminant, je ferai remarquer la bizarrerie du nom vulgaire des Etats-Unis pour l'Anguria : *Jerusalem Cucumber*, Concombre de Jérusalem [2]. Prenez ensuite les noms populaires pour guide dans la recherche des origines!

**Benincasa.** — *Benincasa hispida*, Thunberg. — *Benincasa cerifera*, Savi.

Cette espèce, qui constitue à elle seule le genre Benincasa, ressemble tellement aux Courges que d'anciens auteurs l'avaient prise pour la Courge Pépon [3], malgré l'efflorescence cireuse de la surface du fruit. Elle est d'une culture générale dans les pays tropicaux. On a peut-être eu tort de la négliger en Europe après l'avoir essayée, car M. Naudin et le *Bon jardinier* s'accordent à la recommander.

1648, p. 44, sans figure, en parle sous le nom de *Cucumis sylvestris Brasiliæ*.

1. Naudin, *Ann. sc. nat.*, série 4, vol. 11, p. 12.
2. Darlington, *Agricultural botany*, p. 58.
3. C'est le *Cucurbita Pepo* de Loureiro et de Roxburgh.

C'est le *Cumbalam* de Rheede, le *Camolenga* de Rumphius, qui l'avaient vue au Malabar et dans les îles de la Sonde seulement cultivée, et en avaient donné des figures.

D'après plusieurs ouvrages, même récents[1], on pourrait croire que jamais elle n'a été trouvée à l'état spontané; mais, si l'on fait attention aux noms divers sous lesquels on l'a décrite, il en est autrement. Ainsi les *Cucurbita hispida*, Thunberg, et *Lagenaria dasystemon*, Miquel, d'après des échantillons authentiques vus par M. Cogniaux[2], sont des synonymes de l'espèce, et ce sont des plantes sauvages au Japon[3]. Le *Cucurbita littoralis*, Hasskarl[4], trouvé dans des broussailles au bord de la mer, à Java, et le *Gymnopetatum septemlobum*, Miquel, aussi à Java, sont le Benincasa, d'après M. Cogniaux. De même le *Cucurbita vacua*, Mueller[5] et le *Cucurbita pruriens*, Forster, dont il a vu des échantillons authentiques trouvés à Rockhingham, en Australie et aux îles de la Société. M. Nadeaud[6] ne parle pas de cette dernière. On peut soupçonner des naturalisations temporaires dans les îles de la mer Pacifique et le Queensland, mais les localités de Java et du Japon paraissent très certaines. Je crois d'autant plus à cette dernière que la culture du Benincasa en Chine remonte à une haute antiquité[7].

**Luffa cylindrique.** — *Momordica cylindrica*, Linné. — *Luffa cylindrica*, Rœmer.

M. Naudin[8] s'exprime ainsi : « Le *Luffa cylindrica*, auquel on a conservé dans quelques-unes de nos colonies le nom indien de *Pétole*, est probablement originaire de l'Asie méridionale, mais peut être il l'est aussi de l'Afrique, de l'Australie et des îles de l'Océanie. On le trouve cultivé par la plupart des peuples des pays chauds, et il paraît s'être naturalisé dans beaucoup de lieux où sans doute il n'existait pas primitivement. » M. Cogniaux[9] est plus affirmatif. « Espèce indigène, dit-il, dans toutes les régions tropicales de l'ancien monde; souvent cultivée et subspontanée en Amérique, entre les tropiques. »

En consultant les ouvrages cités par ces deux monographes et les herbiers, on trouve la qualité de plante sauvage certifiée quelquefois d'une manière positive.

1. Clarke, dans *Flora of british India*, 2, p. 616.
2. Cogniaux, dans de Candolle, *Monogr. Planer.*, 3, p. 513.
3. Thunberg, *Fl. jap.*, p. 322; Franchet et Savatier, *Enum. plant. Jap.*, 1, p. 173.
4. Hasskarl, *Catal. horti bogor.. alter*, p. 190; Miquel, *Flora indo-batava.*
5. Mueller, *Fragm.*, 6, p. 186; Forster, *Prodr.* (sans descr.); Seemann, *Journal of botany*, 2, p. 50.
6. Nadeaud, *Plantes usuelles des Tahitiens; Enumération des plantes indigènes à Taïti.*
7. Breitschneider, lettre du 26 août 1881.
8. Naudin, dans *Ann. sc. nat*, série 4, vol. 12, p. 121,
9. Cogniaux, dans *Monogr. Phanerog.*, 3, p. 458.

En ce qui concerne l'Asie [1], Rheede l'a vue dans les sables, les forêts et autres lieux du Malabar; Roxburgh la dit spontanée dans l'Hindoustan, Kurz dans les forêts du pays des Birmans; Thwaites à Ceylan. J'en possède des échantillons de Ceylan et de Khasia. On ne connaît aucun nom sanscrit, et le Dr Bretschneider, dans son opuscule *On the study, etc.*, et dans ses lettres ne mentionne aucun Luffa cultivé ou spontané en Chine. Je présume par conséquent que la culture n'est pas ancienne, même dans l'Inde.

En Australie, l'espèce est spontanée au bord des rivières du Queensland [2], et d'après cela il est probable qu'on la trouvera spontanée dans l'archipel asiatique, où Rumphius, Miquel, etc., en parlent seulement comme d'une plante cultivée.

Les herbiers renferment un grand nombre d'échantillons recueillis dans l'Afrique tropicale, de Mozambique à la côte de Guinée, et jusqu'au pays d'Angola, mais les collecteurs ne paraissent pas avoir indiqué si c'étaient des échantillons spontanés ou cultivés. Dans l'herbier Delessert, Heudelot a indiqué les environs de Galam, dans les terrains fertiles. Sir Joseph Hooker [3] les cite, sans rien affirmer. MM. Schweinfurth et Ascherson [4], toujours attentifs à ces questions, donnent l'espèce pour uniquement cultivée dans la région du Nil. Ceci est assez curieux, parce que la plante ayant été vue, dans le XVIIe siècle, dans les jardins d'Egypte, sous le nom arabe de *Luff* [5], on a nommé le genre *Luffa* et l'espèce *Luffa ægyptiaca*. Les monuments de l'ancienne Egypte n'en ont offert aucune trace. L'absence de nom hébreu est encore une raison de croire que la culture s'est introduite en Egypte au moyen âge. On la pratique aujourd'hui dans le Delta, non seulement pour le fruit, mais encore pour expédier les graines, dites de *courgettes*, dont la décoction sert à adoucir la peau.

L'espèce est cultivée au Brésil, à la Guyane, au Mexique, etc.; mais je n'aperçois aucun indice qu'elle soit indigène en Amérique. Il paraît qu'elle s'est naturalisée çà et là, par exemple dans le Nicaragua, d'après un échantillon de Levy.

En résumé l'origine asiatique est certaine, l'africaine fort douteuse, celle d'Amérique imaginaire, ou plutôt l'effet d'une naturalisation.

**Luffa anguleux. — Papengay.** — *Luffa acutangula*, Roxburgh.

L'origine de cette espèce, cultivée, comme la précédente, dans

1. Rheede, *Hort. malabar.*, 8, p. 15, t. 8; Roxburgh, *Fl. ind.*, 3, p. 714, 715, sous le nom de *L. clavata;* Kurz, *Contrib.*, 2, p. 100; Thwaites, *Enum.*
2. Mueller, *Fragmenta*, 3, p. 107; Bentham, *Flora austral.*, 3, p. 317, sous des noms synonymes de *L. cylindrica* d'après Naudin et Cogniaux.
3. Hooker, dans *Flora of tropical Africa*, 2, p. 530.
4. Schweinfurth et Ascherson, *Aufzählung*, p. 268.
5. Forskal, *Fl. ægypt.*, p. 75.

tous les pays tropicaux, n'est pas bien claire, d'après MM. Naudin et Cogniaux [1]. Le premier indique le Sénégal, le second l'Asie et, avec doute, l'Afrique. Il est à peine besoin de dire que Linné [2] se trompait en indiquant la Tartarie et la Chine.

L'indigénat dans l'Inde anglaise est donné, sans hésitation, par M. Clarke, dans la flore de sir J. Hooker. Rheede [3] avait vu la plante autrefois dans les sables du Malabar. L'habitation naturelle paraît limitée, car Thwaites à Ceylan, Kurz dans la Birmanie anglaise et Loureiro pour la Cochinchine et la Chine [4], ne citent l'espèce que comme cultivée, ou venant dans les décombres, près des jardins. Rumphius [5] l'appelle une plante du Bengale. Aucun Luffa n'est cultivé depuis longtemps en Chine, d'après une letttre du Dr Bretschneider. On ne connaît pas de nom sanscrit. Ce sont autant d'indices d'une mise en culture pas très ancienne en Asie.

Une variété à fruit amer est commune dans l'Inde anglaise [6] à l'état spontané, car on n'a aucun intérêt à la cultiver. Elle existe aussi dans les îles de la Sonde. C'est le *Luffa amara*, Roxburgh, et le *L. sylvestris*, Miquel. Le *L. subangulata*, Miquel, est une autre forme, croissant à Java, que M. Cogniaux réunit également, sur la vue d'échantillons certains.

M. Naudin n'explique pas d'après quel voyageur la plante serait sauvage en Sénégambie ; mais il dit que les nègres l'appellent *Papengaye*, et, comme ce nom est celui des colons de l'île de France [7], il est probable qu'il s'agit au Sénégal d'une plante cultivée, peut-être naturalisée autour des habitations. Sir Joseph Hooker, dans le *Flora of tropical Africa*, indique l'espèce, sans donner la preuve qu'elle soit spontanée en Afrique, et M. Cogniaux est encore plus bref. MM. Schweinfurth et Ascherson [8] ne l'énumèrent pas, soit comme spontanée, soit comme cultivée, dans la région de l'Egypte, la Nubie et l'Abyssinie. Il n'y a aucune trace d'ancienne culture en Egypte.

L'espèce a été envoyée souvent des Antilles, de la Nouvelle-Grenade, du Brésil et autres localités d'Amérique; mais on n'a pas d'indice qu'elle y soit ancienne, ni même qu'elle s'y trouve à distance des jardins, dans un état vraiment spontané.

Les conditions ou probabilités d'origine et de date de culture sont, comme on voit, semblables pour les deux Luffa cultivés. A l'appui de l'hypothèse que ces derniers ne sont pas originaires

1. Naudin, *Ann. sc. nat.*, sér. 4, v. 12, p. 122; Cogniaux, dans *Monogr. Phaner.*, 3, p. 459.
2. Linné, *Species*, p. 1436, sous le nom de *Cucumis acutangulus*.
3. Rheede, *Hort. malab.*, 8, p. 13, t. 7.
4. Thwaites, *Enum. Ceylan.*, p. 126; Kurz, *Contrib.*, 2, p. 101 ; Loureiro, *Fl. Cochinch.*, p. 727.
5. Rumphius, *Amboin.*, 5, p. 408, t. 149
6. Clarke, dans *Flora of british India*, 2, p. 614.
7. Bojer, *Hortus mauritianus*.
8. Schweinfurth et Ascherson, *Aufzählung*, p. 268.

d'Afrique, je dirai que les quatre autres espèces du genre sont ou asiatiques ou américaines, et, comme indice de plus que la culture des Luffa n'est pas très ancienne, j'ajoute que la forme du fruit a varié beaucoup moins que dans les autres Cucurbitacées cultivées.

**Trichosanthes serpent.** — *Trichosanthes anguina*, Linné.

Cucurbitacée annuelle, grimpante, remarquable par sa corolle frangée. On l'appelle dans l'île Maurice *Petole*, d'un nom usité à Java. Le fruit, allongé en quelque sorte comme un légume charnu de Légumineuse, est recherché dans l'Asie tropicale pour être mangé cuit, comme des concombres.

Les botanistes du XVIIe siècle l'ayant reçu de Chine, se sont figurés que la plante y est indigène, mais elle y était probablement cultivée. Le Dr Bretschneider [1] nous apprend que le nom chinois, *Mankua*, signifie Concombre des barbares du sud. La patrie doit être l'Inde ou l'archipel indien. Aucun auteur cependant n'affirme l'avoir trouvée dans un état clairement spontané. Ainsi M. Clarke se borne à dire dans la flore de l'Inde anglaise (2, p. 610) : « Inde, cultivé. » M. Naudin [2], avant lui, disait : « Habite l'Inde orientale, où on la cultive beaucoup pour ses fruits. Elle se présente rarement à l'état sauvage. » Rumphius [3] n'est pas plus affirmatif pour Amboine. Loureiro et Kurz en ce qui concerne la Cochinchine et le pays des Birmans, Blume et Miquel pour les îles au midi de l'Asie, n'ont vu que la plante cultivée. Les 39 autres espèces du genre sont toutes de l'ancien monde, entre la Chine ou le Japon, l'Inde occidentale et l'Australie. Elles sont surtout dans l'Inde et l'archipel. Je regarde l'origine indienne comme la plus probable.

L'espèce a été portée à l'île Maurice, où elle se sème autour des cultures. Ailleurs elle s'est peu répandue. On ne lui connaît aucun nom sanscrit.

**Chayote.** — *Sechium edule*, Swartz.

On cultive cette Cucurbitacée, dans l'Amérique intertropicale, pour ses fruits, qui ont une forme de Poire et le goût d'un Concombre. Ils ne contiennent qu'une graine, de sorte que la chair est abondante.

L'espèce constitue à elle seule le genre Sechium. On en trouve des échantillons dans tous les herbiers, mais ordinairement les collecteurs n'ont pas indiqué s'ils étaient cultivés, naturalisés ou vraiment spontanés, avec l'apparence d'être originaires du pays. Sans parler d'ouvrages dans lesquels on prétend que cette plante vient des Indes orientales, ce qui est tout à fait faux, plusieurs des plus estimés mentionnent pour origine la

1. Bretschneider, *On study, etc.*, p. 17.
2. Naudin, *Ann. sc. nat.*, série 4, vol. 18, p 190.
3. Rumphius, *Amboin.*, 5, pl. 148.

Jamaïque [1]. Cependant P. Browne [2], dans le milieu du siècle dernier, disait positivement qu'elle y est à l'état de culture, et avant lui Sloane n'en a pas parlé. Jacquin [3] dit qu'elle « habite et qu'on la cultive à Cuba », et Richard a copié cette phrase dans la flore de R. de La Sagra, sans ajouter quelque preuve. M. Naudin [4] a dit : « Plante du Mexique », mais il ne donne pas les motifs de son assertion. M. Cogniaux [5], dans sa récente monographie, cite un grand nombre d'échantillons recueillis du Brésil aux Antilles, sans dire qu'il en ait vu aucun qualifié de spontané. Seemann [6] a vu la plante cultivée à Panama, et il ajoute une remarque importante, si elle est exacte : c'est que le nom de *Chayote*, usité dans l'isthme, est une corruption d'un nom atztec, *Chayotl*. Voilà un indice d'ancienne existence au Mexique, mais je ne trouve pas ce nom dans Hernandez, l'auteur classique sur les plantes mexicaines antérieures à la conquête. La Chayote n'était pas encore cultivée à Cayenne il y a dix ans [7]. Au Brésil, rien ne fait présumer une ancienne culture. L'espèce n'est pas mentionnée dans les anciens auteurs, tels que Piso et Marcgraf, et le nom *Chuchu*, donné comme brésilien [8], me paraît venir de *Chocho*, usité à la Jamaïque, lequel est peut-être une corruption du mot mexicain.

Les probabilités sont, en résumé : 1° une origine du Mexique méridional et de l'Amérique centrale ; 2° un transport aux Antilles et au Brésil à peu près dans le XVIIIe siècle.

On a introduit plus tard l'espèce dans les jardins de l'île Maurice et récemment en Algérie, où elle réussit à merveille [9].

**Opuntia Figue d'Inde.** — *Opuntia Ficus indica*, Miller.

La plante grasse, de la famille des Cactacées, sur laquelle vient le fruit appelé dans le midi de l'Europe *Figue d'Inde*, n'a aucun rapport avec les Figuiers, ni le fruit avec la figue. Il n'est pas originaire de l'Inde, mais d'Amérique. Tout est faux et ridicule dans ce nom vulgaire. Cependant Linné en ayant fait un nom botanique, *Cactus Ficus indica*, rapporté ensuite au genre *Opuntia*, il a fallu conserver le nom spécifique, pour éviter les changements, sources de confusion, et rappeler la dénomination populaire. Les formes épineuses et plus ou moins dépourvues d'épines ont été désignées par quelques auteurs comme des espèces distinctes, mais un examen attentif porte à les réunir [10].

1. Grisebach, *Flora of brit. W. India Islands*, p. 286.
2. Browne, *Jamaica*, p. 355.
3. Jacquin, *Stirp. amer. hist.*, p. 259.
4. Naudin, *Ann. sc. nat.*, série 4, vol. 18, p. 205.
5. Dans *Monogr. Phaner.*, 3, p. 902.
6. Seemann, *Bot. of Herald*, p. 128.
7. Sagot, *Journal de la Soc. d'hortic. de France*, 1872.
8. Cogniaux, *Flora brasil.*, fasc. 78.
9. Sagot, *l. c.*, 19.
10. Webb et Berthelot, *Phytographia canariensis*, sect. I, p. 208.

L'espèce existait, à l'état spontané et cultivé, au Mexique, avant l'arrivée des Espagnols. Hernandez [1] en décrit neuf variétés, ce qui montre l'ancienneté de la culture. L'une d'elles, à peu près sans épines, paraît avoir nourri plus spécialement que les autres l'insecte appelé cochenille, qu'on a transporté avec la plante aux îles Canaries et ailleurs. On ne peut pas savoir jusqu'où s'étendait l'habitation en Amérique avant que l'homme eût transporté les fragments de la plante, en forme de raquette, et les fruits, qui sont deux moyens faciles de propagation. Peut-être les individus sauvages dans la Jamaïque et autres îles Antilles dont parlait Sloane [2], en 1725, étaient-ils le résultat d'une introduction par les Espagnols. Assurément l'espèce s'est naturalisée dans cette direction aussi loin que le climat le lui permet, par exemple jusqu'à la Floride méridionale [3].

C'est une des premières plantes que les Espagnols aient transportées dans le vieux monde, soit en Europe, soit en Asie. Son apparence singulière frappait d'autant plus l'attention qu'aucune espèce de la famille n'avait encore été vue [4]. Tous les botanistes du XVIe siècle en ont parlé, et en même temps la plante s'est naturalisée dans le midi de l'Europe et en Afrique à mesure qu'on se mettait à la cultiver. C'est en Espagne que l'Opuntia a d'abord été connu sous le nom américain de *Tuna*, et probablement se sont les Maures qui l'ont porté en Barbarie, quand on les a chassés de la Péninsule. Ils le nommaient Figue de chrétien [5]. L'usage d'entourer les propriétés de Figuiers d'Inde, comme clôture, et la valeur nutritive des fruits, assez fortement sucrés, ont déterminé l'extension autour de la mer Méditerranée et en général dans les pays voisins des tropiques.

L'élève de la cochenille, qui nuisait à la production des fruits [6], est en pleine décadence depuis la fabrication des matières colorantes par des procédés chimiques.

**Groseillier à maquereaux.** — *Ribes Grossularia* et *R. Uva-crispa*, Linné.

Les formes cultivées présentent ordinairement un fruit lisse ou qui porte quelques gros poils raides, tandis que le fruit de la forme sauvage (*R. Uva-crispa*) a des poils mous et moins longs; mais on a constaté souvent des intermédiaires, et il a été prouvé, par expérience, qu'en semant des graines du fruit cultivé on obtient des pieds ayant des poils ou sans poils [7]. Il n'y a, par conséquent, qu'une seule espèce, qui a donné par la culture une

1. Hernandez, *Thesaurus Novæ Hispaniæ*, p.78.
2. Sloane, *Jamaica*, 2, p. 150.
3. Chapman, *Flora of south. United states*, p. 144.
4. Le *Cactos* des Grecs était tout autre chose.
5. Steinheil, dans Boissier, *Voyage bot. en Espagne*, 1, p. 2[illegible].
6. Webb et Berthelot, *Phyt. canar.*
7. Robson, cité dans *English botany*, planche 2057.

variété principale et plusieurs sous-variétés quant à la grosseur, la couleur ou la saveur du fruit.

Ce Groseillier croît spontanément dans toute l'Europe tempérée, depuis la Suède méridionale jusque dans les parties montueuses de l'Espagne centrale, de l'Italie et de la Grèce [1]. On le mentionne aussi dans l'Afrique septentrionale, mais le dernier catalogue publié des plantes d'Algérie [2] l'indique seulement dans les montagnes d'Aurès, et M. Ball en a trouvé une variété assez distincte dans l'Atlas du Maroc [3]. Il existe dans le Caucase [4] et, sous des formes plus ou moins différentes, dans l'Himalaya occidental [5].

Les Grecs et les Romains n'ont pas parlé de cette espèce, qui est rare dans le midi et qu'il ne vaut guère la peine de planter là où les raisins mûrissent. C'est surtout en Allemagne, en Hollande et en Angleterre qu'on l'a cultivée, depuis le XVIe siècle [6], principalement pour assaisonnement, d'où viennent les noms de *Gooseberry* en anglais et de Groseille à *maquereaux* en français. On en fait aussi une sorte de vin.

La fréquence de la culture dans les îles Britanniques et les lieux où on le trouve, qui sont souvent près des jardins, ont fait naître chez plusieurs botanistes anglais l'idée d'une naturalisation accidentelle. C'est assez probable pour l'Irlande [7]; mais, comme il s'agit d'une espèce essentiellement européenne, je ne vois pas pourquoi en Angleterre, où la plante sauvage est plus commume, elle n'aurait pas existé depuis l'établissement de la plupart des espèces de la flore britannique, c'est-à-dire depuis la fin de l'époque glaciaire, avant la séparation de l'île d'avec le continent. Phillips cite un vieux nom anglais tout particulier, *Feaberry* ou *Feabes*, qui vient à l'appui d'une ancienne existence, de même que deux noms gallois [8], dont je ne puis cependant pas attester l'originalité.

**Groseillier rouge.** — *Ribes rubrum*, Linné.

Le Groseillier ordinaire, rouge, est spontané dans l'Europe septentrionale et tempérée, de même que dans toute la Sibérie [9] jusqu'au Kamtschatka, et en Amérique du Canada et du Vermont à l'embouchure de la rivière Mackensie [10].

Comme le précédent, il était inconnu aux Grecs et aux Ro-

1. Nyman, *Conspectus fl. europeæ*, p. 266 ; Boissier, *Fl. or.*, 2, p. 815.
2. Munby, *Catal.*, éd. 2, p. 15.
3. Ball. *Spicilegium fl. marocc.*, p. 449.
4. Ledebour, *Fl. ross.*, 2, p. 194 ; Boissier, *l. c.*
5. Clarke, dans Hooker, *Fl. brit. India*, 2, p. 410.
6. Phillips, *Account of fruits*, p. 174.
7. Moore et More, *Contrib. to the Cybebe hibernica*, p. 113.
8. Davies, *Welsh botanology*, p. 24.
9. Ledebour, *Fl. ross.*, 2, p. 199.
10. Torrey et Gray, *Fl. N. Am.*, 1, p. 150.

mains, et la culture s'en est introduite dans le moyen âge seulement. La plante cultivée diffère à peine de la plante sauvage. L'origine étrangère pour le midi de l'Europe est attestée par le nom *Groseille d'outremer*, donné en France [1], au XVIe siècle. A Genève, la Groseille se nomme encore vulgairement *Raisin de mare*, et, dans le canton de Soleure, *Meertrübli*. Je ne sais pourquoi on s'est imaginé, il y a trois siècles, que l'espèce venait d'outremer. Peut-être doit-on l'entendre dans ce sens, qu'elle aurait été importée par les Danois et les Normands, ou que ces peuples du nord, venus par mer, en auraient introduit la culture. J'en doute, cependant, car le *Ribes rubrum* est spontané dans presque toute la Grande-Bretagne [2] et en Normandie [3]; les Anglais, qui ont eu des rapports fréquents avec les Danois, ne le cultivaient pas encore en 1557, d'après une liste des fruits de cette époque rédigée par Th. Tusser et publiée par Phillips [4], et même du temps de Gerarde, en 1597 [5], la culture en était rare et la plante n'avait pas de nom particulier [6]; enfin, il y a des noms français et bretons qui font supposer une culture antérieure aux Normands dans l'ouest de la France.

Les vieux noms de cette contrée nous sont indiqués dans le Dictionnaire de Ménage. Selon lui, on appelait les groseilles rouges, à Rouen *Gardes*, à Caen *Grades*, dans la basse Normandie *Gradilles*, et dans son pays, en Anjou, *Castilles*. Ménage fait venir tous ces noms de *rubius*, *rubicus*, etc., par une suite de transformations imaginaires, du mot *ruber*, rouge. Legonidec [7] nous apprend que les Groseilles rouges se nomment aussi *Kastilez* (avec *l* mouillée) en Bretagne, et il fait venir ce nom de Castille, comme si un fruit fort peu connu en Espagne et abondant dans le nord pouvait venir de la péninsule. Ces mots, répandus à la fois en Bretagne et hors de Bretagne, me semblent d'une origine celte, et à l'appui je dirai que, dans le Dictionnaire de Legonidec lui-même, gardiz signifie en breton rude, âpre, piquant, aigre, etc., ce qui fait deviner l'étymologie. Le nom générique *Ribes* a donné lieu à d'autres erreurs. On avait cru reconnaître une plante appelée ainsi par les Arabes; mais ce mot vient plutôt d'un nom très répandu dans le nord pour le Groseillier, *Ribs* en danois [8], *Risp* et *Resp* en suédois [9]. Les noms slaves sont tout différents et assez nombreux.

1. Dodoneus, p. 748.
2. Watson, *Cybele brit.*
3. Brebisson, *Flore de Normandie*, p. 99.
4. Phillips, *Account of fruits*, p. 136.
5. Gérard, *Herbal*, p. 1143.
6. Celui de *Currant* est venu plus tard, par suite de l'analogie avec les raisins de Corinthe (Phillips, *ib.*).
7. Legonidec, *Diction. celto-breton*.
8. Moritzi, *Dict. inéd. des noms vulgaires*.
9. Linné, *Flora suecica*, n. 197.

**Groseillier noir.** — *Cassis.* — *Ribes nigrum*, Linné.

Le Cassis existe à l'état spontané dans l'Europe septentrionale, depuis l'Ecosse et la Laponie jusque dans le nord de la France et de l'Italie ; en Bosnie [1], en Arménie [2], dans toute la Siberie, et la région du fleuve Amour, et dans l'Himalaya occidental [3]. Il se naturalise souvent, par exemple, dans le centre de la France [4].

Les Grecs et les Romains ne connaissaient pas cet arbuste, qui est propre à des pays plus froids que les leurs. D'après la diversité de ses noms dans toutes les langues, même antérieures aux Aryens, du nord de l'Europe, il est clair qu'on en recherchait les fruits à une époque ancienne, et qu'on a probablement commencé à le cultiver avant le moyen âge. J. Bauhin [5] dit qu'on le plantait dans les jardins en France et en Italie, mais la plupart des auteurs du XVIe siècle n'en parlent pas. On trouve dans l'*Histoire de la vie privée des Français*, par Le Grand d'Aussy, publiée en 1782, vol. 1, p. 232, cette phrase assez curieuse : « Le Cassis n'est guère cultivé que depuis une quarantaine d'années, et il doit cette sorte de fortune à une brochure intitulée *Culture du cassis*, dans laquelle l'auteur attribuait à cet arbuste toutes les vertus imaginables. » Plus loin (vol. 3, p. 80), l'auteur revient sur l'usage fréquent du ratafia de cassis depuis la brochure en question. Bosc, toujours exact dans ses articles du *Dictionnaire d'agriculture*, parle bien de cet engouement, au nom GROSEILLIER, mais il a soin de dire : « On le cultive de très ancienne date, pour son fruit, qui a une odeur particulière, agréable aux uns, désagréable aux autres et passe pour stomachique et diurétique. » Il est employé dans la fabrication des liqueurs appelées ratafia et cassis [6].

**Olivier.** — *Olea europæa*, Linné.

L'Olivier sauvage, désigné dans les livres de botanique comme variété *sylvestris* ou *Oleaster*, se distingue de l'arbre cultivé par un fruit plus petit, dont la chair est moins épaisse. On obtient

1. Watson, *Compend. Cybele*, 1, p. 177 ; Fries, *Summa veg. Scandinaviæ*, p. 39 ; Nyman, *Conspectus floræ europeæ*, p. 266.
2. Boissier. *Fl. or.*, 2, p. 815.
3. Ledebour, *Fl. ross.*, p. 200 ; Maximovicz, *Primitiæ fl. Amur*, p. 119 ; Clarke, dans Hooker, *Fl. brit. India*, 2, p. 411.
4. Boreau, *Flore du centre de la France*, éd. 3, p. 262.
5. Bauhin, *Hist. plant.*, 2, p. 99.
6. Ce nom de *cassis* est assez singulier. Littré, dans son Dictionnaire, dit qu'il semble être entré tardivement dans la langue et qu'il n'en connait pas l'origine. Je ne l'ai pas trouvé dans les livres de botanique avant le milieu du XVIIIe siècle. Mon recueil manuscrit de noms vulgaires ne présente pas, sur plus de quarante noms de cette espèce dans différentes langues ou patois, un seul nom analogue. Buchoz, dans son Dictionnaire des plantes, 1770, 1, p. 289, appelle la plante le *cassis* ou *cassetier des Poitevins*. L'ancien nom français était *poivrier* ou *groseillier noir*. Le Dictionnaire de Larousse dit qu'on fabriquait des liqueurs estimées à Cassis, en Provence. Serait-ce l'origine du nom?

de meilleurs fruits par le choix des graines, les boutures ou les greffes de bonnes variétés.

L'*Oleaster* existe aujourd'hui dans une vaste région à l'est et à l'ouest de la Syrie, depuis le Punjab et le Belouchistan [1], jusqu'en Portugal et même à Madère, aux îles Canaries et au Maroc [2]; et, dans la direction du midi au nord, depuis l'Atlas jusqu'au midi de la France, l'ancienne Macédoine, la Crimée et le Caucase [3]. Si l'on compare ce que disent les voyageurs et les auteurs de flores, il est aisé de voir que sur les frontières de cette habitation on a souvent des doutes à l'égard de la qualité spontanée et indigène, c'est-à-dire très ancienne, de l'espèce. Tantôt, elle se présente à l'état de buissons, qui fructifient peu ou point, et tantôt, par exemple en Crimée, les pieds sont rares, comme s'ils avaient échappé, par exception, aux effets destructeurs d'hivers trop rigoureux qui ne permettent pas un établissement définitif. En ce qui concerne l'Algérie et le midi de la France, les doutes se sont manifestés dans une discussion, entre des hommes très compétents, au sein de la Société botanique [4]. Ils reposent sur le fait incontestable que les oiseaux transportent fréquemment les noyaux d'olives dans les endroits non cultivés et stériles, où la forme sauvage de l'*Oleaster* se produit et se naturalise.

La question n'est pas bien posée lorsqu'on se demande si les Oliviers de telle ou telle localité sont vraiment spontanés. Dans une espèce ligneuse qui vit aussi longtemps et qui repousse du pied quand un accident l'a atteinte, il est impossible de savoir l'origine des individus qu'on observe. Ils peuvent avoir été semés par l'homme ou les oiseaux à une époque très ancienne, car on connait des Oliviers de plus de mille ans. L'effet de ces semis est une naturalisation, qui revient à dire une extension de l'habitation. Le point à examiner est donc de savoir quelle a été la patrie de l'espèce dans les temps préhistoriques très anciens, et comment cette patrie est devenue de plus en plus grande à la suite des transports de toute nature. Ce n'est pas la vue des Oliviers actuels qui peut résoudre cette question. Il faut chercher dans quels pays a commencé la culture et comment elle s'est propagée. Plus elle a été ancienne dans une région, plus il est probable que l'espèce s'y trouvait à l'état sauvage depuis les événements géologiques antérieurs aux faits de l'homme préhistorique.

1. Aitchison, *Catalogue*, p. 86.
2. Lowe, *Manual flora of Madeira*, 2, p. 20 ; Webb et Berthelot, *Hist. nat. des Canaries*, *Géogr. bot.*, p. 48 ; Ball, *Spicilegium floræ maroccanæ*, p. 565.
3. Cosson, *Bull. Soc. bot. France*, 4, p. 107, et 7, p. 31 ; Grisebach, *Spicilegium floræ rumelicæ*, 2, p. 71 ; Steven, *Verzeichniss d. taurischen Halbinseln*, p. 248 ; Ledebour, *Fl. ross.*, p. 38.
4. *Bulletin*, 4, p. 107.

Les plus anciens livres hébreux parlent de l'Olivier, *Sait* ou *Zeit*, sauvage et cultivé [1]. C'était un des arbres promis de la terre de Canaan. La plus ancienne mention est dans la Genèse, où il est dit que la colombe lâchée par Noé rapporta une feuille d'Olivier. Si l'on veut tenir compte de cette tradition accompagnée de détails miraculeux, il faut ajouter que, d'après les découvertes de l'érudition moderne, le mont Ararat de la Bible devait être à l'orient du mont Ararat actuel d'Arménie, qui s'appelait anciennement *Masis*. En étudiant le texte de la Genèse, François Lenormand [2] reporte la montagne en question jusqu'à l'Hindoukousch, et même aux sources de l'Indus. Mais alors il la suppose près du pays des Aryas, et cependant l'Olivier n'a pas de nom sanscrit, pas même du sanscrit dont les langues indiennes sont dérivées [3]. Si l'Olivier avait existé dans le Punjab, comme maintenant, les Aryo-Indiens, dans leurs migrations vers le midi, l'auraient probablement nommé, et s'il avait existé dans le Mazandéran, au midi de la mer Caspienne, comme aujourd'hui, les Aryens occidentaux l'auraient peut-être connu. A ces indices négatifs, on peut objecter seulement que l'Olivier sauvage n'attire pas beaucoup l'attention et que l'idée d'en extraire de l'huile est peut-être venue tardivement dans cette partie de l'Asie.

D'après Hérodote [4], la Babylonie ne produisait pas d'Oliviers et ses habitants se servaient d'huile de Sésame. Il est certain qu'un pareil pays, souvent inondé, n'était pas du tout favorable à l'Olivier. Le froid l'exclut des plateaux supérieurs et des montagnes du nord de la Perse.

J'ignore s'il existe un nom zend, mais le nom sémitique *Sait* doit remonter à une grande ancienneté, car il se retrouve à la fois en persan moderne, *Seitun* [5], et en arabe, *Zeitun*, *Sjetun* [6]; il est même dans le turc et chez les Tartares de Crimée, *Seitun* [7], ce qui pourrait faire présumer une origine touranienne ou de l'époque très reculée du mélange des peuples sémitiques et touraniens.

Les anciens Egyptiens cultivaient l'Olivier, qu'ils appelaient *Tat* [8]. Plusieurs botanistes ont constaté la présence de rameaux ou de feuilles d'Olivier dans les cercueils de momies [9]. Rien

1. Rosenmüller, *Handbuch der biblischen Alterthumskunde*, vol. 4, p. 258, et Hamilton, *Botanique de la Bible*, p. 80, où les passages sont indiqués.
2. Fr. Lenormand, *Manuel de l'histoire ancienne de l'Orient*, 1869, vol. 1, p. 31.
3. Fick, *Wörterbuch*. — Piddington, *Index*, ne mentionne qu'un nom hindoustani, *Julpai*.
4. Hérodote, *Hist.*, l. 1, c. 193.
5. Boissier, *Flora or.*, 4, p. 36.
6. Ebn Baïthar, trad. allem., p. 569 ; Forskal, *Plant. Egypt.*, p. 49.
7. Boissier, *l. c.* ; Steven, *l. c.*
8. Unger, *Die Pflanzen d. alten Ægyptens*, p. 45.
9. De Candolle, *Physiol. végét.*, p. 696 ; Al. Braun, *l. c.*, p. 12; Pleyte, cité par Braun et par Ascherson, *Sitzber. Naturfor. Ges.*, 15 mai 1877.

n'est plus certain, quoique M. Hehn ait dit récemment le contraire, sans alléguer aucune preuve à l'appui de son opinion [1]. Il serait intéressant de savoir sous quelle dynastie avaient été déposés les cercueils les plus anciens dans lesquels on a trouvé des rameaux d'Olivier. Le nom égyptien, tout différent du nom sémite, indique une existence plus ancienne que les premières dynasties. Je citerai tout à l'heure un fait à l'appui de cette grande antiquité.

Selon Théophraste [2], il y avait beaucoup d'Oliviers et l'on récoltait beaucoup d'huile dans la Cyrénaïque, mais il ne dit pas que l'espèce y fût sauvage, et la circonstance qu'on récoltait beaucoup d'huile fait présumer une variété cultivée. La contrée basse et très chaude entre l'Egypte et l'Atlas n'est guère favorable à une naturalisation de l'Olivier hors des plantations. M. Kralik, botaniste très exact, dans son voyage à Tunis et en Egypte, ne l'a vu nulle part à l'état sauvage [3], bien qu'on le cultive dans les oasis. En Egypte, il est seulement cultivé, d'après MM. Schweinfurth et Ascherson, dans leur résumé de la flore de la région du Nil [4].

La patrie préhistorique s'étendait probablement de la Syrie vers la Grèce, car l'Olivier sauvage est très commun sur la côte méridionale de l'Asie Mineure. Il y forme de véritables forêts [5]. C'est sans doute là et dans l'Archipel que les Grecs ont pris de bonne heure connaissance de cet arbre. S'ils ne l'avaient pas vu chez eux, s'il l'avaient reçu des peuples sémites, ils ne lui auraient pas donné un nom spécial, *Elaia*, dont les Latins ont fait *Olea*. L'*Iliade* et l'*Odyssée* mentionnent la dureté du bois d'Olivier et l'usage de s'oindre le corps avec son huile. Celle-ci était d'un emploi habituel pour la nourriture et l'éclairage. La mythologie attribuait à Minerve la plantation de l'Olivier dans l'Attique, ce qui signifie probablement l'introduction de variétés cultivées et de procédés convenables pour l'extraction de l'huile. Aristée avait introduit ou perfectionné la manière de presser le fruit.

Ce même personnage mythologique, du nord de la Grèce, avait porté, disait-on, l'Olivier en Sicile et en Sardaigne. Les Phéniciens, à ce qu'il semble, ont pu s'en acquitter comme lui et de très bonne heure, mais, à l'appui de l'introduction de l'espèce ou d'une variété perfectionnée par les Grecs, je dirai que dans les îles de la Méditerranée le nom sémite *Zeit* n'a laissé aucune trace. C'est le nom gréco-latin qui existe comme en Italie [6], tandis que sur la côte voisine d'Afrique et en Espagne ce sont

1. Hehn, *Kulturpflanzen*, éd. 3, p. 88, ligne 9.
2. Theophrastes, *Hist. plant.*, l. 4, c. 3, à la fin.
3. Kralik, dans *Bull. Soc. bot. Fr.*, 4, p. 108.
4. Schweinfurth et Ascherson, *Beiträge zur flora Æthiopiens*, p. 281.
5. Balansa, *Bull. Soc. bot. de France*, 4, p. 107.
6. Moris, *Flora sardoa*, 3, p. 9; Bertoloni, *Flora ital.*, 1, p. 46.

des noms égyptien ou arabe, comme je l'expliquerai dans un instant.

Les Romains ont connu l'Olivier plus tard que les Grecs. D'après Pline [1], ce serait seulement à l'époque de Tarquin l'Ancien, en 627 avant J.-C., mais probablement l'espèce existait déjà dans la Grande Grèce, comme en Grèce et en Sicile. D'ailleurs Pline voulait parler peut-être de l'Olivier cultivé.

Un fait assez singulier, qui n'a pas été remarqué et discuté par les philologues, est que le nom berbère de l'Olivier et de l'olive a pour racine *Taz* ou *Tas*, analogue au *Tat* des anciens Egyptiens. Les Kabaïles de la division d'Alger, d'après le Dictionnaire français-berbère, publié par le gouvernement français, appellent l'Olivier sauvage *Tazebboujt*, *Tesettha Ou' Zebbouj* et l'Olivier greffé *Tazemmourt*, *Tasettha Ou' zemmour*. Les Touaregs, autre peuple berbère, disent *Tamahinet*[2]. Ce sont bien des indices d'ancienneté de l'Olivier en Afrique. Les Arabes ayant conquis cette contrée et refoulé les Berbères dans les montagnes et le désert, ayant également soumis l'Espagne à l'exception du pays basque, les noms dérivés du sémitique *Zeit* ont prévalu même dans l'espagnol. Les Arabes d'Alger disent *Zenboudje* pour l'Olivier sauvage, *Zitoun* pour l'olivier cultivé [3], *Zit* pour l'huile d'olive. Les Andalous appellent l'olivier sauvage *Azebuche* et le cultivé *Aceytuno* [4]. Dans d'autres provinces, on emploie concuremment le nom d'origine latine, *Olivio*, avec les noms arabes [5]. L'huile se dit en espagnol *aceyte*, qui est presque le nom hébreu; mais les huiles saintes s'appellent *oleos santos*, parce qu'elles se rattachent à Rome. Les Basques se servent du nom latin de l'Olivier.

D'anciens voyageurs aux îles Canaries, par exemple Bontier, en 1403, mentionnent l'Olivier dans cet archipel, où les botanistes modernes le regardent comme indigène [6]. Il peut avoir été introduit par les Phéniciens, s'il n'existait pas antérieurement. On ignore si les Guanches avaient des mots pour olivier et huile. Webb et Berthelot n'en indiquent pas dans leur savant chapitre sur la langue des aborigènes [7]. On peut donc se livrer à différentes conjectures. Il me semble que l'huile aurait joué un rôle important chez les Guanches s'ils avaient possédé l'Olivier, et qu'il en serait resté quelque trace dans la langue actuelle populaire. A ce point de vue, la naturalisation aux Canaries n'est peut-être pas aussi ancienne que les voyages des Phéniciens.

Aucune feuille d'Olivier n'a été trouvée jusqu'à présent dans

1. Pline, *Hist.*, l. 15, c. 1.
2. Duveyrier, *Les Touaregs du nord* (1864), p. 179.
3. Munby, *Flore de l'Algérie*, p. 2; Debeaux, *Catal. Boghar*, p. 68.
4. Boissier, *Voyage bot. en Espagne*, éd. 1, 2, p. 407.
5. Willkomm et Lange, *Prodr. fl. hispan.*, 2, p. 672.
6. Webb et Berthelot, *Hist. nat. des Canaries*, *Géog. bot.*, p. 47 et 48.
7. Webb et Berthelot, *Ibid.*, *Ethnographie*, p. 188.

les tufs de la France méridionale, de la Toscane et de la Sicile, où l'on a constaté le laurier, le myrte et autres arbustes actuellement vivants. C'est un indice, jusqu'à preuve contraire, de naturalisation subséquente.

L'Olivier s'accommode bien des climats secs, analogues à celui de la Syrie ou de l'Algérie. Il peut réussir au Cap, dans plusieurs régions de l'Amérique, en Australie, et sans doute il y deviendra spontané quand on le plantera plus souvent. La lenteur de sa croissance, la nécessité de le greffer ou de choisir des rejetons d'une bonne variété, surtout la concurrence d'autres espèces oléifères ont retardé jusqu'à présent son expansion, mais un arbre qui donne des produits sur les sols les plus ingrats ne peut pas être négligé indéfiniment. Même dans notre vieux monde, où il existe depuis tant de milliers d'années, on doublera sa production quand on voudra prendre la peine de greffer les pieds sauvages, à l'imitation des Français en Algérie.

**Caïnitier.** — *Chrysophyllum Caïnito*, Linné.

Le Caïnitier ou Caïmitier, *Star apple* des Anglais, appartient à la famille des Sapotacées. Il donne un fruit assez estimé dans l'Amérique tropicale, quoique les Européens ne l'aiment pas beaucoup. Je ne vois pas qu'on se soit occupé de l'introduire dans les colonies d'Afrique ou d'Asie. De Tussac en a donné une bonne figure dans sa flore des Antilles, vol. 2, pl. 9.

Seemann [1] a vu le *Chysophyllum Caïnito* sauvage dans plusieurs endroits de l'isthme de Panama. De Tussac, colon de Saint-Domingue, le regardait comme spontané dans les forêts des Antilles, et Grisebach [2] le dit spontané et cultivé à la Jamaïque, Saint-Domingue, Antigoa et la Trinité. Avant lui, Sloane le considérait comme échappé des cultures à la Jamaïque, et Jacquin s'est servi d'une expression vague en disant : « Habite à la Martinique et à Saint-Domingue [3]. »

**Caïmito.** — *Lucuma Caïmito*, Alph. de Candolle.

Il ne faut pas confondre ce Caïmito, du Pérou, avec le *Chrysophyllum Caïnito* des Antilles. Tous deux appartiennent à la famille des Sapotacées, mais leurs fleurs et leurs graines diffèrent. Celui-ci est figuré dans Ruiz et Pavon, *Flora peruviana*, vol. 3, pl. 240.

Cultivé au Pérou on l'a transporté à Ega, sur le fleuve des Amazones, et à Para, où communément on le nomme *Abi* ou *Abiu* [4].

D'après Ruiz et Pavon, il est sauvage dans les parties chaudes du Pérou, au pied des Andes.

1. Seemann, *Botany of Herald*, p. 166.
2. Grisebach, *Flora of british W. Ind. islands*, p. 398.
3. Sloane. *Jamaïque*, 2, p. 170 ; Jacquin, *Amer.*, p. 52.
4. *Flora brasil.*, vol. 7, p. 88.

**Mammei ou Mammei-Sapote.** — *Lucuma mammosa*, Gærtner.

Cet arbre fruitier, de l'Amérique tropicale et de la famille des Sapotacées, a donné lieu dans les ouvrages de botanique à plusieurs méprises [1]. Il n'a pas encore été figuré d'une manière complète et satisfaisante, parce que les colons et les voyageurs le croient trop connu pour en envoyer des échantillons bien choisis, qu'on puisse décrire dans les herbiers. C'est du reste une négligence assez fréquente lorsqu'il s'agit de plantes cultivées. Le Mammei est cultivé aux Antilles et dans certaines régions chaudes du continent américain. M. Sagot nous dit qu'il ne l'est pas à Cayenne, mais bien dans le Venezuela [2]. Je ne vois pas qu'on l'ait transporté en Afrique ou en Asie, si ce n'est aux îles Philippines [3]. C'est à cause, probablement, de la saveur trop fade de son fruit.

Humboldt et Bonpland l'ont trouvé sauvage dans les forêts des missions de l'Orénoque [4]. Tous les auteurs l'indiquent dans les Antilles, mais comme cultivé, ou sans affirmer qu'il soit spontané. Au Brésil il est uniquement dans les jardins.

**Sapotillier** — *Sapota Achras*, Miller.

Le fruit du Sapotiller est le plus estimé de la famille des Sapotacées et l'un des meilleurs des régions intertropicales. Une Sapotille plus que mûre, dit Descourtilz dans sa flore des Antilles, est fondante et offre les doux parfums du miel, du jasmin et du muguet. L'espèce est très bien figurée dans le *Botanical Magazine*, pl. 3111 et 3112, ainsi que dans Tussac, *Flore des Antilles*, 1, pl. 5. On l'a introduite dans les jardins de l'île Maurice, de l'archipel asiatique et de l'Inde, depuis l'époque de Rumphius et Rheede, mais personne ne doute de son origine américaine.

Plusieurs botanistes l'ont vue à l'état spontané dans les forêts de l'isthme de Panama, de Campêche [5], du Vénézuéla [6] et peut-être de la Trinité [7]. A la Jamaïque, du temps de Sloane, elle existait seulement dans les jardins [8]. Il est bien douteux qu'elle soit sauvage dans les autres Antilles, quoique peut-être des graines jetées çà et là l'aient naturalisée jusqu'à un certain degré. Dans les plantations, les jeunes pieds ne sont pas faciles à élever, d'après Tussac.

1. Voir la synonymie dans *Flora brasiliensis*, vol. 7, p. 66.
2. Sagot, dans *Journal Soc. d'hort. de France*, 1872, p. 347.
3. Blanco, *Fl. de Filipinas*, sous le nom d'*Achras Lucuma*.
4. *Nova genera*, 3, p. 240.
5. Dampier et Lussan, dans Sloane, *Jamaïca*, 2, p. 172; Seemann, *Bot. of Herald*, p. 166.
6. Jacquin, *Amer.*, p. 59; Humboldt et Bonpland, *Nova genera*, 3, p. 239.
7. Grisebach, *Flora of brit. W. Ind.*, p. 399.
8. Sloane, *l. c.*

**Aubergine.** — *Solanum Melongena*, Linné. — *Solanum esculentum*, Dunal.

L'Aubergine a un nom sanscrit, *Vartta*, et plusieurs noms que Piddington, dans son *Index*, regarde comme à la fois sanscrits et bengalis, tels que *Bong*, *Bartakou*, *Mahoti*, *Hingoli*. Wallich, dans son édition de la flore indienne de Roxburgh, indique *Vartta*, *Varttakou*, Varttaka, *Bunguna*, d'où l'industani *Bungan*.

On ne peut douter, d'après cela, que l'espèce ne fût connue dans l'Inde depuis un temps très reculé. Rumphius l'avait vue dans les jardins des îles de la Sonde et Loureiro dans ceux de la Cochinchine. Thunberg ne la mentionne pas au Japon, quoique maintenant on en cultive plusieurs variétés dans ce pays. Les Grecs et les Romains n'en avaient pas connaissance, et aucun botaniste n'en a parlé en Europe avant le commencement du XVII<sup>e</sup> siècle [1], mais la culture a dû se propager vers l'Afrique avant le moyen âge. Le médecin arabe Ebn Baithar [2], qui écrivait au XIII<sup>e</sup> siècle, en a parlé, et il cite Rhasès, qui vivait dans le IX<sup>e</sup> siècle. Rauwolf [3] avait vu la plante dans les jardins d'Alep, à la fin du XVI<sup>e</sup> siècle. On l'appelait *Melanzana* et *Bedengiam*. Ce nom arabe, que Forskal écrit *Badindjan*, est commun avec l'hindustani *Badanjan*, donné par Piddington. Un indice d'ancienneté dans l'Afrique septentrionale est l'existence chez les Berbères ou Kabyles de la province d'Alger [4] d'un nom, *Tabendjalts*, qui s'éloigne asssez du nom arabe. Les voyageurs modernes ont trouvé l'Aubergine cultivée dans toute la région du Nil et sur la côte de Guinée [5]. On l'a transportée en Amérique.

La forme cultivée du *Solanum Melongena* n'a pas été trouvée jusqu'à présent à l'état sauvage, mais les botanistes sont assez d'accord pour considérer les *Solanum insanum*, *Roxburgh*, et *S. incanum*, *Linné*, comme appartenant à la même espèce. On ajoute même d'autres synonymes, conformément à une étude faite par Nees d'Esenbeck sur de nombreux échantillons [6]. Or le *S. insanum* paraît avoir été trouvé sauvage dans la province de Madras et à Tong-Dong, chez les Birmans. La publication prochaine des Solanées dans la flore de l'Inde anglaise de sir J. Hooker donnera probablement sur ce point des détails plus précis.

**Piments. — Poivre de Cayenne.** — *Capsicum*.

Le genre Capsicum, dans les meilleurs ouvrages de botanique, est encombré d'une multitude de formes cultivées, qu'on n'a

1. Dunal, *Histoire des Solanum*, p. 209.
2. Ebn Baithar, trad. allemande, 1, p. 116.
3. Rauwolf, *Flora orient.*, édit. Groningue, p. 26.
4. *Dictionn. français-berbère*, publié par le gouvernement français.
5. Thonning, sous le nom de *S. edule*; Hooker, *Niger Flora*, p. 473
6. *Transactions of the Linnean society*, 17, p. 48; Baker, *Flora of Mauritius*, p. 215.

pas vues a l'état sauvage et qui diffèrent surtout par la durée de la tige — chose assez variable — ou par la forme du fruit, caractère de peu de valeur dans des plantes cultivées précisément pour les fruits. Je parlerai des deux espèces le plus souvent cultivées, mais je ne puis m'empêcher d'émettre l'opinion qu'aucun Capsicum n'est originaire de l'ancien monde. Je les crois tous d'origine américaine, sans pouvoir le démontrer d'une manière complète. Voici mes motifs.

Des fruits aussi apparents, aussi faciles à obtenir dans les jardins, et d'une saveur si agréable aux habitants des pays chauds se seraient répandus très vite dans l'ancien monde s'ils avaient existé au midi de l'Asie, comme on le suppose quelquefois. Ils auraient des noms dans plusieurs des langues anciennes. Cependant les Romains, les Grecs et même les Hébreux n'en avaient pas connaissance. Ils ne sont pas mentionnés dans les anciens livres chinois [1]. Les insulaires de la mer Pacifique ne les cultivaient pas lors du voyage de Cook [2], malgré leur proximité des îles de la Sonde, où Rumphius mentionnait leur emploi très habituel. Le médecin arabe Ebn Baithar, qui a recueilli au XIIIe siècle tout ce que les Orientaux avaient dit sur les plantes officinales, n'en parle pas.

Roxburgh ne connaissait aucun nom sanscrit pour les Capsicum. Plus tard, Piddington a cité pour le *C. frutescens* un nom, *Bran-maricha*, qu'il dit sanscrit [3]; mais ce nom, qui roule sur comparaison avec le poivre noir (*Muricha*, *Murichung*), est-il vraiment ancien? Comment n'aurait-il laissé aucune trace dans les noms des langues indiennes dérivées du sanscrit [4]?

La qualité spontanée, ancienne, des Capsicum est toujours incertaine, à cause de la fréquence des cultures; mais elle me paraît plus souvent douteuse en Asie que dans l'Amérique méridionale. Les échantillons indiens décrits par les auteurs les plus dignes d'attention viennent presque tous des herbiers de la compagnie des Indes, dans lesquels on ne sait jamais si une plante paraissait vraiment sauvage, si elle était loin des habitations, dans les forêts, etc. Pour les localités de l'archipel asiatique, les auteurs indiquent souvent les décombres, les haies, etc.

Examinons de plus près chacune des espèces ordinairement cultivées.

**Piment annuel.** — *Capsicum annuum*, Linné.

Cette espèce a reçu dans nos langues européennes une infinité de noms différents [5], qui indiquent tous une origine étrangère et la ressemblance de saveur avec le poivre. En français, on dit

1. Bretschneider, *On the study, etc.*, p. 17.
2. Forster, *De plantis esculentis insularum, etc.*
3. Piddington, *Index.*
4. Piddington, au mot *Capsicum.*
5. Nemnich, *Lexicon,* indique douze noms français et huit allemands.

souvent Poivre de Guinée, mais aussi Poivre du Brésil, d'Inde, etc., dénominations auxquelles il est impossible d'attribuer de l'importance. La culture s'en est répandue en Europe dès le XVIe siècle. C'est un des Piments que Piso et Marcgraf[1] avaient vus cultivés au Brésil sous le nom de *Quija* ou *Quiya*. Ils ne disent rien sur sa provenance. L'espèce paraît avoir été cultivée d'ancienne date aux Antilles, où elle est désignée par plusieurs noms caraïbes[2].

Les botanistes qui ont le plus étudié les Capsicums[3] ne paraissent pas avoir rencontré dans les herbiers un seul échantillon qu'on puisse croire spontané. Je n'ai pas été plus heureux.

Selon les probabilités, la patrie originaire est le Brésil.

Le *C. grossum* Willdenow paraît une forme de la même espèce. On le cultive dans l'Inde, sous le nom de *Kafree-murich* et *Kaffree-chilly*, mais Roxburgh ne le regardait pas comme d'origine indienne[4].

**Piment arbrisseau.** — *Capsicum frutescens*, Willdenow.

Cette espèce, plus élevée et plus ligneuse à la base que le *C. annuum*, est généralement cultivée dans les régions chaudes du nouveau et de l'ancien monde. On en tire la glus grande partie du *Poivre de Cayenne* à l'usage des Anglais, mais ce nom s'étend quelquefois aux produits d'autres Piments.

L'auteur le plus attentif à l'origine des plantes indiennes, Roxburgh, ne le donne point pour spontané dans l'Inde. Selon Blume, il s'est naturalisé dans l'archipel indien, dans les haies[5].

Au contraire, en Amérique, où la culture est ancienne, on l'a trouvé plusieurs fois dans des forêts, avec l'apparence indigène. De Martius l'a apporté des bords de l'Amazone, Pœppig de la province de Maynas du Pérou oriental, et Blanchet de la province de Bahia[6]. Ainsi la patrie s'étend de Bahia au Pérou oriental, ce qui explique la diffusion dans l'Amérique méridionale en général.

**Tomate.** — *Lycopersicum esculentum*, Miller.

La *Tomate* ou *Pomme d'amour* appartient à un genre de Solanées dont toutes les espèces sont américaines[7]. Elle n'a point de nom dans les anciennes langues d'Asie, ni même dans les langues modernes indiennes[8]. Elle n'était pas encore cultivée au Japon du temps de Thunberg, c'est-à-dire il y a un

1. Piso, p. 107; Marcgraf, p 39.
2. Descourtilz, *Flore médicale des Antilles*, 6, pl. 423.
3. Fingerhuth, *Monographia gen. Capsici*, p. 12; Sendtner, dans *Flora brasil.*, vol. 10, p. 147.
4. Roxburgh. *Fl. ind.*, ed. Wall., 2, p. 260; éd., 1832, 2, p. 574.
5. Blume, *Bijdr.* 2, p. 704.
6. Sendtner, dans *Flora bras.*, 10, p. 143.
7. Alph. de Candolle, *Prodr.*, 13, s. 1, p. 26.
8. Roxburgh, *Fl. Indica*, éd. 1832, vol. 1, p. 565; Piddington, *Index*.

siècle, et le silence des anciens auteurs sur la Chine montre que l'introduction y est moderne. Rumphius [1] l'avait vue dans les jardins de l'archipel asiatique. Les Malais l'appelaient *Tomatte;* mais c'est un nom américain, car C. Bauhin désigne l'espèce comme *Tumatle Americanorum*. Rien ne fait présumer qu'elle fût connue en Europe avant la découverte de l'Amérique.

Les premiers noms donnés par les botanistes, au XVIe siècle, font supposer qu'on avait reçu la plante du Pérou [2]. Elle a été cultivée sur le continent américain avant de l'être aux Antilles, car Sloane ne la mentionne pas à la Jamaïque, et Hughes [3] dit qu'elle a été apportée du Portugal à la Barbade, il n'y a guère plus d'un siècle. Humboldt regardait la culture des Tomates comme ancienne au Mexique [4]. Je remarque cependant que le premier ouvrage sur les plantes de ce pays (Hernandez, *Historia*) n'en fait pas mention. Les premiers auteurs sur le Brésil, Piso et Marcgraf, n'en parlent pas non plus, quoique l'espèce soit aujourd'hui cultivée dans toute l'Amérique intertropicale. Nous revenons ainsi, par exclusion, à l'idée d'une origine péruvienne, au moins pour la culture.

De Martius [5] a trouvé la plante spontanée dans les environs de Rio-de-Janeiro et de Para, mais échappée peut-être des jardins. Je ne connais aucun botaniste qui l'ait trouvée vraiment sauvage, dans l'état que nous connaissons, avec ses fruits plus ou moins gros, bosselés et à côtes renflées; mais il n'en est pas de même de la forme à petits fruits sphériques, appelée *L. cerasiforme* dans certains ouvrages de botanique et considérée, ce me semble [6], avec raison, dans d'autres ouvrages, comme appartenant à la même espèce. Celle-ci est sauvage sur le littoral du Pérou [7], à Tarapoto, dans le Pérou oriental [8] et sur les confins du Mexique et des Etats-Unis vers la Californie [9]. Elle se naturalise quelquefois dans les déblais, près des jardins [10]. C'est ainsi probablement que l'habitation s'est étendue, du Pérou, au nord et au midi.

**Avocatier.** — *Persea gratissima*, Gærtner.

L'*Avocat*, *Alligator pear* des Anglais, est un des fruits les plus

1. Rumphius, *Amboin.*, 5, p. 416.
2. *Mala peruviana, Pomi del Peru*, dans Bauhin, *Hist.*, 3, p. 621.
3. Hughes, *Barbadoes*, p. 148.
4. Humboldt, *Nouv.-Espagne*, éd. 2, vol. 2, p. 472.
5. *Flora brasil.*, vol. 10, p. 126.
6. Les proportions du calice et de la corolle sont les mêmes que dans la Tomate cultivée, mais elles sont différentes dans l'espèce voisine, *L. Humboldtii*, dont on mange aussi le fruit, d'après de Humboldt, et qu'il a trouvée sauvage dans le Vénézuéla.
7. Ruiz et Pavon, *Flor. peruv.*, 2, p. 37.
8. Spruce, n. 4143, dans l'*Herbier Boissier*.
9. Asa Gray, *Bot. of California*, 1, p. 538.
10. Baker, *Flora of Mauritius*, p. 216.

estimés dans les pays tropicaux. Il appartient à la famille des Lauracées. Son apparence est celle d'une poire contenant un gros noyau, comme cela se voit bien dans les figures de Tussac, *Flore des Antilles*, 3, pl. 3, et du *Botanical Magazine*, pl. 4580.

Rien de plus ridicule que les noms vulgaires. Celui d'*Alligator* vient on ne sait d'où. Celui d'*Avocat* est une corruption d'un nom mexicain, *Ahuaca* ou *Aguacate*. Le nom botanique *Persea* n'a rien de commun avec le *Persea* des Grecs, qui était un *Cordia*.

D'après Clusius [1], en 1601, l'Avocatier était un arbre fruitier d'Amérique, introduit en Espagne, dans un jardin; mais, comme il s'est beaucoup répandu dans les colonies de l'ancien monde et que parfois il devient presque spontané [2], on peut se tromper sur l'origine. Cet arbre n'existait pas encore dans les jardins de l'Inde anglaise au commencement du XIXe siècle. On l'avait apporté dès le milieu du XVIIIe dans l'archipel de la Sonde [3], et en 1750 aux îles Maurice et Bourbon [4].

En Amérique, l'habitation actuelle, à l'état spontané, est singulièrement vaste. On a trouvé l'espèce dans les forêts, au bord des fleuves et sur le littoral de la mer depuis le Mexique et les Antilles jusqu'à la région des Amazones [5]. Elle n'a pas toujours eu cette grande extension. P. Browne dit formellement que l'Avocatier a été introduit du continent à la Jamaïque, et Jacquin pensait de même pour les Antilles en général [6]. Piso et Marcgraf ne l'ont pas mentionnée au Brésil, et de Martius n'indique aucun nom brésilien.

Lors de la découverte de l'Amérique, l'Avocatier était certainement cultivé et indigène au Mexique, d'après Hernandez. Au Pérou, d'après Acosta [7], on le cultivait sous le nom de *Palto*, qui était celui d'un peuple du Pérou oriental, chez lequel il abondait [8]. Je ne connais pas de preuve qu'il fût spontané sur le littoral péruvien.

**Papayer.** — *Carica Papaya*, Linné. — *Papaya vulgaris*, de Candolle.

Le Papayer est une grande espèce vivace, plutôt qu'un arbre. Il a une sorte de tronc juteux, terminé par une touffe de

1. Clusius, *Historia*, p. 2.
2. Par exemple à Madère, d'après Grisebach, *Fl. of brit. W. India*, p. 280; aux îles Maurice, Seychelles et Rodriguez, d'après Baker, *Flora*, p. 290.
3. Il n'est pas dans Rumphius.
4. Aublet, *Guyane*, 1, p. 364.
5. Meissner, dans *Prodromus*, vol. 15, sect. 1, p. 52, et *Flora brasil.*, vol. 5, p. 158. Pour le Mexique : Hernandez, p. 89. Pour le Vénézuéla et Para : Nees, *Laurineæ*, p. 129. Pour le Pérou oriental : Pœppig, *Exsicc.*, vu par Meissner.
6. P. Browne, *Jamaïca*, p. 214 ; Jacquin, *Obs.*, 1, p. 38.
7. Acosta, *Hist. nat. des Indes*, édit. 1598, p. 176.
8. Laet, *Hist. nouv. monde*, 1, p. 325, 341.

feuilles dans le genre des choux-cavaliers, et les fruits, qui ressemblent aux melons, sont suspendus au-dessous des feuilles [1]. On le cultive maintenant dans tous les pays tropicaux, même jusqu'aux 30e-32e degrés de latitude. Il se naturalise facilement hors des plantations. C'est une des causes pour lesquelles on l'a dit et on persiste à le dire originaire d'Asie ou d'Afrique, tandis que Robert Brown et moi avons démontré, en 1818 et 1855, son origine américaine [2]. Je répéterai les arguments contre l'origine supposée de l'ancien monde.

L'espèce n'a pas de nom sanscrit. Dans les langues modernes de l'Inde, on la nomme d'après le nom américain *Papaya*, qui dérive du nom caraïbe *Ababai* [3]. D'après Rumphius [4], les habitants de l'archipel indien la regardaient comme d'origine exotique, introduite par les Portugais, et lui donnaient des noms exprimant l'analogie avec d'autres plantes ou une importation de l'étranger. Sloane [5], au commencement du XVIIIe siècle, cite plusieurs de ses contemporains d'après lesquels on l'avait transportée des Indes occidentales en Asie et en Afrique. Forster ne l'avait pas aperçue dans les plantations des îles de la mer Pacifique lors du voyage de Cook. Loureiro [6], au milieu du XVIIIe siècle, l'avait vue dans les cultures de la Chine, de la Cochinchine et du Zanguebar. Une plante aussi avantageuse et aussi particulière d'aspect se serait répandue depuis des milliers d'années dans l'ancien monde si elle y avait existé. Tout porte à croire qu'elle a été introduite sur les côtes occidentales et orientales d'Afrique et en Asie, depuis la découverte de l'Amérique.

Toutes les espèces de la famille sont américaines. Celle-ci doit avoir être cultivée du Brésil aux Antilles et au Mexique avant l'arrivée des Européens, puisque les premiers auteurs sur les productions du nouveau monde en ont parlé [7].

Marcgraf avait vu souvent des pieds mâles (toujours plus nombreux que les femelles) dans les forêts du Brésil, tandis que les pieds femelles étaient dans les jardins. Clusius, qui a donné le premier une figure de la plante [8], dit qu'elle avait été dessinée en 1607 à la « baie des Todos Santos » (province de Bahia). Je ne connais pas d'auteur moderne qui ait confirmé l'habitation au

1. Voir les belles planches de Tussac, *Flore des Antilles*, 3, p. 45, pl. 10 et 11 Le Papayer appartient à la petite famille des Papayacées, réunie par quelques botanistes aux Passiflorées et par d'autres aux Bixacées.
2. R. Brown, *Botany of Congo*, p. 52; A. de Candolle, *Géogr. bot. raisonnée*, p. 917.
3. Sagot, *Journal de la Société centrale d'horticulture de France*, 1872.
4. Rumphius, *Amboin.*, 1, p. 147.
5. Sloane, *Jamaïca*, p. 165.
6. Loureiro, *Flora Cochinch.*, p. 772.
7. Marcgraf, *Brasil.*, p. 103, et Piso, p. 159, pour le Brésil; Ximenes, dans Marcgraf et Hernandez, *Thesaurus*, p. 99, pour le Mexique; ce dernier pour Saint-Domingue et le Mexique.
8. Clusius, *Curæ posteriores*, p. 79, 80

Brésil. De Martius ne mentionne pas l'espèce dans son dictionnaire sur les noms de fruits en langue des Tupis [1]. On ne la cite pas comme spontanée à la Guyane et dans la Colombie. P. Browne [2] affirme, au contraire, la qualité spontanée à la Jamaïque, et avant lui Ximenes et Hernandez l'avaient affirmée pour Saint-Domingue et le Mexique. Oviedo [3] paraît avoir vu le Papayer dans l'Amérique centrale, et il cite pour Nicaragua le nom vulgaire *Olocoton*. Cependant MM. Correa de Mello et Spruce, dans leur mémoire important sur les Papayacées, après avoir beaucoup herborisé dans la région des Amazones, au Pérou et ailleurs, regardent le Papayer comme originaire des îles Antilles et ne pensent pas qu'il soit sauvage nulle part sur le continent. J'ai vu [4] des échantillons rapportés des bouches de la rivière Manate en Floride, de Puebla au Mexique et de Colombie; mais les étiquettes ne portent aucune remarque sur la qualité spontanée. Les indices, comme on voit, sont nombreux pour les bords du golfe du Mexique et les Antilles. L'habitation au Brésil, fort isolée, est suspecte.

**Figuier**. — *Ficus Carica*, Linné.

L'histoire du Figuier présente beaucoup d'analogie avec celle de l'Olivier en ce qui concerne l'origine et les limites géographiques. Son habitation, comme espèce spontanée, a pu s'étendre par un effet de la dispersion des graines à mesure que la culture s'étendait. Cela paraît probable, car les graines traversent intactes les organes digestifs de l'homme et des animaux. Cependant on peut citer des pays dans lesquels on cultive le figuier depuis au moins un siècle sans qu'il se soit naturalisé de cette manière. Je ne parle pas de l'Europe au nord des Alpes, où l'arbre exige des soins particuliers et mûrit mal ses fruits, même ceux de la première portée, mais par exemple de l'Inde, du midi des Etats-Unis, de l'île Maurice et du Chili, où, d'après le silence des auteurs de flores, les faits de quasi spontanéité paraissent rares.

De nos jours, le Figuier est spontané ou presque spontané dans une vaste région dont la Syrie est à peu près le milieu, savoir de la Perse orientale ou même de l'Afghanistan, au travers de toute la région de la Méditerranée, jusqu'aux îles Canaries [5]. Du midi au nord, cette zone varie de 25 à 40-42° de latitude environ, suivant les circonstances locales. En général, le Figuier

1. Martius, *Beitr. z. Ethnographe*, 2, p. 418.
2. P. Browne, *Jamaïca*, ed. 2, p. 360. La première édition, que je n'ai pas vue, est de 1756.
3. Le passage d'Oviedo est traduit en anglais par Correa de Mello et Spruce, dans leur mémoire, *Journal of the proceedings of the Linnean Society*, 10, p. 1.
4. *Prodr.*, 15, s. 1, p. 414.
5. Boissier, *Flora orientalis*, 4, p. 1154; Brandis, *Forest flora of India*, p. 418; Webb et Berthelot, *Hist. nat. des Canaries*, Botanique, 3, p. 257.

s'arrête, comme l'Olivier, au pied du Caucase et des montagnes de l'Europe qui bordent le bassin de la mer Méditerranée, mais il se montre à l'état presque spontané, sur la côte sud-ouest de la France, grâce à la douceur des hivers [1].

Voyons si les documents historiques et linguistiques font présumer dans l'antiquité une habitation moins vaste.

Les anciens Egyptiens appelaient la figue *Teb* [2], et les plus anciens livres des Hébreux parlent du Figuier, soit sauvage, soit cultivé, sous le nom de *Teenah* [3], qui a laissé sa trace dans l'arabe *Tin* [4]. Le nom persan est tout autre, *Unjir;* mais je ne sais s'il remonte au zend. Piddington mentionne, dans son *Index*, un nom sanscrit, *Udumvara*, que Roxburgh, très soigneux dans ces sortes de questions, n'indique pas, et qui n'aurait laissé aucune trace dans les langues modernes de l'Inde, à en juger d'après quatre noms cités par ces auteurs. L'ancienneté d'existence à l'orient de la Perse me semble un peu douteuse jusqu'à ce que le nom attribué au sanscrit ait été vérifié. Les Chinois ont reçu le Figuier de Perse, mais seulement au huitième siècle de notre ère [5]. Hérodote [6] dit que les Perses ne manquaient pas de figues, et Reynier, qui a fait des recherches scrupuleuses sur les usages de cet ancien peuple, ne mentionne pas le Figuier. Cela prouve seulement que l'espèce n'était pas utilisée et cultivée, mais elle existait peut-être à l'état sauvage.

Les Grecs appelaient le Figuier sauvage *Erineos* et les Latins *Caprificus*. Homère mentionne dans l'*Iliade* un pied de cet arbre qui existait près de Troie [7]. M. Hehn affirme [8] que le Figuier cultivé ne peut pas être venu du Figuier sauvage, mais tous les botanistes sont d'une opinion contraire [9], et, sans parler des détails floraux sur lesquels ils s'appuyent, je dirai que Gussone a obtenu des mêmes graines des pieds de la forme Caprificus et

1. M. le comte de Solms-Laubach, dans une savante dissertation (*Herkunft, Domestication, etc., des Feigenbaums*, in-4, 1882), a constaté sur place des faits de ce genre, déjà indiqués par divers auteurs. Il n'a pas trouvé les graines pourvues d'embryons (p. 64), ce qu'il attribue à l'absence de l'insecte (Blastophaga), qui vit ordinairement dans la figue sauvage et favorise la fécondation d'une fleur à l'autre dans l'intérieur du fruit. On assure cependant que la fécondation s'opère quelquefois sans le secours de l'insecte.

2. Chabas, *Mélanges egyptol.*, série 3 (1873), vol. 2, p. 92.

3. Rosenmuller, *Bibl. Alterthumskunde*, 1, p. 285; Reynier, *Economie publique des Arabes et des Juifs*, p. 470 (pour la Michna).

4. Forskal. *Fl. ægypto-arab.*, p. 125. M. de Lagarde (*Revue crit. d'hist.*, 27 février 1882) dit que ce nom sémite est très ancien.

5. Bretschneider, dans Solms, *l. c.*, p. 51.

6. Hérodote, 1, 71.

7. Lenz, *Botanik der Griechen*, p. 421, cite quatre vers d'Homère. Voir aussi Hehn, *Culturpflanzen*, ed. 3, p. 84.

8. Hehn, *Culturpflanzen*, ed. 3, p. 513.

9. Il ne faut pas s'attacher aux divisions exagérées faites par Gasparini dans le *Ficus Carica*, Linné. Les botanistes qui ont étudié le Figuier après lui conservent une seule espèce et énumèrent dans le Figuier sauvage plusieurs variétés. Elles sont innombrables pour les formes cultivées.

de l'autre [1]. La remarque faite par plusieurs érudits qu'il n'est pas question dans l'*Iliade* de la figue cultivée, *Sukai*, ne prouve donc pas l'absence du Figuier en Grèce à l'époque de la guerre de Troie. C'est dans l'*Odyssée* que la figue douce est mentionnée par Homère, et encore d'une manière assez vague. Hésiode, dit M. Hehn, n'en parle pas, et Archilochus (700 ans avant J.-C.) est le premier qui en ait mentionné clairement la culture chez les Grecs, à Paros. D'après cela, l'espèce existait à l'état sauvage en Grèce, au moins dans l'Archipel, avant l'introduction de variétés cultivées originaires d'Asie. Théophraste et Dioscoride mentionnent des Figuiers sauvages et cultivés [2].

Remus et Romulus, selon la tradition, auraient été nourris sous un pied de Ficus qu'on appelait *ruminalis*, de *rumen*, mamelle [3]. Le nom latin *Ficus*, que M. Hehn, par un effort d'érudition, fait venir du grec *Sukai* [4], fait aussi présumer une existence ancienne en Italie, et l'opinion de Pline est positive à cet égard. Les bonnes variétés cultivées ont été introduites plus tard chez les Romains. Elles venaient de Grèce, de l'Asie Mineure et de Syrie. Du temps de Tibère, comme aujourd'hui, les meilleures figues venaient de l'Orient.

Nous avons appris au collège comment Caton avait exhibé en plein sénat des figues de Carthage encore fraîches, comme preuve de la proximité du pays qu'il détestait. Les Phéniciens avaient dû transporter de bonnes variétés sur la côte d'Afrique et dans les autres colonies de la mer Méditerranée, même jusqu'aux îles Canaries, mais le Figuier sauvage peut avoir existé antérieurement dans ces pays.

Pour les Canaries, nous en avons une preuve par des noms guanches, *Arahormaze* et *Achormaze*, figues vertes, *Taharemenen* et *Tehahunemen*, figues sèches. Les savants Webb et Berthelot [5], qui ont cité ces noms et qui avaient admis l'unité d'origine des Guanches et des Berbères, auraient vu avec plaisir chez les Touaregs, peuples berbères, le mot *Tahart* pour Figuier [6], et dans le dictionnaire français-berbère, publié depuis eux, les noms *Tabeksist* pour figue fraîche et *Tagrourt* pour Figuier. Ces vieux noms, d'origine plus ancienne et plus locale que l'arabe, parlent en faveur d'une habitation très ancienne dans le nord de l'Afrique jusqu'aux Canaries.

Le résultat de notre enquête est donc de donner pour habi-

1. Gussone, *Enum. plant. Inarimensium*, p. 301.
2. Pour l'ensemble de l'histoire du Figuier et de l'opération, d'une utilité douteuse, qui consiste à répandre des *Caprificus* à insectes parmi les pieds cultivés (caprification), voir la dissertation de M. le comte de Solms.
3. Pline, *Hist.*, l. 15, c. 18.
4. Hehn, *l. c.*, p. 512.
5. Webb et Berthelot, *l. c.*, *Ethnographie*, p. 186, 187; *Phytographie*, 3, p. 257.
6. D'après Duveyrier, *Les Touaregs du nord*, p. 193.

tation préhistorique du Figuier la région moyenne et méridionale de la mer Méditerranée, depuis la Syrie jusqu'aux îles Canaries.

On peut avoir du doute sur l'ancienneté des Figuiers maintenant dans le midi de la France ; mais un fait bien curieux doit être mentionné. M. Planchon a trouvé dans les tufs quaternaires de Montpellier et M. le marquis de Saporta [1] dans ceux des Aygalades, près de Marseille, et dans le terrain quaternaire de La Celle, près de Paris, des feuilles et même des fruits du Ficus Carica sauvage avec des dents d'Elephas primigenius, et des feuilles de végétaux, dont les uns n'existent plus, et d'autres comme le *Laurus canariensis*, sont restés aux îles Canaries. Ainsi le Figuier a peut-être existé sous sa forme actuelle, dans un temps aussi reculé. Il est possible qu'il ait péri dans le midi de la France, comme cela est arrivé certainement à Paris ; après quoi il serait revenu à l'état sauvage dans les localités du midi. Peut-être les Figuiers dont Webb et Berthelot avaient vu de vieux individus dans les endroits les plus sauvages des Canaries descendaient-ils de ceux qui existaient à l'époque quaternaire.

**Arbre à pain.** — *Artocarpus incisa*, Linné.

L'Arbre à pain était cultivé dans toutes les îles de l'archipel asiatique et du grand Océan voisines de l'équateur, depuis Sumatra jusqu'aux îles Marquises, lorsque les Européens ont commencé de les visiter. Son fruit est constitué, comme dans l'Ananas, par un assemblage de feuilles florales et de fruits soudés en une masse charnue plus ou moins sphérique, et, comme dans l'Ananas encore, les graines avortent dans les variétés cultivées les plus productives [2]. On fait cuire des tranches de cette sorte de fruit pour les manger.

Sonnerat [3] avait transporté l'Arbre à pain à l'île Maurice, où l'intendant Poivre avait eu soin de le répandre. Le capitaine Bligh avait pour mission de le transporter dans les Antilles anglaises. On sait qu'une révolte de son équipage l'empêcha de réussir la première fois, mais dans un second voyage il fut plus heureux. En janvier 1793, il débarqua 150 pieds dans l'île de Saint-Vincent, d'où l'on a répandu l'espèce dans plusieurs localités de l'Amérique équinoxiale [4].

Rumphius [5] avait vu l'espèce à l'état sauvage dans plusieurs

1. Planchon, *Etude sur les tufs de Montpellier*, p. 63; de Saporta, *La flore des tufs quaternaires en Provence*, dans les *Comptes rendus de la 33e session du Congrès scientifique de France*, et à part, p. 27, *Bull. Soc. geolog.*, 1873-74, p. 442.
2. Voir les belles planches publiées dans Tussac, *Flore des Antilles*, vol. 2, pl. 2 et 3 ; et Hooker, *Botanical magazine*, t. 2869-2871.
3. *Voyage à la Nouvelle-Guinée*, p. 100.
4. Hooker, *l. c.*
5. Rumphius, *Herb. Amboin.*, 1, p. 112, pl. 33.

des îles de la Sonde. Les auteurs modernes, moins attentifs ou n'ayant observé que des pieds cultivés, ne s'expliquent pas à cet égard. Pour les îles Fidji, Seemam[1] dit : « Cultivé et selon toutes les apparences sauvage dans quelques localités ». Sur le continent du midi de l'Asie il n'est pas même cultivé, le climat n'étant pas assez chaud.

Evidemment, l'Arbre à pain est originaire de Java, Amboine et îles voisines; mais l'ancienneté de sa culture dans toute la région insulaire, prouvée par la multitude des variétés, et la facilité de sa propagation par des drageons et des boutures empêchent de connaître exactement son histoire. Dans les îles de l'extrémité orientale, comme O-Taïti, certaines fables et traditions font présumer une introduction qui ne serait pas très ancienne, et l'absence de graines le confirme [2].

**Jacquier ou Jack.** — *Artocarpus integrifolia*, Linné.

Le fruit du Jacquier, plus gros que celui de l'Arbre à pain, car il pèse jusqu'à 80 livres, est suspendu aux branches d'un arbre de 30 à 50 pieds de hauteur [3]. Si le bon La Fontaine l'avait connu, il n'aurait pas écrit sa fable du gland et de la citrouille.

Le nom vulgaire est tiré des noms indiens *Jaca* ou *Tsjaka*.

Le Jacquier est cultivé depuis longtemps dans l'Asie méridionale, du Punjab à la Chine, de l'Himalaya aux îles Moluques. Il ne s'est pas introduit encore dans les petites îles plus à l'orient, comme O-Taïti, ce qui fait présumer une date moins ancienne dans l'archipel indien que sur le continent asiatique. Du côté nord-ouest de l'Inde, la culture ne date peut-être pas non plus d'une époque très reculée, car on n'est pas certain de l'existence d'un nom sanscrit. Roxburgh en cite un, *Punusa*, mais après lui Piddington ne l'admet pas dans son *Index*. Les Persans et les Arabes ne semblent pas avoir connu l'espèce. Son fruit énorme les aurait pourtant frappés si l'espèce avait été cultivée près de leurs frontières. Le Dr Bretschneider ne parle pas d'Artocarpus dans son opuscule sur les plantes connues des anciens Chinois, d'où l'on peut inférer que vers la Chine, comme dans les autres directions, le Jacquier n'est pas un arbre répandu depuis une époque très ancienne.

La première notion sur son existence à l'état sauvage est donnée par Rheede dans des termes contestables : « Cet arbre croît partout au Malabar et dans toute l'Inde. » Le vénérable auteur confondait peut-être l'arbre planté et l'arbre spontané. Après lui cependant, Wight a trouvé l'espèce, à plusieurs re-

1. Seemann, *Flora Vitiensis*, p. 255.
2. Seemann, *l. c.;* Nadeaud, *Énum. des plantes indigènes de Taïti*, p. 44; Id., *Plantes usuelles des Tahitiens*, p. 24.
3. Voir les planches de Tussac, *Flore des Antilles*, pl. 4, et Hooker, *Botanical magazine*, t. 2833, 2834.

prises, dans la péninsule indienne, notamment dans les Ghats occidentaux, avec toute l'apparence d'un arbre indigène sauvage. On le plante beaucoup à Ceylan; mais Thwaites, la meilleure autorité pour la flore de cette île, ne le reconnaît pas comme spontané. Dans l'archipel au midi de l'Inde, il ne l'est pas non plus, selon l'opinion générale. Enfin, Brandis en a trouvé des pieds dans les forêts du district d'Attaran, pays des Birmans, à l'est de l'Inde, mais il ajoute que c'est toujours à proximité d'établissements abandonnés. Kurz ne l'a pas trouvé spontané dans le Burman anglais [1].

Ainsi l'espèce est originaire du pied des montagnes occidentales de la péninsule indienne, et son extension dans le voisinage, à l'état cultivé, ne remonte probablement pas plus haut que l'ère chrétienne. Il a été apporté à la Jamaïque en 1782, par l'amiral Rodney, et de là à Saint-Domingue [2]. On l'a introduit aussi au Brésil, dans les îles Maurice, Seychelles et Rodriguez [3].

**Dattier.** — *Phœnix dactylifera*, Linné.

Le Dattier existe, depuis les temps préhistoriques, dans la zone sèche et chaude qui s'étend du Sénégal au bassin de l'Indus, principalement entre les 15e et 30e degrés de latitude. On le voit çà et là plus au nord, en raison de circonstances exceptionnelles et du but qu'on se propose en le cultivant. En effet, au delà du point où les fruits mûrissent chaque année, il y a une zone dans laquelle ils mûrissent mal ou rarement, et une dernière limite jusqu'à laquelle l'arbre vit encore, mais sans fructifier ni même fleurir. Le tracé de ces limites a été donné d'une manière complète par de Martius, Carl Ritter et moi-même [4]. Il est inutile de les reproduire ici, le but du présent ouvrage étant d'étudier les origines.

En ce qui concerne le Dattier, nous ne pouvons guère nous appuyer sur l'existence plus ou moins constatée d'individus vraiment sauvages ou, comme on dit, aborigènes. Les dattes se transportent facilement; leurs noyaux germent quand on les sème dans un terrain humide, près d'une source ou d'une rivière, et même dans des fissures de rochers. Les habitants des oasis ont planté ou semé des Dattiers dans des localités favorables où l'espèce existait peut-être avant les hommes, et quand un voyageur rencontre des arbres isolés, à distance des habitations, il ne peut pas savoir s'ils ne viennent pas de noyaux jetés par les caravanes. Les botanistes admettent bien une variété

1. Rheede, *Malabar*, 3, p. 18; Wight, *Icones*, 2, num. 678; Brandis, *Forest flora of India*, p. 426; Kurz, *Forest flora of brit. Burma*, p. 432.
2. Tussac, *l. c.*
3. Baker, *Flora of Mauritius, etc.*, p 282.
4. De Martius, *Genera et species Palmarum*, in-folio, vol. 3, p. 257; C. Ritter, *Erdkunde*, 13, p. 760; Alph. de Candolle, *Géographie botanique raisonnée*, p. 343.

*sylvestris*, c'est-à-dire sauvage, à baies petites et acerbes ; mais c'est peut-être l'effet d'une naturalisation peu ancienne dans un sol défavorable. Les faits historiques et linguistiques auront plus de valeur dans le cas actuel, quoique sans doute, vu l'ancienneté des cultures, ils ne puissent donner que des indications probables.

D'après les antiquités égyptiennes et assyriennes, ainsi que les traditions et les ouvrages les plus anciens, le Dattier existait en abondance dans la région qui s'étend de l'Euphrate au Nil. Les monuments égyptiens contiennent des fruits et des dessins de cet arbre [1]. Hérodote, à une époque moins reculée (v^e^ siècle avant Jésus-Christ), parle des bois de Dattiers qui existaient en Babylonie ; plus tard Strabon s'est exprimé d'une manière analogue sur ceux d'Arabie, par où il semble que l'espèce était plus commune qu'à présent et plus dans les conditions d'une essence forestière naturelle. D'un autre côté Carl Ritter fait la remarque ingénieuse que les livres hébreux les plus anciens ne parlent pas des Dattiers comme donnant un fruit recherché pour la nourriture de l'homme. Le roi David, vers l'an 1000 avant Jésus-Christ, environ sept siècles après Moïse, n'énumère pas le Dattier au nombre des arbres qu'il convient de planter dans ses jardins. Il est vrai qu'en Palestine, sauf à Jéricho, les dates ne mûrissent guère. Plus tard, Hérodote dit des Dattiers de Babylonie, que la majorité seulement des pieds donnait de bons fruits, dont on faisait usage. Ceci paraît indiquer le commencement d'une culture perfectionnée au moyen de la sélection des variétés et du transport des fleurs mâles au milieu des branches de pieds femelles, mais cela signifie peut-être aussi qu'Hérodote ne connaissait pas l'existence des pieds mâles.

A l'occident de l'Egypte, le Dattier existait probablement depuis des siècles ou des milliers d'années quand Hérodote les a mentionnés. Il parle de la Libye. Aucun document historique n'existe pour les oasis du Sahara, mais Pline [2] mentionne les Dattiers des îles Canaries.

Les noms de l'espèce témoignent d'une grande ancienneté soit en Asie, soit en Afrique, attendu qu'ils sont nombreux et fort différents. Les Hébreux appelaient le Dattier *Tamar* et les anciens Egyptiens *Beq* [3]. L'extrême diversité de ces mots, d'une grande antiquité, fait présumer que les peuples avaient trouvé l'espèce indigène et peut-être déjà nommée dans l'Asie occidentale et en Egypte. La multiplicité des noms persans, arabes et berbères, est incroyable [4]. Les uns dérivent du mot hébreu, les autres de sources inconnues. Ils s'appliquent souvent à des états différents du fruit ou à des variétés cultivées différentes, ce qui

1. Unger, *Pflanzen d. alt. Ægyptens*, p. 38.
2. Pline, *Hist.*, 6, c. 37.
3. Unger, *l. c.*
4. Voir C. Ritter, *l. c.*

montre encore d'anciennes cultures dans divers pays. Webb et Berthelot n'ont pas découvert un nom du Dattier dans la langue des Guanches, et c'est bien à regretter. Le nom grec, *Phœnix*, se rapporte simplement à la Phénicie et aux Phéniciens, possesseurs du Dattier [1]. Les noms *Dactylus* et *Datte* sont des dérivés de *Dachel*, dans un dialecte hébreu [2]. On ne cite aucun nom sanscrit, d'où l'on peut inférer que les plantations de Dattiers ne sont pas très anciennes dans l'Inde occidentale. Le climat indien ne convient pas à l'espèce [3]. Le nom hindustani, *Khurma*, est emprunté au persan.

Plus à l'est, le Dattier a été longtemps inconnu. Les Chinois l'ont reçu de Perse, au IIIe siècle de notre ère, et plus tard à différentes reprises, mais aujourd'hui ils l'ont abandonné [4]. En général, hors de la région aride qui s'étend de l'Euphrate au midi de l'Atlas et aux Canaries, le Dattier n'a pas réussi sous des latitudes analogues, ou du moins il n'est pas devenu un objet important de culture. Il aurait de bonnes conditions d'existence en Australie et au Cap, mais les Européens, qui ont colonisé ces pays, ne se contentent pas, comme les Arabes, de figues et de dattes pour leur nourriture. J'estime, en définitive, que dans les temps antérieurs aux premières dynasties égyptiennes le Dattier existait déjà, spontané ou semé çà et là par des tribus errantes, dans la zone de l'Euphrate aux Canaries, et qu'on s'est mis à le cultiver plus tard jusqu'au nord-ouest de l'Inde, d'un côté, et aux îles du Cap-Vert [5], de l'autre, de sorte que l'habitation naturelle est restée à peu près la même environ 5000 ans. Qu'était-elle à une époque antérieure? C'est ce que des découvertes paléontologiques apprendront peut-être un jour.

**Bananier.** — *Musa sapientum* et *M. paradisiaca*, Linné. — *M. sapientum*, Brown.

On regardait assez généralement le Bananier, ou les Bananiers, comme originaires de l'Asie méridionale et comme transportés en Amérique par les Européens, lorsque M. de Humboldt est venu jeter des doutes sur l'origine purement asiatique. Il a cité, dans son ouvrage sur la Nouvelle-Espagne [6], d'anciens auteurs d'après lesquels le Bananier aurait été cultivé en Amérique avant la découverte.

Il convient que, d'après Oviedo [7], le Père Thomas de Ber-

1. Hehn, *Culturpflanzen*, ed. 3, p. 234.
2. C. Ritter, *l. c.*, p. 828.
3. D'après Roxburgh, Royle, etc.
4. Bretschneider, *On study, etc.*, p. 31.
5. D'après Schmidt, *Flora d. Cap-Verd Inseln*, p. 168, le Dattier est rare dans ces îles et n'y est certainement pas sauvage. Au contraire, dans quelques-unes des îles Canaries, il a toutes les apparences d'un arbre indigène, d'après Webb et Berthelot, *Hist. nat. des Canaries*, *Botanique*, 3, p. 289.
6. De Humboldt, *Nouvelle-Espagne*, 1re édit., II, p. 360.
7. Oviedo, *Hist. nat.*, 1556, p. 112-114. Le premier ouvrage d'Oviedo est

langas aurait transporté, en 1516, des îles Canaries à Saint-Domingue, les premiers Bananiers, introduits de là dans d'autres îles et sur la terre ferme [1]. Il reconnaît que, dans les relations de Colomb, Alonzo Negro, Pinzon, Vespuzzi et Cortez, il n'est jamais question de Bananier. Le silence de Hernandez, qui vivait un demi-siècle après Oviedo, l'étonne et lui paraît une négligence singulière, « car, dit-il [2], c'est une tradition constante au Mexique et sur toute la terre ferme que le *Platano arton* et le *Dominico* y étaient cultivés longtemps avant l'arrivée des Espagnols. » L'auteur qui a marqué avec le plus de soin les différentes époques auxquelles l'agriculture américaine s'est enrichie de productions étrangères, le Péruvien Garcilasso de la Vega [3], dit expressément que, du temps des Incas, le maïs, le quinoa, la pomme de terre, et dans les régions chaudes et tempérées les bananes faisaient la base de la nourriture des indigènes. Il décrit le Musa de la vallée des Andes; il distingue même l'espèce plus rare, à petit fruit sucré et aromatique, le *Dominico*, de la banane commune ou *Arton*. Le Père Acosta [4] affirme aussi, quoique moins positivement, que le Musa était cultivé par les Américains avant l'arrivée des Espagnols. Enfin M. de Humboldt ajoute d'après ses propres observations : « Sur les rives de l'Orénoque, du Cassiquaire ou de Beni, entre les montagnes de l'Esmeralda et les rives du fleuve Carony, au milieu des forêts les plus épaisses, presque partout où l'on découvre des peuplades indiennes qui n'ont pas eu des relations avec les établissements européens, on rencontre des plantations de Manioc et de Bananiers. » M. de Humboldt, en conséquence, a émis l'hypothèse qu'on aurait confondu plusieurs espèces ou variétés constantes de Musa, dont quelques-unes seraient originaires du nouveau monde.

Desvaux s'empressa d'examiner la question spécifique, et dans un travail vraiment remarquable publié en 1814 [5] il a regardé tous les Bananiers cultivés pour leurs fruits comme une seule espèce. Dans cette espèce, il distingue 44 variétés, qu'il dispose en deux séries, les *Bananes* à gros fruits (7 à 15 pouces de longueur) et celles à petits fruits (1 à 6 pouces) appelées vulgairement *figues bananes*. R. Brown en 1818, dans son ouvrage sur les plantes du Congo, p. 51, soutient aussi qu'aucune circonstance dans la structure des Bananiers cultivés en Asie et en Amérique n'empêche de les considérer comme appartenant à

de 1526. C'est le plus ancien voyageur naturaliste cité par Dryander (*Bibl. banks.*) pour l'Amérique.

1. J'ai lu ce passage également dans la traduction d'Oviedo par Ramusio, vol. 3, p. 115.
2. De Humboldt, *Nouvelle-Espagne*, 2e édit., p. 385.
3. Garcilasso de la Vega, *Commentarios reales*, 1, p. 282.
4. Acosta, *Hist. nat. de Indias*, 1608, p. 250.
5. Desvaux, *Journ. bot.*, IV, p. 5.

une seule espèce. Il adopte le nom de *Musa sapientum*, qui me paraît effectivement préférable à celui de *M. paradisiaca*, adopté par Desvaux, parce que les variétés à petits fruits fertiles rapportées au *M. sapientum* L. semblent plus près de l'état des *Musa* spontanés qu'on a trouvés en Asie.

Brown remarque, sur la question d'origine, que toutes les autres espèces du genre Musa sont de l'ancien monde ; que personne ne dit avoir trouvé en Amérique, dans l'état sauvage, des variétés à fruits fertiles, comme cela est arrivé en Asie ; enfin, que Piso et Marcgraf ont regardé le Bananier comme introduit du Congo au Brésil. Malgré la force de ces trois arguments, M. de Humboldt, dans la seconde édition de son *Essai sur la Nouvelle-Espagne* (2, p. 397), n'a pas renoncé complètement à son opinion. Il dit que le voyageur Caldcleugh [1] a trouvé chez les Puris la tradition établie que, sur les bords du Prato, on cultivait, longtemps avant les communications avec les Portugais, une petite espèce de banane. Il ajoute qu'on trouve dans les langues américaines des mots, non importés, pour distinguer le fruit du Musa, par exemple *Paruru* en tamanaque, etc., *Arata* en maypure. J'ai lu aussi dans le voyage de Stevenson [2] qu'on aurait trouvé dans les *huacas*, ou tombeaux péruviens antérieurs à la conquête, des lits de feuilles des deux Bananiers cultivés habituellement en Amérique ; mais, comme ce voyageur dit avoir vu dans ces *huacas* des fèves [3] et que la fève est certainement de l'ancien monde, ses assertions ne méritent guère confiance. M. Boussingault [4] pensait que le *Platano arton* au moins est originaire d'Amérique, mais il n'en a pas donné de preuve. Meyen, qui avait aussi été en Amérique, n'ajoute aucun argument à ceux qui étaient connus avant lui [5]. Il en est de même du géographe Ritter [6], qui reproduit simplement pour l'Amérique les faits indiqués par de Humboldt.

D'un autre côté, des botanistes qui ont visité l'Amérique plus récemment n'hésitent pas sur l'origine asiatique. Je citerai Seemann pour l'isthme de Panama, Ernst pour le Vénezuela et Sagot pour la Guyane [7]. Les deux premiers insistent sur l'absence de noms pour le Bananier dans les langues du Pérou et du Mexique. Piso ne connaissait aucun nom brésilien. De Martius [8] a indiqué depuis, dans la langue tupi du Brésil, les noms *Pacoba* ou *Bacoba*. Ce même nom *Bacove* est usité, selon

1. Caldcleugh, *Trav. in S. Amer.*, 1825, 1, p. 23.
2. Stevenson, *Trav. in S. Amer.*, 1, p. 328.
3. Stevenson, *Trav. in S. Amer.*, 1, p. 363.
4. Boussingault, dans *C. r. Acad. sc. Paris*, 9 mai 1836.
5. Meyen, *Pflanz. geog.*, 1836, p. 383.
6. Ritter, *Erdkunde*, 4, p. 870 et suiv.
7. Seemann, *Botany of Herald*, p. 213 ; Ernst, dans Seemann, *Journal of botany*, 1867, p. 289 ; Sagot, dans *Journal de la Société d'hortic. de France*, 1872, p. 226.
8. Martius, *Ethnogr. Sprachenkunde America's*, p. 123.

M. Sagot, par les Français à la Guyanne. Il a peut-être pour origine le nom *Bala* ou *Palan*, du Malabar, à la suite d'une introduction par les Portugais, depuis le voyage de Piso.

L'ancienneté et la spontanéité du Bananier en Asie sont des faits incontestables. Il a plusieurs noms sanscrits [1]. Les Grecs, les Latins et ensuite les Arabes en ont parlé comme d'un arbre fruitier remarquable de l'Inde. Pline [2] en parle assez clairement. Il dit que les Grecs de l'expédition d'Alexandre l'avaient vu dans l'Inde, et il cite le nom *Pala*, qui existe encore au Malabar. Les sages se reposaient sous son ombre et en mangeaient les fruits. De là le nom de *Musa sapientum* des botanistes. Musa est tiré de l'arabe *Mouz* ou *Mauwz*, qu'on voit déjà au XIIIe siècle dans Ebn Baithar. Le nom spécifique *paradisiaca* vient des hypothèses ridicules qui faisaient jouer au Bananier un rôle dans l'histoire d'Eve et du paradis.

Il est assez singulier que les Hébreux et les anciens Egyptiens [3] n'aient pas connu cette plante indienne. C'est un indice qu'elle n'était pas dans l'Inde depuis un temps très reculé, mais plutôt originaire de l'archipel indien.

Le Bananier offre dans le midi de l'Asie, soit sur le continent, soit dans les îles, un nombre de variétés immense; la culture de ces variétés remonte dans l'Inde, en Chine, dans l'archipel indien à une époque impossible à apprécier; elle s'était étendue jadis, même dans les îles de la mer Pacifique [4] et sur la côte occidentale d'Afrique [5]; enfin les variétés portaient des noms distincts dans les langues asiatiques les plus séparées, comme le sanscrit, le chinois, le malais. Tout cela indique une ancienneté prodigieuse de culture, par conséquent une existence primitive en Asie, et une diffusion contemporaine avec celle des races d'hommes ou antérieure.

On dit avoir trouvé le Bananier spontané en plusieurs points. Cela mérite d'autant plus d'être noté que les variétés cultivées ne donnant souvent pas de graines et se multipliant par division, l'espèce ne doit guère se naturaliser par semis hors des cultures. Roxburgh l'avait vu dans les fôrets de Chittagong [6], sous la forme du *M. sapientum*. Rumphius [7] décrit une variété à petits fruits sauvage dans les îles Philippines. Loureiro [8] parle probablement de la même sous le nom de *M. seminifera agrestis*, qu'il oppose au *M. seminifera domestica*, et qui serait donc

1. Roxburgh et Wallich, *Fl. ind.*, 2, p. 485; Piddington, *Index*.
2. Pline, *Hist.*, l. 12, c. 6.
3. Unger, *l. c.*, et Wilkinson, 2, p. 403, ne le mentionnent pas. Le Bananier se cultive aujourd'hui en Egypte.
4. Forster, *Plant. esc.*, p. 28.
5. Clusius, *Exot.*, p. 229; Brown, *Bot. Congo*, p. 51.
6. Roxburgh, *Corom.*, tab. 275; *Fl. ind.*, *l. c.*
7. Rumphius, *Amb.*, 5, p. 139.
8. Loureiro, *Fl. coch.*, p. 791.

spontanée en Cochinchine. Blanco indique aussi un Bananier sauvage aux Philippines [1], mais sa description est insuffisante. Finlayson [2] a trouvé le Bananier sauvage, en abondance, dans la petite île de Pulo Ubi, à l'extrémité sud du pays de Siam. Thwaites [3] a vu la forme du *M. sapientum* dans les forêts rocailleuses du centre de l'île de Ceylan et n'hésite pas à dire que c'est la souche des Bananiers cultivés. Sir J. Hooker et Thomson [4] l'ont trouvé sauvage à Khasia.

En Amérique, les faits sont tout autres. On n'y a jamais vu le Bananier sauvage, excepté à la Barbade [5], mais là c'est un arbre qui ne mûrit pas ses fruits et qui est par conséquent, selon les probabilités, le résultat de variétés cultivées peu abondantes en semences. Le *Wild plantain* de Sloane [6] paraît une plante très différente des Musa. Les variétés qu'on prétend pouvoir être indigènes en Amérique sont au nombre de deux seulement, et en général on y cultive infiniment moins de variétés qu'en Asie. La culture du Bananier est, on peut dire, récente dans une grande partie de l'Amérique, car elle ne remonte guère à plus de trois siècles. Piso [7] dit positivement que la plante a été importée au Brésil et n'avait pas de nom brésilien. Il ne dit pas d'où elle venait. Nous avons vu que, d'après Oviedo, l'espèce a été apportée des Canaries à Saint-Domingue. Ceci, joint au silence de Hernandez, généralement si exact pour les plantes utiles, spontanées ou cultivées, du Mexique, me persuade que le Bananier manquait lors de la découverte de l'Amérique à toute la partie orientale de ce continent.

Existait-il dans la partie occidentale, sur les bords de la mer Pacifique? C'est très invraisemblable quand on pense aux communications qui existaient entre les deux côtes, vers l'isthme de Panama, et à l'activité avec laquelle les indigènes avaient répandu dans toute l'Amérique les plantes utiles, comme le manioc, le maïs, la pomme de terre, avant l'arrivée des Européens. Le Bananier, dont ils font tant de cas depuis trois siècles, qui se multiplie si aisément par les drageons, qui a une apparence si frappante pour le vulgaire, n'aurait pas été oublié dans quelques villages au milieu des forêts ou sur le littoral.

Je conviens que l'opinion de Garcilasso, descendant des Incas, auteur qui a vécu de 1530 à 1568, est d'une certaine importance lorsqu'il dit que les indigènes connaissaient le Bananier avant la conquête. Ecoutons cependant un autre écrivain très digne d'attention, Joseph Acosta, qui avait été au Pérou et que M. de

1. Blanco, *Fl.*, 1re édit., p. 247.
2. Finlayson, *Journ. to Siam*, 1826, p. 86, d'après Ritter, *Erdk.*, 4, p. 878.
3. Thwaites, *Enum. plant. Ceylan*, p. 321.
4. D'après Aitchison, *Catal. of Punjab*, p. 147.
5. Hughes, *Barb.*, p. 182; Maycock, *Fl. Barb.*, p. 396.
6. Sloane, *Jamaica*, 2, p. 148.
7. Piso, édit. 1648, *Hist. nat.*, p. 75.

Humboldt invoque à l'appui du précédent. Ses expressions me conduisent plutôt à une opinion différente [1]. Il s'exprime ainsi dans la traduction française de 1598 [2] : « La cause pour laquelle les Espagnols l'ont appelé *plane* (car les naturels n'avaient point de tel nom) a été, comme ès autres arbres, pour autant qu'ils ont trouvé quelque ressemblance de l'un à l'autre ». Il montre combien le plane (Platanus) des Anciens était différent. Il décrit très bien le Bananier, et ajoute que cet arbre est très commun aux Indes (ici, cela veut dire en Amérique), « quoiqu'ils disent (les Indiens) que son origine soit venue d'Ethiopie..... Il y a une espèce de petits planes blancs et fort délicats, lesquels ils appellent en l'Espagnolle [3] *Dominique*. Il y en d'autres qui sont plus forts et plus gros, et d'une couleur rouge. Il n'en croît point au Pérou, mais on les y apporte des Indes [4], comme au Mexique de Cuernavaca et des autres vallées. En la terre ferme et en quelques îles, il y a des grandes planares, qui sont comme bosquetaux (bosquets) très épais. » Assurément, ce n'est pas ainsi que s'exprimerait l'auteur pour un arbre fruitier d'origine américaine. Il citerait des noms américains, des usages américains. Il ne dirait surtout pas que les indigènes les regardent comme d'origine étrangère. La diffusion dans les terres chaudes du Mexique pourrait bien avoir eu lieu entre l'époque de la conquête et celle où écrivait Acosta, puisque Hernandez, dont les recherches consciencieuses remontent aux premiers temps de la domination espagnole à Mexico (quoique publiées plus tard à Rome), ne dit pas un mot du Bananier [5]. L'historien Prescott a vu d'anciens ouvrages ou manuscrits, selon lesquels les habitants de Tumbez auraient apporté à Pizarre des bananes lorsqu'il débarqua sur la côte du Pérou, et il croit aux feuilles trouvées dans les huacas, mais il ne cite pas ses preuves [6].

Quant à l'argument des cultures faites par les indigènes, à

1. De Humboldt a cité l'édition espagnole de 1608. La première édition est de 1591. Je n'ai pu consulter que la traduction française de Regnault, qui est de 1598 et qui a tous les caractères de l'exactitude, indépendamment du mérite au point de vue de la langue française.

2. Acosta, traduction, l. 4, c. 21.

3. C'est-à-dire probablement à Hispaniola, soit Saint-Domingue, car, s'il avait voulu dire en langue espagnole, on aurait traduit par *castillan* et sans lettre capitale. Voyez d'ailleurs la page 168 de l'ouvrage.

4. Il y a ici probablement une faute d'impression pour *Andes*, car le mot *Indes* n'a pas de sens dans ce passage. Le même ouvrage dit, page 166, qu'il ne vient pas d'Ananas au Pérou, mais qu'on les y apporte des Andes, et, page 173, que le cacao vient des Andes. Cela signifiait donc les régions chaudes. Le mot Andes a été appliqué ensuite à la chaîne des montagnes, par une transposition bizarre et malheureuse.

5. J'ai parcouru l'ouvrage en entier pour m'en assurer.

6. Prescott, *Conquête du Pérou*, édit. de Baudry, 164, 183. L'auteur a consulté des sources précieuses, entre autres un manuscrit de Montesinos, de 1527, mais il ne cite pas ses autorités pour chaque fait, et se borne à des indications vagues et collectives qui sont loin de suffire.

l'époque actuelle, dans des contrées de l'Amérique très séparées des établissements européens, il m'est difficile d'admettre que depuis trois siècles des peuplades soient restées absolument isolées et n'aient pas reçu un arbre aussi utile, par l'intermédiaire des pays colonisés.

En résumé, voici ce qui me paraît le plus probable : une introduction faite de bonne heure par les Espagnols et les Portugais à Saint-Domingue et au Brésil, ce qui suppose, j'en conviens, une erreur de Garcilasso quant aux traditions des Péruviens. Si cependant des recherches ultérieures venaient à prouver que le Bananier existait dans quelques parties de l'Amérique avant la découverte par les Européens, je croirais à une introduction fortuite, pas très ancienne, par l'effet d'une communication inconnue avec les îles de la mer Pacifique ou avec la côte de Guinée, plutôt qu'à l'existence primitive et simultanée du Bananier dans les deux mondes. La géographie botanique tout entière rend cette dernière hypothèse improbable, je dirai presque impossible à admettre, surtout dans un genre non partagé entre les deux mondes.

Enfin, pour terminer ce que j'ai à dire du Bananier, je remarquerai combien la distribution des variétés est favorable à l'opinion de l'espèce unique, adoptée, dans des vues de botanique pure, par Roxburgh, Desvaux et R. Brown. S'il existait deux ou trois espèces, probablement l'une serait représentée par les variétés qu'on a soupçonnées originaires de l'Amérique ; une autre serait sortie, par exemple, de l'archipel indien ou de la Chine, et la troisième de l'Inde. Au contraire, toutes les variétés sont géographiquement mélangées. En particulier, les deux qui sont le plus répandues en Amérique diffèrent sensiblement l'une de l'autre et se confondent chacune avec des variétés asiatiques, ou s'en rapprochent beaucoup.

**Ananas**. — *Ananassa sativa*, Lindley. — *Bromelia Ananas*, Linné.

Malgré les doutes énoncés par quelques auteurs l'Ananas doit être une plante d'Amérique, introduite de bonne heure, par les Européens, en Asie et en Afrique.

*Nana* était le nom brésilien [1], d'où les Portugais avaient fait Ananas. Les Espagnols avaient imaginé le nom de *Pinas*, à cause de l'analogie de forme avec le cone du Pin pignon [2]. Tous les premiers écrivains sur l'Amérique en parlent [3]. Hernandez dit que l'Ananas habite les endroits chauds de Haïti et du Mexique. Il mentionne un nom mexicain, *Matzatli*. On avait

1. Marcgraf, *Brasil.*, p. 33.
2. Oviedo, trad. de Ramusio, 3, p. 113 ; Jos. Acosta, *Hist. nat. des Indes*, trad. franç., p. 166.
3. Thevet, Pison, etc. ; Hernandez, *Thes*, p. 341.

apporté un fruit d'Ananas à Charles-Quint, qui s'en défia et ne voulut pas le goûter.

Les ouvrages des Grecs, des Romains et des Arabes ne font aucune allusion à cette espèce, introduite évidemment dans l'ancien monde depuis la découverte de l'Amérique. Rheede [1], au XVIIe siècle, en était persuadé; mais ensuite Rumphius [2] a contesté, parce que, disait-il, l'Ananas était cultivé de son temps dans toutes les parties de l'Inde, et qu'on en trouvait de sauvages aux Célèbes et ailleurs. Il remarque cependant l'absence de nom asiatique. Celui indiqué par Rheede au Malabar est tiré évidemment d'une comparaison avec le fruit du Jacquier et n'a rien d'original. C'est sans doute par erreur que Piddington attribue un nom sanscrit à l'Ananas, car ce nom même, *Anarush*, paraît venir d'Ananas. Roxburgh n'en connaissait point, et le dictionnaire de Wilson ne mentionne pas le nom d'*Anarush*. Royle [3] dit que l'Ananas a été introduit dans le Bengale en 1594. D'après Kircher [4], les Chinois le cultivaient dans le XVIIe siècle, mais on pensait qu'il leur avait été apporté du Pérou.

Clusius [5], en 1599, avait vu des feuilles d'Ananas apportées de la côte de Guinée. Cela peut s'expliquer par une introduction depuis la découverte de l'Amérique. Robert Brown parle de l'Ananas à l'occasion des plantes cultivées du Congo, mais il regarde l'espèce comme américaine.

Quoique l'Ananas cultivé ait ordinairement point ou peu de graines, il se naturalise quelquefois dans les pays chauds. On en cite des exemples aux îles Maurice, Seychelles et Rodriguez [6], dans l'archipel indien, dans l'Inde [7] et dans quelques parties de l'Amérique où probablement il n'était pas indigène, par exemple aux Antilles.

On l'a trouvé sauvage dans les terres chaudes du Mexique (si l'on peut se fier à la phrase d'Hernandez), dans la province de Veraguas [8], près de Panama, dans la vallée du Haut-Orénoque [9], à la Guyane [10] et dans la province de Bahia [11].

1. Rheede, *Hort. malab.*, 11, p. 6.
2. Rumphius, *Amboin.*, 5, p. 228.
3. Royle, *Ill.*, p. 376.
4. Kircher, *Chine illustrée*, trad. de 1670, p. 253.
5. Clusius, *Exotic.*, cap. 44.
6. Baker, *Flora of Mauritius.*
7. Royle, *l. c.*
8. Seemann, *Bot. of Herald*, p. 215.
9. Humboldt, *Nouv.-Esp.*, 2e édit., 2, p. 478.
10. *Gardener's chron.*, 1881, vol. 1, p. 657.
11. Martius, lettre à A. de Candolle, *Géogr. bot. rais.*, p. 927.

# CHAPITRE V

## PLANTES CULTIVÉES POUR LEURS GRAINES

---

### Art. 1er — Graines nutritives.

**Cacaoyer.** — *Theobroma Cacao*, Linné.

Les *Theobroma*, de la famille des Byttnériacées, voisine des Malvacées, forment un genre de 15 à 18 espèces, toutes de l'Amérique intertropicale, principalement des parties les plus chaudes du Brésil, de la Guyane et de l'Amérique centrale.

Le Cacaoyer ordinaire, *Theobroma Cacao*, est un petit arbre, spontané dans les forêts du fleuve des Amazones, de l'Orénoque [1] et de leurs affluents jusqu'à une élévation d'à peu près 400 mètres. On le cite également, comme sauvage, dans l'île de la Trinité, voisine des bouches de l'Orénoque [2]. Je ne trouve pas de preuve qu'il soit indigène dans les Guyanes, bien que cela paraisse probable. Beaucoup d'anciens auteurs l'indiquent comme spontané et cultivé, à l'époque de la découverte de l'Amérique, de Panama à Guatimala et Campèche ; mais les nombreuses citations réunies par Sloane [3] font craindre qu'ils n'aient pas vérifié suffisamment la condition spontanée. Les botanistes modernes s'expriment vaguement à cet égard, et en général ils ne mentionnent le Cacaoyer dans cette région et aux Antilles qu'à l'état cultivé. G. Bernoulli [4], qui avait résidé à Guatimala, se borne à ces mots : « Spontané et cultivé dans toute l'Amérique tropicale, » et Hemsley [5], dans sa revue des plantes du Mexique et de l'Amérique centrale, faite en 1879, d'après les riches

1. Humboldt, *Voy.*, 2, p. 511 ; Kunth, dans Humboldt et Bonpland, *Nova genera*, 5, p. 316 ; Martius, *Ueber den Cacao*, dans Büchner, *Repert. Pharm.*
2. Schach, dans Grisebach, *Flora of british W. India islands*, p. 91.
3. Sloane, *Jamaïque*, 2, p. 15.
4. G. Bernoulli, *Uebersicht der Arten von Theobroma*, p. 5.
5. Hemsley, *Biologia centrali-americana*, part. 2, p. 133.

matériaux de l'herbier de Kew, ne cite aucune localité où l'espèce soit indigène. Elle a peut-être été introduite dans l'Amérique centrale et dans les parties chaudes du Mexique, par les Indiens, avant la découverte de l'Amérique. La culture peut l'avoir naturalisée çà et là, comme on dit que cela est arrivé à la Jamaïque [1]. A l'appui de cette hypothèse, il faut remarquer que M. Triana [2] indique le Cacaoyer seulement comme cultivé dans les parties chaudes de la Nouvelle-Grenade, pays situé entre la région de l'Orénoque et Panama.

Quoi qu'il en soit, l'espèce était cultivée dans l'Amérique centrale et le Yucatan lors de la découverte de l'Amérique. Les graines étaient envoyées dans les régions hautes du Mexique, et même elles y servaient de monnaie, tant on en faisait cas. L'usage de boire du chocolat était général. Le nom de cette excellente boisson est mexicain.

Les Espagnols ont transporté le Cacaoyer d'Acapulco aux îles Philippines en 1674 et 1680 [3]. Il y réussit à merveille. On le cultive aussi dans les îles de la Sonde. Je présume qu'il réussirait sur les côtes de Zanzibar et de la Guinée, mais il ne convient pas de l'essayer dans les pays qui ne sont pas très chauds et humides.

Une autre espèce, le *Theobroma bicolor*, Humboldt et Bonland, se trouve mélangée avec le Cacaoyer ordinaire dans les cultures américaines. Ses graines sont moins estimées. D'un autre côté, elle n'exige pas autant de chaleur et peut vivre jusqu'à 950 mètres d'élévation dans la vallée de la Magdelana. Elle abonde, à l'état spontané, dans la Nouvelle-Grenade [4]. Bernoulli assure qu'elle est seulement cultivée à Guatimala, quoique les habitants la nomment « Cacao de montagne ».

**Li-Tschi.** — *Nephelium Lit-chi*, Cambessèdes.

La graine de cette espèce et des deux qui suivent est revêtue d'une excroissance charnue (arille), très sucrée et parfumée, qu'on mange volontiers en prenant du thé.

Comme, en général, les Sapindacées, les Nephelium sont des arbres. Celui-ci est cultivé dans la Chine méridionale, l'Inde et l'archipel asiatique, depuis un temps qu'on ne peut préciser. Les auteurs chinois ayant vécu à Peking n'ont connu le Li-Tschi que tardivement, au IIIe siècle de notre ère [5]. L'introduction dans le Bengale date de la fin du XVIIIe siècle [6].

Tout le monde admet que l'espèce est du midi de la Chine, et Blume [7] ajoute de la Cochinchine et des Philippines, mais il ne

1. Grisebach, *l. c.*
2. Triana et Planchon, *Prodr. Floræ Novo-Granatensis*, p. 208.
3. Blanco, *Flora de Filipinas*, ed. 2, p. 420.
4. Kunth, dans Humboldt et Bonpland, *l. c.*; Triana, *l. c.*
5. Bretschneider, lettre du 23 août 1881.
6. Roxburgh, *Fl. indica*, 2, p. 269.
7. Blume, *Rumphia*, 3, p. 106.

paraît pas qu'aucun botaniste l'ait trouvée dans les conditions d'un arbre vraiment spontané. Cela tient probablement à ce que les parties méridionales de la Chine, du côté de Siam, ont été peu visitées. En Cochinchine, et dans le pays de Burma, à Chittagong, le Li-Tschi est seulement cultivé [1].

**Longan.** — *Nephelium Longana*, Cambessèdes.

Cette seconde espèce, très souvent cultivée dans l'Asie méridionale, comme le Li-Tschi, est sauvage dans l'Inde anglaise, de Ceylan et Concan jusque dans les montagnes à l'est du Bengale et au Pégou [2].

Les Chinois l'ont transportée dans l'archipel asiatique depuis quelques siècles seulement.

**Ramboutan.** — *Nephelium lappaceum*, Linné.

On le dit sauvage dans l'archipel indien, où il doit être cultivé depuis longtemps, d'après le nombre considérable de ses variétés. Un nom malais, cité par Blume, signifie arbre sauvage. Loureiro le dit spontané en Cochinchine et à Java. Cependant je ne vois pas de confirmation pour la Cochinchine dans les ouvrages modernes, ni même pour les îles. La nouvelle flore de l'Inde anglaise [3] l'indique à Singapore et Malacca, sans affirmer la qualité indigène, sur laquelle les étiquettes d'herbiers n'apprennent ordinairement rien. Assurément, l'espèce n'est pas spontanée sur le continent asiatique, malgré les expressions vagues de Blume et Miquel à cet égard [4], mais il est plus probable qu'elle est originaire de l'archipel malais.

Malgré la réputation des Li-Tschis et Ramboutans, dont les fruits peuvent s'exporter, il ne paraît pas qu'on ait introduit ces arbres dans les colonies tropicales d'Afrique ou d'Amérique, si ce n'est peut-être dans quelques jardins, comme objets de curiosité.

**Pistachier.** — *Pistacia vera*, Linné.

Le Pistachier, arbrisseau de la famille des Térébintacées, croît naturellement en Syrie. M. Boissier [5] l'a trouvé au nord de Damas, dans l'Antiliban. Il en a vu des échantillons de Mésopotamie, mais sans pouvoir affirmer leur qualité spontanée. Le même doute existe sur des rameaux recueillis en Arabie, dont quelques auteurs ont parlé. Pline et Galien [6] savaient déjà que

1. Loureiro, *Flora Cochinch.*, p. 233; Kurz, *Forest flora of british Burma*, p. 293.
2. Roxburgh, *Flora indica*, 2, p. 271; Thwaites, *Enum. Zeylaniæ*, p. 58; Hiern, dans *Flora of brit. India*, 1, p. 688.
3. Hiern, dans *Flora of brit. India*, 1, p. 687.
4. Blume, *Rumphia*, 3, p. 103; Miquel, *Flora indo-batava*, 1, p. 554.
5. Boissier. *Flora orient.*, 2, p. 5.
6. Pline, *Hist. nat.*, l. 13, c. 15; l. 15, c. 22; Galien, *De alimentis*, l. 2, c. 30.

la plante est de Syrie. Le premier nous dit qu'elle a été introduite en Italie, par Vitellius, à la fin du règne de Tibère, et de là en Espagne, par Flavius Pompée.

Il n'y a pas de raison de croire que la culture du Pistachier fût ancienne dans son pays d'origine, mais elle est pratiquée de nos jours en Orient, de même qu'en Sicile et à Tunis. Dans le midi de la France et en Espagne, elle n'a guère d'importance.

**Fève.** — *Faba vulgaris*, *Moench.* — *Vicia Faba*, Linné.

Linné, dans son meilleur ouvrage descriptif, l'*Hortus cliffortianus*, convient que l'origine de cette espèce est obscure, comme celle de beaucoup de plantes anciennement cultivées. Plus tard, dans son *Species*, qu'on cite davantage, il a dit, sans en donner aucune preuve, que la fève « habite en Egypte ». Un voyageur russe de la fin du siècle dernier, Lerche, l'a trouvée sauvage dans le désert Mungan, du Mazanderan, au midi de la mer Caspienne [1]. Les voyageurs qui ont herborisé dans cette région l'ont quelquefois rencontrée [2], mais ils ne la mentionnent pas dans leurs ouvrages [3], si ce n'est Ledebour, qui n'est pas exact dans la citation sur laquelle il s'appuie [4]. Bosc [5] a prétendu qu'Olivier avait trouvé la Fève sauvage en Perse. Je n'en vois pas la confirmation dans le *Voyage* d'Olivier, et en général Bosc paraît avoir cru un peu légèrement que ce voyageur avait trouvé beaucoup de nos plantes cultivées dans l'intérieur de la Perse. Il le dit du Sarrasin et de l'Avoine, dont Olivier n'a pas parlé.

La seule indication, outre celle de Lerche, que je découvre dans les flores, est d'une localité bien différente. Munby [6] mentionne la Fève, comme spontanée, en Algérie, à Oran. Il ajoute qu'elle y est rare. Aucun auteur, à ma connaissance, ne l'a citée dans l'Afrique septentrionale. M. Cosson, qui connaît mieux que personne la flore d'Algérie, m'a certifié n'avoir vu ou reçu aucun échantillon de Fève sauvage du Nord de l'Afrique. Je me suis assuré qu'il n'y en a pas dans l'herbier de Munby, mainte-

1. Lerche, *Nova acta Acad. cæsareo-Leopold.*, vol. 5, appendix, p. 203, publié en 1773. M. Maximowicz (lettre du 23 février 1882) m'apprend que l'échantillon de Lerche existe dans l'herbier du jardin impérial de Saint-Pétersbourg. Il est en fleur et ressemble en tout à la Fève cultivée, moins la taille, qui est à peu près d'un demi-pied. L'étiquette mentionne la localité et la spontanéité, sans autre observation.

2. Il y a dans le même herbier des échantillons transcaucasiens, mais plus grands de taille et qu'on ne dit pas spontanés.

3. Marschall Bieberstein, *Flora Caucaso-Taurica;* C.-A. Meyer, *Verzeichniss;* Hohenacker, *Enum. plant. Talysch;* Boissier, *Fl. orientalis*, p. 578; Buhse et Boissier, *Plant. Transcaucasiæ*.

4. Ledebour, *Fl. ross.*, 1, p. 664, cite de Candolle, *Prodromus*, 2, p. 354; or c'est Seringe qui a rédigé l'article Faba du *Prodromus*, dans lequel est indiqué le midi de la mer Caspienne, probablement d'après Lerche, dans Willdenow.

5. Bosc, *Dict. d'agric.*, 5, p. 512.

6. Munby, *Catalogus plant. in Algeria sponte nascentium*, ed. 2, p. 12.

nant à Kew. Comme les Arabes cultivent beaucoup la Fève, elle se rencontre peut-être accidentellement hors des cultures. Il ne faut pas oublier cependant que Pline (l.18, c. 12) parle d'une Fève sauvage en Mauritanie; mais il ajoute qu'elle est dure et qu'on ne peut pas la cuire, ce qui fait douter de l'espèce. Les botanistes qui ont écrit sur l'Egypte et la Cyrénaïque, en particulier les plus récents [1], donnent la Fève pour cultivée.

Cette plante est seule à constituer le genre *Faba*. On ne peut donc invoquer aucune analogie botanique pour présumer son origine. C'est à l'histoire de la culture et aux noms de l'espèce qu'il faut recourir si l'on veut deviner le pays où elle était anciennement indigène.

Mettons d'abord de côté une erreur qui venait d'une mauvaise interprétation des ouvrages chinois. Stanislas Julien avait cru que la fève était une des cinq plantes que l'empereur Chin-Nong, il y a 4600 ans, avait ordonné de semer en grande solennité chaque année [2]. Or, d'après le Dr Bretschneider [3], qui est entouré à Peking de toutes les ressources possibles pour savoir la vérité, la graine, analogue à une fève, que sèment les empereurs dans la cérémonie ordonnée est celle du Soja (Dolicho Soja), et la Fève a été introduite en Chine, de l'Asie occidentale, un siècle seulement avant l'ère chrétienne, lors de l'ambassade de Chang-Kien. Ainsi tombe une assertion qu'il était difficile de concilier avec d'autres faits, par exemple avec l'absence de culture ancienne de la Fève dans l'Inde et de nom sanscrit, ou même de quelque langue moderne indienne.

Les anciens Grecs connaissaient la Fève, qu'ils appelaient *Kuamos* et quelquefois *Kuamos de Grèce*, *Kuamos ellenikos*, pour la distinguer de celle d'Egypte, qui était la graine d'une espèce aquatique toute différente, le *Nelumbium*. L'*Iliade* parle déjà de la Fève comme d'une plante cultivée [4], et M. Virchow en a trouvé des graines dans les fouilles faites à Troie [5]. Les Latins l'appelaient *Faba*. On ne trouve rien dans les ouvrages de Théophraste, Dioscoride, Pline, etc., qui puisse faire croire que la plante fût indigène en Grèce ou en Italie. Elle y était anciennement connue, puisque dans le vieux culte des Romains on devait mettre des fèves dans les sacrifices le jour de la déesse Carna, d'où le nom de *Fabariæ calendæ* [6]. Les Fabius tiraient peut-être leur nom de Faba, et le chapitre XII du livre 18 de Pline montre, à n'en pouvoir douter, le rôle ancien et important de la fève en Italie.

1. Schweinfurth et Ascherson, *Aufzählung*, p. 256 ; Rohlfs, *Kufra*, un vol. in-8°.
2. Loiseleur-Deslongchamps, *Considérations sur les céréales*, part. 1, p. 29.
3. Bretschneider, *On study and value of chinese bot. works*, p. 7 et 15.
4. *Iliade*, 13, v. 589.
5. Wittmack, *Sitz. bericht Vereins*, Brandenb., 1879.
6. *Novitius Dictionnarium*, au mot Faba.

Le mot *Faba* se retrouve dans plusieurs des langues aryennes de l'Europe, avec des modifications que les philologues seuls peuvent reconnaître. N'oublions cependant pas l'observation très juste d'Adolphe Pictet [1] que, pour les graines de céréales et de Légumineuses, on a souvent transporté des noms d'une espèce à l'autre, ou que certains noms étaient tantôt génériques et tantôt spécifiques. Plusieurs graines, de forme analogue, ont été appelées *Kuamos* par les Grecs; plusieurs haricots différents (Phaselus, Dolichos) portent le même nom en sanscrit, et *Faba*, en ancien slave *Bobu*, en ancien prussien *Babo*, en armoricain *Fav*, etc., peut fort bien avoir été employé pour des pois, haricots, ou autres graines de ce genre. Ne voyons-nous pas de nos jours appeler, en style commercial, le café une fève? C'est donc avec raison que Pline ayant parlé d'îles *fabariæ*, où se trouvaient des Fèves en abondance, et ces îles étant situées dans l'océan septentrional, on a pensé qu'il s'agissait d'un certain pois sauvage appelé en botanique *Pisum maritimum*.

Les anciens habitants de la Suisse et de l'Italie, à l'époque du bronze, cultivaient une variété à petites graines du *Faba vulgaris*. M. Heer [2] la désigne sous le nom de *Celtica nana*, parce que la graine a de 6 à 9 millimètres de longueur, tandis que celle de notre Fève actuelle des champs (Fèverolle) en a 10 à 12. Il a comparé les échantillons de Montelier sur le lac de Morat et de l'île de Saint-Pierre du lac de Bienne, avec d'autres de Parme de la même époque. M. de Mortillet a trouvé dans les lacustres contemporains du lac du Bourget la même petite fève, qu'il dit fort semblable à une variété cultivée aujourd'hui en Espagne [3].

La Fève était cultivée chez les anciens Egyptiens [4]. Il est vrai que, jusqu'à présent, on n'en a pas trouvé des graines ou vu des figures dans les cercueils ou monuments. La cause en est, dit-on, qu'elle était réputée impure [5]. Hérodote [6] s'exprime ainsi : « Les Egyptiens ne sèment jamais de Fèves dans leurs terres, et, s'il en vient, ils ne les mangent ni crues ni cuites. Les prêtres n'en peuvent pas même supporter la vue; ils s'imaginent que ce légume est impur. » La Fève existait donc en Egypte, et probablement dans les endroits cultivés, car les terrains qui pouvaient lui convenir étaient généralement en culture. Peut-être la population pauvre et celle de certains districts n'avaient pas les mêmes préjugés que les prêtres. On sait que les superstitions différaient suivant les *nomes*. Plutarque et Diodore de Sicile ont

1. Ad. Pictet, *Les origines indo-européennes*, ed. 2, vol. 1, p. 353.
2. Heer, *Pflanzen, der Pfahlbauten*, p. 22, fig. 44-47.
3. Perrin, *Etude préhistorique sur la Savoie*, p. 2.
4. Delile, *Plant. cult. en Egypte*, p. 12; Reynier, *Economie des Egyptiens et Carthaginois*, p. 340; Unger, *Pflanzen d. alten Ægyptens*, p. 64; Wilkinson, *Manners and customs of ancient Egyptians*, 2, p. 402.
5. Reynier, *l. c.*, cherche à en deviner les motifs.
6. Hérodote, *Histoire*, traduction de Larcher, vol. 2, p. 32.

mentionné la culture de la Fève en Egypte, mais ils écrivaient 500 ans après Hérodote.

On trouve deux fois dans l'Ancien Testament [1] le mot *Pol*, qui a été traduit par fève, à cause des traditions conservées par le Talmud et du nom arabe *foul*, *fol* ou *ful*, qui est celui de la fève. Le premier des deux versets fait remonter la connaissance de l'espèce par les Hébreux à l'an mille avant Jésus-Christ.

Je signalerai enfin un indice d'ancienne existence de la Fève dans le nord de l'Afrique. C'est le nom berbère *Ibiou*, au pluriel *Iabouen*, usité chez les Kabyles de la province d'Alger [2]. Il ne ressemble nullement au nom sémitique et remonte peut-être à une grande antiquité. Les Berbères habitaient jadis la Mauritanie, où Pline prétend que l'espèce était sauvage. On ignore si les Guanches, peuple berbère des îles Canaries, connaissaient la fève. Je doute que les Ibères l'aient eue, car leurs descendants supposés, les Basques, se servent du nom *Baba* [3], répondant au *Faba* des Romains.

D'après ces documents, la culture de la fève est préhistorique en Europe, en Egypte et en Arabie. Elle a été introduite en Europe, probablement par les Aryens occidentaux, lors de leurs premières migrations (Pélasges, Celtes, Slaves). C'est plus tard qu'elle a été portée en Chine, un siècle avant l'ère chrétienne, plus tard encore au Japon ; et tout récemment dans l'Inde.

Quant à l'habitation spontanée, il est possible qu'elle ait été double il y a quelques milliers d'années, l'un des centres étant au midi de la mer Caspienne, l'autre dans l'Afrique septentrionale. Ces sortes d'habitations, que j'ai appelées disjointes et dont je me suis beaucoup occupé naguère [4], sont rares dans les plantes Dicotylédones; mais il en existe des exemples précisément dans les contrées dont je viens de parler [5]. Il est probable que l'habitation de la Fève est depuis longtemps en voie de diminution et d'extinction. La nature de la plante appuie cette hypothèse, car ses graines n'ont aucun moyen de dispersion, et les rongeurs ou autres animaux peuvent s'en emparer avec facilité. L'habitation dans l'Asie occidentale était peut-être moins limitée jadis que maintenant, et celle en Afrique, à l'époque de Pline, s'étendait peut-être plus ou moins. La lutte pour l'existence, défavorable à cette plante, comme au Maïs, l'aurait cantonnée peu à peu et l'aurait fait disparaître, si l'homme ne l'avait sauvée en la cultivant.

La plante qui ressemble le plus à la Fève est le *Vicia narbonensis*. Les auteurs qui n'admettent pas le genre Faba, dont les

1. Samuel, II, c. 17, v. 28; Ezechiel, c. 4, v. 9.
2. *Dict. français-berbère*, publié par le gouvernement français.
3. Note communiquée à M. Clos par M. d'Abadie.
4. A. de Candolle, *Géographie botanique raisonnée*, chap. X.
5. Le Rhododendron ponticum ne se trouve plus que dans l'Asie Mineure et au midi de la péninsule espagnole.

caractères sont assez peu distincts du Vicia, rapprochent ces deux espèces dans une même section. Or le *Vicia narbonensis* est spontané dans la région de la mer Méditerranée et en Orient, jusqu'au Caucase, à la Perse septentrionale et la Mésopotamie [1]. Son habitation n'est pas disjointe, mais elle rend probable, par analogie, l'hypothèse dont j'ai parlé.

**Lentille.** — *Ervum Lens*, Linné. — *Lens esculenta*, Moench.

Les plantes qui ressemblent le plus à la Lentille sont classées par les auteurs tantôt dans le genre *Ervum*, tantôt dans un genre distinct, *Lens*, et quelquefois dans le genre *Cicer;* mais les espèces de ces groupes mal définis sont toutes de la région méditerranéenne ou de l'Asie occidentale. C'est une indication pour l'origine de la plante cultivée. Malheureusement, on ne retrouve plus la Lentille dans un état spontané, du moins qu'on puisse affirmer être tel. Les flores du midi de l'Europe, de l'Afrique septentrionale, d'orient et de l'Inde la citent toujours comme cultivée, ou venant dans les champs, après ou parmi d'autres cultures. Un botaniste [2] l'a vue dans les provinces au midi du Caucase, « cultivée et presque spontanée çà et là autour des villages. » Un autre [3] l'indiquait vaguement dans la Russie méridionale, mais les flores plus récentes ne le confirment pas.

Voyons si l'histoire et les noms de cette plante indiquent plus clairement son origine.

Elle est cultivée depuis un temps préhistorique en Orient, dans la région de la mer Méditerranée, et même en Suisse. D'après Hérodote, Théophraste, etc., les anciens Egyptiens en faisaient un grand usage. Si leurs monuments n'en ont pas fourni la preuve, c'est peut-être que la graine en était réputée commune et grossière, comme la fève. L'Ancien Testament la mentionne trois fois, sous le nom d'*Adaschum* ou *Adaschim*, qui doit bien signifier Lentille, car le nom arabe est *Ads* [4] ou *Adas* [5]. La couleur rouge du fameux potage d'Esaü n'a pas été comprise par la plupart des auteurs. Reynier [6], qui avait séjourné en Egypte, confirme une explication donnée jadis par l'historien Josèphe : les lentilles étaient rouges, parce qu'elles étaient mondées. La pratique des Egyptiens, dit Reynier, est encore de dépouiller ces graines de leur écorce, et dans ce cas elles sont d'un rouge pâle. Les Berbères ont reçu des Sémites pour la lentille le nom *Adès* [7].

Les Grecs cultivaient la Lentille : *Fakos* ou *Fakai*. Il en est

1. Boissier, *Fl. orient.*, 2, p. 577.
2. C.-A. Meyer, *Verzeichniss pl. caucas.*, p. 147.
3. Georgi, dans Ledebour, *Fl. ross.*
4. Forskal, *Fl. ægypt.*; Delile, *Plant. cult. en Egypte*, p. 13.
5. Ebn Baithar, 2, p. 134.
6. Reynier, *Economie publique et rurale des Arabes et des Juifs*, Genève 1820, p. 429.
7. *Dictionn. français-berbère*, in-8°, 1844.

question déjà dans Aristophane, comme servant de nourriture aux pauvres [1]. Les Latins l'appelaient *Lens*, mot d'une origine inconnue, qui est évidemment lié au nom ancien slave *Lesha*, illyrien *Lechja*, lithuanien *Lenszic* [2]. La diversité des noms grec et latin est une indication que l'espèce a peut-être existé en Grèce et en Italie, avant d'y être cultivée. Une autre preuve d'existence ancienne en Europe est qu'on a trouvé des lentilles dans les habitations lacustres de l'île Saint-Pierre, du lac de Bienne [3], qui sont, il est vrai, de l'époque du bronze. L'espèce peut avoir été tirée d'Italie.

D'après Théophraste [4], les habitants de la Bactriane (Boukharie actuelle) ne connaissaient pas le *Fakos* des Grecs. Adolphe Pictet cite un nom persan, *Mangu* ou *Margu;* mais il ne dit pas si c'est un nom ancien, qui se trouve, par exemple, dans le Zend-avesta. Il admet pour la Lentille plusieurs noms sanscrits, *Masura*, *Renuka*, *Mangalya*, etc., tandis que les botanistes anglo-indiens, Roxburgh et Piddington, n'en connaissaient aucun [5]. Comme ceux-ci mentionnent un nom analogue hindustani et bengali, *Mussour*, on peut croire que *Masura* exprime bien la Lentille, tandis que *Mangu* des Persans rappelle l'autre nom, *Mangalya*. Roxburgh et Piddington ne donnant aucun nom dans les autres langues de l'Inde, on peut présumer que la lentille n'était pas connue dans ce pays avant l'arrivée du peuple de langue sanscrite. Il n'est pas question de l'espèce dans les anciens ouvrages chinois; du moins, le D^r^ Bretschneider n'en parle ni dans son opuscule de 1870, ni dans les lettres plus détaillées qu'il m'a écrites récemment.

En résumé, la lentille paraît avoir existé dans l'Asie occidentale tempérée, en Grèce et en Italie quand les hommes ont eu l'idée de la cultiver, dans un temps préhistorique très ancien, et l'ont portée en Egypte. La culture paraît s'être étendue, à une époque moins reculée, mais à peine historique, à l'ouest et à l'est, c'est-à-dire en Europe et dans l'Inde.

**Pois chiche.** — *Cicer arietinum*, Linné.

On connaît quinze espèces du genre Cicer, qui sont toutes de l'Asie occidentale ou de la Grèce, à l'exception d'une, qui est d'Abyssinie. La probabilité est donc très grande que l'espèce cultivée vient des pays entre la Grèce et l'Himalaya, appelés vaguement l'Orient.

Elle n'a pas été trouvée, d'une manière certaine, dans les conditions d'une plante spontanée. Toutes les flores du midi de

1. Hehn, *Culturpflanzen, etc.*, ed. 3, vol. 2, p. 188.
2. Ad. Pictet, *Les origines indo-européennes*, éd. 2, vol. 1, p. 364; Hehn, *l. c.*
3. Heer, *Pflanzen d. Pfahlbauten*, p. 23, fig. 49.
4. Theophrastes, *Hist.*, l. 4, c. 5.
5. Roxburgh. *Fl. ind.*, ed. 1832, v. 3, p. 324; Piddington, *Index*.

l'Europe, d'Egypte et de l'Asie occidentale jusqu'à la mer Caspienne et l'Inde en parlent comme d'une espèce cultivée ou des champs et de terrains cultivés. On l'a indiquée quelquefois [1] en Crimée, et au nord et surtout au midi du Caucase, comme à peu près spontanée; mais les auteurs modernes bien informés ne le croient pas [2]. Cette quasi spontanéité peut faire présumer seulement une origine d'Arménie et des pays voisins.

La culture et les noms de l'espèce jetteront peut-être quelque jour sur la question.

Le Pois chiche était cultivé chez les Grecs, déjà du temps d'Homère, sous le nom de *Erebinthos* [3] et aussi de *Krios* [4], à cause de la ressemblance de la graine avec une tête de bélier. Les Latins l'appelaient *Cicer*, origine des noms modernes dans le midi de l'Europe. Ce nom existe aussi chez les Albanais, descendants des Pélasges, sous la forme de *Kikere* [5]. L'existence de noms aussi différents indique une plante très anciennement connue et peut-être indigène dans le sud-est de l'Europe.

Le Pois chiche n'a pas été trouvé dans les habitations lacustres de Suisse, Savoie ou Italie. Pour les premières, ce n'est pas singulier; le climat n'est pas assez chaud.

Un nom commun chez les peuples du midi du Caucase et de la mer Caspienne est en géorgien *Nachuda*, en turc et arménien *Nachius*, *Nachunt*, en persan *Nochot* [6]. Les linguistes pourront dire si c'est un nom très ancien et s'il a quelque rapport avec le nom sanscrit *Chennuka*.

Le Pois chiche est si souvent cultivé en Egypte depuis les premiers temps de l'ère chrétienne [7] qu'on le suppose avoir été également connu des anciens Egyptiens. Il n'en existe pas de preuve dans les figures ou les dépôts de graines de leurs monuments, mais on peut supposer que cette graine, comme la fève et la lentille, était réputée vulgaire ou impure. Reynier [8] pensait que le *Ketsech*, mentionné par Esaïe dans l'Ancien Testament, était peut-être le pois chiche; mais on attribue ordinairement ce nom à la Nielle (*Nigella sativa*) ou au *Vicia sativa*, sans en être sûr [9]. Comme les Arabes appellent le *Pois chiche* d'un nom tout différent, *Omnos*, *Homos*, qui se retrouve chez les Kabyles sous

1. Ledebour, *Fl. ross.*, 1, p. 660, d'après Pallas, Falk et C. Koch.
2. Boissier, *Fl. orient.*, 2, p. 560; Steven, *Verzeichniss des taurischen Hablinseln*, p. 134.
3. *Iliade*, l. 13, v. 589; Theophrastes, *Hist.*, l. 8, c. 3.
4. Dioscorides, l. 2, c. 126.
5. Heldreich, *Nutzpflanzen Griechenlands*, p. 71.
6. Nemnich, *Polyglott. Lexicon*, 1, p. 1037; Bunge, dans *Gœbels Reise*, 2, p. 328.
7. Clément d'Alexandrie, *Strom.*, l. 1, cité d'après Reynier, *Economie des Egyptiens et Carthaginois*, p. 343.
8. Reynier, *Economie des Arabes et des Juifs*, p. 430.
9. Rosenmüller, *Bibl. Alterth.*, 1, p. 100; Hamilton, *Botanique de la Bible*, p. 180.

la forme *Hammez* [1], il n'est pas probable que le *Ketsech* des Juifs fut la même plante. Ces détails me font soupçonner que l'espèce était inconnue aux anciens Egyptiens et Israélites. Elle s'est peut-être répandue chez eux de Grèce ou d'Italie, vers le commencement de notre ère.

L'introduction a été plus ancienne dans l'Inde, car on connaît un nom sanscrit et plusieurs noms, analogues ou différents, dans les langues modernes [2]. Bretschneider ne mentionne pas l'espèce en Chine.

Je ne connais aucune preuve de l'ancienneté de la culture en Espagne; cependant le nom castillan *Garbanzo*, usité aussi par les Basques sous la forme *Garbantzua* et en français sous celle de *Garvance*, n'étant ni latin ni arabe, peut remonter à une date plus ancienne que la conquête romaine.

Les données botaniques, historiques et linguistiques s'accordent à faire présumer une habitation antérieure à la culture dans les pays au midi du Caucase et au nord de la Perse. Les Aryens occidentaux (Pélasges, Hellènes) ont peut-être introduit la plante dans l'Europe méridionale, où cependant il y a quelque probabilité qu'elle était également indigène. Les Aryens orientaux l'ont portée dans l'Inde. La patrie s'étendait peut-être de la Perse à la Grèce, et maintenant l'espèce n'existe plus que dans les terrains cultivés, où l'on ne sait pas si elle provient de pieds originairement sauvages ou de pieds cultivés.

**Lupin.** — *Lupinus albus*, Linné.

Les anciens Grecs et Romains cultivaient cette Légumineuse pour l'enfouir, comme engrais vert, et à cause des graines, qui sont bonnes pour nourrir les bœufs et dont l'homme fait aussi usage. Les expressions de Théophraste, Dioscoride, Caton, Varron, Pline, etc., citées par les modernes, se rapportent à la culture ou aux propriétés médicales des graines et n'indiquent pas s'il s'agissait du Lupin à fleurs blanches (*L. albus*) ou de celui à fleurs bleues (*L. hirsutus*), qui croît spontanément dans le midi de l'Europe. D'après Fraas [3] ce dernier est cultivé aujourd'hui dans la Morée; mais M. de Heldreich [4] dit que dans l'Attique c'est le *L. albus*. Comme en Italie on cultive depuis longtemps celui-ci, il est probable que c'est le Lupin des anciens. On le cultivait beaucoup dans le XVIe siècle, surtout en Italie [5], et de l'Ecluse constate l'espèce, car il la nomme *Lupinus sativus albo flore* [6]. L'ancienneté de la culture en Espagne est indiquée par

1. Rauwolf, *Fl. orient.*, n. 220; Forskal, *Fl. ægypt.*, p. 81; *Dictionnaire français-berbère*.
2. Roxburgh, *Fl. ind.*, 3, p. 324; Piddington, *Index*.
3. Voir Fraas, *Fl. class.*, p 51; Lenz, *Bot. der Alten*, p. 73.
4. Heldreich, *Nutzpflanzen Griechenl.*, p. 69.
5. Olivier de Serres, *Théâtre de l'agric.*, éd. 1529, p. 88.
6. Clusius, *Historia plant.*, 2, p. 228.

l'existence de quatre noms vulgaires différents, suivant les provinces; mais la plante y existe seulement à l'état cultivé ou presque spontané, dans les champs et les endroits sablonneux [1].

En Italie, l'espèce a été indiquée, par Bertoloni, sur les collines de Sarzane. Cependant M. Caruel ne pense pas qu'elle y soit spontanée, non plus que dans d'autres localités de la péninsule [2]. Gussone [3] est très affirmatif pour la Sicile. Il indique la plante : « sur les collines arides et sablonneuses, et dans les prés (in herbidis) ». Enfin Grisebach [4] l'a trouvée dans la Turquie d'Europe, près de Ruskoï, et d'Urville [5], en abondance, dans des bois près de Constantinople. Castagne le confirme dans un catalogue manuscrit que je possède. M. Boissier ne cite aucune localité pour l'Orient; il n'est pas question de l'espèce dans l'Inde, mais des botanistes russes l'ont recueillie au midi du Caucase, sans que l'on sache si c'était bien dans des conditions de spontanéité [6]. On découvrira peut-être d'autres localités entre la Sicile, la Macédoine et le Caucase.

**Termis.** — *Lupinus Termis*, Forskal.

On cultive beaucoup en Egypte, et même dans l'île de Crète, cette espèce de Lupin, si voisine du *L. albus* qu'on a proposé quelquefois de les réunir [7]. La différence la plus apparente est que la fleur du Termis est bleue dans sa partie supérieure. La tige est plus haute que dans le L. albus. On fait usage des graines, comme de celles du Lupin ordinaire, après les avoir fait macérer, à cause de leur amertume.

Le L. Termis est spontané dans les sables et sur les collines en Sicile, en Sardaigne et en Corse [8]; en Syrie et en Egypte, suivant M. Boissier [9]; mais, selon MM. Schweinfurth et Acherson, il serait seulement cultivé en Egypte [10]. Hartmann l'a vu sauvage dans la haute Egypte [11]. Unger [12] l'indique parmi les espèces cultivées chez les anciens Egyptiens, mais il ne cite ni échantillon ni figure. Wilkinson [13] se borne à dire qu'on l'a trouvé dans les tombeaux.

Aucun Lupin n'est cultivé dans l'Inde et n'a de nom en sanscrit; on en vend des graines dans les bazars sous le nom de *Tourmus* (Royle, *Ill.*, p. 194).

1. Willkomm et Lange, *Fl. hisp.*, 3, p. 466.
2. Caruel, *Fl. toscana*, p. 136.
3. Gussone, *Floræ siculæ synopsis*, ed. 2, vol. 2, p. 266.
4. Grisebach, *Spicil. Fl. rumel.*, p. 11.
5. D'Urville, *Enum.*, p. 86.
6. Ledebour, *Fl. ross.*, 1, p. 510.
7. Caruel, *Fl. tosc.*, p. 136.
8. Gussone, *Fl. sic. syn.*, 2, p. 267; Moris, *Fl. Sardoa*, 1, p. 596;
9. Boissier, *Fl. orient.*, 2, p. 29
10. Schweinfurth et Ascherson, *Aufzählung, etc.*, p. 257.
11. Schweinfurth, *Plantæ nilot. a Hartmann coll.*, p. 6.
12. Unger, *Pflanzen d. alt. Ægypten.*, p. 65
13. Wilkinson, *Manners and customs of ancient Egyptians*, 2, p. 403.

Le nom *Termis* ou *Termus*, des Arabes, est celui du Lupin des Grecs, *Termos*. On peut soupçonner que les Grecs l'ont reçu des Egyptiens. L'espèce ayant été connue dans l'ancienne Egypte, il est assez singulier qu'on ne mentionne aucun nom hébreu [1]. Elle a peut-être été introduite en Egypte après l'époque du séjour des Juifs.

**Pois des champs.** — *Pois gris.* — *Bisaille.* — *Pisum arvense*, Linné.

Il s'agit ici du Pois que l'on cultive en grand, pour ses graines, et quelquefois comme fourrage. Bien que son apparence et ses caractères botaniques permettent de le distinguer assez facilement du Pois des jardins potagers, les auteurs grecs et romains le confondaient ou ne se sont pas expliqués clairement à son égard. Leurs ouvrages ne prouvent pas qu'il fût cultivé de leur temps. On ne l'a pas trouvé dans les lacustres de Suisse, Savoie et Italie. Une légende de Bobbio, en 930, dit que les paysans italiens appelaient un grain *Herbilia*, et l'on a conclu de là que c'était le *Rubiglia* actuel, soit *Pisum sativum* des botanistes [2]. L'espèce est cultivée en Orient et jusque dans l'Inde septentrionale [3]. Pour ce dernier pays, ce n'est pas une culture ancienne, car on ne connaît pas de nom sanscrit, et Piddington cite un seul nom dans une des langues modernes.

Quoi qu'il en soit de l'introduction de la culture, l'espèce existe, à l'état bien spontané, en Italie, non seulement dans les haies et près des cultures, mais aussi dans des forêts et lieux incultes des montagnes [4]. Je ne découvre aucune indication analogue positive dans les flores d'Espagne, d'Algérie, de Grèce et d'Orient. On a dit la plante indigène dans la Russie méridionale; mais tantôt la qualité spontanée est très douteuse et tantôt c'est l'espèce elle-même qui n'est pas certaine, par confusion avec le *Pisum sativum* ou le *P. elatius*. Royle admettait l'indigénat dans l'Inde septentrionale, mais il est le seul parmi les botanistes anglo-indiens.

**Pois des jardins, petit Pois.** — *Pisum sativum*, Linné.

Le pois de nos jardins potagers est plus délicat que celui des champs. Il craint la gelée et la sécheresse. Probablement son habitation naturelle, avant la culture, était plus méridionale et restreinte.

Le fait est qu'on ne l'a pas encore trouvé dans un état spontané, soit en Europe, soit dans l'Asie occidentale d'où l'on pré-

1. Rosenmüller, *Bibl. Alterth.*, vol. 1.
2. Muratori, *Antich. ital.*, 1, p. 347; *Diss.*, 24; cité par Targioni, *Cenni storici*, p. 31.
3. Boissier, *Fl. orient.*, 2, p. 623; Royle, *Ill. Himal.*, p. 200.
4. Bertoloni, *Fl ital.*, 7, p. 419; Caruel, *Fl. tosc.*, p. 184; Gussone, *Fl. siculæ synopsis*, 2, p. 279; Moris, *Fl. sardoa*, 1, p. 577.

sume qu'il est sorti. L'indication de Bieberstein pour la Crimée n'est pas exacte, selon Steven, qui a résidé dans le pays [1]. Peut-être les botanistes ont passé à côté de son habitation. Peut-être la plante a disparu de son lieu d'origine. Peut-être encore elle n'est qu'une modification du *Pisum arvense*, obtenue dans les cultures. Cette dernière opinion était celle d'Alefeld [2], mais ce qu'il a publié est si bref qu'on ne peut rien en conclure. Cela se borne à dire qu'ayant cultivé un grand nombre de formes de pois des champs et des jardins, il a jugé qu'elles appartiennent à la même espèce. Darwin [3] avait appris, par un intermédiaire, que André Knight avait croisé le Pois des champs avec un Pois de jardin appelé Pois de Prusse, et que les produits avaient paru complètement fertiles. Ce serait bien une preuve de l'unité spécifique, mais il faudrait pourtant plus d'observations et plus d'expériences. Provisoirement, dans cette recherche des origines géographiques, je suis obligé de considérer les deux formes séparément, et dans ce but j'examinerai la question du *Pisum sativum* des jardins.

Les botanistes qui distinguent beaucoup d'espèces dans le genre Pisum, en admettent huit, qui sont toutes d'Europe ou d'Asie.

Le *Pisum sativum* était cultivé chez les Grecs, du temps de Théophraste [4]. Ils l'appelaient *Pisos* ou *Pison.* Les Albanais, descendants des Pelasges, l'appellent *Pizelle* [5]. Les Latins disaient *Pisum* [6]. Cette uniformité de nomenclature fait supposer que les Aryens arrivés en Grèce et en Italie connaissaient la plante et l'avaient peut-être apportée avec eux. Les autres langues d'origine aryenne présentent plusieurs mots pour le sens générique de Pois; mais il est évident, d'après la savante dissertation d'Adolphe Pictet [7], qu'on ne saurait appliquer aucun de ces noms au *Pisum sativum* en particulier. Même quand une des langues modernes, slave ou bretonne, a limité le sens au Pois des jardins, il est très possible que jadis, à l'origine de ces langues, le mot ait signifié Pois des champs ou Lentille ou quelque autre Légumineuse.

On a retrouvé le petit Pois [8] dans les restes des habitations lacustres de l'âge de bronze, en Suisse et en Savoie. La graine est sphérique, en quoi l'espèce diffère du *Pisum arvense*. Elle est plus petite que celle de nos Pois actuels. M. Heer dit l'avoir

1. Steven, *Verzeichniss*, p. 134.
2. Alefeld, *Botanische Zeitung*, 1860, p. 204.
3. Darwin, *Variations of animals and plants under domestication*, p. 326.
4. Theophrastes, *Hist.*, l. 8, c. 3, 5.
5. Heldreich, *Nutzpflanzen Griechenlands*, p. 71.
6. Pline, *Hist.*, l. 18, c. 7, 12. Il s'agit bien du Pisum sativum, car l'auteur dit qu'il supporte très mal le froid.
7. Ad. Pictet, *Les origines indo-européennes*, éd. 2, vol. 1, p. 359.
8. Heer, *Pflanzen der Pfahlbauten*, 23, fig. 48; Perrin, *Études préhistoriq. sur la Savoie*, p. 22.

vue aussi de l'âge de la pierre, à Moosseedorf; mais il est moins affirmatif et ne donne des figures que du Pois moins ancien de l'île de Saint-Pierre. Si l'espèce remonte à l'âge de pierre en Suisse, ce serait une raison de la regarder comme antérieure aux peuples aryens.

Il n'y a pas d'indication de culture du *Pisum sativum* dans l'ancienne Egypte ou chez les Hébreux. Au contraire, il a été cultivé depuis longtemps dans l'Inde septentrionale, s'il avait, comme le dit Piddington, un nom sanscrit, *Harenso*, et s'il est désigné par plusieurs noms, très différents de celui-ci, dans les langues indiennes actuelles [1]. On l'a introduit en Chine de l'Asie occidentale. Le *Pent-sao*, rédigé à la fin du XVI^e^ siècle de notre ère, le nomme *Pois mahométan* [2].

En résumé, l'espèce paraît avoir existé dans l'Asie occidentale, peut-être du midi du Caucase à la Perse, avant d être cultivée. Les peuples aryens l'auraient introduite en Europe, mais elle était peut-être dans l'Inde septentrionale avant l'arrivée des Aryens orientaux.

Elle n'existe peut-être plus à l'état spontané, et quand elle s'offre dans les champs, quasi spontanée, on ne dit pas qu'elle ait une forme modifiée qui se rapproche des autres espèces.

**Soja**. — *Dolichos Soja*, Linné. — *Glycine Soja*, Bentham.

La culture de cette Légumineuse annuelle remonte, en Chine et au Japon, à une antiquité reculée. On pouvait le présumer d'après la multitude des emplois de la graine et le nombre immense des variétés. Mais, en outre, on estime que c'est un des farineux nommés *Shu* dans les ouvrages chinois contemporains de Confucius, quoique le nom moderne de la plante soit *Ta-tou* [3]. Les graines sont à la fois nutritives et fortement oléagineuses, ce qui permet d'en tirer des préparations analogues au beurre, à l'huile et au fromage dans la cuisine japonaise et chinoise [4]. Le Soja est cultivé aussi dans l'archipel indien, mais à la fin du XVII^e^ siècle il était encore rare à Amboine [5], et Forster ne l'avait pas vu dans les îles de la mer Pacifique, lors du voyage de Cook. Dans l'Inde, il doit être d'une introduction moderne, car Roxburgh n'avait vu la plante qu'au jardin botanique de Calcutta, où elle provenait des Moluques [6]. On ne connaît pas de noms vulgaires indiens [7]. D'ailleurs si la culture était ancienne

1. Piddington, *Index*. Roxburgh ne parle pas d'un nom sanscrit.
2. Bretschneider, *Study and value of chinese botanical works*, p. 16.
3. Bretschneider, *ibid.*, p. 9.
4. Voir Pailleux, dans le *Bulletin de la Société d'acclimatation*, sept. et oct. 1880.
5. Rumphius, *Amb.*, vol. 5, p. 388.
6. Roxburgh, *Flora indica*, 3, p. 314.
7. Piddington, *Index*

dans l'Inde, elle se serait propagée vers l'ouest, en Syrie et en Egypte, ce qui n'est pas arrivé.

Kæmpfer [1] avait publié jadis une excellente figure du Soja, et on le semait depuis un siècle dans les jardins botaniques d'Europe, lorsque des renseignements plus nombreux sur la Chine et le Japon suscitèrent, il y a une dizaine d'années, un zèle extraordinaire pour l'introduire dans nos pays. C'est surtout dans l'Autriche-Hongrie et en France que des essais ont été faits en grand et qu'on les a résumés dans des ouvrages très dignes d'être consultés [2]. Faisons des vœux pour que le succès réponde à ces efforts, mais nous ne devons pas nous écarter du but de nos recherches. Occupons-nous donc ici de l'origine probable de l'espèce.

Linné a dit dans son *Species* : « Habitat in India; » après quoi il renvoie à Kæmpfer, qui a parlé des plantes du Japon, et à sa propre flore de Ceylan, où l'on voit que la plante était *cultivée* dans cette île. La flore moderne de Ceylan, par Thwaites, n'en fait aucune mention. Evidemment il faut avancer vers l'Asie orientale pour trouver l'origine à la fois de la culture et de l'espèce. Loureiro dit qu'elle habite en Cochinchine et qu'on la cultive souvent en Chine [3]. Je ne vois pas de preuve qu'on l'ait trouvée sauvage dans ce dernier pays, mais on l'y découvrira peut-être, vu l'ancienneté de la culture. Les botanistes russes [4] ne l'ont rencontrée dans le nord de la Chine et vers le fleuve Amour qu'à l'état de plante cultivée. Elle est certainement spontanée au Japon [5]. Enfin, Junghuhn [6] l'a récoltée à Java sur le mont Gunung-Gamping, et l'on rapporte à la même espèce une plante envoyée aussi de Java par Zollinger, sans qu'on sache si elle était vraiment spontanée [7]. Un nom malais, *Kadelee* [8], tout à fait différent des noms vulgaires japonais et chinois, appuie l'indigénat à Java.

En résumé, d'après les faits connus et les probabilités historiques et linguistiques, le Soja était spontané de la Cochinchine au Japon méridional et à Java lorsque d'anciens habitants, à une époque très reculée, se sont mis à le cultiver, à l'employer de différentes manières pour leur nourriture, et en ont obtenu des variétés, dont le nombre est remarquable, surtout au Japon.

1. Kæmpfer, *Amœn. exot.*, p. 837, pl. 838.
2. Haberlandt, *Die Sojabohne*, in-8°, Vienne, 1878, extrait en français par M. Pailleux, *l. c.*
3. Loureiro, *Fl. coch.*, 2. p. 538.
4. Bunge, *Enum. plant. Chin.*, n° 118; Maximowicz, *Primitiæ fl. Amur.*, p. 87
5. Miquel, *Prolusio*, dans *Ann. Mus. Lugd.-Bat.*, 3, p. 52 ; Franchet et Savatier, *Enum. plant. Jap.*, 1, p. 108.
6. Junghuhn. *Plantæ Jungh.*. p. 255.
7. Le *Soja angustifolia*, Miquel; voir Hooker, *Fl. brit. Ind.*, 2, p. 184.
8. Rumphius, *l. c.*

**Cajan.** — *Cajanus indicus*, Sprengel. — *Cytisus Cajan*, Linné.

Cette Légumineuse, très souvent cultivée dans les pays tropicaux, est de la nature des arbustes; mais elle fructifie dès la première année, et dans quelques pays on aime mieux la cultiver comme une plante annuelle. Ses graines sont un article important de la nourriture des nègres ou des indigènes, tandis que les colons européens ne les recherchent guère, si ce n'est pour les manger avant maturité, comme nos petits pois.

La plante se naturalise avec une grande facilité dans de mauvais terrains, hors des cultures, même aux Antilles, d'où elle n'est certainement pas originaire [1].

A l'île Maurice, elle se nomme *Ambrevade;* dans les colonies anglaises, *Doll*, *Pigeon-Pea*, et dans les Antilles anglaises ou françaises, *Pois d'Angola*, *Pois de Congo*, *Pois pigeon*.

Chose singulière, pour une espèce répandue dans les trois continents, les variétés ne sont pas nombreuses. On en signale deux, basées uniquement sur la couleur jaune ou teintée de rouge des fleurs, qui ont été regardées quelquefois comme des espèces distinctes, mais que des observations plus attentives ramènent à une seule, conformément à l'opinion de Linné [2]. Le petit nombre des variations obtenues, même dans l'organe pour lequel on cultive l'espèce, est un indice de culture pas très ancienne. C'est cependant ce qu'il faut chercher, car l'habitation préculturale est incertaine. Les meilleurs botanistes ont supposé tantôt l'Inde et tantôt l'Afrique intertropicale. M. Bentham, qui a beaucoup étudié les Légumineuses, croyait en 1861 à l'origine africaine, et en 1865 il inclinait plutôt vers l'origine asiatique [3]. Le problème est donc assez intéressant.

Et d'abord il ne peut pas être question d'une origine américaine. Le Cajan a été introduit aux Antilles de la côte d'Afrique par la traite des nègres, comme l'indiquent les noms vulgaires déjà cités [4] et l'opinion unanime des auteurs de flores américaines. On l'a porté également au Brésil, à la Guyane et dans toutes les régions chaudes du continent américain.

La facilité avec laquelle cet arbuste se naturalise empêcherait, à elle seule, d'accorder beaucoup de poids au dire des collecteurs, qui l'ont trouvé plus ou moins spontané en Asie ou en Afrique, et de plus ces assertions ne sont pas précises. Généralement elles sont accompagnées de doutes. La plupart des

1. De Tussac, *Flore des Antilles*, vol. 4, p. 94, pl. 32; Grisebach, *Fl. of brit. w. Ind.*, 1, p. 191.

2. Voir sur cette question Wight et Arnott, *Prodr. fl. penins. ind.*, p. 256; Klotzsch, dans Peters, *Reise nach Mozambique*, 1, p. 36. La variété à fleur jaune est figurée dans Tussac, *l. c.;* celle à fleur colorée de rouge, dans le *Botanical register*, 1845, pl. 31.

3. Bentham, *Flora Hongkongensis*, p. 89; *Flora brasil.*, vol. 15, p. 199; Bentham et Hooker, *Gen.*, I, p. 541.

4. De Tussac, *Flore des Antilles;* Jacquin, *Obs.*, p. 1.

anteurs de flores de l'Inde continentale n'ont vu la plante qu'à l'état cultivé [1]. Aucun, à ma connaissance, n'affirme la qualité spontanée. Pour l'île de Ceylan, Thwaites [2] s'exprime ainsi : « On dit qu'elle n'est pas réellement sauvage, et les noms du pays paraissent le confirmer. » Sir Jos. Hooker, dans sa flore de l'Inde anglaise, dit : « Sauvage ? et cultivée jusqu'à 6000 pieds dans l'Himalaya. » Loureiro [3] l'indique cultivée et non cultivée « en Cochinchine et en Chine. » Les auteurs chinois ne paraissent pas en avoir parlé, car l'espèce n'est pas nommée dans l'opuscule du Dr Bretschneider, *On study, etc*. Dans les îles de la Sonde, elle est mentionnée comme cultivée, et même assez rarement à Amboine, à la fin du dix-septième siècle, d'après Rumphius [4]. Forster ne l'avait pas vue dans les îles de la mer Pacifique lors du voyage de Cook, mais Seemam nous apprend que les missionnaires l'ont introduite depuis peu dans les jardins des îles Fidji [5]. Tout cela fait présumer une extension peu ancienne de la culture à l'est et au midi du continent asiatique. Outre la citation de Loureiro, je vois qu'on indique l'espèce sur la montagne de Magelang, de l'île de Java [6]; mais, en supposant une véritable et ancienne spontanéité dans ces deux cas, il serait bien extraordinaire qu'on ne trouvât pas également l'espèce dans beaucoup d'autres localités asiatiques.

L'abondance des noms indiens et malais [7] montre une culture assez ancienne. Piddington indique même un nom sanscrit, *Arhuku*, que Roxburgh ne connaissait pas, mais il ne donne aucune preuve à l'appui de son assertion. Le nom peut avoir été simplement supposé, d'après les noms hindou et bengali *Urur* et *Orol*. On ne connaît pas de nom sémitique.

En Afrique, le Cajan est signalé souvent de Zanzibar à la côte de Guinée [8]. Les auteurs le disent cultivé, ou ne s'expliquent pas à cet égard, ce qui semble indiquer des échantillons quelquefois spontanés. En Egypte, la culture est toute moderne, du XIXe siècle [9].

En résumé, je doute que l'espèce soit vraiment spontanée en Asie et qu'elle s'y trouve depuis plus de 3000 ans. Si les anciens peuples l'avaient connue, elle serait arrivée à la connaissance des Arabes et des Egyptiens avant notre époque. Au contraire, dans l'Afrique équatoriale, il est possible qu'elle existe, sauvage ou cultivée, depuis un temps très long, et qu'elle soit arrivée en

1. Rheede, Roxburgh, Kurz, *Burm. flora*, etc.
2. Thwaites, *Enum. plant. Ceylan.*
3. Loureiro, *Fl. cochinch.*, p. 565.
4. Rumphius, *Amb.*, vol. 5, t. 135.
5. Seemann, *Flora Vitiensis*, p. 74.
6. Junghuhn, *Plantæ Jungh.*, fasc. 1, p. 241.
7. Piddington, *Index*; Rheede, *Malab.*, 6, p. 23; etc.
8. Pickering, *Chronol. arrangement of plants*, p. 442; Peters, *Reise*, p. 36; R. Brown, *Bot. of Congo*, p. 53; Oliver, *Flora of tropical Africa*, 2, p. 216.
9. *Bulletin de la Soc. d'acclimatation*, 1871, p. 663.

Asie par d'anciens voyageurs faisant le trafic de Zanzibar à l'Inde et Ceylan.

Le genre Cajanus n'a qu'une espèce, de sorte qu'on ne peut invoquer aucune analogie de distribution géographique pour le croire d'Asie plutôt que d'Afrique, ou *vice versa*.

**Caroubier** [1]. — *Ceratonia Siliqua*, Linné.

On sait à quel point les fruits ou légumes du Caroubier sont recherchés dans les parties chaudes de la région de la mer Méditerranée, pour la nourriture des animaux et même de l'homme. De Gasparin [2] a donné des détails intéressants sur le traitement, les emplois et l'habitation de l'espèce, envisagée comme arbre cultivé. Il note qu'elle ne dépasse pas au nord la limite où l'on peut avoir l'oranger sans abri. Ce bel arbre, à feuilles persistantes, ne s'accommode pas non plus des pays très chauds, surtout quand ils sont humides. Il aime le voisinage de la mer et les terrains rocailleux. Sa patrie, d'après de Gasparin, est « probablement le centre de l'Afrique. Denham et Clapperton, dit-il, l'ont trouvé dans le Bournou. » Cette preuve me paraît insuffisante, car, dans toute la région du Nil et en Abyssinie, le Caroubier n'est pas sauvage ou même n'est pas cultivé [3]. R. Brown n'en parle pas dans son mémoire sur les plantes du voyage de Denham et Clapperton. Plusieurs voyageurs l'ont vu dans les forêts de la Cyrénaïque, entre le littoral et le plateau; mais les habiles botanistes qui ont dressé le catalogue des plantes de ce pays ont eu soin de dire [4] : « Peut-être indigène. » La plupart des botanistes se sont contentés de mentionner l'espèce dans le centre et le midi de la région méditerranéenne, depuis le Maroc et l'Espagne jusqu'à la Syrie et l'Anatolie, sans scruter beaucoup si elle est indigène ou cultivée, et sans aborder la question de la véritable patrie, antérieure à la culture. Ordinairement, ils indiquent le Caroubier comme « cultivé et subspontané ou presque naturalisé ». Cependant il est donné pour spontané en Grèce, par M. de Heldreich; en Sicile, par Gussone et Bianca; en Algérie, par Munby [5], et je cite là des auteurs qui ont vécu assez dans ces divers pays pour se former une opinion vraiment éclairée.

M. Bianca remarque cependant que le Caroubier n'est pas toujours vigoureux et productif dans les localités assez res-

1. Enuméré ici pour ne pas le séparer d'autres légumineuses cultivées pour les graines seulement.
2. De Gasparin, *Cours d'agriculture*, 4, p. 328.
3. Schweinfurth et Ascherson, *Aufzählung*, p. 255 ; Richard, *Tentamen floræ abyssinicæ*.
4. Ascherson, etc., dans Rohls, *Kufra*, 1, vol. in 8°, 1881, p. 519.
5. Heldreich, *Nutzpflanzen Griechenlands*, p. 73, *Die Pflanzen der attischen Ebene*, p. 477 ; Gussone, *Synopsis fl. siculæ*, p. 646 ; Bianca, *Il Carrubo*, dans *Giornale d'agricoltura italiana*, 1881 ; Munby, *Catal. pl. in Alger. spont.*, p. 13.

treintes où il existe en Sicile, dans les petites îles adjacentes et sur la côte d'Italie. Il s'appuie, en outre, sur le nom italien Carrubo, presque semblable au nom arabe, pour émettre l'idée d'une introduction ancienne dans le midi de lEurope, l'espèce étant originaire plutôt de Syrie ou de l'Afrique septentrionale. A cette occasion, il soutient, comme probable, l'opinion de Hœfer et de Bonné [1], d'après laquelle le Lotos des Lotophages était le Caroubier, dont la fleur est sucrée et le fruit d'un goût de miel, conformément aux expressions d'Homère. Les Lotophages habitant la Cyrénaïque, le Caroubier devait croître en masse dans leur pays. Pour admettre cette hypothèse, il faut croire qu'Hérodote et Pline n'ont pas connu la plante d'Homère, car le premier a décrit le Lotos comme ayant une baie de Lentisque et le second comme un arbre qui perd ses feuilles en hiver [2].

Une hypothèse sur une plante douteuse dont a parlé jadis un poète ne peut guère servir de point d'appui dans un raisonnement sur des faits d'histoire naturelle. Après tout, le Lotos d'Homère était peut-être... dans le jardin fantastique des Hespérides. Je reviens à des arguments d'un genre plus sérieux, dont M. Bianca a touché quelques mots.

Le Caroubier est désigné dans les langues plus ou moins anciennes par deux noms : l'un grec, *Keraunia* ou *Kerateia* [3]; l'autre arabe, *Chirnub* ou *Charûb*. Le premier exprime la forme du légume, analogue à certaines cornes médiocrement recourbées. Le second signifie un fruit allongé (légume), car on voit dans l'ouvrage de Ebn Baithar [4] que quatre autres Légumineuses sont désignées par ce même nom, avec une épithète. Les Latins n'avaient pas de nom spécial pour le Caroubier. Ils se servaient du mot grec, ou de l'expression *Siliqua*, *Siliqua græca*, c'est-à-dire fruit allongé de Grèce [5]. Cette pénurie de noms est l'indice d'une habitation jadis restreinte et d'une culture qui ne remonte probablement pas à des temps préhistoriques. Le nom grec s'est conservé en Grèce. Le nom arabe existe aujourd'hui chez les Kabyles, qui disent *Kharroub* pour le fruit, *Takharrout* pour l'arbre [6], comme les Espagnols disent *Algarrobo*. Chose singulière, les Italiens ont pris aussi le nom arabe, *Currabo*, *Carubio*, d'où vient notre nom français *Caroubier*. Il semble qu'une introduction se serait faite, par les Arabes, dans le moyen âge,

1. Hœfer, *Histoire de la botanique, de la minéralogie et de la géologie*, 1 vol. in-12, p. 20 ; Bonné, *Le Caroubier ou l'arbre des Lotophages*, Alger, 1869 (cité d'après Hœfer). Voir, ci-dessus, l'article du Jujubier.
2. Pline, *Hist.*, l. 16, c. 30.
3. Théophraste, *Hist. plant.*, l. 1, c. 11; Dioscorides, l. 1, c. 155 ; Fraas, *Syn. fl. class.*, p. 65
4. Ebn Baithar, trad. allem., 1, p. 354; Forskal, *Flora ægypt.*, p. 77.
5. Columna, cité dans Lenz, *Bot. der Alten Griech. und Rœm.*, p. 733 ; Pline, *Hist.*, l. 13, c. 8.
6. *Dict. français-berbère*, au mot CAROUBE.

depuis l'époque romaine, où l'on employait un nom différent.

Ces détails appuient l'idée de M. Bianca d'une origine plus méridionale que la Sicile. D'après Pline, l'espèce était de Syrie, Ionie, Gnide et Rhode, mais il ne dit pas si dans ces localités elle était sauvage ou cultivée.

Selon le même auteur, le Caroubier n'existait pas en Egypte. On a cru cependant le reconnaître dans des monuments bien antérieurs à l'époque de Pline, et même des égyptologues lui ont attribué deux noms égyptiens, *Kontrates* ou *Jiri* [1]. Lepsius a donné la figure d'un légume qui paraît bien une caroube, et le botaniste Kotschy ayant rapporté une canne, sortie d'un cercueil, s'est assuré, par l'observation au microscope, qu'elle est de bois de Caroubier [2]. On ne connaît aucun nom hébreu de cette espèce, dont l'Ancien Testament ne parle pas. Le Nouveau en fait mention, avec le nom grec, dans la parabole de l'enfant prodigue. La tradition des chrétiens d'Orient porte que saint Jean se serait nourri de Caroubes dans le désert, et c'est de là que dans le moyen âge on a tiré des noms, comme *Pain de Saint-Jean*, et *Johannis brodbaum*, pour le Caroubier.

Evidemment, cet arbre a pris de l'importance au commencement de l'ère chrétienne, et ce sont les Arabes qui l'ont surtout propagé vers l'Occident. S'il avait existé antérieurement en Algérie, chez les Berbères, et en Espagne, on aurait conservé des noms antérieurs à l'arabe, et l'espèce aurait probablement été introduite aux Canaries par les Phéniciens.

Je résume l'ensemble des données comme suit :

Le Caroubier était spontané à l'orient de la mer Méditerranée, probablement sur la côte méridionale d'Anatolie et en Syrie, peut-être aussi dans la Cyrénaïque. Sa culture a commencé depuis les temps historiques. Les Grecs l'ont étendue dans leur pays et en Italie ; mais plus tard les Arabes s'en sont occupés davantage et l'ont propagée jusqu'au Maroc et en Espagne. Dans tous ces pays, l'espèce s'est naturalisée çà et là, sous une forme moins productive, qu'on est obligé de greffer pour avoir de meilleurs fruits.

Jusqu'à présent, on n'a pas trouvé le Caroubier fossile dans les tufs et dépôts quaternaires de l'Europe méridionale. Il est seul de son espèce, dans le genre Ceratonia, qui est assez exceptionnel parmi les Légumineuses, surtout en Europe. Rien ne peut faire supposer qu'il ait existé dans les anciennes flores tertiaires ou quaternaires du sud-ouest de l'Europe.

**Haricot commun.** — *Phaseolus vulgaris* Savi.

Lorsque j'ai voulu m'occuper, en 1855 [3], de l'origine des *Pha-*

1. *Lexicon oxon.*, cité dans Pickering, *Chronological hist. of plants*, p. 141.

2. Le dessin est reproduit dans Unger, *Pflanzen des alten Ægyptens*, fig. 22. L'observation qu'il cite de Kotschy aurait besoin d'être confirmée par un anatomiste spécial.

3. A. de Candolle. *Géogr. bot. raisonnée*, p. 961.

*seolus* et *Dolichos*, la distinction des espèces était si peu avancée et les flores de pays tropicaux si rares que j'avais dû laisser de côté plusieurs questions. Aujourd'hui, grâce à des mémoires de M. Bentham et de M. George von Martens [1] complétant ceux antérieurs de Savi [2], les Légumineuses des pays chauds sont mieux connues; enfin tout récemment des graines tirées des tombeaux péruviens d'Ancon, examinées par M. Wittmack, ont modifié complètement le problème des origines.

Voyons d'abord ce qui concerne le Haricot commun. Je parlerai ensuite d'autres espèces, sans énumérer toutes celles qui se cultivent, car plusieurs d'entre elles sont encore mal définies.

Les botanistes ont cru pendant longtemps que le Haricot commum était originaire de l'Inde. Personne ne l'avait trouvé sauvage, ce qui est encore le cas actuellement; et l'on s'était figuré une origine indienne, quoique l'espèce fût cultivée aussi en Afrique et en Amérique dans les régions tempérées ou chaudes, du moins dans celles qui ne sont pas d'une chaleur excessive et humide. Je fis remarquer qu'elle n'a pas de nom sanscrit et que les jardiniers du XVI<sup>e</sup> siècle appelaient souvent le Haricot *fève turque*. Persuadé en outre, comme tout le monde, que les Grecs avaient cultivé cette plante, sous les noms de *Fasiolos* et *Dolichos*, j'émis l'hypothèse qu'elle était originaire de l'Asie occidentale, non de l'Inde. George de Martens adopta cette manière de voir.

Il s'en faut de beaucoup cependant que les mots *Dolichos* de Théophraste, *Fasiolos* de Dioscoride, *Faseolus* et *Phasiolus* des Romains [3] soient assez définis dans les textes pour qu'on puisse les attribuer avec sûreté au *Phaseolus vulgaris*. Plusieurs Légumineuses cultivées se soutiennent par les vrilles dont parlent les auteurs et présentent des gousses et des graines qui se ressemblent. Le meilleur argument pour traduire ces noms par *Phaseolus vulgaris* est que les Grecs actuels et les Italiens ont des mots dérivés de *Fasiolos* pour notre haricot commun. Les Grecs modernes disent *Fasoulia* et les Albanais (Pélasges ?) *Fasulé;* les Italiens *Fagiolo*. On peut craindre pourtant une transposition de nom d'une espèce de Pois, de Vesce, de Gesse ou d'un Haricot anciennement cultivé au Haricot commun actuel. Il faut être assez hardi pour déterminer une espèce de Phaseolus d'après une ou deux épithètes dans un auteur ancien, quand on voit la peine que donne la distinction des espèces aux botanistes modernes avec les plantes mêmes sous les yeux. On a voulu cependant préciser que le *Dolichos* de Théophraste était notre haricot à rames, et le *Fasiolos* le haricot nain de nos cultures, qui cons-

1. Bentham, dans *Ann. wiener Museum*, vol. 2; Martens (George von), *Die Gartenbohnen*, in-4°, Stuttgard, 1860; ed. 2, 1869.
2. Savi, *Osserv. sopra Phaseolus i Dolichos*, 1, 2, 3.
3. Théophraste, *Hist.*, l. 8, c. 3; Dioscorides, l. 2, c. 130; Pline, *Hist.*, l. 18, c. 7, 12, interprétés par Fraas, *Synopsis fl. class.*, p. 52; Lenz, *Botanik d. alten Griechen und Rœmer*, p. 731; Mertens, *l. c.*, p. 1.

tituent les deux races actuelles principales du Haricot commun, avec une immense quantité de sous-races quant aux gousses et aux graines. Je me contenterai de dire : C'est probable.

Si le Haricot commun est arrivé jadis en Grèce, il n'a pas été une des premières introductions, car le *Faseolus* n'était pas encore à Rome du temps de Caton, et c'est seulement au commencement de l'empire que les auteurs latins en ont parlé. M. Virchow a rapporté des fouilles faites à Troie plusieurs graines de Légumineuses, que M. Wittmack [1] certifie être les espèces suivantes : Fève (*Faba vulgaris*), Pois des jardins (*Pisum sativum*), Ers (*Ervum Ervilia*), et peut-être Jarosse? (*Lathyrus Cicera*), mais aucun Haricot. De même, dans les habitations des anciens lacustres de Suisse, Savoie, Autriche et Italie, on n'a pas encore trouvé le Haricot.

Il n'y a pas non plus de preuves ou d'indices de son existence dans l'ancienne Egypte. On ne connaît pas de nom hébreu répondant à ceux de Dolichos ou Phaseolus des botanistes. Un nom moins ancien, car il est arabe, *Loubia*, se trouve en Égypte, pour le *Dolichos Lubia*, et en hindoustani, sous la forme *Loba*, pour le *Phaseolus vulgaris* [2]. Quant à cette dernière espèce, Piddington n'indique dans les langues modernes de l'Inde que deux noms, tous deux hindoustanis, *Loba* et *Bakla*. Ceci, joint à l'absence de nom sanscrit, fait présumer une introduction peu ancienne dans l'Asie méridionale. Les auteurs chinois ne mentionnent pas le Haricot commun (*Ph. vulgaris*) [3], nouvel indice d'une introduction peu ancienne dans l'Inde, et aussi en Bactriane, d'où les Chinois ont tiré des légumes dès le IIe siècle avant notre ère.

Toutes ces circonstances me font douter que l'espèce ait été connue en Asie avant l'ère chrétienne. L'argument des noms grec moderne et italien pour le Haricot, conformes à *Fasiolos*, a besoin d'être appuyé de quelque manière. On peut dire en sa faveur qu'il a été employé dans le moyen âge, probablement pour le Haricot commun. Dans la liste des légumes que Charlemagne ordonnait de semer dans ses fermes, on trouve le *Fasiolum* [4], sans explication. Albert le Grand décrit sous le nom de *Faseolus* une Légumineuse qui paraît être le Haricot nain de notre époque [5]. Je remarque d'un autre côté que des auteurs du XVe siècle ne parlent d'aucun *Faseolus* ou nom analogue. C'est le cas de Pierre

1. Wittmack, *Bot. Vereins Brandenb.*, 19 déc. 1879.
2. Delile, *Plantes cultivées en Egypte*, p. 14; Piddington, *Index*.
3. Bretschneider n'en fait mention ni dans son opuscule *On study, etc.*, ni dans les lettres qu'il m'a adressées.
4. E. Meyer, *Geschichte der Botanik*, 3, p. 404.
5. « Faseolus est species leguminis et grani, quod est in quantitate parum minus quam Faba, et in figura est columnare sicut faba, et herba ejus minor est aliquantulum quam herba Fabæ Et sunt faseoli multorum colorum, sed quodlibet granorum habet maculam nigram in loco cotyledonis. » (Jessen, Alberti Magni, *De vegetabilibus*, ed. critica, p. 515.)

Crescenzio[1] et Macer Floridus[2]. Au contraire, après la découverte de l'Amérique, dès le XVIe siècle, tous les auteurs publient des figures et des descriptions du *Phaseolus vulgaris*, avec une infinité de variétés.

Il est douteux que sa culture soit très ancienne dans l'Afrique tropicale. Elle y est indiquée moins souvent que celle d'autres espèces des genres Dolichos et Phaseolus.

Personne ne songeait à chercher l'origine du Haricot commun en Amérique, lorsque tout récemment des découvertes singulières ont été faites de fruits et de graines dans les tombeaux péruviens d'Ancon, près de Lima. M. de Rochebrune[3] a publié une liste des espèces de diverses familles d'après une collection de MM. de Cessac et L. Savatier. Dans le nombre se trouvent trois Haricots, dont aucun, selon l'auteur, n'est le *Phaseolus vulgaris;* mais M. Wittmack[4], qui a étudié les Légumineuses rapportées de ces mêmes tombeaux par les voyageurs Reiss et Stubel, dit avoir constaté la présence de plusieurs variétés du Haricot commun, parmi d'autres graines appartenant au *Phaseolus lunatus* Linné. Il les a identifiées avec les variétés du *Ph. vulgaris* appelées par les botanistes *oblongus purpureus* (Martens), *ellipticus præcox* (Alefeld) et *ellipticus atrofuscus* (Alefeld), qui sont de la catégorie des Haricots nains ou sans rames.

Il n'est pas certain que les sépultures en question soient toutes antérieures à l'arrivée des Espagnols. L'ouvrage de MM. Reiss et Stubel, actuellement sous presse, donnera peut-être des explications à cet égard; mais M. Wittmack admet, d'après eux, qu'une partie des tombeaux n'est pas ancienne. Je suis frappé cependant d'un fait qui n'a pas été remarqué. Les cinquante espèces de la liste de M. Rochebrune sont toutes américaines. Je n'en vois pas une seule qu'on puisse soupçonner d'origine européenne. Évidemment, ou ces plantes et graines ont été déposées avant la conquête, ou dans certains tombeaux, qui sont peut-être d'une époque subséquente, les habitants ont eu soin de ne pas mettre des espèces d'origine étrangère. C'était assez naturel, selon leurs idées, puisque l'usage de ces dépôts de plantes n'est pas venu de la religion catholique, mais remonte aux coutumes et opinions des indigènes. La présence du Haricot commun parmi ces plantes uniquement américaines me paraît donc significative, quelle que soit la date des tombeaux.

On peut objecter que des graines sont insuffisantes pour déterminer l'espèce d'un Phaseolus, et qu'on cultivait dans l'Amé-

1. P. Crescens, traduction française de 1539.
2. Macer Floridus, ed. 1485, et commentaire par Choulant, 1832.
3. De Rochebrune, *Actes de la Société linnéenne de Bordeaux*, vol. 33, janvier 1880, dont j'ai vu l'analyse dans *Botanisches Centralblatt*, 1880, p. 1633.
4. Wittmack, *Sitzungsbericht des bot. Vereins Brandenburg*, 19 déc. 1879, et lettre particulière de lui.

rique méridionale, avant l'arrivée des Espagnols, plusieurs plantes de ce genre, qui ne sont pas encore bien connues. Molina [1] parle de treize ou quatorze espèces (ou variétés?) cultivées jadis, au Chili seulement.

M. Wittmack insiste sur l'emploi fréquent et ancien des Haricots dans divers pays de l'Amérique méridionale. Cela prouve au moins que plusieurs espèces y étaient indigènes et cultivées. Il cite le témoignage de Joseph Acosta, un des premiers écrivains après la conquête, d'après lequel les Péruviens « cultivaient des légumes qu'ils appelaient *Frisoles* et *Palares*, dont ils usaient comme les Espagnols de Garbanzos (Pois chiche), Fèves et Lentilles. Je n'ai point reconnu, ajoute-t-il, que ceux-ci ni autres légumes d'Europe s'y soient trouvés avant que les Espagnols y entrassent. » *Frisole*, *Fajol*, *Fasoler* sont des noms espagnols du haricot commun, par corruption du latin *Faselus*, *Fasolus*, *Faseolus*. *Paller* est américain.

Qu'il me soit permis à l'occasion de ces noms d'expliquer l'origine du nom français *Haricot*. Je l'ai cherchée autrefois [2], sans la trouver; mais je signalais le fait que Tournefort (*Instit.*, p. 415) s'en est servi le premier [3]. Je faisais remarquer en outre l'existence du mot *Arachos* (αραχος) dans Théophraste, pour une sorte de Vicia probablement, et du mot *Harenso*, en sanscrit, pour le Pois commun. Je repoussais l'idée, peu vraisemblable, que le nom d'un légume vînt du plat de viande appelé haricot ou laricot de mouton, comme l'avait dit un auteur anglais. Je critiquais ensuite Bescherelle, qui faisait venir Haricot du celte, tandis que les noms bretons de la plante diffèrent totalement et signifient fève menue (*fa-munud*), ou sorte de pois (*Pis-ram*). Littré, dans son Dictionnaire, a cherché aussi l'étymologie de ce nom. Sans avoir eu connaissance de mon article, il incline vers la supposition que haricot, légume, vient du ragoût, attendu que ce dernier est plus ancien dans la langue et qu'on peut voir une certaine ressemblance entre la graine du haricot et les morceaux de viande du ragoût, ou encore que cette graine convenait à l'assaisonnement du plat. Il est sûr que le légume s'appelait en français Fazéole ou Faséole, du nom latin, jusque vers la fin du XVII^e^ siècle; mais le hasard m'a fait tomber sur la véritable origine du mot haricot. C'est un nom italien, *Araco*, qui se trouve dans Durante et dans Matthioli, en latin *Aracus niger* [4], pour une légumineuse que les modernes rapportent à la Gesse Ochrus (*Lathyrus Ochrus*). Il n'est pas surprenant qu'un nom italien du XVII^e^ siècle ait été

1. Molina (*Essai sur l'hist. nat. du Chili*, trad. française, p. 101) cite les Phaseolus, qu'il nomme *Pallar* et *Asellus*, et la *Flore du Chili* de Cl. Gay ajoute, avec peu d'éclaircissement, le *Ph. Cumingii*, Bentham.

2. A. de Candolle, *Géogr. bot. raisonnée*, p. 691.

3. Tournefort, *Eléments* (1694), 1, p. 328; *Instit.*, p. 415.

4. Durante, *Herbario nuovo*, 1585, p. 39; Matthioli, ed. Valgris, p. 322; Targioni, *Dizionario bot. ital.*, 1, p. 13.

transporté par des cultivateurs français du siècle suivant à une autre légumineuse et qu'on ait changé *ara* en *ari*. C'est dans la limite des erreurs qui se font de nos jours. D'ailleurs l'*Aracos* ou *Arachos* a été attribué par les commentateurs à plusieurs légumineuses des genres Lathyrus, Vicia, etc. Durante donne pour synonyme à son Araco l'ἄρακος des Grecs, par où l'on voit bien l'étymologie. Le Père Feuillée[1] écrivait en français *Aricot*. Avant lui, Tournefort mettait *Haricot*. Il croyait peut-être que l'α du mot grec avait un accent rude, ce qui n'est pas le cas, du moins dans les bons auteurs.

Je résume cet article en disant : 1° Le *Phaseolus vulgaris* n'est pas cultivé depuis longtemps dans l'Inde, le sud-ouest de l'Asie et l'Egypte. 2° On n'est pas complètement sûr qu'il fût connu en Europe avant la découverte de l'Amérique. 3° A cette époque le nombre des variétés s'est accru subitement dans les jardins d'Europe et tous les auteurs ont commencé d'en parler. 4° La majorité des espèces du genre existe dans l'Amérique méridionale. 5° Des graines qui paraissent appartenir à cette espèce ont été trouvées dans des tombeaux péruviens d'une date un peu incertaine, mélangées avec beaucoup d'espèces toutes américaines.

Je n'examine pas si le *Phaseolus vulgaris* existait, avant la mise en culture, dans l'ancien et le nouveau monde également, parce que les exemples de cette nature sont excessivement rares parmi les plantes phanérogames, non aquatiques, des pays tropicaux. Il n'en existe peut-être pas une sur mille, et encore on peut soupçonner souvent quelque transport du fait de l'homme[2]. Il faudrait du moins, pour aborder cette hypothèse à l'égard du *Ph. vulgaris*, qu'il eût été trouvé en apparence sauvage dans l'ancien et le nouveau monde, mais cela n'est pas arrivé. S'il avait eu une habitation aussi vaste, on en aurait des indices par des individus vraiment spontanés dans des régions très éloignées les unes des autres sur le même continent. C'est ce qu'on voit dans l'espèce suivante, *Ph. lunatus*.

**Haricot courbé.** — *Phaseolus lunatus*, Linné.

**Haricot de Lima.** — *Phaseolus lunatus macrocarpus*, Bentham. — *Phas. inamœnus*, Linné.

Ce Haricot, de même que la variété dite de Lima, est si répandu dans tous les pays tropicaux qu'on l'a décrit, sans s'en douter, sous plusieurs noms[3]. Toutes ses formes se rapportent à deux groupes, dont Linné faisait deux espèces. La plus commune maintenant dans les jardins est celle appelée, depuis le commencement du siècle, *Haricot de Lima*. Elle se distingue par sa

1. Feuillée, *Hist. des plantes médicinales du Pérou, etc.*, in-4°, 1725, p. 54.
2. A. de Candolle, *Géogr. bot. raisonnée*, chapitre des espèces disjointes.
3. Phaseolus bipunctatus Jacq., inamœnus Linné, puberulus Kunth, saccharatus Mac-Fadyen, etc., etc.

taille élevée et par la grandeur de ses légumes et de ses graines. Sa durée est de plusieurs années dans les pays qui lui sont favorables.

Linné croyait son *Phaseolus lunatus* du Bengale, et l'autre forme, d'Afrique, mais il n'en a donné aucune preuve. Pendant un siècle, on a répété ce qu'il avait dit. Maintenant, M. Bentham [1], attentif à ces questions d'origine, regarde l'espèce et sa variété comme certainement américaines; il émet seulement des doutes sur la présence en Afrique et en Asie comme plante spontanée.

Je ne vois aucun indice quelconque d'ancienneté d'existence en Asie. Non seulement la plante n'a jamais été trouvée sauvage, mais elle n'a pas de noms dans les langues modernes de l'Inde ou en sanscrit [2]. Elle n'est pas mentionnée dans les ouvrages chinois. Les Anglo-Indiens l'appellent, comme le Haricot commun, *French bean* [3], ce qui montre à quel point la culture en est moderne.

En Afrique, elle est cultivée à peu près partout entre les tropiques. Cependant MM. Schweinfurth et Ascherson [4] ne la mentionnent pas en Abyssinie, Nubie ou Egypte. M. Oliver [5] cite beaucoup d'échantillons de Guinée et de l'Afrique intérieure, sans préciser s'ils étaient spontanés ou cultivés. Si l'on suppose l'espèce originaire ou d'introduction très ancienne en Afrique, elle se serait répandue vers l'Egypte et dans l'Inde.

Les faits sont tout autres dans l'Amérique méridionale. M. Bentham cite des échantillons spontanés de la région du fleuve des Amazones et du Brésil central. Ils se rapportent surtout à la grande forme (*macrocarpus*). Cette même variété est abondante dans les tombeaux péruviens d'Ancon, d'après M. Wittmack [6]. C'est évidemment une espèce du Brésil, que la culture a répandue et peut-être naturalisée çà et là, depuis longtemps, dans l'Amérique tropicale. Je croirais volontiers qu'elle a été introduite en Guinée par le commerce des esclaves, et qu'elle a gagné de cette côte l'intérieur du pays et la côte de Mozambique.

**Haricot à feuille d'Aconit.** — *Phaseolus aconitifolius, Willdenow.*

Espèce annuelle, cultivée dans l'Inde, comme fourrage, et dont les graines sont comestibles, mais peu estimées. Le nom hindustani est *Mout*, chez les Sikhs *Moth*. Elle ressemble au *Phaseolus trilobus*, qui est cultivé pour la graine.

1. Bentham, dans *Flora brasil.*, vol. 15, p. 181.
2. Roxburgh, Piddington, etc.
3. Royle, *Ill. Himalaya*, p. 1[illegible].
4. *Aufzählung*, p. 257.
5. Oliver, *Flora of tropical Africa*, p. 192.
6. Wittmack, *Sitz. ber. bot. Vereins Brandenburg*, 19 déc. 1879.

Le *Phaseolns aconitifolius* est spontané dans l'Inde anglaise, de Ceylan à l'Himalaya [1].

L'absence de nom sanscrit et de noms divers dans les langues modernes de l'Inde fait présumer une culture peu ancienne.

**Haricot trilobé.** — *Phaseolus trilobus*, Willdenow.

Une des espèces le plus ordinairement cultivées dans l'Inde [2], du moins depuis quelques années, car Roxburgh [3], à la fin du XVIIIe siècle, ne l'avait vue qu'à l'état spontané. Tous les auteurs s'accordent à dire qu'elle est sauvage au pied de l'Himalaya et jusqu'à Ceylan. Elle existe aussi en Nubie, en Abyssinie et au Zambèse [4], et l'on ne dit pas si elle y est cultivée ou spontanée.

Piddington cite un nom sanscrit et plusieurs noms dans les langues modernes de l'Inde, ce qui fait présumer une culture ou une connaissance de l'espèce depuis au moins trois mille ans.

**Mungo.** — *Phaseolus Mungo*, Linné.

Espèce généralement cultivée dans l'Inde et dans la région du Nil. Le nombre considérable de ses variétés et l'existence de trois noms différents dans les langues indiennes actuelles font présumer une date de mille ou deux mille ans au moins pour la culture, mais on ne cite aucun nom sanscrit [5]. En Afrique, elle est probablement peu ancienne.

Les botanistes anglo-indiens s'accordent à dire qu'elle est spontanée dans l'Inde.

**Lablab.** — *Dolichos Lablab*, Linné.

On cultive beaucoup cette espèce dans l'Inde et l'Afrique tropicale. Roxburgh compte jusqu'à sept variétés, ayant des noms indiens. Piddington cite, dans son *Index*, un nom sanscrit, *Schimbi*, qui se retrouve dans les langues modernes. La culture a donc peut-être au moins trois mille ans de date. Cependant l'espèce ne s'est pas répandue anciennement en Chine et dans l'Asie occidentale ou l'Egypte, du moins je n'en découvre aucune trace. Le peu d'extension de plusieurs de ces Légumineuses comestibles hors de l'Inde, dans les temps anciens, est un fait assez singulier. Il est possible que leur culture ne remonte pas bien haut.

Le *Lablab* est incontestablement spontané dans l'Inde et même, dit-on, à Java [6]. Il s'est naturalisé aux îles Seychelles, à

1. Roxburgh, *Fl. ind.*, ed. 1832, v. 3, p. 299; Aitchison, *Catal. of Punjab*, p. 48; sir J. Hooker, *Fl. of brit. India*, 2, p. 202.
2. Sir J. Hooker, *Flora of british India*, 2, p. 201.
3. Roxburgh, *Flora indica*, 3, p. 299.
4. Schweinfurth, *Beitr. z. Flora Æthiopiens*, p. 15; *Aufzählung*, p. 257; Oliver, *Flora of tropical Africa*, p. 194.
5. Voir les auteurs cités pour le *P. trilobus*.
6. Sir J. Hooker, *Flora of brit. India*, 2, p. 209; Jungbuhn, *Plantæ Junghun.*, fasc. 2, p. 240.

la suite de cultures [1]. Les indications des auteurs ne permettent pas de dire qu'il soit spontané en Afrique [2].

**Lubia.** — *Dolichos Lubia*, Forskal.

Cette espèce, cultivée en Egypte sous le nom de *Lubia*, *Loubya Loubyé*, d'après Forskal et Delile [3], est peu connue des botanistes. D'après le dernier de ces auteurs, elle existe aussi en Syrie, en Perse et dans l'Inde; mais je n'en vois nullement la confirmation dans les ouvrages modernes sur ces deux pays. MM. Schweinfurth et Ascherson [4] l'admettent bien comme espèce distincte, cultivée dans la région du Nil. Jusqu'à présent, personne ne l'a trouvée à l'état spontané.

On ne connaît aucun *Dolichos* ou *Phaseolus* dans les monuments de l'ancienne Egypte. Nous verrons d'autres indices, tirés des noms vulgaires, conduisant aussi à l'idée que ces plantes se sont introduites dans l'agriculture égyptienne après l'époque des Pharaons.

Le nom *Lubia* est appliqué par les Berbères, sans changement, et en Espagne sous la forme *Alubia*, au Haricot commun, *Phaseolus vulgaris* [5]. Quoique les deux genres *Dolichos* et *Phaseolus* se ressemblent beaucoup, c'est un exemple du peu de valeur des noms vulgaires pour la constatation des espèces.

Je rappellerai ici que *Loba* est un des noms du *Phaseolus vulgaris* en hindustani, et que *Lobia* est celui du *Dolichos sinensis* dans la même langue [6].

Les orientalistes feront bien de chercher si *Lubia* est ancien dans les langues sémitiques. Je ne vois pas qu'on cite un nom analogue en hébreu et il se pourrait que les Araméens ou les Arabes eussent pris *Lubia* du *Lobos* (λοβος) des Grecs, qui signifiait une partie saillante, comme le lobe de l'oreille, un fruit de la nature de ceux des légumineuses et plus particulièrement, selon Galien, le *Phaseolus vulgaris*. *Lobion* (λοβιον), dans Dioscoride, est le fruit du *Phaseolus vulgaris*, du moins selon l'opinion des commentateurs [7]. Il a continué dans le grec moderne avec le même sens, sous la forme de *Loubion* [8].

**Voandzou.** — *Glycine subterranea*, Linné fils. — *Voandzeia subterranea*, du Petit-Thouars.

1. Baker, *Fl. of Mauritius*, p. 83.
2. Oliver, *Fl. of trop. Africa*, 2, p. 210.
3. Forskal, *Descript.*, p. 133; Delile, *Plant. cult. en Egypte*, p. 14.
4. Schweinfurth et Ascherson, *Aufzählung*, p. 256
5. *Dictionn. français-berbère*, au mot haricot; Willkomm et Lange, *Prodr. fl. hisp.*, 3, p. 324. Le Haricot commun n'a pas moins de cinq noms différents dans la péninsule espagnole.
6. Piddington, *Index*.
7. Lenz, *Botanik der alten Griechen und Römer*, p. 732.
8. Langkavel, *Botanik der späteren Griechen*, p. 4; Heldreich, *Nutzpflanzen Griechenland's*, p. 72.

Les plus anciens voyageurs à Madagascar avaient remarqué cette Légumineuse annuelle, que les habitants cultivent pour en manger le fruit ou les graines, comme des pois, haricots, etc. Elle ressemble à l'Arachide, en particulier par la circonstance que le support de la fleur se recourbe et enfonce le jeune fruit ou légume dans le sol. La culture en est répandue dans les jardins, surtout de l'Afrique tropicale, et moins communément de l'Asie méridionale [1]. Il ne semble pas qu'on la pratique beaucoup en Amérique [2], si ce n'est au Brésil, où elle se nomme *Mandubi d'Angola* [3].

Les anciens auteurs sur l'Asie ne la mentionnent pas. C'est donc en Afrique qu'il faut chercher l'origine. Loureiro [4] l'avait vue sur la côte orientale de ce continent et du Petit-Thouars à Madagascar, mais ils ne disent pas qu'elle y fût spontanée. Les auteurs de la flore de Sénégambie [5] l'ont décrite comme cultivée et « probablement spontanée » dans le pays de Galam. Enfin MM. Schweinfurth et Ascherson [6] l'ont trouvée à l'état sauvage, au bord du Nil, de Chartum à Gondokoro. Malgré la possibilité d'une naturalisation par suite de la culture, il est extrêmement probable que la plante est spontanée dans l'Afrique intertropicale.

**Sarrasin ou blé noir.** — *Polygonum Fagopyrum*, Linné. — *Fagopyrum esculentum*, Moench.

L'histoire de cette espèce est devenue très claire depuis quelques années.

Elle croît naturellement en Mandschourie, sur les bords du fleuve Amour [7], dans la Daourie et près du lac Baïkal [8]. On l'indique aussi en Chine et dans les montagnes de l'Inde septentrionale [9], mais je ne vois pas que la qualité de plante sauvage y soit certaine. Roxburgh ne l'avait vue dans le nord de l'Inde qu'à l'état cultivé, et le Dr Bretschneider [10] regarde l'indigénat comme douteux pour la Chine. La culture n'y est pas ancienne, car le premier auteur qui en a parlé écrivait dans la période du xe au xiie siècle de l'ère chrétienne.

Dans l'Himalaya, on cultive le Sarrasin, sous les noms de *Ogal*

1. Sir J. Hooker, *Flora of brit. India*, 2 p. 205; Miquel, *Flora indobatava*, 1 p. 175.
2. Linné fils, *Decad.*, 2, pl. 19, paraît avoir confondu l'espèce avec l'*Arachis*, et il indique, à cause de cela peut-être, le *Voandzeia* comme cultivé de son temps à Surinam. Les auteurs actuels sur l'Amérique ne l'ont pas vu ou ont négligé d'en parler.
3. *Gardener's Chronicle*, 4 sept. 1880.
4. Loureiro, *Flora cochinch.*, 2, p. 523.
5. Guillemin, Perrottet, Richard, *Floræ Senegambiæ tentamen*, p. 254.
6. *Aufzählung*, p. 259.
7. Maximowicz, *Primitiæ fl. amur.*, p. 236.
8. Ledebour, *Fl. ross.*, 3, p. 517.
9. Meisner, dans *Prodr.*, 14, p. 143.
10. Bretschneider, *On study*, etc., p. 9.

ou *Ogla* et *Kouton* [1]. Comme il n'existe pas de nom sanscrit pour cette espèce, ni pour les suivantes, je doute beaucoup de l'ancienneté de leur culture dans les montagnes de l'Asie centrale. Il est certain que les Grecs et les Romains ne connaissaient pas les *Fagopyrum*. Ce nom grec a été fait par les botanistes modernes, à cause de la ressemblance de forme de la graine avec le fruit du Hêtre, de la même façon qu'on dit en allemand *Buchweitzen* [2] et en italien *Faggina*.

Les langues européennes d'origine aryenne n'ont aucun nom de cette plante indiquant une racine commune. Ainsi les Aryens occidentaux ne connaissaient pas plus l'espèce que les orientaux de langue sanscrite, nouvel indice qu'elle n'existait pas autrefois dans l'Asie centrale. Aujourd'hui encore, elle n'est probablement pas connue dans le nord de la Perse et en Turquie, puisque les flores ne la mentionnent pas [3]. Bosc a mis dans le Dictionnaire d'agriculture qu'Olivier l'avait vue sauvage en Perse, mais je ne puis en trouver la preuve dans la relation imprimée de ce naturaliste.

L'espèce est arrivée en Europe, au moyen âge, par la Tartarie et la Russie. La première mention de sa culture en Allemagne, se trouve dans un registre du Mecklembourg, en 1436 [4]. Au XVIe siècle, elle s'est répandue vers le centre de l'Europe, et dans les terrains pauvres, comme ceux de la Bretagne, elle a pris une place importante. Reynier, ordinairement très exact, s'était figuré que le nom Sarrasin venait du celte [5]; mais M. Le Gall m'a écrit naguère que les noms bretons signifient simplement blé de couleur noire (*Ed-du*) ou froment noir (*Gwinis-du*). Il n'y a pas de nom original dans les langues celtiques, ce qui nous paraît naturel aujourd'hui que nous connaissons l'origine de l'espèce [6].

Quand la plante s'est introduite en Belgique, en France, et qu'on l'a connue même en Italie, c'est-à-dire au XVIe siècle, le nom de *Blé sarrasin* ou *Sarrasin* a été communément adopté. Les noms vulgaires sont quelquefois si ridicules, si légèrement donnés, qu'on ne peut pas savoir, dans le cas actuel, si le nom vient de la couleur de la graine, qui était celle attribuée aux Sarrasins, ou de l'introduction, qu'on supposait peut-être venir des Arabes ou des Maures. On ignorait alors que l'espèce n'est pas du tout connue dans les pays au sud de la mer Méditerranée, ni même en Syrie et en Perse. Il est possible qu'on ait adopté l'idée d'une origine méridionale, à cause du nom *Sarrasin*,

1. Madden, *Trans. of Edinb. bot. Soc.*, 5, p. 118.
2. Le nom anglais *Buckwheat* et le nom français de quelques localités, *Buscail*, viennent de l'allemand.
3. Boissier, *Fl. orientalis;* Buhse et Boissier, *Pflanzen Transcaucasien.*
4. Pritzel, *Sitzungs bericht Naturforsch. freunde zu Berlin*, 15 mai 1866.
5. Reynier, *Economie des Celtes*, p. 425.
6. J'ai discuté plus en détail les noms vulgaires dans la *Géographie botanique raisonnée*, p 953.

motivé par la couleur. L'origine méridionale a été admise jusqu'à la fin du siècle dernier et même dans le siècle actuel [1]. Reynier l'a combattue le premier, il y a plus de cinquante ans.

Le Sarrasin s'échappe quelquefois des cultures et devient quasi spontané. Plus on avance vers son pays d'origine, plus cela se voit fréquemment, et il en résulte qu'on aurait de la peine à déterminer la limite, comme plante spontanée, sur les confins de l'Europe et de l'Asie, dans l'Himalaya ou en Chine. Au Japon, ces demi-naturalisations ne sont pas rares [2].

**Sarrasin ou Blé noir de Tartarie.** — *Polygonum tataricum*, Linné. — *Fagopyrum tataricum*, Gærtner.

Moins sensible au froid que le Sarrasin ordinaire, mais donnant un grain médiocre, on le cultive quelquefois en Europe et en Asie, par exemple dans l'Himalaya [3]. C'est une culture peu ancienne. Les auteurs des XVIe et XVIIe siècles n'ont pas mentionné la plante ; c'est Linné qui en a parlé, un des premiers, comme originaire de Tartarie. Roxburgh et Hamilton ne l'avaient pas vue dans l'Inde septentrionale au commencement du siècle actuel, et je ne la trouve pas indiquée en Chine et au Japon.

Elle est bien spontanée en Tartarie et en Sibérie, jusqu'en Daourie [4] ; mais les botanistes russes ne l'ont pas trouvée plus à l'est, par exemple dans la région du fleuve Amour [5].

Comme cette plante est arrivée par la Tartarie dans l'Europe orientale, après le Sarrasin ordinaire, c'est celui-ci qui porte dans plusieurs langues slaves le nom de *Tatrika, Tatarka* ou *Tattar*, qui conviendrait mieux, vu l'origine, au Sarrasin de Tartarie.

Il semble que les peuples aryens ont dû connaître cette espèce, et cependant on ne mentionne aucun nom dans les langues indo-européennes. Jusqu'à présent on n'en a pas trouvé de trace dans les restes des habitations lacustres en Suisse ou en Savoie.

**Sarrasin émarginé.** — *Polygonum emarginatum*, Roth. — *Fagopyrum emarginatum*, Meissner.

Cette troisième espèce de Sarrasin est cultivée dans les parties hautes et orientales du nord de l'Inde, sous le nom de *Phaphra* ou *Phaphar* [6], et en Chine [7].

Je ne vois pas de preuve positive qu'on l'ait trouvée sauvage.

1. Nemnich, *Polyglott. Lexicon*, p. 1030 ; Bosc, *Dict. d'agric.*, 11, p. 379.
2. Franchet et Savatier, *Enum. plant. Japoniæ*, 1, p. 403.
3. Royle, *Ill. Himal.*, p. 317.
4. Gmelin, *Flora sibirica*, 3, p. 64 ; Ledebour, *Flora rossica*, 3 p. 516.
5. Maximowicz, *Primitiæ* ; Regel, *Opit flori, etc.* ; Schmidt, *Reisen in Amur*, n'en parlent pas.
6. Royle, *Ill. Himal.*, p. 317 ; Madden, *Trans. bot. Soc. Edinb.*, 5, p. 118.
7. Roth, *Catalecta botanica*, 1, p. 48.

Roth dit seulement qu'elle « habite en Chine » et que ses graines sont employées pour la nourriture. Don [1], qui en a parlé le premier parmi les botanistes anglo-indiens, dit qu'on la regarde à peine comme spontanée. Elle n'est pas indiquée dans les ouvrages sur la région du fleuve Amour, ni au Japon. D'après le pays où on la cultive, il est probable qu'elle est sauvage dans l'Himalaya oriental et le nord-ouest de la Chine.

Le genre Fagopyrum a huit espèces, qui sont toutes de l'Asie tempérée.

**Quinoa**. — *Chenopodium Quinoa*, Willdenow.

Le Quinoa était une des bases de la nourriture des indigènes de la Nouvelle-Grenade, du Pérou et du Chili, dans les parties élevées et tempérées, à l'époque de la conquête. La culture en a continué dans ces pays, par habitude et à cause de l'abondance du produit.

On a distingué de tout temps le Quinoa à feuillage coloré et le Quinoa à feuillage vert et graines blanches [2]. Celui-ci a été considéré par Moquin [3] comme une variété d'une espèce, mal connue, qu'on croit asiatique ; mais j'estime avoir bien démontré que les deux Quinoa d'Amérique sont des races, probablement fort anciennes, d'une même espèce [4]. On peut soupçonner que la moins colorée, qui est en même temps la plus farineuse, est une dérivation de l'autre.

Le Quinoa blanc donne une graine très recherchée à Lima, d'après les informations contenues dans le *Botanical magazine*, où l'on peut en voir une bonne figure (pl. 3641). Les feuilles sont un légume analogue à l'épinard [5].

Aucun auteur n'a mentionné le Quinoa dans un état spontané ou quasi spontané. L'ouvrage le plus récent et le plus complet sur un des pays dans lesquels on cultive l'espèce, la flore du Chili par Cl. Gay, n'en parle que comme d'une plante cultivée. Le Père Feuillée et Humboldt se sont exprimés de la même manière, en ce qui concerne le Pérou et la Nouvelle-Grenade. Cependant M. Federico Philippi, dans une lettre toute récente, me certifie que l'espèce est sauvage au Chili, d'Aconcagua à Chilœ.

**Kiery**. — *Amarantus frumentaceus*, Roxburgh.

Plante annuelle, cultivée dans la péninsule indienne, pour sa petite graine farineuse, qui est dans quelques localités la prin-

1. Don, *Prodr. fl. nepal.*, p. 74.
2. Molina, *Hist. nat. du Chili*, p. 101.
3. Moquin, dans *Prodromus*, 13, sect. 1, p. 67.
4. A. de Candolle, *Géogr. bot. raisonnée*, p. 952.
5. *Bon jardinier*, 1880, p. 562.

cipale nourriture des habitants [1]. Les champs de cette espèce, de couleur rouge ou dorée, produisent un très bel effet [2].

D'après ce que dit Roxburgh, le Dr Buchanan l'avait « découverte sur les collines de Mysore et Coimbatore », ce qui paraît indiquer un état sauvage.

L'*Amarantus speciosus*, cultivé dans les jardins et figuré dans le *Botanical Magazine*, pl. 2227, paraît la même espèce. Hamilton l'a trouvé au Népaul [3].

On cultive sur les pentes de l'Himalaya une variété, ou espèce voisine, appelée *Amarantus Anardana*, Wallich [4], jusqu'à présent mal définie par les botanistes.

D'autres espèces sont employées comme légumes. Voir ci-dessus, page 80, *Amarantus gangeticus*.

**Châtaignier.** — *Castanea vulgaris*, Lamarck.

Le Châtaignier, de la famille des Cupulifères, a une habitation naturelle assez étendue, mais disjointe. Il constitue des forêts ou des bois dans les pays montueux de la zone tempérée, de la mer Caspienne au Portugal. On l'a trouvé aussi dans les montagnes de l'Edough en Algérie et, plus récemment, vers la frontière de Tunisie (lettre de M. Letourneux). Si l'on tient compte des variétés appelées *Japonica* et *Americana*, il existe aussi au Japon et dans la partie tempérée de l'Amérique septentrionale [5]. On l'a semé ou planté dans plusieurs localités de l'Europe méridionale et occidentale, et maintenant il est difficile de savoir s'il y est spontané ou cultivé. La culture principale cependant consiste dans l'opération de greffer de bonnes variétés sur l'arbre de qualité médiocre. Dans ce but, on recherche surtout la variété qui donne les *marrons*, c'est-à-dire les fruits contenant une seule graine, assez grosse, et non deux ou trois petites séparées par des membranes, comme cela se voit dans l'état naturel de l'espèce.

Les Romains, du temps de Pline [6], distinguaient déjà huit variétés, mais on ne peut pas savoir, d'après le texte de cet auteur, s'ils possédaient le *marron*. Les meilleures châtaignes venaient de Sarde (Asie Mineure) et du pays napolitain. Olivier de Serres [7], dans le XVIe siècle, vante les châtaignes *Sardonne* et *Tuscanes*, qui donnaient les *marrons* dits *de Lyon* [8]. Il regarde

1. Roxburgh, *Flora indica*, ed. 2, v. 3, p. 609; Wight, *Icones*, pl. 720; Aitchison, *Punjab*, p. 130.
2. Madden, *Trans. of the Edinb. bot. Soc.*, 5, p. 118.
3. Don, *Prodr. fl. nepal.*, p. 76.
4. Wallich, *List*, nº 6903; Moquin, dans D C. *Prodr.*, 13, sect. 2, p. 256.
5. Pour plus de détails, voir mon article dans le *Prodromus*, vol. 16, sect. 2, p. 114, et Boissier, *Fl. orient.*, 4, p. 1175.
6. Pline, *Hist. nat.*, l. 19, c. 23.
7. Olivier de Serres, *Théatre de l'agriculture*, p. 114.
8. Aujourd'hui, les marrons de Lyon viennent surtout du Dauphiné et du Vivarais. On en récolte aussi dans le Var, au Luc (Gasparin, *Traité d'agricult.*, 4, p. 744).

ces variétés comme venant d'Italie, et Targioni [1] nous apprend que le nom *marrone* ou *marone* était usité dans ce pays déjà au moyen âge (en 1170).

**Froment et formes ou espèces voisines.**

Les innombrables races de blé proprement dit, dont les grains se détachent naturellement à maturité de leur enveloppe, ont été classées par Vilmorin [2] en quatre groupes, qui constituent suivant les auteurs des espèces distinctes ou des modifications du froment ordinaire. Je suis obligé de les distinguer pour l'étude de leur histoire, mais celle-ci, comme on le verra, appuie l'opinion d'une espèce unique [3].

**I. Froment ordinaire.** — *Triticum vulgare*, Villars. — *Triticum hybernum* et *Tr. æstivum*, Linné.

D'après les expériences de l'abbé Rozier et, plus tard, de Tessier, la distinction des blés d'automne et de mars n'a pas d'importance. « Tous les froments, dit ce dernier agronome [4], suivant les pays, sont ou de mars ou d'automne. Ils passent tous, avec le temps, à l'état de blé d'automne ou de blé de mars, comme je m'en suis assuré. Il ne s'agit que de les y accoutumer peu à peu, en semant graduellement plus tard qu'on ne le fait les blés d'automne et plus tôt les blés de mars ». Le fait est que, dans le nombre immense des races de blé que l'on cultive, quelques-unes souffrent davantage des froids de l'hiver, et alors l'habitude s'est établie de les semer au printemps [5]. Pour la question d'origine, nous n'avons guère à nous occuper de ces distinctions, d'autant plus que la plupart des races obtenues remontent à des temps très reculés.

La culture du froment peut être qualifiée de préhistorique dans l'ancien monde. De très vieux monuments de l'Egypte, antérieurs à l'invasion des Pasteurs, et les livres hébreux montrent cette culture déjà établie, et, quand les Egyptiens ou les Grecs ont parlé de son origine, c'est en l'attribuant à des personnages fabuleux, Isis, Cérès, et Triptolème [6]. En Europe, les

1. Targioni, *Cenni storici*, p. 180.
2. L. Vilmorin, *Essai d'un catalogue méthodique et synonymique des froments*, Paris, 1850.
3. Les meilleures figures de ces formes principales de froment se trouvent dans Metzger, *Europæische Cerealien*, in-folio, Heidelberg, 1824; et dans Host, *Gramineæ*, in-fol., vol. 3.
4. Tessier, *Dict. d'agric.*, 6, p. 198.
5. Loiseleur-Deslongchamps, *Considérations sur les céréales*, 1 vol. in-8°, p. 219.
6. Ces points d'érudition ont été traités d'une manière très savante et très judicieuse par quatre auteurs : Link, *Ueber die ältere Geschichte der Getreide Arten*, dans *Abhandl. der Berlin. Akad.*, 1816, vol. 17, p. 122; 1826, p. 67, et dans *Die Urwelt und das Alterthum*, deuxième édit., Berlin, 1834, p. 399; Reynier, *Economie des Celtes et des Germains*, 1818,

plus anciens lacustres de la Suisse occidentale cultivaient un blé à petits grains que M. Heer [1] a décrit attentivement et figuré sous le nom de *Triticum vulgare antiquorum*. D'après un ensemble de divers faits, les premiers lacustres de Rohenhausen étaient au moins contemporains de la guerre de Troie et peut-être plus anciens. La culture de leur blé s'est maintenue en Suisse jusqu'à la conquête romaine, d'après des échantillons trouvés à Buchs. M. Regazzoni l'a découvert également dans les débris des lacustres de Varèze et M. Sordelli dans ceux de Lagozza, en Lombardie [2]. Unger a trouvé la même forme dans une brique de la pyramide de Dashur, en Egypte, qui date, selon lui, de l'année 3359 avant Jésus-Christ (Unger, *Bot. Streifzüge*, VII; *Ein Ziegel*, etc., p. 9). Une autre variété (*Triticum vulgare compactum muticum*, Heer) était moins commune en Suisse, dans le premier âge de la pierre, mais on l'a trouvée plus souvent chez des lacustres moins anciens de la Suisse occidentale et d'Italie [3]. Enfin une troisième variété intermédiaire a été trouvée à Aggtelek, en Hongrie, cultivée lors de l'âge de pierre [4]. Aucune n'est identique avec les blés cultivés de nos jours. On leur a substitué des formes plus avantageuses.

Pour les Chinois, qui cultivaient le froment 2700 ans avant notre ère, c'était un don du ciel [5]. Dans la cérémonie annuelle du semis de cinq graines instituée alors par l'empereur Shen-Nung ou Chin-Nong, le froment est une des espèces, les autres étant le Riz, le Sorgho, le Setaria italica et le Soja.

L'existence de noms différents pour le blé dans les langues les plus anciennes confirme la notion d'une très grande antiquité de culture. Il y a des noms chinois *Mai*, sanscrits *Sumana* et *Gôdhûma*, hébreu *Chittah*, égyptien *Br*, guanche *Yrichen*, sans parler de plusieurs noms dans les langues dérivées du sanscrit primitif ni d'un nom basque *Ogaia* ou *Okhaya*, qui remonte peut-être aux Ibères [6], et de plusieurs noms finlandais, tartare, turc, etc. [7], qui viennent probablement de noms touraniens. Cette prodigieuse diversité s'expliquerait par une vaste habitation s'il s'agissait d'une plante sauvage très commune, mais le blé est dans des conditions tout opposées. On a de la

p. 417; Dureau de La Malle, *Ann. des sc. nat.*, vol. 9, 1826; et Loiseleur Deslongchamps, *Considérations sur les céréales*, 1842, partie 1, p. 52.

1. O. Heer, *Pflanzen des Pfahlbauten*, p. 13, pl. 1, fig. 14-18.
2. Sordelli, *Sulle piante della torbiera di Lagozza*, p. 31.
3. Heer, *l. c.* Sordelli, *l. c.*
4. Nyary, cité par Sordelli, *l. c.*
5. Bretschneider, *Study and value of chinese botanical works*, p. 7 et 8.
6. Bretschneider, *l. c.*; Ad. Pictet, *Les origines indo-européennes*, ed. 2, vol. 1, p. 328; Rosenmüller, *Biblische Naturgesch*, 1, p. 77; Pickering, *Chronol. arrangement*, p. 78; Webb et Berthelot, *Canaries*, *part. Ethnographie*, p. 187; d'Abadie, *Notes mss. sur les noms basques*; de Charencey, *Recherches sur les noms basques*, dans *Actes Soc. philolog.*; 1er mars 1869.
7. Nemnich, *Lexicon*, p. 1492.

peine à constater sa présence à l'état sauvage dans quelques points de l'Asie occidentale, comme nous allons le voir. S'il avait été très répandu avant d'être mis en culture, il en serait resté des descendants, çà et là, dans des pays éloignés. Les noms multiples des langues anciennes doivent donc tenir plutôt à l'ancienneté extrême de la culture dans les régions tempérées d'Asie, d'Europe et d'Afrique, ancienneté plus grande que celle des langues réputées les plus anciennes.

Quelle était la patrie de l'espèce, avant sa mise en culture, dans l'immense zone qui s'étend de la Chine aux îles Canaries? On ne peut répondre à cette question que par deux moyens : 1° l'opinion des auteurs de l'antiquité ; 2° la présence plus ou moins démontrée, du blé à l'état sauvage, dans tel ou tel pays.

D'après le plus ancien de tous les historiens, Bérose, prêtre de Chaldée, dont Hérodote a conservé des fragments, on voyait dans la Mésopotamie, entre le Tigre et l'Euphrate, le froment sauvage (Frumentum agreste) [1]. Les versets de la Bible sur l'abondance du blé dans le pays de Canaan, en Egypte, etc., ne prouvent rien, si ce n'est qu'on cultivait la plante et qu'elle produisait beaucoup. Strabon [2], né cinquante ans avant Jésus-Christ, dit que, d'après Aristobulus, dans le pays des Musicani (au bord de l'Indus par 25° lat.), il croissait spontanément un grain très semblable au froment. Il dit aussi [3] qu'en Hircanie (le Mazanderan actuel) le blé qui tombe des épis se semait de lui-même. Cela se voit un peu partout aujourd'hui, et l'auteur ne précise pas le point important de savoir si ces semis accidentels continuaient sur place de génération en génération. D'après l'*Odyssée* [4] le blé croissait en Sicile sans le secours de l'homme. Que peut signifier ce mot d'un poète et encore d'un poète dont l'existence est contestée? Diodore de Sicile, au commencement de l'ère chrétienne, dit la même chose et mérite plus de confiance, puisqu'il était Sicilien. Cependant il peut bien s'être abusé sur la qualité spontanée, le blé étant cultivé généralement alors en Sicile. Un autre passage de Diodore [5] mentionne la tradition qu'Osiris trouva le blé et l'orge croissant au hasard parmi les autres plantes, à Nisa, et Dureau de La Malle a prouvé que cette ville était en Palestine. De tous ces témoignages, il me paraît que ceux de Bérose et Strabon, pour la Mésopotamie et l'Inde occidentale, sont les seuls ayant quelque valeur.

Les cinq espèces de graines de la cérémonie instituée par l'empereur Chin-Nong sont regardées par les érudits chinois

1. G. Syncelli, *Chronogr.*, fol. 1652, p. 28.
2. Strabon, ed. 1707, vol. 2, p. 1017.
3. *Ibid.*, vol. 1, p. 124, et 2, p. 776.
4. *Odyssée*, l. 9, v. 109.
5. Diodore, traduction de Terasson, 2, p. 186, 190.

comme natives de leur pays [1], et le Dr Bretschneider ajoute que les communications de la Chine avec l'Asie occidentale datent seulement de l'ambassade de Chang-kien, dans le deuxième siècle avant Jésus-Christ. Il faudrait cependant une assertion plus positive pour croire le blé indigène en Chine, car une plante qui était cultivée dans l'Asie occidentale deux ou trois mille ans avant l'époque de Chin-Nong et dont les graines sont si faciles à transporter a pu s'introduire dans le nord de la Chine, par des voyageurs isolés et inconnus, de la même manière que des noyaux d'abricot et de pêche ont probablement passé de Chine en Perse, dans les temps préhistoriques.

Les botanistes ont constaté que le froment n'existe pas aujourd'hui en Sicile à l'état sauvage [2]. Quelquefois il s'échappe hors des cultures, mais on ne l'a pas vu persister indéfiniment [3]. La plante que les habitants appellent froment sauvage, *Frumentu sarvaggiu*, qui couvre des districts non cultivés, est l'*Ægilops avata*, selon le témoignage de M. Inzenga [4].

Un zélé collecteur, M. Balansa, croyait avoir trouvé le blé, au mont Sipyle, de l'Asie Mineure, « dans des circonstances où il était impossible de ne pas le croire spontané [5], » mais la plante qu'il a rapportée est un Epeautre, le *Triticum monococcum*, d'après un botaniste très exact qui l'a examinée [6]. Avant lui, Olivier [7], étant sur la rive droite de l'Euphrate, au nord-ouest d'Anah, pays impropre à la culture, « trouva dans une sorte de ravin le froment, l'orge et l'epeautre, » et il ajoute : « que nous avions déjà vus plusieurs fois en Mésopotamie. »

D'après Linné [8], Heintzelmann avait trouvé le blé dans le pays des Baschkirs, mais personne n'a confirmé cette assertion, et aucun botaniste moderne n'a vu l'espèce vraiment spontanée autour du Caucase ou dans le nord de la Perse. M. de Bunge [9], dont l'attention avait été provoquée sur ce point, déclare qu'il n'a vu aucun indice faisant croire que les céréales soient originaires de ces pays. Il ne paraît même pas que le blé ait une tendance, dans ces régions, à lever accidentellement hors des cultures. Je n'ai découvert aucune mention de spontanéité dans l'Inde septentrionale, la Chine ou la Mongolie.

En résumé, il est remarquable que deux assertions aient été données de l'indigénat en Mésopotamie, à un intervalle de vingt-trois siècles, l'une jadis par Bérose et l'autre de nos jours par

1. Bretschneider, *l. c.*, p. 15.
2. Parlatore, *Fl. ital.*, 1, p. 46 et 508. Son assertion est d'autant plus digne d'attention qu'il était Sicilien.
3. Strobl, dans *Flora*, 1880, p. 348.
4. Inzenga, *Annal. agricult. sicil.*
5. *Bull. de la Soc. bot. de France*, 1854, p. 108.
6. J. Gay, *Bull. Soc. bot. de France*, 1860, p. 30.
7. Olivier, Voy. dans l'*Empire othoman* (1807), vol. 3, p. 460.
8. Linné, *Sp. plant.*, ed. 2, vol. 1, p. 127.
9. Bunge, *Bull. Soc. bot. France*, 1860, p. 29.

Olivier. La région de l'Euphrate étant à peu près au milieu de la zone de culture qui s'étendait autrefois de la Chine aux îles Canaries, il est infiniment probable qu'elle a été le point principal de l'habitation dans des temps préhistoriques très anciens. Peut-être cette habitation s'étendait-elle vers la Syrie, vu la ressemblance du climat; mais à l'est et à l'ouest de l'Asie occidentale le blé n'a probablement jamais été que cultivé, antérieurement, il est vrai, à toute civilisation connue.

II. **Gros blé, Petanielle ou Poulard.** — *Triticum turgidum* et *Tr. compositum*, Linné.

Parmi les noms vulgaires, très nombreux, des formes de cette catégorie, on remarque celui de *Blé d'Egypte*. Il paraît qu'on le cultive beaucoup actuellement dans ce pays et dans toute la région du Nil. A.-P. de Candolle [1] dit avoir reconnu ce blé parmi des graines tirées des cercueils de momies anciennes, mais il n'avait pas vu les épis. Unger [2] pense qu'il était cultivé par les anciens Egyptiens et n'en donne cependant aucune preuve basée sur des dessins ou des échantillons retrouvés. Le fait qu'on n'a pu attribuer à cette espèce aucun nom hébreu ou araméen [3] me paraît significatif. Il prouve au moins que les formes si étonnantes, à épis rameux, appelées communément *Blé de miracle, Blé d'abondance*, n'existaient pas encore dans les temps anciens, car elles n'auraient pas échappé à la connaissance des Israélites. On ne connaît pas davantage un nom sanscrit ou même des noms indiens modernes, et je ne découvre aucun nom persan. Les noms arabes que Delile [4] attribue à l'espèce concernent peut-être d'autres formes de blé. Il n'existe pas de nom berbère [5]. De cet ensemble il me paraît découler que les plantes réunies sous le nom de *Triticum turgidum*, et surtout leurs variétés à épis rameux, ne sont pas anciennes dans l'Afrique septentrionale ou dans l'Asie occidentale.

M. Oswald Heer [6], dans son mémoire si curieux sur les plantes des lacustres de l'âge de pierre en Suisse, attribue au *Tr. turgidum* deux épis non ramifiés, l'un à barbes, l'autre à peu près sans barbes, dont il a publié des figures. Plus tard, dans une exploration des palafittes de Robenhausen, M. Messicommer ne l'a pas rencontré, quoique les provisions de grains y fussent très abondantes [7]. MM. Strœbel et Pigorini disent avoir trouvé « le blé à *grano grosso duro* » (*Tr. turgidum*) dans les palafittes

1. De Candolle, *Physiol. bot.*, 2, p. 696.
2. Unger, *die Pflanzen d. alten Egyptens*, p. 31.
3. Voir Rosenmüller, *Bibl. Naturgesch.*, et Löw, *Aramæische Pflanzennamen*, 1881.
4. Delile, *Plantes cult. en Egypte*, p. 3; *Floræ Ægypt. illustr.*, p. 5.
5. *Dict français-berbère*, publié par le gouvernement.
6. Heer, *Pflanzen d. Pfahlbauten*, p. 5, fig. 4; p. 52, fig. 20.
7. Messicommer, dans *Flora*, 1869, p. 320.

du Parmesan [1]. Du reste, M. Heer [2] regarde cette forme comme une race du froment ordinaire, et M. Sordelli paraît incliner vers la même opinion.

Fraas soupçonne que le *Krithanias* de Théophraste était le *Triticum turgidum*, mais ceci est absolument incertain. D'après M. de Heldreich [3], le *Gros blé* est d'introduction moderne en Grèce. Pline [4] a parlé brièvement d'un blé à épis rameux, donnant cent grains, qui devait être notre *Blé de miracle*.

Ainsi les documents historiques et linguistiques concourent à faire regarder les formes du *Triticum turgidum* comme des modifications du froment ordinaire, obtenues dans les cultures. La forme à épis rameux ne remonte peut-être pas beaucoup plus haut que l'époque de Pline.

Ces déductions seraient mises à néant si l'on découvrait le *Triticum turgidum* à l'état sauvage, ce qui n'est pas encore arrivé d'une manière certaine. Malgré C. Koch [5], personne n'admet qu'il croisse, hors des cultures, à Constantinople et dans l'Asie Mineure. L'herbier de M. Boissier, si riche en plantes d'Orient, n'en possède pas. Il est indiqué comme spontané en Egypte par MM. Schweinfurth et Ascherson, mais c'est par suite d'une erreur typographique [6].

III. **Blé dur.** — *Triticum durum*, Desfontaines.

Cultivé depuis longtemps en Barbarie, dans le midi de la Suisse et quelquefois ailleurs, il n'a jamais été trouvé à l'état sauvage.

Dans les différentes provinces d'Espagne, il ne porte pas moins d'une quinzaine de noms [7], et aucun ne dérive du nom arabe *Quemah*, usité en Algérie [8] et en Egypte [9]. L'absence de noms dans plusieurs autres pays et surtout de noms originaux est bien frappante. C'est un indice de plus en faveur d'une dérivation du froment ordinaire, obtenue en Espagne et dans le nord de l'Afrique, à une époque inconnue, peut-être depuis l'ère chrétienne.

IV. **Blé de Pologne.** — *Triticum polonicum*, Linné.

Cet autre blé dur, à grains encore plus allongés, cultivé surtout dans l'Europe orientale, n'a pas été trouvé sauvage.

1. Cités d'après Sordelli, *Notizie sull. Lagozza*, p. 32.
2. Heer, *l. c.*, p. 50.
3. Heldreich, *Die Nutzpflanzen Griechenlands*, p. 5.
4. Pline, *Hist.*, l. 18, c. 10.
5. Koch, *Linnæa*, 21, p. 427.
6. Lettre de M. Ascherson, en 1881.
7. *Dictionn. manuscrit des noms vulgaires.*
8. Debeaux, *Catal. des plantes de Boghar*, p. 110.
9. D'après Delile, *l. c.*, le blé se nomme *Qamh*, et un blé corné, rouge, *Qamh-ahmar*.

Il a, en allemand, un nom original, *Ganer*, *Gommer*, *Gümmer*[1], et en d'autres langues des noms qui ne se rattachent qu'à des personnes ou à des pays desquels on avait tiré les semences. On ne peut douter que ce ne soit une forme obtenue dans les cultures, probablement dans l'Europe orientale, à une époque inconnue, peut-être assez moderne.

### *Conclusion sur l'unité spécifique de ces races principales.*

Nous venons de montrer que l'histoire et les noms vulgaires des grandes races de froments sont en faveur d'une dérivation, contemporaine de l'homme, probablement pas très ancienne, de la forme du blé ordinaire, peut-être du blé à petits grains cultivés jadis par les Egyptiens et par les lacustres de Suisse et d'Italie. M. Alefeld[2] était arrivé à l'unité spécifique des *Triticum vulgare*, *turgidum* et *durum* au moyen de l'observation attentive de leurs formes cultivées dans des conditions semblables. Les expériences de M. Henri Vilmorin[3] sur les fécondations artificielles de ces blés conduisent au même résultat. Quoique l'auteur n'ait pas encore vu les produits de plusieurs générations, il s'est assuré que les formes principales les plus distinctes se croisent sans peine et donnent des produits fertiles. Si la fécondation est prise pour une mesure du degré intime d'affinité qui motive le groupement d'individus en une seule espèce, on ne peut pas hésiter dans le cas actuel, surtout avec l'appui des considérations historiques dont j'ai parlé.

### *Sur les prétendus Blés de momie.*

Avant de terminer cet article, je crois convenable de dire que jamais une graine quelconque sortie d'un cercueil de l'ancienne Égypte et semée par des horticulteurs scrupuleux n'a germé. Ce n'est pas que la chose soit impossible, car les graines se conservent d'autant mieux qu'elles sont plus à l'abri de l'air et des variations de température ou d'humidité, et les monuments égyptiens présentent assurément ces conditions; mais, *en fait*, les essais de semis de ces anciennes graines n'ont jamais réussi. L'expérience dont on a le plus parlé est celle du comte de Sterberg, à Prague[4]. Il avait reçu des graines de blé qu'un voyageur, digne de foi, assurait provenir d'un cercueil de momie. Deux de ces graines ont levé, disait-on; mais je me suis assuré qu'en Allemagne les personnes bien informées croient à quelque supercherie, soit des Arabes, qui glissent quelquefois des graines

1. Nemnich, *Lexicon*, p. 1488.
2. Alefeld, *Botanische Zeitung*, 1865, p. 9.
3. H. Vilmorin, *Bulletin de la Société botanique de France*, 1881, p. 356.
4. Journal *Flora*, 1835, p. 4.

modernes dans les tombeaux (même du Maïs, plante américaine!), soit des employés de l'honorable comte de Sternberg. Les graines répandues dans le commerce sous le nom de *Blé de momie* n'ont été accompagnées d'aucune preuve quant à l'ancienneté d'origine.

**Epeautre et formes ou espèces voisines** [1].

Louis Vilmorin [2], à l'imitation de Seringe dans son excellent travail sur les Céréales [3], a réuni en un groupe les blés dont les grains, à maturité, sont étroitement contenus dans leur enveloppe, ce qui oblige à faire une opération spéciale pour les en dégager, — caractère plus agricole que botanique. Il énumère ensuite les formes de ces blés *vêtus*, sous trois noms, qui répondent à autant d'espèces de la plupart des botanistes.

**I. Epeautre, Grande Epeautre.** — *Triticum Spelta*, Linné.

L'Epeautre n'est plus guère cultivé que dans le midi de l'Allemagne et la Suisse allemande. Autrefois, il n'en était pas de même.

Les descriptions de céréales par les auteurs grecs sont tellement brèves et insignifiantes qu'on peut toujours hésiter sur le sens des noms qu'ils emploient. Cependant, d'après les usages dont ils parlent, les érudits [4] estiment que les Grecs ont appelé l'Epeautre d'abord *Olyra*, ensuite *Zeia*, noms qui se trouvent dans Hérodote et Homère. Dioscoride [5] distingue deux sortes de *Zeia*. qui paraissent répondre aux *Triticum Spelta* et *Tr. monococcum*. On croit que l'Epeautre était le *Semen* (grain par excellence) et le *Far*, de Pline, dont il dit que les Latins se sont nourris pendant 360 ans, avant de savoir confectionner du pain [6]. Comme l'Epeautre n'a pas été trouvé chez les lacustres de Suisse ou d'Italie, et que les premiers cultivaient des formes voisines, appelées *Tr. dicoccum* et *Tr. monococcum* [7], il est possible que le *Far* des Latins fut plutôt une de celle-ci.

L'existence du véritable Epeautre dans l'ancienne Égypte et dans les pays voisins me paraît encore plus douteuse. L'*Olyra* des Egyptiens, dont parle Hérodote, n'était pas l'*Olyra* des Grecs. Quelques auteurs ont supposé que c'était le riz, *Oryza* [8]. Quant à l'Epeautre, c'est une plante qu'on ne cultive pas dans des pays aussi chauds. Les modernes, depuis Rauwolf jusqu'à nos jours,

1. Voir les planches de Metzger et de Host, dans les ouvrages cités tout à l'heure.
2. *Essai d'un catalogue méthodique des froments*, Paris, 1850.
3. Seringe, *Monographie des céréales de la Suisse*, in-8°, Berne, 1818.
4. Fraas, *Synopsis fl. class.*, p. 307; Lenz, *Botanik d. Alten*, p. 257.
5. Dioscorides, *Mat. med.*, 2, 111-115.
6. Pline, *Hist.*, l. 18, c. 7; Targioni, *Cenni storici*, p. 6.
7. Heer, *l. c.*, p. 6; Unger, *Pflanzen d. alten Ægypt.*, p. 32.
8. Delile, *Plantes cultivées en Egypte*, p. 5.

ne l'ont pas vue dans les cultures d'Egypte [1]. On ne l'a pas trouvée dans les monuments égyptiens. C'est ce qui m'avait fait supposer [2] que le mot hébreu *Kussemeth*, qui se trouve trois fois dans la Bible [3], ne devrait pas s'appliquer à l'Epeautre, contrairement à l'opinion des hébraïsants [4]. J'avais présumé que c'était peut-être la forme voisine appelée *Tr. monococcum*, mais celle-ci n'est pas non plus cultivée en Egypte.

L'Epeautre n'a pas de nom en sanscrit ni même dans les langues modernes de l'Inde et en persan [5], à plus forte raison en chinois. Les noms européens, au contraire, sont nombreux et témoignent d'une ancienne culture, surtout dans l'Europe orientale : *Spelta* en ancien saxon, d'où *Epeautre; Dinkel* en allemand moderne; *Orkisz* en polonais, *Pobla* en russe [6] sont des noms qui paraissent venir de racines bien différentes. Dans le midi de l'Europe, les noms sont plus rares. Il faut citer cependant un nom espagnol, des Asturies, *Escandia* [7], mais je ne connais pas de nom basque.

Les probabilités historiques et surtout linguistiques sont en faveur d'une origine de l'Europe orientale tempérée et d'une partie voisine de l'Asie. Voyons si la plante a été découverte à l'état spontané.

Olivier, dans un passage déjà cité [8], dit l'avoir trouvée plusieurs fois en Mésopotamie, en particulier sur la rive droite de l'Euphrate, au nord d'Anah, dans une localité impropre à la culture. Un autre botaniste, André Michaux, l'avait vue, en 1783, près de Hamadan, ville de la région tempérée de Perse. D'après Dureau de La Malle, il en avait envoyé des graines à Bosc, qui les ayant semées à Paris en avait obtenu l'Epeautre ordinaire; mais ceci me paraît douteux, car Lamarck en 1786 [9] et Bosc lui-même, dans le *Dictionnaire d'agriculture*, article Epeautre, publié en 1809, n'en disent pas un mot. Les herbiers du Muséum, à Paris, ne contiennent aucun échantillon des céréales dont parle Olivier.

Il y a, comme on voit, beaucoup d'incertitude sur l'origine de l'espèce à titre de plante spontanée. Ceci m'engage à donner plus d'importance à l'hypothèse que l'Epeautre serait dérivé, par la culture, du froment ordinaire, ou serait sorti d'une

1. Reynier, *Econ. des Egyptiens*, p. 337; Dureau de La Malle, *Ann. sc. nat.*, 9, p. 72; Schweinfurth et Ascherson, *l. c.* Le *Tr Spelta* de Forskal n'est admis par aucun auteur subséquent.
2. *Géogr. bot. raisonnée*, p. 933.
3. Exode, IX, 32; Esaie, XXVIII, 25; Ezéchiel, IV, 9.
4. Rosenmüller, *Bibl. Alterthumskunde*, 4, p. 83; Second, trad. de l'*Ancien Test.*, 1874.
5. Ad. Pictet. *Les origines indo-européennes*, éd. 2, vol. 1, p. 348.
6. Ad. Pictet, *l. c.*; Nemnich, *Lexicon.*
7. Willkomm et Lange, *Prodr. fl. hisp.*, 1, p. 107.
8. Olivier, *Voyage*, 1807, vol. 3, p. 460.
9. Lamarck, *Dict. encycl.*, 2, p. 560.

forme intermédiaire, à une époque préhistorique pas très ancienne. Les expériences de M. H. Vilmorin [1] viennent à l'appui, car les croisements de l'Epeautre par le Blé blanc velu et *vice versa* ont donné des « métis, dont la fertilité est complète, avec mélange des caractères des deux parents, ceux de l'Epeautre ayant cependant quelque prépondérance [2].

II. **Amidonier.** — *Triticum dicoccum*, Schrank. — *Triticum amyleum*, Seringe.

Cette forme (*Emmer* ou *Æmer*, des Allemands), cultivée surtout en Suisse pour l'amidon, supporte bien les hivers rigoureux. Elle contient deux graines dans chaque épillet, comme le véritable Epeautre.

M. Heer [2] rapporte à une variété du *Tr. dicoccum* un épi trouvé, en mauvais état, dans la station lacustre de Wangen, en Suisse. M. Messikommer en a trouvé depuis à Robenhausen.

On ne l'a jamais vu spontané. La rareté de noms vulgaires est frappante. Ces deux circonstances, et le peu de valeur des caractères botaniques propres à le distinguer du *Tr. Spelta*, doivent le faire considérer comme une ancienne race cultivée de celui-ci.

III. **Locular, Engrain.** — *Triticum monococcum*, Linné.

Le *Locular*, *Engrain commun* ou *Petit Epeautre*, *Einkorn* des Allemands, se distingue des précédents par une seule graine dans l'épillet et par d'autres caractères, qui le font considérer par la majorité des botanistes comme une espèce véritablement distincte. Les expériences de M. H. Vilmorin appuient jusqu'à présent cette opinion, car il n'est pas parvenu à croiser le *Triticum monococcum* avec les autres Epeautres ou froments. Cela peut tenir, comme il le remarque lui-même, à quelque détail dans la manière d'opérer. Il se propose de renouveler les tentatives, et réussira peut-être. En attendant, voyons si cette forme d'Epeautre est d'ancienne culture et si on l'a trouvée quelque part dans un état spontané.

Le Locular s'accommode des sols les plus mauvais et les plus rocailleux. Il est peu productif, mais donne d'excellents gruaux. On le sème surtout dans les pays de montagnes, en Espagne, en France et dans l'Europe orientale, mais je ne le vois pas mentionné en Barbarie, en Egypte, dans l'Orient, ou dans l'Inde et en Chine.

On a cru le reconnaître, d'après quelques mots, dans le *Tiphai* de Théophraste [3]. Dioscoride [4] est plus facile à invoquer, car il distingue deux sortes de *Zeia*, l'une ayant deux graines, l'autre

1. H. Vilmorin, *Bull. de la Soc. bot. de France*, 1881, p. 858.
2. Heer, *Pflanzen d. Pfahlbauten*, fig., p. 5, fig. 23, et p. 15.
3. Fraas. *Synopsis fl. class.*, p. 307.
4. Dioscorides, *Mat. med.*, 2, c. III, 155.

une seule. Celle-ci serait le *Locular*. Rien ne prouve qu'il fût habituellement cultivé chez les Grecs et les Latins. Leurs descendants ne l'emploient pas aujourd'hui [1].

Il n'a pas de nom sanscrit, ni même persan ou arabe. J'ai émis jadis l'hypothèse que le *Kussemeth* des Hébreux pourrait se rapporter à cette plante, mais cela me paraît maintenant difficile à soutenir.

Marschall Bieberstein [2] avait indiqué le *Tr. monococcum* spontané, au moins sous une forme particulière, en Crimée et dans le Caucase oriental. Aucun botaniste n'a confirmé cette assertion. Steven [3], qui vivait en Crimée, déclare qu'il n'a jamais vu l'espèce autrement que cultivée par les Tartares. D'un autre côté, la plante que M. Balansa a récoltée, dans un état spontané, près du mont Sipyle, en Anatolie, est le *Tr. monococcum*, d'après J. Gay [4], lequel assimile à cette forme le *Triticum bæoticum*, Boissier, spontané dans la plainne de Béotie [5] et en Servie [6].

En admettant ces faits, le *Triticum monococcum* serait originaire de Servie, Grèce et Asie Mineure, et, comme on n'est pas parvenu à le croiser avec les autres Epeautres ou les froments, on a raison de l'appeler une espèce, dans le sens linnéen.

Quant à la séparation des froments à grains libres et des Epeautres, elle serait antérieure aux données historiques et peut-être aux commencements de toute agriculture. Les froments se seraient montrés les premiers, en Asie ; les Epeautres ensuite, plutôt dans l'Europe orientale et l'Anatolie. Enfin, parmi les Epeautres, le *Tr. monococcum* serait la forme la plus ancienne, dont les autres se seraient éloignées, à la suite de plusieurs milliers d'années de culture et de sélection.

**Orge à deux rangs.** — *Hordeum distichon*, Linné.

Les Orges sont au nombre des plus anciennes plantes cultivées. Comme elles ont à peu près la même manière de vivre et les mêmes emplois, il ne faut pas s'attendre à trouver chez les auteurs de l'antiquité et dans les langues vulgaires la précision qui permet de reconnaître les espèces admises par les botanistes. Dans beaucoup de cas, le nom *Orge* a été pris dans un sens vague

1. Heldreich, *Nutzpflanzen d. Grichenlands*.
2. M. Bieberstein, *Flora tauro-caucasica*, vol. 1, p. 85.
3. Steven, *Verzeichniss taur. Halbinseln Pflanzen*, p. 354.
4. *Bull. Soc. bot. de France*, 1860, p. 30.
5. Boissier, *Diagnoses*, série 1, vol. 2, fasc. 13, p. 69.
6. Balansa, 1854, n. 137, dans l'*Herbier Boissier*, où l'on voit aussi un échantillon trouvé dans les champs en Servie et une variété à barbes brunes envoyée par M. Pancic, croissant dans les prés de Servie. Le même botaniste de Belgrade vient de m'envoyer des échantillons spontanés de Servie que je ne saurais distinguer du Tr. monococcum. Il me certifie qu'on ne cultive pas celui-ci en Servie. M. Bentham m'écrit que le Tr. bæoticum, dont il a vu plusieurs échantillons d'Asie Mineure, est, selon lui, la monococcum.

ou générique. C'est une difficulté dont nous devons tenir compte. Par exemple, les expressions de l'Ancien Testament, de Bérose, de Moïse de Chorène, Pausanias, Marco Polo, et plus récemment d'Olivier, qui indiquent « l'orge spontanée ou cultivée » dans tel ou tel pays, ne prouvent rien, parce qu'on ne sait pas de quelle espèce il s'agit. Même obscurité pour la Chine. Le Dr Bretschneider [1] dit que, d'après un ouvrage publié en l'an 100 de notre ère, les Chinois cultivaient une « Orge », mais il n'explique pas laquelle. A l'extrémité occidentale de l'ancien monde les Guanches cultivaient aussi de l'Orge dont on connaît le nom, pas l'espèce.

L'Orge à deux rangs, sous sa forme ordinaire dans laquelle les grains sont couverts à maturité, a été trouvée sauvage dans l'Asie occidentale, savoir : dans l'Arabie Pétrée [2], autour du mont Sinaï [3], sur les ruines de Persépolis [4], près de la mer Caspienne [5], entre Lenkoran et Baku, dans le désert de Chirvan et Awhasie, également au midi du Caucase [6] et en Turcomanie [7]. Aucun auteur ne l'indique en Crimée, en Grèce, en Egypte ou à l'orient de la Perse. Willdenow [8] l'indique à Samara, dans le sud-est de la Russie; ce que les auteurs plus récents ne confirment pas. La patrie actuelle est donc de la mer Rouge au Caucase et à la mer Caspienne.

D'après cela l'Orge à deux rangs devait être une des formes cultivées par les peuples sémitiques et touraniens. Cependant on ne l'a pas trouvée dans les monuments d'Egypte. Il semble que les Aryas ont dû la connaître, mais je n'en vois pas de preuve dans les noms vulgaires ou dans l'histoire.

Théophraste [9] parle de l'Orge à deux rangs. Les lacustres de la Suisse orientale la cultivaient avant de posséder des métaux [10]; mais l'Orge à six rangs était plus commune chez eux.

La race dans laquelle le grain est nu à maturité (*H. distichon nudum*, Linné), qu'on appelle en français de toutes sortes de noms absurdes, Orge à café, O. du Pérou, etc., n'a jamais été trouvée sauvage.

L'*Orge en éventail* (*Hordeum Zeocriton*, Linné) me paraît une forme cultivée de l'Orge à deux rangs. On ne la connaît pas à l'état

1. Bretschneider, *On the study, etc.*, p. 8.
2. Herbier Boissier, échantillon bien déterminé, par Reuter.
3. Figari et de Notaris, *Agrostologiæ ægypt. fragm.*, p. 18.
4. Plante très maigre, recueillie par Kotschy, n° 290, dont je possède un échantillon. M. Boissier l'a déterminée comme *H. distichon*, *varietas*.
5. C.-A. Meyer, *Verzeichniss*, p. 26, d'après des échantillons vus aussi par Ledebour, *Fl. ross.*, 4, p. 327.
6. Ledebour, *l. c.*
7. Regel, *Descr. plant. nov.*, 1881, fasc. 8, p. 37.
8. Willdenow, *Sp. plant.*, 1, p. 473.
9. Theophrastes, *Hist. plant*, l. 8, c. 4.
10. Heer, *Pflanzen der Pfahlbauten*, p. 13; Messicommer, *Flora bot. Zeitung*, 1869, p. 320.

spontané. Elle n'a pas été trouvée dans les monuments égyptiens, ni dans les débris lacustres de Suisse, Savoie et Italie.

**Orge commune.** — *Hordeum vulgare*, Linné.

L'Orge commune, à quatre rangs, est mentionnée par Théophraste [1], mais il paraît que dans l'antiquité on la cultivait moins que celles à deux et surtout à six rangs.

Elle n'a pas été trouvée dans les monuments égyptiens, ni dans les débris des lacustres de Suisse, Savoie et Italie.

Willdenow [2] dit qu'elle croît en Sicile et dans le sud-est de la Russie, à Samara; mais les flores modernes de ces pays ne le confirment nullement. On ne sait pas quelle Orge Olivier avait vue sauvage en Mésopotamie; par conséquent, l'*Hordeum vulgare* n'a pas encore été trouvé à l'état spontané, d'une manière certaine.

La multitude des noms vulgaires qu'on lui attribue ne signifie rien comme indication d'origine, car il est impossible de savoir dans la plupart des cas si ce sont des noms de l'Orge, en général, ou d'une Orge en particulier cultivée dans tel ou tel pays.

**Orge à six rangs, Escourgeon.** — *Hordeum hexastichon*, *Linné.*

C'était l'espèce le plus souvent cultivée dans l'antiquité. Non seulement les Grecs en ont parlé, mais encore elle a été trouvée dans les monuments les plus anciens de l'Egypte [3] et dans les restes des lacustres de Suisse (âge de pierre), de Savoie et d'Italie (âge de bronze) [4]. M. Heer a même distingué deux variétés dans l'espèce cultivée jadis en Suisse. L'une d'elles répond à l'orge à six rangs figurée sur les médailles de Métaponte, ville de l'Italie méridionale, six siècles avant J.-C.

D'après Roxburgh [5], c'était la seule Orge cultivée dans l'Inde à la fin du siècle dernier. Il lui attribue le nom sanscrit *Yuva*, devenu en bengali *Juba*. Adolphe Pictet [6] a étudié avec soin les noms sanscrits et des langues indo-européennes qui répondent au mot générique Orge, mais il n'a pas pu suivre dans les détails ce qui concerne chacune des espèces.

L'Orge a six rangs n'a pas été vue dans les conditions d'une plante spontanée dont un botaniste aurait constaté l'espèce. Je ne l'ai pas trouvée dans l'herbier de M. Boissier, si riche en

1. Théophraste, *Hist.*, l. 8, c. 4.
2. Willdenow, *Species plant.*, 1, p. 472.
3. Unger, *Pflanzen des alten Ægyptens*, p. 33; *Ein Ziegel der Dashur Pyramide*, p. 109.
4. Heer, *Pflanzen der Pfahlbauten*, p. 5, fig. 2 et 3; p. 13, fig. 9: *Flora bot. Zeitung*, 1869, p. 320; de Mortillet, d'après Perrin, *Etudes préhistoriques sur la Savoie*, p. 23; Sordelli, *Sulle piante della torbiera di Lagozza*, p. 33.
5. Roxburgh, *Fl. ind.*, ed. 1832, v. 1, p. 358.
6. Ad. Pictet, *Origines indo-européennes*, ed. 2, vol. 1, p. 333.

plantes d'Orient. Il est possible que les Orges sauvages mentionnées par d'anciens auteurs et par Olivier aient été l'*Hordeum hexastichon*, mais on n'en a aucune preuve.

### *Sur les Orges en général.*

Nous venons de voir que la seule forme trouvée aujourd'hui spontanée est la plus simple, la moins productive, l'*Hordeum distichon*, dont la culture est préhistorique, comme celle de l'*H. hexastichon*. Peut-être l'*H. vulgare* est-il moins ancien de culture que les deux autres?

On peut tirer de ces données deux hypothèses : 1° Une dérivation des Orges à quatre et à six rangs de celle à deux rangs, dérivation qui remonterait aux cultures préhistoriques, antérieures à celles des anciens Egyptiens constructeurs des monuments. 2° Les Orges à quatre et à six rangs seraient des espèces jadis spontanées, éteintes depuis l'époque historique. Il serait singulier, dans ce cas, qu'il n'en restât aucune trace dans les flores de la vaste région comprise entre l'Inde, la mer Noire et l'Abyssinie, où l'on est à peu près assuré de la culture, au moins de l'Orge à six rangs.

**Seigle.** — *Secale cereale*, Linné.

Le Seigle n'est pas d'une culture très ancienne, si ce n'est peut-être en Russie et en Thrace.

On ne l'a pas trouvé dans les monuments égyptiens, et il n'a pas de noms dans les langues sémitiques, même modernes. Il en est de même en sanscrit et dans les langues indiennes qui dérivent du sanscrit. Ces faits concordent avec la circonstance que le Seigle réussit mieux dans les pays septentrionaux que dans ceux du Midi, où généralement, à notre époque, il n'est pas cultivé. Le Dr Bretschneider [1] pense qu'il est inconnu aux agriculteurs chinois. Il doute de l'assertion contraire d'un auteur moderne et fait remarquer qu'une céréale mentionnée dans les mémoires de l'empereur Kanghi, qu'on peut soupçonner être cette espèce, signifie d'après son nom Blé apporté de Russie. Or le Seigle, dit-il, est cultivé beaucoup en Sibérie. Il n'en est pas question dans les flores japonaises.

Les anciens Grecs ne le connaissaient pas. Le premier auteur qui l'ait mentionné dans l'empire romain est Pline [2], qui parle du *Secale*, cultivé à Turin, au pied des Alpes, sous le nom de *Asia*. Galien [3], né en 131 de notre ère, l'avait vu cultivé, en Thrace et en Macédoine, sous le nom de *Briza*. Ces cultures paraissent peu anciennes, du moins en Italie, car on n'a pas

1. Bretschneider, *On study, etc.*, p. 18, 44.
2. Pline, *Hist.*, l. 18, c. 16.
3. Galenus, *De alimentis*, 1, 13, cité d'après Lenz, *Bot. d. Alten*, p. 259.

trouvé de Seigle dans les débris des habitations lacustres du nord de ce pays, de Savoie et de Suisse, même à l'époque du bronze. M. Jetteles en a recueilli, près d'Olmutz, avec des instruments de ce métal, et M. Heer [1], qui a vu les échantillons, en mentionne d'autres, de l'époque romaine, en Suisse.

A défaut de preuves archéologiques, les langues européennes montrent une ancienne connaissance du Seigle dans les pays germains, celtes et slaves. Le nom principal, selon Adolphe Pictet [2], appartient aux peuples du nord de l'Europe : anglo-saxon *Ryge*, *Rig*, scandinave *Rûgr*, ancien allemand *Roggo*, ancien slave *Ruji*, *Roji*, polonais *Rez*, illyrien *Raz*, etc. L'origine de ce nom, dit-il, doit remonter à une époque antérieure à la séparation des Germains et des Lithuano-Slaves. Le mot *Secale* des Latins se trouve sous une forme presque semblable chez les Bretons, *Segal*, et les Basques, *Cekela*, *Zekhalea;* mais on ne sait pas si les Latins l'ont emprunté aux Gaulois et Ibères ou si inversement ces derniers ont reçu le nom des Romains. Cette seconde hypothèse paraît probable, puisque les Gaulois cisalpins du temps de Pline se servaient d'un nom tout différent. Je vois aussi mentionnés un nom tartare, *Aresch* [3], et un nom ossète, *Syl*, *Sil* [4], qui font présumer une ancienne culture à l'orient de l'Europe.

Ainsi les données historiques et linguistiques montrent une origine probable des pays au nord du Danube, et une culture qui remonte à peine au delà de l'ère chrétienne pour l'empire romain, mais plus ancienne peut-être en Russie et en Tartarie.

L'indication du Seigle spontané telle que la donnent plusieurs auteurs ne doit presque jamais être admise, car il est arrivé souvent qu'on a confondu avec le *Secale cereale* des espèces vivaces ou dont l'épi se brise facilement, que les botanistes modernes ont distinguées avec raison [5]. Beaucoup d'erreurs qui en provenaient ont été éliminées sur l'examen des échantillons originaux. D'autres peuvent être soupçonnées. Ainsi je ne sais ce qu'il faut penser des assertions de L. Ross, qui disait avoir trouvé le Seigle sauvage dans plusieurs localités de l'Anatolie [6], et du voyageur russe, Ssaewerzoff, qui l'aurait vu dans le Turkestan [7]. Ce dernier fait est assez probable, mais on ne dit pas qu'un botaniste ait vérifié la plante. Kunth [8] avait déjà indiqué

1. Heer, *Die Pflanzen der Pfahlbauten*, p. 16.
2. Ad. Pictet, *Origines indo-européennes*, éd. 2, vol. 1, p. 344.
3. Nemnich, *Lexicon Naturgesch.*
4. Pictet, *l. c.*
5. Secale fragile, Bieberstein; S. anatolicum, Boissier; S. montanum, Gussone; S. villosum, Linné. J'ai expliqué dans la *Géographie botanique*, p. 936, les erreurs qui résultaient de cette confusion, lorsqu'on disait le Seigle spontané en Sicile, en Crète et quelquefois en Russie.
6. *Flora, bot. Zeitung*, 1850, p. 520.
7. *Flora, bot. Zeitung*, 1869, p. 93.
8. Kunth, *Enum.*, 1, p. 449.

« le désert entre la mer Noire et la mer Caspienne », sans dire d'après quel voyageur ou quels échantillons. L'herbier de M. Boissier ne m'a révélé aucun *Secale cereale* spontané, mais il m'a donné la persuasion qu'un voyageur doit facilement prendre une autre espèce de Seigle pour celle-ci et que les assertions doivent être vérifiées soigneusement.

A défaut de preuves suffisantes pour des pieds spontanés j'ai fait valoir autrefois, dans ma *Géographie botanique raisonnée*, un argument de quelque valeur. Le *Secale cereale* se sème hors des cultures et devient presque spontané dans les pays de l'empire d'Autriche [1], ce qu'on ne voit guère ailleurs [2]. Ainsi dans la partie orientale de l'Europe, où l'histoire indique une culture ancienne, le Seigle trouve aujourd'hui les conditions les plus favorables pour vivre sans le secours de l'homme. On ne peut guère douter, d'après cet ensemble de faits, qu'il ne soit originaire de la région comprise entres les Alpes d'Autriche et le nord de la mer Caspienne. C'est d'autant plus probable que les cinq ou six autres espèces connues du genre Secale habitent l'Asie occidentale tempérée ou le sud-est de l'Europe.

En admettant cette origine, les peuples aryens n'auraient pas connu l'espèce, comme la linguistique le montre déjà ; mais dans leurs migrations vers l'ouest ils ont dû la rencontrer ayant des noms divers, qu'ils auraient transportés çà et là.

**Avoine ordinaire et Avoine d'Orient.** — *Avena sativa*, Linné, et *Avena orientalis*, Schreber.

L'Avoine n'était pas cultivée chez les anciens Egyptiens et les Hébreux, mais aujourd'hui on la sème en Egypte [3]. Elle n'a pas de nom sanscrit, ni même dans les langues modernes de l'Inde. Ce sont les Anglais qui la sèment quelquefois dans ce pays, pour en nourrir leurs chevaux [4]. La plus ancienne mention de l'Avoine en Chine est dans un ouvrage historique sur les années 618 à 907 de l'ère chrétienne; elle s'applique à la variété appelée par les botanistes *Avena sativa nuda* [5]. Les anciens Grecs connaissaient bien le genre Avoine, qu'ils appelaient *Bromos* [6], comme les Latins l'appelaient *Avena;* mais ces noms s'appliquaient ordinairement aux espèces qu'on ne cultive pas et qui sont de mauvaises herbes mélangées avec les céréales. Rien ne prouve qu'ils aient cultivé l'Avoine ordinaire. La re-

1. Sadler, *Fl. pesth.*, 1, p. 80; Host, *Fl. austr.*, 1, p. 177; Baumgarten, *Fl. transylv.*, 3, p. 225; Neilreich, *Fl. Wien*, p. 58; Visiani, *Fl. dalmat.*, 1, p. 97; Farkas, *Fl. croatica*, p. 1288.
2. M. Strobl l'a vu cependant autour de l'Etna, dans les bois, par suite de l'introduction dans la culture au XVIIIe siècle. (*Œster. bot. zeit.* 1881, p. 159.)
3. Schweinfurth et Ascherson, *Beiträge zur Flora Æthiopiens*, p. 298.
4. Royle, *Ill.*, p. 419.
5. Bretschneider, *On study, etc.*, p. 18, 44.
6. Fraas, *Synopsis fl. class.*, p. 303; Lenz, *Botanik der Alten*, p. 243.

marque de Pline [1] que les Germains se nourrissaient de farine tirée de cette plante fait comprendre que les Romains ne la cultivaient pas.

La culture de l'Avoine était donc pratiquée anciennement au nord de l'Italie et de la Grèce. Elle s'est propagée plus tard, et partiellement dans le midi de l'empire romain. Il est possible qu'elle fût plus ancienne dans l'Asie Mineure, car Galien [2] dit que l'Avoine abondait en Mysie, au-dessus de Pergame ; qu'on la donnait aux chevaux et que les hommes s'en nourrissaient dans les années de disette. L'Asie Mineure avait reçu jadis une colonie gauloise.

On a trouvé de l'Avoine dans les restes des habitations lacustres suisses de l'époque du bronze [3], et en Allemagne, près de Wittenberg, dans plusieurs tombeaux des premiers siècles de l'ère chrétienne ou un peu plus anciens [4]. Jusqu'à présent, les lacustres du nord de l'Italie n'en ont pas présenté, ce qui confirme l'absence de culture de l'espèce dans le temps de la république romaine.

Les noms prouvent encore une ancienne existence au nord et à l'ouest des Alpes et sur les confins de l'Europe, vers le Caucase et la Tartarie. Le plus répandu de ces noms est indiqué par le latin *Avena*, l'ancien slave *Ovisu*, *Ovesu*, *Ovsa*, le russe *Ovesu*, le lithuanien *Awiza*, le letton *Ausas*, l'ostiaque *Abis* [5]. L'anglais *Oats* vient, d'après Ad. Pictet, de l'anglo-saxon *Ata* ou *Ate*. Le nom basque *Olba* ou *Oloa* [6] fait présumer une culture très ancienne par les Ibères.

Les noms celtiques diffèrent des autres [7] : irlandais, *Coirce*, *Cuirce*, *Corca;* armoricain *Kerch*. Les noms tartare *Sulu*, géorgien *Kari*, hongrois *Zab*, croate *Zob*, esthonien *Kaer* et autres sont indiqués par Nemnich [8] comme s'appliquant au mot générique Avoine, mais il n'est pas probable qu'il y eût des noms aussi variés s'il ne s'agissait pas d'une espèce cultivée. Comme singularité, je note un nom berbère *Zekkoum* [9], quoique rien ne puisse faire présumer une ancienne culture en Afrique.

Tout ce qui précède montre combien était fausse l'opinion que l'Avoine est originaire de l'île de Juan Fernandez, opinion qui régnait dans le siècle dernier [10] et qui paraît venir d'une assertion du navigateur Anson [11]. Ce n'est pas dans l'hémisphère

1. Pline, *Hist.*, l. 18, c. 17.
2. Galenus, *De alimentis*, 1, c. 12.
3. Heer, *Pflanzen der Pfahlbauten*, p. 6, fig. 24.
4. Lenz, *l. c.*, p. 245.
5. Ad. Pictet, *Les origines indo-européennes*, éd. 2, vol. 1, p. 330.
6. Notes communiquées par M. Clos.
7. Ad. Pictet, *l. c.*
8. Nemnich, *Polyglott. Lexicon Naturgesch.*, p. 548.
9. *Dict. français berbère*, publié par le gouvernement français.
10. Linné, *Species*, p. 118 ; Lamarck, *Dict. enc.*, 1, p. 331.
11. Phillips, *Cult. veget.*, 2, p. 4.

austral qu'ils faut chercher la patrie de l'espèce, mais évidemment dans les pays de l'hémisphère boréal où on l'a cultivée anciennement. Voyons si elle s'y trouve encore dans un état spontané.

L'Avoine se sème dans les décombres, au bord des chemins et près des endroits cultivés, plus facilement que les autres céréales, et se maintient quelquefois de manière à sembler spontanée. Cette remarque a été faite dans des localités très éloignées, comme l'Algérie et le Japon, Paris et le nord de la Chine [1]. Ce genre de faits doit nous rendre sceptiques sur l'Avoine que Bové dit avoir trouvée dans le désert du mont Sinaï. On a prétendu aussi [2] que le voyageur Olivier avait vu l'Avoine sauvage en Perse, mais il n'en parle pas dans son ouvrage. D'ailleurs plusieurs espèces annuelles qui ressemblent beaucoup à l'Avoine ordinaire peuvent tromper un voyageur. Je ne puis découvrir ni dans les livres ni dans les herbiers l'existence de pieds vraiment spontanés, soit en Asie, soit en Europe, et M. Bentham m'a certifié qu'il n'y en a pas dans les riches herbiers de Kew; mais certainement, comme pour les formes dont je parlerai tout à l'heure, la condition quasi spontanée ou quasi naturalisée est plus fréquente dans les Etats autrichiens, de Dalmatie en Transylvanie [3], que nulle part ailleurs. C'est une indication de l'origine, à ajouter aux probabilités historiques et linguistiques en faveur de l'Europe orientale tempérée.

L'*Avena strigosa*, Schreber, paraît une forme de l'Avoine ordinaire, d'après des expériences de culture dont parle M. Bentham, en ajoutant, il est vrai, qu'elles méritent confirmation [4]. On peut voir une bonne figure de cette plante dans Host, *Icones Graminum austriacorum*, 2, pl. 56, qui est intéressante à comparer avec la pl. 59 de l'*A. sativa*. Du reste, l'*Avena strigosa* n'a pas été trouvée à l'état spontané. Elle est en Europe dans les champs abandonnés, ce qui appuie l'hypothèse d'une forme dérivée, par suite de la culture.

L'*Avena orientalis*, Schreber, dont les épillets penchent d'un seul côté, est aussi cultivée en Europe depuis la fin du XVIIIe siècle. On ne la connaît pas à l'état spontané. Mélangée souvent avec l'Avoine ordinaire, elle se distingue au premier coup d'œil. Les noms qu'elle porte en Allemagne, *Avoine de Turquie* ou *de Hongrie*, montrent une introduction moderne venant de l'est. Host en a donné une excellente figure (*Gram. austr.*, 1, pl. 44).

1. Munby, *Catal. Algér.*, éd. 2, p. 36; Franchet et Savatier, *Enum. plant. Jap.*, 2, p. 175; Cosson; *Fl. Paris*, 2. p. 637; Bunge, *Enum. chin.*, p. 71, pour la variété *nuda*.
2. Lamarck, *Dict. encycl.*, 1, p. 331.
3. Visiani, *Fl. dalmat.*, 1, p. 69; Host, *Fl. austr.*, 1, p. 133; Neilreich, *Fl. Wien.*, p. 85; Baumgarten, *Enum. Transylv.*, 3, p. 259; Farkas, *Fl. croatica*, p. 1277.
4. Bentham, *Handbook of british flora*, ed. 4, p. 544.

Toutes ces Avoines étant cultivées sans qu'on ait découvert ni les unes ni les autres à l'état vraiment spontané, il est bien probable qu'elles proviennent d'une seule forme préhistorique, dont la patrie était l'Europe tempérée orientale et la Tartarie.

**Millet commun.** — *Panicum miliaceum*, Linné.

La culture de cette Graminée est préhistorique dans le midi de l'Europe, en Egypte et en Asie. Les Grecs en ont parlé sous le nom de *Kegchros* et les Latins sous celui de *Milium* [1]. Les lacustres suisses, à l'époque de la pierre, faisaient grand usage du Millet [2]. On l'a trouvé aussi dans les restes des palafittes du lac de Varèse en Italie [3]. Comme on ne retrouve pas ailleurs des échantillons de ces anciens temps, il est impossible de savoir quel était le Panicum ou le Sorghum mentionné par les auteurs latins, dont les habitants de la Gaule, de la Pannonie et autres pays se nourrissaient.

Unger [4] compte le *P. miliaceum* parmi les espèces de l'ancienne Egypte, mais il ne paraît pas qu'il en eût des preuves positives, car il n'a indiqué ni monument ou dessin ni graine trouvée dans les tombeaux. On n'a pas non plus de preuves matérielles d'ancienne culture en Mésopotamie, dans l'Inde et en Chine. Pour ce dernier pays, la question s'est élevée de savoir si le *Shu*, une des cinq céréales que les empereurs sèment en grande cérémonie chaque année, est le *Panicum miliaceum*, une espèce voisine, ou le Sorgho; mais il paraît que le sens du mot *Shu* a varié, et que jadis on semait peut-être le Sorgho [5].

Les botanistes anglo-indiens [6] attribuent à l'espèce actuelle deux noms sanscrits, *Unoo* (prononcez *Ounou*) et *Vreehib-heda* (prononcez *Vrihib-heda*), quoique le nom moderne hindou et bengali et le nom telinga *Worga* soient tout autres, *Cheena* (prononcez *China*). Si les noms sanscrits sont réels, ils indiquent une ancienne culture dans l'Inde. On ne connaît pas de nom hébreu ni berbère [7]; mais il y a des noms arabes, *Dokhn*, usité en Egypte, et *Kosjæjb* en Arabie [8]. Les noms européens sont variés. Outre les deux noms grec et latin, il y a un nom vieux slave, *Proso* [9], conservé en Russie et en Pologne, un nom vieux allemand, *Hirsi*, et un nom lithuanien, *Sora* [10]. L'absence de noms celtiques est remarquable. Il

1. Les passages de Théophraste, Caton et autres sont traduits dans Lenz, *Botanik der Alten*, p. 232.
2. Heer, *Pflanzen der Pfahlbauten*, p. 17.
3. Regazzoni, *Riv. arch. prov. di Como*, 1880, fasc. 7.
4. Unger, *Pflanzen des alten Ægyptens*, p. 34.
5. Bretschneider, *Study and value of chinese bot. works*, p. 7, 8, 45.
6. Roxburgh, *Fl. ind.*, ed. 1832, p. 310; Piddington, *Index*.
7. Rosenmüller, *bibl. Alterth.*; *Dictionn. français-berbère*.
8. Delile, *Fl. ægypt.*, p. 3; Forskal, *Arab*, CIV.
9. Ad. Pictet, *Origines indo-européennes*, éd. 2, v. 1, p. 351.
10. Ad. Pictet, *l. c.*

semble que l'espèce aurait été cultivée spécialement dans l'Europe orientale et se serait répandue vers l'ouest à la fin de la domination gauloise. Voyons si elle est spontanée quelque part.

Linné [1] disait qu'elle habite dans l'Inde, et la plupart des auteurs le répètent; mais les botanistes anglo-indiens [2] l'indiquent toujours comme cultivée. Elle n'est pas dans les flores du Japon. Au nord de la Chine, M. de Bunge l'a vue seulement cultivée [3] et M. Maximowicz près de l'Ussuri, au bord des prés et dans des localités voisines des habitations chinoises [4]. D'après Ledebour [5], elle est presque spontanée dans la Sibérie altaïque et la Russie moyenne, et spontanée au midi du Caucase et dans le pays de Talysch. Pour cette dernière localité il cite Hohenaker. Celui-ci cependant dit « presque spontanée » [6]. En Crimée, où elle fournit le pain des Tartares, on la trouve çà et là presque spontanée [7], ce qui arrive également dans le midi de la France, en Italie et en Autriche [8]. Elle n'est pas spontanée en Grèce [9], et personne ne l'a trouvée en Perse, ou en Syrie. Forskal et Delile l'ont indiquée en Egypte; mais M. Ascherson ne l'admet pas [10], et Forskal l'indique en Arabie [11].

L'espèce pourrait s'être naturalisée dans ces régions, à la suite d'une culture fréquente, depuis les anciens Egyptiens. Cependant la qualité spontanée est si douteuse ailleurs que la probabilité est bien pour une origine égypto-arabique.

**Panic d'Italie ou Millet à grappe.** — *Panicum italicum*, Linné. — *Setaria italica*, Beauvois.

La culture de cette espèce a été une des plus répandues dans les parties tempérées de l'ancien monde, à l'époque préhistorique. Ses graines servaient à la nourriture de l'homme, tandis que maintenant on les donne surtout aux oiseaux.

En Chine, c'est une des cinq plantes que l'empereur doit semer chaque année dans une cérémonie publique, selon les ordres donnés par Chen-nung, 2700 ans avant Jésus-Christ [12]. Le nom ordinaire est *Siao-mi* (petit grain), et le nom plus ancien était *Ku*, mais celui-ci paraît s'être appliqué aussi à une espèce bien dif-

1. Linné, *Species plant.* 1, p. 86.
2. Roxburgh, *l. c.*; Aitchison, *Punjab*, p. 152.
3. Bunge, *Enumer.*, n. 400.
4. Maximowicz, *Primitiæ Amur.*, p. 330.
5. Ledebour, *Fl. ross.*, 4, p. 469.
6. Hohenacker, *Plant. Talysch.*, p. 13.
7. Steven, *Verzeichniss Halbins. Taur.*, p. 371.
8. Mutel, *Fl. franç.*, 4, p. 20; Parlatore, *Fl. ital.*, 1, p. 122; Visiani, *Fl. dalmat.*, 1, p. 60; Neilreich, *Fl. Nied. Œsterr.*, p. 32.
9. Heldreich, *Nutzpfl. Griechenl.*, p. 3; *Pflanzen Attisch. Ebene*, p. 516.
10. M. Ascherson m'avertit dans une lettre que, dans l'*Aufzählung*, on a omis par erreur le mot *cult.* après le Panicum miliaceum.
11. Forskal, *Fl. arab.*, p. CIV.
12. Bretschneider, *On the study and value of chinese bot. works*, p. 7, 8.

férente [1]. Pickering dit l'avoir reconnue dans deux dessins de l'ancienne Egypte [2], et qu'elle est cultivée aujourd'hui sous le nom de *Dokn*, mais c'est le nom du *Panicum miliaceum*. Il est donc très douteux que les anciens Egyptiens l'aient cultivée.

On l'a trouvée dans les débris des habitations lacustres de Suisse, dès l'époque de pierre, et à plus forte raison chez les lacustres de l'époque subséquente en Savoie [3].

Les anciens Grecs et les Latins n'en ont pas parlé, ou du moins on n'a pas pu le certifier d'après ce qu'ils disent de plusieurs *Panicum* ou *Milium*. De nos jours, l'espèce est rarement cultivée dans le midi de l'Europe; elle ne l'est pas du tout en Grèce [4] par exemple, et je ne la vois pas indiquée en Egypte, mais elle est fréquente dans l'Asie méridionale [5].

On attribue à cette Graminée des noms sanscrits *Kungoo* (prononcez *Koungou*) et *Priyungoo* (*Priyoungou*), dont le premier s'est conservé en bengali [6]. Piddington mentionne dans son *Index* plusieurs autres noms des langues indiennes. Ainslies [7] indique un nom persan, *Arzun*, et un nom arabe; mais celui-ci est attribué ordinairement au *Panicum miliaceum*. Il n'y a pas de nom hébreu, et la plante n'est pas mentionnée dans les ouvrages de botanique sur l'Egypte et l'Arabie. Les noms européens n'ont aucune valeur historique. Ils ne sont pas originaux et se rapportent communément à la transmission de l'espèce ou à sa culture dans tel ou tel pays. Le nom spécifique *italicum* en est un exemple assez absurde, la plante n'étant guère cultivée et point du tout spontanée en Italie.

Rumphius la dit spontanée dans les îles de la Sonde, sans être bien affirmatif [8]. Linné est parti probablement de cette base pour exagérer et même avancer une erreur, en disant : « Habite les Indes [9]. » Elle n'est certainement pas des Indes occidentales. Bien plus, Roxburgh assure qu'il ne l'a jamais vue sauvage dans l'Inde. Les Graminées de la flore de sir J. Hooker n'ont pas encore paru; mais, par exemple, Aitchison [10] indique l'espèce comme uniquement cultivée dans le nord-ouest de l'Inde. La plante d'Australie que Rob. Brown avait dit être cette espèce appartient à une autre [11]. Au Japon, le *P. italicum* paraît

1. Bretschneider, *l. c.*, p. 9.
2. D'après Unger, *l. c.*, p. 34.
3. Heer, *Pflanzen der Pfahlbauten*, p. 5, fig. 7; p. 17, fig. 28, 29; Perrin, *Etudes préhistor. sur la Savoie*, p. 22.
4. Heldreich, *Nutzpflanz. Griechenlands*.
5. Roxburgh, *Fl. ind.*, ed. 1832, vol. 1, p. 302; Rumphius, *Amboyn.*, 5, p. 202, t. 75.
6. Roxburgh, *l. c.*
7. Ainslies, *Mat. med. ind.*, 1, p. 226.
8. Obcurrit in Baleya, etc. (Rumph., 5, p. 202).
9. Habitat in Indiis (Linné, *Sp.*, 1, p. 83).
10. Aitchison, *Catal. of Punjab*, p. 162.
11. Bentham, *Flora austral.*, 7, p. 493.

être spontané, du moins sous la forme appelée *germanica* par divers auteurs [1] et les Chinois regardent les cinq céréales de la cérémonie annuelle comme originaires de leur pays. Cependant MM. de Bunge, dans le nord de la Chine, et Maximowicz, dans la région du fleuve Amur, n'ont vu l'espèce que cultivée en grand et toujours sous la forme de la variété *germanica* [2]. Pour la Perse [3], la région du Caucase et l'Europe, je ne vois dans les flores que l'indication de plante cultivée, ou cultivée et s'échappant quelquefois hors des cultures dans les décombres, les bords de chemins, les terrains sablonneux, etc. [4].

L'ensemble des documents historiques, linguistiques et botaniques me fait croire que l'espèce existait, avant toute culture, il y a des milliers d'années, en Chine, au Japon et dans l'archipel indien. La culture doit s'être répandue anciennement vers l'ouest, puisque l'on connaît des noms sanscrits, mais il ne paraît pas qu'elle se soit propagée vers l'Arabie, la Syrie et la Grèce, et c'est probablement par la Russie et l'Autriche qu'elle est arrivée, de bonne heure, chez les lacustres de l'âge de pierre en Suisse.

**Sorgho commun.** — *Holcus Sorghum*, Linné. — *Andropogon Sorghum*, Brotero. — *Sorghum vulgare*, Persoon.

Les botanistes ne sont pas d'accord sur la distinction de plusieurs des espèces de Sorgho et même sur les genres à établir dans cette division des Graminées. Un bon travail monographique serait désirable, ici comme pour les Panicées. En attendant, je donnerai quelques renseignements sur les principales espèces, à cause de leur extrême importance pour la nourriture de l'homme, l'élève des volailles, et comme fourrages.

Prenons pour type de l'espèce le Sorgho cultivé en Europe, tel qu'il est figuré, par Host, dans ses *Gramineæ austriacæ* (4, pl. 2). C'est une des plantes le plus habituellement cultivées par les Egyptiens modernes, sous le nom de *Dourra*, dans l'Afrique équatoriale, l'Inde, et la Chine [5]. Elle est si productive dans les pays chauds que d'immenses populations de l'ancien monde s'en nourrissent.

Linné et tous les auteurs, même nos contemporains, disent qu'elle est de l'Inde; mais, dans la première édition de la flore de Roxburgh, publiée en 1820, ce savant, qu'on aurait bien fait de consulter, affirme qu'il ne l'a pas vue autrement que cultivée. Il fait la même remarque pour les formes voisines (*bicolor*, *sac-*

1. Franchet et Savatier, *Enum. Japon.*, 2, p. 262.
2. Bunge, *Enum.*, n. 399; Maximowicz, *Primitiæ Amur.*, p. 330.
3. Buhse, *Aufzählung*, p. 232.
4. Voir Parlatore, *Fl. ital.*, 1, p. 113; Mutel, *Fl. franç.*, 4, p. 20, etc. etc.
5. Delile, *Plantes cultivées en Egypte*, p. 7; Roxburgh, *Fl. ind.*, ed. 1832, v. 1, p. 269; Aitchison, *Catal. Punjab*, p. 175; Bretschneider, *On value, etc.*, p. 9.

*charatus*, etc.), qu'on regarde souvent comme de simples variétés. Aitchison n'a vu aussi le Sorgho que cultivé. L'absence de nom sanscrit rend également l'origine indienne très douteuse. Bretschneider, de son côté, dit le Sorgho indigène en Chine, quoique les anciens auteurs chinois, selon lui, n'en aient pas parlé. Il est vrai qu'il cite le nom, vulgaire à Péking, de *Kao-liang* (haut Millet), qui s'applique aussi à l'*Holcus saccharatus*, pour lequel il convient mieux.

Le Sorgho n'a pas été trouvé dans les restes des palafittes de Suisse et d'Italie. Les Grecs n'en ont pas parlé. La phrase de Pline [1] sur un *Milium* introduit de son temps de l'Inde en Italie a fait croire qu'il s'agissait du Sorgho, mais c'était une plante plus élevée, peut-être l'*Holcus saccharatus*. Le Sorgho n'a pas été trouvé en nature et d'une manière certaine dans les tombeaux de l'ancienne Egypte. Le Dr Hannerd a cru le reconnaître d'après quelques graines écrasées que Rosellini avait rapportées de Thèbes [2]; mais le conservateur des antiquités égyptiennes du Musée britannique, M. Birch, a déclaré plus récemment qu'on n'a pas découvert l'espèce dans les anciens tombeaux [3]. Pickering dit en avoir reconnu des feuilles, mêlées avec celles du Papyrus. Il dit aussi en avoir vu des peintures, et Lepsius a figuré des dessins qu'il prend, ainsi que Unger et Wilkinson, pour le Durra des cultures modernes [4]. La taille et la forme de l'épi sont bien du Sorgho. Il est possible que cette espèce soit le *Dochan*, mentionné une fois dans l'Ancien Testament [5] comme une céréale avec laquelle on faisait du pain. Cependant le mot arabe actuel *Dochn* s'applique au Sorgho sucré.

Les noms vulgaires ne m'ont rien appris, à cause de leur sens ou parce que souvent le même nom a été appliqué à différents Panicum et Sorghum. Je ne puis en découvrir aucun qui soit certain dans les langues anciennes de l'Inde ou de l'Asie occidentale, ce qui fait présumer une introduction antérieure de peu de siècles à l'ère chrétienne.

Aucun botaniste n'a mentionné le *Durra* comme spontané en Egypte ou en Arabie. Une forme analogue est sauvage dans l'Afrique équatoriale; mais R. Brown n'a pas pu la déterminer exactement [6], et la flore de l'Afrique tropicale qui se publie à Kew ne contient pas encore l'article des Graminées. Il reste donc uniquement l'assertion du Dr Bretschneider que le Sorgho, de grande taille, est indigène en Chine. Si c'est bien l'espèce, elle

1. Pline, *Hist.*, l. 18, c. 7.
2. Cité par Unger, *Die Pflanzen des alten Egyptens*, p. 34.
3. S. Birch, dans Wilkinson, *Manners and customs of ancient Egyptians*, 1878, vol. 2, p. 427.
4. Les dessins de Lepsius sont reproduits dans Unger, *l. c.*, et dans Wilkinson, l. c.
5. Ezechiel, 4, 9.
6. Brown, *Bot. of Congo*, p. 54.

se serait répandue tardivement vers l'ouest. Mais les anciens Egyptiens la possédaient, et l'on se demande alors comment ils l'auraient reçue de Chine sans que les peuples intermédiaires en aient eu connaissance? Il est plus facile de comprendre l'indigénat dans l'Afrique équatoriale, avec transmission préhistorique en Egypte, dans l'Inde et finalement en Chine, où la culture ne paraît pas très ancienne, car le premier ouvrage qui en parle date du IVe siècle de notre ère.

A l'appui d'une origine africaine, je citerai l'observation de Schmidt [1] que l'espèce abonde dans l'île San Antonio de l'archipel du Cap-Vert, dans des localités rocailleuses. Il la croit « complètement naturalisée », ce qui peut-être cache une véritable origine.

**Sorgho sucré.** — *Holcus saccharatus*, Linné. — *Andropogon saccharatus*, Roxburgh. — *Sorghum saccharatum*, Persoon.

Cette espèce, plus haute que le Sorgho ordinaire, et à panicule diffuse [2], est cultivée dans les pays tropicaux pour le grain, qui ne vaut cependant pas celui du Sorgho ordinaire, et dans les régions moins chaudes comme fourrage, ou même pour le sucre assez abondant que renferme la tige. Les Chinois en tirent de l'alcool, mais non du sucre.

L'opinion des botanistes et du public la fait venir de l'Inde; mais, d'après Roxburgh, elle est seulement cultivée dans cette région. Il en est de même aux îles de la Sonde, où le *Battari* est bien l'espèce actuelle. C'est le *Kao-liang* (grand Millet) des Chinois. On ne le dit pas spontané en Chine. Il n'est pas mentionné dans les auteurs plus anciens que l'ère chrétienne [3]. D'après ces divers témoignages et l'absence de tout nom sanscrit, l'origine asiatique me paraît une illusion.

La plante est cultivée maintenant en Egypte moins que le Sorgho ordinaire, et en Arabie, sous le nom de *Dochna* ou *Dochn*. Aucun botaniste ne l'a vue spontanée dans ces pays [4]. On n'a pas de preuve que les anciens Egyptiens l'aient cultivée. Hérodote [5] a parlé d'un Millet en arbre, des plaines d'Assyrie. Ce pourrait être l'espèce actuelle, mais comment le prouver?

Les Grecs et les Latins n'en avaient pas connaissance, du moins avant l'époque de l'empire romain, mais il est possible que ce fût le Millet, haut de sept pieds, dont Pline fait mention [6] comme ayant été introduit de l'Inde, de son vivant.

1. Schmidt, *Beiträge zur Flora capverdischen Inseln*, p. 158.
2. Voir Host, *Gramineæ austriacæ*, vol. 4, pl. 4.
3. Roxburgh, *Fl. ind.* ed. 2, vol. 1, p. 271; Rumphius, *Amboin.*, 5, p. 194, pl. 75, fig. 1; Miquel, *Fl. indo-batava*, 3, p. 503; Bretschneider, *On the value, etc.*, p. 9 et 46; Loureiro, *Fl. cochinch.*, 2, p. 792.
4. Forskal, Delile, Schweinfurth et Ascherson, *l. c.*
5. Hérodote, l. 1, c. 193.
6. Pline, *Hist.*, l. 18, c. 7. Ce pourrait être aussi la variété ou espèce appelée *bicolor*.

Probablement il faut chercher l'origine dans l'Afrique intertropicale, où l'espèce est généralement cultivée. Sir W. Hooker[1] cite des échantillons des bords du fleuve Nun, qui étaient peut-être sauvages. La publication prochaine des Graminées dans la Flore de l'Afrique tropicale jettera probablement du jour sur cette question.

L'expansion de la culture de l'Afrique intérieure à l'Egypte, depuis les Pharaons, à l'Arabie, l'archipel indien, et, après l'époque du sanscrit, à l'Inde, enfin à la Chine, vers le commencement de notre ère, concorderait avec les indications historiques et n'est pas difficile à admettre. L'hypothèse inverse, d'une transmission de l'est à l'ouest, présente une foule d'objections.

Plusieurs autres formes de Sorgho sont cultivées en Asie et en Afrique, par exemple le *cernuus*, à épis penchés, dont parle Roxburgh et que Prosper Alpin avait vu en Egypte; le *bicolor*, qui par sa taille ressemble au *saccharatus;* et les *niger*, *rubens*, qui paraissent encore plus des variétés de culture. Aucune n'a été trouvée sauvage, et il est probable qu'un monographe les rattacherait comme de simples dérivations aux espèces sus-mentionnées.

**Coracan.** — *Eleusine Coracana*, Gærtner.

Cette Graminée annuelle, qui ressemble aux Millets, est cultivée surtout dans l'Inde et l'archipel indien. Elle l'est aussi en Egypte [2] et en Abyssinie [3]; mais le silence de beaucoup de botanistes qui ont parlé des plantes de l'Afrique intérieure ou occidentale fait présumer que la culture en est peu répandue sur ce continent. Au Japon [4] elle s'échappe quelquefois hors des endroits où on la cultive. Les graines mûrissent dans le midi de l'Europe; mais la plante y est sans mérite, excepté comme fourrage [5].

Aucun auteur ne dit l'avoir trouvée à l'état spontané, en Asie ou en Afrique. Roxburgh [6], le plus attentif à ces sortes de questions, après avoir parlé de sa culture, ajoute : « Je ne l'ai jamais vue sauvage. » Il distingue, sous le nom d'*Eleusine stricta*, une forme encore plus fréquemment cultivée dans l'Inde, qui paraît une simple variété du *Coracana*, et qu'il n'a également pas rencontrée hors des cultures.

La patrie nous sera indiquée par d'autres moyens.

Et d'abord les espèces du genre Eleusine sont plus nombreuses dans l'Asie méridionale que dans les autres régions tropicales.

1. W. Hooker, *Niger Flora.*
2. Schweinfurth et Ascherson, *Aufzählung*, p. 299.
3. *Bon jardinier*, 1880, p. 585.
4. Franchet et Savatier, *Enum. plant. Japon.*, 2, p. 172.
5. *Bon jardinier*, ibid.
6. Boxburgh, *Flora indica*, ed. 2, vol. 1, p. 343.

Outre la plante cultivée, Royle [1] mentionne d'autres espèces dont les habitants pauvres de l'Inde recueillent les graines dans la campagne.

D'après l'*Index* de Piddington, il y a un nom sanscrit, *Rajika*, et plusieurs autres noms dans les langues modernes de l'Inde. Celui de *Coracana* vient du nom usité à Ceylan, *Kourakhan* [2]. Dans l'archipel indien, les noms paraissent moins nombreux et moins originaux.

En Egypte, la culture de cette espèce ne peut pas être ancienne. Les monuments de l'antiquité n'en indiquent aucune trace. Les auteurs gréco-romains, qui connaissaient le pays, n'en ont pas parlé, ni plus tard Prosper Alpin, Forskal, Delile. Il faut arriver à un ouvrage tout récent, comme celui de MM. Schweinfurth et Ascherson, pour trouver l'espèce mentionnée, et je ne puis même découvrir un nom arabe [3].

Ainsi toutes les probabilités botaniques, historiques et linguistiques concourent à démontrer une origine indienne.

La flore de l'Inde anglaise, dont les Graminées n'ont pas encore paru, nous dira peut-être si l'on a trouvé la plante spontanée dans des explorations récentes.

On cultive en Abyssinie une espèce très voisine, *Eleusine Tocussa*, Fresenius [4], plante fort peu connue, qui est peut-être originaire d'Afrique.

**Riz.** — *Oryza sativa*, Linné.

Dans la cérémonie instituée par l'empereur Chin-Nong, 2800 ans avant Jésus-Christ, le Riz joue le rôle principal. C'est l'empereur régnant qui doit le semer lui-même, tandis que les quatre autres espèces sont ou peuvent être semées par les princes de sa famille [5]. Les cinq espèces sont regardées par les Chinois comme indigènes, et il faut convenir que c'est bien probable pour le riz, vu son emploi général et ancien, dans un pays coupé de canaux et de rivières, si favorable aux plantes aquatiques. Les botanistes n'ont pas assez herborisé en Chine pour qu'on sache jusqu'à quel point le Riz s'y trouve hors des cultures; mais Loureiro [6] l'a vu dans les marais de la Cochinchine.

Rumphius et les auteurs modernes sur l'archipel indien l'indiquent seulement comme cultivé. La multitude des noms et des variétés fait présumer une très ancienne culture. Dans l'Inde

1. Royle, *Ill. Himal. plants*.
2. Thwaites, *Enum. plant. Zeyl.*, p. 371.
3. Plusieurs des synonymes et le nom arabe dans Linné, Delile, etc., s'appliquent au *Dactyloctenium ægyptiacum*, Willdenow, soit *Eleusine ægyptiaca*, de quelques auteurs, qu'on ne cultive pas.
4. Fresenius, *Catal. sem. horti Francof.*, 1834; *Beitrage zur Flora Abyssin.*, p. 141.
5. Stanislas Julien, dans Loiseleur, *Consid. sur les céréales*, part. 1, p. 29; Bretschneider, *On the study and value of botanical chinese works*, p. 8 et 9.
6. Loureiro, *Fl. cochinch.*, 1, p. 267.

britannique, elle date au moins de l'invasion des Aryas, puisque le Riz a des noms en sanscrit, *Vrihi*, *Arunya* [1], d'où viennent plusieurs noms des langues modernes de l'Inde, et *Oruza*, ou *Oruzon* des anciens Grecs, *Rouz* ou *Arous* des Arabes. Théophraste [2] a parlé du Riz comme cultivé dans l'Inde. Les Grecs l'avaient connu par l'expédition d'Alexandre. « D'après Aristobule, dit Strabon [3], le Riz croît dans la Bactriane, la Babylonie, la Suside, » et il ajoute : « Nous dirons, nous, dans la basse Syrie aussi. » Plus loin, il note que les Indiens s'en nourrissent et en tirent une sorte de vin. Ces assertions, douteuses peut-être pour la Bactriane, montrent une culture bien établie au moins depuis le temps d'Alexandre (400 ans avant Jésus-Christ) dans la région de l'Euphrate, et depuis le commencement de notre ère dans les endroits chauds et arrosés de la Syrie. L'Ancien Testament n'a pas parlé du Riz; mais un auteur toujours exact et judicieux, L. Reynier [4], a relevé dans les livres du Talmud plusieurs passages relatifs à sa culture. On est conduit par ces faits à supposer que les Indiens ont employé le Riz après les Chinois, et qu'il s'est répandu vers l'Euphrate encore plus tard, antérieurement cependant à l'invasion des Aryas dans l'Inde. Depuis l'existence de cette culture en Babylonie, il s'est écoulé plus de mille ans jusqu'au transport en Syrie, et l'introduction en Egypte a suivi celle-ci, de deux ou trois siècles probablement. En effet, il n'y a aucune indication du Riz dans les graines ou les peintures de l'ancienne Egypte [5]. Strabon, qui avait vu ce pays, comme la Syrie, ne dit pas que le Riz fût cultivé de son temps en Egypte, mais que les Garamantes [6] le cultivaient, et ce peuple est considéré comme ayant habité une oasis au midi de Carthage. L'avaient-ils reçu de Syrie? C'est possible. En tout cas, l'Egypte ne pouvait pas tarder à posséder une culture si bien appropriée à ses conditions particulières d'arrosement. Les Arabes ont introduit l'espèce en Espagne, comme l'indique le nom espagnol *Arroz*. Les premières cultures de Riz en Italie datent de 1468, près de Pise [7]. Celles de la Louisiane sont modernes.

Lorsque j'ai présumé la culture moins ancienne dans l'Inde qu'en Chine, je n'ai pas entendu que la plante n'y fût pas spontanée. Elle appartient à une famille où les habitations des

1. Piddington, *Index;* Hehn, *Culturpflanzen*, ed. 3, p. 437.
2. Theophrastes, *Hist.*, l. 4, c. 4, 10.
3. Strabon, *Géographie*, trad. de Tardieu, l. 15, c. 1, § 18; l. 15, c. 1, § 53.
4. Reynier, *Economie des Arabes et des Juifs* (1820), p. 450; *Economie publique et rurale des Egyptiens et des Carthaginois* (1823), p. 324.
5. Unger n'en cite aucune. M. S. Birch, en 1878, a mis une note dans l'ouvrage de Wilkinson, *Manners and customs of the ancient Egyptians*, 2, p. 402, pour dire : « On n'a aucune preuve de la culture du riz, dont on n'a pas trouvé de graines. »
6. Reynier, *l. c.*
7. Targioni, *Cenni*, p. 24.

espèces sont étendues, et en outre les plantes aquatiques ont ordinairement de plus vastes habitations que les autres. Le Riz existait peut-être avant toute culture dans l'Asie méridionale, de la Chine au Bengale, comme l'indique la diversité des noms dans les langues monosyllabiques des peuples entre l'Inde et la Chine [1]. On l'a trouvé hors des cultures dans plusieurs localités de l'Inde. Roxburgh [2] l'affirme. Il raconte que le Riz sauvage, appelé *Newaree* par les Telingas, croît en abondance aux bords des lacs dans le pays des Circars. Le grain en est recherhé par les riches Indous; mais on ne le sème pas, parce qu'il est peu productif. Roxburgh ne doute pas que ce ne soit la plante originelle. Thomson [3] a recueilli un Riz sauvage à Moradabad, dans la province de Dehli. Les raisons historiques appuient l'idée que ces échantillons sont indigènes. Sans cela, on pourrait les supposer un effet de la culture habituelle de l'espèce, d'autant plus qu'on a des exemples de la facilité avec laquelle le Riz se sème et se naturalise dans les pays chauds et humides [4]. Toutefois la combinaison des indices historiques et des probabilités botaniques tend à faire admettre pour l'Inde une existence antérieure à la culture.

**Maïs**. — *Zea Mays*, Linné.

« Le Maïs est originaire d'Amérique et n'a été introduit dans l'ancien monde que depuis la découverte du nouveau. Je regarde ces deux assertions comme positives, malgré l'opinion contraire de quelques auteurs et le doute émis par le célèbre agronome Bonafous, auquel nous devons le traité le plus complet sur le Maïs [5]. » C'est ainsi que je m'exprimais en 1855, après avoir déjà combattu l'idée de Bonafous au moment de la publication de son ouvrage [6]. Les preuves se sont renforcées depuis, en faveur de l'origine américaine. Cependant on a fait des tentatives dans un sens opposé, et, comme le nom de *Blé de Turquie* entretient une erreur, il est bon de reprendre la discussion avec de nouveaux documents.

Personne ne conteste que le Maïs était inconnu en Europe du temps de l'empire romain, mais on a prétendu qu'il avait été apporté d'Orient, au moyen âge. L'argument principal reposait sur une charte du XIIIe siècle, publiée par Molinari [7], d'après

1. Crawfurd, dans *Journal of botany*, 1866, p. 324.
2. Roxburgh, *Fl. ind.*, ed. 1832, v. 2, p. 200.
3. D'après Aitchison, *Catal. Punjab*, p. 157.
4. Nees, dans Martius, *Fl. brasil.*, in-8°, 2, p. 518; Baker, *Fl. of Mauritius*, p. 458.
5. Bonafous, *Hist. nat. agric. et économique du Maïs*, un vol. in-folio, Paris et Turin, 1836.
6. A. de Candolle, *Bibliothèque universelle de Genève*, août 1836; *Géogr. bot. raisonnée*, p. 942.
7. Molinari, *Storia d'Incisa*, Asti, 1810.

laquelle deux croisés, compagnons d'armes de Boniface III, marquis de Monferrat, auraient donné en 1204, à la ville d'Incisa, un morceau de la vraie croix..... plus une bourse contenant une sorte de grains de couleur d'or et en partie blancs, inconnus dans le pays, qu'ils rapportaient d'Anatolie, où ils s'appelaient *Meliga*, etc. L'historien des croisades, Michaux, et ensuite Daru et de Sismondi, ont beaucoup parlé de cette charte; mais le botaniste Delile, ainsi que Targioni-Tozzetti et Bonafous lui-même ont pensé qu'il s'agissait de quelque Sorgho et non du Maïs. Ces vieilles discussions sont devenues risibles, car M. le comte Riant [1] a découvert que la charte d'Incisa est une pure fabrication d'un imposteur du siècle actuel! Je cite cet exemple pour montrer combien les érudits, qui ne sont pas naturalistes, peuvent se tromper dans l'interprétation des noms de plantes, et aussi combien il est dangereux dans les questions historiques de s'appuyer sur une preuve isolée.

Les noms de *Blé de Turquie*, *Blé turc* donnés au Maïs dans presque toutes les langues modernes d'Europe ne démontrent pas mieux que la charte d'Incisa une origine orientale. Ce sont des noms aussi faux que celui du Coq d'Inde, en anglais *Turkey*, donné à un oiseau venu d'Amérique. Le Maïs a été appelé en Lorraine et dans les Vosges *Blé de Rome*, en Toscane *Blé de Sicile*, en Sicile *Blé d'Inde*, dans les Pyrénées *Blé d'Espagne*, en Provence *Blé de Barbarie* ou *de Guinée*. Les Turcs le nomment *Blé d'Egypte*, et les Egyptiens *Dourah de Syrie*. Dans ce dernier cas, cela prouve au moins qu'il n'est ni d'Egypte ni de Syrie. Le nom si répandu de Blé de Turquie date du XVIe siècle. Il est venu d'une erreur sur l'origine de la plante, entretenue peut-être par les houppes qui terminent les épis de Maïs, qu'on aurait comparées à la barbe des Turcs, ou par la vigueur de la plante, qui motivait une expression analogue à celle de « fort comme un Turc ». Le premier botaniste chez lequel on trouve le nom de *Blé turc* est Ruellius [2] en 1536. Bock ou Tragus [3], en 1552, après avoir donné une figure de l'espèce, qu'il nomme *Frumentum turcicum*, *Welschkorn* des Allemands, ayant appris par des marchands qu'elle venait de l'Inde, eut l'idée malheureuse de supposer que c'était un certain Typha de Bactriane, dont les anciens avaient parlé vaguement. Dodoens en 1583, Camerarius en 1588 et Matthiole [4] rectifièrent ces erreurs et affirmèrent positivement l'origine américaine. Ils adoptèrent le nom de *Mays*, qu'ils savaient américain.

1. Riant, *La charte d'Incisa*, broch. in-8°, 1877, tirée à part de la *Revue des questions historiques*.
2. Ruellius, *De natura stirpium*, p. 428 : « Hanc quoniam nostrorum ætate e Græcia vel Asia venerit *Turcicum frumentum* nominant. » Fuchsius, p. 824, répète cette phrase, en 1543.
3. Tragus, *Stirpium, etc.*, ed. 1552, p. 650.
4. Dodoens, *Pemptades*, p. 509; Camerarius, *Hort.*, p. 94; Matthiole, ed 1570, p. 305.

Nous avons vu (p. 291) que le *Zea* des Grecs était l'Epeautre. Bien certainement les anciens n'ont pas connu le Maïs. Les voyageurs [1] qui décrivirent les premiers les productions du nouveau monde furent très surpris à sa vue, preuve évidente qu'ils ne l'avaient pas connu en Europe. Hernandez [2], parti d'Europe en 1571, suivant les uns, en 1593, suivant d'autres [3], ne savait pas qu'à Seville, dès l'année 1500, on avait reçu beaucoup de graines de Maïs pour le mettre en culture. Le fait, attesté par Fée, qui avait vu les registres de la municipalité [4], montre bien l'origine américaine, en raison de laquelle Hernandez trouvait le nom de blé de Turquie très mauvais.

On dira, peut-être, que le Maïs, nouveau pour l'Europe au XVIe siècle, existait quelque part en Asie ou en Afrique avant la découverte de l'Amérique? Voyons ce qu'il faut en penser.

Le célèbre orientaliste d'Herbelot [5] avait accumulé plusieurs rreurs, relevées par Bonafous et moi-même, au sujet d'un passage de l'historien persan Mirkoud, du XVe siècle, sur une céréale que Rous, fils de Japhet, aurait semée sur les bords de la mer Caspienne et qui serait le Blé de Turquie des modernes. Il ne vaut pas la peine de s'arrêter à ces assertions d'un savant qui n'avait pas eu l'idée de consulter les ouvrages des botanistes de son époque ou antérieurs. Ce qui est plus important, c'est le silence absolu, au sujet du Maïs, des voyageurs qui ont visité l'Asie et l'Afrique avant la découverte de l'Amérique; c'est aussi l'absence de nom hébreu ou sanscrit pour cette plante; et enfin que les monuments de l'ancienne Egypte n'en présentent aucun échantillon ou dessin [6]. Rifaud, il est vrai, a trouvé une fois un épi de Maïs dans un cercueil de Thèbes, mais on croit que c'est l'effet de quelque supercherie d'Arabe. Si le Maïs avait existé dans l'ancienne Egypte, il se verrait dans tous les monuments et aurait été lié à des idées religieuses, comme les autres plantes remarquables. Une espèce aussi facile à cultiver se serait répandue dans les pays voisins. La culture n'aurait pas été abandonnée, et nous voyons, au contraire, que Prosper Alpin, visitant l'Egypte en 1592, n'en a pas parlé, et que Forskal [7], à la fin du XVIIIe siècle, mentionnait le Maïs comme encore peu cultivé en Egypte, où il n'avait pas reçu un nom distinct des Sorghos. Ebn Baithar, médecin arabe du XIIIe siècle, qui avait parcouru les pays situés entre l'Espagne et la Perse, n'indique aucune plante qu'on puisse supposer le Maïs.

1. P. Martyr, Ercilla, Jean de Lery, etc., de 1516 à 1578.
2. Hernandez, *Thes. mexic*, p. 242.
3. Lasègue, *Musée Delessert*, p. 467.
4. Fée, *Souvenirs de la guerre d'Espagne*, p. 128.
5. *Bibliothèque orientale*, Paris, 1697, au mot Rous.
6. Kunth, *Ann. sc. nat.*, sér. 1, vol. 8, p. 418; Raspail, *ibid.*; Unger, *Pflanzen des alten Ægyptens*; A. Braun, *Pflanzenreste ægypt. Mus. in Berlin*; Wilkinson, *Manners and customs of ancient Egyptians*.
7. Forskal, p. LIII.

J. Crawfurd[1], après avoir vu le Maïs généralement cultivé dans l'archipel indien, sous un nom, *Jarung*, qui lui paraissait indigène, a cru l'espèce originaire de ces îles. Mais alors comment Rumphius n'en aurait-il pas dit un mot? Le silence d'un pareil auteur fait présumer une introduction depuis le XVIIe siècle. Sur le continent indien, le Maïs était si peu répandu dans le siècle dernier, que Roxburgh[2] écrivait dans sa flore, publiée longtemps après avoir été rédigée : « Cultivé dans différentes parties de l'Inde dans les jardins et seulement comme objet de luxe; mais nulle part sur le continent indien comme objet de culture en grand. » Nous avons vu qu'il n'y a pas de nom sanscrit.

En Chine, le Maïs est fréquemment cultivé aujourd'hui, en particulier, autour de Péking, depuis plusieurs générations d'hommes[3], quoique la plupart des voyageurs du siècle dernier n'en aient fait aucune mention. Le Dr Bretschneider, dans son opuscule de 1870, n'hésitait pas à dire que le Maïs n'est pas originaire de Chine; mais quelques mots de sa lettre de 1881 me font penser qu'il attribue maintenant de l'importance à un ancien auteur chinois dont Bonafous et après lui MM. Hance et Mayers ont beaucoup parlé. Il s'agit de l'ouvrage de Li-chi-Tchin intitulé *Phen-thsao-Kang-Mou*, ou *Pên-tsao-kung-mu*, espèce de traité d'histoire naturelle, que M. Bretschneider[4] dit être de la fin du XVIe siècle. Bonafous précise davantage. Selon lui, il a été terminé en 1578. L'édition qu'il en avait vue, dans la bibliothèque Huzard, est de 1637. Elle contient la figure du Maïs, avec le caractère chinois. Cette planche est copiée dans l'ouvrage de Bonafous, au commencement du chapitre sur la patrie du Maïs. Il est évident qu'elle représente la plante. Le Dr Hance[5] paraît s'être appuyé sur des recherches de M. Mayers, d'après lesquelles d'anciens auteurs chinois prétendent que le Maïs aurait été importé de Sifan (Mongolie inférieure, à l'ouest de la Chine), longtemps avant la fin du quinzième siècle, à une date inconnue. Le mémoire contient une copie de la figure du *Pên-tsa-kung-mu*, auquel il attribue la date de 1597.

L'importation par la Mongolie est tellement invraisemblable qu'il ne vaut pas la peine d'en parler, et, quant à l'assertion principale de l'auteur chinois, il faut remarquer les dates ou incertaines ou tardives qui sont indiquées. L'ouvrage a été terminé en 1578, selon Bonafous, et selon Mayers en 1597. Si cela est vrai, surtout si la seconde de ces dates est certaine, on peut admettre que le Maïs aurait été apporté en Chine depuis la dé-

1. Crawfurd, *History of the indian archipelago*, Edinburgh, 1820, vol. 1; *Journal of bot.*, 1866, p. 326.
2. Roxburgh, *Flora indica*, ed. de 1832, vol. 3, p. 568.
3. Bretschneider, *On study and value, etc.*, p. 7, 18.
4. Bretschneider, *l. c.*, p. 50.
5. L'article est dans le *Pharmaceutical journal* de 1870. Je ne le connais que par un court extrait, dans Seemann, *Journal of botany*, 1871, p. 62.

couverte de l'Amérique. Les Portugais sont venus à Java en 1511, c'est-à-dire dix neuf années après la découverte de l'Amérique, et en Chine dès l'année 1516 [1]. Le voyage de Magellan de l'Amérique australe aux îles Philippines a eu lieu en 1520. Pendant les 58 ou 77 années entre 1516 et les dates attribuées aux éditions de l'ouvrage chinois, des graines de Maïs ont pu être portées en Chine par des voyageurs venant d'Amérique ou d'Europe. Le Dr Bretschneider m'écrivait récemment que les Chinois n'ont point eu connaissance du nouveau monde avant les Européens, et que les terres situées à l'orient de leur pays, dont il est quelquefois question dans leurs anciens ouvrages, étaient le Japon. Il avait déjà cité l'opinion d'un savant chinois que l'introduction du Maïs près de Peking date des derniers temps de la dynastie Ming, laquelle a fini en 1644. Voilà une date qui s'accorde avec les autres probabilités.

L'introduction au Japon est probablement plus tardive, puisque Kæmpfer n'a pas mentionné l'espèce [2].

D'après cet ensemble de faits, le Maïs n'était pas de l'ancien monde. Il s'y est répandu rapidement après la découverte de l'Amérique, et cette rapidité même achève de prouver que, s'il avait existé quelque part, en Asie ou en Afrique, il y aurait joué depuis des milliers d'années un rôle très important.

Nous allons voir en Amérique des faits qui contrastent avec ceux-ci.

Au moment de la découverte de ce nouveau continent, le Maïs était une des bases de son agriculture, depuis la région de la Plata jusqu'aux Etats-Unis. Il avait des noms dans toutes les langues [3]. Les indigènes le semaient autour de leurs demeures temporaires, quand ils ne formaient pas une population agglomérée. Les sépultures appelées *mounds* des indigènes de l'Amérique du Nord antérieurs à ceux de notre temps, les tombeaux des Incas, les catacombes du Pérou renferment des épis ou des grains de Maïs, de même que les monuments de l'ancienne Egypte des grains d'Orge, de blé ou de Millet. Au Mexique, une déesse qui portait un nom dérivé de celui du Maïs (Cinteutl, de Cintli), était comme la Cérès des Grecs, car elle recevait les prémices de la récolte du Maïs, comme la déesse grecque de nos céréales. A Cusco, les vierges du soleil préparaient du pain de Maïs pour les sacrifices. Rien ne montre mieux l'antiquité et la généralité de la culture d'une plante que cette fusion intime avec les usages religieux d'anciens habitants. Il ne faut cependant pas attribuer à ces indications en Amérique la même importance que dans notre ancien monde. La civilisation des Péruviens, sous les

1. Malte-Brun, *Géographie*, 1, p. 493.
2. Une plante gravée sur une ancienne arme que Siebold avait prise pour le Maïs est un Sorgho, d'après Rein, cité par Wittmack, *Ueb antiken Maïs.*
3. Voir Martius, *Beiträge zur Ethnographie Amerika's*, p. 127.

Incas, et celle des Toltecs et Atztecs au Mexique ne remontent pas à l'antiquité extraordinaire des civilisations de la Chine, de la Chaldée et de l'Egypte. Elle date tout au plus des commencements de l'ère chrétienne; mais la culture du Maïs est plus ancienne que les monuments, d'après toutes les variétés de l'espèce qui s'y trouvaient et leur dispersion dans des régions fort éloignées.

Voici une preuve plus remarquable d'ancienneté découverte par Darwin. Cet illustre savant a trouvé des épis de Maïs et 18 espèces de coquilles de notre époque enfouis dans le terrain d'une plage du Pérou, qui est maintenant à 85 pieds au moins au-dessus de la mer [1]. Ce Maïs n'était peut-être pas cultivé, mais dans ce cas ce serait encore plus intéressant comme indication de l'origine de l'espèce.

Quoique l'Amérique ait été explorée par un grand nombre de botanistes, aucun n'a rencontré le Maïs dans les conditions d'une plante sauvage.

Auguste de Saint-Hilaire [2] avait cru reconnaître le type spontané dans une forme singulière dont chaque grain est caché en dedans de sa bâle ou bractée. On la connaît à Buenos-Ayres, sous le nom de *Pinsigallo*. C'est le *Zea Mays tunicata* de Saint-Hilaire, que Bonafous a figuré dans sa planche 5 *bis*, sous le nom de *Zea cryptosperma* Lindley [3] en a aussi donné une description et une figure, d'après des graines venues, disait-on, des montagnes Rocheuses, origine qui n'est pas confirmée par les flores récemment publiées de Californie. Un jeune Guarany, né dans le Paraguay ou sur ses frontières, avait reconnu ce Maïs et dit à Saint-Hilaire qu'il croissait dans les forêts humides de son pays. Comme preuve d'indigénat, c'est très insuffisant. Aucun voyageur, à ma connaissance, n'a vu cette plante au Paraguay ou au Brésil. Mais, ce qui est bien intéressant, on l'a cultivée en Europe, et il a été constaté qu'elle passe fréquemment à l'état ordinaire du Maïs. Lindley l'avait observé après deux au trois années seulement de culture, et le professeur von Radic a obtenu d'un même semis 225 épis de la forme *tunicata* et 105 de forme ordinaire, à grains nus [4]. Evidemment cette forme, qu'on pouvait croire une véritable espèce, mais dont la patrie était cependant douteuse, est à peine une race. C'est une des innombrables variétés, plus ou moins héréditaires, dont les botanistes les plus accrédités ne font qu'une seule espèce, à cause de leur peu de fixité et des transitions qu'elles présentent fréquemment.

Sur l'état du *Zea Mays* et sur son habitation en Amérique,

1. Darwin, *Variations of animals and plants under domestication*, 1, p. 320.
2. A. de Saint-Hilaire, *Ann. sc. nat.*, 16, p. 143.
3. Lindley, *Journal of the hortic. Society*, 1, p. 114.
4. Je cite ces faits d'après Wittmack, *Ueber antiken Maïs aus Nord und Sud Amerika*, p. 87, dans *Berlin. anthropolog. Ges.*, 10 nov. 1879.

avant que l'homme se fût mis à le cultiver, on ne peut faire que des conjectures. Je les énoncerai, selon ma manière de voir, parce qu'elles conduisent pourtant à certaines indications probables.

Je remarque d'abord que le Maïs est une plante singulièrement dépourvue de moyens de dispersion et de protection. Les graines se détachent difficilement de l'épi, qui est lui-même enveloppé. Elles n'ont aucune aigrette ou aile dont le vent puisse s'emparer. Enfin, quand l'homme ne recueille pas l'épi, elles tombent enchâssées dans leur gangue, appelée rafle, et alors les rongeurs et autres animaux doivent les détruire en qualité, d'autant mieux qu'elles ne sont pas assez dures pour traverser intactes les voies digestives. Probablement, une espèce aussi mal conformée devenait de plus en plus rare, dans quelque région limitée, et allait s'éteindre, lorsqu'une tribu errante de sauvages, s'étant aperçue de ses qualités nutritives, l'a sauvée de sa perte en la cultivant. Je crois d'autant plus à une habitation naturelle restreinte que l'espèce est unique, c'est-à-dire qu'elle constitue ce qu'on appelle un genre monotype. Evidemment les genres de peu d'espèces et surtout les monotypes ont, en moyenne, une habitation plus étroite que les autres. La paléontologie apprendra peut-être un jour s'il a existé en Amérique plusieurs *Zea* ou Graminées analogues, dont notre Maïs serait le dernier. Au temps actuel le genre *Zea*, non seulement est monotype, mais encore est assez isolé dans sa famille. On peut mettre à côté de lui un seul genre, *Euchlæna*, de Schrader, dont une espèce est au Mexique et l'autre à Guatemala, mais c'est un genre bien particulier et sans transitions avec le Zea.

M. Wittmack a fait des recherches curieuses pour deviner quelle variété du Maïs représente, avec une certaine probabilité, la forme d'une époque antérieure aux cultures. Dans ce but, il a comparé des épis et des grains extraits des *Mounds* de l'Amérique du Nord, et des tombeaux du Pérou. Si ces monuments avaient montré une seule forme de Maïs, le résultat aurait été significatif; mais il s'est trouvé plusieurs variétés différentes, soit dans les *Mounds*, soit au Pérou. Il ne faut pas s'en étonner. Ces monuments ne sont pas très anciens. Le cimetière d'Ancon, au Pérou, dont M. Wittmack a obtenu les meilleurs échantillons, est à peu près contemporain de la découverte de l'Amérique [1]. Or, à cette époque, le nombre des variétés était déjà considérable, selon tous les auteurs, ce qui prouve une culture beaucoup plus ancienne.

Des expériences dans lesquelles on sèmerait, plusieurs années

1. Rochebrune, *Recherches ethnographiques sur les sépultures péruviennes d'Ancon*, d'après un extrait par Wittmack, dans Uhlworm, *Bot. Centralblatt*, 1880, p. 1633, où l'on voit que le cimetière a servi avant et depuis la découverte de l'Amérique.

de suite, des variétés de Maïs, dans des terrains non cultivés, montreraient peut-être un retour à quelque forme commune, qu'on pourrait alors considérer comme la souche. Rien de pareil n'a été fait. On a seulement observé que les variétés sont peu stables, malgré leur grande diversité.

Quant à l'habitation de la forme primitive inconnue, voici les raisonnements qui peuvent la faire entrevoir jusqu'à un certain point.

Les populations agglomérées n'ont pu se former que dans les pays où se trouvaient naturellement des espèces nutritives faciles à cultiver. La pomme de terre, la batate et le maïs ont joué sans doute ce rôle en Amérique, et les grandes populations de cette partie du monde s'étant montrées d'abord dans les régions situées à une certaine élévation, du Chili au Mexique, c'est là probablement que se trouvait le Maïs sauvage. Il ne faut pas chercher dans les régions basses, telles que le Paraguay, les bords du fleuve des Amazones, ou les terres chaudes de la Guyane, de Panama et du Mexique, puisque leurs habitants étaient jadis moins nombreux. D'ailleurs les forêts ne sont nullement favorables aux plantes annuelles, et le Maïs ne prospère que médiocrement dans les contrées chaudes et humides où l'on cultive le *Manioc* [1].

D'un autre côté, sa transmission, de proche en proche, est plus facile à comprendre si le point de départ est supposé au centre que si on le place à l'une des extrémités de l'étendue dans laquelle on cultivait l'espèce du temps des Incas et des Toltecs, ou plutôt des Mayas, Nahuas et Chibchas qui les ont précédés. Les migrations des peuples n'ont pas marché régulièrement du nord au midi ou du midi au nord. On sait qu'il y en a eu dans des sens divers, selon les époques et les pays [2]. Les anciens Péruviens avaient à peine connaissance des Mexicains *et vice versa*, comme le prouvent leurs croyances et des usages extrêmement différents. Pour qu'ils aient cultivé de bonne heure, les uns et les autres, le Maïs, il faut supposer un point de départ intermédiaire ou à peu près. J'imagine que la Nouvelle-Grenade répond assez bien à ces conditions. Le peuple appelé Chibcha, qui occupait le plateau de Bogota lors de la conquête par les Espagnols et se regardait comme autochtone, était cultivateur. Il jouissait d'un certain degré de civilisation, attesté par des monuments que l'on commence à explorer. C'est peut-être lui qui possédait le Maïs et en avait commencé la culture. Il touchait d'un côté aux Péruviens, encore peu civilisés, et de l'autre aux Mayas, qui

1. Sagot, *Culture des céréales de la Guyane française* (*Journal de la Soc. centr. d'hortic. de France*, 1872, p. 94).

2. M. de Nadaillac, dans son ouvrage intitulé *Les premiers hommes et les temps préhistoriques*, donne un abrégé du peu que l'on sait aujourd'hui sur ces migrations et en général sur les anciens peuples d'Amérique. Voir en particulier le vol. 2, chap. 9.

occupaient l'Amérique centrale et le Yucatan. Ceux-ci eurent souvent des conflits du côté du nord avec les Nahuas, prédécesseurs au Mexique des Toltecs et des Aztecs. Une tradition porte que Nahualt, chef des Nahuas, enseignait la culture du Maïs [1].

Je n'ose pas espérer qu'on découvre du Maïs sauvage, quoique son habitation préculturale fût probablement si petite que les botanistes ne l'ont peut-être pas encore rencontrée. L'espèce est tellement distincte de toutes les autres et si apparente que les indigènes ou des colons peu instruits l'auraient remarquée et en auraient parlé. La certitude sur l'origine viendra plutôt de découvertes archéologiques. Si l'on étudie un plus grand nombre d'anciens monuments dans toutes les parties de l'Amérique, si l'on parvient à déchiffrer les inscriptions hiéroglyphiques de quelques-uns d'entre eux, et si l'on arrive à connaître les dates des migrations et des faits économiques, notre hypothèse sera justifiée, modifiée ou renversée.

### Article 2. — Graines servant à divers usages.

**Pavot.** — *Papaver somniferum*, Linné.

On cultive le Pavot ordinairement pour l'huile, dite *huile d'œillette*, produite par les graines, et quelquefois, surtout en Asie, pour le suc, qu'on extrait en incisant les capsules et qui fournit l'opium.

La forme cultivée depuis des siècles s'échappe facilement hors des cultures, ou se naturalise à peu près dans certaines localités du midi de l'Europe [2]. On ne peut pas dire qu'elle existe à l'état vraiment sauvage, mais les botanistes s'accordent à la considérer comme une modification du Pavot appelé *Papaver setigerum*, qui est spontané dans la région de la mer Méditerranée, notamment en Espagne, en Algérie, en Corse, en Sicile, en Grèce et dans l'île de Chypre. On ne l'a pas rencontré dans l'Asie orientale [3]; par conséquent, si c'est bien l'origine de la forme cultivée, la culture doit avoir commencé en Europe ou dans l'Afrique septentrionale.

A l'appui de cette réflextion, il se trouve que les lacustres de l'âge de pierre, en Suisse, cultivaient un Pavot qui se rapproche plus du *P. setigerum* que du *somniferum*. M. Heer [4] n'a pas pu découvrir ses feuilles, mais la capsule est surmontée de huit stig-

1. De Nadaillac, 2, p. 69, qui cite l'ouvrage classique de Bancroft, *The native races of the Pacific states*.
2. Willkomm et Lange, *Prodr. fl. hisp.*, 3, p. 872.
3. Boissier, *Fl. orient.*; Tchihatcheff, *Asie Mineure*; Ledebour, *Fl. rossica*, et autres.
4. Heer, *Pflanzen der Pfahlbauten*, p. 32, fig. 65, 66.

mates, comme dans le *setigerum*, et non de 10 à 12, comme dans le Pavot cultivé. Cette dernière forme, inconnue dans la nature, paraît donc s'être manifestée plus tard, dans les temps historiques.

On cultive encore le *P. setigerum* dans le nord de la France, conjointement avec le *somniferum*, pour l'huile d'œillette [1].

Les anciens Grecs connaissaient très bien le Pavot cultivé. Homère, Théophraste et Dioscoride en ont parlé. Ils n'ignoraient pas les propriétés somnifères du suc, et Dioscoride [2] mentionne déjà la variété à graines blanches. Les Romains cultivaient le Pavot avant l'époque républicaine, comme le prouve l'anecdote sur Tarquin. Ils en mêlaient les graines avec la farine dans la panification.

Les Egyptiens, du temps de Pline [3], se servaient du suc de pavot comme médicament, mais nous n'avons aucune preuve que cette plante ait été cultivée en Egypte plus anciennement [4]. Dans le moyen âge [5] et aujourd'hui, c'est une des principales cultures de ce pays, en particulier pour l'opium. Les livres hébreux ne mentionnent pas l'espèce. D'un autre côté, il existe un ou deux noms sanscrits. Piddigton indique *Chosa* et Adolphe Pictet *Khaskhasa*, qui se retrouve, dit-il, dans le persan *Chashchâsh*, l'arménien *Chashchash* et l'arabe [6]. Un autre nom persan est *Kouknar* [7]. Ces noms et d'autres que je pourrais citer, très différents du *Maikôn* (Μηκων) des Grecs, sont un indice de l'ancienneté d'une culture répandue en Europe et dans l'Asie occidentale. Si l'espèce a été cultivée, dans un temps préhistorique, d'abord en Grèce, comme cela paraît probable, elle a pu se répandre vers l'est avant l'invasion des Aryens dans l'Inde; mais il est singulier qu'on n'ait pas de preuve de son extension en Palestine et en Egypte avant l'époque romaine. Il est possible encore qu'en Europe on ait cultivé premièrement la forme sauvage appelée *Papaver setigerum*, usitée par les lacustres de Suisse, et que la forme des cultures actuelles soit venue de l'Asie Mineure, où l'espèce était cultivée il y a au moins trois mille ans. Ce qui peut le faire supposer, c'est l'existence du nom grec *Maikôn*, en dorien *Makon*, dans plusieurs langues slaves et des peuples au midi du Caucase, sous la forme de *Mack* [8].

La culture du Pavot a augmenté, de nos jours, dans l'Inde, à cause de l'exportation de l'opium en Chine, mais les Chinois

1. De Lanessan, dans la traduction de Flückiger et Hanbury, *Histoire des drogues d'origine végétale*, 1, p. 129.
2. Dioscorides, *Hist. plant.*, l. 4, c 65.
3. Pline, *Hist. plant.*, l. 20, c. 18.
4. Unger, *Die Pflanze als Erregungs und Betaübungsmittel*, p. 47; *Die Pflanzen des alten Ægyptens*, p. 50.
5. Ebn Baithar, trad. allem., 1, p. 64.
6. Ad. Pictet, *Origines indo-européennes*, éd. 3, vol. 1, p. 366.
7. Ainslies, *Mat. med. indica*, 1, p. 326.
8. Nemnich, *Polygl. Lexicon*, p. 848.

cesseront bientôt de chagriner les Anglais en leur achetant ce poison, car ils se mettent à le produire avec ardeur. Plus de la moitié de leur territoire cultive actuellement le Pavot[1]. L'espèce n'est nullement spontanée dans les régions orientales de l'Asie, et même, pour ce qui est de la Chine, la culture n'en est pas ancienne [2].

Le nom *Opium*, appliqué au médicament tiré de la capsule, remonte aux auteurs grecs et latins. Dioscoride écrivait *Opos* (Οπος). Les Arabes en ont fait *Afiun* [3] et l'ont propagé dans l'Orient, jusqu'en Chine.

MM. Flückiger et Hanbury [4] ont donné des détails très développés et intéressants sur l'extraction, le commerce et l'emploi de l'opium dans tous les pays, en particulier en Chine. Cependant je présume que nos lecteurs liront avec plaisir les fragments qui suivent de lettres de M. le Dr Bretschneider, datées de Péking, 23 août 1881, 28 janvier et 18 juin 1882. Elles donnent les renseignements les plus certains que les livres chinois, bien interprétés, puissent fournir.

« L'auteur du *Pent-sao-kang-mou*, qui écrivait en 1552 et 1578, donne quelques détails concernant le *a-fou-yong* (c'est Afioun, Opium), drogue étrangère produite par une espèce de *Ying sou* à fleurs rouges dans le pays de *Tien fang* (l'Arabie) et employée récemment comme médicament en Chine. Du temps de la dynastie précédente (mongole, 1280-1368), on n'avait pas beaucoup entendu parler du *a-fou-yong*. L'auteur chinois donne quelques détails sur l'extraction de l'Opium dans son pays natal, mais ne dit pas qu'il soit aussi produit en Chine. Il ne parle pas non plus de l'habitude de le fumer. — Dans le *Descriptive Dictionary of the Indian Islands* by Crawfurd, p. 312, je trouve le passage suivant : « The earliest account we have of the use of Opium, not only from the Archipelago, but also for India and China, is by the faithful and intelligent Barbosa [5]. He writes the word *amfiam*, and in his account of Malacca, enumerates it among the articles brought by the Moorish and gentile merchants of Western India, to exchange for the cargos of Chinese junks. »

« Il est difficile de fixer d'une façon exacte l'époque à laquelle les Chinois commencèrent à fumer l'Opium et à cultiver le Pavot qui le produit. Comme je l'ai dit, il y a beaucoup de confusion à propos de cette question, et pas seulement les auteurs européens, mais aussi les Chinois de nos jours appliquent le nom de

1. Martin, dans *Bull. Soc. d'acclimatation*, 1872, p. 200.
2. Sir J. Hooker, *Flora of british India*, 1, p. 117 ; Bretschneider, *Study and value, etc.*, 47.
3. Ebn Baithar, 1, p. 64.
4. Flückiger et Hanbury, *Histoire des drogues d'origine végétale*, traduction française, 2 vol. in-8, 1878, vol. 1, p. 97-130.
5. Barbosa publia son ouvrage en 1516.

*Ying sou* aussi bien au *P. somniferum* qu'au *P. Rhœas*. Le *P. somniferum*, à présent, est largement cultivé dans toutes les provinces de l'empire chinois et aussi en Mantchourie et en Mongolie. Williamson (*Journeys in North China, Manchuria, Mongolia*, 1868, 2, p. 65) l'a vu cultivé partout en Mantchourie. On lui racontait que la culture du Pavot rapporte deux fois plus que celle des céréales. Potanin, voyageur russe, qui visita en 1876 la Mongolie septentrionale, a vu d'immenses plantations de Pavot dans la vallée de Kiran (entre 47° et 48° lat.). Cela effraie beaucoup le gouvernement chinois et encore plus les Anglais, qui craignent la concurrence du « native opium ».

« Vous n'ignorez pas probablement que dans l'Inde et en Perse on mange l'opium, mais on ne le fume pas. L'habitude de fumer cette drogue paraîtrait une invention chinoise et qui n'est pas ancienne. Rien ne prouve que les Chinois aient fumé l'opium avant le milieu du siècle passé. Les missionnaires jésuites en Chine aux dix-septième et dix-huitième siècles n'en parlent pas. Seul le Père d'Incarville dit, en 1750, que la vente de l'opium est défendue, parce que souvent on en fait usage pour s'empoisonner.

« Deux édits défendant de fumer l'opium datent d'avant 1730, et un autre, de 1796, parle des progrès du vice en question. Don Sinibaldo de Mas, qui a publié en 1858 un très bon livre sur la Chine, pays qu'il avait habité pendant de longues années en qualité de ministre d'Espagne, prétend que les Chinois ont pris cette habitude du peuple d'Assam, dans le pays où on le fumait depuis longtemps. »

Une aussi mauvaise habitude est faite pour se répandre, comme l'absinthe et le tabac. Elle s'introduit peu à peu dans les pays qui ont des rapports fréquents avec la Chine. Souhaitons qu'elle ne gagne pas une proportion aussi forte que chez les habitants d'Amoy, par exemple, où les fumeurs d'opium constituent le chiffre de 15 à 20 0/0 de la population adulte [1].

**Rocou.** — *Bixa Orellana*, Linné.

La matière tinctoriale appelée *Rocou* en français, *Arnotto* en anglais, se tire d'une pulpe de la partie extérieure des graines.

Les habitants des Antilles, de l'isthme de Darien et du Brésil s'en servaient, à l'époque de la découverte de l'Amérique, pour se teindre le corps en rouge, et les Mexicains pour diverses peintures [2].

Le Bixa, petit arbre de la famille des Bixacées, croît naturellement aux Antilles [3] et sur une grande partie du continent amé-

1. Hughes, *Trade Report*, cité dans Flückiger et Hanbury.
2. Sloane, *Jamaica*, 2, p. 53.
3. Sloane, *ibid.*; Clos, *Ann. sc. nat.*, série 4, vol. 8, p. 260; Grisebach, *Fl. of brit. W. India islands*, p. 20.

ricain, entre les tropiques. Les herbiers et les flores abondent en indications de localités, mais ordinairement on ne dit pas si l'espèce était cultivée, spontanée ou naturalisée. Je remarque cependant l'assertion de l'indigénat, par Seemann pour la côte nord-ouest du Mexique et Panama, par M. Triana à la Nouvelle-Grenade, par M. Meyer dans la Guyane hollandaise, et par Piso et Claussen au Brésil [1]. Avec une habitation aussi vaste, il n'est pas surprenant que les noms de l'espèce aient été nombreux dans les langues américaines. Celui des Brésiliens, *Urucu*, est l'origine de *Rocou*.

Il n'était pas bien nécessaire de planter cet arbre pour en obtenir le produit; cependant Piso raconte que les Brésiliens, au XVI<sup>e</sup> siècle, ne se contentaient pas des pieds sauvages, et à la Jamaïque, dans le XVII<sup>e</sup> siècle, les plantations de Rocou étaient communes. C'est une des premières espèces transportées d'Amérique dans le midi de l'Asie et en Afrique. Elle s'est naturalisée quelquefois au point que Roxburgh [2] l'avait crue aborigène dans l'Inde.

**Cotonnier herbacé.** — *Gossypium herbaceum*, Linné.

Lorsque je cherchais, en 1855, l'origine des cotonniers cultivés [3], il régnait une grande incertitude sur la distinction des espèces. Depuis cette époque, il a paru en Italie deux excellents ouvrages sur lesquels on peut s'appuyer, l'un de Parlatore [4], ancien directeur du jardin botanique de Florence, l'autre de M. le sénateur Todaro [5], de Palerme. Ces deux ouvrages sont accompagnés de planches coloriées magnifiques. Pour les cotonniers cultivés, on ne peut rien désirer de mieux. D'un autre côté, la connaissance des véritables espèces, j'entends de celles qui existent dans la nature, à l'état spontané, n'a pas fait les progrès qu'on pouvait espérer. Cependant la définition des espèces est assez précise dans les publications du D<sup>r</sup> Masters [6]. Je la suivrai donc de préférence. L'auteur se rapproche des idées de Parlatore, qui admettait sept espèces bien connues et deux douteuses, tandis que M. Todaro en compte 54, dont deux seulement douteuses, donnant ainsi pour espèces des formes dis-

1. Seemann, *Bot. of Herald*, p. 79, 268; Triana et Planchon, *Prodr. fl. novo-granat.*, p. 94; Meyer, *Essequebo*, p. 202; Piso, *Hist. nat. Brasil.*, ed. 1648, p. 65; Claussen, dans Clos, *l. c.*
2. Roxburgh, *Flora indica*, 2, p. 581; Oliver, *Flora of tropical Africa*, 1, p. 114.
3. *Géographie botanique raisonnée*, p. 971.
4. Parlatore, *Le specie dei cotoni*, texte in-4, planches in-folio, Firenze, 1866.
5. Todaro, *Relazione della coltura dei cotoni in Italia seguita da una monografia del genere Gossypium*, texte grand in-8, planches in-folio, Rome et Palerme, 1877-78; ouvrage précédé de plusieurs autres moins étendus, dont Parlatore avait eu connaissance.
6. Masters, dans Oliver, *Flora of tropical Africa*, p. 210; et dans sir J. Hooker, *Flora of british India*, 1, p. 346.

tinctes par quelque caractère, mais nées et conservées dans les cultures.

Les noms vulgaires des Cotonniers ne peuvent être d'aucun secours. Ils risquent même de tromper complètement sur les origines. Tel coton dit de Siam vient quelquefois d'Amérique; tel autre est appelé coton du Brésil ou d'Ava selon la fantaisie ou la croyance erronée des cultivateurs.

Parlons d'abord du *Gossypium herbaceum*, espèce ancienne des cultures asiatiques, la plus répandue maintenant en Europe et aux Etats-Unis. Dans les pays chauds, d'où elle provient, sa tige dure quelques années; mais, hors des tropiques, elle devient annuelle, par l'effet du froid des hivers. Sa fleur est ordinairement jaune, avec un fond rouge. Son coton est jaune ou blanc, selon les variétés.

Parlatore a examiné plusieurs échantillons d'herbiers spontanés et en a cultivé d'autres provenant d'individus sauvages dans la péninsule indienne. Il admet en outre l'indigénat dans le pays des Birmans et l'archipel indien, d'après des échantillons de collecteurs qui n'ont peut-être pas assez vérifié la qualité de plante sauvage.

M. Masters regarde comme certainement spontané, dans le Sindh, une forme qu'il a appelée *Gossypium Stocksii*, laquelle, dit-il, est probablement l'état sauvage du *Gossypium herbaceum* et des autres Cotonniers cultivés dans l'Inde depuis longtemps. M. Todaro, qui n'est pas disposé à réunir beaucoup de formes en une seule espèce, admet cependant l'identité de celle-ci et du *G. herbaceum* ordinaire. La couleur jaune du coton serait donc l'état naturel de l'espèce. La graine ne présente pas le duvet court qui existe entre les poils allongés dans le *G. herbaceum* cultivé.

La culture a probablement étendu l'habitation de l'espèce hors du pays primitif. C'est le cas, je suppose, pour les îles de la Sonde et la péninsule malaise, où certains individus paraissent plus ou moins spontanés. Kurz [1], dans sa flore de Burma, mentionne le *G. herbaceum*, à coton jaune ou blanc, comme cultivé, et en même temps comme sauvage dans les endroits déserts et les terrains négligés.

Le Cotonnier herbacé se nomme *Kapase* en bengali, *Kapas* en hindoustani, ce qui montre que le mot sanscrit *Karpassi* répond bien à l'espèce [2]. La culture s'en était répandue de bonne heure dans la Bactriane, où les Grecs l'avaient remarquée lors de l'expédition d'Alexandre. Théophraste [3] en parle d'une manière qui ne peut laisser aucun doute. Le Cotonnier en arbre de l'île de Tylos, dans le golfe Persique, dont il fait mention plus

1. Kurz, *Forest flora of british Burma*, 1, p. 129.
2. Piddington, *Index*.
3. Theophrastes, *Hist. plant.*, l. 4, c. 5.

loin [1], était probablement aussi le *Gossypium herbaceum*, car Tylos n'est pas éloigné de l'Inde, et sous un climat aussi chaud le Cotonnier herbacé est un arbuste.

L'introduction d'un Cotonnier quelconque en Chine a un lieu seulement au IXe ou Xe siècle de notre ère [2], ce qui fait présumer une habitation jadis peu étendue du *G. herbaceum* au midi et à l'orient de l'Inde.

La connaissance et peut-être la culture du Cotonnier asiatique s'était propagée dans le monde gréco-romain après l'expédition d'Alexandre, mais avant les premiers siècles de l'ère chrétienne. Si le *Byssos* des Grecs était le Cotonnier, comme le pensent la plupart des érudits, on le cultivait en Grèce, à Elis, d'après Pausanias et Pline [3]; mais Curtius et C. Ritter [4] considèrent le mot *Byssos* comme un terme général exprimant des fils, et selon eux il s'agissait dans ce cas d'un lin de grande finesse. Il est évident que la culture du Cotonnier ou manquait, ou n'était pas commune chez les anciens. Or, d'après son utilité, elle serait devenue fréquente si elle avait été introduite dans une seule localité de la Grèce, par exemple. Ce sont les Arabes qui l'ont propagée plus tard autour de la mer Méditerranée, comme l'indique le nom *Qutn* ou *Kutn* [5], qui a passé dans les langues modernes du midi de l'Europe, sous la forme de *Cotone*, *Coton*, *Algodon*. Eben el Awan, de Séville, qui vivait dans le XIIe siècle, décrit la culture telle qu'on la pratiquait de son temps en Sicile, en Espagne et dans l'Orient [6].

Le *Gossypium herbaceum* est l'espèce la plus cultivée aux Etats-Unis [7]. Elle a été probablement apportée d'Europe. C'était une culture nouvelle il y a cent ans, car on confisqua à Liverpool, en 1774, un ballot de coton venant de l'Amérique septentrionale, par le motif que le Cotonnier, disait-on, n'y croissait pas [8]. Le coton à longue soie (See istand) est celui d'une autre espèce, américaine, dont je parlerai tout à l'heure.

**Cotonnier arborescent.** — *Gossypium arboreum*, Linné.

Il est d'une taille plus élevée et d'une durée plus grande que le Cotonnier herbacé; les lobes de la feuille sont plus étroits, et des bractées moins laciniées ou entières. La fleur est ordinaire-

1. Theophrastes, *Hist. plant.*, l. 4, c. 9.
2. Bretschneider, *Study and value of chinese botanical works*, p. 7.
3. Pausanias, l. 5, c. 5; l. 6, c. 26; Pline, l. 19, c. 1. Voir Brandes, *Baumwolle*, p. 96.
4. C. Ritter, *Die geographische Verbreitung der Baumwolle*, p. 25.
5. Il est impossible de ne pas remarquer la ressemblance de ce nom avec celui du lin en arabe, *Kattan* ou *Kittan*; c'est un exemple de la confusion qui se fait dans les noms lorsqu'il existe des analogies entre les produits.
6. De Lasteyrie, *Du Cotonnier*, p. 290.
7. Torrey et Asa Gray, *Flora of North America*, 1, p. 230; Darlington, *Agricultural botany*, p. 16.
8. Schouw, *Naturschilderungen*, p. 152.

ment rosée, avec un fond rouge. Le coton est toujours blanc.

D'après les botanistes anglo-indiens, cette espèce n'est pas dans l'Inde, comme on l'avait cru, et même elle y est rarement cultivée. Sa patrie est l'Afrique intertropicale. On l'a vue spontanée dans la Guinée supérieure, l'Abyssinie, le Sennar et la haute Egypte [1]. Un si grand nombre de collecteurs l'ont rapportée de ces divers pays qu'on ne peut guère en douter, mais la culture a tellement répandu et mêlé cette espèce avec les autres qu'on l'a décrite sous plusieurs noms, dans les ouvrages sur l'Asie méridionale.

Parlatore avait attribué au *G. arboreum* des échantillons asiatiques du *G. herbaceum* et une plante, très peu connue, que Forskal avait rencontrée en Arabie. Il soupçonnait, d'après cela, que les anciens avaient eu connaissance du *G. arboreum* aussi bien que du *G. herbaceum*. A présent qu'on distingue mieux ces deux espèces et qu'on sait l'origine de l'une et de l'autre, ce n'est pas probable. Ils ont connu le Cotonnier herbacé par l'Inde et la Perse, tandis que l'arborescent n'a pu arriver à eux que par l'Egypte. Parlatore lui-même en a fourni une preuve des plus intéressantes. Jusqu'à son travail de 1866, on ne savait pas bien à quelle espèce appartenaient les graines de Cotonnier que Rosellini a trouvées dans un vase des monuments de l'ancienne Thèbes [2]. Ces graines sont au musée de Florence. Parlatore les a examinées avec soin et déclare qu'elles appartiennent au *Gossypium arboreum* [3]. Rosellini affirme qu'il n'a pas pu être victime d'une fraude, attendu qu'il a ouvert, le premier, le tombeau et le vase. Après lui, aucun archéologue n'a vu ou lu des indices de Cotonniers dans les temps anciens de la civilisation égyptienne. Comment serait-il arrivé qu'une plante aussi apparente, remarquable par ses fleurs et ses graines, n'eût été ni figurée, ni décrite, ni conservée habituellement dans les tombeaux si elle était cultivée? Comment Hérodote, Théophraste et Dioscoride n'en auraient-ils pas parlé à l'occasion de l'Égypte? Les bandes avec lesquelles toutes les momies sont enveloppées, et qu'on supposait autrefois de coton, sont uniquement de lin, d'après Thomson et une foule d'observateurs habitués à manier le microscope. Je conclus de là que, si les graines trouvées par Rosellini étaient véritablement antiques, elles devaient être une rareté, une exception aux coutumes, peut-être le produit d'un arbre cultivé dans un jardin, ou encore elles pouvaient venir de la haute Egypte, pays où nous savons que le Cotonnier arborescent est sauvage. Pline [4] n'a pas dit que le Cotonnier fût cultivé

1. Master, dans Oliver, *Flora of tropical Africa*, p. 211 ; Hooker, *Fl. of brit. India*, 1, p. 347 ; Schweinfurth et Ascherson, *Aufzählung.*, p. 265 (sous le nom de Gossypium nigrum); Parlatore, *Specie dei Cotoni*, p. 25.
2. Rosellini, *Monum. della Egizia*, p. 2; *Mon. civ.*, 1, p. 60.
3. Parlatore, *Specie dei Cotoni*, p. 16.
4. Pline, *Hist. plant.*, l. 19, c. 1.

dans la basse Egypte; mais voici la traduction du passage très remarquable, de lui, qu'on cite souvent : « La partie supérieure de l'Egypte, du côté de l'Arabie, produit un arbuste appelé par quelques-uns *Gossipion* et par plusieurs autres *Xylon*, ce qui a fait appeler *xylina* les fils qu'on en obtient. Il est petit et porte un fruit, semblable à celui de la noix barbue, dont on tisse la laine extraite de l'intérieur. Aucune ne lui est comparable pour la blancheur et la mollesse. »

Pline ajoute : « Les vêtements qu'on en fait sont les plus recherchés par les prêtres égyptiens. » Peut-être le coton destiné à cet usage était-il envoyé de la Haute Egypte, ou bien l'auteur, qui n'avait pas vu la fabrication et ne possédait pas nos microscopes, s'est-il trompé sur la nature des vêtements sacerdotaux, comme nos contemporains qui ont manié des centaines d'enveloppes de momies avant de se douter qu'elles n'étaient pas de coton. Chez les Juifs, les robes des prêtres devaient, d'après la règle, être en lin, et il n'est pas probable que l'usage à cet égard fût différent de celui des Egyptiens.

Pollux [1], né un siècle après Pline et en Egypte, s'exprime clairement sur le Cotonnier, dont les fils étaient employés par ses compatriotes; mais il ne dit pas d'où l'arbuste était originaire, et l'on ne peut pas savoir si c'était le *Gossypium arboreum* ou l'*herbaceum*. On ne voit même pas si la plante était cultivée dans la basse Egypte ou si l'on recevait le coton de la région située au midi. Malgré ces doutes, on peut soupçonner qu'un Cotonnier, probablement celui de la haute Egypte, s'était introduit récemment dans le Delta. L'espèce que Prosper Alpin avait vue cultivée en Egypte au XVIe siècle était le Cotonnier arborescent. Les Arabes et ensuite les Européens ont préféré et ont transporté en divers pays le Cotonnier herbacé, plutôt que l'arborescent, qui donne un moins bon produit et demande plus de chaleur.

Dans ce qui précède, au sujet des deux Cotonniers de l'ancien monde, je me suis servi le moins possible d'arguments tirés des noms grecs, tels que βυσσος, σινδον, ξυλον, Οθων, etc, ou des noms sanscrits et dérivés du sanscrit, comme *Carbasa*, *Carpas*, ou des noms hébreux *Schesch*, *Buz*, qu'on attribue, avec doute, au coton. C'est un sujet sur lequel on a disserté énormément [2], mais la distinction plus nette des espèces et la découverte de leur pays d'origine diminuent beaucoup l'importance de ces questions, du moins pour les naturalistes qui préfèrent les faits aux mots. D'ailleurs, Reynier et après lui C. Ritter sont arrivés dans leurs recherches à une conclusion qu'il faut se rappeler :

1. Pollux, *Onomasticon*, cité dans C. Ritter, *l. c.*, p. 26.
2. Reynier, *Economie des Arabes et des Juifs*, p. 363 ; Bertoloni, *Nov. act. Acad. bonon.*, 2, p. 213, et *Miscell. bot.*, 6 ; Viviani, in *Bibl. ital.*, vol. 81, p. 94 ; C. Ritter, *Geogr. Verbreitung der Baumwolle*, in-4 ; Targioni, *Cenni storici*, p. 93 ; Brandis, *Der Baumwolle im Altherthum*, in-8, 1866.

c'est que les mêmes noms, chez les anciens, ont été appliqués souvent à des plantes ou des tissus différents, par exemple au Lin et au Coton. Dans ce cas, comme dans plusieurs autres, la botanique moderne explique les mots anciens, tandis que les mots et les commentaires des linguistes peuvent égarer.

**Cotonnier des Barbades.** — *Gossypium barbadense*, Linné.

Lors de la découverte de l'Amérique, les Espagnols trouvèrent la culture et l'emploi du coton établis généralement des Antilles au Pérou et du Mexique au Brésil. C'est un fait constaté par tous les historiens de l'époque. Mais de quelles espèces venaient ces cotons américains et dans quelles contrées étaient-elles indigènes? C'est ce qu'il est encore très difficile de savoir. La distinction botanique des espèces ou variétés américaines est embrouillée au plus haut degré. Les auteurs, même ceux qui ont vu de grandes collections de Cotonniers vivants, ne s'accordent pas sur les caractères. Ils sont gênés aussi par la difficulté de savoir quels noms spécifiques de Linné doivent être conservés, car les définitions primitives ne sont pas suffisantes. L'introduction de graines américaines dans les cultures d'Afrique et d'Asie a compliqué encore les questions, les botanistes de Java, Calcutta, Bourbon, etc., ayant décrit souvent les formes américaines comme des espèces, sous des noms divers. M. Todaro admet une dizaine d'espèces d'Amérique; Parlatore les réduisait à trois, qui selon lui répondent au *Gossypium hirsutum*, *G. barbadense* et *G. religiosum* de Linné; enfin le Dr Masters réunit toutes les formes américaines en une seule qu'il nomme *G. barbadense*, et il lui donne pour caractère principal que la graine porte uniquement de longs poils, tandis que les espèces de l'ancien monde ont un duvet court au-dessous des poils allongés [1]. La fleur est jaune, avec un fond rouge. Le coton est blanc ou jaune. Parlatore s'est efforcé de classer 50 ou 60 des formes cultivées dans les trois espèces qu'il admettait, sur le vu des plantes dans les jardins ou les herbiers. Le Dr Masters mentionne peu de synonymes, et il est possible que certaines formes dont il n'a pas eu connaissance ne rentrent pas dans la définition de son espèce unique.

Avec une pareille confusion, le mieux serait pour les botanistes de chercher avec soin les *Gossypium* spontanés en Amérique, de constituer les espèces, ou l'espèce, uniquement sur eux, et de laisser aux formes cultivées leurs noms baroques, souvent absurdes, qui trompent sur l'origine. J'émets ici cette opinion, parce que dans aucun autre genre de plantes cultivées je n'ai senti aussi fortement que l'histoire naturelle doit se baser sur les faits *naturels* et non sur les produits artificiels de la culture.

1. Masters, dans Oliver, *Flora of tropical Africa*, 1, p. 322, et dans Hooker, *Flora of brit. India*, 1, p. 347.

Si l'on veut partir de ce point de vue, — qui a le mérite d'être une méthode vraiment scientifique, — il faut constater malheureusement que, pour les Cotonniers indigènes en Amérique, les connaissances sont encore bien peu avancées. C'est tout au plus si l'on peut citer deux collecteurs ayant trouvé des *Gossypium* vraiment spontanés, semblables ou très analogues à telle ou telle forme des cultures.

Il est rare qu'on puisse se fier aux anciens botanistes et voyageurs pour la qualité de plante spontanée. Les Cotonniers lèvent quelquefois dans le voisinage des plantations et se naturalisent plus ou moins, le duvet de leurs graines facilitant les transports accidentels. L'expression ordinaire des vieux auteurs : le Cotonnier de tel nom *croît* dans tel pays, signifie souvent une plante cultivée. Linné lui-même, en plein XVIII^e siècle, dit souvent d'une espèce cultivée : « *Habitat*, » et même il le dit quelquefois à la légère [1]. Parmi les auteurs du XVI^e siècle, un des plus exacts, Hernandez, est cité pour avoir décrit et figuré un Gossypium sauvage au Mexique; mais le texte fait douter un peu de la condition spontanée [2] de cette plante que Parlatore rapporte au G. hirsutum, Linné. Dans son catalogue des plantes du Mexique, M. Hemsley [3] se borne à dire d'un Gossypium qu'il nomme *barbadense* : « cultivé et sauvage. » De cette dernière condition, il ne fournit aucune preuve. Mac Fadyen [4] parle de trois formes sauvages et cultivées à la Jamaïque. Il leur attribue des noms spécifiques et ajoute qu'elles rentrent peut-être dans le *G. hirsutum*, Linné. Grisebach [5] admet la spontaneité d'une espèce, *G. barbadense*, aux Antilles. Quant aux distinctions spécifiques, il déclare ne pas pouvoir les établir sûrement.

Pour la Nouvelle-Grenade, M. Triana [6] décrit un *Gossypium*, qu'il appelle *G. barbadense*, Linné, qu'il dit : « cultivé et subspontané le long du Rio Seco, province de Bogota, et dans la vallée du Cauca, près de Cali; » et il ajoute une variété *hirsutum* croissant (il ne dit pas si c'est spontanément) le long du Rio Seco.

Je ne puis découvrir aucune assertion analogue pour le Pérou, la Guyane et le Brésil [7]; mais la flore du Chili, publiée par Cl. Gay [8], mentionne un *Gossypium* « quasi spontané dans la province de Copiapo », que l'auteur rapporte à la forme du *G. peruvianum*, Cavanilles. Or cet auteur ne dit pas la plante

1. Il a dit, par exemple, du *Gossypium herbaceum*, qui est certainement de l'ancien monde, d'après les faits connus avant lui : Habitat in America.
2. Nascitur in calidis, humidisque, cultis præcipue, locis. (Hernandez, *Novæ Hispaniæ thesaurus*, p. 308.)
3. Hemsley, *Biologia centrali-americana*, 1, p. 123.
4. Mac Fadyen, *Flora of Jamaica*, p. 72.
5. Grisebach, *Flora of brit. W. India islands*, p. 86.
6. Triana et Planchon, *Prodr. fl. novo-granatensis*, p. 170.
7. Les Malvacées n'ont pas encore paru dans le *Flora brasiliensis*.
8. Cl. Gay, *Flora chilena*, 1, p. 312.

spontanée, et Parlatore la classe dans le *G. religiosum*, Linné.

Une forme importante dans la culture est celle du coton à longue soie, appelé par les Anglo-Américains *Sea island*, ou *Long staple cotton*, que Parlatore rapporte au *G. barbadense*, Linné. On la regarde comme américaine d'origine, mais personne ne dit l'avoir vue sauvage.

En résumé, si les documents historiques sont positifs en ce qui concerne un emploi du coton en Amérique depuis des temps bien antérieurs à l'arrivée des Européens, l'habitation spontanée de la plante ou des plantes qui fournissaient cette matière est encore très peu connue. On s'aperçoit, dans cette occasion, de l'absence, pour l'Amérique tropicale, d'ouvrages analogues aux flores des colonies anglaises et hollandaises d'Afrique et d'Asie.

**Arachide, Pistache de terre.** — *Arachis hypogæa*, Linné.

Rien de plus curieux que la manière de fructifier de cette Légumineuse annuelle, qu'on cultive dans tous les pays chauds, soit pour en manger la graine, soit surtout pour extraire l'huile, contenue dans ses cotylédons [1]. M. Bentham a publié dans la *Flore brésilienne*, in-folio, vol. 15, planche 23, des détails très complets, où l'on voit comment le pédoncule de la fleur se recourbe après la floraison et enfouit le légume dans le terrain.

L'origine de l'Arachide a été contestée pendant un siècle, même par des botanistes qui employaient de bonnes méthodes pour la découvrir. Il n'est pas inutile de voir comment on est arrivé à la vérité. Cela peut servir de direction pour les cas analogues. Je citerai donc ce que j'ai dit en 1855 [2], et terminerai en donnant de nouvelles preuves, à la suite desquelles aucun doute ne peut subsister :

« Linné [3] avait dit de l'*Arachis* : « Elle habite à Surinam, au Brésil et au Pérou. » Selon son habitude, il ne spécifiait pas si l'espèce était spontanée ou cultivée dans ces pays. En 1818, R. Brown [4] s'exprimait ainsi : « Elle a été probablement introduite de Chine, sur le continent indien, à Ceylan et dans l'archipel malais, où l'on peut croire, malgré sa culture aujourd'hui générale, qu'elle n'est pas indigène, particulièrement à cause des noms qu'on lui donne. Je regarde comme n'étant pas très improbable qu'on l'aurait apportée d'Afrique dans différentes régions équinoxiales de l'Amérique, quoique cependant elle soit indiquée dans quelques-uns des premiers écrits sur ce continent,

1. Le *Gardener's chronicle* du 4 septembre 1880 donne des détails sur la culture de cette plante, sur l'emploi de ses graines, et sur l'immense exportation qui s'en fait actuellement de la côte occidentale d'Afrique, du Brésil, de l'Inde, etc., en Europe.

2. A. de Candolle, *Géographie botanique raisonnée*, p. 962.

3. Linné, *Species plantarum*, p. 1040.

4. R. Brown, *Botany of Congo*, p. 53.

en particulier sur le Pérou et le Brésil. D'après Sprengel, elle serait mentionnée dans Théophraste comme cultivée en Egypte; mais il n'est pas du tout évident que l'Arachis soit la plante à laquelle Théophraste fait allusion dans le passage cité. Si elle avait été cultivée autrefois en Egypte, elle se trouverait probablement encore dans ce pays; or elle n'est ni dans le Catalogue de Forskal, ni dans la flore plus étendue de Delile. Il n'y a rien de très invraisemblable, continue Brown, dans l'hypothèse que l'Arachis serait indigène en Afrique et même en Amérique; mais, si l'on veut la regarder comme originaire de l'un de ces continents seulement, il est plus probable qu'elle aurait été apportée de Chine, par l'Inde, en Afrique, que d'avoir marché dans le sens contraire. » Mon père, en 1825, dans le *Prodromus* (2, p. 474), revint à l'opinion de Linné. Il admit l'origine américaine sans hésiter. Reprenons la question, disais-je en 1855, avec les données actuelles de la science.

« L'*Arachis hypogæa* était la seule espèce de ce genre singulier connue du temps de Brown. Depuis, on a découvert six autres espèces, toutes du Brésil [1]. Ainsi, en appliquant la règle de probabilité, dont Brown a tiré le premier un si grand parti, nous inclinerons *à priori* vers l'idée d'une origine américaine. Rappelons-nous que Marcgraf [2] et Pison [3] décrivent et figurent la plante comme usitée au Brésil, sous le nom de *Mandubi*, qui paraît indigène. Ils citent Monardes, auteur de la fin du XVIe siècle, comme l'ayant indiquée au Pérou, avec un nom différent, *Anchic*. Joseph Acosta [4] ne fait que mentionner l'un de ces noms usités en Amérique, *Mani*, et en parle à l'occasion des espèces qui ne sont pas d'origine étrangère en Amérique. L'Arachis n'etait pas ancienne à la Guyane, aux Antilles et au Mexique. Aublet [5] la cite comme plante cultivée, non à la Guyane, mais à l'île de France. Hernandez n'en parle pas. Sloane [6] ne l'avait vue que dans un jardin et provenant de graines de Guinée. Il dit que les négriers en chargeaient leurs vaisseaux pour nourrir les esclaves pendant la traversée, ce qui indique une culture alors très répandue en Afrique. Pison, dans la seconde édition (1658, p. 256), non dans celle de 1648, figure un fruit très analogue, importé d'Afrique au Brésil, sous le nom de *Mandobi*, bien voisin du nom de l'Arachis, *Mundubi*. D'après les trois folioles de la plante, ce serait le *Voandzeia*, si souvent cultivé en Afrique; mais le fruit me paraît plus allongé qu'on ne l'attribue à ce genre, et il a deux ou trois graines au lieu d'une

1. Bentham, dans *Trans. Linn. Soc.*, XVIII, p. 159; Walpers, *Repertorium*, 1, p. 727.
2. Marcgraf et Pison, *Bras.*, p. 37, édit. 1648.
3. Marcgraf et Pison, *Bras*, édit. 1658, p. 256.
4. Acosta, *Hist. nat. Ind.*, trad. franç., 1598, p. 165.
5. Aublet, *Pl. Guyan.*, p. 765.
6. Sloane, *Jamaica*, p. 184.

ou deux. Quoi qu'il en soit, la distinction établie par Pison entre ces deux graines souterraines, l'une brésilienne, l'autre d'Afrique, tend à faire penser que l'Arachis est du Brésil.

« L'ancienneté et la généralité de sa culture en Afrique est cependant un argument de quelque force, qui compense jusqu'à un certain point l'ancienneté au Brésil et la présence de six autres Arachis dans ce seul pays. Je lui donnerais beaucoup de valeur si l'Arachis avait été connue des anciens Egyptiens et des Arabes; mais le silence des auteurs grecs, latins et arabes, comme l'absence de l'espèce en Egypte du temps de Forskal, me font penser que sa culture en Guinée, au Sénégal [1] et sur la côte orientale d'Afrique [2] ne remonte pas à une date fort ancienne. Elle n'a pas non plus des caractères d'antiquité bien grande en Asie. En effet, on ne lui connaît aucun nom sanscrit [3], mais seulement un nom hindustani. D'après Rumphius [4], elle aurait été importée du Japon dans plusieurs des îles de l'archipel indien. Elle n'aurait eu alors que des noms étrangers, comme, par exemple, le nom chinois qui signifie seulement fève de terre. A la fin du siècle dernier, elle était cultivée généralement en Chine et en Cochinchine. Cependant malgré cette idée de Rumphius d'une introduction dans les îles par le Japon ou la Chine, je vois que Thunberg n'en parle pas dans sa *Flore japonaise*. Or le Japon a eu depuis seize siècles des rapports avec la Chine, et les plantes cultivées originaires de l'un des deux pays ont ordinairement passé de bonne heure dans l'autre. Elle n'est pas indiquée par Forster parmi les plantes usitées dans les petites îles de la mer Pacifique. L'ensemble de ces données fait présumer l'origine américaine, j'ajouterai même brésilienne.

« Aucun des auteurs que j'ai consultés ne dit avoir vu la plante spontanée, soit dans l'ancien, soit dans le nouveau monde. Ceux qui parlent de l'Afrique ou de l'Asie ont soin de dire que la plante y est cultivée. Marcgraf ne le dit pas pour le Brésil; mais Pison indique l'espèce comme semée. »

Des graines d'Arachide ont été trouvées dans les tombeaux péruviens d'Ancon [5], ce qui fait présumer quelque ancienneté d'existence en Amérique et appuie mon opinion de 1855.

L'étude des livres chinois par le Dr Bretschneider [6] renverse l'hypothèse de Brown. L'Arachide n'est pas mentionnée dans les anciens ouvrages de ce pays, même dans le *Pent-Sao*, publié au XVIe siècle. Il ajoute qu'il croit l'introduction seulement du siècle dernier.

1. Guillemin et Perrottet, *Fl. seneg.*
2. Loureiro, *Fl. cochinch.*
3. Roxburgh, *Fl. ind.*. 3, p. 280; Piddington, *Index.*
4. Rumphius, *Herb. amb.*, 5, p. 426 et 427.
5. Rochebrune, d'après l'extrait contenu dans *Botanisches Centralblatt*, 1880, p. 1634. Pour la date, voyez ci-dessus, p. 273.
6. Bretschneider, *On the study and value of chinese bot. works*, p. 18.

Toutes les flores récentes d'Asie et d'Afrique mentionnent l'espèce comme cultivée, et la plupart des auteurs pensent qu'elle est d'origine américaine. M. Bentham, après avoir constaté qu'on ne l'a pas trouvée sauvage en Amérique ou ailleurs, ajoute qu'elle est peut-être une forme dérivée d'une des six autres espèces du genre spontanées au Brésil, mais il n'indique pas de laquelle. C'est assez probable, car une plante douée d'un moyen efficace et très particulier de germer ne paraît pas de nature à s'éteindre. On l'aurait trouvée sauvage au Brésil, dans le même état que la plante cultivée, si cette dernière n'était pas un produit de la culture. Les ouvrages sur la Guyane et autres régions de l'Amérique indiquent l'espèce comme cultivée. Grisebach [1] nous dit en outre que dans plusieurs des îles Antilles elle se naturalise hors des cultures.

Un genre dont toutes les espèces bien connues sont ainsi cantonnées dans une seule région de l'Amérique ne peut guère avoir une espèce commune entre le nouveau monde et l'ancien. Ce serait une exception par trop forte aux données ordinaires de la géographie botanique. Mais alors comment l'espèce (ou forme cultivée) a-t-elle passé du continent américain à l'ancien monde? C'est ce qu'on ne peut guère deviner. Je ne suis pas éloigné de croire à un transport du Brésil en Guinée par les premiers négriers, et à d'autres transports du Brésil aux îles du midi de l'Asie par les Portugais depuis la fin du XVe siècle.

**Caféier.** — *Coffea arabica*, Linné.

Ce petit arbre, de la famille des Rubiacées, est sauvage en Abyssinie [2], dans le Soudan [3] et sur les deux côtes opposées de Guinée et Mozambique [4]. Peut-être, dans ces dernières localités, éloignées du centre, s'est-il naturalisé à la suite des cultures. Personne ne l'a encore trouvé en Arabie, mais cela peut s'expliquer par la difficulté de pénétrer dans l'intérieur du pays. Si on l'y découvre, on aura de la peine à constater la qualité spontanée, car les graines, qui perdent vite leur faculté de germer, lèvent souvent autour des cultures et naturalisent l'espèce. Cela s'est vu au Brésil et aux Antilles [5], où l'on est sûr que le Caféier n'a jamais été indigène.

L'usage du café paraît fort ancien en Abyssinie. Shehabeddin Ben, auteur d'un manuscrit arabe du XVe siècle (n° 944 de la Bibl. de Paris), cité dans l'excellente dissertation de John Ellis [6],

1. Grisebach, *Flora of brit. W. Indian islands*, p. 189.
2. Richard, *Tentamen fl. abyss.*, 1, p. 349; Oliver, *Flora of tropical Africa*, 3, p. 180.
3. Ritter, cité dans *Flora*, 1846, p. 704.
4. Meyen, *Géogr. bot.*, traduction anglaise, p. 384; Grisebach, *Flora of british W. India islands*, p. 338.
5. H. Welter, *Essai sur l'histoire du café*, 1 vol. in-8°, Paris, 1868.
6. Ellis, *An historical account of Coffee*, 1774.

dit qu'on employait le café en Abyssinie depuis un temps immémorial. L'usage, même médical, ne s'en était pas propagé dans les pays voisins, car les croisés n'en eurent aucune connaissance, et le célèbre médecin Ebn Baithar, né à Malaga, qui avait parcouru le nord de l'Afrique et la Syrie au commencement du XIII$^{e}$ siècle de l'ère chrétienne, ne dit pas un mot du café [1]. En 1596, Bellus envoyait à de L'Ecluse des graines dont les Egyptiens tiraient la boisson du *Cavé* [2]. A peu près à la même époque, Prosper Alpin en avait eu connaissance en Egypte même. Il désigne l'arbuste sous le nom de « arbor *Bon*, cum fructu suo *Buna*. » Le nom de *Bon* se retrouve aussi dans les premiers auteurs sous la forme de *Bunnu*, *Buncho*, *Bunca* [3]. Les noms d *Cahue*, *Cahua*, *Chaubé* [4], *Cavé* [5] s'appliquaient, en Egypte et en Syrie, plutôt à la boisson préparée, et sont devenus l'origine du mot *Café*. Le nom *Bunnu*, ou quelque chose d'analogue, est si bien le nom primitif de la plante, que les Abyssins l'appellent aujourd'hui encore *Boun* [6].

Si l'usage du café est plus ancien en Abyssinie qu'ailleurs, cela ne prouve pas que la culture y soit bien ancienne. Il est très possible que pendant des siècles on ait été chercher les baies dans les forêts, où elles étaient sans doute très communes. Selon l'auteur arabe cité plus haut, ce serait un muphti d'Aden, à peu près son contemporain, appelé Gemaleddin, qui, ayant vu boire du café en Perse, aurait introduit cette coutume à Aden, et de là elle se serait répandue à Moka, en Egypte, etc. D'après cet auteur, le Caféier croissait en Arabie [7]. Il existe d'autres fables ou traditions, d'après lesquelles ce seraient toujours des moines ou des prêtres arabes qui auraient imaginé la boisson du café [8], mais elles nous laissent également dans l'incertitude sur la date première de la culture. Quoi qu'il en soit, l'usage du café s'étant répandu dans l'Orient, puis en Occident, malgré une foule de prohibitions et de conflits bizarres [9], la production en est devenue bientôt un objet important pour les colonies. D'après Boerhaave, le bourgmestre d'Amsterdam, Nicolas Witsen, directeur de la Compagnie des Indes, pressa le gouverneur de Batavia, Van Hoorn, de faire venir des graines de Caféier d'Arabie à Batavia : ce qui fut fait et permit à Van Hoorn d'en envoyer des pieds vivants à Witsen, en 1690. Ceux-ci furent soignés dans le jardin botanique d'Amsterdam, fondé par Witsen. Ils y portèrent des

1. Ebn Baithar, trad. de Sordtheimer, 2 vol. in-8°, 1842.
2. Bellus, Epist. ad Clus., p. 309.
3. Rauwolf, Clusius.
4. Rauwolf; Bauhin, *Hist.*, 1, p. 422.
5. Bellus, *l. c.*
6. Richard, *Tentamen fl. abyss.*, p. 350.
7. Un extrait du même auteur dans Playfair, *Hist. of Arabia Felix*, Bombay, 1859, ne mentionne pas cette assertion.
8. *Nouv. dict. d'hist. nat.*, IV, p. 552.
9. Ellis, *l. c.; Nouv. dict.*, *l. c.*

fruits. En 1714, les magistrats de cette ville en envoyèrent un pied en bon état et couvert de fruits à Louis XIV, qui le déposa dans son jardin de Marly. On multiplia aussi le Caféier dans les serres du jardin du roi à Paris. L'un des professeurs de cet établissement, Antoine de Jussieu, avait déjà publié, en 1713, dans les *Mémoires de l'Académie des sciences*, une description intéressante de la plante, d'après un pied que Pancras, directeur du jardin d'Amsterdam, lui avait envoyé.

Les premiers Caféiers plantés en Amérique furent introduits à Surinam par les Hollandais, en 1718. De la Motte-Aigron, gouverneur de Cayenne, ayant été à Surinam, en obtint quelques-uns en cachette et les multiplia en 1725 [1]. Le Caféier fut introduit à la Martinique par de Clieu [2], officier de marine, en 1720 d'après Deleuze [3], en 1723 d'après les *Notices statistiques sur les colonies françaises* [4]. On l'introduisit de là dans les autres îles françaises, par exemple à la Guadeloupe en 1730 [5]. Sir Nicolas Lawes le cultiva le premier à la Jamaïque [6]. Dès 1718, la Compagnie française des Indes avait envoyé des plantes de café Moka à l'île Bourbon [7], et même, selon d'autres [8], ce fut en 1717 qu'un nommé Dufougerais-Grenier fit venir de Moka dans cette île des pieds de Caféier. On sait combien la culture de cet arbuste s'est répandue à Java, à Ceylan, aux Antilles et au Brésil. Rien ne l'empêche de s'étendre dans la plupart des pays intertropicaux, d'autant plus que le Caféier s'accommode des terrains en pente et assez arides où d'autres produits ne peuvent pas réussir. Il est dans l'agriculture tropicale un équivalent de la vigne en Europe et du thé en Chine.

On peut trouver d'autres détails dans le volume publié par M. H. Welter [9] sur l'histoire économique et commerciale du café. L'auteur a même ajouté un chapitre intéressant sur les divers *succédanés*, au moyen desquels on remplace, passablement ou

1. Ce détail est emprunté à Ellis, *Diss. Caf.*, p. 16. Les *Notices statistiques sur les colonies françaises*, 2, p. 46, disent : « Vers 1716 ou 1721, des semences fraiches de café ayant été apportées secrètement de Surinam, malgré la surveillance des Hollandais, la culture de cette denrée coloniale se naturalisa à Cayenne. »

2. Le nom de ce marin a été écrit de plusieurs manières, *Declieux*, *Duclieux*, *Desclieux*, selon les ouvrages. D'après les informations que j'ai prises au ministère de la guerre, de Clieux était un gentilhomme allié au comte de Maurepas. Il était né en Normandie, était entré dans la marine en 1702, et s'était retiré en 1760, après une carrière très honorable. J'ai donné ses états de service dans une note de ma *Géographie botanique*, p. 971. Il est mort en 1775. Les rapports officiels n'ont pas omis de mentionner le fait important qu'il avait introduit la Caféier dans les colonies françaises.

3. Delenze, *Hist. du Muséum*, 1, p. 20.

4. *Notices statist. sur les colonies françaises*, 1, p. 30.

5. *Notices statist. col. fr.*, 1, p. 209.

6. Martin, *Statist. colon. Brit. Emp.*

7. *Nouv. Dict. hist. nat.*, IV, p. 135.

8. *Notices stat. col. franç.*, 2, p. 84.

9. H. Welter, *Essai sur l'histoire du café*, 1 vol. in-8°, Paris, 1868.

fort mal, une graine qu'on ne saurait trop apprécier dans son état naturel.

**Caféier de Libérie.** — *Coffea liberica*, Hiern [1].

Depuis quelques années, le jardin royal de Kew a envoyé dans les colonies anglaises des pieds de cette espèce, qui croît spontanément à Libéria, dans l'Angola, à Golungo alto [2] et probablement dans plusieurs autres localités de l'Afrique tropicale occidentale.

La végétation en est plus vigoureuse que celle du Caféier ordinaire, et les graines, d'une dimension plus grande, donnent un excellent produit. Les Rapports officiels du jardin de Kew par sir Joseph Hooker, son savant directeur, font connaître le progrès de cette introduction, qui jouit d'une grande faveur, surtout à la Dominique.

**Madia.** — *Madia sativa*, Molina.

Les habitants du Chili, avant la découverte de l'Amérique, cultivaient cette espèce de Composée annuelle pour l'huile contenue dans les graines. Depuis qu'on a planté beaucoup d'Oliviers, le Madia est méprisé par les Chiliens, qui se plaignent seulement de la plante comme mauvaise herbe incommode dans leurs jardins [3]. C'est alors que les Européens se sont mis à la cultiver — avec un succès médiocre, vu la mauvaise odeur des capitules.

Le Madia est indigène au Chili et, en même temps, en Californie [4]. On a d'autres exemples de cette disjonction d'habitation entre les deux pays [5].

**Muscadier.** — *Myristica fragrans*, Houttuyn.

Le Muscadier, petit arbre de la famille des Myristicées, est spontané aux Moluques, principalement dans les îles de Banda [6]. Il y est cultivé depuis un temps très long, à en juger par le nombre considérable de ses variétés.

Les Européens ont reçu la noix muscade, par le commerce de l'Asie, depuis le moyen âge; mais les Hollandais se sont assurés longtemps le monopole de sa culture. Quand les Anglais ont possédé les Moluques, à la fin du siècle dernier, ils ont porté des Muscadiers vivants à Bencoolen et dans l'île du Prince-Edouard [7]. Il s'est répandu ensuite à Bourbon, Maurice, Mada-

1. Dans Hiern, *Transactions of the linnean Society*, série 2, vol. 1, p. 171, pl. 24. Cette planche est reproduite dans le Rapport du jardin royal de Kew pour 1876.
2. Oliver, *Flora of tropical Africa*, 3, p. 181.
3. Cl. Gay, *Flora chilena*, 4, p. 268.
4. Asa Gray, *Botany of California*, 1, p. 359.
5. A. de Candolle, *Géogr. bot. raisonnée*, p. 1047.
6. Rumphius, *Amboin.*, 2, p. 17; Blume, *Rumphia*, 1, p. 180.
7. Roxburgh, *Flora indica*, 3, p. 845.

gascar, et dans certaines colonies de l'Amérique tropicale, mais avec un succès médiocre au point de vue commercial.

**Sésame.** — *Sesamum indicum*, de Candolle (*S. indicum* et *S. orientale*, Linné).

Le Sésame est cultivé, depuis très longtemps, dans les régions chaudes de l'ancien monde, pour l'huile qu'on extrait de ses graines.

La famille des Sésamées, à laquelle appartient cette plante annuelle, se compose de plusieurs genres, distribués dans les régions tropicales d'Asie, d'Afrique et d'Amérique. Chaque genre n'a qu'un petit nombre d'espèces. Le Sesamum, pris dans le sens le plus large [1], en a une dizaine, toutes d'Afrique, sauf peut-être l'espèce cultivée, dont nous allons chercher l'origine. Celle-ci compose à elle seule le vrai genre Sesamum, qui est une section dans l'ouvrage de MM. Bentham et Hooker. L'analogie botanique indiquerait une origine africaine, mais on sait qu'il y a bon nombre de plantes dont l'habitation s'étend de l'Asie méridionale à l'Afrique.

Le Sésame présente deux races, l'une à graines noires, l'autre à graines blanches, et plusieurs variétés quant à la forme des feuilles. La différence de couleur des graines remonte à une grande antiquité, comme cela se voit dans le Pavot.

Les graines de Sésame se répandent souvent hors des cultures et naturalisent plus ou moins l'espèce. On l'a remarqué dans des régions très éloignées les unes des autres, par exemple dans l'Inde, les îles de la Sonde, l'Egypte et même aux Antilles, où certainement la culture est d'introduction moderne [2]. C'est peut-être la cause pour laquelle aucun auteur ne prétend avoir trouvé la plante à l'état sauvage, si ce n'est Blume [3], observateur très digne de foi, qui mentionne une variété à fleurs plus rouges qu'à l'ordinaire croissant dans les montagnes de Java. Voilà sans doute un indice d'origine, mais il en faut d'autres pour une véritable preuve. Je les chercherai dans l'histoire de la culture. Le pays où elle a commencé doit être l'ancienne habitation de l'espèce, ou s'être trouvé en rapport avec cette ancienne habitation.

Que la culture remonte en Asie, à une époque très reculée, c'est assez clair d'après la diversité des noms. Le Sésame se nomme en sanscrit *Tila* [4], en malais *Widjin*, en chinois *Moa* (d'après Rumphius) ou *Chi-ma* (d'après Bretschneider), en

1. Bentham et Hooker, *Genera*, 2, p. 1059.
2. Pickering, *Chronol. history of plants*, p. 223; Rumphius, *Herb. amboinense*, 5, p. 204; Miquel, *Flora indo-batava*, 2, p. 760; Schweinfurth et Ascherson, *Aufzählung*, p. 273; Grisebach, *Flora of brit. W. India*, p. 458.
3. Blume, *Bijdragen*, p. 778.
4. Roxburgh, *Fl. ind.*, éd. 1832, v. 3, p. 100; Piddington, *Index*.

japonais *Koba* [1]. Le nom de *Sesam* est commun au grec, au latin et à l'arabe, sauf des variations insignifiantes de lettres. On pourrait en inférer que l'habitation était très étendue et qu'on aurait commencé à cultiver la plante dans plusieurs pays séparément. Mais il ne faut pas donner trop d'importance à un argument de cette nature. Les ouvrages chinois font présumer que le Sésame n'a pas été introduit en Chine avant l'ère chrétienne. La première mention suffisamment certaine se trouve dans un livre du vᵉ ou vıᵉ siècle, intitulé *Tsi min yao chou* [2]. Antérieurement, il y avait un peu de confusion de nom avec le Lin, dont la graine donne aussi de l'huile et qui n'est pas d'ancienne date en Chine [3].

Théophraste et Dioscoride disent que les Egyptiens cultivaient une plante appelée Sésame, pour en tirer de l'huile, et Pline ajoute qu'elle venait de l'Inde [4]. Il parle aussi d'un Sésame sauvage en Egypte, dont on tirait de l'huile, mais c'était probablement le Ricin [5]. Il n'est pas prouvé que les anciens Egyptiens, avant l'époque de Théophraste, aient cultivé le Sésame. On n'en a pas trouvé de figure ni de graines dans les monuments. Un dessin du tombeau de Ramses III montre l'usage de mêler de petites graines avec la farine des pâtisseries, et de nos jours cela se fait en Egypte avec les graines de Sésame, mais on se sert aussi d'autres graines (Carvi, Nielle), et il n'est pas possible de reconnaître dans le dessin celles de Sésame en particulier [6]. Si les Egyptiens avaient connu l'espèce au temps de l'Exode, 1100 ans avant Théophraste, il est probable que les livres hébreux l'auraient mentionnée, à cause des usages variés de la graine et surtout de l'huile. Cependant les commentateurs n'en ont trouvé aucune trace dans l'Ancien Testament. Le nom *Semsem* ou *Simsim* est bien sémitique, mais seulement de l'époque, moins ancienne, du Talmud [7] et du traité d'agriculture d'Alawwam [8], rédigé depuis l'ère chrétienne. Ce sont peut-être les Sémites qui ont porté la plante et le nom *Semsem* (d'où *Sesam* des Grecs) en Egypte, après l'époque des grands monuments et de l'Exode. Ils ont pu la recevoir, avec le nom, de la Babylonie, où l'on cultivait le Sésame, d'après Hérodote [9].

Une ancienne culture dans la région de l'Euphrate se concilie

1. Thumberg, *Fl. jap.*, p. 254.
2. Bretschneider, lettre du 23 août 1881.
3. Bretschneider, *On study, etc.*, p. 16.
4. Théophraste, l. 8, c. 1, 5; Dioscorides, l. 2, c. 121; Pline, *Hist.*, l. 18, c. 10.
5. Pline, *Hist.*, l. 15, c. 7.
6. Wilkinson, *Manners and customs, etc.*, vol. 2; Unger, *Pflanzen des alten Ægyptens*, p. 45.
7. Reynier, *Économie publique des Arabes et des Juifs*, p. 431; Löw, *Aramäische Pflanzennamen*, p. 376.
8. E. Meyer, *Geschichte der Botanik*, 3, p. 75.
9. Hérodote, l. 1, c. 193.

bien avec l'existence d'un nom sanscrit, *Tila*, le *Tilu* des Brahmines (Rheede, *Malabar*, 1, 9, p. 105; 107), mot dont il y a des restes dans plusieurs langues modernes de l'Inde, en particulier à Ceylan [1]. Ainsi nous sommes ramenés vers l'Inde, conformément à l'origine dont parlait Pline, mais il est possible que l'Inde elle-même ait reçu l'espèce des îles de la Sonde avant l'arrivée des conquérants aryens. Rumphius indique pour ces îles trois noms du Sésame, très différents entre eux et tout autres que le nom sanscrit, ce qui appuie l'idée d'une existence plus ancienne dans l'archipel que sur le continent.

En définitive, d'après la spontanéité à Java et les arguments historiques et linguistiques, le Sésame paraît originaire des îles de la Sonde. Il a été introduit dans l'Inde et la région de l'Euphrate depuis deux ou trois mille ans; et en Egypte à une époque moins ancienne, de 1000 à 500 ans avant J.-C.

On ignore depuis quelle époque il est cultivé dans le reste de l'Afrique, mais les Portugais l'ont transporté de la côte de Guinée au Brésil [2].

**Ricin commun.** — *Ricinus communis*, Linné.

Les ouvrages les plus modernes et les plus estimés donnent pour pays d'origine de cette Euphorbiacée l'Asie méridionale; quelquefois ils indiquent certaines variétés en Asie, d'autres en Afrique ou en Amérique, sans distinguer les pieds cultivés des spontanés. J'ai lieu de croire que la veritable origine est dans l'Afrique intertropicale, conformément à l'opinion émise par M. Ball [3].

Les difficultés qui entourent la question viennent de l'ancienneté de la culture en divers pays, de la facilité avec laquelle le Ricin se sème et se naturalise dans les décombres et même dans des endroits incultes, enfin de la diversité de ses formes, qu'on a décrites souvent comme espèces. Ce dernier point ne doit pas nous arrêter, car la monographie soignée du Dr J. Müller [4] constate l'existence de seize variétés, à peine héréditaires, qui passent des unes aux autres par de nombreuses transitions et constituent par conséquent, dans leur ensemble, une seule espèce.

Le nombre de ces variétés est l'indice d'une culture tres ancienne. Elles diffèrent plus ou moins par les capsules, les graines, l'inflorescence, etc. En outre, ce sont de petits arbres dans les pays chauds, mais elles ne supportent pas facilement la gelée et deviennent, au nord des Alpes et dans les régions analogues, des plantes annuelles. On les sème alors pour l'ornement des jardins, tandis que dans les régions tropicales et même

1. Thwaites, *Enum.*, p. 209.
2. Piso, *Brasil.*, ed. 1658, p. 211.
3. Ball, *Floræ maroccanæ spicilegium*, p. 664.
4. Müller, *Argov.*, dans DC., *Prodromus*, vol. 15, sect. 2, p. 1017.

en Italie c'est pour l'huile contenue dans la graine. Cette huile, plus ou moins purgative, sert à l'éclairage au Bengale et ailleurs.

Dans aucune région le Ricin n'a été trouvé spontané d'une manière aussi certaine qu'en Abyssinie, dans le Sennaar et le Cordofan. Les expressions des auteurs ou collecteurs sont catégoriques. Le Ricin est commun dans les endroits rocailleux de la vallée de Chiré, près de Goumalo, dit Quartin Dillon; il est spontané dans les localités du Sennaar supérieur qui sont inondées pendant les pluies, dit Hartmann [1]. Je possède un échantillon de Kotschy, n° 243, recueilli du côté septentrional du mont Kohn, en Cordofan. Les indications des voyageurs au Mozambique et sur la côte opposée de Guinée ne sont pas aussi claires, mais il est très possible que l'habitation spontanée s'étende sur une grande partie de l'Afrique tropicale. Comme il s'agit d'une espèce utile, très apparente et facile à propager, les nègres ont dû la répandre depuis longtemps. Toutefois, quand on se rapproche de la mer Méditerranée, il n'est plus question d'indigénat. Déjà, pour l'Egypte, MM. Schweinfuth et Ascherson [2] disent l'espèce seulement cultivée et naturalisée. Probablement en Algérie, en Sardaigne, au Maroc, et même aux îles Canaries, où elle se voit surtout dans les sables au bord de la mer, elle est naturalisée depuis des siècles.

J'en dirai autant des échantillons rapportés de Djedda, en Arabie, par Schimper, qui ont été recueillis près d'une citerne. Forskal [3] a cependant recueilli le Ricin dans les montagnes de l'Arabie Heureuse, ce qui peut signifier une station spontanée. M. Boissier [4] l'indique dans le Belouchistan et la Perse méridionale, mais comme « subspontané », de même qu'en Syrie, Anatolie et Grèce.

Rheede [5] parle du Ricin comme cultivé au Malabar et croissant dans les sables, mais les auteurs modernes anglo-indiens n'admettent nullement la spontanéité. Plusieurs passent l'espèce sous silence. Quelques-uns parlent de la facilité de naturalisation hors des cultures. Loureiro avait vu le Ricin en Cochinchine et en Chine, « cultivé et non cultivé », ce qui signifie peut-être échappé des cultures. Enfin, pour les îles de la Sonde, Rumphius [6] est, comme toujours, un des plus intéressants à consulter. « Le Ricin, dit-il, croît surtout à Java, où il constitue d'immenses champs et produit une grande quantité d'huile. A Amboine, on le plante çà et là près des habitations et dans les

1. Richard, *Tentamen floræ abyssinicæ*, 2, p. 250; Schweinfurth, *Plantæ niloticæ a Hartmann, etc.*, p. 13.
2. Schweinfurth et Ascherson, *Aufzählung*, p. 262.
3. Forskal, *Fl. arab.*, p. 71.
4. Boissier, *Fl. orient.*, 4, p. 1143.
5. Rheede, *Malabar*, 2, p. 57, t. 32.
6. Rumphius, *Herb. Amboin.*, vol. 4, p. 93.

champs, plutôt pour l'usage médicinal. L'espèce sauvage croît dans les jardins abandonnés (*in desertis hortis*) ; elle provient sans doute de la plante cultivée (*sine dubio degeneratio domesticæ*). » Au Japon, le Ricin se voit parmi les buissons et sur les pentes du mont Wunzen, mais MM. Franchet et Savatier [1] ajoutent : « Probablement introduit. » Enfin le Dr Bretschneider ne mentionne pas l'espèce dans son opuscule de 1870, ni dans les lettres qu'il m'a adressées, ce qui me fait supposer une introduction peu ancienne en Chine.

On cultive le Ricin dans l'Amérique intertropicale. Il s'y natulise facilement dans les taillis, les décombres, etc. ; mais aucun botaniste ne l'a trouvé avec les conditions d'une plante vraiment indigène. L'introduction doit remonter au premier temps de la découverte de l'Amérique, car on cite aux Antilles un nom vulgaire, *Lamourou*, et Pison en indique un autre au Brésil, *Nhambu-Guacu*, *Figuero inferno* des Portugais. C'est de Bahia que j'ai reçu le plus grand nombre d'échantillons. Aucun n'est accompagné d'une assertion de véritable indigénat.

En Egypte et dans l'Asie occidentale, la culture du Ricin date d'époques si reculées qu'elles ont fait illusion sur l'origine.

Les anciens Egyptiens la pratiquaient largement, d'apres Hérodote, Pline, Diodore, etc. Il n'y a pas d'erreur sur l'espèce, car on a trouvé dans les tombeaux des graines qui lui appartiennent [2]. Le nom égyptien était *Kiki*. Théophraste et Dioscoride l'ont mentionné, et les Grecs modernes l'ont conservé [3], tandis que les Arabes ont un nom tout différent, *Kerua*, *Kerroa*, *Charua* [4].

Roxburgh et Piddington citent un nom sanscrit *Eranda*, *Erunda*, qui a laissé des descendants dans les langues modernes de l'Inde. A quelle époque du sanscrit remonte ce nom ? C'est ce que les botanistes ne disent pas. Comme il s'agit d'une plante des pays chauds, les Aryas n'ont pas dû en avoir connaissance avant leur arrivée dans l'Inde, c'est-à-dire à une époque moins ancienne que les monuments égyptiens.

La rapidité extrême de la croissance du Ricin a motivé divers noms dans les langues asiatiques et celui de *Wunderbaum* en allemand. La même circonstance et l'analogie avec le nom égyptien, *Kiki*, ont fait présumer que le *Kikajon* de l'Ancien Testament [5], qui avait crû, disait-on, dans une nuit, était le Ricin.

Je passe une infinité de noms vulgaires plus ou moins absurdes, comme *Palma Christi*, *Girasole* de quelques Italiens, etc., mais il

1. Franchet et Savatier, *Enum. Japon.*, 1, p. 424.
2. Unger, *Pflanzen des alten Ægyptens*, p. 61.
3. Théophraste, *Hist.*, l. 1, c. 19; *Dioscorides*, l. 4, c. 171 ; Fraas, *Synopsis fl. class.*, p. 92.
4. Nemnich, *Polyglott. Lexicon;* Forskal, *Fl. ægypt.*, p. 75.
5. Jonas, IV, 6; Pickering, *Chronol. hist. of plants*, p. 225, écrit *Kykwyn*.

est bon de noter l'origine du nom *Castor* et *Castor-oil* des Anglais, comme une preuve de leur manière d'accepter sans examen et de dénaturer quelquefois des noms. Il paraît que dans le siècle dernier, à la Jamaïque, où l'on cultivait beaucoup le Ricin, on l'avait confondu avec un arbuste complètement différent, le *Vitex Agnus castus*, appelé *Agno casto* par les Portugais et les Espagnols. De *Casto*, les planteurs anglais et le commerce de Londres ont fait *Castor* [1].

**Noyer.** — *Juglans regia*, Linné.

Il y a quelques années, on connaissait le noyer, à l'état sauvage, en Arménie, dans la région au midi du Caucase et de la mer Caspienne, dans les montagnes du nord et du nord-est de l'Inde et le pays des Birmans [2]. L'indigénat au midi du Caucase et en Arménie, nié par C. Koch [3], est prouvé par plusieurs voyageurs. On a constaté depuis l'existence spontanée au Japon [4], ce qui rend assez probable que l'espèce est aussi dans le nord de la Chine, comme Loureiro et M. de Bunge l'avaient dit [5], sans préciser suffisamment la qualité spontanée. Récemment, M. de Heldreich [6] a mis hors de doute que le Noyer abonde, à l'état sauvage, dans les montagnes de la Grèce, ce qui s'accorde avec des passages de Théophraste [7] qu'on avait négligés. Enfin, M. Heuffel l'a vu, sauvage également, dans les montagnes du Banat [8].

L'habitation actuelle, hors des cultures, s'étend donc de l'Europe tempérée orientale jusqu'au Japon.

Elle a été une fois plus occidentale en Europe, car on a trouvé des feuilles de notre Noyer dans les tufs quaternaires de Provence [9]. Il existait beaucoup d'espèces de Juglans dans notre hémisphère, aux époques dites tertiaires et quaternaires ; maintenant elles sont réduites à une dixaine au plus, distribuées dans l'Amérique septentrionale et l'Asie tempérée.

L'emploi des fruits du Noyer et la plantation de l'arbre ont pu commencer dans plusieurs des pays où se trouvait l'espèce, et l'agriculture a étendu, graduellement mais faiblement, son habi-

1. Flückiker et Hanbury, *Histoire des drogues*, trad. française, 2, p. 320.
2. C. de Candolle, *Prodr.*, 16, sect. 2, p. 136 ; Tchihatcheff, *Asie Mineure*, 1, p. 172 ; Ledebour, *Fl. ross.*, 1, p. 507 ; Roxburgh, *Fl. ind.*, 3, p. 630 ; Boissier, *Fl. orient.*, 4, p. 1160 ; Brandis, *Forest flora of India*, p. 498 ; Kurz, *Forest fl. of brit. Burma*, p. 390.
3. C. Koch, *Dendrologie*, 1, p. 584.
4. Franchet et Savatier, *Enum. plant. Jap.*, 1, p. 453.
5. Loureiro, *Fl. coch.*, p. 702 ; Bunge, *Enum.*, p. 62.
6. De Heldreich, *Verhandl. bot. Vereins Brandenburg*, fur 1879, p. 147.
7. Theophrastes, *Hist. plant.*, l. 3, c. 3, 6. Ces passages et autres des anciens sont cités et interprétés par M. Heldreich, mieux que par Hehn et autres érudits.
8. Heuffel, *Abhandl. zool. bot. Ges. in Wien*, 1853, p. 194.
9. De Saporta, 33e *session du Congrès scientifique de France*.

tation artificielle. Le Noyer n'est pas un de ces arbres qui se sèment et se naturalisent avec facilité. La nature de ses graines s'y oppose peut-être, et d'ailleurs il lui faut des climats où il ne gèle pas beaucoup et d'une chaleur modérée. Il ne dépasse guère la limite septentrionale de la vigne et s'avance beaucoup moins qu'elle au midi.

Les Grecs, habitués à l'huile d'olive, ont négligé plus ou moins le Noyer, jusqu'à ce qu'ils aient reçu de Perse une meilleure variété, dite du roi, *Karuon basilikon* [1] ou *Persikon* [2]. Les Romains ont cultivé le Noyer dès l'époque de leurs rois; ils le regardaient comme d'origine persane [3]. On connaît leur vieux usage de jeter des noix dans la célébration des noces.

L'archéologie a confirmé ces détails. Les seules noix qu'on ait trouvées jusqu'à présent sous les habitations des lacustres de Suisse, Savoie ou Italie se réduisent à une localité des environs de Parme, appelée Fontinellato, dans une couche de l'époque du fer [4]. Or ce métal, très rare du temps de la guerre de Troie, n'a dû entrer dans les usages de la population agricole d'Italie qu'au v^e^ ou vi^e^ siècle avant J.-C., époque à laquelle au delà des Alpes on ne connaissait peut-être pas même le bronze. Dans la station de Lagozza, les fruits du noyer ont été trouvés dans une couche tout à fait supérieure et nullement ancienne du sol [5]. Evidemment les Noyers d'Italie, de Suisse et de France ne descendent pas des individus fossiles des tufs quaternaires dont j'ai parlé.

Il est impossible de savoir à quelle époque on a commencé de planter le Noyer dans l'Inde. Ce doit être anciennement, car il existe un nom sanscrit *Akschôda*, *Akhoda* ou *Akhôta*. Les auteurs chinois disent que le Noyer a été introduit chez eux, du Thibet, sous la dynastie Han, par Chang-Kien, vers l'année 140-150 avant J.-C. [6]. Il s'agissait peut-être d'une variété perfectionnée. D'ailleurs il est probable, d'après les documents actuels des botanistes, que le Noyer spontané est rare dans le nord de la Chine et qu'il manque peut-être dans la partie orientale. La date de la culture au Japon est inconnue.

Le Noyer et les noix ont reçu chez d'anciens peuples une infinité de noms, sur lesquels la science et l'imagination des linguistes se sont déployées [7], mais l'origine de l'espèce est trop claire pour que nous ayons à nous en occuper.

1. Dioscorides, l. 1, c. 176.
2. Pline, *Hist. plant.*, l. 15, c. 22.
3. Pline, *Ibid.*
4. Heer, *Pflanzen der Pfahlbauten*, p. 31.
5. Sordelli, *Sulle piante della torbiera, etc.*, p. 30.
6. Bretschneider, *On the study and value, etc.*, p. 16, et lettre du 23 août 1881.
7. Ad. Pictet, *Les origines indo-européennes*, éd. 2, vol. 1, p. 289; Hehn *Culturpflanzen und Hausthiere*, éd. 3, p. 341.

**Arec.** — *Areca Catechu*, Linné.

On cultive beaucoup ce palmier dans le pays où l'usage de mâcher le bétel est répandu, c'est-à-dire dans toute l'Asie méridionale. La noix, ou plutôt l'amande qui forme la partie principale de la graine contenue dans le fruit, est ce qu'on recherche, pour le goût aromatique. Coupée par fragments, mêlée à de la chaux et enveloppée d'une feuille de poivrier bétel, c'est un excitant agréable, qui fait saliver et noircit les dents à la satisfaction des indigènes.

L'auteur du principal ouvrage sur les palmiers, de Martius [1], s'exprime ainsi sur l'origine de l'espèce : « La patrie n'est pas certaine (non constat) ; c'est probablement l'île de Sunda. » Voyons s'il est possible d'affirmer quelque chose, en recourant surtout aux auteurs modernes.

Sur le continent de l'Inde anglaise, à Ceylan et la Cochinchine, l'espèce est toujours indiquée comme cultivée [2]. De même pour les îles de la Sonde, Moluques, etc., au midi de l'Asie. Blume [3], dans son bel ouvrage intitulé *Rumphia*, dit que la patrie est la presqu'île de Malacca, Siam et les îles voisines. Il ne paraît cependant pas avoir vu les pieds indigènes dont il parle. Le Dr Bretschneider [4] croit que l'espèce est originaire de l'archipel malais, principalement de Sumatra, car, dit-il, ces îles et les Philippines sont les seules localités où on la trouve sauvage. Le premier de ces faits n'est pas confirmé par Miquel, ni le second par Blanco [5], qui résidait aux Philippines. L'opinion de Blume paraît la plus probable, mais on peut encore dire avec de Martius : la patrie n'est pas constatée.

L'existence d'une multitude de noms malais, *Pinang*, *Jambe*, etc., et d'un nom sanscrit, *Gouvaka*, de même que des variétés fort nombreuses, montrent l'ancienneté de la culture. Les Chinois l'ont reçue, en l'an 111 avant J.-C., des pays méridionaux, sous le nom malais écrit *Pin-lang*. Le nom telinga *Arek* est l'origine du nom botanique *Areca*.

**Elaeis de Guinée.** — *Elaeis guineensis*, Jacquin.

Les voyageurs qui ont visité la côte de Guinée dans la première moitié du XVIe siècle [6] remarquaient déjà ce Palmier, dont les nègres tiraient de l'huile en exprimant la partie charnue du

1. Martius, *Hist. nat. Palmarum*, in-folio, vol. 3, p. 170 (publié sans date précise, mais avant 1851).

2. Roxburgh, *Fl. ind.*, 3, p. 616 ; Brandis, *Forest flora of India*, p. 551 ; Kurz, *Forest flora of british Burma*, p. 537 ; Thwaites, *Enum. Zeylan.*, p. 327 ; Loureiro, *Fl. cochinch.*, p. 695.

3. Blume, *Rumphia*, 2, p. 67 ; Miquel, *Fl. indo-batava*, 3, p. 9 ; *Suppl. de Sumatra*, p. 253.

4. Bretschneider, *Value and study*, p. 28.

5. Blanco, *Flora de Filipinas*, ed. 2.

6. Da Mosto, dans Ramusio, 1, p. 104, cité par R. Brown.

fruit. C'est un arbre indigène sur toute la côte [1]. On le plante aussi, et l'exportation de l'huile, dite de Palme (*Palm oil* des Anglais), est l'objet d'un grand commerce.

Comme il se présente également à l'état sauvage dans le Brésil et peut-être à la Guyane [2], un doute s'était élevé sur la véritable origine. On pouvait d'autant mieux la supposer américaine que la seule espèce constituant, avec celle-ci, le genre *Elaeis*, est de la Nouvelle-Grenade [3]. Robert Brown cependant, et les auteurs qui se sont le plus occupés de la famille des Palmiers, sont unanimes à considérer l'*Elaeis guineensis* comme introduit en Amérique, par les nègres et les négriers, lorsqu'ils passaient de la côte de Guinée à la côte opposée américaine. Beaucoup de faits appuient cette opinion. Les premiers botanistes qui ont visité le Brésil, comme Piso et Marcgraf, n'ont pas parlé de l'Elaeis. Il se trouve seulement sur le littoral, de Rio-de-Janeiro à l'embouchure des Amazones, jamais dans l'intérieur. Il est souvent cultivé ou avec l'apparence d'une espèce échappée des plantations. Sloane [4], qui avait exploré la Jamaïque dans le XVII^e^ siècle et avait examiné en Europe des fruits venant d'Afrique, raconte qu'on avait introduit cet arbre, de son temps, de Guinée dans une plantation qu'il désigne. Il s'est naturalisé depuis dans quelques localités des Antilles [5].

**Cocotier.** — *Cocos nucifera*, **Linné.**

Le Cocotier est peut-être de tous les arbres des pays intertropicaux celui qui donne les produits les plus variés. Son bois et ses fibres sont utilisés de plusieurs manières. La sève, extraite de la partie inférieure de l'inflorescence, donne une boisson alcoolique très recherchée. La coque du fruit sert de vase; le lait de la graine avant maturité est une boisson agréable; enfin l'amande contient une forte proportion d'huile. Il n'est pas surprenant qu'on ait semé et transporté, le plus possible, un arbre aussi précieux. D'ailleurs sa dispersion est aidée par des causes naturelles. Les noix de coco, grâce à leur enveloppe fibreuse, peuvent flotter dans l'eau salée sans que la partie vivante de la graine en soit atteinte. De là résulte une possibilité de transports à de grandes distances par les courants et une naturalisation sur les côtes, quand la température est favorable. Malheureusement cet arbre exige un climat chaud et humide, tel qu'on le trouve

1. R. Brown, *Botany of Congo*, p. 55.
2. Martius, *Hist. nat. Palmarum*, 2, p. 62; Drude, dans *Flora brasil.*, fasc. 85, p. 457. Je ne vois pas d'auteur qui affirme la qualité spontanée à la Guyane, comme de Martius le fait pour le Brésil.
3. Elaeis melanocarpa, Gaertner. Le fruit contient également de l'huile; mais il ne paraît pas qu'on cultive l'espèce, le nombre des plantes oléagineuses étant considérable en tous pays.
4. Sloane, *Natural history of Jamaica*, 2, p. 113.
5. Grisebach, *Flora of british W. India islands*, p. 522.

seulement entre les tropiques ou dans des localités voisines un peu exceptionnelles. En outre, il ne réussit pas loin de la mer.

Le Cocotier abonde sur le littoral des régions chaudes de l'Asie des îles au midi de ce continent, et dans les pays analogues en Afrique et en Amérique, mais on peut affirmer qu'il date d'une introduction de moins de trois cents ans au Brésil, aux Antilles et sur la côte occidentale d'Afrique.

Pour le Brésil, Piso et Marcgraf [1] semblent admettre une origine étrangère, sans le dire positivement. De Martius, qui a publié sur les Palmiers un ouvrage très important [2] et a parcouru les provinces de Bahia, Pernambouc et autres, où le Cocotier abonde, ne dit pas qu'il y soit spontané. Ce sont les missionnaires qui l'ont introduit à la Guyane [3]. Sloane [4] le dit d'origine étrangère aux Antilles. Un vieux auteur du XVIe siècle, Martyr, cité par lui, parle de cette introduction. Elle a eu lieu probablement peu d'années après la découverte de l'Amérique, car Joseph Acosta [5] avait vu le Cocotier à Porto-Rico, dans le XVIe siècle. D'après de Martius, ce sont les Portugais qui l'ont introduit sur la côte de Guinée. Beaucoup de voyageurs ne l'ont pas même mentionné dans cette région, où il joue apparemment un petit rôle. Plus commun sur la côte orientale et à Madagascar, il n'est pourtant pas nommé dans plusieurs ouvrages sur les plantes du Zanzibar, les Seychelles, Maurice, etc., peut-être parce qu'on l'a considéré comme cultivé dans cette région.

Evidemment le Cocotier ne peut-être originaire ni d'Afrique ni de la partie orientale de l'Amérique intertropicale. Ces pays étant éliminés, il reste la côte occidentale de l'Amérique tropicale, les îles de la mer Pacifique, l'archipel Indien et le midi du continent asiatique, où l'arbre abonde, avec toute l'apparence d'être plus ou moins spontané et d'ancienne existence.

Les navigateurs Dampier et Vancouver [6] l'ont trouvé au commencement du XVIIe siècle, constituant des forêts, dans les îles près de Panama, non sur la terre ferme, et dans l'île des Cocos, située à 300 milles anglais du continent dans la mer Pacifique. A cette époque, ces îles n'étaient pas habitées. On a trouvé plus tard le Cocotier sur la côte occidentale, du Mexique au Pérou, mais en général les auteurs n'affirment pas qu'il y fût spontané, à l'exception cependant de Seemann [7], qui a vu le Cocotier à la fois sauvage et cultivé dans l'isthme de Panama. D'après Her-

1. Piso, *Brasil.*, p. 65; Marcgraf, p. 138.
2. Martius, *Historia naturalis Palmarum*, 3 vol. in-folio. Voir vol. 2, p. 125.
3. Aublet, *Guyane*, suppl., p. 102.
4. Sloane, *Jamaïca*, 2, p. 9.
5. J. Acosta, *Hist. nat. des Indes*, traduction française, 1598, p. 178.
6. Vafer, *Voyage de Dampier*, éd. 1705, p. 186; Vancouver, éd. française, p. 325, cités par de Martius, *Hist. nat. Palm.*, 1, p. 188.
7. Seemann, *Botany of Herald*, p. 204.

nandez [1], au XVIe siècle, les Mexicains l'appelaient *Coyolli*, mot qui n'a pas l'apparence d'un nom indigène.

Oviedo [2], qui écrivait en 1526, dès les premiers temps de la conquête du Mexique, dit que le Cocotier abondait sur la côte de la mer Pacifique, dans la province du cacique Chiman, et il décrit clairement l'espèce. Cela ne prouve pas la qualité d'arbre spontané.

Dans l'Asie méridionale, surtout dans les îles, le Cocotier se montre à l'état sauvage ou cultivé. Plus les îles sont petites, basses et sous l'influence de l'atmosphère marine, plus les Cocotiers prédominent et attirent l'attention des voyageurs. Quelques-unes en ont tiré leur nom, entre autres deux îles près de celles d'Andaman, et une près de Sumatra.

Le Cocotier, avec toutes les apparences d'un ancien état spontané, se trouvant en Asie et dans l'Amérique occidentale, la question de l'origine est obscure. D'excellents auteurs l'ont résolue d'une façon différente. De Martius regarde comme probable un transport, par les courants, des îles situées à l'ouest de l'Amérique centrale à celles de l'archipel asiatique. J'inclinais autrefois [3] vers la même hypothèse, admise depuis sans discussion par Grisebach [4]; mais les botanistes du XVIIe siècle regardaient souvent l'espèce comme asiatique, et Seemann [5], après un examen attentif, se déclare indécis. Je donnerai le pour et le contre sur chacune des hypothèses.

En faveur d'une origine *américaine*, on peut dire :

1° Les onze autres espèces du genre Cocos sont d'Amérique, et même toutes celles que Martius connaissait bien sont du Brésil [6]. M. Drude [7], qui s'occupe beaucoup des Palmiers, a écrit un article pour soutenir que chaque genre de cette famille est propre à l'ancien ou au nouveau monde, excepté le genre Elaeis, et encore il soupçonne le transport de l'E. Guineensis d'Amérique en Afrique, ce qui n'est pas du tout probable (voir ci-dessus, p. 344).

La force de cet argument est un peu atténuée par la circonstance que le Cocos nucifera est un arbre du littoral et des lieux humides, tandis que les autres espèces vivent dans des conditions différentes, fréquemment loin de la mer ou des rivières. Les plantes maritimes, de marais ou d'endroits humides ont en général une habitation plus vaste que leurs congénères.

2° Les vents alizés de la mer Pacifique, au sud et encore plus

1. Hernandez, *Thesaurus mexic.*, p. 71. Il attribue le même nom, p. 75, au Cocotier croissant aux îles Philippines.
2. Oviedo, traduction de Ramusio, 3, p. 53.
3. A. de Candolle, *Géogr. bot. rais.*, p. 976.
4. Grisebach, *Vegetation der Erde*, p. 11, 323.
5. Seemann, *Flora Vitiensis*, p. 275.
6. Le Coco dit des Maldives appartient au genre Lodoicea. Le Coco mamillaris, Blanco, des Philippines, est une variété du Cocos nucifera cultivé.
7. Drude, dans *Bot. Zeitung*, 1876, p. 801, et *Flora brasiliensis*, fasc. 85, p. 405.

au nord de l'équateur, poussent les corps flottants d'Amérique en Asie, contrairement à la direction des principaux courants [1]. On sait d'ailleurs, par l'arrivée imprévue sur différentes côtes des bouteilles contenant des avis, que le hasard joue un grand rôle dans ces transports.

Les arguments en faveur de l'origine *asiatique*, ou contre l'origine américaine, sont les suivants :

1° Un courant sous les 3-5° lat. N. porte directement des îles de l'archipel indien à Panama [2]. Il y a bien au nord et au midi d'autres courants en sens opposé, mais ils proviennent de régions trop froides pour le Cocotier et ne touchent pas à l'Amérique centrale où on le suppose indigène d'ancienne date.

2° Les habitants des îles asiatiques ont été des navigateurs beaucoup plus hardis que les Indiens d'Amérique. Il est très possible que des pirogues, contenant des noix de coco en provision, aient été jetées par les tempêtes ou par de fausses manœuvres des archipels d'Asie sur les îles ou sur la côte occidentale d'Amérique. L'inverse est infiniment peu probable.

3° L'habitation, depuis trois siècles, est bien plus vaste en Asie qu'en Amérique, et avant cette époque la différence était plus grande, car nous savons que le Cocotier n'était pas ancien dans l'orient de l'Amérique tropicale.

4° Les peuples de l'Asie insulaire possèdent un nombre immense de variétés de cet arbre, ce qui fait présumer une culture très ancienne. Blume, dans son *Rumphia*, énumère 18 variétés de Java ou des îles voisines et 39 des îles Philippines. Rien de semblable n'a été constaté en Amérique.

5° Les emplois du Cocotier sont également plus variés et plus habituels en Asie. C'est à peine si les indigènes d'Amérique savaient l'utiliser autrement que pour le lait et l'amande du fruit, sans en tirer de l'huile.

6° Les noms vulgaires, très nombreux et originaux en Asie, comme nous le verrons plus loin, sont rares et d'origine souvent européenne en Amérique.

7° Il n'est pas probable que les anciens Mexicains et habitants de l'Amérique centrale eussent négligé de répandre le Cocotier dans plusieurs directions s'il avait existé depuis une époque très reculée sur leur continent. Le peu de largeur de l'isthme de Panama aurait facilité le transport d'une côte à l'autre, et l'espèce se serait vite établie aux Antilles, à la Guyane, etc., comme elle s'est naturalisée à la Jamaïque, Antigua [3] et ailleurs depuis la découverte de l'Amérique.

8° Si le Cocotier, en Amérique, remontait à des temps géologiques plus anciens que les dépôts pliocènes ou même éocènes en

1. Stieler, *Hand Atlas*, éd. 1867, carte 3.
2. Stieler, *ib.*, carte 9.
3. Grisebach, *Flora of british W. India islands*, p. 522.

Europe, on l'aurait probablement trouvé sur toutes les côtes et îles orientales et occidentales, assez uniformément.

9° Nous ne pouvons avoir aucune date ancienne sur l'existence du Cocotier en Amérique; mais sa présence en Asie, il y a trois ou quatre mille ans, est constatée par plusieurs noms sanscrits. Piddington, dans son Index, n'en cite qu'un, *Narikela*. C'est le plus sûr, car il se retrouve dans les langues modernes de l'Inde. Les érudits en comptent une dizaine, qui, d'après leur signification, paraissent s'appliquer à l'espèce ou à son fruit [1]. *Narikela* a passé, avec modification, en arabe et en persan [2]. On le trouve même à O- Taïti sous la forme de *Ari* ou *Haari* [3], concurremment avec un nom malais.

10° Les Malais ont un nom très répandu dans l'archipel, *Kalâpa*, *Klâpa*, *Klôpo*. A Sumatra et Nicobar, on trouve le nom *Njïor Nieor*, aux Philippines *Niog*, à Bali *Niuh*, *Njo*, à Tahiti *Niuh*, et dans d'autres îles *Nu*, *Nidju*. *Ni*, même à Madagascar *Wua-niu* [4]. Les Chinois disent *Ye*, soit *Ye-tsu* (arbre *Ye*). Avec le nom sanscrit principal, cela constitue quatre racines différentes, qui font présumer une existence ancienne en Asie. Cependant l'uniformité de nomenclature dans l'archipel jusqu'à Taïti et Madagascar indique un transport par les hommes depuis l'existence des langues connues.

Le nom chinois signifie : tête du roi de Yüe. Il remonte à une légende ridicule dont parle le Dr Bretschneider [5]. La première mention du Cocotier, d'après ce savant, se trouve dans un poème du IIe siècle avant Jésus-Christ; mais les descriptions plus reconnaissables sont dans les ouvrages postérieurs au IXe siècle de l'ère chrétienne. Il est vrai que les anciens écrivains connaissaient à peine le midi de la Chine, seule partie de l'empire où le Cocotier puisse vivre.

Malgré les noms sanscrits, l'existence du Cocotier dans l'île de Ceylan, où il est bien établi sur le littoral, date d'une époque à peu près historique. Près de Point-de-Galle, nous dit Seemann [6], on voit gravée sur un rocher la figure d'un prince indigène Kottah Raya, auquel on attribue la découverte des emplois du Cocotier, inconnu avant lui, et la plus vieille chronique de Ceylan, le *Marawansa*, ne parle pas de cet arbre, bien qu'elle cite minutieusement les fruits importés par divers princes. Remarquons aussi que les anciens Grecs et Égyptiens, malgré leurs rapports avec l'Inde et Ceylan, n'ont eu connaissance de la noix de coco

1. M. Eugène Fournier m'a indiqué par exemple : *Drdapala* (à fruit dur), *Palakecara* (à fruit chevelu), *Jalakajka* (réservoir d'eau), etc.
2. Blume, *Rumphia*, 3, p. 82.
3. Forster, *De plantis esculentis*, p. 48; Nadeaud, *Enum. des plantes de Tahïti*, p. 41.
4. Blume, *Ibid.*
5. Bretschneider, *Study and value, etc.*, p. 24.
6. Seemann, *Flora Vitiensis*, p. 276.

que tardivement, comme d'une curiosité indienne. Apollonius de Tyane l'avait vu dans l'Hindustan, au commencement de l'ère chrétienne [1].

D'après ces faits, l'habitation la plus ancienne en Asie serait dans l'archipel plutôt que sur le continent ou à Ceylan ; et, en Amérique, dans les îles à l'ouest de Panama.

Que faut-il penser de ces indications variées et contradictoires? J'ai cru jadis que les arguments en faveur de l'Amérique occidentale étaient les plus forts. Maintenant, avec plus de renseignements et plus d'expérience dans ces sortes de questions, j'incline à l'idée d'une origine de l'archipel indien.

L'extension vers la Chine, Ceylan et l'Inde continentale ne date pas de plus de trois ou quatre mille ans, mais les transports par mer sur les côtes d'Amérique et d'Afrique remontent peut-être à des temps plus anciens, quoique postérieurs aux époques dans lesquelles existaient des conditions géographiques et physiques différentes de celles d'aujourd'hui.

1. Pickering, *Chronological arrangement*, p. 428.

# TROISIÈME PARTIE

## RÉSUMÉ ET CONCLUSIONS

---

# CHAPITRE PREMIER

## TABLEAU GÉNÉRAL DES ESPÈCES AVEC L'INDICATION DE LEUR ORIGINE ET DE L'ÉPOQUE DE LEUR MISE EN CULTURE [1]

Le tableau qui suit renferme quelques espèces dont le détail n'a pas été donné dans ce qui précède, par le motif que leur origine est bien connue et leur importance médiocre.

### Espèces originaires de l'ancien monde.

#### CULTIVÉES POUR LA PARTIE SOUTERRAINE

| Noms et durée. | Date. | Origine. |
|---|---|---|
| Radis. Raphanus sativus. ①. | B | Asie tempérée. |
| Cran. Cochlearia Armoracia. ♃. | C | Europe orientale tempérée. |
| Rave. Brassica Rapa. ②. | A | Europe, Sibérie occidentale (?). |
| Navet. Brassica Napus. ②. | A | Europe, Sibérie occidentale (?). |
| Carotte. Daucus Carota. ②. | B | Europe, Asie occid. tempérée (?). |
| Panais. Pastinaca sativa. ②. | C | Europe moyenne et méridionale. |
| Cerfeuil bulbeux. Chærophyllum bulbosum. ②. | C | Europe moyenne. Caucase. |

1. Les signes de durée sont : ① plante annuelle, ② bisannuelle, ♃ vivace, ♄ arbrisseau, ♄ arbuste, ♄ petit arbre, ♄ grand arbre.

Les lettres indiquent l'époque certaine ou probable de la mise en culture, savoir :

*Pour les espèces de l'ancien monde.* — A, une espèce cultivée depuis plus de quatre mille ans (d'après les anciens historiens, les monuments de l'ancienne Egypte, les ouvrages chinois, et les indices botaniques ou linguistiques). — B, cultivée depuis plus de deux mille ans (indiquée dans Théophraste, ou trouvée dans les restes des lacustres, ou d'une date connue des anciens, ou présentant des indices variés, comme d'avoir des noms hébreux ou sanscrits). — C, cultivée depuis moins de deux mille ans (citée par Dioscoride, non par Théophraste, vue dans les dessins de Pompeia, introduite à une date connue, etc.)

*Pour les espèces américaines.* — D, culture très ancienne en Amérique (d'après sa grande extension et le nombre des variétés). — E, espèce cultivée avant la découverte de l'Amérique, sans offrir des indices d'une très grande ancienneté de culture. — F, espèce mise en culture depuis la découverte de l'Amérique.

| Noms et durée. | Date. | Origine. |
|---|---|---|
| Chervis. Sium Sisarum. ♃. | C | Sibérie altaïque, Perse septentrion. |
| Garance. Rubia tinctorum. ♃. | B | Asie occid. tempérée, sud-est de l'Europe. |
| Salsifis. Tragopogon porrifolium. ②. | C(?) | Sud-est de l'Europe, Algérie. |
| Scorzonère. Scorzonera hispanica. | C | Sud-ouest de l'Europe. Midi du Caucase. |
| Raiponce. Campanula Rapunculus. ②. | C | Europe tempérée et méridionale. |
| Bette. Beta vulg. ②, ♃. Légume. | B | Canaries, région de la Méditerranée, Asie occid. tempérée. |
| Bette. Beta vulg. ②, ♃. Betterave. | B | Dérivée dans la culture. |
| Ail. Allium sativum. ♃. | B | Désert des Kirghis, dans l'Asie occidentale tempérée. |
| Oignon. Allium Cepa. ②. | A | Perse, Afghanistan, Belouchistan, Palestine (?). |
| Ciboule. Allium fistulosum. ♃. | C | Sibérie (du pays des Kirghis au Baïcal). |
| Echalotte. Allium ascalonicum. ♃. | C | Modification du Cepa (?). Inconnu spontané. |
| Rocambole. Allium Scorodoprasum. ♃. | C | Europe tempérée. |
| Ciboulette. Allium Schœnoprasum. ♃. | C(?) | Europe tempérée et sept., Sibérie, Kamtchatka. Amérique sept. (lac Huron). |
| Colocase. Colocasia antiquorum. ♃. | B | Inde. Archipel indien. Polynésie. |
| Alocase. Alocasia macrorhiza. ♃. | (?) | Ceylan. Archipel indien. Polynésie. |
| Konjak. Amorphophallus Konjak. ♃. | (?) | Japon (?). |
| Ignames. Dioscorea sativa. ♃. | B(?) | Asie mérid. [spécialement Malabar (?), Ceylan (?), Java (?)]. |
| — Dioscorea Batatas. ♃. | B(?) | Chine (?). |
| — Dioscorea japonica. ♃. | (?) | Japon (?). |
| — Dioscorea alata. ♃. | (?) | Archipel asiatique oriental. |

#### CULTIVÉES POUR LES TIGES OU LES FEUILLES

##### 1° *Légumes.*

| Noms et durée. | Date. | Origine. |
|---|---|---|
| Chou. Brassica oleracea. ①, ②, ♄. | A | Europe. |
| Chou de Chine. Brassica chinensis. ②. | (?) | Chine (?), Japon (?). |
| Cresson de fontaine. Nasturtium officinale. ♃. | (?) | Europe, Asie septentrionale. |
| Cresson alénois. Lepidium sativum. ①. | B | Perse (?). |
| Sea-Kale. Crambe maritima. ♃. | C | Europe occidentale tempérée. |
| Pourpier. Portulaca oleracea. ①. | A | De l'Himalaya occid. à la Russie mérid. et la Grèce. |
| Tetragone étalée. Tetragonia expansa. ①. | C | Nouvelle-Zélande et Nouvelle-Hollande. |
| Céleri. Apium graveolens. ②. | B | Europe temp. et mérid., Afrique sept., Asie occidentale. |
| Cerfeuil. Anthriscus cerefolium. ①. | C | Sud-Est de la Russie, Asie occidentale tempérée. |

| Noms et durée. | Date. | Origine. |
|---|---|---|
| Persil. Petroselinum sativum. ②. | C | Europe mérid., Algérie, Liban. |
| Ache. Smyrnium Olus-atrum. ②. | C | Europe mérid., Algérie, Asie occidentale tempérée. |
| Mache. Valerianella olitoria. ①. | C | Sardaigne, Sicile. |
| Cardon. Cynara Cardunculus. ②. ♃. { Cardon. | C | Europe méridionale, Afrique septentrionale, Canaries, Madère. |
| Cardon. Cynara Cardunculus. ②. ♃. { Artichaut. | C | Dérivé du Cardon. |
| Laitue. Lactuca Scariola. ①. ②. | B | Europe mérid., Afrique septentrionale, Asie occidentale. |
| Chicorée sauvage. Cichorium Intybus. ♃. | C | Europe, Afrique septentr., Asie occidentale tempérée. |
| Chicorée Endive. Cichorium Endivia. ①. | C | Région de la Méditerranée, Caucase, Turkestan. |
| Epinard. Spinacia oleracea. ①. | C | Perse (?). |
| Arroche. Atriplex hortensis. ①. | C | Europe septentrionale et Sibérie. |
| Brède de Malabar. Amarantus gangeticus. ①. | (?) | Afrique tropicale — Inde (?). |
| Oseille. Rumex acetosa. ♃. | (?) | Europe. Asie septentrionale, montagnes de l'Inde. |
| Patience. Rumex Patientia. ♃. | (?) | Turquie d'Europe. Perse. |
| Asperge. Asparagus officinalis. ♃. | B | Europe, Asie occid. tempérée. |
| Poireau. Allium ampeloprasum. ♃. | B | Région de la Méditerranée. |

## 2° *Fourrages.*

| Noms et durée. | Date. | Origine. |
|---|---|---|
| Luzerne. Medicago sativa. ♃. | B | Asie occidentale tempérée. |
| Sainfoin. Onobrychis sativa. ♃. | C | Europe tempérée. Midi du Caucase. |
| Sulla. Hedysarum coronarium. ♃. | C | Région de la Méditerranée centrale et occidentale. |
| Trèfle. Trifolium pratense. ♃. | C | Europe, Algérie, Asie occidentale tempérée. |
| Trèfle hybride. Trifolium hybridum. ④. | C | Europe tempérée. |
| Trèfle incarnat. Trifolium incarnatum. ①. | C | Europe méridionale. |
| Trèfle d'Alexandrie. Trifolium alexandrinum. ①. | C | Syrie, Anatolie. |
| Ers. Ervum Ervilia. ①. | B | Région de la Méditerranée (?) |
| Vesce. Vicia sativa. ①. | B | Europe, Algérie. Midi du Caucase. |
| Jarosse. Lathyrus Cicera. ①. | B | De l'Espagne et l'Algérie à la Grèce. |
| Gesse. Lathyrus sativus. ①. | B | Midi du Caucase (?). |
| Gesse Ochrus. Lathyrus Ochrus. ①. | B | Italie. Espagne. |
| Fenu-grec. Trigonella fœnum-græcum. ①. | B | N.-E. de l'Inde et Asie occidentale tempérée. |
| Serradelle. Ornithopus sativus. ①. | B(?) | Portugal, midi de l'Espagne, Algérie. |
| Lupuline. Medicago lupulina. ①. ②. | C | Europe. Afrique sept. (?). Asie tempérée. |
| Spergule. Spergula arvensis. ①. | B(?) | Europe. |
| Herbe de Guinée. Panicum maximum. ♃. | C(?) | Afrique intertropicale. |

### 3° *Emplois divers.*

| Noms et durée. | Date. | Origine. |
|---|---|---|
| Thé. Thea sinensis. ♄. | A | Assam, Chine, Mandschourie. |
| Lin anciennement cultivé. Linum angustifolium. ♃. ②. ①. | A | Région de la Méditerranée. |
| Lin actuellement cultivé. Linum usitatissimum. ①. | A(?) | Asie occidentale (?). Dérivé du précédent (?). |
| Jute. Corchorus capsularis. ①. | C(?) | Java. Ceylan. |
| Jute. Corchorus olitorius. ①. | C(?) | Nord-ouest de l'Inde. Ceylan. |
| Sumac. Rhus Coriaria. ♄. | C | Région de la Méditerranée. Asie occidentale tempérée. |
| Cat. Celastrus edulis. ♄. | (?) | Abyssinie — Arabie (?). |
| Indigotier des teinturiers. Indigofera tinctoria. ♄. | B | Inde (?). |
| Indigotier argenté. Indigofera argentea. ♄. | (?) | Abyssinie, Nubie, Cordofan, Sennaar — Inde (?). |
| Henné. Lawsonia alba. ♄. | A | Asie occid. tropicale. Nubie (?). |
| Eucalyptus globulus. ♄. | C | Nouvelle-Hollande. |
| Cannelier. Cinnamomum zeylanicum. ♄. | C | Ceylan. Inde. |
| Ramié (China grass). Bœhmeria nivea. ♃. ♄. | (?) | Chine. Japon. |
| Chanvre. Cannabis sativa. ①. | A | Daourie. Sibérie. |
| Mûrier blanc. Morus alba. ♄. | A(?) | Inde. Mongolie. |
| Mûrier noir. Morus nigra. ♄. | B(?) | Arménie, Perse septentrionale. |
| Canne à sucre. Saccharum officinarum. ♃. | B | Cochinchine (?), sud-ouest de la Chine (?). |

### CULTIVÉES POUR LES FLEURS OU LEURS ENVELOPPES.

| | | |
|---|---|---|
| Giroflier. Caryophyllus aromaticus. ♄. | (?) | Moluques. |
| Houblon. Humulus Lupulus. ♃. | C | Europe, Asie occident. tempérée, Sibérie, Amérique sept. |
| Carthame. Carthamus tinctorius. ①. | A | Arabie (?). |
| Safran. Crocus sativus. ♃. | A | Italie méridionale, Grèce, Asie Mineure (?). |

### CULTIVÉES POUR LES FRUITS

| | | |
|---|---|---|
| Pompelmouse. Citrus decumana. ♄. | B | Iles de la mer Pacifique à l'est de Java. |
| Cédratier, Citronnier. Citrus medica. ♄. | B | Inde. |
| Oranger Bigaradier. Citrus Aurantium Bigaradia. ♄. | B | Est de l'Inde. |
| Oranger doux. Citrus Aurantium sinense. ♄. | C | Chine et Cochinchine. |
| Mandarine. Citrus nobilis. ♄. | (?) | Chine et Cochinchine. |
| Mangostan. Garcinia Mangostana. ♄. | (?) | Iles de la Sonde. Péninsule malaise. |
| Gombo. Hibiscus esculentus. ①. | C | Afrique tropicale. |

| Noms et durée. | Date. | Origine. |
| --- | --- | --- |
| Vigne. Vitis vinifera. ♄. | A | Asie occidentale tempérée, région de la Méditerranée. |
| Jujubier commun. Zizyphus vulgaris. ♄. | B | Chine. |
| Jujubier Lotus. Zizyphus Lotus. ♄. | (?) | D'Égypte au Maroc. |
| Jujubier de l'Inde. Zizyphus Jujuba. ♄. | A(?) | Pays des Birmans, Inde. |
| Manguier. Mangifera indica. ♄. | A (?) | Inde. |
| Evi. Spondias dulcis. ♄. | (?) | Iles de la Société, des Amis, Fidji. |
| Framboisier. Rubus idæus. ♄. | C | Europe et Asie tempérées. |
| Fraisier ordinaire. Fragaria vesca. ♃. | C | Europe et Asie occid. tempérées. Amérique sept. à l'est. |
| Cerisier des oiseaux. Prunus avium. ♄. | B | Asie occident. tempéree, Europe tempérée. |
| Cerisier commun. Prunus Cerasus. ♄. | B | De la Caspienne à l'Anatolie occidentale. |
| Prunier domestique. Prunus domestica. ♄. | B | Anatolie, midi du Caucase, Perse septentrionale. |
| Prunier proprement dit. Prunus insititia. ♄. | (?) | Europe mérid., Arménie, midi du Caucase, Talysch. |
| Abricotier. Prunus Armeniaca. ♄. | A | Chine. |
| Amandier. Amygdalus communis. ♄. | A | Région de la Méditerranée, Asie occidentale tempérée. |
| Pêcher. Amygdalus Persica. ♄. | A | Chine. |
| Poirier commun. Pyrus communis. ♄. | A | Europe et Asie tempérées. |
| Poirier de Chine. Pyrus sinensis. ♄. | (?) | Mongolie, Mandschourie. |
| Pommier. Pyrus Malus. ♄. | A | Europe, Anatolie, midi du Caucase. |
| Cognassier. Cydonia vulgaris. ♄. | A | Perse septentrion., midi du Caucase, Anatolie. |
| Bibassier. Eriobotrya japonica. ♄. | (?) | Japon. |
| Grenadier. Punica Granatum. ♄. | A | Perse, Afghanistan, Belouchistan. |
| Pomme-rose. Jambosa vulgaris. ♄. | B | Archipel indien, Cochinchine, Birma, nord-est de l'Inde. |
| Jamalac. Jambosa malaccensis. ♄. | B | Archipel indien, Malacca. |
| Gourde. Cucurbita Lagenaria. ①. | C | Inde, Moluques — Abyssinie. |
| Potiron. Cucurbita maxima. ①. | C(?) | Guinée. |
| Melon. Cucumis Melo. ①. | C | Inde. Belouchistan — Guinée. |
| Pastèque. Citrullus vulgaris. ①. | A | Afrique intertropicale. |
| Concombre. Cucumis sativus. ①. | A | Inde. |
| Concombre Anguria. Cucumis Anguria. ①. | C(?) | Afrique intertropicale (?). |
| Benincasa. Benincasa hispida. ①. | (?) | Japon. Java. |
| Luffa cylindrique. Luffa cylindrica. ①. | C | Inde. |
| Luffa anguleux. Luffa acutangula. ①. | C | Inde. Archipel indien. |
| Trichosanthes serpent. Trichosanthes anguina. ①. | C | Inde (?). |
| Liane Joliffe. Joliffia (ou Telfairia). ♃. | C(?) | Zanzibar. |
| Groseillier à maquereaux, Ribes Grossularia. ♄. | C | Europe temp., Afrique sept., Caucase, Himalaya occid. |

| Noms et durée. | Date. | Origine. |
|---|---|---|
| Groseillier rouge. Ribes rubrum. ♄. | C | Europe sept. et temp., Sibérie, Caucase, Himalaya — Nord-est des Etats-Unis. |
| Groseillier noir. Ribes nigrum. ♄. | C | Europe sept. et moyenne, Arménie, Sibéria, Mandschourie, Himalaya occid. |
| Kaki. Diospyros Kaki. ♄. | (?) | Japon, Chine sept. (?). |
| Diospyros Lotus. ♄. | (?) | Chine, Inde, Afghanistan, Perse, Arménie, Anatolie. |
| Olivier. Olea europæa. ♄. | A | Syrie, Anatolie mérid. et îles voisines. |
| Aubergine. Solanum Melongena. ①. | A | Inde. |
| Figuier. Ficus Carica. ♄. | A | Région moyenne et mérid. de la mer Méditerranée (de la Syrie aux Canaries). |
| Arbre à pain. Artocarpus incisa. ♄. | (?) | Iles de la Sonde. |
| Jacquier. Artocarpus integrifolia. ♄. | B(?) | Inde. |
| Dattier. Phœnix dactylifera. ♄. | A | Asie occid. et Afrique occid. (de l'Euphrate aux Canarie ). |
| Bananier. Musa sapientum. ♄. | A | Asie méridionale. |
| Elæis guineensis. ♄. | (?) | Guinée. |

CULTIVÉES POUR LES GRAINES

1° *Nutritives.*

| Noms et durée. | Date. | Origine. |
|---|---|---|
| Li-Tschi. Nephelium Lit-chi. ♄. | (?) | Chine méridion. Cochinchine (?). |
| Longan. Nephelium Longana. ♄. | (?) | Inde. Pegu. |
| Ramboutan. Nephelium lappaceum. ♄. | (?) | Inde. Pegu. |
| Pistachier. Pistacia vera. ♄. | C | Syrie. |
| Fève. Faba vulgaris. ①. | A | Midi de la mer Caspienne (?). |
| Lentille. Ervum Lens. ①. | A | Asie occid. tempérée, Grèce, Italie. |
| Pois chiche. Cicer arietinum. ①. | A | Midi du Caucase et de la mer Caspienne. |
| Lupin. Lupinus albus. ①. | B | Sicile. Macédoine. Midi du Caucase. |
| Termis. Lupinus Termis. ①. | A | De la Corse à la Syrie. |
| Pois gris. Pisum arvense. ①. | C(?) | Italie. |
| Pois des jardins. Pisum sativum. ①. | B | Du midi du Caucase à la Perse (?). Inde septentrionale (?). |
| Soja. Dolichos Soja. ①. | A | Cochinchine. Japon. Java. |
| Cajan. Cajanus indicus. ♄. | C | Afrique équatoriale. |
| Caroubier. Ceratonia Siliqua. ♄. | A(?) | Côte méridion. d'Anatolie, Syrie Cyrénaïque (?). |
| Haricot à feuille d'Aconit. Phaseolus aconitifolius. ①. | C | Inde. |
| Haricot trilobé. Phaseolus trilobus. ♃. ①. | B | Inde. Afrique tropicale. |
| Mungo. Phaseolus Mungo. ①. | B(?) | Inde. |
| Lablab. Phaseolus Lablab. ♃. ①. | B | Inde. |
| Lubia. Phaseolus Lubia. ①. | C | Asie occidentale (?). |
| Voandzou. Voandzeia subterranea. ①. | (?) | Afrique intertropicale. |

| Noms et durée. | Date. | Origine. |
| --- | --- | --- |
| Sarrasin. Fagopyrum esculentum. ①. | C | Mandschourie, Sibérie centrale. |
| Sarrasin de Tartarie. Fagopyrum tataricum. ①. | C | Tartarie, Sibérie jusqu'en Daourie. |
| Sarrasin émarginé. Fagopyrum emarginatum. ①. | (?) | Chine occid. Himalaya oriental. |
| Kiery. Amarantus frumentaceus. ①. | (?) | Inde. |
| Châtaignier. Castanea vulgaris. ♄. | (?) | Du Portugal à la mer Caspienne. Algérie orientale. — Variétés : Japon, Amérique septentrion. |
| Froment. Triticum vulgare, et variétés (?). ①. | A | Région de l'Euphrate. |
| Epeautre. Triticum Spelta. ①. | A | Dérivé du précédent (?). |
| Locular. Triticum monococcum. ①. | (?) | Servie, Grèce, Anatolie (si l'on admet l'identité avec le Tr. bæoticum). |
| Orge à deux rangs. Hordeum distichon. ①. | A | Asie occidentale tempérée. |
| Orge commune (à quatre rangs). Hordeum vulgare. ①. | (?) | Dérivé du précédent (?). |
| Orge à six rangs. Hordeum hexastichon. ①. | A | Dérivé du précédent (?). |
| Seigle. Secale cereale. ①. | B | Europe orientale tempérée (?). |
| Avoine ordinaire. Avena sativa. ①. | B | Europe orientale tempérée (?). |
| Avoine d'Orient. Avena orientalis. ①. | C(?) | Asie occidentale (?). |
| Millet commun. Panicum miliaceum. ①. | A | Égypte. Arabie. |
| Panic d'Italie. Panicum italicum. ①. | A | Chine. Japon. Archipel indien (?). |
| Sorgho. Holcus Sorghum. ①. | A | Afrique tropicale (?). |
| Sorgho sucré. Holcus saccharatus. ①. | (?) | Afrique tropicale (?). |
| Coracan. Eleusine Coracana. ①. | B | Inde. |
| Riz. Oryza sativa. ①. | A | Inde. Chine méridionale (?). |

2° *Emplois divers.*

| Noms et durée. | Date. | Origine. |
| --- | --- | --- |
| Pavot. Papaver somniferum. ①. | B | Dérivé du P. setiferum, de la région méditerranéenne. |
| Sinapis alba. ①. | B | Europe temp. et mérid., Afrique sept., Asie occid. temp. |
| Sinapis nigra. ①. | B | Mêmes régions. |
| Cameline. Camelina sativa. ①. | B(?) | Europe temp. Caucase. Sibérie. |
| Cotonnier herbacé. Gossypium herbaceum. ♄. ①. | B | Inde. |
| Cotonnier arborescent. Gossypium arboreum. ♄. | B(?) | Haute Égypte. |
| Caféier d'Arabie. Coffea arabica. ♄. | C | Afrique tropicale (Mozambique, Abyssinie, Guinée). |
| Caféier de Libérie. Coffea liberica. ♄. | C | Guinée, Angola. |
| Sésame. Sesamum indicum. ①. | A | Iles de la Sonde. |
| Muscadier. Myristica fragrans. ♄. | B | Moluques. |

| Noms et durée. | Date. | Origine. |
|---|---|---|
| Ricin commun. Ricinus communis. ♄. | A | Abyssinie, Sennaar, Cordofan. |
| Noyer. Juglans regia. ♄. | (?) | Europe tempérée orient. Asie tempérée. |
| Poivrier noir. Piper nigrum. ♄. | B | Inde. |
| Poivrier long. Piper longum. ♄. | B | Inde. |
| Poivrier officinal. Piper officinarum. ♄. | B | Archipel indien. |
| Poivrier Betel. Piper Betle. ♄. | B | Archipel indien. |
| Arec. Areca Catechu. ♄. | B | Archipel indien. |
| Cocotier. Cocos nucifera. ♄. | (?) | Archipel indien (?). Polynésie (?). |

## Espèces originaires d'Amérique.

### CULTIVÉES POUR LA PARTIE SOUTERRAINE

| Noms et durée. | Date. | Origine. |
|---|---|---|
| Arracacha. Arracacha esculenta. ♃. ①. | E | Nouvelle-Grenade (?). |
| Topinambour. Helianthus tuberosus. ♃. | E(?) | Amérique sept. (Indiana.) |
| Pomme de terre. Solanum tuberosum. ♃. | E | Chili. Pérou (?). |
| Batate. Convolvulus Batatas. ♃. | D | Amérique tropicale (où ?). |
| Manioc. Manihot utilissima. ♄. | E | Brésil oriental intertropical. |
| Arrow-root. Maranta arundinacea. ♃. | (?) | Amérique tropicale (continentale ?). |

### CULTIVÉES POUR LES TIGES OU LES FEUILLES

| Noms et durée. | Date. | Origine. |
|---|---|---|
| Maté. Ilex paraguariensis. ♄. | D | Paraguay et Brésil occidental. |
| Coca. Erythroxylon Coca. ♄. | D | Pérou oriental, Bolivie orientale. |
| Quinquina Calisaya. Cinchona Calisaya. ♄. | F | Bolivie, Pérou méridional. |
| Quinquina officinal. Cinchona officinalis. ♄. | F | Equateur (province de Loxa). |
| Quinquina rouge. Cinchona succirubra. ♄. | F | Equateur (province de Cuenca). |
| Tabac ordinaire. Nicotiana Tabacum. ①. | D | Equateur. Pays adjacents (?). |
| Tabac rustique. Nicotiana rustica. ①. | E | Mexique (?). Texas (?). Californie (?). |
| Maguay. Agave americana. ♄. | E | Mexique (?). |

### CULTIVÉES POUR LES FRUITS

| Noms et durée. | Date. | Origine. |
|---|---|---|
| Pomme canelle. Anona squamosa. ♄. | (?) | Antilles. |
| Corossol. Anona muricata. ♄. | (?) | Antilles. |
| Cœur de bœuf. Anona reticulata. ♄. | (?) | Antilles. Nouvelle-Grenade. |
| Cherimolia. Anona Cherimolia. ♄. | E | Equateur. Pérou (?). |
| Abricotier d'Amérique. Mammea americana. ♄. | (?) | Antilles. |

| Noms et durée. | Date. | Origine. |
|---|---|---|
| Pommier d'Acajou. Anacardium occidentale. ♄. | (?) | Amérique intertropicale. |
| Fraisier de Virginie. Fragaria virginica. ♃. | F | Amérique sept. tempérée. |
| Fraisier du Chili. Fragaria chiloensis. ♃. | F | Chili. |
| Goyavier. Psidium Guayava. ♄. | E | Amérique tropicale continentale. |
| Courge Pepon, Citrouille. Cucurbita Pepo et Melopepo. ①. | E | Amérique septentr. tempérée. |
| Figue d'Inde. Opuntia Ficus-indica. ♄. | E | Mexique. |
| Chayotte. Sechium edule. ①. | E | Mexique (?). Amérique centrale. |
| Caïnitier. Chrysophyllum Cainito. ♄. | E | Antilles. Panama. |
| Caïmito. Lucuma Caimito. ♄. | E | Pérou. |
| Mammeï. Lucuma mammosa. ♄. | E | Région de l'Orénoque. |
| Sapotillier. Sapota Achras. ♄. | E | Campêche, isthme de Panama, Venezuela. |
| Persimmon. Diospyros virginica. ♄. | F | États-Unis orientaux. |
| Piment annuel. Capsicum annuum. ①. | E | Brésil (?). |
| Piment arbrisseau. Capsicum frutescens. ♄. | E | Du Pérou oriental à Bahia. |
| Tomate. Lycopersicum esculentum. ①. | E | Pérou. |
| Avocatier. Persea gratissima. ♄. | E | Mexique. |
| Papayer. Papaya vulgaris. ♄. | E | Antilles. Amérique centrale. |
| Ananas. Ananassa sativa. ♃. | E | Mexique, Amérique centrale, Panama, Nouvelle-Grenade, Guyane (?), Bahia (?). |

CULTIVÉES POUR LES GRAINES

1° *Nutritives.*

| | | |
|---|---|---|
| Cacaoyer. Theobroma Cacao. ♄. | D | Région des Amazones, de l'Orénoque. Panama (?). Yucatan (?). |
| Haricot courbé. Phaseolus lunatus. ♃. | E | Brésil. |
| Quinoa. Chenopodium Quinoa. ①. | E | Nouvelle-Grenade (?). Pérou (?). Chili. |
| Maïs. Zea Mays. ①. | D | Nouvelle-Grenade (?). |

2° *De divers emplois.*

| | | |
|---|---|---|
| Rocou. Bixa Orellana. ♄. | D | Amérique intertropicale. |
| Cotonnier des Barbades. Gossypium barbadense. ♄. | (?) | Nouvelle-Grenade (?). Mexique (?). Antilles (?). |
| Arachide. Arachis hypogæa. ①. | E | Brésil (?). |
| Madia. Madia sativa. ①. | E | Chili — Californie. |

CRYPTOGAME CULTIVÉE POUR TOUTE LA PLANTE

Champignon des couches. Agaricus campestris. ♃. C Hémisphère boréal.

## Espèces d'une origine complètement inconnue ou incertaine.

Haricot commun. Phaseolus vulgaris. ①.
Courge musquée. Cucurbita moschata. ①.
Courge à feuilles de figuier. Cucurbita ficifolia. ♃.

# CHAPITRE II

## OBSERVATIONS GÉNÉRALES ET CONCLUSIONS

### Article 1. — Régions d'où sont sorties les plantes cultivées

Au commencement du XIXe siècle, on ignorait encore l'origine de la plupart des espèces cultivées. Linné ne s'était donné aucune peine pour la découvrir, et les auteurs subséquents n'avaient fait que copier les expressions vagues ou erronées dont il s'était servi pour indiquer leurs habitations. Alexandre de Humboldt exprimait donc le véritable état de la science en 1807 lorsqu'il disait : « L'origine, la première patrie des végétaux les plus utiles à l'homme et qui le suivent depuis les époques les plus reculées, est un secret aussi impénétrable que la demeure de tous les animaux domestiques..... Nous ne savons pas quelle région a produit spontanément le froment, l'orge, l'avoine et le seigle. Les plantes qui constituent la richesse naturelle de tous les habitants des tropiques, le Bananier, le *Carica Papaya*, le *Manihot* et le Maïs n'ont jamais été trouvés dans l'état sauvage. La pomme de terre présente le même phénomène [1]. »

Aujourd'hui, si quelques-unes des espèces cultivées n'ont pas encore été vues dans un état spontané, il n'en est pas de même de l'immense majorité. Nous savons au moins, le plus souvent, de quels pays elles sont originaires. Cela résultait déjà de mon travail de 1855, que les recherches actuelles plus étendues confirment presque toujours. Celles-ci ont porté sur 247 espèces [2] cultivées soit en grand par les agriculteurs, soit dans les jardins potagers ou fruitiers. J'aurais pu en ajouter quelques-unes rarement cultivées, ou mal connues, ou dont la culture a été aban-

1. *Essai sur la geographie des plantes*, p. 28.
2. En comptant deux ou trois formes qui sont plutôt des races très distinctes.

donnée; mais les résultats statistiques auraient été sensiblement les mêmes.

Sur les 247 espèces que j'ai étudiées, l'ancien monde en a fourni 199, l'Amérique 45, et 3 sont encore douteuses à cet égard.

Aucune espèce n'était commune aux parties tropicales ou australes des deux mondes avant d'être mises en culture. L'*Allium Schœnoprasum*, le Fraisier (*Fragaria vesca*), le Groseillier (*Ribes rubrum*), le Châtaignier (*Castanea vulgaris*) et le Champignon de couches (*Agaricus campestris*) étaient communs aux régions septentrionales de l'ancien et du nouveau monde. Je les ai comptés comme de l'ancien monde, parce que c'est là qu'est leur habitation principale, et qu'on a commencé de les cultiver.

Un très grand nombre d'espèces sont originaires à la fois d'Europe et de l'Asie occidentale, d'Europe et de Sibérie, de la région méditerranéenne et de l'Asie occidentale, de l'Inde et de l'Archipel asiatique, des Antilles et du Mexique, de ces deux régions et de la Colombie, du Pérou et du Brésil, ou du Pérou et de la Colombie, etc., etc. On pourrait les compter dans le tableau. C'est une preuve de l'impossibilité de subdiviser les continents et de classer les îles en régions naturelles bien définies. Quel que soit le mode de division, il y aura toujours des espèces communes à deux, trois ou quatre régions, et d'autres cantonnées dans une petite partie d'un seul pays. Les mêmes faits se présentent pour les espèces non cultivées.

Une chose vaut la peine d'être notée : c'est l'absence ou l'extrême rareté de plantes cultivées originaires de certains pays. Par exemple, aucune n'est venue des régions arctiques ou antarctiques, dont les flores, il est vrai, se composent d'un petit nombre d'espèces. Les États-Unis, malgré leur vaste territoire, qui fera vivre bientôt des centaines de millions d'hommes, ne présentaient, en fait de plantes nutritives, dignes d'être cultivées, que le Topinambour et des Courges. Le *Zizania aquatica*, que les indigènes récoltaient à l'état sauvage, est une Graminée trop inférieure à nos céréales et au Riz pour qu'il valût la peine de la semer. Ils avaient quelques bulbes et baies comestibles, mais ils n'ont pas essayé de les cultiver, ayant reçu de bonne heure le Maïs, qui valait infiniment mieux.

La Patagonie et le Cap n'ont pas fourni une seule espèce. La Nouvelle-Hollande et la Nouvelle-Zélande ont donné un arbre, *Eucalyptus globulus*, et un légume, peu nourrissant, le *Tetragonia*. Leurs flores manquaient essentiellement de Graminées, analogues aux céréales, de Légumineuses à graines comestibles, et de Crucifères à racines charnues [1]. Dans la partie tropicale et humide de la Nouvelle-Hollande, on a trouvé le Riz et l'*Alocasia macrorhiza* sauvages, ou peut-être naturalisés; mais la plus

1. Voir la liste des plantes utiles d'Australie, par sir J. Hooker, *Flora Tasmanniæ*, p. cx, et Bentham, *Flora australiensis*, 7, p. 150, 156.

grande partie du pays souffre trop de la sécheresse pour que ces espèces aient pu s'y répandre.

En général, les régions australes avaient fort peu de plantes annuelles, et, dans leur nombre si restreint, aucune n'offrait des avantages évidents. Or, les espèces annuelles sont les plus faciles à cultiver. Elles ont joué un grand rôle dans les anciennes cultures des autres pays.

En définitive, la distribution originelle des espèces cultivées était extrêmement inégale. Elle n'avait de rapport ni avec les besoins de l'homme ni avec l'étendue des territoires.

## Article 2. — Nombre et nature des espèces cultivées depuis des époques différentes.

On doit considérer comme d'une culture *très ancienne* les espèces marquées A dans le tableau de la page 351. Elles sont au nombre de 44. Quelques-unes des espèces marquées B sont probablement aussi anciennes, sans qu'on ait pu le constater. Enfin les cinq espèces américaines marquées D sont probablement d'une ancienneté de culture à peu près aussi grande que celles de la catégorie A ou que les plus vieilles de la catégorie B.

Comme on pouvait le prévoir, les espèces A sont surtout des plantes pourvues de racines, fruits ou graines propres à la nourriture de l'homme. Viennent ensuite quelques espèces ayant des fruits agréables au goût, ou textiles, tinctoriales, oléifères, ou donnant des boissons excitantes par infusion ou fermentation. Elles présentent seulement deux légumes verts et n'ont pas un seul fourrage. Les familles qui prédominent sont les Crucifères, Légumineuses et Graminées.

Le nombre des espèces annuelles est de 22 sur 44, soit 50 0/0. Dans les cinq espèces américaines marquées D, il y en a deux annuelles. Dans la catégorie A se trouvent trois espèces bisannuelles, et D n'en a aucune. Dans l'ensemble des Phanérogames, les espèces annuelles ne dépassent pas 15 0/0, et les bisannuelles s'élèvent à 1 ou au plus 2 0/0. Il est clair qu'au début de la civilisation les plantes dont le produit ne se fait pas attendre sont celles qu'on recherche le plus. Elles offrent d'ailleurs l'avantage qu'on peut répandre et multiplier leur culture, soit à cause de l'abondance des graines, soit parce qu'on cultive la même espèce en été dans le nord et en hiver ou toute l'année dans les pays tropicaux.

Les plantes vivaces sont bien rares dans les catégories A et D. Elles ne s'élèvent pas à plus de deux, soit 4 0/0, à moins qu'on ne veuille ajouter le *Brassica oleracea* et la forme du Lin, ordinairement vivace (*L. angustifolium*), que cultivaient les lacustres suisses. Dans la nature, les espèces vivaces constituent à peu près 40 0/0 des Phanérogames [1].

A et D renferment 20 espèces ligneuses, sur 49, soit près de 41 0/0. Dans l'ensemble des Phanérogames, elles entrent pour environ 43 0/0.

Ainsi, les premiers cultivateurs ont employé surtout des plantes annuelles ou bisannuelles, un peu moins de plantes ligneuses, et beaucoup moins encore d'espèces vivaces. Ces différences doivent tenir à la facilité des cultures, combinée avec la proportion d'espèces évidemment utiles de chacune des divisions.

Les espèces de l'ancien monde marquées B sont cultivées depuis plus de 2000 ans, mais quelques-unes appartiennent peut-être à la catégorie A sans qu'on le sache. Les américaines marquées E étaient cultivées avant Christophe Colomb, depuis peut-être plus de 2000 ans. Beaucoup d'autres espèces marquées d'un (?) dans les tableaux datent probablement aussi d'une époque ancienne; mais, comme elles existent surtout dans des pays sans littérature et sans aucun document archéologique, on ignore leur histoire. Il est inutile d'insister sur des catégories aussi douteuses; au contraire, les plantes qu'on sait avoir été cultivées dans l'ancien monde depuis moins de 2000 ans, ou en Amérique depuis l'époque de la découverte, méritent d'être comparées avec les plantes très anciennement cultivées.

Ces espèces, de culture *moderne,* s'élèvent à 61 de l'ancien monde, marquées C, et 6 d'Amérique, marquées F; en tout 67.

Classées selon leur durée, elles comptent 37 0/0 annuelles, 7 à 8 0/0 bisannuelles, 33 0/0 vivaces et 22 à 23 0/0 ligneuses.

La proportion des annuelles ou bisannuelles est encore ici plus forte que pour l'ensemble des végétaux, mais elle est moins grande que parmi les espèces de culture très ancienne. Les proportions de plantes vivaces ou ligneuses sont moindres que dans le règne végétal tout entier, mais elles sont plus élevées que parmi les espèces A, de culture très ancienne.

Les plantes cultivées depuis moins de deux mille ans sont surtout des fourrages artificiels, que les anciens connaissaient à peine; ensuite quelques bulbes, légumes, plantes officinales (Cinchonas), plantes à fruits comestibles, ou à graines nutritives (Sarrasins), ou aromatiques (Caféier), etc. Les hommes n'ont pas découvert depuis 2000 ans et cultivé une seule espèce qui puisse rivaliser avec le Maïs, le Riz, la Batate, la Pomme de terre, l'Arbre à pain, le Dattier, les Céréales, les Millets, les Sorghos, le Bananier, le Soja. Celles-ci remontent à trois, quatre ou cinq mille ans, peut-être même, dans certains cas, à six mille

1. Les proportions que j'indique pour l'ensemble des Phanérogames sont basées sur un calcul approximatif, fait au moyen des deux cents premières pages du *Nomenclator* de Steudel. Elles sont justifiées par la comparaison de quelques flores.

ans. Pendant la durée de la civilisation gréco-romaine et depuis, les espèces mises en culture répondent presque toutes à des besoins plus variés ou plus raffinés. Il s'est fait aussi un grand travail d'extension des espèces anciennes d'un pays à l'autre, et en même temps de sélection de variétés meilleures survenues dans chaque espèce.

Les introductions depuis deux mille ans ont eu lieu d'une façon très irrégulière et intermittente. Je ne pourrais pas citer une seule espèce mise en culture depuis cette date par les Chinois, ces grands cultivateurs des temps anciens. Les peuples de l'Asie méridionale ou occidentale ont innové, dans une certaine mesure, en cultivant les Sarrasins, plusieurs Cucurbitacées, quelques Allium, etc. En Europe, les Romains, et, dans le moyen âge, divers peuples, ont introduit la culture de certains légumes ou fruits et celle de plusieurs fourrages. En Afrique, un petit nombre de cultures ont commencé alors, isolément. Lorsque les voyages de Vasco de Gama et Christophe Colomb sont survenus, l'effet produit a été une diffusion rapide des espèces déjà cultivées dans l'un ou l'autre hémisphère. Les transports ont continué pendant trois siècles, sans qu'on se soit occupé sérieusement de cultures nouvelles. Dans les deux ou trois cents ans qui ont précédé la découverte de l'Amérique et les deux cents qui ont suivi, le nombre des espèces cultivées est resté presque complètement stationnaire. Les Fraisiers d'Amérique, le *Diospyros virginiana*, le Sea-Kale (*Crambe maritima*) et le *Tetragonia expansa*, introduits dans le XVIIIe siècle, n'ont guère eu d'importance. Il faut arriver au milieu du siècle actuel pour constater de nouvelles cultures de quelque valeur au point de vue utilitaire. Je rappellerai l'*Eucalyptus globulus* d'Australie et les *Cinchonas* de l'Amérique méridionale.

Le mode d'introduction de ces dernières espèces montre le changement énorme qui s'est fait dans les moyens de transport. Précédemment, la culture d'une plante commençait dans le pays où elle existait, tandis que l'Eucalyptus d'Australie a été planté et semé d'abord en Algérie, et les Cinchonas d'Amérique, dans l'Asie méridionale. Jusqu'à l'époque actuelle, les jardins botanique ou d'amateurs avaient répandu des espèces déjà cultivées quelque part. Maintenant ils introduisent des cultures absolument nouvelles. Le jardin royal de Kew se distingue sous ce rapport, et d'autres jardins botaniques ou des sociétés d'acclimatation, en Angleterre et ailleurs, font des tentatives analogues. Il est probable que les pays tropicaux en profiteront largement d'ici à un siècle. Les autres y trouveront aussi leur avantage, vu les facilités croissantes pour le transport des denrées.

Lorsqu'une espèce a été répandue dans les cultures, il est rare, et peut-être même sans exemple, qu'on l'abandonne complètement. Elle continue plutôt d'être cultivée çà et là dans des pays arriérés ou dont le climat lui est particulièrement favorable. J'ai laissé de côté dans mes recherches quelques-unes de ces espèces à peu près abandonnées, comme le Pastel (*Isatis tinctoria*), la Mauve (*Malva sylvestris*), légume usité chez les Romains, certaines plantes officinales fort employées autrefois, comme le Fenouil, le Cumin, la Nigelle, etc., mais il est certain qu'on les cultive encore partiellement.

La concurrence des espèces fait que la culture de chacune augmente ou diminue. En outre, les plantes tinctoriales et officinales sont fortement menacées par les découvertes des chimistes. Le Pastel, la Garance, l'Indigo, la Menthe et plusieurs *simples* doivent céder devant l'invasion des produits chimiques. Il est possible qu'on parvienne à faire de l'huile, du sucre, de la fécule, comme on fait déjà du miel, du beurre et des gelées, sans se servir des êtres organisés. Rien ne changerait plus les conditions agricoles du monde que la fabrication, par exemple, de la fécule, au moyen de ses éléments connus et inorganiques.

Dans l'état actuel des sciences, il y a encore des produits qu'on demandera, je présume, de plus en plus au règne végétal : ce sont les matières textiles, le tannin, le caoutchouc, la gutta-percha et certaines épices. A mesure qu'on détruit les forêts d'où on les tire et que ces matières seront en même temps plus demandées, on sera plus tenté de mettre en culture certaines espèces.

Elles appartiennent généralement aux flores des pays tropicaux. C'est aussi dans ces régions, en particulier dans l'Amérique méridionale, qu'on aura l'idée de cultiver certains arbres fruitiers, par exemple de la famille des Anonacées, dont les indigènes et les botanistes connaissent déjà le mérite. On augmentera probablement les fourrages et les arbres forestiers de nature à vivre dans des pays chauds et secs. Les additions ne seront pas nombreuses dans les régions tempérées, ni surtout dans les régions froides.

D'après ces données et ces aperçus, il est probable qu'à la fin du XIXe siècle les hommes cultiveront en grand et pour leur utilité environ 300 espèces. C'est une petite proportion des 120 ou 140 000 du règne végétal; mais dans l'autre règne, la proportion des êtres soumis à l'homme est bien plus faible. Il n'y a peut-être pas plus de 200 espèces d'animaux domestiqués ou simplement élevés pour notre usage, et le règne animal compte des millions d'espèces. Dans la grande classe des Mollusques, on élève l'huître, et dans celle des Articulés, qui compte dix fois plus d'espèces que le règne végétal, on peut citer l'abeille et deux ou trois insectes produisant de la soie. Sans doute le nombre des espèces animales ou végétales qu'on peut élever ou cultiver pour son plaisir ou par curiosité est immense : témoins les ménageries et les jardins zoologiques ou botaniques; mais je ne parle ici que des plantes et des animaux utiles, d'un emploi général et habituel.

### Article 3. — Plantes cultivées qu'on connaît ou ne connaît pas à l'état sauvage.

La science est parvenue à constater l'origine géographique de presque toutes les espèces cultivées, mais elle a fait moins de progrès dans la connaissance de ces espèces à l'état spontané, c'est-à-dire sauvages, loin des cultures et des habitations. Il y a des espèces qu'on n'a pas trouvées dans cet état et d'autres pour lesquelles les conditions d'identité spécifique ou de véritable spontanéité sont douteuses.

Dans l'énumération qui suit, j'ai classé les espèces en catégories d'après le degré de certitude sur la qualité spontanée et la nature des doutes, lorsqu'il en existe [1].

I. Espèces spontanées, c'est-à-dire sauvages, vues par plusieurs botanistes loin des habitations et des cultures, avec toutes les apparences de plantes indigènes, et sous une forme identique avec l'une des variétés cultivées. — Ce sont les espèces qui ne sont pas énumérées ci-dessous. Leur nombre est de . . . . . . . . . . . . . . . . . 169

Parmi ces 169 espèces, 31 appartiennent aux catégories marquées A ou D, de culture très ancienne ; 56 sont cultivées depuis moins de 2000 ans (C), et les autres sont d'une date moyenne ou inconnue.

II. Vues et récoltées dans les mêmes conditions, mais par un seul botaniste et dans une seule localité . . . . . . . . . . . . . . . . . . 3

Cucurbita maxima, *Faba vulgaris*, *Nicotiana Tabacum*.

III. Vues et mentionnées, mais non récoltées, dans les mêmes conditions, par un ou deux auteurs non botanistes, plus ou moins anciens, qui peuvent s'être trompés . . . . . . . . . . . . . . . . . . . . . . . 2

*Carthamus tinctorius*, *Triticum vulgare*.

IV. Récoltées sauvages, par des botanistes, dans plusieurs localités, sous une forme légèrement différente de celles qu'on cultive, mais que la plupart des auteurs n'hésitent pas à classer dans l'espèce... 4

*Olea europæa*, *Oryza sativa*, Solanum tuberosum, *Vitis vinifera*.

V. Sauvages, récoltées par des botanistes, dans plusieurs localités, sous des formes considérées par quelques auteurs comme devant constituer des espèces différentes, tandis que d'autres les traitent comme des variétés . . . . . . . . . . . . . . . . . . . . . . . . . . . . 15

Allium Ampeloprasum Porrum, Cichorium Endivia var *. *Crocus sativus var.*, Cucumis Melo *, Cucurbita Pepo, Helianthus tuberosus, Lactuca Scariola sativa, *Linum usitatissimum annuum*, Lycopersicum esculentum, Papaver somniferum, Pyrus nivalis var., Ribes Grossularia *, Solanum Melongena, Spinacia oleracea var *, Triticum monococcum.

1. Les espèces en italiques sont de culture *très ancienne* (A ou D); celles marquées * sont cultivées depuis moins de deux mille ans (C ou F).

VI. Subspontanées, c'est-à-dire presque sauvages, semblables à l'une des formes cultivées, mais avec la chance que ce soient des plantes échappées des cultures, d'après les circonstances locales . . . . 24

Agave americana, Amarantus gangeticus, *Amygdalus Persica*, Areca Catechu, Avena orientalis *, Avena sativa, Cajanus indicus *, *Cicer arietinum*, Citrus decumana. Cucurbita moschata, Dioscorea japonica, Ervum Ervilia, *Ervum Lens*, Fagopyrum emarginatum, Gossypium barbadense, Holcus saccharatus, *Holcus Sorghum*, Indigofera tinctoria, Lepidium sativum, Maranta arundinacea, Nicotiana rustica, *Panicum miliaceum*, Raphanus sativus, Spergula arvensis.

VII. Subspontanées comme les précédentes, mais ayant une forme assez différente des variétés cultivées pour que la majorité des auteurs les onsidèrent comme des espèces distinctes . . . . . . . . . . . . . 3

Allium ascalonicum * (forme de l'*A. Cepa ?*), Allium Scorodoprasum * (forme de l'A. sativum ?), Secale cereale (forme de l'un des Secale vivaces ?).

VIII. Non découvertes dans un état sauvage. ni même dans un état subspontané, issues peut-être depuis le commencement des cultures d'espèces cultivées, mais trop différentes pour n'être pas appelées ordinairement des espèces . . . . . . . . . . . . . . . . . . . . 3

*Hordeum hexastichon* (dérivé de l'*H. distichon ?*). *Hordeum vulgare* (dérivé de l'*H. distichon ?*), *Triticum Spelta* (dérivé du T. vulgare ?).

IX. Non découvertes dans un état sauvage, ni même subspontané, mais originaires de pays qui ne sont pas suffisamment explorés, et qu'on soupçonne devoir être plus tard réunies à des espèces sauvages encore mal connues de ces pays . . . . . . . . . . . . . . . . . . . . . . 6

Arachis hypogæa, Caryophyllus aromaticus, *Convolvolus Batatas*, Dolichos Lubia *, Manihot utilissima, Phaseolus vulgaris.

X. Non découvertes dans un état sauvage, ni même subspontané, mais originaires de pays qui ne sont pas suffisamment explorés, ou de pays de même nature qu'on ne peut pas préciser, plus distinctes que les précédentes des espèces connues . . . . . . . . . . . . . . . . . 18

Amorphophallus Konjak, Arracacha esculenta, Brassica chinensis, Capsicum annuum, Chenopodium Quinoa[1], Citrus nobilis, Cucurbita ficifolia, Dioscorea alata, Dioscorea Batatas, Dioscorea sativa, Eleusine Coracana, Lucuma mammosa, Nephelium Litchi, Pisum sativum *, Saccharum officinarum, Sechium edule, Trichosanthes anguina *, *Zea Maïs*.

Total. . . . . 247

D'après ces chiffres, il y a 193 espèces reconnues sauvages, 27 douteuses, en tant que subspontanées, et 27 qu'on n'a pas trouvées sauvages.

Il est permis de croire qu'on découvrira tôt ou tard ces dernières, si ce n'est sous une des formes cultivées, au moins sous une forme voisine, appelée espèce ou variété, selon l'idée de chaque auteur. Il faudra pour y parvenir que les pays tropicaux aient été mieux explorés, que les collecteurs aient fait plus d'attention aux localités et qu'on ait publié beaucoup de flores des pays actuellement mal connus et de bonnes monographies de

1. Depuis l'impression de cette liste, j'ai reçu l'avis que le Quinoa est sauvage au Chili. Quelques-uns des chiffres devraient être modifiés en conséquence d'une unité.

certains genres, en s'appuyant sur les caractères qui varient le moins dans la culture.

Quelques espèces originaires de pays assez bien explorés et impossibles à confondre avec d'autres, parce qu'elles sont uniques chacune dans son genre, n'ont pas été trouvées à l'état sauvage, ou l'ont été une fois seulement, ce qui peut faire présumer qu'elles sont éteintes dans la nature, ou en voie d'extinction. Je veux parler du Maïs et de la Fève (voir p. 311 et 253). J'indique aussi, dans l'article 4, d'autres plantes qui paraissent en voie d'extinction depuis quelques milliers d'années. Ces dernières appartiennent à des genres nombreux en espèces, ce qui rend l'hypothèse moins vraisemblable [1]; mais, d'un autre côté, elles se montrent rarement loin des cultures, et on ne les voit guère se naturaliser, — j'entends devenir sauvages, — ce qui montre une certaine faiblesse ou trop de facilité à devenir la proie d'animaux et de parasites.

Les 67 espèces mises en culture depuis moins de 2000 ans (C, F) se trouvent toutes à l'état sauvage excepté onze marquées *, qu'on n'a pas rencontrées ou sur lesquelles on a des doutes. C'est une proportion de 83 0/0.

Ce qui est plus singulier, la grande majorité des espèces cultivées depuis plus de 4000 ans (A), ou en Amérique depuis 3 ou 4000 (D), existent encore sauvages, dans un état identique avec l'une des formes cultivées. Leur nombre est de 31, sur 49, c'est-à-dire 63 0/0. Si l'on ajoute celles des catégories II, III, IV et V, la proportion est de 81 à 82 0/0. Dans les catégories IX et X, on ne compte plus que deux de ces espèces très anciennes de culture, soit 4 0/0, et ce sont deux espèces qui n'existent peut-être plus comme plantes spontanées.

Je croyais, *à priori*, qu'un beaucoup plus grand nombre des espèces cultivées depuis plus de 4000 ans auraient dévié de leur état ancien, à un degré tel qu'on ne pourrait plus les reconnaître parmi les plantes spontanées. Il paraît, au contraire, que les formes antérieures à la culture se sont ordinairement conservées à côté de celles que les cultivateurs obtenaient et propageaient de siècle en siècle. On peut expliquer ceci par deux causes : 1° La période de 4000 ans est courte relativement à la durée de la plupart des formes spécifiques dans les plantes phanérogames. 2° Les espèces cultivées reçoivent, hors des cultures, des renforts incessants par les graines que l'homme, les oiseaux et divers agents naturels dispersent ou transportent de mille manières. Les naturalisations ainsi produites confondent souvent les pieds issus de plantes sauvages, avec ceux issus de plantes cultivées, d'autant mieux qu'ils se fécondent mutuellement, puisqu'ils sont de même espèce. Ce fait est clai-

1. Par des raisons que je ne puis développer ici, les genres monotypes sont ordinairement en voie d'extinction.

rement démontré quand il s'agit d'une espèce de l'ancien monde cultivée en Amérique, dans les jardins, et qui s'établit plus tard en masse dans la campagne ou les forêts, comme le Cardon à Buenos-Ayres et les Orangers dans plusieurs contrées américaines. La culture étend les habitations. Elle supplée aux déficits que peut avoir la reproduction naturelle des espèces. Quelques-unes cependant font exception, et il vaut la peine d'en parler dans un article spécial.

## Article 4. — Plantes cultivées qui sont en voie d'extinction ou éteintes hors des cultures.

Les espèces auxquelles je viens de faire allusion présentent trois caractères assez remarquables :

1° Elles n'ont pas été découvertes à l'état sauvage, ou ne l'ont été qu'une fois ou deux, souvent même d'une manière contestable, bien que les régions d'où elles sont sorties aient été visitées par plusieurs botanistes.

2° Elles n'ont pas la faculté de se semer et de se propager indéfiniment hors des terrains cultivés. En d'autres termes elles ne dépassent pas en pareil cas la condition de plantes adventives.

3° On ne peut pas soupçonner qu'elles sont issues, depuis l'époque historique, de certaines espèces voisines.

Ces trois caractères se trouvent réunis dans les espèces suivantes :

Fève (*Faba vulgaris*).
Pois chiche (*Cicer arietinum*)
Ers (*Ervum Ervilia*).
Lentille (*Ervum Lens*).
Tabac (*Nicotiana Tabacum*).
Froment (*Triticum vulgare*).
Maïs (*Zea Mays*).

Il faudrait ajouter la Batate (*Convolvulus Batatas*), si les espèces voisines étaient mieux connues comme distinctes, et le Carthame (*Carthamus tinctorius*), si l'intérieur de l'Arabie avait été exploré et qu'on n'y eût pas trouvé cette plante indiquée jadis par un auteur arabe.

Toutes ces espèces, et probablement d'autres de pays peu connus ou de genres mal étudiés, paraissent en voie d'extinction ou éteintes. A supposer que la culture cessât dans le monde, elles disparaîtraient, tandis que la majorité des autres plantes cultivées se seraient naturalisées quelque part et resteraient à l'état sauvage.

Les sept espèces mentionnées tout à l'heure, excepté le Tabac, ont des graines remplies de fécule, qui sont recherchées par les oiseaux, les rongeurs et divers insectes, sans pouvoir traverser intactes leurs voies digestives. C'est probablement la cause, unique ou principale, de leur infériorité dans la lutte pour l'existence.

Ainsi, mes recherches sur les plantes cultivées montrent que certaines espèces végétales sont en voie d'extinction ou éteintes depuis l'époque historique, et cela, non dans de petites îles, mais sur de vastes continents, sans qu'on ait constaté des modifications de climat. C'est un résultat important pour l'histoire des règnes organisés, à toutes les époques.

### Article 5. — Réflexions diverses.

Je mentionnerai sommairement les suivantes :

1° Les plantes mises en culture n'appartiennent pas à une catégorie particulière, car elles se classent dans cinquante et une familles différentes. Ce sont toutes cependant des Phanérogames, excepté le Champignon des couches (*Agaricus campestris*).

2° Les caractères qui ont le plus varié dans la culture sont, en commençant par les plus variables : A, la grosseur, la forme et la couleur des parties charnues, quelle que soit leur situation (racine, bulbe, tubercule, fruit ou graine), et l'abondance de la fécule, du sucre et autres matériaux, qui se déposent dans ces parties; — B, l'abondance des graines, qui est souvent inverse du développement des parties charnues de la plante; — C, la forme, la grandeur ou la pubescence des organes floraux qui persistent autour des fruits ou des graines; — D, la rapidité des phénomènes de végétation, de laquelle résulte souvent la qualité de plante ligneuse ou herbacée et de plante vivace, bisannuelle ou annuelle.

Les tiges, feuilles et fleurs varient peu dans les plantes cultivées pour ces organes. Ce sont les dernières formations de chaque pousse annuelle ou bisannuelle qui varient le plus; en d'autres termes, les résultats de la végétation varient plus que les organes qui en sont la cause.

3° Je n'ai pas aperçu le moindre indice d'une adaptation au froid. Quand la culture d'une espèce avance vers le nord (Maïs, Lin, Tabac, etc.), cela s'explique par la production de variétés hâtives qui ont pu mûrir avant la saison froide, ou par l'usage de cultiver dans le nord, en été, des espèces qu'on sème dans le midi en hiver. L'étude des limites boréales des espèces spontanées m'avait conduit jadis au même résultat, car elles n'ont pas changé depuis les temps historiques, bien que les graines soient portées fréquemment et continuellement au nord de chaque limite. Il faut, paraît-il, pour une modification permettant de supporter des degrés plus intenses de froid, des périodes beaucoup plus longues que 4 ou 5000 ans, ou des changements de forme et de durée.

4° Les classifications de variétés faites par les agriculteurs et horticulteurs reposent ordinairement sur les caractères qui varient le plus (forme, grosseur, couleur, saveur des parties charnues, barbes des épis, etc.). Les botanistes se trompent quand ils suivent cette voie. Ils devraient consulter les caractères, plus fixes, des organes pour lesquels on ne cultive pas les espèces.

5° Une espèce non cultivée étant un groupe de formes plus ou moins analogues, parmi lesquelles on peut distinguer souvent des groupes subordonnés (races, variétés, sous-variétés), il a pu arriver qu'on ait mis en culture deux ou plusieurs de ces formes un peu différentes. C'est ce qui a dû se passer surtout quand l'habitation d'une espèce est vaste, et plus encore quand elle est disjointe. Le premier cas est probablement celui des Choux (*Brassica*), du Lin, du Cerisier des Oiseaux (*Prunus avium*), du Poirier commun, etc. Le second s'est présenté probablement pour la Gourde, le Melon et le Haricot trilobé, qui existaient à la fois dans l'Inde et l'Afrique, avant la culture.

6° On ne connaît pas de caractère distinctif entre une plante naturalisée issue, depuis quelques générations, de pieds cultivés, et une plante sauvage issue de pieds anciennement sauvages. Toutefois, dans la transition de plante cultivée à plante spontanée, les traits particuliers qui se propagent par la greffe dans les cultures ne se conservent pas de semis. Par exemple, l'Olivier devenu sauvage est à l'état d'*Oleaster*, le Poirier a des fruits moins gros, le Châtaignier marron donne un fruit tout ordinaire. Du reste, on n'a pas encore observé suffisamment, de génération en génération, les formes naturalisées d'espèces sorties des cultures. M. Sagot [1] l'a fait pour la vigne. Il serait intéressant de comparer de la même manière avec leurs formes cultivées les Citrus, le Persica et le Cardon naturalisés en Amérique, loin de leur pays d'origine, de même que l'Agave et la Figue d'Inde sauvages en Amérique avec leurs variétés naturalisées dans l'ancien monde. On saurait exactement ce qui persiste après un état temporaire de culture.

7° Une espèce peut avoir eu avant la culture une habitation restreinte et occuper ensuite une immense étendue comme plante cultivée et quelquefois naturalisée.

8° Dans l'histore des végétaux cultivés, je n'ai aperçu aucun indice de communications entre les peuples de l'ancien et du nouveau monde avant la découverte de l'Amérique par Colomb. Les Scandinaves, qui avaient poussé leurs excursions jusque dans le nord des États-Unis, et les Basques du moyen âge, qui avaient suivi des baleines peut-être jusqu'en Amérique, ne paraissent pas avoir transporté une seule espèce cultivée. Le courant du Gulf-Stream n'a produit également aucun effet. Entre l'Amérique et l'Asie, deux transports de plantes utiles ont peut-être eu lieu, l'un par l'homme (Batate), l'autre par l'homme ou par la mer (Cocotier).

1. Sagot, *Sur une vigne sauvage croissant en abondance dans les bois autour de Belley.*

FIN.

# ADDITIONS ET CORRECTIONS

Page 23. **Radis.** — *Raphanus sativus*, L. — Le Dr Bretschneider m'a écrit, le 22 septembre 1882, que cette espèce est mentionnée dans le Rya, ouvrage de l'an 1100 avant J.-C. D'après cela, il est difficile de savoir si elle est venue de Chine ou de l'Asie occidentale. Dans l'un et l'autre cas ce serait de l'Asie tempérée.

P. 35. **Topinambour.** — *Helianthus tuberosus*, L. — Après de nombreuses hésitations sur l'état spontané, le Dr Asa Gray (*Synoptical flora*, I, part. 2, p. 280) attribue à cette espèce une partie de l'*Helianthus doronicoides* Gray et Torrey, qui croît spontanément au Canada et dans les Etats-Unis, jusqu'à l'Arkansas et la Géorgie.

P. 36-42. **Pomme de terre.** — *Solanum tuberosum*, L. — Depuis ma rédaction, M. Baker a publié dans le *Journal of the Linnean Society*, XX, p. 489, une revue détaillée des Solanum à tubercules de l'Amérique septentrionale et méridionale, et sir Joseph Hooker, dans le *Botanical Magazine*, pl. 6756, a adopté en partie ses opinions. Ni l'un ni l'autre n'admet, comme origine de la Pomme de terre cultivée, la plante du Chili que Sabine, Lindley, Darwin et moi avons pensé être sa souche primitive. Ils considèrent la forme commune sur la côte du Chili comme étant le *Solanum Maglia*, de Molina et de Dunal, *Prodr.* 13, part. I, p. 36, qu'ils tiennent pour une espèce différente du *S. tuberosum* cultivé.

Au premier coup d'œil jeté sur la planche 41 de Baker appelée *S. tuberosum* j'ai pensé que c'était une espèce bien différente et j'adressai alors à M. Goeze une note qu'il a mise dans le *Hamburger Garten undBlumenzeitung*, de 1884, p. 289. J'insistais sur ce que les lobes du calice sont ovales et obtus dans la planche, tandis qu'ils sont lancéolés, plus ou moins acuminés dans le *S. tuberosum* cultivé, du moins dans la fleur ouverte, car dans le bouton ils sont peu développés. Cette forme obtuse ou aiguë des lobes du calice, lorsque la fleur est épanouie, m'a paru plus caractéristique des Solanum qu'on ne le pense communément. C'est un détail d'organisation qui n'entraîne aucune conséquence pour les tubercules, d'où il résulte que les cultivateurs ne s'en sont pas occupés et n'ont pas propagé les formes nouvelles qui ont pu se produire accidentellement, comme ils l'ont fait pour les tubercules. D'après Darwin, les organes ou caractères inutiles à une plante dans l'état spontané, ou à son produit dans la culture, sont ceux qui doivent être les plus durables. J'en ai eu la confirmation pour le calice de la pomme de terre cultivée. M. le Dr Masters a eu l'obligeance d'examiner les lobes de cet organe dans 150 variétés cultivées au jardin de Kew, et il a sollicité le même examen chez MM. Sutton, les plus grands cultivateurs de pommes de terre qui existent. Le résultat a été que toutes les formes cultivées ont les lobes aigus ou acuminés, jamais obtus. La fixité étant ainsi reconnue, j'ai cherché quel est le calice dans les formes spontanées plus ou moins comparables aux *S. tuberosum*. Pour cela j'ai demandé de nouveaux documents à M. Philippi, de Santiago, en ce qui concerne le Chili, et à M. Hieronymus, pour les formes de la république Argentine. Les échantillons qu'ils ont bien voulu me donner ou prêter, joints à ceux de mon herbier, m'ont permis de connaître exactement plusieurs formes rapportées par M. Baker aux *S. tuberosum* et *S. Maglia* des auteurs, et à d'autres analogues. Le résultat de ce travail est exposé en détail dans un article de botanique pure qu'il serait inutile de reproduire ici, mais qu'on peut consulter dans les *Archives des sciences physiques et naturelles*, de mai 1886.

Après avoir éliminé du *S. tuberosum*, tel que M. Baker l'admet, beaucoup de formes qui se distinguent par de bons caractères et parmi lesquelles deux sont, à mon avis, des espèces d'importance analogue à celles du genre Solanum en général, j'ai été conduit à maintenir mon opinion résumée à la page 42.

La plante spontanée la plus semblable au *S. tuberosum* cultivé est un échantillon recueilli en 1862, par M. Philippi dans l'île de Chiloe, qui avait été égaré dans mon herbier. Je l'ai trouvé encore plus semblable à la pomme de terre de nos cultures que le *S. tuberosum* de Sabine, Darwin, etc., appelé *S. Maglia* par Baker et sir Joseph Hoocker. De ce type on passe facilement aux plantes de ces auteurs pour arriver au *S. Maglia* de Schlechtendal et de Dunal, qui s'éloigne un peu plus de la plante cultivée. J'ai admis, en conséquence, quatre variétés dans l'espèce du *S. tuberosum*, α. *Chiloense*, β. *cultum*, γ. *Sabini*, δ. *Maglia*. La forme α, typique, et les deux dernières, croissent sur le littoral du Chili. Je n'ai pas rencontré des échantillons plus semblables à la plante cultivée venant des régions sèches et élevées du Chili ou du Pérou.

L'exemplaire recueilli par Claude Gay à Talcagoué que j'avais cru, avec Dunal, appartenir au *S. tuberosum*, est, à mon avis, douteux parce qu'il n'a pas de fleur ouverte et que d'après le bouton, où les lobes du calice sont obtus, il appartient plutôt au *S. Bustillosi* de Philippi, dont j'ai un échantillon authentique. Le Solanum 719 de Bridges, du Chili, qui est le *S. tuberosum* figuré par Baker, est pour moi une nouvelle espèce, *S. Bridgesii*. Celui de Bolivie, n° 397 de Mandon, rapporté aussi au *S. tuberosum* par Baker, est une espèce nouvelle, *S. Mandoni*, où les segments de la feuille sont sessiles. Dans mon herbier et dans celui de Boissier je n'ai vu aucun *S. tuberosum* croissant au nord du Chili; et je doute qu'il y en ait dans l'herbier de Kew, d'après toutes les formes éliminées ci-dessus et l'opinion de M. Hemsley (*Journal of the hortic. soc.*, vol. V) qui a vu cet herbier.

Tous les Solanum d'Amérique à tubercules, et quelques-uns sans tubercules, sont des formes extrêmement voisines, qu'on peut appeler des espèces d'ordre secondaire, comme il y en a dans les *Rosa*. *Rubus*, etc. Quelques botanistes croient éluder les difficultés en constituant de vastes espèces, par exemple un Solanum tuberculeux varié, répandu depuis le Chili jusqu'au Mexique et l'Etat d'Arizona, mais si l'on veut être exact, il faut alors distinguer des variétés, et pour la question d'origine de la plante cultivée il faut chercher de quelle variété elle est provenue. Le changement d'un terme de nomenclature ne change pas le fond de la question.

P. 45. **Batate.** — *Convolvulus Batatas*, L. — Après avoir lu mon article, M. le Dr Bretschneider m'a écrit de Pékin, que certainement la Batate cultivée en Chine est d'origine étrangère d'après les ouvrages chinois. Le manuel d'agriculture de Nung Chang Tsuan Shu, dont l'auteur est mort en 1633, l'affirme, et il mentionne aussi une batate sauvage en Chine, *Chu*, l'espèce cultivée étant *Kan-chu* (batate douce). Le Min Shu, publié dans le XVIe siècle, dit que l'introduction a eu lieu entre 1573 et 1630.

P. 69. **Pourpier.** — *Portulaca oleracea*, L. — On regardait aux États-Unis le pourpier comme d'origine étrangère (A. Gray, *Fl. of. n. st.* éd. 5; *Bot. of Calif.* 1, p. 74), mais dans une publication récente (*Amer. journ. of sc.* 1883, p. 253), MM. A. Gray et Trumbull donnent des raisons pour croire qu'il est spontané en Amérique, comme dans l'ancien monde. Christophe Colomb l'avait remarqué à San Salvador et à Cuba; Oviédo le mentionne à Saint-Domingue et J. de Léry au Brésil. Ce ne sont pas, il est vrai, des témoignages de botanistes, mais Nuttall et autres l'ont trouvé sauvage dans le haut Missouri, le Colorado et le Texas, où pourtant, vu la date, il peut avoir été importé et naturalisé.

P. 82. **Luzerne.** — *Medicago sativa*, L. — Certainement spontanée dans la région du Volga inférieur et du fleuve Oural, où on ne la cultive pas. (Lettre de M. le conseiller Danilewski.)

P. 83. **Sainfoin.** — *Onobrychis.* — Certainement spontané dans la Russie centrale. (Lettre du même.)

P. 88. **Gesse.** — *Lathyrus sativus*, L. — Était cultivée en Hongrie dans l'âge de pierre, d'après les catacombes de Aggtelek (*Engler Bot. Jahrb.* 3, p. 282).

P. 85. **Thé.** — *Thea sinensis.* — Est spontané dans l'île de Hainan (Hance, *Journ. of bot.* 1885, p. 321). Abel l'avait déjà trouvé, en apparence sauvage, près de See-chow (Griffith, *Tea of Upper Assam*).

P. 129. **Giroflier.** — *Caryophyllus aromaticus*, L. — MM. Fluckiger et Hanbury (*Hist. des drogues*, trad. franç. 1, p. 498) ont prouvé que le commerce introduisait cette épice en Europe déjà dans le VIe siècle. M. Fluckiger (*Journ. de pharm.*, nov. 1885) a vu deux clous de girofle tirés d'une boîte de cette époque venant du château ruiné de Horburg.

P. 129. **Houblon.** — *Humulus Lupulus*, L. — Croît spontanément à Yédo, Japon, et en Amérique, du Canada au Nouveau-Mexique (A. Gray, *Bot. of n. st.*, éd. 2; Watson, *Calif.*, 2, p. 63), comme en Europe. C'est par erreur que dans le *Prodromus* j'ai cité A. Gray pour avoir dit cette espèce naturalisée en Amérique.

P. 171. **Abricotier.** — *Prunus Armeniaca*, L. — M. Capus (*Ann. sc. nat.*, série 6, vol. 16, p. 280) l'a vu sauvage en Turkestan. Il est impossible de savoir s'il y est indigène ou naturalisé par des noyaux rejetés hors des cultures. M. le conseiller de Danilewski m'a fait savoir qu'il l'a cherché inutilement dans les forêts de Talysch.

P. 174. **Amandier.** — *Amygdalus communis*, L. — M. Capus (*Ann. sc. nat.*, série 6, vol. 16, p. 281) l'a trouvé « subspontané » en Turkestan, avec une variété spontanée.

P. 199. **Gourde.** — *Lagenaria vulgaris*, Seringe. — MM. Asa Gray et Trumbull (*Amer. journ. of sc.*, 1883, p. 370) donnent des raisons pour supposer l'espèce connue et indigène dans le nouveau monde avant l'arrivée des Européens. Les premiers voyageurs sont cités par eux plus en détail que je ne l'ai fait. Il résulte de leur témoignage que les habitants du Pérou, du Brésil et du Paria, possédaient des gourdes, en espagnol *calabazas*, mais je ne vois pas de preuve que ce fût l'espèce appelée par les botanistes *Cucurbita lagenaria*, maintenant *Lagenaria vulgaris*. Le seul caractère indépendant de la forme si variable du fruit est la couleur blanche des fleurs, et il n'est pas indiqué.

P. 201. **Potiron.** — *Cucurbita maxima*, Duchesne. — Aux raisons de soupçonner une origine américaine il faut ajouter que des graines du cimetière d'Ancon, au Pérou, ont été reconnues, par M. Naudin, pour appartenir au *C. maxima*. (Lettre de M. Wittmack, 15 oct. 1882). Au sujet de ce cimetière voyez ci-dessus p. 273.

Les témoignages des anciens voyageurs sur le *C. maxima* en Amérique avant l'arrivée des Européens, ont été réunis avec beaucoup de soin par MM. A. Gray et Trumbull (*Amer. journ. of sc.*, 1883, p. 372). Ils confirment que les indigènes cultivaient des courges *Cucurbita*, sous des noms américains, dont quelques-uns subsistent dans le langage actuel des États-Unis. Aucun des anciens voyageurs n'a constaté les caractères botaniques (ci-dessus p. 199) par lesquels Naudin a établi la distinction des *C. maxima* et *C. Pepo*, par conséquent on demeure dans le doute sur l'espèce dont ils ont parlé. D'après différents motifs, j'avais admis l'origine américaine pour le *C. Pepo* (p. 203), mais je conserve mes doutes pour le *C. maxima*. En lisant Tragus et Matthiole plus attentivement que je ne l'avais fait, MM. A. Gray et Trumbull remarquent qu'ils appelent *indien* ce qui venait d'Amérique. Mais si ces botanistes ne confondaient pas les Indes orientales et occidentales, plusieurs autres et le public le faisaient, ce qui a produit des erreurs répétées ensuite par des savants.

P. 204. **Courge musquée.** — *Cucurbita moschata*, Duchesne. — Des graines de cette espèce, reconnues par M. Naudin, ont été trouvées dans le cimetière d'Ancon (d'après ce que m'écrit M. Wittmack). La question de l'origine américaine serait ainsi tranchée, si ce n'était certains doutes sur l'époque des tombeaux d'Ancon. (Voir ci-dessus p. 199.)

P. 210. **Concombre.** — *Cucumis sativus*, L. — Des graines de concombre ont été trouvées dans les cendres préhistoriques de Szilahom, en Hongrie (Fotini, cité dans *Engler Bot. Jahrb.* 3, p. 287).

P. 222. **Groseillier noir.** — *Cassis.* — Depuis que j'ai signalé le nom de cassis comme peu ancien et d'origine inconnue, plusieurs personnes m'ont communiqué des recherches sur ce point, mais elles ne sont pas parvenues à un résultat positif. M. Schuermann, président de la cour d'appel en Belgique, érudit distingué, n'a pas découvert le nom de cassis avant la date de 1712, qui est celle d'un opuscule intitulé : Propriété admirable du cassis, plante de la Tourraine, du Poitou, etc. Le charlatanisme s'était emparé de ce nom nouveau, comme aujourd'hui des noms de revalescière, revalenta, etc. Peut-être avait-on voulu imiter les liqueurs parfumées avec la *Cassia lignea*, vulgairement *Cassie*, dont il est beaucoup question dans Fluckiger et Hanbury. (*Drogues*, trad. franc., 2, p. 238.)

P. 253. **Fève.** — *Faba vulgaris, Mœnch.* — D'apres une lettre de M. le conseiller Danilewski le désert dit de Mungan dans les ouvrages est celui de Mughan, au S.-O. de la mer Caspienne, entre les fleuves Koura et Arosc. La plus ancienne culture de fève connue est celle de la variété *celtica* de Heer, dans les souterrains d'Aggtelek, de l'âge de pierre en Hongrie. (Cité dans *Engler, Bot. Jahrb.* 3, p. 283).

P. 257. **Lentille.** — *Ervum Lens*, L. — Cultivée en Hongrie, à l'époque de l'âge de pierre, d'après les graines du souterrain d'Aggtelek (*Engler*, *Bot. Jahrb.* 3, p. 284).

P. 258. **Pois chiche.** — *Cicer arietinum*, L. — Était connu en Chine déjà dans le XIVe siècle, sous des noms qui indiquent une origine occidentale (Bretschneider, lettre de Pékin, en 1862).

P. 260. **Lupin.** — *Lupinus albus*. L. — M. Danileswki estimait qu'il est bien spontané au Caucase parce qu'on ne le cultive pas dans cette région. (Lettre de 1862.)

P. 262. **Pois des jardins.** — *Pisum sativum*, L. — Cultivé en Hongrie à l'époque de l'âge de pierre, d'après des graines du souterrain d'Aggtelek (*Engler, Bot. Jahrb.* 3, p. 284).

P. 293. **Locular.** — *Triticum monococcum*, L. — M. H. Vilmorin (*Bull. soc. bot. fr.*, 1883, p. 62) n'a pas réussi mieux la 3e et 4e année dans des croisements entre cette espèce et d'autres Triticum. — On le cultivait déjà lors de l'âge de la pierre, en Hongrie, d'après les graines trouvées à Aggtelek. (Staub, dans *Engler*, *Bot. Jahrb.* 3, p. 282.)

P. 294-297. **Orge.** — *Hordeum.* — Le colonel Steward (*Soc. écoss. de géogr.*, février 1886) a trouvé une grande abondance d'orge sauvage autour du puits d'Agar Chah, entre Hérat et Nerve. Etait-ce l'orge à deux rangs? ou à quatre rangs? qui n'a pas été vue spontanée d'une manière certaine.

P. 297. **Seigle.** — *Secale cereale*, L. — Était cultivé en Hongrie à une époque préhistorique antérieure à l'âge de bronze, d'après les découvertes faites dans la vallée de Szadoeler (cité dans *Engler*, *Bot. Jahrb.* 3, p. 287).

P. 299. **Avoine.** — *Avena.* — Le nom russe est Owess. (Lettre de M. Danilewski.)

P. 302. **Millet commun.** — *Panicum miliaceum*, L. — D'après une lettre de M. Danilewski, les Tatars ne font pas du pain avec le millet, comme l'a dit Steven, mais ils en tirent une boisson.

P. 305. **Sorgho commun.** — *Holcus Sorghum*, L. — C'est par erreur que j'ai cité Bretschneider comme ayant dit, d'après d'anciens ouvrages, le sorgho spontané en Chine.

P. 309. **Riz.** — *Oryza sativa*, L. — M. Ferd. de Mueller m'a écrit que le riz est certainement sauvage dans l'Australie tropicale. Reste à savoir s'il n'a point été naturalisé par des graines apportées par l'homme.

P. 311. **Maïs.** *Zea Mays*, L. — On trouve des détails sur le traité du Pen Tsao Kang mu, par Li Schi chen, dans Bretschneider, *Botanicon sinicum*, p. 54. L'ouvrage a été rédigé de 1552 à 1558. Il ne dit pas que le maïs soit ancien en Chine. M. Bretschneider (lettre du 28 déc. 1882) affirme que les anciens auteurs chinois disent l'espèce venue de l'ouest, ce qui peut avoir eu lieu depuis la découverte de l'Amérique.

P. 328. **Cotonnier des Barbades.** — *Gossypium barbadense*, L. — M. le Dr Masters (*Journ. Linn. soc.*, 1882, vol. XIX, p. 212) affirme que l'espèce généralement cultivée dans l'Afrique intertropicale est le *G. barbadense*, mais il n'en a vu que des échantillons cultivés. On dit l'espèce américaine, sans en avoir la preuve par des échantillons spontanés ou par des cultures antérieures à la découverte de l'Amérique.

P. 341, ligne 7. **Ricin.** — Le Dr Bretschneider en a parlé dans une note de son *Study*, etc. de 1870, p. 22, mais ce qu'il dit et une lettre de lui, en 1881, ne font pas présumer une culture ancienne en Chine.

P. 362, ligne 9. **Houblon.** — Ajouter cette espèce à celles qui sont indigènes dans l'ancien et le nouveau monde.

---

# INDEX

*N. B.* — Toutes les espèces sont reproduites dans le tableau des pages 351-359, sans qu'on l'ait indiqué ici. Il en est de même de celles mentionnées dans les pages 360-372.


Abricotier ... 171, 376
Abricotier d'Amérique ... 150
Ache ... 72
Agaricus campestris ... 359
Agave americana ... 122
Ail ... 50
Alligator pear ... 232
Allium Ampeloprasum, Porrum ... 81
— Ascalonicum ... 55
— Cepa ... 52
— fistulosum ... 54
— sativum ... 50
— Schœnoprasum ... 57
— Scorodoprasum ... 56
Alocasia macrorhiza ... 60
Amandier ... 174, 376
Amarantus, div. esp. ... 80
— frumentaceus ... 232
— gangeticus ... 80
Amidonier ... 293
Amorphophallus Konjak ... 61
— Rivieri ... 61
Amygdalus communis ... 174, 376
— Persica ... 176
Anacardium occidentale ... 158
Ananas ... 248
Andropogon saccharatus ... 307
— Sorghum ... 305
Anona Cherimolia ... 138
— muricata ... 137
— reticulata ... 138
— squamosa ... 133
Anthriscus Cerefolium ... 71
Apium graveolens ... 71
Arachide, Arachis hypogæa ... 320
Arbre à pain ... 238
Arec, Areca ... 344
Armeniaca vulgaris ... 171
Arracacha esculenta ... 32
Arroche ... 353
Arrow-root ... 64
Artichaut ... 73
Artocarpus incisa ... 238
— integrifolia ... 239
Arum esculentum ... 58
— macrorhizon ... 60
Asparagus officinalis ... 353
Asperge ... 353
Atriplex hortensis ... 353
Aubergine ... 229
Avena ... 299
Avocatier ... 232
Avoines ... 299, 378

Bananier ... 242
Batatas edulis, Batate ... 42, 375
Baumweichsel ... 165
Benincasa ... 213
Beta vulgaris ... 46
Bette, Betterave ... 46
Bibassier ... 355
Bisaille ... 262
Bixa Orellana ... 322
Blé de momie ... 290
— de Pologne ... 289
— de Tartarie ... 281
— de Turquie ... 311
— dur ... 289
— noir ... 279
Bœhmeria nivea ... 116
Brassica campestris ... 29
— chinensis ... 352
— Napus ... 29
— oleracea ... 29, 66
— Rapa ... 29
Brède de Malabar ... 80
Bromelia Ananas ... 248
Bullocks heart ... 138

Cacaoyer ... 250
Caféier ... 333
Caféier de Libérie ... 336
Caimito ... 227
Caïnitier ... 227
Cajan, Cajanus indicus ... 266
Calebasse ... 195
Cameline ... 357
Campanula Rapunculus ... 352
Cannabis sativa ... 117
Canne à sucre ... 122
Cannelier ... 116
Capsicum ... 229, 230
Cardon ... 73
Carica Papaya ... 233

Carotte........................ 351
Caroubier........................ 268
Carthame, Carthamus tinctorius..... 130
Caryophyllus aromaticus.......... 128, 376
Cassis.......................... 222, 377
Castanea vulgaris.................. 283
Cat, Catha edulis.................. 106
Cédratier........................ 141
Celastrus edulis.................. 106
Céleri........................... 71
Cerasus vulgaris.................. 165
Ceratonia Siliqua.................. 268
Cerfeuil......................... 71
Cerisier commun.................. 165
— des oiseaux................ 163
Champignon des couches........... 359
Chanvre.......................... 117
Châtaignier...................... 283
Chayote.......................... 217
Chenopodium Quinoa........... 282, 368
Cherimolia....................... 138
Chervis.......................... 31
Chicorée......................... 77
China grass...................... 116
Chou............................ 66
Chou de Chine.................... 352
Choux-raves...................... 29
Chrysophyllum Cainito............ 227
Ciboule.......................... 54
Ciboulette....................... 57
Cicer arietinum............... 258, 378
Cichorium Endivia................ 77
Cinchona........................ 358
Cinnamomum zeylanicum........... 116
Citronnier.................. 139, 141
Citrouille........................ 200
Citrus........................... 139
Citrus Aurantium.................. 144
— decumana.................. 140
— medica.................... 141
— nobilis..................... 149
Citrullus vulgaris................ 209
Civette.......................... 57
Coca............................ 107
Cochlearia Armoracia............. 26
Cocos nucifera, Cocotier.......... 345
Cœur de bœuf..................... 138
Coffea arabica.................... 333
— liberica.................... 336
Cognassier....................... 188
Colocasia antiquorum.............. 58
Concombre................... 210, 377
Concombre Anguria................ 212
Convolvulus Batatas.......... 42, 373
Coracan.......................... 357
Corchorus........................ 103
Corossol......................... 137
Cotonnier arborescent............. 325
— des Barbades........... 328, 379
— herbacé................... 323
Cougourde....................... 195
Courge à feuilles de figuier........ 205
— melonée musquée........ 204, 377
— Pépon..................... 200
Crambe maritima.................. 352
Cran, Cranson.................... 26
Cresson alénois................... 68
— de fontaine................ 352
Crocus sativus.................... 132
Cucumis Anguria.................. 212
— Melo...................... 205
— sativus................. 210, 377
Cucurbita Citrullus................ 209
— ficifolia.................... 205
— Lagenaria.................. 195
— maxima................. 199, 376
— Melopepo, pepo............. 200
— moschata............... 204, 377
Curcuma angustifolia.............. 65
Custard apple..................... 138
Cydonia vulgaris.................. 188
Cynara Cardunculus............... 73
— Scolymus.................. 73
Cytisus Cajan..................... 266
Dattier.......................... 240
Daucus Carota.................... 351
Dioscorea, div. esp................ 61
Diospyros Kaki................... 356
— Lotus..................... 356
— virginica.................. 359
Dolichos Lablab.................. 277
— Lubia..................... 278
— Soja...................... 264
Doucette......................... 73

Echalote......................... 55
Elæis guineensis.................. 344
Eleusine Coracana................. 357
Endive........................... 77
Engrain.......................... 293
Epeautre......................... 291
Epinard.......................... 78
Eriobotrya japonica............... 355
Ers, Ervum Ervilia................ 85
— Lens................... 257, 378
Erythroxylon Coca................ 107
Escourgeon....................... 296
Esparcette....................... 83
Eucalyptus globulus............... 354
Eugenia Jambos................... 191
— malaccensis............... 192
Evi............................. 161

Faba vulgaris................ 253, 378
Fagopyrum....................... 279
— emarginatum.............. 281
— tataricum................. 281
Fenu grec........................ 89
Fève..................... 253, 378
Ficus Carica..................... 235
Figue d'Inde..................... 218
Figuier.......................... 235
Fragaria chiloensis............... 163
— vesca..................... 161
— virginiana................. 163
Fraisier......................... 161
Fraisier du Chili.................. 163
— de Virginie............... 163
Framboisier...................... 355
Froments......................... 284

Garance.......................... 33
Garcinia Mangostana.............. 149
Garousse......................... 87
Gesse...................... 88, 376
Gesse Ochrus..................... 89
Gessette......................... 87
Giroflier.................. 128, 376
Glycine Soja..................... 264
— subterranea................ 278
Gombo........................... 150
Gossypium arboreum............... 325
— barbadense.............. 328, 379
— herbaceum................ 323

Gourde........ 195, 376
Goyavier........ 193
Grenadier........ 189
Griottier........ 165
Gros blé........ 288
Groseillier à maquereaux........ 219
— noir........ 222, 377
— rouge........ 220
Guinea grass........ 92

Haferschlehen........ 170
Haricot........ 270
Haricot à feuille d'Aconit........ 276
Haricot courbé........ 275
— de Lima........ 275
— trilobé........ 277
Hedysarum coronarium........ 83
— Onobrychis........ 83
Helianthus tuberosus........ 34, 373
Henné........ 109
Herbe de Guinée........ 92
Hibiscus esculentus........ 150
Holcus Sorghum........ 305, 379
Hordeum distichon........ 294, 378
— hexastichon........ 296
— vulgare........ 296, 378
Houblon........ 129, 376
Humulus Lupulus........ 129, 376

Igname........ 61
Ilex paraguariensis........ 107
Indigofera, Indigotiers........ 108

Jack, Jacquier........ 239
Jamalac........ 192
Jambosa malaccensis........ 192
— vulgaris........ 191
Jarosse........ 87
Jatropha Manihot........ 47
Joliffia........ 355
Juglans regia........ 342
Jujubier commun........ 154
— de l'Inde........ 156
— Lotus........ 156
Jute........ 103

Kaki........ 356
Kiery........ 282
Konjak........ 61

Lablab........ 277
Lactuca Scariola var........ 75
Lagenaria vulgaris........ 195, 376
Laitue........ 75
Lathyrus Cicera........ 87
— Ochrus........ 89
— sativus........ 88, 376
Lawsonia........ 109
Lens esculenta........ 257
Lentille........ 257, 378
Lepidium sativum........ 68
Liane Joliffe........ 355
Limonier........ 141
Lin, Linum........ 95
Li-Tschi........ 251
Locular........ 293, 378
Longan........ 252
Lubia........ 278
Lucuma Caimito........ 227
— mammosa........ 228
Luffa acutangula........ 215
— cylindrica........ 214

Lupinus albus........ 260, 378
Lupinus Termis........ 261
Lupuline........ 353
Luzerne........ 81, 375
Lycopersicum esculentum........ 231

Maceron........ 72
Mache........ 73
Madia........ 336
Maguey........ 122
Maïs........ 311, 379
Mammei........ 228
Mammea americana........ 150
Mandarine........ 149
Mangifera indica........ 159
Mangostan........ 149
Manguier........ 159
Manioc, Manihot utilissima........ 47
Maranta arundinacea........ 64
Maté........ 107
Medicago Lupulina........ 353
— sativa........ 81, 375
Melon........ 205
Millet à grappe........ 303
— commun........ 302, 378
Momordica cylindrica........ 214
Morus alba........ 119
— nigra........ 119
Moutarde........
Mungo........ 277
Mûrier blanc........ 119
— noir........ 121
Musa paradisiaca et sapientum........ 242
Muscadier, Myristica fragrans........ 336

Nasturtium officinale........ 352
Navets........ 28
Nephelium lappaceum........ 252
— Lit-chi........ 251
— Longana........ 252
Nicotiana, div. esp........ 112-116
— Tabacum........ 111
Noyer........ 342

Oignon........ 52
Olea europæa........ 222
Olivier........ 222
Onobrychis sativa........ 83, 375
Opuntia Ficus indica........ 218
Oranger........ 139, 144
Orge à deux rangs........ 294
— à six rangs........ 296, 378
— commune........ 296, 378
Ornithopus isthmocarpus........ 90
— sativus........ 90
Oryza sativa........ 309, 379
Oseille........ 353
Panais........ 351
Panic d'Italie........ 303
Panicum italicum........ 303
— maximum........ 92
— miliaceum........ 302, 378
Papaver setigerum........ 320
— somniferum........ 319
Papaya vulgaris, Papayer........ 233
Papengay........ 215
Pastèque........ 209
Pastinaca sativa........ 351
Patate........ 42
Patience........ 353
Pavot........ 319
Pêcher........ 176
Persea gratissima........ 232

Persica vulgaris.... 176
Persil.... 72
Persimmon.... 359
Pétanielle.... 288
Petit pois.... 262
Petroselinum sativum.... 72
Pflauenbaum.... 170
Phaseolus aconitifolius.... 276
— inamœnus.... 275
— lunatus.... 275
— Mungo.... 277
— trilobus.... 277
— vulgaris.... 270
Phœnix dactylifera.... 240
Piments.... 229
Piper Betle.... 357
— longum.... 357
— nigrum.... 357
— officinarum.... 357
Pistache de terre.... 320
Pistachier, Pistacia vera.... 252
Pisum arvense.... 262
— Ochrus.... 89
— sativum.... 262, 378
Poireau.... 81
Poirée.... 86
Poirier de Chine.... 186
— commun.... 183
— sauger.... 185
Pois chiche.... 258, 378
— des champs.... 262, 378
— des jardins.... 262, 378
— gris.... 262, 378
Poivre de Cayenne.... 229
Poivrier Betel.... 357
— long.... 357
— noir.... 357
— officinal.... 357
Polygonum emarginatum.... 281
— Fagopyrum.... 279
— tataricum.... 281
Pomme cannelle.... 133
Pomme d'amour.... 231
Pomme de terre.... 36, 373
Pomme rose.... 191
Pommier.... 186
Pommier d'Acajou.... 158
Pompelmouse.... 140
Porreau.... 81
Portulaca oleracea.... 69, 375
Potiron.... 199, 376
Poulard.... 288
Pourpier.... 69, 375
Pruniers.... 168
Prunier domestique.... 169
— proprement dit.... 170
Prunus Amygdalus.... 174
— Armeniaca.... 171, 376
— avium.... 163
— Cerasus.... 165
— domestica.... 169
— insititia.... 170
— Persica.... 176
Psidium Guayava.... 193
Punica Granatum.... 189
Pyrus communis.... 183
— Malus.... 186
— nivalis.... 185
— sinensis.... 186

Quinoa.... 282, 368
Quinquina.... 358

Radis.... 23, 373
Raifort.... 23
Raifort sauvage.... 26
Raiponce.... 352
Ramboutan.... 252
Ramié.... 116
Raphanus Raphanistrum.... 25
Raphanus sativus.... 23
Raves.... 28
Rhus Coriaria.... 106
Ribes Grossularia.... 219
— nigrum.... 222
— rubrum.... 220
— Uva-crispa.... 219
Ricin, Ricinus.... 339, 379
Riz.... 309, 379
Rocambole.... 56
Rocou.... 322
Rubia tinctorum.... 33
Rubus Idæus.... 355
Rumex acetosa.... 353
— Patientia.... 353
Rutabaga.... 29
Saccharum officinarum.... 122
Safran.... 132
Sainfoin.... 83, 375
Sainfoin d'Espagne.... 83
Salsifis.... 35
Salsifis d'Espagne.... 35
Sapota Achras.... 228
Sapotillier.... 228
Sarrasin.... 279
Sarrasin de Tartarie.... 281
— émarginé.... 281
Sauerkischen.... 165
Scandix Cerefolium.... 71
Scorzonère d'Espagne.... 35
Scorzonera hispanica.... 34
Sea-Kale.... 352
Secale cereale.... 297, 378
Sechium edule.... 217
Seigle.... 297, 378
Serradelle.... 90
Sesame, Sesamum.... 337
Setaria italica.... 303
Shaddock.... 140
Sinapis alba.... 357
— nigra.... 357
Sium Sisarum.... 31
Smyrnium Olus-atrum.... 72
Soja.... 264
Solanum, div. esp.... 39, 42
— esculentum.... 229
— Melongena.... 229
— tuberosum.... 36, 373
Sorgho commun.... 305, 379
— sucré.... 307
Sorghum saccharatum.... 307
— vulgare.... 303, 379
Sour Cherry.... 165
Sour sop.... 137
Spargoule.... 90
Spergula arvensis.... 91
Spergule.... 91
Spinacia oleracea.... 78
Spondias dulcis.... 161
Sugar apple.... 133
Sulla.... 83
Susskirschbaum.... 163
Sumac.... 106
Sweet Potatoe.... 42
Sweet sop.... 133

Tabac ..... 111
Telfairia ..... 355
Termis ..... 261
Tetragone, Tetragonia expansa ..... 71
Thé, Thea sinensis ..... 93, 376
Theobroma Cacao ..... 250
Tomate ..... 231
Topinambour ..... 34, 373
Tragopogon porrifolium ..... 35
Trèfle ..... 84
Trèfle d'Alexandrie ..... 85
— Farouch ..... 84
— hybride ..... 353
— incarnat ..... 84
Trichosanthes ..... 217
Trifolium alexandrinum ..... 85
— hybridum ..... 353
— incarnatum ..... 84
— pratense ..... 84
Trigonella Fœnum-græcum ..... 89
Triticum compositum ..... 288
— dicoccum ..... 293
— durum ..... 289
Triticum monococcum ..... 293, 378
— polonicum ..... 289
— turgidum ..... 288
— vulgare ..... 284
Turnep ..... 29

Valerianella olitoria ..... 73
Vesce ..... 86
Vicia Ervilia ..... 85
— Faba ..... 253
— sativa ..... 86
Vigne ..... 151
Vitis vinifera ..... 151
Voandzeia ..... 278
Voandzou ..... 278

Zea Mays ..... 311, 379
Zizania aquatica ..... 361
Ziziphus jujuba ..... 156
— Lotus ..... 156
— vulgaris ..... 154
Zwetschen ..... 169

FIN DE L'INDEX

# TABLE DES MATIÈRES

## PREMIÈRE PARTIE

### Notions préliminaires et méthodes employées.

CHAPITRE PREMIER. *De quelle manière et à quelles époques la culture a commencé dans divers pays* ........ 1

CHAPITRE II. *Méthodes pour découvrir ou constater l'origine des espèces*... 6

§ 1. Réflexions générales ........ 6
§ 2. Botanique ........ 6
§ 3. Archéologie et paléontologie ........ 11
§ 4. Histoire ........ 12
§ 5. Linguistique ........ 15
§ 6. Nécessité de combiner les différentes méthodes ........ 20

## DEUXIÈME PARTIE

### Étude des espèces au point de vue de leur origine, des premiers temps de leur culture et des principaux faits de leur dispersion.

CHAPITRE PREMIER. *Plantes cultivées pour leurs parties souterraines, telles que racines, bulbes ou tubercules* ........ 23

CHAPITRE II. *Plantes cultivées pour leurs tiges ou leurs feuilles* ........ 66

Article 1. Légumes ........ 66
Article 2. Fourrages ........ 81
Article 3. Emplois divers des tiges ou des feuilles ........ 93

CHAPITRE III. *Plantes cultivées pour les fleurs ou les organes qui les enveloppent.* 128

CHAPITRE IV. *Plantes cultivées pour leurs fruits* ........ 133

CHAPITRE V. *Plantes cultivées pour leurs graines* ........ 250

Article 1. Graines nutritives ........ 250
Article 2. Graines servant à divers usages ........ 319

## TROISIÈME PARTIE

### Résumé et conclusions.

CHAPITRE PREMIER. *Tableau général des espèces, avec l'indication de leur origine et de l'époque de leur mise en culture* ........ 351

CHAPITRE II. *Observations générales et conclusions* ........ 361

Article 1. Régions d'où sont sorties les plantes cultivées ........ 361
Article 2. Nombre et nature des espèces cultivées depuis des époques différentes ........ 363
Article 3. Plantes cultivées qu'on connaît ou ne connaît pas à l'état sauvage ........ 367
Article 4. Plantes cultivées en voie d'extinction ou éteintes hors des cultures ........ 370
Article 5. Réflexions diverses ........ 371

ADDITIONS ET CORRECTIONS ........ 373

Coulommiers. — Imp. P. BRODARD et GALLOIS.

www.ingramcontent.com/pod-product-compliance
Lightning Source LLC
Chambersburg PA
CBHW061108220326
41599CB00024B/3955
*9782012598010*